U0163179

再结晶与退火

（原著第三版）

Recrystallization and Related
Annealing Phenomena

（Third Edition）

［英］John Humphreys（约翰·汉弗莱斯）

［美］Gregory S. Rohrer（格雷戈里·S. 罗勒）　著

［美］Anthony Rollett（安东尼·罗莱特）

章海明　译

上海交通大学出版社

SHANGHAI JIAO TONG UNIVERSITY PRESS

图书在版编目(CIP)数据

再结晶与退火：原著第三版／（英）约翰·汉弗莱斯(John Humphreys)，（美）格雷戈里·S. 罗勒(Gregory S. Rohrer)，（美）安东尼·罗莱特(Anthony Rollett)著；章海明译. 一上海：上海交通大学出版社，2023.12
书名原文：Recrystallization and Related Annealing Phenomena（Third Edition）
ISBN 978-7-313-29574-3

Ⅰ. ①再… Ⅱ. ①约… ②格… ③安… ④章… Ⅲ. ①金属-再结晶 ②退火 Ⅳ. ①TG111.7 ②TG156.2

中国国家版本馆 CIP 数据核字(2023)第 192167 号

Recrystallization and Related Annealing Phenomena（Third Edition）
John Humphreys，Gregory S. Rohrer，Anthony Rollett
ISBN：978-0-08-098235-9

上海市版权局著作权合同登记号：图字 09-2023-106

再结晶与退火(原著第三版)
ZAIJIEJING YU TUIHUO(YUANZHU DI-SAN BAN)

著　　者：[英] John Humphreys(约翰·汉弗莱斯)，[美] Gregory S. Rohrer(格雷戈里·S. 罗勒)，[美] Anthony Rollett(安东尼·罗莱特)
译　　者：章海明

出版发行：上海交通大学出版社		地　　址：上海市番禺路 951 号
邮政编码：200030		电　　话：021-64071208
印　　制：苏州市越洋印刷有限公司		经　　销：全国新华书店
开　　本：710 mm×1000 mm　1/16		印　　张：42.75
字　　数：765 千字		
版　　次：2023 年 12 月第 1 版		印　　次：2023 年 12 月第 1 次印刷
书　　号：ISBN 978-7-313-29574-3		
定　　价：298.00 元		

版权所有　侵权必究
告读者：如发现本书有印装质量问题请与印刷厂质量科联系
联系电话：0512-68180638

译者序

本书自 1994 年首版以来,已历三版,在结构金属材料领域广为传播,具有重要的影响力。本书是材料科学领域内权威学者的重要研究成果,包含了作者丰富的理论和实践经验以及深厚的学术底蕴,对深入理解金属材料的再结晶和退火现象具有重要的参考和学习价值。作为本书的译者,我们感到无比荣幸和激动,也深感责任重大。在翻译过程中,我们竭力将原文的深度和广度、内涵和精髓准确传递给中文读者,以促进学术交流和知识传播。

金属材料的再结晶和退火现象是材料科学研究中的核心课题,涉及材料微观结构和性能变化,诸如新的无缺陷晶粒形核、重排和长大,变形缺陷的消弭和亚稳高能量微观结构的减少和消失,晶体取向和织构的改变,材料韧塑性的恢复,以及机械性能、导电性能和耐腐蚀性能的改善等。因此,再结晶和退火是调控金属材料成形和服役性能的重要途径。本书含正文 16 章、附录 2 章,系统阐述了金属多晶体材料(传统单相纯金属与合金、双相合金、金属间化合物和颗粒增强金属基复合材料等)的再结晶和相关退火现象的理论、机制与应用,对于材料学、金属学以及工程应用具有重要意义。在翻译过程中,我们努力保持原文的严谨性和准确性,力求传达作者的思想和观点,以便读者能够深入学习该领域的知识体系和前沿进展。

本书主题丰富、内容广博,其翻译是一项耗时和具有挑战性的工作,但也是一种难得的学习和成长机会。在翻译的过程中,我们积极求索,不仅深入研究材料科学领域的相关知识,追本溯源,查阅相关文献,亦加强了对语言表达的理解和把握。我们深感本书翻译是一种责任,需要我们付出良好的专业素养和耐心,以确保每一个词句都能准确地传达作者的意图。考虑到中英文术语可能的差异,本译著统一将"restoration"译作"恢复",其包含回复(recovery)和再结晶(recrystallization)两种可能的过程;"deformation"为定语时译作"变形"而非"形变";"misorientation"皆译作"取向差",而"disorientation"视上下文有时译作"取向差"(即译者认为与 misorientation 无区别),有时译作"错向"。此外,对于一些不常见的专业术语,进行了脚注解释。当然,这些脚注仅代表译者的个人理解和观点。

本书的翻译得到上海交通大学材料学院崔振山教授和课题组师生的大力支持,许多专业术语的中文翻译也是在与崔老师等同仁的商讨下确定的,研究生毛喧尧完成了本译著初稿公式的录入,研究生徐帅、刘昊玮、王睿梁、王卓和高晨鑫等人协助审校了本书。

本书的翻译虽然数易其稿,但由于译者水平有限,疏漏之处在所难免,敬请广大读者斧正。在翻译过程中,还发现了原书中存在的部分问题,也进行了注解和更正。希望读者们在阅读本书时能够感受到原书作者的用心和努力,从中汲取知识,获得启发,与作者一同学习金属材料再结晶和退火现象的奥秘,探索广阔的学术世界。

再次感谢所有支持和鼓励我完成这本书翻译工作的人们,包括家人、朋友和同仁。本书的引进和出版得到了上海交通大学出版社的大力支持,在此表示感谢!

章海明
上海交通大学材料科学与工程学院
模具 CAD 国家工程技术研究中心
hm. zhang@sjtu. edu. cn
2023 年 8 月

原著第一版前言

在材料的热机械加工过程中发生的再结晶及其相关的退火现象,一直被认为具有技术重要性和科学意义。研究表明,这些现象发生在所有类型的晶体材料中,例如,在岩石和矿物的自然地质变形过程中、陶瓷的加工过程中等。然而,这种现象在金属中得到了最为广泛的研究,而且由于金属是该领域唯一的具有连贯工作体的材料类别,本书不可避免地聚焦于金属材料。虽然有大量的、可追溯至 150 年前的文献,以及第 1 章详述的大量综述,但近年来仅出版了两本以再结晶为主题的专著,而且最近的一篇是近 20 年前的。自那时起,我们对该主题的理解以及研究人员可用的技术细节都取得了相当大的进步。

该领域的冶金研究主要受工业需求所驱动,当前的一个主要需求是可用于金属成形过程中的定量的、基于物理机制的模型,以控制、改善和优化最终产品的微观结构和织构。这种模型需要(相比于我们的当前认识)对变形和退火过程有更详细的认识。也许该领域未来 10~20 年的研究目标是将相关科学知识发展到足以从第一性原理来构建这种模型的水平。

本书旨在为相关领域的研究人员或学生提供比物理冶金学教科书更详细、更深入的研究成果,比专题会议论文集更系统的知识体系。本书强调退火背后的科学原理和物理认识,而不是作为综合性的参考书目或手册。

但是,退火这一通用术语被广泛用于描述两种冶金过程。两者都有一个共同的现象,即硬化材料在退火后变得更软,但所涉及的机制却大不相同。第一种情况与钢铁材料的热处理有关,其软化过程涉及 $\gamma \rightarrow \alpha$ 相变。在第二种情况下,即本书要讨论的,软化是由加工硬化引入的位错经回复和再结晶而减少的直接结果。

写一本关于再结晶的专著并不容易。尽管这是一个定义明确的主题,但许多方面尚未得到很好的理解,而且实验证据往往很差,甚至相互矛盾。我们希望能够量化再结晶现象的各个方面,并从第一性原理推导出理论,但目前还不可能做到这一点。读者会发现本书混合着相对健全的理论、合理的假设和猜想。我们缺乏进展的主要原因有两个：首先，除非我们了解材料再结晶前的变形状态的属性（这仍然是一个遥远的目标），否则不能奢望深入理解回复和再结晶；其次，虽然某些退火过程（如回复和晶粒长大）是相当均匀的，但许多其他的退火过程（如再结晶和异常晶粒长大）则是不均匀的，依赖于局部的不稳定性，且与天气等明显的混乱事件相似。

当然，也必须承认我们正在撰写一个生动的、不断发展的主题。该主题的科学研究是相当不完备的，因此本书可看作是两位科学家在这一特定时期对该主题的剪影快照，他们也不可避免地在许多方面存在偏见。我们希望，当这本书的第二版出版时（大约10年后），或者采用新的传播媒介时，我们对这个主题诸多方面的认识会更加清晰。

回复和再结晶取决于变形状态的性质，涉及晶界的形成、消除和移动。出于这些原因，我们会在第2章中讨论变形状态，在第3章中讨论晶界的性质。这两者都是大主题，本身就值得单独成书，我们也没有试图全面讨论这两个主题，而仅提供我们认为必要的背景信息，以使本书合理地自成体系。第4章是关于晶界的迁移和移动以及必要的背景信息。

本书第5～11章涵盖了回复、再结晶和晶粒长大的主题，其中包括有序材料、双相合金和退火织构的具体章节。为了示例本书讨论的原理的典型应用，我们在第12章中介绍了一些重要的技术研究案例。最后一章概述了计算机模拟和建模在退火现象中的应用，附录介绍了织构的测量和表示方法，以供非专业领域的专家读者参考。

John Humphreys

英国曼彻斯特理工大学曼彻斯特材料科学中心

Max Hatherly

澳大利亚新南威尔士大学材料学院

1994年8月

由于需要重印本书，我们有机会纠正了一些错误，并对文本做了一些小修改。

1996年5月

原著第二版前言

第二版的理念和形式与第一版的相似,尽管该领域的快速发展需要我们做一些重大更改。从有关这一领域和相关领域的出版物和会议的数量来看,再结晶仍是一个非常活跃的研究领域,而且诸多相关领域的持续发展使其成为一个难以归纳总结的主题。正如第一版的序言所述,我们再次强调,本书是作者在特定的时间节点上对该主题的一些个人观点。

自第一版出版以来,研究和分析再结晶的方法发生了两个重要变化。首先是在微观结构和织构的实验测定方面,电子背散射衍射(EBSD)技术的功能和应用的发展,提供了许多以前无法获得的数据,书中包含了许多使用该技术的例子。其次是关于退火过程的建模和模拟的大量普及。

就本书第一版所涵盖的主题领域而言,在对理解再结晶具有根本重要性的两个领域出现了重要的新进展——变形状态的表征和晶界特性的测量。当然,也开辟了一些新的领域。在第一版中,我们简要提及了一项新的研究——变形到非常大的应变可能会提高后续退火时微观结构的稳定性。当前,这项研究已成为一个主要的研究领域,不仅具有科学意义,而且也是生产高强度合金的潜在方法,本版对此进行了详细介绍。该领域和其他领域的发展也暴露了将传统术语应用于新现象的困难,现在认为有必要将回复、再结晶和晶粒长大细分为"不连续"和"连续"的亚类。

本书章节安排的变化包括区分变形微观结构(第2章)和变形织构(第3章),引入了一个包含回复、再结晶和晶粒长大的简单解析模型(第10章),考虑了大变形过程中及变形后的连续再结晶现象(第14章),以及测量再结晶的方法总结(附录A2)。

最后,在以下网站上提供了读者可能感兴趣的一些原位退火实验和模拟的视频剪辑:http://www.recrystallization.info。

John Humphreys

Max Hatherly

2003 年 4 月

原著第三版前言

　　第三版沿袭前两版的章节安排,在某些已取得重要进展的领域进行了大量补充。我们审查了本书涉及的各个知识领域,并重写了某些章节,与时俱进地引入最新的研究成果和发表的文献。遗憾的是,Max Hatherly 已永远地离开了我们,John Humphreys 也已退休。因此,他们无须为本版可能引入的任何错误或失误负责。就内容而言,对晶界的计算机建模使我们对晶界特性有了新的认识,特别是晶界的能量和迁移。自动的连续切片技术与基于同步辐射的表征相结合,为我们提供了微观结构的三维图谱和一些新的见解。本版还增加了加工硬化和织构的描述与讨论。

Anthony Rollett

Gregory Rohrer

2017 年 8 月

符　号

若无特别说明,下面的符号通用于全书。下标 i 或 n 表示用于某些特定符号的字母或数字。在极少数情况下,当这些字母或符号用于其他目的时,会额外说明。

符　号	含　义
$\boldsymbol{b}$	位错的伯格斯矢量
c,c_n,C,C_n,K_n	文中定义的"局部"常量
d	第二相颗粒的直径
D	晶粒或亚晶的直径
D_i	扩散率(下标:s—体扩散;b—边界扩散;c—芯区扩散)
E_i	能量,例如变形储能(E_D)
F_V	第二相颗粒的体积分数
G	剪切模量
k	玻尔兹曼常数
M	晶界迁移率
n	指数,如 JMAK 方程中的指数
N_V	单位体积内晶粒的数量或第二相颗粒的数量
N_S	单位面积内颗粒的数量
p 或 p_i	晶界上的压力
Q 或 Q_i	激活能(以扩散为例:s—体扩散;b—边界扩散;c—芯区扩散)
R	晶粒或亚晶的半径
s	剪切应变
t	时间
T,T_m	温度,熔点温度
v	位错或晶界的运动速度

1

V	体积
X	再结晶分数
α、β	常数
γ	界面或边界的能量
γ_{SFE}, γ_{RSFE}	堆垛层错能,约简堆垛层错能
γ_b	大角度晶界的能量
γ_s	小角度晶界的能量
ε	真应变
$\dot{\varepsilon}$	真应变速率
θ	加工硬化率($d\sigma/d\varepsilon$)或晶界两侧取向差
λ	颗粒间距离[式(A2.13)]
ν	泊松比
ν_0	原子振动频率
ρ	位错密度
Σ_n	重位点阵(CSL)晶界,$1/n$ 是两个晶粒共有位点的分数
σ	真应力
τ	剪切应力
φ_1、Φ、φ_2	Bunge 欧拉角(定义见附录 A1)
Ω	取向梯度

缩略词

ARB	accumulative roll bonding	累积叠轧焊
CA	cellular automata	元胞自动机
CLS	Cahn, Lücke, Stüwe (theory of solute drag)	Cahn, Lücke, Stüwe (溶质阻力理论)
CPFEM	crystal plasticity finite element modeling	晶体塑性有限元模型
CSL	coincidence site lattice	重位点阵
DDW	dense dislocation wall	致密位错墙
DRX	dynamic recrystallization	动态再结晶
EBSD	electron backscatter diffraction	电子背散射衍射
ECAE	equal channel angular extrusion	等通道转角挤压
ECD	equivalent circle diameter	等效圆直径
FE	finite element (modeling)	有限元(建模)
FEGSEM	field emission gun scanning electron microscope	场发射扫描电子显微镜
GBCD	grain boundary character distribution	晶界特征分布
GBE	grain boundary engineering	晶界工程
GNB	geometrically necessary boundary	几何必需边界
HAGB	high-angle grain boundary	大角度晶界
HSLA	high-strength low-alloy (steel)	高强度低合金(钢)
HVEM	high voltage electron microscope	高压电子显微镜
IDB	incidental dislocation boundary	偶然位错边界
IF	interstitial free (steel)	无间隙原子(钢)
JMAK	Johnson-Mehl-Avrami-Kolmogorov kinetic model	JMAK 动力学模型

LAGB	low-angle grain boundary	小角度晶界
MD	molecular dynamics	分子动力学
MLE	mean linear intercept	平均截距
ND，RD，TD	normal，rolling，transverse directions	法线方向、轧制方向、横向
ODF	orientation distribution function	取向分布函数
PSN	particle-stimulated nucleation of recrystallization	颗粒激发再结晶形核
SEM	scanning electron microscope	扫描电子显微镜
SFE	stacking fault energy	堆垛层错能
SIBM	strain-induced boundary migration	应变诱发晶界迁移
SMG	submicron-grained (alloy)	亚微米晶(合金)
SPF	superplastic forming	超塑性成形
TEM	transmission electron microscope	透射电子显微镜

目　录

第 1 章 ▷ 绪 论

1.1 变形材料的退火

1^①

1.1.1 概要和术语

晶体材料在变形过程中因形成位错和界面等缺陷,会导致自由能的升高,含有这些缺陷的材料在热力学上是不稳定的。虽然从热力学角度而言,缺陷应该自发地消失,但在实际情况中,自发过程的原子机制在较低的同系温度下往往非常缓慢,结果是变形后的不稳定的缺陷结构仍保留下来[见图 1.1(a)]。如果材料随后再加热到高温(退火),热激活过程(如固态扩散)会提供机会或途径使缺陷消除或交替排列在较低的能量构型中。

缺陷可以通过多种方式产生,本书主要关注塑性变形过程中形成的缺陷,特别是位错。变形过程中产生的点缺陷在低温退火时就能消除,对材料力学性能的影响不大。若只考虑那些可承受大塑性变形的材料,则可进一步缩小我们所研究的材料范围。金属是晶体材料中可在较低的同系温度下发生大塑性变形的唯一主要类别,因此本书主要讨论金属在发生(大)塑性变形后^②的退火行为。当然,许多矿物和陶瓷在高温下也可以发生塑性变形,而且这些材料的退火也非常有趣。此外,某些退火过程(如晶粒长大)与烧结、铸造或蒸气沉积材料以及变形材料有关。对冷加工金属进行高温退火后,通过回复(如位错的湮灭和重排),可以部分恢复(restoration)至原始的组织和性能。在回复过程中微观结构的变化相对均匀,一般不影响变形晶粒之间的边界和界面;这些微观结构的变化如图 1.1(b)所示。在变形过程中也可能发生类似的回复过程,特别是在高温下,这种动态回复在材料的蠕变和热加工中起着重要作用。

---

① 译者注:本书边栏中的数字为相关内容在原著中对应的页码(按文字内容对应),以方便读者查阅原著和对应索引。

② 译者注:本书以后用"形变金属"代表"大变形后的金属"。

1

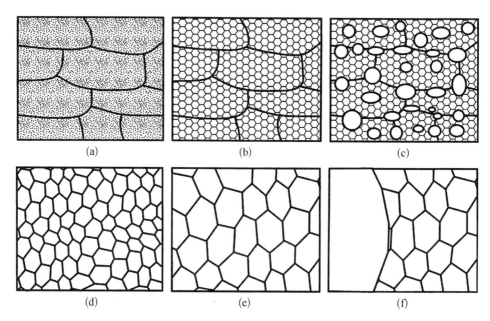

图 1.1 主要退火工艺示意图

(a) 变形状态；(b) 回复；(c) 部分再结晶；(d) 完全再结晶；(e) 晶粒长大；(f) 晶粒长大异常

由于位错结构并没有完全消除，而是处于亚稳定状态[见图 1.1(b)]，回复通常只涉及性能的部分恢复。进一步的恢复过程称为再结晶，在此过程中，在变形或回复的组织内形成新的无位错（译者注：指位错密度很低。）晶粒[见图 1.1(c)]。然后它们长大并消耗旧的晶粒，产生低位错密度的新晶粒结构[见图 1.1(d)]。再结晶可能发生在高温变形过程中，称为动态再结晶。虽然再结晶消除了位错，材料内部仍含有晶界，热力学上依然是不稳定的。进一步退火可能导致晶粒长大，在该过程中，小晶粒消除，大晶粒长大，晶界处于更低的能量构型[见图 1.1(e)]。在某些情况下，正常的晶粒长大可能会被抑制，而发生少数大晶粒的选择性长大[见图 1.1(f)]，这一过程称为异常晶粒长大或二次再结晶。

最近的研究表明，上述各种退火现象之间往往没有十分明确的界限。众所周知，回复、再结晶和晶粒长大可能以两种方式发生。它们在材料中不均匀（不同步）地发生，因此通常用形核和长大两个阶段来描述，这种情况称为不连续过程，即不连续动态再结晶。当然，它们也可以均匀地发生，微观结构演化逐渐进行，而不存在明显的、可辨别的形核与长大阶段，这种情况称为"连续（continuous）"过程，即连续动态再结晶。应该强调的是，这是一种唯象的区分，并不意味着任何特定的微观机制的发生。"连续"现象包括亚晶长大、回复、连续再结晶和正常晶粒长大;"不连续"现象包括不连续的亚晶长大、初次再结晶和异常晶粒长大。因此,如表 1.1 所示,至少有 6 种静态退火现象需要考虑。需要注意的是,现代相变理论区分了带有潜热的一级相变(自由能的一阶导数不连续)和二级相变(自由能的二阶导数不连续)。而且,例如初次再结晶,会像一级相变一样释放热量(可通过量热法测量),但为它定义一个热力学的平衡条件并没有任何实际意义。因此,严格地说,所有的退火过程都是二级相变。

表 1.1　静态退火现象的例子 3

过　程	回　复	再结晶	晶 粒 长 大
连续	亚晶长大	连续再结晶	正常晶粒长大
不连续	不连续亚晶长大	初次再结晶	异常晶粒长大

我们会在后续章节中单独分析上述各种退火现象,但在某些情况下,也可以在一个统一的框架中考虑这些现象,如第 10 章所述。这样做的好处是,不仅强调了各个退火现象的共同特征,而且在打破这些现象之间的传统划分时,还允许出现可能的、不方便纳入这些传统类别的新的退火现象。

1.1.2　退火的重要性

许多金属材料的制备都是从大型铸件开始的,然后在固态下通过锻造、轧制、挤压等进一步加工,形成中间的或最终的金属材料制品。这些加工工序,可以在冷态或热态下进行,并可能涉及中间退火,统称为热机械加工,回复、再结晶和晶粒长大是这一过程的核心要素。 4

金属材料的力学性能和行为很大程度上取决于位错的含量和结构,以及晶粒的大小、取向和织构等,其中位错的含量和结构是最重要的。力学性能主要取决于冷加工过程中引入的位错数量和分布,退火后的金属的位错密度一般约为 $10^{11}\ \mathrm{m}^{-2}$,而严重变形金属的位错密度则可达到约 $10^{16}\ \mathrm{m}^{-2}$,其对应的屈服强度可提高 5~6 倍,但塑性和延性明显降低。如果将加工硬化(应变硬化)后的材料加热到约 $\frac{1}{3}T_{\mathrm{m}}$,会发生位错的湮灭和重排,材料的宏观表现为强度下降和塑性增加。大量文献研究了这些变化的重要性,相关细节超出了本书的范围,读者可以参考《金属手册》(Metals Handbook)。

退火后的晶粒尺寸和织构主要由再结晶过程决定,需要控制晶粒尺寸的例子有很多。例如,小的晶粒尺寸增加了钢的强度,也可能使它更坚硬,即霍尔-佩奇关系。然而,为了提高材料在高温下的抗蠕变性能,可能需要较大的晶粒尺寸,因为晶界是点缺陷的来源和汇聚区,也是损伤的形核点。例如,镍基高温合金的单晶涡轮叶片正是通过消除晶界来提高材料的高温服役性能(抗蠕变能力);而超塑性成形是使合金在低应力条件下实现大变形的一种重要成形工艺,其前提条件是材料的晶粒尺寸要足够小(超细晶),并且要防止晶粒在高温变形过程中长大。织构控制对于金属的冷成形至关重要,极具代表性的工程案例是用深拉深工艺生产铝合金易拉罐和用钢板加工汽车车身零件。此外,在晶界工程这一相对较新的领域里,变形和退火用来在不改变晶粒尺寸的情况下改变材料的晶界类型。

1.2　学科发展历史回顾

1.2.1　学科的早期发展

虽然金属加工技术(包括变形和加热工序)已经有数千年的实践历史,但直到最近才对材料在这些过程中发生的结构变化有一些了解。Beck(1963)记录了有关变形金属退火研究的早期历史,显然,科学理解的步伐在很大程度上是由材料表征技术的发展所决定的。而且这一约束目前仍然存在,但是计算机模拟和三维材料表征领域的最新进展创造了许多新的机会。

1.2.1.1　结晶度和结晶(晶化)

1829年,法国物理学家Felix Savart发现,从各种金属铸锭中提取的样品具有声学各向异性,并得出结论——铸锭由不同取向的晶体组成。他还发现,尽管各向异性在随后的塑性变形和退火过程中发生了变化,但如果仅对材料加热,这种各向异性并不会改变。这是冷加工金属在退火过程中发生结构变化的第一个有记录的证据。在19世纪中期,金属结晶的概念已被广泛讨论,人们普遍认为塑性变形使金属发生非晶化。这种观点很大程度上是由无法用肉眼观察形变金属中的晶粒结构而导致的。然而,对形变金属进行重新加热时,有时候可以看到晶粒结构(Percy, 1864; Kalischer, 1881),这可解释为非晶态金属的结晶现象。

Sorby基于反射光学显微镜引入"金相学"使这一学科向前迈进了一步,并在其1887年发表的论文中达到了顶峰。他的光学金相学实验发现,铁在变形后,其内部的晶粒被拉长,在随后的加热过程中,产生了新的等轴晶粒结构,他称之为再结晶过程。此外,Sorby认识到畸变的晶粒一定是不稳定的,再结晶可以使晶粒恢复至稳定状态。尽管出现了 Sorby 的工作,但冷作硬化金属是非晶的这一观点仍盛行了很多年。直到 1900 年,Ewing 和 Rosenhain 在 Bakerian 讲座中明确指出塑性变形是通过位错滑移或孪晶(在这两个过程中,材料的晶体结构都仍保留了)发生的,这一观点才最终被人们摒弃。

1.2.1.2　再结晶与晶粒长大

虽然再结晶现象在 20 世纪初就已发现了,但并没有明确地把再结晶和晶粒长大区分为两个独立的过程。Carpenter 和 Elam(1920)以及 Altherthum(1922)的杰出工作证实了变形储存的能量提供了再结晶的驱动力,而晶界能提供了晶粒长大的动力。这可以从 Altherthum 使用的这些过程的术语中看出,即冷加工再结晶(bearbeitungsrekristallisation)和表面张力再结晶(oberflachenrekristallisation)。

1898 年,Stead 指出晶粒长大是通过晶粒的旋转和合并发生的。尽管 Ewing 和 Rosenhain 提出了令人信服的证据,证明这是一种晶界迁移机制,但 Stead 的观点仍周期性地盛行,直到 Carpenter 和 Elam 工作成果的出现,最终支持了晶界迁移的观点。

1.2.1.3　影响再结晶的参数

到 1920 年时,诸多影响再结晶过程和材料最终微观结构的参数都已明确下来了,举例如下。

动力学:Ewing 和 Rosenhain(1900)以及 Humfrey(1902)指出,再结晶温度与熔化温度之间的关系表明,再结晶速率随退火温度升高而增加。

应变:Sauveur(1912)发现再结晶存在一个临界应变,Charpy(1910)报道了晶粒尺寸与预变形之间的关系。Carpenter 和 Elam(1920)后来量化了这两种影响。

晶粒长大:在一篇关于退火过程中微观结构控制的早期论文中,Jeffries(1916)发现,在正常晶粒长大被抑制的钍钨样品中,发生了异常的晶粒长大。

如果对变形状态没有更详细的认识,就不可能对再结晶有进一步的了解。1934 年位错理论的发展促进了对再结晶的进一步理解,在位错理论出现之后,Burgers(1941)发表了该主题的早期重要综述。大约从这个时期起,就很难区分具有历史意义的论文以及仍与当前思想相关的早期重要论文。后者在本书的各个章节中会被适当地引用。然而,一份关于该主题过去 50 年的专著、综述评论和会议的来源清单,可能会对读者有帮助,我们将该清单整理如下。

1.2.2　关键文献选集(1952—2003)

1. 再结晶相关的专著

Byrne J G, 1965. Recovery, Recrystallization and Grain Growth.

McMillan，New York.

Cotterill P，Mold P R，1976. Recrystallization and Grain Growth in Metals. Surrey Univ. Press，London.

Novikov V，1997. Grain Growth and Control of Microstructure and Texture in Polycrystalline Materials. CRC Press，Boca Raton.

2. 再结晶相关的合著

Himmel L，1963. Recovery and Recrystallization of Metals. Interscience，New York.

Margolin H，1966. Recrystallization，Grain Growth and Textures. ASM，Ohio，USA.

Haessner F，1978. Recrystallization of Metallic Materials. Dr. Riederer-Verlag，GmbH Stuttgart.

3. 含有再结晶相关章节的综述论文和书籍

B Burke J E，Turnbull D，1952. Recrystallization and Grain Growth. Progress in Metal Phys. ，3，220.

Beck P A，1954. Annealing of Cold-worked Metals. Adv. Phys. ，3，245.

Leslie W C，Michalak J T，Aul F W，1963. The Annealing of Cold-Worked Iron. In：Iron and Its Dilute Solid Solutions. Spencer and Werner，Interscience，New York，119.

Christian J W，2002. The Theory of Transformations in Metals and Alloys. Second edition. Pergamon，Oxford.

Jonas J J，Sellars C M，Tegart W J McG，1969. Strength and Structure under Hot Working Conditions. Met. Revs. ，130，1.

Martin J W，Doherty R D，1976. The Stability of Microstructure in Metals. Cambridge University Press.

Cahn R W，1996. In Physical Metallurgy. Cahn and Haasen. Fourth edition. North-Holland，Amsterdam.

Hutchinson W B，1984. Development and Control of Annealing Textures in Low Carbon Steels. Int. Met. Rev. ，29，25.

Honeycombe R W K，1985. The Plastic Deformation of Metals. Edward Arnold.

Humphreys F J，1991. Recrystallization and Recovery. In：Processing of Metals and Alloys. R W Cahn. VCH，Germany，371.

Doherty R D, Hughes D A, Humphreys F J, Jonas J J, Juul Jensen D, Kassner M E, King W E, McNelly T R, McQueen H J, Rollett A D, 1997. Current Issues in Recrystallization: A Review. Mats. Sci. & Eng., A238, 219.

Verlinden B, Driver J, Samajdar I, Doherty R D, 2007. Thermomechanical Processing of Metallic Materials. Elsevier.

4. 国际会议论文集

1) 国际再结晶会议系列(International Recrystallization Conference Series) (1990—1999)

Chandra T (ed.), 1991. Recrystallization'90. TMS, Warrendale, USA.

Fuentes M, Gil Sevillano J (eds.), 1992. Recrystallization'92. Trans. Tech. Pubs., Switzerland.

McNelley T R (ed.), 1997. Recrystallization and Related Annealing Phenomena-Rex'96.

Sakai T, Suzuki H G, 1999. Recrystallization and Related Phenomena-Rex'99. Japan Inst. Metal.

2) 国际晶粒长大会议系列(International Grain Growth Conferences) (1991—1998)

Abbruzzese G, Brozzo P (eds.), 1991. Grain Growth in Polycrystalline Materials. Trans. Tech. Publications, Switzerland.

Grain Growth in Polycrystals II, Kitabyushu Japan, 1995.

Weiland H, Adams B L, Rollett A D (eds.), 1998. Grain Growth in Polycrystals Ⅲ. TMS.

3) 再结晶和晶粒长大国际会议(International Conferences on Recrystallization and Grain Growth)

从 2001 年开始,每 3 年举办一次"再结晶"和"晶粒长大"系列国际会议。最近一次会议于 2016 年在美国匹兹堡举办。

4) 国际织构会议系列[International Texture Conference (ICOTOM) Series]

每 3 年举办一次。第 17 届会议于 2014 年在德国德累斯顿举办。

5) 国际里瑟专题讨论会(International Risø Symposia)

每年在丹麦里瑟举办。其中 1980 年、1983 年、1986 年、1991 年、1995 年、2000 年和 2015 年的会议主题与本书主题密切相关。

6）国际热力加工会议（International Thermomechanical Processing Conferences，Thermec）

会议全面涵盖热机械加工的各个方面。上一届 Thermec 会议于 2016 年在奥地利格拉茨举办。这是由伦敦地质学会主办的一系列定期会议，经常讨论地质材料中的晶粒长大和再结晶问题。每一篇文章都以"特别出版物"的形式出现，由不同的主编负责。

7）其他国际会议

再结晶在组织控制中的应用：伦敦金属研究所，主题论文收录在 Metal Science J.，8，1974。

再结晶在微观结构发展中的作用：伦敦金属研究所，利兹，论文收录在 Metal Science，13，1979。

微观结构和机械加工：伦敦材料研究所，剑桥，主题论文收录在 Materials Science and Tech.，6，1990。

再结晶基础：采尔廷根，德国，这次会议的部分论文收录在 Scripta Metall. Mater.，27，1992。

热机械加工（TMP^2）：斯德哥尔摩，ASM，1996。

金属的变形加工：伦敦，论文发表在 Phil. Trans. Royal Soc.，1441—1729，1999。

热机械加工——力学、微观结构和控制：谢菲尔德大学，Palmiere、Mahfouf 和 Pinna 主编，BBR Solutions，2003。

1.3　力、压力及其单位

本书讨论的退火过程主要涉及材料内部晶界①的迁移。这些晶界在热力学驱动力的作用下发生移动，具体的数量关系将在后续章节中讨论。本节列举了一些常用的术语，并将各种退火过程中发生的能量变化与驱动相变的能量变化进行了对比。

1.3.1　晶界压力

回复、再结晶和晶粒长大的过程都是由材料内部缺陷含量所驱动的。如图 1.2 所示，以单相晶体材料的一小部分微观结构为例，该微观结构有两个区域 A

---

① 译者注：在无特别说明的情况下，本书将 boundary 直接译作晶界，而不是边界（还可能包括相界等）。

和 B(被 x 处的边界所分割)组成。假设这两个区域的缺陷浓度不同,单位体积自由能分别为 G^{A} 和 G^{B}。如果系统的吉布斯自由能降低,晶界就会移动。如果面积为 a 的晶界移动了距离 dx,那么系统的自由能变化是

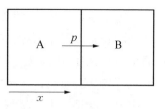

图 1.2　作用在晶界上的压力

$$dG = (G^{A} - G^{B})\, a\, dx \qquad (1.1)$$

10

作用在晶界上的力 F 为 dG/dx,晶界上的压力 p 则为 F/a,因此

$$p = -\frac{1}{a}\frac{dG}{dx} = G^{A} - G^{B} = \Delta G \qquad (1.2)$$

如果式(1.2)中 ΔG 的单位为 J/m^{3},则晶界上的压力(p)的单位为 N/m^{2}。文献中存在一些有关这些术语的混淆,p 有时称为晶界上的力,有时称为晶界上的压力。因为 p 的单位是 N/m^{2},也就是压力(压强)的单位,所以使用压力这个术语是符合逻辑的,所以本书采用了这个术语。

1.3.2　驱动压力的单位和大小

虽然我们会在后续章节中详细讨论作用在晶界上的力和压力,本节通过举例来简要说明退火过程中涉及的一些力,以引出本书所使用的单位,并提供一些关于退火过程所涉及的力的相对大小的概念。Stüwe(1978)对各种来源的力进行了很好的讨论。

1.3.2.1　再结晶:由储存位错引起的驱动压力

再结晶提供的驱动压力,源于消除变形过程中引入的位错驱动压力,可通过单位长度的位错能量(即位错的线张力)和位错密度(即单位体积的位错线总长度)的乘积来估算。因此,位错密度 ρ 所储存的能量约为 $0.5\rho Gb^{2}$,其中 G 为材料的剪切模量,b 为位错的伯格斯矢量。例如,冷加工铜($G = 42\ \text{GPa}$,$b = 0.26\ \text{nm}$)的位错密度为 $10^{15} \sim 10^{16}\ \text{m}^{-2}$,对应的变形储能为 $2 \times 10^{6} \sim 2 \times 10^{7}\ \text{J/m}^{3}(10 \sim 100\ \text{J/mol})$,可产生的初次再结晶驱动压力为 $2 \sim 20\ \text{MPa}$。

1.3.2.2　回复和晶粒长大:晶界能的驱动压力

通过亚晶粗化和再结晶后的晶粒长大所发生的回复都是由晶界面积的减少所驱动的。如果单位面积的晶界能为 γ,且晶界形成一个间距为 D 的三维网络,则晶粒长大的驱动压力近似为 $3\gamma/D$。若小角度晶界(γ_{s})的能量为 $0.2\ \text{J/m}$,大角度晶界(γ_{b})的能量为 $0.5\ \text{J/m}$,则回复过程中,$1\ \mu m$ 亚晶长大的驱动压力 p 约为 $0.6\ \text{MPa}$,而 $100\ \mu m$ 晶粒长大的驱动压力 p 约为 $10^{-2}\ \text{MPa}$。

11   需要注意的是,上述关于晶粒长大驱动力的简要讨论未考虑局部机制。更详细的研究表明,晶界的局部运动是由曲率所驱动的。也就是说,晶界会向它的曲率中心移动,以减少与晶界相关的多余能量。如后文所述,晶界能量与(晶界的)法向有关,如同它与晶界两侧的晶格取向差有关一样。这意味着 Herring 最初提出的所谓"扭矩项"(晶界能量对于取向的导数)对驱动力有重要贡献。Hoffman 和 Cahn(1972)以及 Cahn 和 Hoffman(1974)巧妙地引入了一个毛细矢量 ξ 以描述表面张力和"扭矩项"的联合作用。后续章节会更详细地讨论上述有关晶粒长大的内容。

1.3.2.3 与相变驱动力比较

对比退火过程和相变过程中发生的能量变化是很有趣的,例如,金属熔化潜热的典型值约为 10 kJ/mol,而固态相变潜热的典型值约为 1 kJ/mol。因此,冷加工金属退火所涉及的能量变化比相变要小得多。

第 2 章　变形状态

2.1　引言

　　本章及下一章所讨论的要点与其余章节差异较大。在诸多与再结晶及其他退火现象相关的变化中，最显著的是位错密度的下降。本章主要讨论位错增加（而非位错减少），以及变形导致的变形储能的增加。变形状态在很大程度上决定了后续的微观结构演化，包括晶粒尺寸、形状和取向，特别是再结晶。位错结构，尤其是其不均匀特性，决定了（后续章节将讨论的）退火相关的驱动力和再结晶的形核模式。不仅如此，甚至可以说，变形结束后保留的微观结构决定了材料在后续退火过程中将发生什么。只有当存在并发析出①（concurrent precipitation）的可能时，温度和（或）加热速率才会对结果产生显著影响。

　　一方面，认识材料的退火过程需要我们很好地理解材料的变形状态，对比本章和后面讨论退火的章节，可发现我们当前对变形状态的认识与理解退火所要求的之间仍存在很大差距。例如，我们目前对变形过程中位错累积的速率和大尺度变形不均匀性（这会显著影响再结晶的形核过程）的认识仍很不充分，因此难以得到可靠的再结晶定量模型。Pokharel 等（2014）做了系统的文献综述，对比了变形状态的实验表征结果和基于晶体塑性的模拟结果，发现两者仅在统计上具有较好的一致性。然而，在局部晶粒尺度上，模拟结果和实验结果存在显著差异。另一方面，我们已取得了大量有关变形过程中界面②形成的信息，但尚未形成能充分考虑这些因素的退火理论。这些差异指引我们接下来需要在哪些领域开展进一步研究。

---

①　译者注：并发析出（concurrent precipitation）用于描述合金中多个相同时发生析出的现象，即不同的化合物或相在同一时间段内从合金中析出，形成多相共存的结构，可能在合金的热处理或固溶处理过程中发生。

②　译者注：此处界面主要指晶界。

14 　在变形过程中,金属的微观结构会发生若干形式的变化。首先也是最明显的,晶粒的形状会发生变化,导致总的晶界面积迅速增加。在此过程中,必须产生新的晶界区域——主要是通过变形过程中不断产生的位错来实现。第二个明显的特征(在 TEM 的空间分辨率下)是晶粒内部结构的特征,例如位错胞元,或者在温度足够高时可能出现的亚晶。当然,亚晶的形成也是位错不均匀堆积的结果。除了残余空位和间隙原子的微小贡献外,所有位错与新界面的能量之和即为变形储能,其中以位错密度的能量占主导地位。变形的另一个结果是其与退火过程密切相关。在变形过程中,单晶或多晶体内各晶粒的取向(相对于外加的、单轴或多轴的应力方向)会发生变化。这种晶粒取向的变化不是随机的,而是涉及晶格的转动,而晶格转动与材料的晶体学属性[主导材料的塑性变形模式,如位错滑移和(或)变形孪晶等]直接相关。因此,晶粒表现出晶体学上的择优取向或所谓的"织构",而且随着变形的增加,织构会变得更强,我们会在第 3 章进一步讨论。

　退火过程的每个阶段都涉及变形储能的损失和相应的微观结构变化。退火过程中最常见的两类现象是回复和再结晶,回复只涉及位错的减少和重排,而再结晶则涉及晶界的长程运动。再结晶后,接着发生晶粒长大,此时晶界运动主要由晶界曲率和晶界界面能驱动,而非由位错的体积储能驱动。变形储能的释放为回复和再结晶提供了驱动力,而微观结构的不均匀性控制了再结晶晶核(这些晶核最终将变成再结晶晶粒)的形成和长大以及再结晶晶粒的取向。通过后续章节的详细讨论,我们知道新晶粒的"形核"既要有足够的变形储能(作为驱动力),也要有足够大的取向差以形成可移动的晶界(Martin 等,1997)。要理解这些微观结构演变的过程,我们首先需要理解变形状态的属性、微观结构的产生,特别是微观结构不均匀性的形成。遗憾的是,我们当前对这些问题的理解仍然不完善,Cottrell 在大约 50 年[①]前所做的论述仍适用于当下:

　在与晶体塑性相关的诸多问题中,很少有比加工硬化更具有挑战性的。加工硬化能产生一些惊人的效果,例如,它能使纯铜和铝晶体的屈服强度提高 100 倍。此外,它在本学科中占据中心地位,与材料的位错滑移、再结晶和蠕变等现象有关。这是位错滑移理论需要解释的第一个问题,也很可能是最后一个需要解决的问题。

——A. H. Cottrell (1953)

① 译者注:本书所指时间皆以英文原版成书时间为参考。

2.2 冷加工的变形储能

2.2.1 变形储能的来源

2.2.1.1 储存的位错

金属在变形过程中所消耗的机械功大部分以热的形式释放掉,只有非常少的一部分(约 1%)以能量的形式储存在材料内部。这部分变形能量主要表现为变形过程中所产生的点缺陷和位错的过剩自由能,这些储能为变形金属的各种性质变化提供了驱动力。然而,由于空位和间隙原子的迁移率非常高,以至于除了在非常低温下的变形等特殊情况外,点缺陷通常对变形储能没有明显的贡献。这一点可以依据位错是点缺陷的实际沉降点来证实,因此,随着位错密度的增加,空位扩散到最近的位错沉降点所需的特征时间会减少。在一般的室温变形情况下,几乎所有的变形储能都源于位错的累积,变形态和退火态材料的本质区别也在于位错的含量和排列。位错密度的增加是由于现有位错对新产生的移动位错的持续捕获,并将其纳入位错亚结构中,这是变形状态的特征。因此,讨论回复和再结晶过程中的变形微观结构时,必须基于位错的密度、分布和排列。

2.2.1.2 晶界面积

变形过程中另一个直观的微观结构演变是晶粒形状的变化。金属多晶体在变形过程中通常会发生晶粒形状变化以匹配材料的宏观形状变化,其结果是晶界面积增大。例如,假设对一初始形状为立方体的晶粒进行轧制变形,在减薄50%的厚度后,该晶粒的表面积增加了 16%;而在减薄 90%的厚度后,表面积增加了 270%;减薄 99%的厚度后,表面积增加了 3 267%。为满足变形的连续性要求,变形过程中将不断地产生新的晶界区域,该过程一定程度上是通过变形过程中产生位错来实现的。

这种与晶界面积增加相关的能量占金属冷加工变形储能的很大比例,对于小晶粒和大变形来说,变形储能会更大。Gil Sevillano 等(1980)考虑了严重压缩变形金属($\varepsilon=5$,即厚度减薄约 99.3%)的情况,初始晶粒的尺寸为 10 μm,为等轴晶。假设晶界能保持在 0.7 J/m^2 不变。在这些条件下,储存在晶界内的能量约为 10^6 J/m^3(约为 1 MPa),对于铜来说,约为 71 J/mol,这部分能量约为再结晶过程中所释放的总变形储能的 10%。

单位体积内晶界面积的增加速率很大程度上取决于变形模式。例如,轧制薄板的晶粒会变成板条状,拉拔的晶粒会变成针状,压缩试样的晶粒会变成圆盘状。图2.1列举了不同变形模式下，单位体积内晶界面积随应变的增长速率。晶界面积的增加以及晶界位置的局部波动是促进形变材料发生连续再结晶的重要因素（将在第14章讨论）。在亚晶尺度上也观察到晶界运动导致总晶界面积的减少（Yu等，2013）。

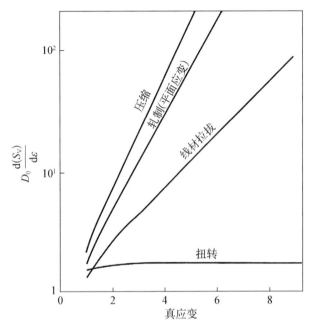

图2.1 不同变形模式下单位体积晶界面积 (S_V) 随应变的增长率，假设为立方形晶粒，其初始尺寸为 D_0

（图片源自 Gil Sevillano J，van Houtte P，Aernoudt E，1980. Prog. Mater. Sci.，25：69.）

2.2.1.3　位错亚结构

变形组织的第二个重要特征是晶粒内部结构的形成，通常会表现出不同的形式，但所有内部结构的形成都会导致取向梯度的产生。新生成的位错在空间上的储存通常是不均匀的、偏聚的，从而会促进晶粒内部界面的形成和发展，导致晶粒的破碎和破裂（Hughes等，1997）。此外，位错和变形储能也与金属中的第二相颗粒有关，这些第二相颗粒可能是难变形的或者根本不变形的，这种基体与第二相颗粒间的不相容性会导致额外的位错形成，如2.9.2节所讨论的。考虑到这些内部的取向梯度，Ashby（1970）将位错分为几何必需位错（geometrically necessary dislocation，GND）和统计储存位错（statistically stored dislocations，SSD）。GND表示存在取向梯度，而一组SSD产生的净晶格曲率为零。然而，严格地讲，所有位错在几何尺寸上都是必要的，因为单个位错(在几何尺寸上)可以被分解以匹配作用其上的位移场。

在典型的轻微变形的金属中,变形储能约为 10^5 J/m³,相当于 0.1 MPa 的压力(或应力)。这个能量非常低,约相当于 0.1% 的熔化潜热(铜的凝固潜热约为 13 kJ/mol),比相变的能量变化(铁的 $\alpha \rightarrow \gamma$ 相变的能量变化约为 0.92 kJ/mol)小得多。因此,退火温度下可能发生的任意相变,例如第二相的析出或有序反应,都可能对再结晶行为产生重要影响。尽管金属的变形储能量级不大,但与之相关联的位错网络是变形过程中所发生的各种强化的根源,位错的损耗会导致材料在退火过程中发生各种性能变化。

变形过程中位错密度的增加主要是由于现有位错的捕获和新位错的产生。在变形过程中,位错(伯格斯矢量 b)移动了平均距离 L(位错的平均自由程),位错密度 (ρ) 与真应变 (ε) 的关系可表示为

$$\varepsilon = \rho b L \tag{2.1}$$

L 的具体数值及其随应变的变化是造成当前加工硬化理论中诸多不确定性的原因。在某些情况下,可以推断出 L 的极限值,例如晶粒尺寸或颗粒间距等。从材料工程的角度来看,目前尚无加工硬化的第一性原理理论,相反,加工硬化的经验模型太多了。任何给定的模型都有许多可调节的参数,并根据实验数据拟合这些参数。位错动力学(DD)模型是一种介观尺度模型,它将离散位错视为带有运动规则的独立线段,以响应施加的应力和相互作用。这种 DD 模型已用于研究一系列问题,当然这些问题通常受限于特定范围内的应变、各向异性和晶体取向(LeSar, 2014),当前采用 DD 来研究多晶体的硬化仍不现实。

2.2.2　总变形储能的测量

变形储能的测定并不容易,可以通过量热法直接测量,也可以通过 XRD 或材料的某些物理或机械性质(如硬度)的变化来间接测定,附录 A2 简要地对比了这些测量技术。如果材料的流动应力已知,且主要依赖于储存的位错密度,那么变形储能就可以很容易地根据流动应力估算出来,如下一节所述。

2.2.2.1　量热法

Bever 等(1973)详细论述了早期大量的量热测量结果。然而,由于能量变化非常小,即便是最先进的量热法也需要非常注意测量细节。测量的结果和数值取决于材料成分(特别是杂质水平)、晶粒尺寸、变形程度和变形温度等因素,简要总结如下。

(1) 储存的能量随应变增加,铜在室温拉伸变形的储能值如图 9.6(a)所示。

（2）如果改变变形模式，冗余功的变化可能会导致储存能量的巨大差异。以铜为例，拉伸变形的变形储能为 3.2 ～ 5.7 J/mol、压缩变形的为 3.8 ～ 8.3 J/mol、拉拔变形的约为 95 J/mol。

（3）在低应变和中等应变水平下（$\varepsilon < 0.5$），细晶材料中储存的能量比粗晶材料的多。在高应变水平下，变形储能的大小通常与晶粒尺寸无关，尽管 Ryde 等（1990）曾报道粗晶铜具有更高的变形储能。

差示扫描量热技术的发展（如 Schmidt，1989；Haessner，1990）使得变形储能的量热测量再次受到广泛关注，这些研究人员测量了几种金属在 -196℃ 扭转变形后的能量释放，其结果如图 2.2 所示。低温区域的峰值与点缺陷的减少有关（通常不是我们关注的重点），但高温区域的峰值则是由于位错减少和再结晶。对再结晶峰进行分析得到如表 2.1 所示的结果，变形储能的范围为 21.5 ～ 220 J/mol。

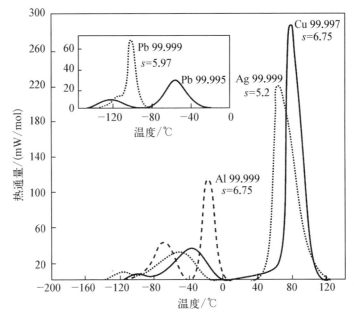

图 2.2 铝、铅、铜和银试样在 196℃ 扭转变形至不同的表面剪切应变（s）值时的量热值

[数据源自 Haessner（1990）引用 J. Schmidt 未发表的结果。]

铅和铝中的变形储能值远低于铜和银，这主要是由于它们较低的剪切模量 [见式（2.6）]，而剪切模量与它们较低的熔点直接相关（见表 2.1）。表 2.1 中各 20 元素按其剪切模量增大的顺序排列，大致对应于变形储能的增大，另外堆垛层错能（γ_{SFE}）的差异也可能是原因之一。层错能与材料中的原子键合有关，决定了位错解离①成不全位错的难易程度。低 γ_{SFE} 会促进位错的解离,阻碍了位错的攀移和交滑移,这是回复的基本机制。因此,根据位错理论,可以推断高的 γ_{SFE} 会促进位错的动态回复,表 2.1 所列举的两组 γ_{SFE} 符合这一特征,即铅和铝的 γ_{SFE} 更高,变形储能更低。此外,铝和银具有相似的剪切模量,但银具有更高的位错密度和变形储能(剪切模量和层错能的共同影响)。我们还注意到,变形过程中消耗的能量只有小部分储存在材料中,这与我们通常观察到的加工硬化率随应变下降的现象相对应。

表 2.1   金属(纯度均为 99.999%)在 77 K 变形时的再结晶数据(Schmidt,1989)

参 数	铅(Pb)	铝(Al)	银(Ag)	铜(Cu)
剪切模量 G /GPa	5.6	26	30	48
约简堆垛层错能 γ_{SFE}/Gb (×1 000)	15	26	2.6	4.7
剪切应变	5.97	6.75	5.2	6.75
储存的能量/J	21.5	69.6	220	216
消耗的能量/(J/mol)	1 400	3 151	4 914	5 592
储存的能量/消耗的能量	0.015	0.022	0.045	0.039
位错密度@ /m^{-2}	$1.7×10^{15}$	$3.1×10^{15}$	$8.7×10^{15}$	$10×10^{15}$

注: @ 根据 $[E_{stored}/Gb^2]$ 计算得到。

2.2.2.2 加工硬化

虽然本书无须读者熟知加工硬化(又称应变硬化)的细节,但了解材料加工硬化的总体趋势是很有必要的。Diehl(1956)将大量的加工硬化相关的研究成果整理成书,并将单晶的典型应力-应变曲线分为 3 个阶段。阶段Ⅰ仅适用于位错容易滑动的单晶的单滑移,如 Andrade 和 Henderson(1951);阶段Ⅱ为线性硬化阶段(硬化速率高),是低温变形的典型特征,对温度或应变速率不敏感。与前几个阶段相比,由于动态回复,阶段Ⅲ是硬化速率稳定下降的阶段,并且对温度和应变速率非常敏感,如图 2.3 所示。图中使用剪切应力和剪切应变作为坐标轴,对于多晶体而言,剪切应力和剪切应变与宏观真应力和真应变之间的关系可

---

① 译者注:位错解离(dislocation dissociation)描述位错在晶体中发生解离变成两个或更多部分的现象。当位错解离时,一个位错线分裂成两个或多个新的位错线。解离产生的新位错线通常具有不同的方向和位错类型,从而影响了材料的局部结构和性能。

近似用泰勒(Taylor)数 $M^①$ 来描述,即 $\tau=\sigma/M$ 和 $\gamma=M\varepsilon$ (相关理论背景可参考文献如 Kocks 等,1998)。除了这 3 个阶段外,现在又增加了阶段Ⅳ(Rollett 和Kocks, 1993),这是一个在低温下观察到的硬化率小但恒定的阶段;以及阶段Ⅴ,即阶段Ⅳ消失后,加工硬化率为零的阶段。显然,任何无加工硬化的变形都意味着流动应力的饱和。随着变形温度的升高,阶段Ⅳ消失,阶段Ⅲ逐渐缩短,直至屈服应力与极限应力之差可忽略不计。这与蠕变类似;对于蠕变,通常将应力表示为应变速率的函数,如 Zener-Hollomon 方程(见第 13 章)。

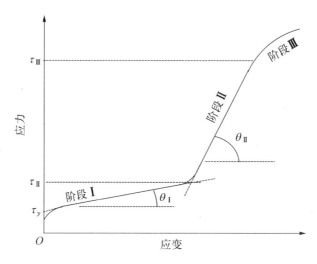

图 2.3　单晶滑移系上的分切应力-分切应变关系

(阶段Ⅰ为易滑移阶段,对应于单个滑移系上的低硬化率滑移。阶段Ⅱ表现为一个非常高的、近乎常数的加工硬化率,这一现象在所有金属中都是相似的,并且该硬化率通常用剪切模量进行归一化。高硬化率与其他滑移系的激活有关。在一定的应力状态下,进入阶段Ⅲ,硬化率逐渐降低,动态回复更加显著。)

采用硬化速率-应力 $(\mathrm{d}\tau/\mathrm{d}\gamma - \mathrm{d}\tau)$ 曲线可以更直观地区分加工硬化的各个阶段,如图 2.4 所示。需要注意的是,对于单滑移变形模式,阶段Ⅰ(易滑移阶段)和阶段Ⅳ具有相似的硬化速率。基于位错线的能量表达式,采用剪切模量 G 对加工硬化率进行归一化,则这两个阶段的硬化率的量级约为 2×10^{-4};阶段Ⅱ的硬化率为 0.05 量级;而阶段Ⅲ近乎直线,对应于 Kocks-Mecking 理论,可以拟合成 Voce 方程(Voce, 1948),其微分形式为

$$\theta=\frac{\mathrm{d}\tau}{\mathrm{d}\gamma}=\theta_0\left(1-\frac{\tau}{\tau_{\mathrm{V}}}\right) \tag{2.2}$$

---

① 译者注:基于应变定义的泰勒因子等价于基于应力的定义,后者更常用。

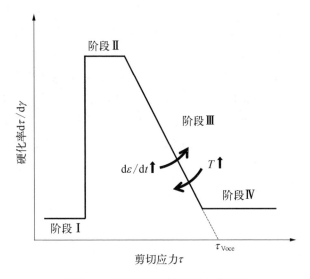

图 2.4 硬化速率与流动应力的关系

[图中显示了加工硬化的 4 个阶段。多晶体通常只表现出阶段Ⅲ,如果发生大变形(≥100%)则还存在阶段Ⅳ。单滑移取向的单晶在拉伸试验中可能表现为阶段Ⅰ至阶段Ⅲ。将阶段Ⅲ外推至零加工硬化率,则得到 Voce 应力,即名义饱和应力。箭头表示温度和应变速率对阶段Ⅲ斜率的潜在作用。阶段Ⅲ受热激活的影响显著,而其他阶段几乎不受热激活的影响。]

需要指出的是,金属材料的应力-应变数据通常更符合一般的幂律关系 $\sigma = K\varepsilon^n$; 而当应变超过 25% 时,应变越大则更宜采用 Voce 关系或基于 Voce 关系的变体模型(Kocks,1976)。如果没有阶段Ⅳ,当流动应力(渐进地)达到 Voce 应力 τ_v 时,阶段Ⅲ结束。然而,为了更好地拟合实验数据,可能需要采用不同形式的数学函数。

泰勒方程描述(分切)流动应力 τ 与位错密度 ρ 之间的基本关系如下:

$$\tau = \alpha G b \sqrt{\rho} \qquad (2.3)$$

式中,G 为剪切模量;b 为伯格斯矢量的大小;α 为几何常数,取决于位错与决定流动应力的障碍物之间相互作用的几何关系。Mecking 和 Kocks(1981)整理了当时已有的实验数据,并得出结论——流动应力与位错密度这一关系在过去几十年中皆未发生变化。该方程还表明,对于给定的位错密度,即微观结构不变,温度对流动应力的影响并不显著,仅通过剪切模量的温度依赖性来影响流动应力。

硬化速率与位错密度之间的关系可以简单地概括如下。阶段Ⅰ对应着位错偶极子(dipole)的捕获,位错偶极子是由两个在平行滑移面上滑动的刃位错(具有大小相同、方向相反的伯格斯矢量)的相互吸引而形成的(Hirth 和 Lothe,

1968)。阶段Ⅱ最容易从面滑移的角度来理解，即位错环在滑移面上扩展，并在局部硬质周围沉积（Kocks，1966，1984）。如果障碍是其他位错（此时与颗粒这一障碍不同，本章稍后将讨论），那么障碍物（译者注：如林位错）的密度与位错密度本身成比例。这种比例关系通常称为自相似性，直接的几何分析即可证明位错的增殖速率与位错密度成正比（Rollett 和 Kocks，1993）。对于阶段Ⅲ，最简单的假设是每单位应变损失的位错线长度与当前位错密度成正比。显然，这是一种回复形式，即我们所熟知的动态回复，因为它只发生在变形过程中，并依赖于驱动位错越过障碍的外加应力。综合位错增殖和动态回复这两种现象，位错密度的净储存速率可表示为

$$\frac{\mathrm{d}\rho}{\mathrm{d}\gamma} = k_1\sqrt{\rho} - k_2\rho \tag{2.4}$$

将其转换为剪切应力和剪切应变，可以得到以下结果，其中右边的第一个式子等于式(2.2)中的 θ_0，且 $\tau_\mathrm{V} = k_1\alpha Gb/k_2$。

$$\frac{\mathrm{d}\tau}{\mathrm{d}\gamma} = \frac{k_1\alpha Gb}{2} - \frac{k_2\tau}{2} \tag{2.5}$$

23　　上式是针对单滑移变形模式，如前面所述，可通过引入泰勒因子来表示多晶体的这一关系。加工硬化的应变速率和温度的依赖性主要源自动态回复对这两个工艺参数的敏感性，通常用动态回复系数 k_2 表示。Kocks 和 Mecking（2003）对上述模型做了系统的论述。

可能大家会认为实际观察到的位错结构不均匀性与上面所总结的加工硬化的不同阶段有关，但事实并非如此。例如，许多观察表明，变形后形成的差异显著的胞元结构却对应着相似的硬化速率。我们将在下一节对这个问题进行更详细的讨论。然而，一般来说，较低的温度和应变与较高的溶质含量容易导致几乎没有特征的位错结构，即纯粹的统计储存位错。而较高的温度和应变以及较低溶质水平则会导致更强的胞元结构的形成。

需要指出的是，变形孪晶（将在下一节详细论述）往往会显著地提高加工硬化。Knezevic 等（2010）的研究表明，AZ31 镁合金中某些织构和应变路径的组合会产生高密度的、间距小的压缩孪晶，显著增强了材料的加工硬化。TRIP 或不锈钢中马氏体的形成同样也会提高材料的加工硬化。

2.2.2.3 X 射线展宽

也可以通过 X 射线展宽（反映材料的位错密度）的分析来测量形变金属内部的变形储能，例如 Groma 等（1988）、Muller 等（1997）以及 Ungar 和 Zehetbauer

(1997)的工作。该技术仅可测量非均匀晶格应变能,更多细节见附录。基于位错密度和基于量热结果的变形储能之间的差异也直接反映了位错密度对变形储能的重要性。对于经受严重变形的冷加工金属,通过 X 射线测量的变形储能通常为 8~80 J/mol,而量热法测量的结果为 250~800 J/mol。采用高强度同步辐射 X 射线源可获得比传统 X 射线源更准确的结果,并且更容易确定与晶粒取向相关的局部位错密度(将在下一节中讨论)。Zilahi 等(2015)指出,应单独考虑线展宽和衍射摇摆曲线的展宽,因为它们分别提供了晶格参数变化(如残余应力)和取向分散度变化(如由亚晶的形成而导致的)相关的信息。有大量的文献研究了这些主题,本文不做赘述。

2.2.3　变形储能与微观结构的关系

变形金属的退火行为不仅取决于总的变形储能,更取决于储能的空间分布。在局部尺度上,变形储能的不均匀性会影响再结晶的形核,而更大尺度上的微观结构异质性会影响新晶粒的长大。为了预测退火行为,确定由变形引起的缺陷分布是很重要的。在本节中,为建立微观结构和变形储能之间的联系,我们假设一个非常简单的模型,即认为金属多晶体的微观结构的构成除了大角度晶界外,只有以下两个组分(当然,读者在 2.4 节会发现这是一种过于简化的假设)。

位错胞元结构或亚晶　被位错墙(即几何必需位错)围起来的典型的等轴、微米级的体积单元。这些位错墙要么是缠结的(胞元结构),要么是有序的小角度晶界(亚晶晶粒)。如图 2.11(a)和(b)所示为位错胞元结构的例子。

位错　除构成胞元结构和亚晶之外的其他所有位错,即统计储存位错。

关于这些组分的性质和分布信息可以通过很多的实验方法获得,包括 TEM、XRD、SEM 和电子背散射衍射(EBSD),如附录 A2 所述。

2.2.3.1　变形储能与位错密度

对于位错密度较低的材料,可以直接用透射电镜测量位错密度。然而,即使是中等变形的金属,其位错密度也无法精确计算,而位错的不均匀分布,例如胞元结构中位错密度,使测量更加困难。如果忽略位错核的能量,并采用各向同性弹性假设,位错线单位长度的能量(E_{dis})约为

$$E_{dis} = \frac{Gb^2 f(\nu)}{4\pi} \ln\left(\frac{R}{R_0}\right) \tag{2.6}$$

式中,R 为上截断半径(通常用于空间上区分两根位错,与 $\rho^{-1/2}$ 成比例);R_0 是

下截断半径（取值通常在 $b\sim5b$ 之间）；$f(\nu)$ 是泊松比（ν）的函数，刃位错和螺位错的平均值约为 $(1-\nu/2)/(1-\nu)$。当位错密度为 ρ 时，对应的变形储能可近似表示为

$$E_{\mathrm{D}}=\rho E_{\mathrm{dis}} \tag{2.7}$$

如果位错的排列和空间分布不受其他位错的应力场的影响，那么上述关系是合适的，但实际材料中位错的能量并不能完全用这种简单的模型来表示。即使在中等变形的金属中，位错通常也是扭结和割阶的，并堆积或缠结在一起。位错理论表明，位错的能量取决于其所处的环境，例如，位错堆积时的能量最高，而形成胞元或亚晶墙后能量最低。

25　　　在大多数情况下，只需要非常近似的位错能量值，式(2.6)可以简化为

$$E_{\mathrm{dis}}=c_2Gb^2 \tag{2.8}$$

式中，c_2 是常数，约为 0.5。储存的能量为

$$E_{\mathrm{D}}=c_2\rho Gb^2 \tag{2.9}$$

式(2.3)~式(2.5)给出了位错储存速率随应变增加而变化的基本方程。当前有关微观结构演化的模型仍存在许多问题，可参阅 Nes（1998）以及 Kocks 和 Mecking（2003）的综述。如果我们忽略那些形成新的大角度晶界区域的位错（见 2.2.1 节），则总位错密度（ρ_{tot}）包括那些以胞元/亚晶边界（ρ_{b}）的形式储存的位错，以及那些在胞元或亚晶内部的位错（ρ_{i}）。

对铝（Zehetbauer，1993）、铜（Zehetbauer 和 Seumer，1993）和铁（Schafler 等，1997）中总位错密度的测量结果表明，ρ_{tot} 随变形迅速增加，直至真应变达到约 0.5，随后随应变线性增加，如图 2.5(a) 所示。然而，在更大的应变（和更高的变形温度）下，越来越多的位错以构成胞元/亚晶的界面的形式储存；如图 2.5(b) 所示，TEM 测量表明，当应变超过 0.3 后，由于动态回复效应，铝里面的 ρ_{i} 增加不明显。如下一节所讨论的，一般来说，推荐的方法是将位错密度和当前的流动应力联系起来，而不是假定位错密度和应变有任何特定的关系，因为应变是一个历史变量而非状态变量。

2.2.3.2　从流动应力估算储存能量

将泰勒方程(2.3)写作位错与宏观流动应力 σ 之间的关系，就有可能估算出储存能量，当然前提是材料中的位错密度主导着滑移阻力，在冷加工状态下通常是这样的：

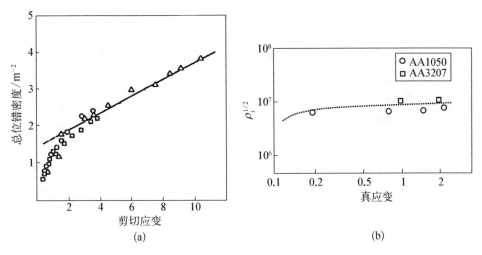

图 2.5　变形金属中的位错密度

(a) 变形铜中的总位错密度（ρ_{tot}）（Zehetbauer 和 Seumer，1993）；(b) 铝中的自由位错密度（ρ_i）
（Nes 和 Marthinsen，2002）

$$\sigma = \bar{M}\alpha Gb\sqrt{\rho} \tag{2.10}$$

式中，平均泰勒因子 $\bar{M}$ 约为 3.0（Kocks 等，1998）；α 是约为 0.5 的几何因子；G 是剪切模量；b 是伯格斯矢量的大小；ρ 是位错密度。泰勒因子解释了发生多滑移的多晶体中，每个激活滑移系中滑移之间的几何关系（Kocks 等，1998）。根据流动应力估计位错密度，有

$$E_d = \frac{\sigma^2}{\bar{M}\alpha Gb}c_2 Gb^2 = \frac{c_2\sigma^2 b}{\bar{M}\alpha} \tag{2.11}$$

2.2.3.3　变形储能和胞元/亚晶结构

如果变形组织主要是规则的等轴亚晶结构（见 2.4.1 节），则可根据亚晶直径（D）和构成亚晶墙的小角度晶界的比表面能（γ_S）来估算储存的能量。单位体积内的小角度晶界面积约为 $3/D$，因此单位体积能量 E_D 近似为

$$E_D \approx \frac{3\gamma_S}{D} \approx \frac{\alpha\gamma_S}{D} \tag{2.12}$$

式中，α 是常数，约为 1.5。

如 4.3 节所讨论的，晶界能（γ_S）与晶界两侧的取向差（θ）直接相关[见式(4.5)或式(4.6)]，因此式(2.7)也可以用参数 D 和 θ 来表示，如式(2.13)所示，这两个参数都可以通过实验进行测量。

23

$$E_D = \frac{3\gamma_S\theta}{D\theta_m}\left(1 - \ln\frac{\theta}{\theta_m}\right) \approx \frac{K\theta}{D} \tag{2.13}$$

式中,θ_m 由式(4.6)定义,K 为常数。尽管对于位错密度和位错间距接近平衡值的晶界,使用式(2.13)可能是合理的,但对于组织较松散的位错边界,如胞元的位错边界,则不太可能是准确的。

胞元/亚晶的尺寸与应变之间的关系 对于室温变形的金属,胞元/亚晶的尺寸随应变的增加而减小。Gil Sevillano 等(1980)发现,许多金属都表现出类似的规律,且不受变形模式的影响,如图 2.6 所示,这一规律已由大量的实验研究所证实。如图 2.6 所示,Nes(1998)指出,当应变超过 1 时,胞元尺寸与应变成反比(第 13 章会继续阐述该现象)。

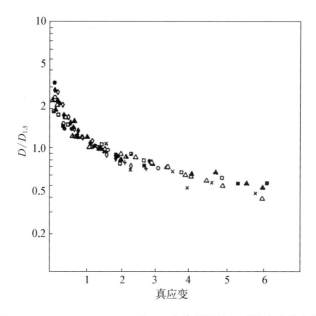

图 2.6　Al、Cu、Fe、Ni、Cr 和 Nb 中胞元平均尺寸随应变的变化

[图中数据由 Gil Sevillano 等(1980)从不同文献中收集得到的。图中纵坐标为胞元尺寸 D 与 $D_{1.5}$ 的比值($D_{1.5}$ 为应变为 1.5 时的胞元尺寸)。其中,Al、Cu、Ni、Fe、Cr 和 Nb 的 $D_{1.5}$ 分别约为 0.5 μm、0.3 μm、0.3 μm、0.3 μm、0.4 μm 和 0.2 μm。]

28　　**胞元/亚晶的尺寸与应力之间的关系** 正如许多研究人员所指出的,应变是一个历史变量而非状态变量。而应力是一个状态变量,因为可以借助显微镜,通过测量位错密度、晶粒大小和数量等物理量来确定应力。就像胞元/亚晶的尺寸随应变演化具有明确趋势一样,胞元/亚晶的尺寸与流动应力之间也有着惊人的简单关系。Ginter 和 Mohamed(1982)统计分析了当时已公开发表的所有关于铝蠕变的实验数据,发现了一个倒数关系,即 $\delta \times \tau$ 为常数(δ 为尺寸,τ 为切应力),尽管也存在显著的散点(见图 2.7)。另外,对比铝、铜、铜硅、不锈钢、铁和镍的数据,会得到一个违反直觉的结果——当胞元/亚晶尺寸和应力分别由伯格斯矢量和剪切模量做归一化处理后,所有材料都显示出相同的比例常数,猜测层错能的显著变化与该常数的变化有关,我们将在本书动态再结晶部分(见第 13 章)详细探讨这个主题。此外,Derby(1991)绘制了金属和陶瓷的数据,也发现了相同的趋势(见图 13.8)。需要注意的是,基于亚晶粗化(见第 10 章)的再结晶晶粒尺寸的理论研究也需要亚晶尺寸的相关知识。

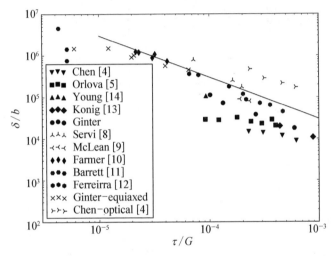

图 2.7　铝在 473 K 或以上蠕变的实验,亚晶尺寸与分切应力之间的关系

[分别用伯格斯矢量和剪切模量对尺寸和应力进行了归一化处理。尺寸测量分别基于蚀刻点蚀(EP)、光学显微镜(OPT)和透射电镜(TEM)。图例中有参考文献编号的,对应 Ginter 和 Mohamed(1982)论文中提供的参考文献,没有参考文献编号的,则为 Ginter 和 Mohamed(1982)文献中的原始数据。]

胞元/亚晶的取向差与应变之间的关系　对胞元或亚晶的界面两侧取向差随应变变化的研究不如对这些亚结构尺寸的研究那样充分。多数研究工作是基于透射电镜衍射的结果,因此有关取向差的测量数据相对较少,且很少有论文指出这些数据的统计意义。好在近年来快速发展和普及的 EBSD 技术(见附录 A2.6.1)可提供更具统计学意义的数据,高分辨率 EBSD 最终将填补这一空白。

Gil Sevillano 等(1980)在他们的综述论文中发现,胞元/亚晶晶粒的取向差随应变增加而增加。然而,Nes(1998)对铝合金数据的归纳总结表明,当应变达到 1 时,取向差趋于饱和,为 $2° \sim 3°$。Nes 的这个结论与铝(Liu 和 Hansen,1995)和镍(Hughes 和 Hanse,2000)的 TEM 结果[见图 2.8(a)]以及 EBSD 测量结果（Hurley 和 Humphreys，2003）［见图 2.8（b）］相矛盾。这些结果（不包括大尺寸变形带内的取向差）都表明取向差随应变增加而增大。Merriman 等（2008）开展的凹槽模压实验（译者注：如平面应变压缩实验）表明胞元尺寸随压缩量增加而增大，相反，在应变达到 30% 之前，GND 密度随变形近似线性增加；GND 密度与胞元墙的取向差直接相关。Gu 等（2012）对无氧电工铜（OFEC）的单道次等通道转角挤压实验表明，当应变超过 1 时，胞元墙的取向差仍随应变增加而增大。我们将在 2.4.2 节讨论与胞元/亚晶的界面类型相关的取向差。上

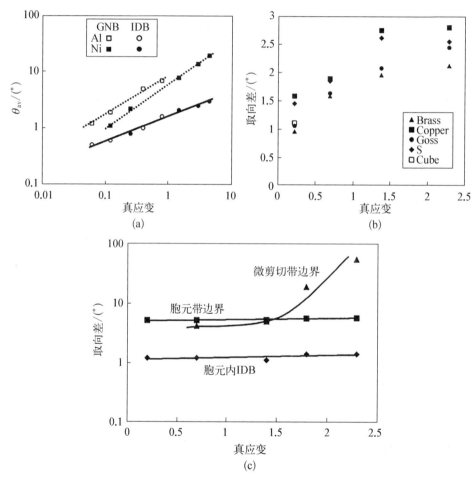

图 2.8　应变对铝晶界取向差的影响

（数据源自 Hurley P J，Humphreys F J，2003. Acta Mater.，51：1087.）
（a）铝和镍中的偶然位错边界（IDB）和几何必需边界（GNB）内的取向差（Hughes，2001）；
（b）Al-0.1%Mg 中晶粒取向对胞元取向差的影响（Hurleya 和 Humphreys，2003）；（c）应变对 Al-0.1%Mg 中胞元内、胞元带和微剪切带边界的平均取向差的影响

述讨论的现象主要基于单向加载的变形条件。需要注意的是,循环应变可能会导致非常不同的行为,如软化和亚晶粒或胞元尺寸的增加等,尤其是在从已经经历了硬化状态开始循环变形的情况下。

取向梯度　平均亚晶取向差只是描述晶粒内部取向变化的参数之一。对于再结晶的形核(见 7.6 节),尤为重要的是材料内部的长程取向梯度。许多情况下,尽管各晶粒内局部最邻近区域的取向差很低,但整个晶粒内可能存在明显的取向梯度,取向梯度 $\Omega = \mathrm{d}\theta/\mathrm{d}x$,可定义为微观结构某个区域的累计取向差变化率(Ørsund 等,1989)。然而,由于变形微观结构的复杂性,这一概念通常只适用于特定的微观结构特征,如第二相颗粒邻近区域(见 2.9.3 节)或过渡带(见 2.7.3 节)等。

2.2.3.4　变形储能的取向依赖性

实验发现,胞元/亚晶的尺寸和取向差都可能依赖于晶粒取向,因此,根据式(2.7),织构成分不同的材料具有不同的变形储能。正如后文所讨论的,这可能对再结晶行为有重要的影响。

这一领域的开创性工作是 Dillamore 等(1972)对 70% 冷轧铁的研究,在该轧制变形条件下,材料微观结构主要由胞元结构构成,胞元尺寸与相邻胞元之间的取向差依赖于晶粒取向(见图 2.9)。对于 {hkl}⟨110⟩ 的轧制织

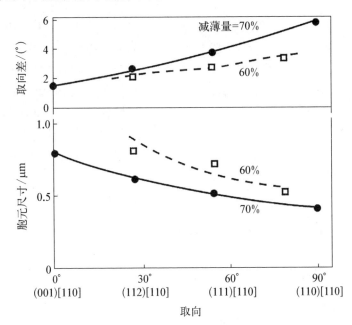

图 2.9　胞元尺寸和胞元边界取向差随局部取向的变化

(数据源自 Dillamor I L, Morris P L, Smith C J E, et al., 1972.
Proc. R. Soc. Lond. A., 329: 405.)

构成分,实验观察到的小尺寸胞元和大的取向差与{110}附近的轧制平面取向有关,而{001}取向则出现较大尺寸的胞元和小的取向差。由式(2.8)可以看出,如果位错主要集中在胞元墙或亚晶墙,那么小尺寸胞元和大取向差的这类微观结构的变形储能应该是最大的,Dillamore 等因此得出如下结论:

$$E_{110} > E_{111} > E_{112} > E_{100}$$

这一结果对理解低碳钢中的再结晶织构是非常有用的。Every 和 Hatherly(1974)使用 X 射线展宽法发现,在 70%轧制变形的镇静钢中,变形储能的取向依赖性与 Dillamore 等(1972)的计算结果相似,图 2.10 给出了他们的数据,图中还包括了几项关于轧制铁和低碳钢中局部取向对变形储能影响的研究结果。对这些试样的微观结构的观察发现,主要的高变形储能织构成分(即{110}⟨uvw⟩和{111}⟨uvw⟩)构成了同时沿横向和轧制方向拉长的胞元。这些胞元厚为 0.15～0.20 μm,拉长了 2～3 倍,其取向在⟨110⟩区域的 10°范围内,而该区域位于{110}和{111}之间。另两种低能量组分({211}⟨uvw⟩和{100}⟨uvw⟩)形成了直径为 0.30～0.45 μm 的较大的等轴胞元结构,其取向位于{100}的 30°范围内。Willis 和 Hatherly(1978)在无间隙原子(IF)钢中也发现了类似的结果,变形储能的中子衍射(Rajmohan 等,1997)和同步加速器衍射测量(Borbely 和 Driver,

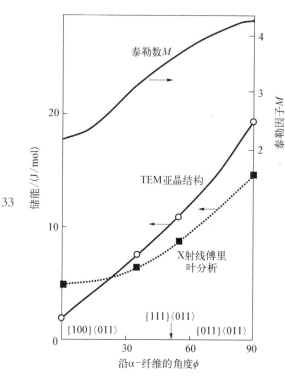

图2.10 冷轧铁和冷轧钢中 α-纤维不同取向成分的变形储存能

[TEM 结果取自 Dillamore 等(1967);XRD 傅里叶分析结果取自 Every 和 Hatherly(1974);图中还包括了泰勒因子 M 的变化(Hutchinson, 1999)。]

2001)结果也与早期的实验结果一致。图 2.10(Hutchinson, 1999)总结了钢铁中晶粒取向对变形储能的影响,可以发现这种影响与泰勒因子相关(见 3.7.1.2

节)。由于泰勒因子 M 定义为全部滑移系的分切应变速率之和 $\left(\sum\dot{\gamma}^a\right)$ 与 von Mises 等效塑性应变速率 $(\dot{\bar{\varepsilon}}^p)$ 之比(Kocks 等,1998),即 $M=\sum\dot{\gamma}^a/\dot{\bar{\varepsilon}}^p$,这种相关性也是意料之中的。

对于变形铝及铝合金,研究人员也取得了一些关于晶粒取向对胞元或亚晶影响的研究成果。Samajdar 和 Doherty(1995)发现,当立方取向晶核附近为 S 取向时,该晶核更容易长大。此外,他们未发现取向影响长大速率的任何证据,并得出结论——不同织构成分对应的变形储能一定存在变化。他们后来报道了温轧工业纯铝的显著差异(Samajdar 和 Doherty,1998),其中立方织构具有最小的亚晶取向差,表明立方织构的变形储能是所有织构成分里最低的。在热变形 Al - Mn - Mg 合金中,Vatne 等(1996d)发现胞元尺寸和取向差会随取向变化,这种变化导致变形储能随织构成分变化。Brahme 等(2009)在商用纯铝热变形实验中也发现变形储能随织构成分变化的类似现象。Hurley 和 Humphreys(2003)发现,虽然亚晶尺寸的取向依赖性很小,但平均亚晶取向差具有较强的取向依赖性,如图 2.8(b)所示。这种相关性与高温变形过程中的趋势一致,如表 13.1 所示。总体而言,S 织构和铜织构成分的变形储能较高,而黄铜、立方和戈斯(Goss)织构成分的变形储能相对较低。Brahme 等(2009)对再结晶进行了计算机模拟,结果表明,这些变化和其他几个因素一起促进了再结晶过程中织构的发展。

2.2.3.5 变形储能的建模

Nes(1998)综述了变形储能随应变增加的模型,其中 Nes 及其合作者的模型(Nes,1998;Nes 和 Marthinsen,2002)引入 3 个参数来描述微观结构,即胞元尺寸、胞元内的位错密度和胞元墙厚度,胞元墙厚度随应变增加而减小,即胞元倾向于形成亚晶。虽然这些模型主要用于解释金属的加工硬化,但它们对模拟再结晶的驱动力有潜在的用处。

34

2.3 晶体塑性

2.3.1 滑移和孪晶

在立方金属中,滑移和变形孪晶(也称为变形孪生、机械孪晶或机械孪生等)是两种基本的变形模式,而层错能(γ_{SFE})是影响材料变形模式选择最重要的参数。层错能低的金属不容易发生位错交滑移,其回复能力相对较差,特别是变形后的静态回复能力。此外,低层错能会降低变形孪晶的临界分切剪应力（CRSS），因此更容易发生变形孪晶。一般来说，孪晶 CRSS 对温度的敏感性小于位错滑移 CRSS 对温度的敏感性，这意味着在低温和高应变速率下，孪晶对材料整体变形的贡献更大。尽管目前对变形孪晶是否存在 CRSS 仍有争议，但大多数证据似乎支持存在 CRSS，即便是立方金属，如 Szczerba 等（2004）的研究。此外，分子动力学模拟也验证了一些关于孪晶机制的旧观点，如不全位错极（partial dislocation pole）机制（Cottrell 和 Bilby，1951）。Beyerlein 等（2014）对变形孪晶做了很全面的综述。"锡叫"曾经是冶金学课程里常用的课堂演示案例，即形成金属孪晶时发出的声音。事实上，声发射技术现已常用于研究变形孪晶，例如声发射技术证明了当镁合金承受变形时，孪晶几乎是立即发生，而不是先前理解的要等材料积累了一定的位错滑移后才发生。

35　　滑移和变形孪晶这两种过程所发生的晶面和方向都与材料的晶体结构有关，表 2.2 和表 2.3 列举了面心立方（FCC）金属和体心立方（BCC）金属的相关数据。如表 2.2 所示，FCC 金属中滑移的晶体学参数很简单。在大多数情况下，滑移发生在最密排的晶面和最密排的晶向上，因此将发生滑移的晶面和方向定义为滑移系，FCC 金属的滑移系为{111}〈110〉。然而，研究发现，高温变形时也有可能开动其他滑移系，特别是对于 γ_{SFE} 高的金属，已观察到的（高温）滑移有{100}、{110}、{112}和{122}晶面上滑移（Hazif 等，1973）。已经证明铝在高变形温度下的这种非八面体滑移的变形模式（根据表面滑移痕迹推断出来，Maurice 和 Driver，1993）会影响微观结构和织构的演化（见 13.2.4 节）。也有研究报道了{111}、{110}和{122}平面上发生的反常的低温滑移，Yeung（1990）在低层错能合金 70∶30 黄铜大变形下观察到大量在非八面体平面上的滑移。关于这方面的工作，读者可以参考 Bacroix 和 Jonas（1988）、Yeung（1990）、Maurice 和 Driver（1993）的论文；Caillard 和 Martin（2009）对 FCC 金属的非八面体滑移做了详细综述。

表 2.2　立方金属中滑移的晶体学信息

晶体结构	滑移系	
	滑移面	滑移方向
FCC	{111}	〈110〉
BCC	{110}	〈111〉

续 表

晶 体 结 构	滑 移 系	
	滑 移 面	滑 移 方 向
BCC	{112}	⟨111⟩
	{123}	⟨111⟩

表 2.3　立方金属中孪晶的晶体学信息

晶 体 结 构	孪晶剪切应变	孪 晶 面	孪 晶 方 向
FCC	0.707	{111}	⟨112⟩
BCC	0.707	{112}	⟨111⟩

BCC 金属中的滑移沿 ⟨111⟩ 密排方向,但滑移面可以是 {110}、{112} 或 {123} 中的任何一个面;这些平面都包含了密排 ⟨111⟩ 滑移方向。滑移面的选择受变形温度的影响(Weinberger 等,2013)。温度低于 $\frac{1}{4}T_m$ 时主要发生 {110} 滑移;在 $\frac{1}{4}T_m \sim \frac{1}{2}T_m$ 之间时同时发生 {110} 和 {112} 滑移,在 $\frac{1}{2}T_m$ 以上还会发生 {123} 滑移。铁在室温下可发生上述 3 个平面上的 ⟨111⟩ 方向滑移,这种情况下,用"铅笔滑移(pencil glide)"一词来描述该滑移过程。这种滑移的结果之一是变形试样的预抛光表面上会出现波浪式的滑移线。尽管采用铅笔滑移能很好地解释光学显微镜尺度上所观察到的滑移迹线特征,但织构演化的一些实验证据表明,在大多数 BCC 金属中,滑动面仅限于 {110} 和 {112} 晶面,而且它们之间容易发生交滑移。

一般来说,BCC 金属和中高层错能的 FCC 金属(如铜约为 80 mJ/m²,铝约为 170 mJ/m²)的塑性变形模式主要是位错滑移。在层错能较低的金属中,如银或某些合金[如 70∶30 的黄铜和奥氏体不锈钢(γ_{SFE} 约为 20 mJ/m²)]等,位错容易解离为堆垛层错,孪晶是主导的变形模式。当变形温度降低或应变速率增大时,孪晶主导变形的概率增大。铁具有很高的层错能,就像所有 BCC 金属一样,它在低温和高应变速率下也会发生变形孪晶。表 2.4 为部分金属的层错能数据。

36

表 2.4　部分金属的层错能(Murr，1975)

金　属	$\gamma_{SFE}/(mJ/m^2)$	金　属	$\gamma_{SFE}/(mJ/m^2)$
铝(Al)	166	锌(Zn)	140
铜(Cu)	78	镁(Mg)	125
银(Ag)	22	91Cu∶9Si	5
金(Au)	45	锆(Zr)	240
镍(Ni)	128	304 不锈钢	21
钴(Co、FCC)	15	黄铜(70Cu∶30Zn)	20

对于密排六方金属多晶体,塑性变形开始于位错滑移,但由于潜在滑移系 CRSS 的显著差异(见表2.5),特别是锥面滑移(或$\langle c+a \rangle$滑移)具有相当高的 CRSS 值,因此六方金属的位错滑移几乎总是伴随着变形孪晶,孪晶是其重要的变形模式。但对于 Ti - Al 等合金来说,并不会发生孪晶。

表 2.5　六方金属室温变形时的滑移系(Grewen，1973)

金　属	c/a	滑移系名称	滑　移　系	
			主滑移系	次滑移系
镉(Cd)	1.89	基面、锥面	$\{0001\}\langle 11\bar{2}0 \rangle$	$\{11\bar{2}0\}\langle 11\bar{2}3 \rangle$
锌(Zn)	1.88	—	—	—
钴(Co)、镁(Mg)	1.62	基面、柱面	$\{0001\}\langle 11\bar{2}0 \rangle$	$\{10\bar{1}0\}\langle 11\bar{2}0 \rangle$
锆(Zr)	1.59	基面、柱面	$\{0001\}\langle 11\bar{2}0 \rangle$	$\{10\bar{1}0\}\langle 11\bar{2}0 \rangle$
钛(Ti)	1.59	柱面、锥面	$\{10\bar{1}0\}\langle 11\bar{2}0 \rangle$	$\{0001\}\langle 11\bar{2}0 \rangle$

2.3.2　多晶体的变形

在金属多晶体中,发生滑移或孪晶的实际晶面和方向对应着分切应力最大的滑移系或孪晶系,并且因晶粒间取向不同而不同。一般来说,一个晶粒内发生的滑移或孪晶过程仅限于该晶粒,并且很容易与邻近晶粒内发生的滑移或孪晶过程区分开来。然而,在多晶体中,并不是所有的晶粒都发生均匀的变形。单晶试样变形时,通常可以自由地改变形状,只需要遵守所受的外部约束(如在单向拉伸试验中夹头的约束)。而多晶体中的单个晶粒没有这种自由度,它们受到周围晶粒的约束(即晶粒间的相互作用),每个晶粒都以独特的方式变形。事实上,这就是多晶体塑性行为的经典泰勒模型,更详细的信息见 Kocks 等(1998)的阐述。显然,在多晶体的变形过程中,晶粒之间必须满足连续性条件,但泰勒模型意味着每个晶粒的应力状态不同。这些约束的直接后果是晶粒内部不同区域的变形不同,导致微观结构的异质性。

外部施加的变形与相邻晶粒之间的约束共同影响激活滑移系的选择和数量,就本书的主题而言,这种滑移活动有两个重要的后果:① 滑移过程及其在晶粒内部和晶粒之间的变化,很大程度上决定了本章讨论的变形微观结构;② 晶体塑性变形引起的晶格取向变化,决定了材料的变形织构,这将在第 3 章中讨论。

晶体塑性理论和模型已经发展了很多年。尽管这些方法现在可以很好地预测变形织构的演化(见 3.7 节),但他们在模拟本章后面讨论的复杂微观结构演化方面仍不是很成功,这很大程度上是由于问题的规模。微观结构相比于位错通常太大、太复杂,不能用位错理论来解释,但相比于宏观尺度规模又太小,不能成功地用有限元方法(FEM)建模。虽然晶体塑性已成功地引入有限元方法(Sarma 和 Dawson,1996;Bate,1999;Dawson 等,2002),并可以预测某些方面的大尺度变形不均匀性,但这些模型尚无法充分详细地解释变形不均匀性的形成,进而提升对再结晶形核的理解,因此还需对晶体塑性模型开展大量的研究,并做重大改进(Pokharel 等,2015)。

鉴于它们主要与变形织构的形成有关,我们将在第 3 章讨论晶体塑性的代表性理论。

2.4 通过滑移变形的立方金属

高等或中等层错能的金属,如铝合金、α-铁、镍和铜等,塑性变形以位错滑移为主。大多数情况下,变形是不均匀的,而且由于晶粒在变形过程中通常会改变取向,原始晶粒内部会形成不同取向的区域。这种晶粒细化或碎裂现象很多年前便已发现了,但直到最近,由此产生的微观结构的诸多方面才变得相对清晰。Quey 等(2012)和 Pokharel 等(2014)的研究表明，即便是晶粒细化或破碎的过程也依然是非常不均匀的，有些晶粒很快就碎了，而有些晶粒只是应变的不均匀分布更明显。现在我们知道，在变形过程中，微观结构的长度尺度范围很宽，从纳米到毫米。在讨论微观结构随变形的演变方式之前，我们将需要首先考虑构成这种基于尺度的层级微观结构的各种特征。尽管过去 20 年里有大量关于这一主题的文献，但许多方面的认识仍不充分。

最近的许多研究表明，很多变形金属会形成相当类似的微观结构类型，并且这些微观结构以相似的方式随应变而变化。如果这些微观结构特征之间的关系服从简单的规则，这会使微观结构演化模拟变得更容易，而正因如此，人们对研究变形微观结构的相似性和缩比性产生了深厚的兴趣，如前所述的加工硬化阶段Ⅱ。

如 2.2.3.2 节所述，对于大多数金属，胞元尺寸（D）与应变（ε）之间存在反比关系，但比例系数不同。在高温变形过程中，经常发现 D 与胞元内部位错密度平方根（ρ_i）之间存在一种反比关系（见第 13 章），铜和铁在低温变形后也表现出类似的关系（Straker 和 Holt，1972）。也观察到另一种情况，对于铝，当应变超过 0.3 时（此时 ρ_i 趋于饱和），这一关系不再成立（Nes 和 Saeter，1995；Nes，1998）。然而 Ginter 和 Mohamed(1982)发现亚晶尺寸与应力在所有金属蠕变中皆成反比关系（见图 2.7）。对于变形诱导的晶界，晶界分离、取向差和取向差分布的发展也有相似之处（见 2.4.1 节），Hughes(2002)对此做了综述。

2.4.1 微观结构的层级

本节总结中、高层错能金属变形后微观结构的主要特征，并且根据异质性的尺度，可以方便地对微观结构进行分类，如图 2.11 所示（平面应变压缩的变形试样）。后续章节会详细讨论这些特征以及它们如何在变形过程中形成。

1. 位错

位错可以以缠结或其他相对随机的结构存在，如图 2.8(a)所示，特别是在低应变时，如 2.2.3 节所述。对于一些不容易形成位错胞元结构的金属，即使在大应变后，也会出现这种分散排列的位错（将在 2.4.3 节讨论）。

2. 胞元和亚晶

在许多金属中，变形产生的大多数位错将形成胞元或亚晶的边界（即胞元墙和亚晶界），如图 2.11(b)所示，这是变形组织中最小的体积单元。我们在 2.2.3 节讨论了它们的特征和尺寸，图 2.12(a)和(b)为变形铜中胞元结构的 TEM 显

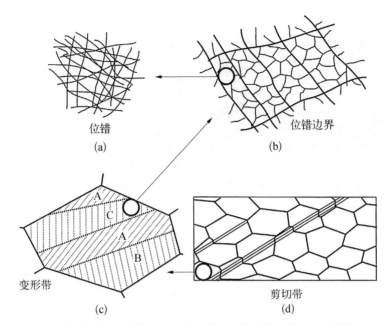

图 2.11　位错滑移导致的金属多晶体变形微观结构层级随空间尺度
增大而显示出不同的特征

(a) 位错；(b) 位错亚结构/界面；(c) 晶粒内部的变形带和过渡带；(d) 试样尺
度和晶粒尺度的剪切带

微照片。胞元墙可以对齐排列或具有不同的取向差，如 2.4.2 节所述，我们会进
一步细分这些特征。

3. 变形带和过渡带

研究经常发现，试样内的单个晶粒(特别是粗晶材料内的单个晶粒)在变形
过程中会大规模细分为不同取向的区域[见图 2.11(c)]，这主要是由于相邻晶
粒间传递的不均匀应力或塑性变形过程中晶粒固有的不稳定性造成的。由此产
生的变形带内所激活的滑移系不同，并可能形成差异显著的取向。变形带之间
的狭窄区域可能是漫散型的或尖锐型的，统称为过渡带。图 2.12(c)和(d)即为
α-黄铜和铝的变形带的例子。

4. 剪切带

图 2.11(d)展示了一个多晶体试样，在其内部倾斜于轧制面的平面上发
生了强烈剪切变形，并形成剪切带。这些剪切带不具备晶体学属性，可以穿过
若干晶粒，甚至扩展穿过整个试样。它们是塑性失稳的结果，可以认为是在轧
制变形中发生了类似于拉伸变形中的"颈缩"现象，相关例子如图 2.12(e)和
(f)所示。

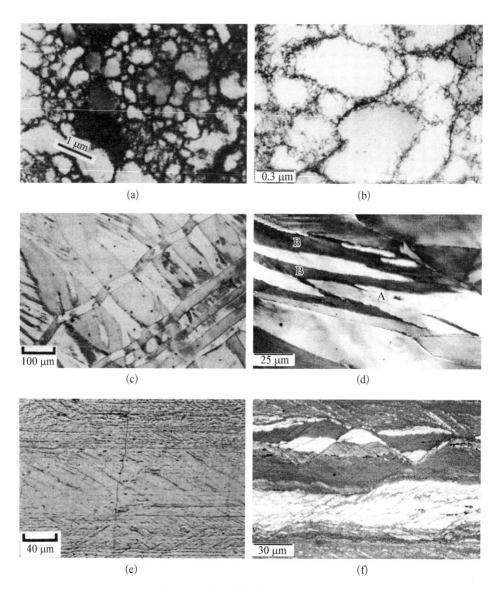

(a)　　　　　　　　　　(b)

(c)　　　　　　　　　　(d)

(e)　　　　　　　　　　(f)

图 2.12　变形微观结构的各种特征

(由 W. B. Hutchinson 整理提供)

(a) 25%冷轧铜(微米级棒材)的胞元结构；(b) 胞元结构的细节；(c) 70∶30 黄铜(12%压缩变形)中的变形带；(d) Al-1%Mg 合金中晶粒(A)内部的变形带(B)；(e) 83%(冷轧减薄量)冷轧铜经小轧制变形后表面(经预抛光及轻微刮擦)形成的剪切带(Malin 和 Hatherly, 1979)；(f) Al-Zn-Mg 合金经90%冷轧变形后形成的剪切带

2.4.2 易形成胞元结构金属的变形微观结构的演变

对于大多数金属,形成诸如变形带和剪切带等大尺度微观结构特征的影响因素是相似的,这些因素将分别在 2.7 节和 2.8 节中讨论。本节只考虑图 2.11(b)所示的位错胞元/亚晶尺度的微观结构的演变。在过去的 20 年里,人们对FCC 金属(特别是铝和镍)在室温变形过程中形成的胞元和亚晶结构开展了相当详细的表征和研究。这些研究的大部分源于 Hansen 领导的 Risø 研究小组。相关研究包括但不限于 Hughes 和 Hansen(1997)、Hansen 和 Juul Jensen(1991)、Hughes(2001)、Huang 和 Winther(2007)以及 Winther 和 Huang(2007)等人的工作。

2.4.2.1 小应变($\varepsilon < 0.3$)

在易形成胞元结构的金属中,位错的分布通常不是随机的,虽然滑移过程倾向于在活动滑移面上产生高密度的位错,但从能量角度考虑(如 Kuhlmann-Wilsdorf, 1989),会通过动态和(或)静态回复来促进高密度位错的松弛,进而形成边界。这两个过程之间的平衡,受材料的性质和变形温度的影响,决定了变形微观结构的晶体学排列程度——边界是漫散(胞元结构)的还是尖锐(亚晶)的。

1. 胞元的形成

如图 2.11(b)和图 2.13(a)(Liu 等,1998)所示,我们可以区分至少两种类型的胞元或亚晶界。有近似等轴、被小取向差(约 1°)所分割的小胞元(0.5 ～ 1 μm)。变形过程中,这些胞元的尺寸、形状和取向不会发生大的变化(见图 2.6 和图 2.8),因此可以认为这些胞元边界是微观结构的瞬态特征[①],是位错湮灭和捕获之间动态平衡的结果。图 2.6 所示的整体胞元尺寸包括所有小角度晶界构成的亚结构尺寸。但是,如果分别测量这些不同类型的边界,会发现铝中胞元尺寸起初随应变 ε 的增加而减小到约 0.5 μm,到应变超过 0.5 μm 后几乎保持不变(Hughes,2001;Hurley 和 Humphreys,2003)。由于胞元尺寸与动态回复有关,动态回复又与流动应力有关,而加工硬化在大应变下显著降低,因此胞元尺寸的变化率随应变降低并不奇怪。这类边界称为偶然位错边界(incidental dislocation boundary,IDB;Kuhlmann-Wilsdorf 和 Hansen,1991),以区分大角度、通常呈规则对齐排列的几何必需边界(geometrically necessary boundary,

41

---

① 译者注:所谓瞬态特征指该特征非永久存在,而是随变形增加会消失或转变为其他微观结构。

GNB），我们会在后文讨论 GNB。不过，虽然在参考已发表的文献时会使用这一术语，但我们并不认为这是一个有用的分类。

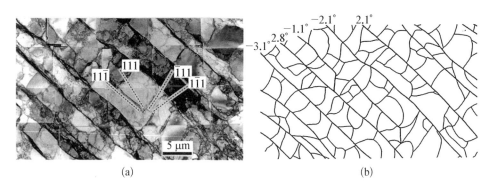

图 2.13　(a) 冷轧铝(10%减薄率)中胞元块结构的 TEM 显微图(ND‑RD 面);
(b) 胞元块界面(粗线)两侧取向差的示意图

我们认为边界的瞬态或持久性是材料微观结构演化最重要的特征，并且基于该特征可区分这些瞬态胞元边界和其他持久的、变形诱导的边界，如微尺度的剪切带或过渡带。

2. 胞元块和胞元带

在铝和镍中，胞元可能以块状形式存在，如图 2.11(b)所示(Bay 等,1992)。我们认为位错滑移行为在单个胞元块内是相似的，但在块之间是不同的。通过这种方式，胞元块内部无须开动塑性理论所要求的 5 个滑移系(Taylor，1938)(见 3.7.1.2 节)，便能发生相对均匀的变形，然后整体变形由块之间激活滑移系的变化来完成。图 2.13(a)为 TEM 显微图和晶界分布图，展示了胞元块的典型排列。如图 2.13 所示，胞元块被拉长，宽度略大于一个胞元。这是铝变形微观结构的典型特征，将这些特征描述为胞元带更为合适。

胞元块或胞元带被更长的、规则排列的界面所包围，这些界面称为致密位错墙(dense dislocation walls，DDW)、显微带(microband)或胞元带墙(cell-band walls)。这些界面两侧的取向差比胞元块内部界面的取向差更大(Liu 和 Hansen，1995；Hughes 和 Hansen，2000；Hughes，2001；Hurley 和 Humphreys，2003)，如图 2.5(a)和(b)所示。胞元带墙两侧的取向差通常是在一个平均值附近波动，没有明显的长程取向梯度。

这些界面称为几何必需边界 GNB(Kuhlmann-Wilsdorf 和 Hansen，1991)，这是因为它们协调了材料内部不同取向胞元块之间的取向差。然而，这个术语具有误导性，因为即使是前面讨论的小取向差的小胞元，在更小的尺度上也是几何必需的。若非如此,则它们应具有数量相同、符号相反的位错(对于给定的伯格斯矢量),那这些胞元界面在退火时便会消失。事实上,这些胞元结构会回复到形成组织均匀的小角度亚晶界(见图 6.13)。虽然可能存在净取向差为零的胞元墙,这种胞元墙通过不同伯格斯矢量位错之间的交叉连接来稳固,但在单调变形过程中形成的胞元墙总是存在净取向差的。

如果将胞元带边界(即 GNB)与胞元边界(即 IDB)区分开来,如图 2.8(a)所示,可以看到,胞元带边界取向差随变形增加而显著增加。然而,如果进一步区分胞元带边界和微剪切带边界(另一类在大变形时出现的规则排列边界,见 2.4.2.2 节),铝中胞元带边界的取向差基本上是恒定的,如图 2.8(c)所示。

3. 边界相对于样品的规则排列

在平面应变压缩变形的试样中,长的显微带或胞元带边界近似平行于横向,并与轧制平面成 25°～40°角。

在大多数晶粒中通常只能看到一组强的微观变形带,有时候也会形成两组。这些是高剪切应力的平面,与形成剪切带的平面相似(见 2.8 节)。在某些情况下,轧制变形的 FCC 金属内的高剪切应力平面的排列接近 {111} 滑移面,而在其他情况下则不是(如 Liu 等,1998;Hansen 和 Juul Jensen,1991;Hurley 和 Humphreys,2003)。然而,Hurley 等(2003)的详细分析表明,冷轧多晶铝中变形带的排列与变形几何有关,任何晶体学上的重叠都只是巧合。然而,在拉伸变形的样品中也观察到界面按晶体学特征排列的一些证据(Winther 等,2000),即界面排列的特征受晶粒取向的影响。这种排列显然与强烈的位错滑移运动有关,并可能受动态回复的影响。在金属多晶体材料的高温变形中,也观察到类似的排列带,但没有迹象表明这些排列具有晶体学特征(见 13.2.3 节)。

上述微观结构特征在铝和镍中得到了最为广泛的研究,在铜和铁中也报道了类似的结构。在低应变轧制的铜中,微观结构主要由胞元组成,这些胞元构成长而薄(厚为 $0.1\sim0.3\ \mu m$)的板条状显微带,这些显微带起初在 {111} 晶面上排列(Bourelier 和 Le Hericy,1963;Malin 和 Hatherly,1979;Hatherly,1981),如图 2.14(Malin 和 Hatherly,1979)(a)所示。这些板条状显微带似乎与前述呈晶体学特征排列的显微带相似。由于铜发生动态回复的能力远低于铝,因此在铜的 {111} 滑移面上会保留更多的位错排列。

2.4.2.2　中等应变 ($0.3 < \varepsilon < 1$)

在更大的应变下,图 2.13 中整齐排列的胞元带结构通常会被晶粒内部的薄剪切带所分割(Hughes 和 Hansen,1993;Rosen 等,1995),如图 2.15 所示。因

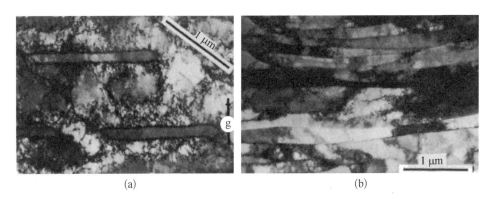

(a)   (b)

图 2.14　冷轧铜的 TEM 显微图

(图中展示的试样为轴线沿 RD、直径为 1 μm 的圆棒,微观结构观察平面为 ND‑RD 平面。)
(a) 18%轧制减薄后材料内部的显微带;(b) 98%轧制减薄后材料内部的显微带

44　　为这些薄剪切带会将拉长的胞元带剪切成 S 形,所以它们也称为 S 带。不过,为了避免与材料的 S 取向混淆,我们更倾向于使用"微剪切带(microshear bands)"这一术语。在研究铝的变形微观结构时,如果主要关注的是界面而非位错,那么高分辨率 EBSD 比 TEM 更适合(Hurley 和 Humphreys,2002,2003),因为它可以对更大的区域进行表征和定量分析。图 2.15(b)展示了铝中微剪切边界与

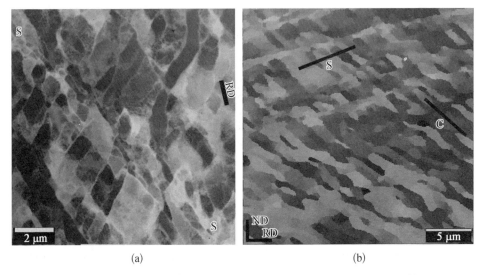

(a)   (b)

**图 2.15　50%冷轧 Al‑0.1%Mg 的 ND‑RD 面的微观结构,显示了微剪切带和对齐
　　　　排列的胞元带之间的相互作用**

(a) 透射电镜照片,展示了微剪切带对胞元带的 S‑S 形剪切效应;(b) EBSD 图,图中不同颜色代表不同取向,展示了胞元带(C)和微剪切带(S)[微剪切带内部具有相似的取向(Hurley 和 Humphreys,2003)]

胞元带的交割现象。微剪切带的厚度通常为 $1 \sim 2 \mu m$,内部各胞元的大小相似,各胞元与胞元带的取向差也相似。如图 2.8(c)所示,随着应变的增加,微剪切带区域与胞元带间的取向差不断增大,表明剪切变形效应仍然存在。研究发现,铝中形成的微剪切带与报道的铜中微剪切带非常相似(Malin 和 Hatherly,1979)。

2.4.2.3　大变形 ($\varepsilon > 1$)

随着应变的增加,微剪切带和胞元带朝轧制面的排列更加紧密,当应变 $\varepsilon >$ 2 时,已无法清晰地区分这些带状组织,此时微剪切带界面变成了大角度边界,如图 2.8(c)所示。轧制后的微观结构几乎完全由长的层状边界组成,其中许多边界为大角度边界,且平行于轧制平面排列,如图 2.14(b)所示。在铝、镍、铜和铁中也发现了类似的微观结构,有证据(Every 和 Hatherly,1974)表明,铁中的层状界面结构的形成程度与取向有关。

由于合金在大变形 ($\varepsilon > 3$) 后的退火行为可能与其小变形下的退火行为显著不同,我们会在 14.3 节对大变形情况做进一步的讨论。

2.4.2.4　总结

我们强调了 3 个微观结构特征:胞元、胞元带(显微带)和微剪切(S)带,图 2.8(c)列举了变形对这些微观结构边界两侧材料取向差的影响。关于微观结构演变方式的额外信息,可通过研究变形对这些界面与轧制平面对齐的影响来获得,如图 2.16 所示。

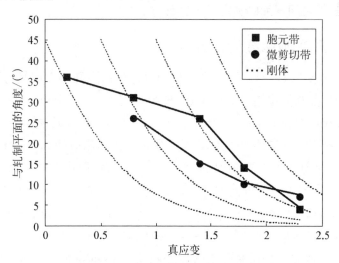

图 2.16　应变对 Al‑0.1％Mg 轧制变形后胞元带和微剪切带沿轧制平面排列的影响

(图中增加了刚体转动以做对比,图片源自 Hurley P J, Humphreys F J, 2003. Acta Mater.,51:1087.)

1. 胞元

变形对胞元的大小、形状以及胞元边界两侧取向差的影响很小,这说明这些边界是微观结构的瞬态特征。

2. 胞元带墙

变形对胞元带(显微带)墙取向差的影响很小,当 $\varepsilon < 1.5$ 时(见图 2.16),胞元带(显微带)相对于轧制平面的排列方向几乎没有变化。通过比较微观结构因被动刚体转动而发生的排列变化,可以看出这种变化的重要性。这两个因素表明,中等应变下形成的胞元带或显微带也是瞬态的微观结构特征,在变形过程(应变 ε 约为 1.5)中可能迁移或重新形成。超过这个应变后,这些显微带发生刚体转动,表明它们不再活动[①],并成为永久性的微观结构特征。

3. 微剪切带

在微剪切(S)带中,边界(墙)两侧的取向差随着变形增加而增大[见图 2.8(c)],从图 2.16 可以看出边界发生了刚体转动。即这些特征一旦形成,就成为永久性的微观结构特征,尽管墙内的剪切变形以及墙两侧的取向差会随应变而增加。这一结果与早期 Malin 和 Hatherly(1979)在铜里面发现的类似的带状组织一致。

早期对变形微观结构表征的研究主要集中在铜和铁,近年来,大量的研究集中在铝和镍。正如前面所讨论的,在所有这些材料中,都观察到了非常相似的特征,但这些材料之间详细的和定量的比较尚不充分。

2.4.3 不形成胞元结构的金属

在铝中加入 3%~5% 的镁,会形成固溶体进而阻碍动态回复,并阻止位错胞元结构和许多其他位错边界的形成(Korbel 等,1986;Hughes, 1993;Drury 和 Humphreys, 1986;Kuhlmann-Wilsdorf, 2000)。研究发现许多位错以弥散的几何图案沿 {111} 滑移面排列,形成了所谓的泰勒晶格(Kuhlmann-Wilsdorf, 1989)。相邻泰勒点阵区域的取向差为 $0.5°\sim1°$,被漫散边界(畴界)所分隔。在 {111} 晶面上形成了与铜里面的显微带[见图 2.14(a)]非常相似的晶体学显微带(Korbel 等,1986;Hughes, 1993)。随着变形的增加,显微带变宽,且穿过晶粒的显微带边界形成了剪切带。需要注意的是,尽管有些阶段 Ⅳ 加工硬化理论是基于位错胞元的存在而产生的额外硬化(如 Pantleon, 2004),但实际上,

---

① 译者注:此处不再活动应指微带内部不再有滑移系的激活,即微带内部不再发生塑性变形。

不形成胞元的金属也表现出明确的阶段Ⅳ加工硬化行为（Rollett 和 Kocks，1993）。

2.5　滑移和孪晶主导变形的立方金属

低层错能金属（银、奥氏体不锈钢、许多富铜合金等）并不会形成位错胞元亚结构，而是发生位错解离，在滑移面上形成堆垛层错这种面缺陷［见图 2.17（a）］。在变形早期，形成极细的变形孪晶薄带。

47

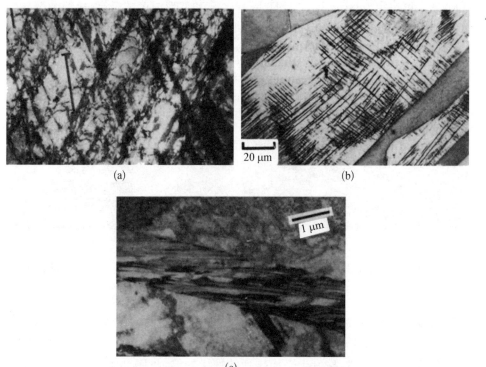

(a)　(b)　(c)

图 2.17　(a) Cu‑13%Al 合金在 15%冷轧变形后，内部形成的堆垛层错（Malin，1978）；(b) 70∶30 黄铜在 14%压缩变形后出现的应变迹线；(c) 70∶30 黄铜在 30%冷轧变形后出现的变形孪晶（Duggan 等，1978b）

（所有显微照片均取自 RD‑ND 平面，图中标尺方向平行于 RD。）

2.5.1　变形孪晶

48

在 $\gamma_{SFE} < 25 \ mJ/m^2$ 的 FCC 金属以及所有的六方金属中，孪晶都是主要的变形方式。如果是低温或高应变速率下发生的变形，则在高 γ_{SFE} 的 FCC 金属

和 BCC 金属中也可能形成孪晶。在所有情况下，形成孪晶的程度都与取向有关。

在抛光后的表面、蚀刻后的试样和电子显微镜下都可以看到孪晶现象。Duggan 等(1978b)发现应变迹线[见图 2.17(b)]是由非常细小的变形孪晶组成的[见图 2.17(c)]。在很多 FCC 结构的铜合金和 18：8 不锈钢中，这些特征能在{111}平面上自由发展。在 70：30 黄铜中，应变迹线首先出现在晶界附近；在压缩试样中，在应变不到 0.1 时，就会形成多组应变迹线(Samuels，1954)。在 ε 约为 0.8 时，大多数晶粒中都会出现大量的应变迹线。迹线的宽度主要由 γ_{SFE} 和变形温度决定(Hatherly，1959)，随着 γ_{SFE} 和变形温度的升高，迹线和孪晶变得更宽[见图 2.17(b)和图 2.18(Hatherly 和 Malin，1979)(a)]。与大多数 FCC 金属一样，孪晶是铜低温变形组织的一个显著特征[见图 2.18(b)]。

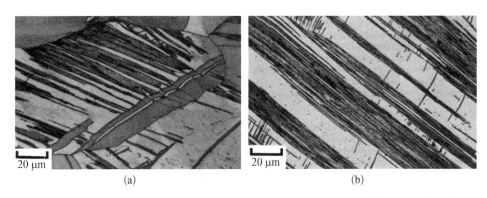

(a)   (b)

图 2.18　变形铜和黄铜的应变迹线显示了堆垛层错能和变形温度对变形机制的影响

(a) 90：10 黄铜在 32％室温压缩变形后；(b) (100)[001] 取向的单晶铜在 196℃经 60％轧制变形后

通过电子显微镜的观察，证实了 γ_{SFE} 是影响变形模式和微观结构性质的关键参数(Duggan 等，1978b；Wakefield 和 Hatherly，1981)。在低 γ_{SFE} 材料中，位错解离为不全位错，并发生平面排列的堆垛层错[见图 2.17(a)]。随着应变的增加，层错结构内的位错密度迅速上升，出现极细的孪晶带。孪晶的大小和频率主要取决于 γ_{SFE}。下面讨论中给出的数值适用于轧制后的 70：30 黄铜。第一对孪晶出现在 ε 约为 0.05 时，并几乎立即聚集成带，孪晶极细，厚度为 0.2～0.3 nm，孪晶母相在带内的重复距离为 0.5～3 nm。这些尺寸在变形过程中似乎没有变化，但孪晶区域的体积分数逐渐增加 25％左右。随着轧制过程的进行，孪晶(以刚体转动形式)旋转至与轧制平面对齐，在某些晶粒和变形带中，这一过程在 ε 为 0.8～1.0 时完成[见图 2.19(Duggan 等，1978b)]。孪晶的整体排列过程随变形而持续进行，在 ε 约为 2 时几乎达到理想排列状态。

图 2.19　70∶30 黄铜在 50% 冷轧变形后形成的对齐排列的变形孪晶和倾斜剪切带

（观察面为 TD 平面,图中的 1 μm 标尺与 RD 平行）

2.5.2　堆垛层错能的影响

堆垛层错能（γ_{SFE}）对这些结构的影响非常明显。在极低 γ_{SFE}（约为 3 mJ/m^2）的 Cu‑8.8%（原子百分数）Si 合金中,Malin 等（1982a）的研究发现,当轧制到 ε 为 0.4 时,所有 4 个 {111} 面都出现了层错和孪晶[见图 2.20（Hatherly 和 Malin,1979）]。在这种结构中,一组变形孪晶与轧制平面的逐渐对齐显然是不可能的;并且在没有其他变形模式的情况下,当 ε 为 0.4～0.5 时,开始出现剪切带。这种合金在应变（ε 约为 1.2）时,沿宏观剪切带开裂。在中等 γ_{SFE} 值的合金　50

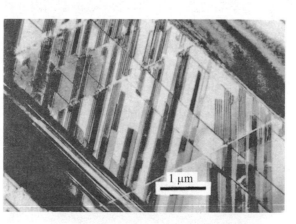

图 2.20　Cu‑8.8%（原子百分数）Si 合金轧制变形后形成的堆垛层错和细小的变形孪晶

（观察面为 TD 平面,图中的 1 μm 标尺与 RD 平行）

中,例如90∶10黄铜和一些不锈钢,微观结构还受局部取向影响(Wakefield 和 Hatherly,1981)。在某些晶粒(或变形带)中,取向有利于变形孪晶发生,而在其他晶粒中,取向有利于位错滑移,由此产生的微观结构由包含位错胞元和显微带的体积元组成,其中显微带与变形孪晶相邻。在某些特定取向的晶粒中,会同时发生滑移和孪晶,随着取向的改变,变形模式也发生变化。在轧制过程中,孪晶是 {112}〈111〉和 {100}〈001〉取向区域内的首要变形模式,而在 {110}〈001〉和 {110}〈112〉取向区域内则没有发生孪晶。关于 FCC 金属中取向与孪晶关系的讨论,可参阅 Köhlhoff 等(1988a)的论著。

2.6 六方金属

与其他金属一样,六方金属多晶体的变形开始于位错滑移,但晶格的对称性和可开动滑移系的数量均不如立方金属的。特别是锥面或 c＋a 滑移系总是很难激活,而基面或柱面滑移最容易发生。因此,若滑移作为唯一的变形模式,则变形难以继续,因此在相当低的应变(ε ＜ 0.2)时,就会出现变形孪晶。六方金属变形后的最明显的微观结构特征是迅速形成大量的大而宽、呈透镜状的变形孪晶[见图 2.21(Ion 等,1982)]。在低应变水平下,孪晶通常是长而薄的片状结构,但迅速变宽。六方金属的孪晶比立方金属的孪晶宽,这是因为六方金属中孪晶导致的剪切应变更小。尽管孪晶在六方金属的微观结构中大量存在,但在中等变形和大变形条件下,孪晶对整体变形的贡献通常很小,其原因是孪晶贡献的剪切应变是有限的。当孪晶的发生停止时,新形成的孪晶内可发生滑移变形,整

200 µm

图 2.21　镁多晶体在 260℃ 下发生 8%压缩变形后形成的变形孪晶

个过程又重复进行。表 2.5 和表 2.6 给出了六方金属中最常见的滑移系和孪晶系的晶体学数据(Niewczas，2010)。

表 2.6　六方金属中的孪晶系

材　　料	孪晶类型	孪晶剪切应变 $\gamma = \dfrac{c}{a}$	孪晶的晶面和方向	
			孪晶面	孪晶方向
镉、锌、钴、镁、锆、钛、铍	拉伸孪晶	$\dfrac{\lvert \gamma^2 - 3 \rvert}{\sqrt{3}\,\gamma}$	$\{10\bar{1}2\}$	$\langle \bar{1}011 \rangle$
镁、钛	—	$\dfrac{(4\gamma^2 - 9)}{4\sqrt{3}\,\gamma}$	$\{\bar{1}011\}$	$\langle 10\bar{1}2 \rangle$
钴、铼、锆、钛、石墨	第二拉伸孪晶	$1/\gamma$	$\{11\bar{2}1\}$	$\langle \bar{1}\bar{1}26 \rangle$
钛、锆	压缩孪晶	$\dfrac{2(\gamma^2 - 2)}{3\gamma}$	$\{11\bar{2}2\}$	$\langle \bar{1}\bar{1}23 \rangle$

注：源自 Niewczas M，2010. Acta Mater.，58：5848.

与滑移不同的是,孪晶只沿一个方向发生,其晶体学特征是,在一个方向产生伸长变形,而在其他方向产生收缩变形。从表 2.7 可以看出,拉伸孪晶系(即 $\{10\bar{1}2\}\langle \bar{1}011 \rangle$)是所有六方金属共有的。如果 $c/a > 1.633$(理想值,即 $\sqrt{8/3}$),如锌和镉,则只有这一个孪晶系,但如果 $c/a < 1.633$,则可能有多个孪晶系。孪晶剪切产生的变形与孪晶系和 c/a 值有关。对于 $\{10\bar{1}2\}\langle \bar{1}101 \rangle$ 孪晶,在 c/a 值较低时,产生的变形更大,如果有其他可能的孪晶系,也会产生更大的变形。形状变化也取决于 c/a 值,当 $c/a = \sqrt{3}$ 时,不会出现孪晶;但当 $c/a < \sqrt{3}$ 时,形状变化与 $c/a > \sqrt{3}$ 时相反。在实际加工过程中,这意味着只有当因孪晶而缩短的方向位于适当的方向时(如拉拔过程中的径向),才会发生孪晶。

52

表 2.7　由 EBSD 测定的小的、不可变形的第二相颗粒对铜和铝的局部和长程取向差的影响

合　金	颗　　粒			亚　晶		$10\,\mu m \times 10\,\mu m$ 区域内的取向散布/(°)
	$d/\mu m$	F_V	$\lambda/\mu m$	尺寸/μm	取向差/(°)	
Al - 0.1%Mg	—	—	—	0.9	2.1	12
Al - 0.8%Si	0.10	8×10^{-3}	0.80	1.1	1.4	7

合　金	颗　粒			亚　晶		$10\,\mu m \times 10\,\mu m$ 区域内的取向散布/(°)
	$d/\mu m$	F_V	$\lambda/\mu m$	尺寸/μm	取向差/(°)	
Cu(5n)	—	—	—	0.35	1.5	21
Cu-Al$_2$O$_3$	0.05	7×10^{-3}	0.43	0.32	0.9	9

注：Al-Si 的数据源自 Humphreys F J, Brough I, 1997. In: McNelley, T. (Ed.), Proc. Rex'96, Recrystallization and Related Phenomena, Monterey Institute of Advanced Studies, Monterey, California, 315. Cu-Al$_2$O$_3$ 的数据源自 Humphreys F J, Ardakani M G, 1996. Acta Mater. 44, 2717.

对于 c/a 大于理想值的金属,基面滑移优先,而 c/a 小于理想值的金属则柱面滑移优先。一般来说,位错受限在密排的基面上运动,不能自由地脱离基面。但当前对任何六方金属变形微观结构的研究都不充分,因此很难得出一般的结论。

在轧制钛(c/a 小于理想值)的变形中,所有晶粒在变形早期就出现了变形孪晶(Blicharski 等,1979)。孪晶宽且呈透镜状,通常形成于两个或多个孪晶系上。由于孪晶的剪切变形小,进一步的变形需要在这些初次孪晶之间和内部形成更小的孪晶(双孪晶),但这种形成新孪晶的情况最终也无法继续,因此,在中等应变水平下(ε 约为 0.75)不会再形成新的孪晶。在高应变水平下,孪晶发生刚体转动至与轧制平面对齐,从而产生细长薄带的微观结构。当 ε 约为 2.8 时,这一对齐排列的微观结构中,开始形成剪切带,这些剪切带在高应变水平下仍保持相当的延性。

锌变形后的微观结构很有趣,锌的 c/a 值高,γ_{SFE} 也高(约为 140 mJ/m^2),但熔点低,在约为 $0.4T_m$ 时的变形即为室温变形。多晶锌在非常小的轧制变形($\varepsilon=0.07$)后,其内部每个晶粒都有大的孪晶,但当轧制继续到 $\varepsilon=0.2$ 时,不会再出现孪晶,并且位错滑移是该应变范围内的首选变形模式(Malin 等,1982b)。在 $0.2<\varepsilon<0.5$ 的应变范围内开始形成剪切带,但剪切带通过非常小的再结晶晶粒带来间接检测,这些晶粒带勾勒出剪切带的位置。很明显,在这种低熔点金属中,再结晶与剪切密切相关。新的无应变晶粒通过滑移和孪晶发生变形,且这种变形模式会持续到更高的应变,在变形织构中很容易识别出这些变化,我们将在第 3 章进一步讨论。

2.7　变形带

如 2.4.1 节所述,以及图 2.11 和图 2.12(c)(d)所示,最简单的晶粒细化形式是形成变形带,因为这些变形带可在光学显微镜下观察到,所以很早就发现了这种现象。如前所述,这种异质性对再结晶很重要,因为当变形量足够时,它们提供了形核所需的晶内大角度晶界的来源。Barrett(1939)率先注意到这些问题,他认为这种类型的异质性导致了无法预测的应变硬化行为和变形过程中发生的取向变化。在 Barrett 之后,变形带一词用来描述取向相似的区域,即它和晶粒内的其他地方存在明显不同的取向。Kuhlmann-Wilsdorf 等(1999)系统地综述了有关变形带及其形成条件的早期研究成果。此外,近年来,采用数字图像相关法(DIC)技术测量表面应变取得了重大进展。例如,da Fonseca 和 Ko(2015)已经证明,不仅应变会集中在变形带内,而且颗粒往往会阻碍或中断变形带的形成。应变集中带本身有助于解释本节所述的变形带的一致观测结果。颗粒周围存在的强取向梯度确实是颗粒阻塞位错通过的结果,梯度的精确模式至少与局部响应一样取决于宏观的应变带结构。这种局部行为与宏观应变集中之间的相互作用解释了为什么并非所有将实验观察与模拟相关联的尝试都能成功。关于将 DIC 技术扩展到纳米尺度的综述,请参阅 Kammers 和 Daly(2013)。有关应变和取向的实验结果与计算机模拟之间的对比可参阅 Pokharel 等(2014)的阐述。

在讨论变形带的细节之前,还需注意晶粒结构对异质变形结构演化的影响。Bhattacharyya 等(2004)发现,当硬取向晶粒和软取向晶粒相邻时,前者会影响后者的滑移,产生过渡带、取向梯度和几何必需位错。Rollett 等(2010)通过晶体塑性模拟证明,高应力区(应力热点)主要发生在晶界、晶界的三重线和四重点附近。Toth 等(2010b)提出这样一种解释,即假设晶格旋转在晶界附近受到抑制,导致晶界附近的旋转速度比晶内慢;随着应变的累积,就产生了取向梯度,并最终使晶粒破碎。在其他文献中亦可找到取向梯度增强的证据,但由于取向分布图对空间分辨率的敏感性,对其量化需要谨慎(Subedi 等,2015)。

2.7.1 变形带结构

图 2.11(c)说明了变形带的不同特征,其中区域 B 的取向不同于区域 A 中晶粒的取向。在变形带的边缘处,取向从 B 转变为 A 的区域可能也具有一定的宽度,这个过渡区域称为过渡带。然而,在某些情况下,取向变化是急剧的,即变形诱导的晶界。在许多情况下,变形带发生在近乎平行的两侧,因此涉及双重取向变化,即从 A 到 C,然后从 C 到 A。根据 Orowan(1942)的命名法,这种特殊类型的变形带称为扭结带(kink band)。图 2.12(c)为 α-黄铜的扭结带和变形带的复杂组织,图 2.12(d)为 Al-Mg 合金的变形带。变形带的发展是多晶体

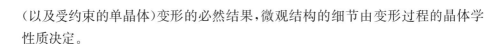

（以及受约束的单晶体）变形的必然结果，微观结构的细节由变形过程的晶体学性质决定。

2.7.2 变形带的形成

变形带的性质和形成与变形织构的产生密切相关，因而得到了广泛的研究。Chin(1969)区分了两种类型的变形带，其中第一种与可选择的激活滑移系的不确定性有关。在许多情况下，施加的变形可以由一组以上的滑移系来协调，不同的滑移系会导致不同方向的晶体转动。在第二种类型中，如果在变形带内所做的功小于均匀变形所需的功，并且如果变形带可排列成使净应变与整体变形相匹配，那么晶粒内的不同区域可能会发生不同的变形。后者类似于胞元块形成的原因（见 2.4.1 节）。Lee 等(1993)在他们的轧制织构演化模型中，研究了上述第二种情况，并从理论上表明，只要有两个独立的滑移系就可以协调形状变化。他们的工作与 3.7.1 节讨论的塑性松弛约束模型是一致的。Kuhlmann-Wilsdorf(1999)用她的低能量位错模型讨论了变形带的形成机制。

2.7.3 过渡带

变形过程中，当晶粒内相邻区域开动的滑移系不同，并朝着不同的稳定取向转动时，就会形成过渡带。最常见的过渡带是由一簇长而窄的胞元或亚晶构成，从团簇的一侧到另一侧具有累积取向差。有时候也观察到（特别是在铝合金中，Hjelen 等，1991）过渡带的宽度减少至只有一个或两个单位，但穿过过渡带的取向变化仍然很大。

Dillamore 和 Katoh(1974)研究了铁的轴对称压缩，发现不同取向的旋转路径都遵循图 2.22(a)所示的路径。如图 2.22 所示，对于跨越[110]和[411]连线的取向梯度，当梯度的一部分向[100]而另一部分向[111]旋转时，会形成一个非常尖锐的过渡带。更普遍的情况则如 A 处所示。对于 B-B' 梯度，两端均向[111]方向旋转，不均匀性逐渐消失。对于 C-C' 梯度来说，两端沿不同的路径发展，取向差以一种减弱的形式持续存在。从图 2.22(b)可以看出，88%压缩变形后，实验测定的纤维织构与模型吻合得较好。Dillamore 和 Katoh 还研究了重度轧制铜（中心区域的取向为 {100}⟨001⟩）中形成过渡带的特殊情况。第 12 章会讨论 Dillamore-Katoh 模型对认识再结晶过程中立方织构形成的启发。从定性的角度，Inokuti 和 Doherty(1978)的研究结果与 Dillamore 和 Katoh 一致，但取向差随应变的发展速度比他们模型预测得要快。正如预期的那样，这些过渡带被证明是再结晶形核的有效位置。

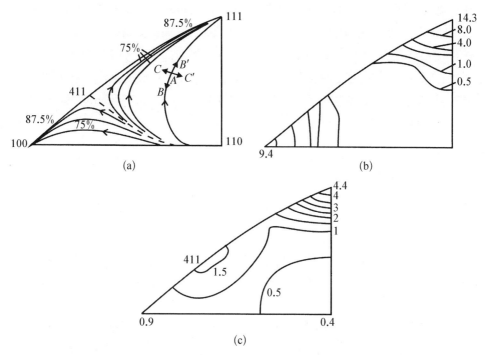

图 2.22　铁在轴向压缩变形过程中的织构演化

(图片源自 Dillamore I L，Katoh H，Haslam K，1974. Texture，1：151.)
(a) 70% 和 88% 的厚度减薄后，3 种不同初始取向的预期旋转；(b) 88% 压缩变形后的变形织构；(c) 材料(b)的再结晶织构

　　Kreisler 和 Doherty(1978)对〈111〉方向平行于剪切平面法线(扭转轴)的铝单晶进行扭转实验。剪切平面上出现多个滑移方向，这些滑移系方向导致很多斑块区域的形成，斑块内部是单滑移，斑块之间则是过渡带，而且也发现了再结晶在取向梯度大的变形带内形核。

2.7.4　变形带形成的条件

　　过渡带形成的细节很大程度上取决于晶粒的取向。然而，变形带的产生取决于微观结构和变形条件。从图 2.22 可以看出，晶粒取向是决定晶粒是否会相对均匀地变形或通过变形带形成碎片的重要因素。例如，FCC 材料中的 {110}〈001〉戈斯取向在平面应变变形条件下非常稳定(见 3.7.1.4 节)，单晶 (Ferry 和 Humphreys，1996a)和大晶粒的多晶(Somerday 和 Humphreys，2003b)可以在不产生大规模的异质性的条件下，发生大变形，如图 7.15 所示。

　　如 Kuhlmann-Wilsdorf(1999)、Humphreys 等(1999)所述，初始晶粒尺寸尤

其重要,粗晶金属更容易发生变形带。Lee 和 Duggan(1993)的研究发现,铜中每个晶粒的变形带数量随着晶粒尺寸减小而减少;而 Humphreys 等(1999)发现,当铝的晶粒尺寸小于 20 μm 时,不会出现变形带。Lee 等(1993)基于能量准则,预测了每个晶粒的变形带数量应与晶粒尺寸的平方根成正比。有大量的证据表明,在较高的变形温度下,变形带会被抑制(Kuhlmann-Wilsdorf 等,1999)。这一效应将在 13.2 节中讨论,如图 13.6 所示。

2.8 剪切带

许多金属和合金在变形过程中都会出现剪切带,Adcock(1922)对此进行了详细论述,但在 Brown(1972)对铝的研究以及 Mathur 和 Backofen(1973)对铁的研究工作之前,大部分与剪切带相关的研究都未受重视。这些剪切带对应着强剪切的狭窄区域,并且与晶粒结构和晶体学属性无关。在轧制材料中,剪切带与轧制平面呈约35°并平行于横向[见图 2.11(d)、图 2.12(e)和(f)]。注意图2.12(e)中划痕处的倾斜痕迹,它显示了与剪切带相关的剪切变形。

2.8.1 中层错能或高层错能金属

在大变形条件下,例如,对于铜,当 ε > 1.2 时,剪切带以集束的形式出现,每个集束中只形成一组平行的剪切带[见图 2.12(e)]。集束通常有若干个晶粒厚,交替集束中剪切带的方向相反,因此形成了人字形的形貌(Malin 和 Hatherly,1979)。剪切带穿过集束中全部晶界且不发生偏离。图 2.23(a)清晰

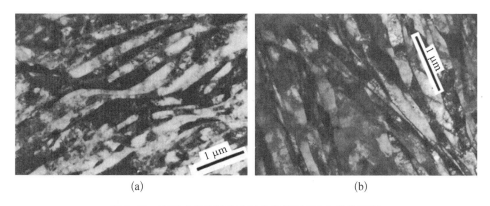

(a)   (b)

图 2.23 变形金属(变形机制为位错滑移)中的剪切带

(观察面为 ND - RD 平面,1 μm 标尺的方向为 RD。)

(a) 85％冷轧铁内的剪切带(Willis, 1982);(b) 97％冷轧铜的剪切带(Malin 和 Hatherly,1979)

地展示了剪切带的结构；轧制铁中对齐排列的显微带被卷入剪切带内，剪切应变导致局部的拉长和减薄。图 2.23(a)中明显的晶格曲率是剪切带的特征，不过，这个剪切带是因轻度至中度剪切变形形成的，可以看出，它与变形铝中的微剪切(S)带[见图 2.15(a)]很相似。如图 2.23(b)所示为大应变下形成的典型微观结构，这种类型的剪切变形很大，一般为 2～3，甚至高达 6。当变形进一步增大时，会形成更大的剪切带，这种剪切带会从一个表面扩展至另一个表面，最终，这些剪切带形成一个集束时，材料沿着这些剪切带发生失效。

2.8.2 低层错能金属

低层错能材料的剪切带形态与不发生变形孪晶的金属有很大区别(Hatherly，1982；Hatherly 和 Malin，1984)。在 70∶30 轧制的黄铜中，当应变约为 0.8 时，首先形成孤立的剪切带，特别是在孪晶与轧制平面对齐的区域(见图 2.19；Duggan 等，1978b)，随后（ε 约为 1），许多区域内会形成两族剪切带。变形带最初在与轧制平面约 35°角处形成，并将薄板分割成许多平行于横向(TD)的长斜方棱柱。棱柱内的孪晶几乎呈理想排列，大多数的剪切带形成理论都是基于如下假设：这种对齐排列的结构，无法再通过滑移或孪晶来协调变形。如图 2.24 所示(Köhlhoff 等，1988a)，剪切带本身由一组非常小的"晶体"(几乎是完美的晶格)组成，这些晶体通常在剪切方向上被拉长，长径比在 2∶1～3∶1 的范围内。70∶30 黄铜中的典型剪切带的厚度为 0.1～1 μm，单个晶体的宽度为 0.02～0.1 μm。

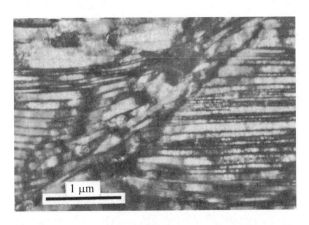

图 2.24　(110)[111]取向铜单晶在 77 K 冷轧 65%后，形成的剪切带内的晶体结构

(该铜单晶的变形机制为孪晶，观察面为 ND - RD 平面，1 μm 标尺的方向为 RD。)

晶体的取向特别关键，在严重变形的金属中，它们对轧制织构的形成有重要影响，剪切带是再结晶晶粒的主要形核位置。Duggan 等(1978a)发现 70∶30 黄铜中相邻晶体之间存在很大的取向差异（大于 $20°$），这种差异不是累积性的。发现 $\{110\}$ 附近的轧制平面取向的总体偏好，在 $\{110\}\langle 001\rangle$ 取向附近存在大量晶粒。这种取向是 FCC 金属剪切织构的主要组成部分。

各个剪切带对应的剪切应变通常很高，很多研究表明其平均值为 3～4，有时也发现高达 10 的剪切应变(Duggan 等，1978b)。剪切带形成（一个变形过程）的重要性在图 2.25 (Duggan 等，1978b)中得到了鲜明的例证。从 70∶30 黄铜试样(50%冷轧)中选取一纵向截面，然后抛光并沿垂直于轧制方向进行轻微划擦。图 2.25 显示了在随后的 10%轧制过程中，剪切带的发展以及剪切变形的大小。随着应变的增加，剪切带的数量迅速增加，在 $0.8<\varepsilon<2.6$ 范围内，剪切带的形成是主要的变形模式，在最终的大变形试样（$\varepsilon=2.6$）中，仅保留了少量的孪晶。与高 γ_{SFE} 材料的情况一样，进一步的变形会形成大的、贯穿厚度的剪切带，并最终沿着这些剪切带断裂。

4 μm

图 2.25 70∶30 黄铜试样先轧制 50%(厚度减薄量)，然后对其进行垂直于轧制方向的抛光和轻微划擦，再进行 10%轧制(TD 平面)

(注意剪切变形的大小。)

2.8.3 剪切带的形成

剪切带是塑性失稳的一种形式，在平面应变变形（或轧制）中，失稳条件为

$$\frac{1}{\sigma}\frac{d\sigma}{d\varepsilon}<0 \tag{2.14}$$

Dillamore(1978a)和 Dillamore 等(1979)将此条件写为

$$\frac{1}{\sigma}\frac{d\sigma}{d\varepsilon}=\frac{n}{\varepsilon}+\frac{m}{\dot{\varepsilon}}+\frac{1+n+m}{M}\frac{dM}{d\varepsilon}-\frac{m}{\rho}\frac{d\rho}{d\varepsilon}<0 \tag{2.15}$$

式中，n 和 m 为应变硬化和应变速率指数，ρ 为位错密度，M 为泰勒因子(定义为 $\sum\gamma/\varepsilon$，其中 $\sum\gamma$ 是所有激活滑移系的总剪切应变，ε 是 von Mises 等效应变，见 3.7.1.2 节)。式(2.15)中，ε 总是正的，$\dot{\varepsilon}$ 通常是正的，ρ 总是正的。由此

可以得出,如果失稳发生在中等至高应变水平时,并且在没有应变速率效应的情况下,那一定是由于等号右侧第三项因负的 dM/dε 而变为负值。后一个表达式对应于几何软化,如果它导致晶格旋转至一个几何软化的条件,那么会促进失稳的发生。dM/dε 可根据 dM/dθ(硬度随取向的变化率)和 dθ/dε(取向随应变的变化率)计算得到。Dillamore 等(1979)研究表明,对于织构明显的典型轧制金属来说,这个因子(dM/dε)为负值,且在剪切带方向 θ 约为 ±35°时最小。上述模型是一个有用的量化方法,但它对剪切带形成的预测能力并非总是可靠的,正如我们所讨论的,我们也必须意识到一些定性趋势和因素。此外,一些加工硬化率高(n 值高)的材料,如不锈钢,也会形成剪切带,但这些材料并不遵循式(2.15)的失稳条件。

2.8.4　剪切带形成的条件

2.8.1 节所讨论的"铜型"剪切带存在于多种金属中,其存在取决于以下若干因素。

● 晶粒尺寸:包括 Ridha 和 Hutchinson(1982)以及 Korbel 等(1986)在内的几位作者已经表明,形成剪切带的趋势随着晶粒尺寸增加而增加,这类似于大晶粒中出现孪晶的频率更高。

● 取向:Morii 等(1985)在 Al - Mg 单晶中证实了取向对剪切带的影响。

● 溶质元素:在铜中加入锰,虽不影响层错能,但导致大量剪切带的形成(Engler,2000);镁促进了铝的剪切带形成(Duckham 等,2001)。

● 变形温度:一些作者已经证明,高温变形时不大容易出现剪切带。图 2.26

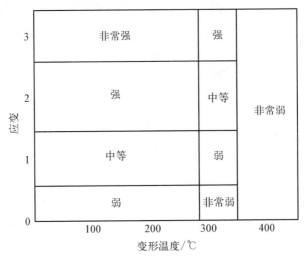

图 2.26　应变和变形温度对 Al - 1%Mg 中剪切带形成趋势的影响

(Duckham 等,2001)总结了变形温度和应变大小对 Al－1‰Mg 中剪切带形成趋势的综合影响。

2.9 双相合金的变形微观结构

大多数工业合金通常含有多个组成相,其微观结构由基体相和弥散的第二相颗粒组成。如果这些颗粒在变形过程中就存在,那么它们会影响变形微观结构,进而影响后续的退火行为。双相合金的变形微观结构最重要的几个方面如下。

● 颗粒对整体位错密度的影响,这可能会增加再结晶的驱动力。

● 颗粒对基体变形不均匀性的影响,这可能会影响再结晶形核位点的数量和生存能力。

● 颗粒附近变形结构的性质,这决定了是否会发生颗粒激发再结晶形核(particle-stimulated nucleation, PSN)。

在含第二相颗粒合金的变形过程中,位错会在颗粒周围发生弓出弯曲,如图2.27 所示。下面用位错基本理论分析这种情况,对于沿位错线分布的半径为 r、间距为 l 的颗粒,每个颗粒所受的力为

$$F = \tau b \lambda \qquad (2.16)$$

式中,τ 为施加的应力。

如果颗粒强度小于 F,则颗粒会变形,否则位错达到图 2.27(b)的半圆形位错形态,此时外加应力为

$$\tau_0 = \frac{Gb}{\lambda} \qquad (2.17)$$

即著名的 Orowan 应力。

然后位错继续环绕颗粒,留下如图 2.27(c)所示的 Orowan 环。图 2.28(Humphreys 和 Ramaswami, 1973)为镍合金中 Orowan 环的显微图。因其线张力,Orowan环会对颗粒施加剪切应力,其值约为

$$\tau = \frac{Gb}{2r} \qquad (2.18)$$

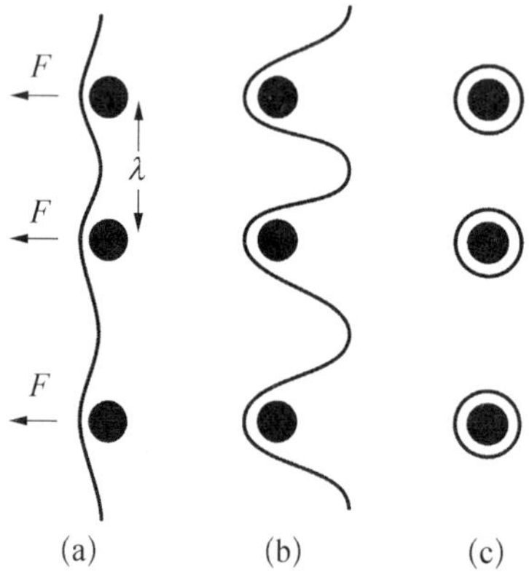

图 2.27 第二相颗粒处 Orowan
环的形成过程

(a)   (b)   (c)

如果颗粒有足够的强度来承受该剪切应力,它就不会变形,此时,基体位错通过颗粒的净结果是在颗粒处以Orowan 环的形式产生额外的位错。如果颗粒在 Orowan 环形成之前或之后变形,则颗粒处不会产生额外的位错。

对影响颗粒强度因素的详细讨论超出了本书的范围,读者可参考Martin（1980）、Brown（1985）、Humphreys(1985)和 Ardell(1985)的论著。然而,需要认识到,随后的变形行为以及变形材料中位错的密度和排列取决于颗粒是否发生变形。

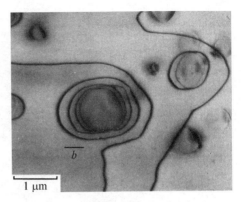

图 2.28　Ni‐6%Si 单晶中 Ni₃Si 颗粒处的 Orowan 环

2.9.1　含可变形颗粒的合金中的位错分布

如果图 2.29(a)中的颗粒发生如图 2.29(b)所示的变形,则其在滑移面上的尺寸会被位错的伯格斯矢量 *b* 减小。由于小颗粒通常比大颗粒更弱,因此滑移面会被软化,随后的位错倾向于在同一平面上运动,从而发生滑移集中,形成如图 2.29(d)所示的条滑移带。图 2.30（Humphreys 和 Ramaswami, 1973）所示的显微照片证实了这一现象,其中约 0.1 μm 的剪切位移表明已有几百个位错通过了该滑移面。Hornbogen 和Lutjering(1975)以及 Martin(1980)对含小颗粒的合金的滑移分布进行了如下讨论。

含可变形颗粒的晶体的屈服应力通常可表示为

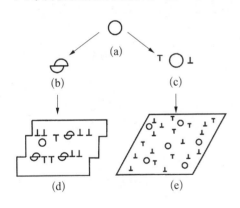

图 2.29　颗粒强度对滑移分布的影响,一个变形颗粒(b)导致的滑移集中(d),一个不可变形颗粒(c)导致更均匀的滑移(e)

$$\tau = C F_{\mathrm{V}}^{1/2} d^{1/2} \qquad (2.19)$$

式中,*C* 为常数,取决于特定的硬化机制(如共格应变)。如果 *n* 根位错剪切一个颗粒,颗粒的直径将减少 *nb*,发生进一步变形所需的应力为

64

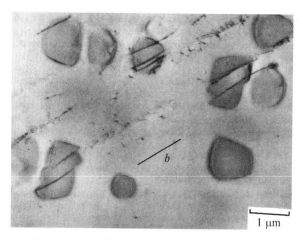

图 2.30 Ni - 6%Si 单晶中(变形后的)Ni₃Si 颗粒

$$\tau = CF_V^{1/2}(d - nb)^{1/2} = CF_V^{1/2}d^{1/2}\left(d - \frac{nb}{d}\right)^{1/2} \tag{2.20}$$

因此,滑移面被软化,后续滑移倾向于发生在该平面上,这与含不可变形颗粒的晶体相反。若滑移面上存在不可变形颗粒,先前位错留下的位错残骸(见图2.28 中的 Orowan 环)会增加在同一滑移面上继续滑移的难度,从而会使位错滑移变得相对均匀[见图 2.29(e)]。

滑移面因位错通过而弱化的程度可用参数 $d\tau/dn$ 来表示,对式(2.20)进行求导,可得

$$\frac{d\tau}{dn} = \frac{-bCF_V^{1/2}}{2d^{1/2}}\left(1 - \frac{nb}{d}\right)^{-1/2} \tag{2.21}$$

由此可见,颗粒小、体积分数大、C 值大时,粗滑移[1]趋势增大。

很多研究表明颗粒的剪切效应会导致滑移集中,这在设计高强析出强化合金时尤为重要,滑移集中可能会对断裂韧性和疲劳行为产生不利影响(Polmear,1995)。一个典型例子是在二元 Al - Li 合金中发现了有序 δ′ 相的析出物,这些颗粒在合金的变形过程中也会变形,导致大量的剪切集中(Sanders 和 Starke,1982)。

由于颗粒的形状和大小在变形过程中会发生变化,因此滑移分布也可能是

---

[1] 译者注:粗滑移(coarse slip)是指在塑性变形中,位错滑移发生在相对较大的晶体区域内,通常涉及大量的位错线同时参与,以形成可见的滑移带(粗大的滑移迹线)。

应变的函数。Kamma 和 Hornbogen(1976)发现,在钢的变形过程中,其内部小的片状 Fe_3C 颗粒会导致剪切带的形成。然而,在高应变时,剪切带变宽,滑移变得均匀。Nourbakhsh 和 Nutting(1980)的研究表明,在含有大的板条 θ' 颗粒的过时效 Al - Cu 合金中,由于 θ' 板条的变形,变形一开始是不均匀的;当应变超过 1 后,板条组织解体后产生小的球形颗粒,滑移分布更加均匀,这与 Kamma 和 Hornbogen 报道的现象类似。作者还发现,在欠时效(underaged)合金中,在应变为 5 时,在小应变阶段会导致滑移集中的细小的吉尼尔-普雷斯顿(Guinier-Preston, GP)区发生溶解,合金的变形行为与固溶体相似。

因此,可以得出以下结论:在含可变形颗粒的合金中,滑移分布很复杂,并且会随(变形导致的)颗粒尺寸和形状的变化而变化。

2.9.2　含不可变形颗粒的合金中的位错分布

2.9.2.1　位错密度

如果变形基体中含有不可变形的颗粒,则如 Ashby(1966,1970)(首次)所述,两相之间存在应变不相容现象,如图 2.31 所示。在图 2.31(a)中,半径为 r 的球形颗粒嵌在未变形的基体中。假设基体发生了剪切应变为 s 的变形[见图 2.31(b)],可变形颗粒也将随基体一同变形。但是,如果颗粒不能变形(或难变形)[见图 2.31(c)],则会导致局部应变的不相容,这会在颗粒-基体界面上产生位错,如果界面较弱,还会形成空洞。2.9.3 节会详细讨论颗粒附近产生的位错。然而,所产生的位错线长度对具体的机制并不敏感。很容易证明,通过产生 n 个伯格斯矢量为 b、半径为 r 的圆柱形位错环,可近似地协调这种应变不相容,则有

$$s = \frac{nb}{2r} \tag{2.22}$$

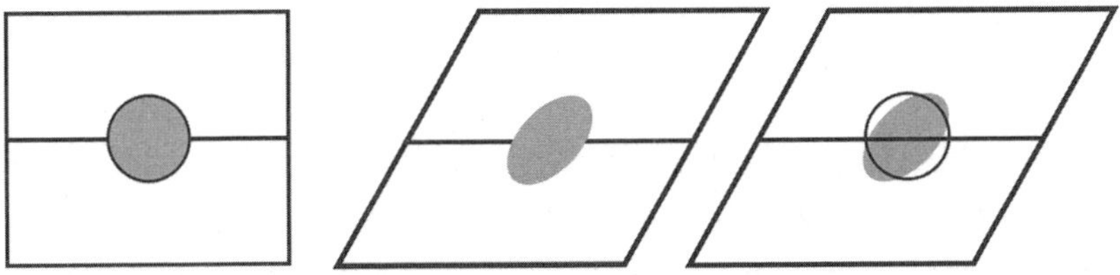

图 2.31　变形基体和不变形颗粒之间的应变不相容

(a) 未变形;(b) 变形颗粒;(c) 不变形颗粒

则每个颗粒对应的位错线长度为

$$L = \frac{4\pi r^2 s}{b} \qquad (2.23)$$

这种效应导致的位错密度(ρ_G)为$N_V L$，N_V可由式(4.21)计算得到，则有

$$\rho_G = \frac{3F_V s}{rb} \qquad (2.24)$$

Ashby将这种位错称为几何必需位错。

材料中产生的位错的总密度近似为$\rho_G + \rho_S$，其中ρ_S为单相基体中产生的位错密度(见2.2节)。然而，在变形过程中或变形后，位错会因回复而减少，式(2.24)是一个上限值。图2.32显示了晶粒尺寸为100 μm的基体内产生的位错密度($\rho_G + \rho_S$)的估算值[见式(2.1)和式(2.24)]，图中的位错密度表示为应变和颗粒含量的函数，且忽略了动态回复的影响。

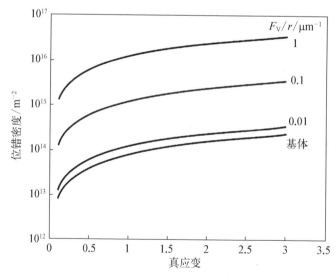

图2.32 含颗粒合金中预测的位错密度

67　　　虽然定量数据很少，但有证据表明，在含颗粒的单晶体或小变形的多晶体中，位错密度要比相似成分的单相材料大得多。例如，Humphreys 和 Hirsch (1976)发现，含氧化铝颗粒的铜单晶发生单滑移变形时，基体内的位错密度接近由式(2.24)预测的值。然而，Lewis 和 Martin(1963)对含氧化物颗粒的铜多晶体的数据分析表明，当拉伸应变为0.08时，位错密度远低于预测值。关于大变形的数据很少，因为动态回复以及位错亚结构的形成(大变形后位错不再是游离

的)使情况变得复杂。

对于含颗粒的合金,有关其储存能量的直接测量数据较少。Adam 和 Wolfenden(1978)发现,应变为 0.1 的 Al - Mg - Si 合金的变形储能是纯铝的 10 倍左右。Baker 和 Martin(1983a)测量了含颗粒铜合金中的储存能量[见图 9.6 (a)],结果表明,在低应变时,储存能量随应变增加而增加,这与式(2.24)近似一致,某些迹象表明,储存能量在应变超过 1 时达到饱和。其他有关弥散强化铜合金在大应变时的变形储能的测量结果(Bahk 和 Ashby,1975;Chin 和 Grant, 1967)表明,这些合金的储存能量并不比纯铜的大很多。

由于位错密度通常与流动应力直接相关[见式(2.3)],位错密度随应变变化的某些信息往往可以从应力-应变行为中推断出来。基于这些(应力-应变)实验结果,有相当多的证据表明,双相合金的加工硬化起初很高,在发生约 0.05 的应变后,会降至单相合金相当的水平,如铜(Lewis 和 Martin,1963)、钢(Anand 和 Gurland,1976)和铝合金(Lloyd 和 Kenny,1980)等。

综上所述,很明显,对于含有小的、不可变形颗粒的合金,式(2.24)和图 2.32 所预测的位错密度只在非常小的应变下才会出现大幅增加,而在较大应变下(通常对材料的再结晶很关键),动态回复会导致位错减少,可能会将位错密度降至比单相合金的位错密度稍大的水平。

2.9.2.2 位错胞元和亚晶结构

经常有报道说,颗粒会影响变形时形成的位错胞元结构。如 2.2.3 节所述,胞元和亚晶结构是动态回复的产物,因此受任何可影响位错增加或回复的参数的显著影响。

细小不可变形的第二相颗粒的弥散会导致位错的产生(见 2.9.2.1 节),并通过阻碍位错运动而影响动态回复。只有当局部应力超过式(2.18)时,位错才能通过强颗粒。因此,虽然位错可以在颗粒之间的区域自由移动,但它们倾向于在颗粒处驻留。以类似的方式,颗粒将钉扎胞元墙或亚晶界(见 4.6 节)。因此,相对来说,在比颗粒间距(λ)还小的尺度上所发生的回复过程不大受颗粒的影响,但在比颗粒间距大的尺度上,涉及位错重排的回复过程会受到颗粒的阻碍。因此,颗粒间距可能会影响位错胞元或亚晶的尺寸和取向差。在许多金属中,胞元尺寸(D)通常为 $0.5 \sim 1\,\mu m$,并随应变增加而减小(见图 2.6)。如果 $\lambda < D$,可以预计胞元结构将受到颗粒的影响。然而,当 $\lambda > D$ 时,颗粒对胞元形成的影响很小。

胞元尺寸 颗粒间距非常小(λ 约为 $0.1\,\mu m$)的弥散强化铜中也观察到胞元的形成(Lewis 和 Martin,1963;Brimhall 等,1966)。结果表明,与铜相比,位错胞元更分散,需在更大的变形下方能形成,其尺寸与颗粒间距有关。然而,在含

68

氧化物的铝(Hansen 和 Bay，1972)和铜(Baker 和 Martin，1983b)中，颗粒间距
为 0.3~0.4 μm，胞元尺寸与纯基体中的胞元尺寸并没有显著差异。Lloyd 和
Kenny(1980)研究了变形对双相铝合金亚结构的影响，发现当变形较小时，胞元
尺寸与颗粒间距相关，而在更大的变形时，胞元尺寸减小，且几乎与颗粒尺寸无
关，如图 2.33 所示。表 2.7 所示的最新 EBSD 测量也表明，含颗粒合金的胞元
尺寸与不含颗粒合金的相似。

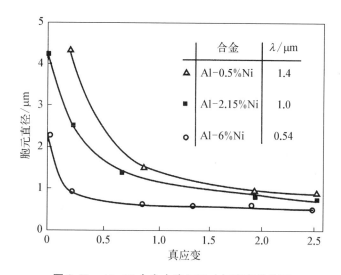

图 2.33　Al‑Ni 合金中胞元尺寸与应变的关系

(图片源自 Lloyd D J, Kenny D, 1980. Acta Metall., 28: 639.)

胞元取向差　铜的早期电子衍射实验(如 Brimhall 等，1966)表明，在颗粒
间距较小的合金中，胞元间的晶格取向差小于单相基体的晶格取向差。然而，后
来对颗粒间距更大的铜(如 Baker 和 Martin，1983b)和铝(Hansen 和 Bay，
1972)的研究发现，取向差与这些材料的单相合金的相似。

　　如表 2.7 所示，是最近一项有关铝和铜合金的 EBSD 研究结果，所研究的这
两种合金都含有足够的颗粒以防止再结晶。对于铝和铜，颗粒对胞元尺寸没有
明显的影响。然而，这两种材料的胞元取向差都因颗粒而大大减小了；此外，含
颗粒材料内部的长程取向梯度[在 10 μm×10 μm 区域内所测量的极端(不相
关)取向差]要小得多。这些结果基本上证实了之前的结果，即在颗粒间距和胞
元尺寸相似的区域，变形微观结构相应地会更均匀。

2.9.2.3　更大尺度上的变形不均匀性

　　关于不可变形颗粒对变形结构(如变形带或剪切带)中较大尺度异质性影响

的证据较少。在单相合金的变形过程中,晶粒除了发生取向变化外,还可能发生非均匀变形,并可划分为不同取向的区域,如图 2.34(Humphreys 和 Ardakani, 1994)(a) 和(b)所示[对比图 2.11(c)],这一现象称为晶粒破碎(Kanzaki, 1951),严重塑性变形相关的文献对这一现象做了详细的讨论(Toth 等,2010a)。 Habiby 和 Humphreys(1993)发现大的(大于 $1\,\mu m$)硅颗粒可以作为铝中变形带的形核位点。Humphreys 和 Ardakani(1994)发现,在取向为(001)[110](该取向为 FCC 材料的不稳定取向)的铝晶体的平面应变压缩变形过程中,晶体分裂为两个取向,并朝稳定的"铜"取向 (112)[111] 和 ($\bar{1}$12)[111] 旋转,如图 2.34 (b)所示。大的不变形颗粒,通过改变颗粒周围材料的塑性变形,导致一小部分晶体朝"错误"的方向旋转[见图 2.34(c)],从而在一个取向成分内形成另一个取向的小变形带。Ferry 和 Humphreys(1996b)在含颗粒的 {011}⟨100⟩ 戈斯取向的晶体中也发现了类似的效应。

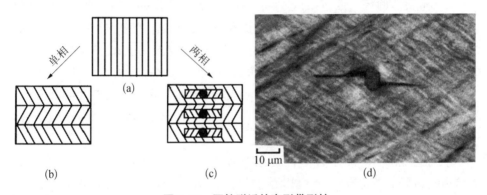

图 2.34　颗粒附近的变形带形核

(a) 取向不稳定的未变形晶体;(b) 变形单相晶体中变形带的形成;(c) 颗粒附近形成的小变形带;(d) 光学显微照片,显示在同一取向 Al‑Si 晶体中受 10 μm 颗粒影响的变形区

在许多商业合金中,大的夹杂物可能是通过这种机制促进变形带的形核。然而,尚无证据表明亚微米大小的颗粒会对铝中变形带的形成有明显的影响 (Habiby 和 Humphreys,1993)。此外,对应变分布的研究表明,无论变形类型如何,变形都倾向于集中在变形带上(Kammers 和 Daly,2013)。似乎颗粒也会影响这些变形带的间距,但并不决定它们是否存在(da Fonseca 和 Ko,2015)。

颗粒也可能影响剪切带的形成,如 2.8 节所述,这通常是低加工硬化率的结果。这在含可变形的第二相颗粒的合金中经常发现(见 2.9.1 节),许多研究报道了此类合金中剪切带的形成(如 Kamma 和 Hornbogen,1976;Sanders 和 Starke,1982;Lücke 和 Engler,1990)。在含有大量不可变形颗粒的合金中,起

70

再结晶与退火（原著第三版）

初的高加工硬化速率并不能持续到大变形，因此这些材料也可能会形成剪切带，例如 Al - Mg - Si 合金（Liu 和 Doherty，1986）和铝基颗粒复合材料（Humphreys 等，1990）。

2.9.3　颗粒处的位错结构

如前面所述，第二相颗粒会影响基体内位错的密度和分布，而这可能会影响再结晶的驱动力。此外，我们还需要考虑位错在大颗粒附近的累积，因为这可能会导致这些区域成为再结晶的形核点。一般情况下，小于 100 nm 的细小颗粒可作为位错障碍，即增强颗粒。大于 1 μm 的大颗粒处产生取向梯度，可作为颗粒激发形核位点。

如 2.9.2 节所述，如果颗粒强到足以抵抗位错通过，则可能形成 Orowan 环，单个 Orowan 环对颗粒的应力可由式（2.18）计算得到。在持续的变形过程中，会形成更多的环，所产生的应力将迅速上升到一个足够高的水平——如果颗粒不变形，则会在基体内产生局部塑性流动或塑性松弛，以缓解这些应力。由于这个高应力，Orowan 环变得非常不稳定，很难通过实验观察到。对单晶在小变形下的这种塑性弛豫现象已有广泛研究，而对单晶或多晶在大变形下的塑性弛豫现象的研究则很少。本节主要关注变形结构中那些与再结晶有关的因素，而对于更详细全面的位错机制讨论，读者请参考 Brown（1985）和 Humphreys（1985）的综述。

对于小颗粒和低应变，塑性弛豫通常伴随棱柱位错环的产生，其能量低于 Orowan 环。这些位错环可以是伯格斯矢量与滑动位错相同的初级棱柱环，也可能是伯格斯矢量与滑动位错不同的次级棱柱环。如图 2.35 所示（Humphreys，1985），是变形单晶体内形成的一排与颗粒对齐的初级棱柱环。在多晶体中，虽然一般看不到整齐排列的位错环，但也有证据表明，棱柱环会在颗粒处形成。

在存在更大的应变和更大的颗粒时，会形成更复杂的位错结构，这些结构通常与颗粒附近的局部晶格旋转有关，这些区域通常称为颗粒变形区［见图 2.36（Humphreys 和 Stewart，1972）］。颗粒附近位错结构的形式和分布主要受变形和颗粒尺寸的影响，尽管也受其他因素如形状、界面强度和基体的影响（Humphreys，1985），以及前述（2.9 节开始时）应变带与颗粒之间的相互作用。图 2.37 总结了变形和颗粒尺寸对铝单晶弛豫机制的影响。从图 2.35 所示的位错结构（被视为是非旋转或"分层塑性流动"）到图 2.36 所示的颗粒变形区（被视为涉及"旋转塑性流动"）的转变，从理论上是很难预测的，因为它的尺度介于位

64

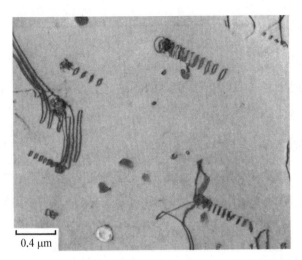

0.4 μm

图 2.35　α-黄铜晶体中 Al_2O_3 颗粒附近的初级棱柱环

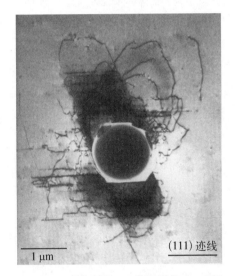

1 μm

(111)迹线

图 2.36　在变形的 α-黄铜晶体中,二氧
化硅颗粒附近形成的主滑移面
(111)上方和下方的变形区

(图中主伯格斯矢量垂直于纸面。)

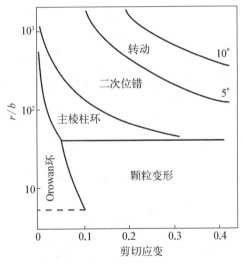

图 2.37　铝中颗粒附近的变形机制,表示
为应变和归一化的颗粒半径的
函数

(图片源自 Humphreys F J, 1979a. Acta Metall.,
27: 1801.)

错和连续介质力学之间。Brown(1997)基于位错塑性模型提出了判断这种转
变的模型,即对于一个直径为 d 的颗粒,假设当剪切应变为 γ 时,可能会发生
这种转变,那么 γ 可由下式计算得到:

$$\gamma = \left(\frac{b}{d}\right)^3 \left(\frac{\sqrt{2}\alpha G}{\sigma_f}\right)^2 \tag{2.25}$$

式中，α 为常数，约为 0.5；σ_f 为基体中的摩擦应力。

大颗粒附近形成的变形区特别重要，因为它们是 PSN 的来源，因此可能对再结晶的晶粒尺寸和织构有很大的影响。

2.9.4 颗粒处的变形区

尽管我们从单晶体的平面应变压缩变形中获得了一些关于变形区内取向的信息，但颗粒变形区的大部分详细测量结果是在(单滑移取向[①]的)含颗粒单晶体上进行的，并且是拉伸时变形。

74

2.9.4.1 **单晶体的拉伸变形**

在含颗粒的铜和铝单晶的单滑移拉伸变形中发现(Humphreys，1979a)，在直径小于 $0.1\,\mu m$ 的颗粒附近没有形成具有局部晶格旋转的变形区，在这种情况下，假定塑性弛豫是由于形成了棱柱环而引起的。

在较大的颗粒附近，发现局部晶格旋转发生在 $\langle 112 \rangle$ 旋转轴上，同时垂直于主伯格斯矢量和主滑移面法线，最大旋转角 (θ_{max}) 出现在颗粒-基体界面附近，并随到颗粒的距离 (x) 增大而减小，如图 2.38 所示(Humphreys，1979a)。在

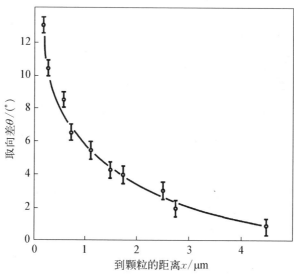

图 2.38　变形铝晶体中 **3 μm** 硅颗粒附近的晶格取向差(与界面距离的关系)

---

① 译者注：即选择特定的取向，使单晶仅发生单滑移。

距离约为颗粒直径($x \approx d$)处,该旋转角降至与基体旋转角无法区分的程度。这些数据符合如下经验公式:

$$\tan \theta = \tan \theta_{\max} \exp\left(- \frac{c_1 x}{d}\right) \tag{2.26}$$

式中,c_1 是约为 1.8 的常数。

对于直径大于 2.5 μm 的颗粒,$\theta_{\max}$ 仅是剪切应变 s 的函数,表明晶格旋转是唯一的弛豫机制,如图 2.42 所示。$\theta_{\max}$ 与 s 的关系为

$$\theta_{\max} = c_2 \arctan s \tag{2.27}$$

式中,c_2 是无量纲的常数。

对于尺寸范围为 0.1～2.5 μm 的颗粒,最大取向差是应变和颗粒尺寸的函数,如图 2.39 所示,说明塑性松弛是通过形成柱状环和旋转变形区来产生的。对于这类颗粒,最大取向差可采用如下经验公式计算:

$$\theta'_{\max} = 0.8 \theta_{\max} (d - 0.1)^{0.2} \tag{2.28}$$

式中,d 为颗粒直径,单位为 μm。

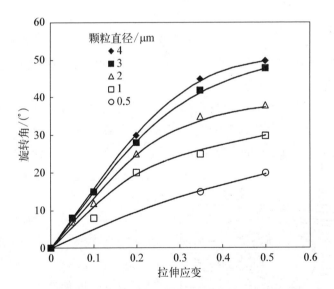

图 2.39　颗粒附近的平均最大取向差随应变和颗粒尺寸的变化

(数据源自 Humphreys F J, 1979a. Acta Metall., 27: 1801.)

对于细长颗粒,最大的取向差发生在颗粒的末端。

虽然旋转区往往位于主滑移面的上方和下方(见图 2.36),但上述变形区的

具体形状尚未确定。为了便于在9.3节中讨论变形区域的再结晶，我们可以建立变形区的准定量模型，假设变形区是由同心球形的小角度晶界构成的"洋葱皮"结构（见图9.12）。变形区内的位错分布与式(2.26)中的取向分布直接相关。

在距离颗粒表面 x 处的取向梯度为

$$\frac{\mathrm{d}\theta}{\mathrm{d}x} = \frac{c_1 \tan\theta_{\max}\cos^2\theta}{d}\exp\left(-\frac{c_1 x}{d}\right) \tag{2.29}$$

式中，ρ 为位错密度；x 为距离。假设小角度晶界由方形位错网络组成，则

$$\rho = \frac{2c_1 \tan\theta_{\max}\cos^2\theta}{bd}\exp\left(-\frac{c_1 x}{d}\right) \tag{2.30}$$

2.9.4.2 平面应变压缩或轧制变形的单晶

研究人员先后研究了以下取向的含颗粒铝单晶在沟槽平面应变压缩变形后的微观结构，包括 $\{001\}\langle110\rangle$（Humphreys 和 Ardakani，1994）、$\{011\}\langle100\rangle$（Ferry 和 Humphreys，1996b）和 $\{011\}\langle011\rangle$（Ferry 和 Humphreys，1996c）。这些结果表明，颗粒变形区内的旋转与激活的滑移系有关。旋转轴通常接近TD，或邻近的 $\langle112\rangle$ 轴[见图9.16(a)]。这些结果与前一节的讨论一致，证明变形区内亚晶尺寸相对更小，发现在板状颗粒的边缘处存在更大的取向差，而颗粒激发的变形区通常是从颗粒界面处延长至一个颗粒直径的区域。后续对轧制态的含颗粒铝晶体的研究（Engler 等，1999，2001）也得到了类似的结果。

2.9.4.3 变形多晶体

关于多晶体内变形区的定量数据很少，这主要是由于这类实验测量非常困难。如图2.40所示，轧制合金的变形区通常在轧制方向上被拉长。在颗粒附近发现了直径小于 $0.1\ \mu m$ 的高度错向的小亚晶区域，但在距颗粒更远的地方，由于颗粒的存在，亚晶被拉长和扭曲（Humphreys，1977；Hansen 和 Bay，1981）。图14.4所示为冷轧后（应变为3.9）的大颗粒附近的微观结构。

关于取向差的系统研究也很少，一些研究发现，即使在大变形后，基体与变形区之间的取向差为 $30° \sim 40°$（Gawne 和 Higgins，1969；Humphreys，1977；Herbst 和 Huber，1978；Bay 和 Hansen，1979；Liu 等，1989）。这些取

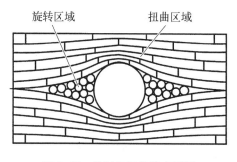

图2.40　轧制多晶体的变形区

（图片源自 Porter J，Humphreys F J，1979. Metal Sci.，13：83.）

向差通常以"角度-旋转轴"来描述,即将晶粒旋转至指定取向所需的最小旋转角 77
度(和旋转轴)(见 4.2 节及附录 A1.1)。由于立方晶体的对称性,测量结果与变形过程中发生的实际取向差不一定相同,例如,对于随机取向的多晶体,实际测量的平均取向差约为 40°(见 4.2 节)。因此,基于这些实验测量结果,我们推断理论取向差至少不会比实验测量值小,而且由于晶体的对称性,它们可能会很大。

TEM 微织构技术可测量颗粒附近小区域内的取向散布(Humphreys, 1983),该技术已用于研究多晶铝单轴压缩变形时颗粒附近变形区内的取向差 (Humphreys 和 Kalu,1990)。结果表明,在许多情况下,每个颗粒附近会形成多个变形区,变形区旋转的大小随变形和颗粒尺寸的增大而增大。此外,高分辨率 EBSD 技术可以确定轧制多晶体内颗粒变形区的尺寸、形状和取向,如图 2.41 所示。

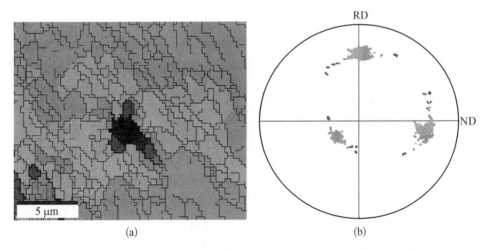

(a)　　　　　　　　　　　　　　(b)

图 2.41　EBSD 测量的 75%冷轧铝合金(AA1200)中 3 μm 颗粒处的取向差

[EBSD 图和极图中颜色深浅代表围绕横向方向(TD)的不同旋转,图片由 A. P. Clarke 提供。]
(a) EBSD 图显示颗粒附近的高度错向区域;(b) 该区域的 100 极图

2.9.4.4　变形区的建模与模拟

在多晶体的轧制过程中,很难对微米尺度颗粒附近形成的变形区进行有效建模。这一过程过于复杂,无法从单个位错反应的角度进行准确分析,而更大尺度的模拟,如有限元模型,则无法将变形区内微细尺度相关的特征纳入其中。Ashby(1966)、Sandström(1980)、Ørsund 和 Nes(1988)、Humphreys 和 Kalu (1990),以及 Humphreys 和 Ardakani(1994)提出了基于位错和晶体塑性的简单模型。对于最简单的情况,即单滑移变形单晶体中的颗粒(见 2.9.4.1 节),目

78 前最好的方法是 Brown(1997)提出的位错塑性模型，该模型预测变形区内的取向差 θ 随到颗粒（直径为 d）的距离 x 的增加而减小：

$$\tan \theta = -\frac{\tan s}{2}\ln\left(\frac{d}{x}\right) \tag{2.31}$$

它能很好地吻合 Humphreys(1979a)的实验数据，如同经验式(2.25)。然而，这些模型都无法预测变形区的形状。

　　对于更复杂的情况，如单晶或多晶体的平面应变压缩变形，已有很多采用晶体塑性有限元模拟(CPFEM)的成功案例(Bate，1999)。图 2.42(Humphreys 和 Bate，2003)显示了初始取向为 $\{001\}\langle110\rangle$ 的铝晶体在应变为 0.5 时的应变和取向分布，这与 Humphreys 和 Ardakani(1994)实验观察到的情况一致。从图中可以看出，模拟[见图 2.42(b)]与实验[见图 2.34(c)]具有很好的一致性，颗粒附近的两种"羽毛状"物质以与基体相反的方向旋转，朝"铜"取向旋转。

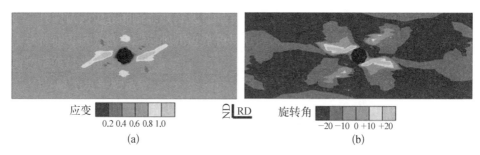

应变 　　ND⊥RD　　旋转角

(a)　　　　　　　　　　　　　　　(b)

图 2.42　二维 CPFEM 模拟含颗粒晶体（取向为 $\{001\}\langle110\rangle$）的平面应变压缩变形（等效应变为 0.5）

(a) von Mises 等效应变；(b) 晶体绕约束方向(TD)旋转[角度单位为(°)]

　　这种模型的主要缺点是缺乏长度尺度，即颗粒可以是任何尺寸。而实际情况是，较小的颗粒会导致很强的尺寸效应，如图 2.40 和图 2.42 所示。为了引入

79 长度尺度(Fleck 和 Hutchinson，1994；Bassani，2001)，梯度塑性理论已纳入有限元模型中。然而，颗粒变形的 CPFEM 模拟表明，考虑梯度塑性其实对结果影响并不大(Humphreys 和 Bate，2003)，并没有预测到实验观察到的减少程度或小颗粒变形区的大小。我们再次指出，理解变形的整体模式（即应变倾向于在变形带内集中），以及变形模式如何与不同尺寸的颗粒相互作用可能是理解这些效应的关键(da Fonseca 和 Ko，2015)。

第 3 章 变形织构

3.1 引言

晶体的许多机械性能和物理性质都是各向异性的,因此多晶体的性质取决于试样内各个晶粒或亚晶是随机取向还是择优取向。在多晶体中,晶粒的晶体学取向分布称为材料的织构。我们通常将材料的织构和微观结构分开考虑(实际上,织构也属于材料的微观结构)。然而,随着表征技术的发展(见附录 A1),特别是表征局部微观结构的取向(微观织构)技术的发展,微观结构与织构之间的区别已经变得有些模糊,并且微观结构的取向和几何参数通常也放在一起研究。事实上,取向与其空间位置之间的任何相关性都会影响材料内部晶界的性质,因此将织构归类为材料的微观结构是完全合适的。然而,由于织构需要特殊的表示方法(见附录 A1),将变形过程中发生的取向变化与第 2 章中讨论的微观结构演化分开考虑也很有必要。

材料在变形过程中发生的取向变化并不是随机的。实际上,变形优先发生在那些最容易激活的(取向有利的)滑移系或孪晶系上,并由此导致变形金属产生择优取向或织构。如果金属随后发生再结晶,形核优先发生在某些特定的组织特征上,即具有特定取向的区域。晶核的长大能力也可能受微观结构中相邻区域取向的影响。总之,这些特征、形核和长大使得再结晶金属也会形成织构,这种织构称为再结晶织构,以区别于与它们相关但又迥然不同的变形织构。本章我们只关注变形织构及其与微观结构的关系,再结晶织构将在第 12 章中单独讨论。在 Wassermann 和 Grewen(1962)的著作及 Dillamore 和 Roberts(1965)的综述中,可以找到关于这两类织构的大量早期文献的详细论述。最近的文献包括 Kocks 等(1998)以及 Randle 和 Engler(2000)的研究。最近的研究进展也可参阅一系列的国际会议报告(见 1.2.2 节)。

因为取向必须用三维旋转来表示,需要 3 个参数,所以,晶体学结构的表示很复杂。起初，表示织构的标准方法是极图（Barrett 和 Massalski，1980；Hatherly 和 Hutchinson，1979；Randle 和 Engler，2000），极图是基于 XRD 测量数据绘制的。由于 Roe 和 Bunge 的杰出贡献，基于取向分布（OD，如果使用广义球谐函数来拟合数据，则通常称为取向分布函数，即 ODF）的定量表达可给出织构的完整描述。对于不熟悉织构分析的读者，附录 A1 提供了织构获取和表示的各种方法。

3.2 面心立方金属的变形织构

文献中提供的大多数织构数据和几乎所有的 ODF 数据都是关于轧制变形材料的。因此，以下的讨论也主要是关于轧制织构的。面心立方（FCC）金属的变形织构主要由层错能（γ_{SFE}）决定。在一种极端情况下，以 $\gamma_{SFE} \approx 170 \text{ mJ/m}^2$ 的铝和 $\gamma_{SFE} \approx 80 \text{ mJ/m}^2$ 的铜为例，变形模式为位错滑移，大减薄率的轧制织构与图 3.1（Hirsch 和 Lücke，1988a）（a）非常相似。另一个极端是低层错能（$\gamma_{SFE} < 25 \text{ mJ/m}^2$）金属和合金，如 70∶30 黄铜、奥氏体不锈钢或银等，会形成相当不同的织构，与图 3.1(b) 相似。织构转变一词已广泛用于描述在中等 γ_{SFE} 范围内发生的织构变化。通常将高 γ_{SFE} 金属的织构称为纯金属织构，以区别于低 γ_{SFE} 材料所表现的合金型织构。

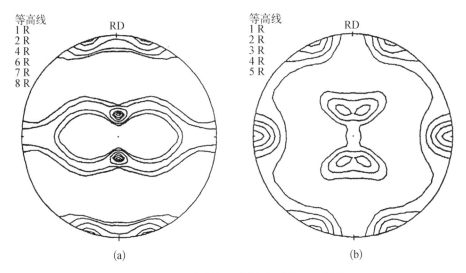

图 3.1 FCC 金属经 95%冷轧后的 111 极图

(a) 铜；(b) 70∶30 黄铜

3.2.1　纯金属织构

图 3.2(Grewen 和 Huber，1978)为 95％冷轧铝的 100 极图和 111 极图，需要注意的是，轧制铜的极图[见图 3.1(a)]与铝的几乎是相同的。在图 3.2 的极图上叠加了常用来描述织构的理想取向或织构成分，如 $\{112\}\langle111\rangle$、$\{110\}\langle112\rangle$ 和 $\{123\}\langle412\rangle$。如今，$\{123\}\langle412\rangle$ 织构成分(也称为 S 织构)已被略微不同的织构成分 $\{123\}\langle63\bar{2}\rangle$ 所取代。表 3.1 列出了常见织构成分对应的简称、符号以及轧制 FCC 金属的主要织构成分在第一子空间内的欧拉角数值。"子空间"一词是指将取向空间根据晶体结构的对称性而划分成若干子集，每个子集都拥有所有可能取向的唯一表示。包含一组独特取向(或取向差)的子空间也称为基本空间。附录详细论述了织构相关的晶体对称性和样品对称性。需要注意的是，此处所讨论的织构成分针对特定的变形类型(轧制变形)，相比之下，剪切变形的织构是非常不同的。

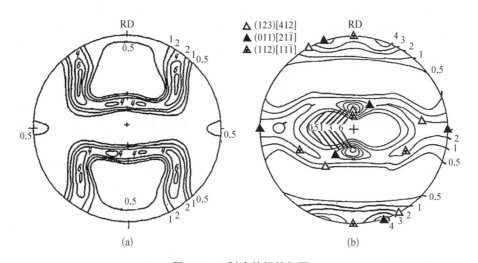

图 3.2　95％冷轧铝的极图

(a) 100 极图；(b) 111 极图以及若干理想取向在极图中的位置

表 3.1　轧制 FCC 金属的主要织构成分(第一子空间)　　84

织构成分及符号	$\{hkl\}$	$\langle uvw \rangle$	φ_1	Φ	φ_2
铜(C)	112	111	90	35	45
S	123	634	59	37	63

续　表

织构成分及符号	$\langle hkl\rangle$	$\langle uvw\rangle$	φ_1	Φ	φ_2
戈斯(G)	110	001	0	45	90
黄铜(B)	110	112	35	45	90
Dilamore(D)	4，4，11	11，11，8	90	27	45
立方	001	100	0	0	0

　　从图 3.2 中可以看出,这些取向的组合并不能对应所有的织构强度高的区域,因此仅用这些理想织构成分并不能完整地描述织构。通过将织构描述为从 $\{112\}\langle111\rangle$ 经 $\{123\}\langle412\rangle$ 到 $\{110\}\langle112\rangle$ 的取向散布带,可以提供更多的信息,但这样的描述不能表示散布带内取向的晶体学性质。

　　ODF 可以更好地描述织构,图 3.3(Hirsch，1990b)所示为 95% 冷轧铝的
85 ODF。第一个也是最重要的现象是织构可概括地以一个从取向 $\{110\}\langle1\bar{1}2\rangle$ (B, $\Phi=45°$，$\varphi_2=90°$，$\varphi_1=35°$) 经取向 $\{123\}\langle634\rangle$ (S，$\Phi=37°$，$\varphi_2=63°$，$\varphi_1=59°$) 到取向 $\{112\}\langle11\bar{1}\rangle$ (C，$\Phi=35°$，$\varphi_2=45°$，$\varphi_1=90°$) 的取向管道来表示。如图 3.4(Hirsch 和 Lücke，1988a)所示,为了清晰起见,省略了两个分支中的一个,省略的分支是 $\varphi_2=0°\sim45°$ 截面。图 3.4 所示的取向管道也可以用它的轴线或轮廓线来描述,图中所示的轴线为 β-纤维,许多轧制 FCC 金属的研究数据报告仅以沿该纤维的取向密度的形式来表示。图 3.4 中的第二个织构纤维,即 α-纤维,从 $\{110\}\langle001\rangle$ (G，$\Phi=45°$，$\varphi_2=90°$，$\varphi_1=0°$) 延伸到 $\{110\}\langle1\bar{1}2\rangle$ (B，$\Phi=45°$，$\varphi_2=90°$，$\varphi_1=35°$)。

　　图 3.5(Hirsch 和 Lücke，1988a)显示了轧制铜沿 α-纤维和 β-纤维的取向密度值。当轧制减薄率较小时,沿纤维的强度变化很小,约为随机密度(MRD)的 2～4 倍。随着轧制变形的增加,沿纤维的织构强度的均匀性变差,这一现象首先发生在 α-纤维上。当轧制减薄率达到 95% 后,α-纤维几乎从织构中消失了,但 β-纤维仍然很明显。如果轧制减薄率继续增加,β-纤维的强度均匀性开始恶化并出现明显的峰值。特别的是 S 织构成分增强并成为铜或铝在强轧制变形后的主要织构成分。Hirsch 和 Lücke(1988a)详细讨论了 FCC 金属的轧制织构演化结果,其要点是,在变形不大时,采用相对均匀的取向管道来描述织构最为适合,而在大变形

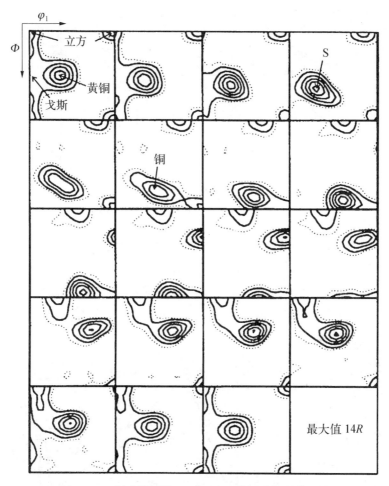

图 3.3 90%冷轧铝的 ODF 图和一些重要取向的位置

时,这些织构退化为表 3.1 中典型织构成分的峰值。

基于 ODF,还可以用少数主要织构成分来定量描述织构,即选取合适的 ODF 空间体积,计算所选织构成分的体积分数 M_i。例如,表 3.2 列举了从 95%冷轧铜的 ODF(与图 3.3 相似)数据得到的主要织构成分的体积分数。

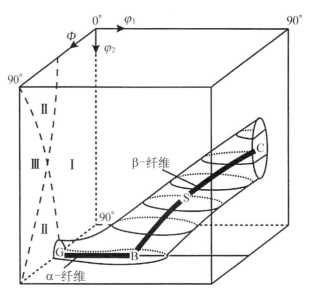

图 3.4 FCC 轧制织构在三维欧拉角空间第一子空间内示意图

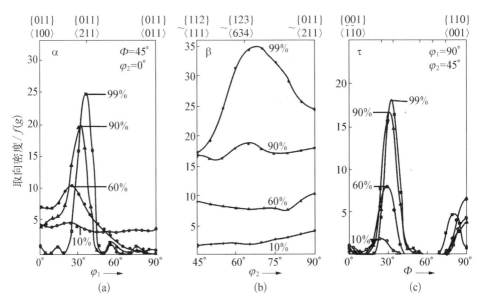

图 3.5 95%冷轧铜沿主要织构纤维的取向密度 $f(g)$

(a) α-纤维;(b) β-纤维;(c) τ-纤维

表 3.2　95%冷轧铜内主要取向的体积分数(Hirsch 和 Lücke, 1988a)

织 构 成 分	V_f/%	织 构 成 分	V_f/%
铜(C)	27	黄铜(B)	8
S	38	B/S, {168}⟨211⟩	18
戈斯(G)	3	其他	6

3.2.2　合金织构

图 3.1(b)的极图和图 3.6(Hirsch 和 Lücke,1988a)的 ODF 表明,低 γ_{SFE} 金属会形成强的 {110}⟨112⟩ 织构。与高 γ_{SFE} 金属相比,α-纤维在合金织构中更为突出(见 $\varphi_2=0°$ 的截面以及 $\Phi=45°$, $\varphi_1=0°\sim35°$)。在合金织构中还存在另外两种织构纤维,即 γ-纤维和 τ-纤维(Hirsch 和 Lücke,1988a)。τ-纤维是中等层错能材料(γ_{SFE} 约为 40 mJ/m² 轧制织构的一个重要特征。图 3.7(Hirsch 和 Lücke,1988b)给出了与 FCC 金属轧制织构相关的全部 4 种织构纤维。γ-纤维对应着 {111} 平面与轧制平面平行的体积单元,即微观结构中对齐的变形孪晶(见图 2.21),并从 {111}⟨112⟩($\Phi=55°$, $\varphi_2=45°$, $\varphi_1=30°/90°$) 延伸到 {111}⟨110⟩($\Phi=55°$, $\varphi_2=45°$, $\varphi_1=0°/60°$)。τ-纤维对应着 ⟨110⟩ 晶向平行于 TD,在 $\varphi_2=45°$ 截面内,沿着 $\varphi_1=90°$,从 {112}⟨111⟩ C 取向($\Phi=35°$) 延伸到 {110}⟨001⟩ G 取向($\Phi=90°$)。 86

图 3.8(Hirsch 和 Lücke,1988a)显示了冷轧 70∶30 黄铜的 3 种主要织构纤维的强度。可以看出,随着变形的进行有下列情况: 87

- α-纤维被保留,且戈斯织构仍然很强;
- 黄铜织构随轧制变形而稳步增强;
- 铜织构和 S 织构变得不明显。

虽然本节前面所讨论的"合金"织构是在低层错能 FCC 材料中首先观察到的,但很多实验证据表明,类似的织构也出现在层错能较高的铜合金和铝合金中。Engler(2000)指出,在铜中加入锰,虽然层错能不受影响,但会导致轧制织构转变成合金织构,这种合金织构与前面讨论的非常相似。例如高强度、时效强化的铝合金,特别是 Al-Li 合金,也会形成强的 {110}⟨112⟩ 轧制织构(Bowen,1990;Lücke 和 Engler,1990),明显不同于其他铝合金 88

77

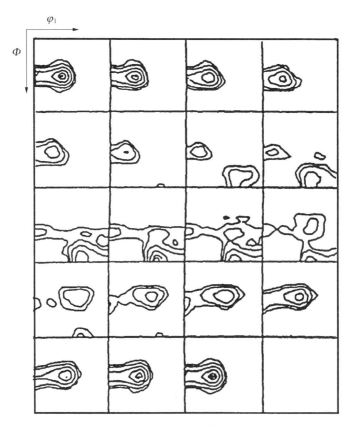

图 3.6 70∶30 黄铜经 95% 冷轧后的 ODF

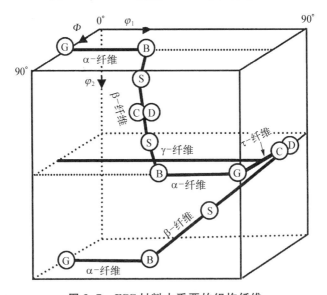

图 3.7 FCC 材料中重要的织构纤维

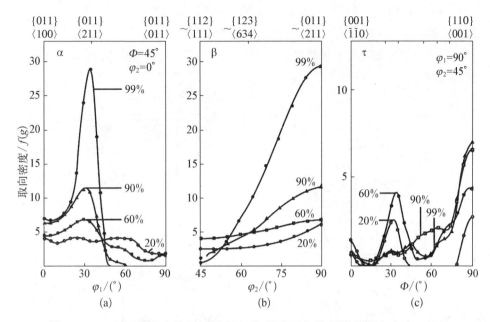

图3.8 70∶30黄铜冷轧至不同程度后,沿主要织构纤维的取向密度 $f(g)$

(a) α-纤维;(b) β-纤维;(c) τ-纤维

的轧制织构,如图3.16所示。我们会在3.7.3节讨论这种织构转变的可能解释。

3.3 体心立方金属的变形织构

89

以钢铁为代表的体心立方(BCC)金属和合金的变形织构通常比 FCC 金属和合金更复杂,虽然钢铁行业很重要,但有关钢铁变形织构的研究并不充分,大部分的研究来自 Hutchinson 和 Lücke 的研究团队(如 Hutchinson 的综述,1984;Raabe 和 Lücke,1994;Hutchinson 和 Ryde,1997)。铁和低碳钢的轧制织构很大程度上与成分和工艺参数无关,甚至对剪切带这样重要的微观结构异质性也几乎没有影响。图3.9(a)为一幅典型的200极图,其中突出显示了4个主要取向的位置:{111}⟨112⟩、{110}⟨110⟩、{211}⟨011⟩和{111}⟨110⟩。表3.3给出了BCC轧制织构重要成分的 Miller 指数和欧拉角。

图3.9所示为冷轧低碳钢在90%(减薄率)轧制变形后的ODF。不同于 90
FCC轧制织构的特征(FCC金属和合金的轧制织构ODF通常用 φ_2 为常数的

截面表示),BCC 轧制织构特征通常采用 φ_1 为常数的截面来表示更为合适,如图 3.9(b)所示。然而,在很多情况下,关键信息可通过 $\varphi_2 = 45°$ 的单个截面来描述(见表 3.3),大多数研究人员更喜欢用 $\varphi_2 = 45°$ 这个截面来讨论 BCC 钢的织构。

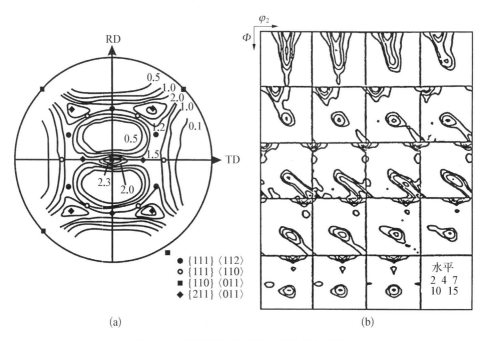

(a)   (b)

图 3.9　低碳钢经 90%冷轧后的轧制织构

(a) 200 极图(Hutchinson, 1984);(b) ODF(Lücke 和 Hölscher, 1991)

表 3.3　轧制 BCC 金属的织构成分

$\{hkl\}$	$\langle uvw \rangle$	φ_1	Φ	φ_2
001	110	45	0	0
211	011	51	66	63
111	011	60	55	45
111	112	90	55	45
11, 11, 8	4, 4, 11	90	63	45
110	110	0	90	45

图 3.10(a)(Hutchinson 和 Ryde，1997)为冷轧无间隙(IF)钢 ODF 在 $\varphi_2 =$ 45° 截面的分布云图，图 3.10(b)(Hutchinson 和 Ryde，1997)为重要织构成分在该截面对应的位置。可以发现，这些主要的织构成分位于两条构成 L 形的织构带上。竖着的织构带代表部分纤维织构——晶粒的 ⟨110⟩ 方向平行于轧制方向，晶粒取向分布在 (001)[1$\bar{1}$0] 和 (111)[1$\bar{1}$0] 之间（Φ 角在 0°～55° 之间变化）。这条纤维包含 {001}⟨110⟩、{211}⟨011⟩ 和 {111}⟨011⟩ 等取向，通常称为 α-纤维。水平带对应 $\Phi = 55°$ 而 $\varphi_1 = 0°～90°$，也称为 γ-纤维。γ-纤维包含 {111} 晶面平行于轧制平面的全部取向，是完备的纤维织构。由图 3.10(b)可知，它包含 (111)[1$\bar{1}$0]、(111)[1$\bar{2}$1]、(111)[0$\bar{1}$1] 和 111[$\bar{1}$$\bar{1}$2] 两对等效的取向。

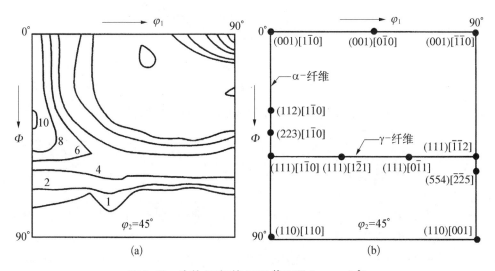

图 3.10　冷轧 IF 钢的 ODF 截面图 ($\varphi_2 = 45°$)

(a) 实验数据；(b) 重要织构成分的位置

在轧制变形减薄率增加到 70% 之前，α-纤维的取向密度[见图 3.11(von Schlippenbach 和 Lücke，1984)]随应变增加而相当均匀地增加，但随着进一步轧制，{112}⟨110⟩ 和 {111}⟨110⟩ 织构变得更加显著。γ-纤维则在减薄率低于 80% 时都相对均匀地增强，但此后主要是 {111}⟨110⟩ 成分增强。

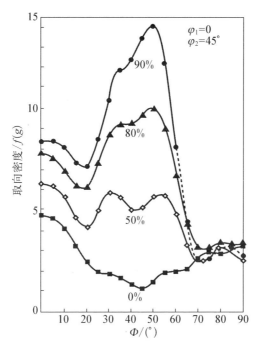

图 3.11　冷轧低碳钢中轧制织构的发展，沿 α‑纤维的取向密度

3.4　六方金属的变形织构

91

六方金属变形织构的相关信息比立方金属要少得多，Philippe（1994）和 Kocks 等（1998）对实验和模拟结果进行了综述。从表 2.5 中数据可以预判，六方金属的轧制织构受到 c/a 和激活的特定滑移系的影响（Grewen，1973）。此外，对六方金属的理论织构演化的研究表明，稳定的织构成分随不同滑移系间的临界分切应力的比值而变化，如 Tomé 等（1991）的研究。

对于 c/a 接近理想值 1.633 的金属，轧制织构具有很强的 $\{0001\}\langle 1\bar{1}00\rangle$ 织构成分，这是基面滑移优先的直接后果[见图 3.12(a)（Hatherly 和 Hutchinson，1979）]。在 c/a 值较高的锌和镉中，基面在横向(TD)倾斜 $20°\sim30°$[见图 3.12(b)（Hatherly 和 Hutchinson，1979）]。根据六方金属变形后的微观结构，可发现材料同时发生了基面滑移和变形孪晶，即这种变形织构是意料之中的。对于 c/a 小于理想值的其他六方金属，基面再次被旋转出轧制面，但旋转轴平行于 RD 而非 TD，倾斜角为 $30°\sim40°$[见图 3.12(c)（Hatherly 和 Hutchinson，1979）]；旋转轴为 $\langle 10\bar{1}0\rangle$。

92 一些基于 ODF 分析的实验结果已经证实了早期的极图分析（Philippe，1994）。

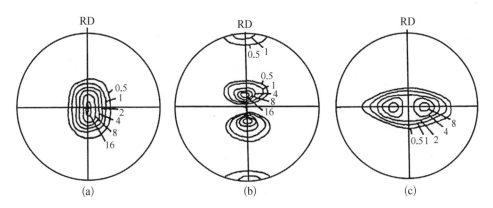

图 3.12   冷轧六方金属的轧制织构(0002 极图)

(a) 镁 (c/a 值接近理想值);(b) 锌 (c/a 值大于理想值);(c) 钛 (c/a 值小于理想值)

以钛为例,90% 轧制变形后,其变形织构的主要成分为 $\{12\bar{1}4\}\langle10\bar{1}0\rangle$、$\{12\bar{1}2\}\langle10\bar{1}0\rangle$ 和 $\{12\bar{1}0\}\langle10\bar{1}0\rangle$,这些织构成分的共同特点是 $\langle10\bar{1}0\rangle//RD$ (Inoue 和 Inakazu,1988)。第一个也是最重要的问题可以在图 3.13(Nauer-Gerhardt 和 Bunge,1988)的 $\Phi=37°$,$\varphi_1=0°$,$\varphi_2=0°$ 处看到。该织构成分只有在轧制减薄率超过 50% 时才产生,在这种变形水平下,孪晶成为主要的变

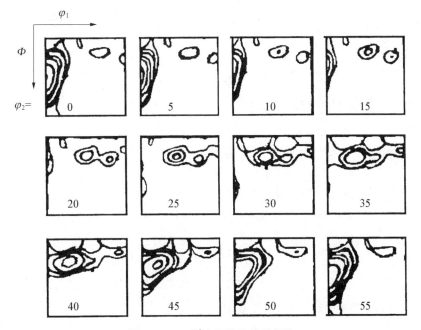

图 3.13   90%冷轧钛的轧制织构

形模式。需要注意的是,由于六方金属的对称性,在 ODF 分析中,φ_2 的范围为 $0° \sim 60°$。

93 ## 3.5 纤维织构

材料在拉伸、拉拔和挤压等单轴变形过程中,其变形织构均为纤维织构,其结果通常用反极图表示。对于 FCC 金属,拉伸(拉拔)织构可简单地用一个平行于 $\langle 111 \rangle$ 和 $\langle 100 \rangle$ 晶体轴的双纤维织构来表示,如图 3.14(Hatherly 和 Hutchinson,1979)所示。两者的相对比例主要由 γ_{SFE} 决定,$\langle 100 \rangle$ 成分的比例随 γ_{SFE} 降低而升高,如铝(高 γ_{SFE})中 $\langle 100 \rangle$ 成分极少而银(低 γ_{SFE})中的 $\langle 100 \rangle$ 成分近 100%(Schmidt 和 Wassermann,1927)。对于 BCC 金属,纤维轴总是 $\langle 110 \rangle$,而在六方金属中,优先的纤维轴是 $\langle 10\bar{1}0 \rangle$。压缩织构有些不同,几乎与刚才描述的相反。对于 FCC 金属来说,理论上和实验结果中都是 $\langle 110 \rangle$ 织构最为常见,在一些低 γ_{SFE} 材料中也会形成 $\langle 111 \rangle$ 成分。如图 2.22(b) 所示,大多数 BCC 金属的织构都包含 $\langle 100 \rangle$ 和 $\langle 111 \rangle$ 成分,这在理论上也是合理的。读者可以参考 Barrett 和 Massalski (1980)以及 Kocks 等(1998)对这一主题的详细论述。

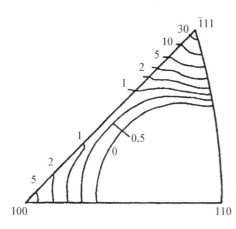

图 3.14 冷拉拔铝丝织构的反极图

3.6 织构演化的影响因素

在前面几节里,我们讨论了金属变形过程中所形成的织构的性质。织构的强度和各种织构成分之间的平衡取决于起始材料的织构,对此我们不会进一步讨论,但需要强调的是,很少有未变形金属(无论是铸造的还是再结晶的)的织构是随机的。基于晶体塑性考量,晶粒会自我排列,因此,变形织构的强度随变形而增加,图 3.5、图 3.8 和图 3.11 展示了轧制减薄量对 FCC 和 BCC 合金织构的影响。除变形外,还有一些因素可能会影响变形织构,将在下一节中简要地讨论。

94

3.6.1 轧制几何形状和摩擦

大多数有关轧制过程的织构分析都假定平面应变条件,并且假设织构的发展沿厚度方向是均匀的。然而,这些假设在实践中很少成立,并且织构演化通常是沿厚度变化的(如 Dillamore 和 Roberts,1965)。两个最重要的参数是轧制几何形状和摩擦。在辊缝内有一个中性平面,在该平面两侧,试样与轧辊相对速度的方向发生了变化。中性面两侧的变形材料受到方向相反的剪切变形,因此靠近试样表面的材料在两个方向上都受到剪切(冗余剪切)。当轧辊直径小、单个道次的减薄率小、板材厚度大时,板材沿厚度方向的织构梯度最大。

在高摩擦条件下,织构不均匀性更加明显。FCC 金属中形成的表面剪切织构包括 {001}⟨110⟩ 和 {111}⟨110⟩ 成分,Benum 等(1994)的研究(见图 3.15)

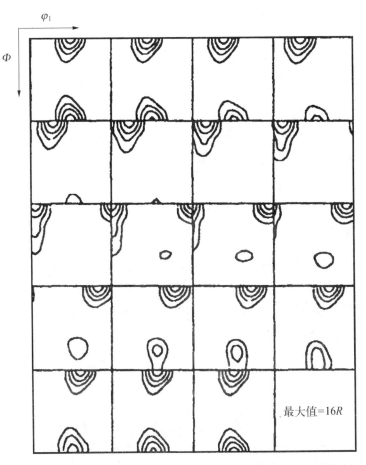

图 3.15　Al‑Mn 合金(AA3003)经无润滑剂冷轧后,在表面附近形成的剪切织构

发现在未使用润滑剂的冷轧铝合金表面附近会形成强 $\{001\}\langle110\rangle$ 织构。当轧辊的润滑条件很好时,靠近表面的织构与图 3.3 所示的典型轧制织构相似。

织构沿厚度的变化也受材料性能的影响,在高强度铝合金中尤为严重,图 3.16(Bowen,1990)显示了轧制 Al – Li(AA8090)板的织构沿厚度方向的变化。如 Engler 等(2000)所讨论的那样,这种效应很容易模拟。

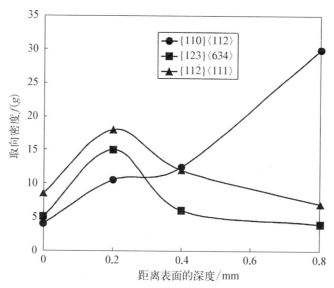

图 3.16　Al – Li 轧制(AA8090)板材(厚度 1.6 mm)的织构沿厚度方向的变化

3.6.2　变形温度

变形温度也可能影响织构的发展,而且许多工业轧制工艺都是在温态或热态下进行的,因此变形温度是一个重要参数。在高温轧制过程中,影响织构的可能因素包括动态回复率的增加、变形均匀性的改善或不同滑移系的开动(Bacroix 和 Jonas,1988)。

在铜(Hatherly 等,1986)和铝(Bate 和 Oscarrson,1990)中,高温下发现黄铜织构成分的增加。在高温变形过程中,提高铝中立方织构的稳定性尤为重要(将在 13.2.4 节中讨论)。

在铁素体温轧过程中,间隙原子对织构形成有很强的影响。碳在 BCC 铁中是一种快速扩散元素,会与位错相互作用,导致 100～300℃ 范围内的动态应变时效(Wycliffe 等,1980)。位错在低温下间歇移动(Kocks 等,1975),快速扩散的溶质会钉扎位错,形成一个循环——应力增加、脱钉、载荷降低、重复钉扎。对于应变速率、位错密度和温度的合适组合,该循环表现为锯齿状的流动应力曲线和负的应变速率敏感性,这也称为波特文-勒夏特利埃(Portevin-Le Chatelier, PLC)效应。提高温度会进一步增加溶质的迁移速率,使其与位错运动保持一致,Al 中的 Mg 就是一个典型的例子(Bermig 等,1997)。Barnett 和 Jonas (1997)的研究发现,在足够高的变形温度下,钢中的间隙原子表现出相同的作用,导致强烈的正应变速率敏感性,而在无间隙原子钢中,间隙原子大多以稳定的第二相颗粒(TiN、TiC)的形式存在,未表现出这一效应。

　　图 3.17(Barnett 和 Jonas,1997)显示了温度对含和不含间隙碳原子钢的应变速率敏感性指数 (m) 的影响,并与织构强度进行了比较。对于无间隙原子钢,m 在所有温度下都接近于零,织构强度随温度变化不大。低碳钢的情况比较复杂,在 200℃附近,m 为负,织构减弱;而当温度超过 400℃时,m 为正,织构明显增强。正应变速率敏感性导致更均匀的变形(Barnett,1998)和更强的织构,这与塑性模型(Hutchinson,1999)一致。但需要注意的是,无间隙原子钢的应变速率敏感性在温度较高时略有上升,但织构指数下降,这与一般情况并不完全一致。

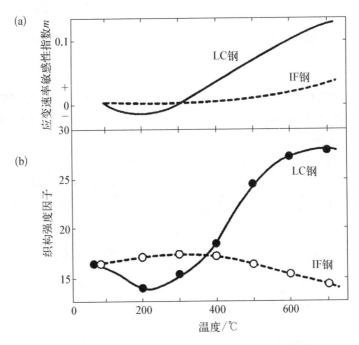

图 3.17 轧制温度对无间隙原子(IF)钢和低碳(LC)钢中铁素体的(a)应变速率敏感性指数 (m) 和(b)变形织构强度的影响

3.6.3 晶粒尺寸

早期文献对晶粒尺寸是否会影响变形织构存在分歧,Hansen等(1985)的研究解决了部分分歧,他们发现,对于铝,当轧制减薄率超过90%后,变形织构几乎不受初始晶粒尺寸的影响。然而,在中等应变条件下,粗晶材料的织构演化更慢。这种效应很可能是因为大晶粒材料易形成变形带而发生不均匀的变形,如2.7节所述。Lee和Duggan(1993)模拟了变形带对织构形成的影响,并指出变形带可能会阻碍织构的发展。

3.6.4 剪切带

剪切带的形成(见2.8节)可能会改变变形织构。在中高层错能的FCC金属中,如果存在明显的固溶强化,如Al-Mg(Duckham等,2001)和Cu-Mn(Engler,2000),或者材料含有可变形的第二相颗粒(Lücke和Engler,1990),则容易形成剪切带。剪切带会使材料在轧制过程中绕横向旋转,这可能会导致织构强度的变化以及强度沿β-纤维重新分布。特别是铜织构成分被剪切带削弱,而黄铜和戈斯成分被强化。总的来说,剪切带代表变形的不均匀性,因此往往会消除或削弱织构。

3.6.5 第二相颗粒

第二相颗粒对变形织构的影响取决于颗粒的尺寸、体积分数和强度。弥散分布的小的可变形颗粒通常会导致屈服强度的增加,但对加工硬化影响很小(见2.9.1节),在这种情况下,很可能会发生剪切带,其对织构的影响见上一节(Lücke和Engler,1990)。

大的(尺寸大于$1\,\mu m$)、不可变形颗粒会促进晶格旋转区的形成,在这些区域,无法形成正常的变形织构(见2.9.4节)。该区域的体积与颗粒的体积相当,因此,通常对于颗粒体积分数小于5%的传统合金,颗粒对变形织构的整体影响较小。然而,在颗粒增强金属基复合材料中,颗粒体积占比高达30%,颗粒变形区体积较大,变形织构可能会很弱(Bowen和Humphreys,1991)。

3.7 变形织构演化理论

为预测变形过程中的织构演变,研究人员基于多晶体塑性理论做了许多尝试,这依然是一个非常庞大和活跃的研究领域,本书无法详细论述,只简要概述若干方法。读者可以参考 Reid（1973）、Gil Sevillano 等（1980）和 Kocks 等（1998）对多晶体塑性理论应用于织构演化模拟的综述。

早期的多晶体塑性理论基于宏观方法，在外加应变作用下，试样中的各个晶粒根据某些总体原则发生变形；近年来的模型已发展至考虑到各个晶粒之间的相互作用。

3.7.1　宏观模型

3.7.1.1　Sachs 理论

最早的多晶体塑性理论模型，即下限模型或 Sachs 模型（Sachs，1928），假设每个晶粒独立于其相邻晶粒，并且变形发生在分切剪应力最大的滑移系上，即每个晶粒被严格地视为取向相同、不受约束的单晶。因此，晶体（晶粒）在最高应力的滑移系上变形，例如，在单轴拉伸下变形的 FCC 晶体将发生旋转，直至 〈112〉 方向平行于拉伸方向，而单轴压缩则是旋转至 〈110〉 轴平行于压缩方向（Reid，1973）。若将板材轧制近似为双轴应力状态（即法向压缩和轧制方向拉伸），则不受约束的晶粒将旋转至稳定的 {011}〈211〉 取向（黄铜取向）。该理论和模型已基本被弃用，因为大量研究表明，泰勒模型及其改进模型在解释织构演化方面更为成功。

为建立织构演化的量化基础，我们首先在晶体坐标系内定义分别代表滑移方向和滑移面法线的单位矢量 b 和 n。对于给定的晶体取向 g，这些矢量可以变换至样品坐标系，即为 $g^{-1}b$ 和 $g^{-1}n$。将一给定应力场 σ（该应力场通常定义在样品坐标系内）施加在晶粒上，那么滑移系上的分切剪应力 $\tau = (g^{-1}b)\sigma$。因此，只需计算所有可用滑移系的 τ，则 τ 值最大的那个滑移系即为激活滑移系。τ/σ 比值即为施密特因子，最大值为 0.5。上述分析可视作材料学科教材里标准施密特因子分析[①]的延伸。为了模拟织构演化，需进一步假设每个晶粒中的微观滑移与外部变形之间的关系。如果只有一个滑移系开动，则基本上每个晶粒都不会遵循多晶体的平均应变。就预测导致多晶体变形所需的外部应力而言，Sachs 方法得到的是下限值，Prantil 等（1995）对此做了详细分析。该方法可以满足应力平衡，因为应力处处相同，但随着塑性应变的累积，无法满足相容性条件。

3.7.1.2　泰勒理论

在 Taylor（1938）的上限或完全约束模型中，假设所有晶粒都发生了相同的形状变化，即整个多晶体试样的形状变化。这意味着自动满足相容性条件，但应

---

① 　译者注：标准施密特因子分析假设为单轴应力状态，此处 τ/σ 中的 σ 为单轴应力状态下的应力。

力状态因晶粒间的取向不同而不同,因此不能满足应力平衡条件。应变张量总是对称的,并且结合塑性变形的体积不变条件,即存在 5 个独立的应变分量。要完全匹配这些条件,需要 5 个独立的剪切变形,即 5 个独立滑移系上的均匀滑移,此要求也称为 von Mises 延性准则。在立方晶体中,从所有可能的滑移系中选择 5 个特定滑移系的组合(FCC 晶体有 384 种组合)有很多。泰勒提出了一个确定变形晶粒内激活滑移系组合的准则,即在一个应变增量内,所选择的 5 个激活滑移系以最小的塑性功来协调外加的变形。Bishop 和 Hill(1951)提出了另一种等效的"最大功原理"认为,产生给定应变增量所需的应力状态是使外加应力对材料做功最大化的状态。

　　激活滑移系所需的应力与取向或泰勒因子(M)有关,M 定义为 $\sigma/\tau_{\mathrm{crss}}$,其中 σ 是外部应力,τ_{crss} 是各激活滑移系的临界分切应力。对于多轴(张量)应力状态,通常用 von Mises 等效应力作为应力的(标量)度量。因此,M 值较低的晶粒更容易变形,M 值低也意味着满足外加应变 $\mathrm{d}\varepsilon_{\mathrm{VM}}$ 所需的总微观滑移 $\sum_i \mathrm{d}\gamma_i$ 更小。通常认为加工硬化与晶粒的总滑移成正比,因此,泰勒因子低的晶粒,其硬化速率应该也更低。这也导致了泰勒因子的另一种表示形式,即 $M = \mathrm{d}\varepsilon_{\mathrm{VM}}/\sum_i \mathrm{d}\gamma_i$;同样,von Mises 等效应变被用作外加应变偏张量的标量度量。

　　完整的数学处理不在本书的讨论范围内,可参见各种文献,如 Kocks 等(1998)。Reid(1973)对 Bishop-Hill 方法进行了直接描述,但只解释了如何确定每个晶粒的应力状态。在几乎所有实现晶体塑性的计算机代码中都可以找到更通用的方法(Asaro 和 Needleman,1985),通常是基于应变速率敏感的塑性流动假设,具体如下。一个(二阶)滑移张量可以构造为滑移方向和滑移面法线的外积,即 $m_{ij} = \frac{1}{2}(b_i n_j + b_j n_i)$。然后,每个晶粒的应力 σ 即为下列隐式方程的解。

$$D = \dot{\gamma}_0 \sum_{\alpha=1}^{N} m^\alpha \left(\frac{m^\alpha : \sigma}{\tau_{\mathrm{crss}}^\alpha} \right)^n$$

式中,D 为多晶体平均变形率偏张量,$\dot{\gamma}_0$ 为参考滑移率,n 为应变速率敏感性指数,α 为第 α 个滑移系。当 n 值大于 10 时,其结果与应变速率不敏感差别不大[①]。计算必须在同一参考框架(参考坐标系)下进行,可以是样品坐标系或晶

① 译者注:原书说当 n 超过 10 后,上式(power-law 模型)预测的塑性流动就与应变速率无关了。根据译者的经验,这个说法有待商榷。实际上,当 n 在 10 附近时,这个模型预测塑性流动仍具有很强的应变速率敏感性,可能当 n 超过 50 甚至 100 后,就基本可等同于应变速率无关的塑性流动了。

体坐标系,需要对应力和应变速率或滑移几何进行适当的转换。一旦获得了应力状态的解,它将与 Bishop-Hill 解(对于所有滑移系发生均匀硬化的立方金属)相差无几,能很容易地得到所有滑移系的滑移速率。这样就可以根据滑移的斜对称部分(q_{ij})计算每个晶粒的晶格取向变化。方程形式相同,只是括号外的滑移张量 m_{ij} 被替换为 $q_{ij} = \dfrac{1}{2}(b_i n_j - b_j n_i)$。

根据泰勒模型,以 $\langle 110 \rangle \langle 111 \rangle$ 滑移系变形的 BCC 晶粒在单轴拉伸变形中,会朝 $\langle 110 \rangle (\langle 110 \rangle$ 晶体方向(平行于拉伸方向)旋转[见图 2.22(a)],而 FCC 晶体将向 $\langle 111 \rangle$ 或 $\langle 100 \rangle$ 取向(取决于晶粒的起始取向)旋转。需注意的是,预测的应变路径与图 2.22(a)中显示的 BCC 相同,但箭头相反。建议读者从泰勒模型开始,因为它是计算织构演化的最简单方法,而且相当准确。

3.7.1.3　松弛约束模型

针对织构演化的模拟,随后又提出了所谓的松弛约束模型,以解释非等轴晶粒的变形(Honeff 和 Mecking,1978;Kocks 和 Canova,1981;Hirsch 和 Lücke,1988b)。使用该术语是为了将这种允许少于 5 个独立滑移系运行的模型与泰勒全约束模型和 Sachs 无约束模型区分开来。与这些模型一样,松弛约束模型假设滑移在晶粒内是均匀的,并且可以忽略微观结构中任何个别位置的影响,即同一取向的所有晶粒行为相似。然后假设在轧制过程中,在 ND - RD [见图 3.18(b)]、ND - TD[见图 3.18(c)]和 RD - TD[见图 3.18(d)]所定义的平面内允许一些单独的或组合的剪切变形。从图 3.18(Hirsch J 和 Lücke K,1988a)中可以清楚地看出,在合理的高应变下,前两种情况都有可能,因为相邻

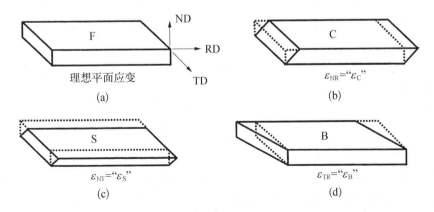

图 3.18　原始立方晶粒在(a)完全约束和(b)~(d)松弛约束变形条件下所发生的形状变化

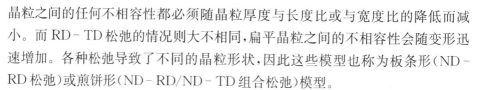

晶粒之间的任何不相容性都必须随晶粒厚度与长度比或与宽度比的降低而减小。而 RD - TD 松弛的情况则大不相同,扁平晶粒之间的不相容性会随变形迅速增加。各种松弛导致了不同的晶粒形状,因此这些模型也称为板条形(ND - RD 松弛)或煎饼形(ND - RD/ND - TD 组合松弛)模型。

3.7.1.4　轧制织构预测

在塑性变形过程中,晶粒取向的变化取决于滑移系的选择和发生在每个滑移系上的滑移量。虽然大多数晶粒的取向在变形过程中会发生明显的变化,但也有一些不会发生,还有一些只会发生缓慢的变化。这种行为取决于晶体结构和变形过程的几何形状。稳定取向是指那些在变形过程中保持不变且所有相邻的取向都向其移动的取向。正如 Toth 等(1989)所证明的,亚稳定取向是指那些在变形过程中会发生变化、但变化速率非常小的取向,因此它们将主导变形织构,表 3.1 和表 3.3 中列出了这些取向。3.7.1.2 节和 3.7.1.3 节中讨论的模型可以用来预测变形织构的形成,以下是根据 Hirsch 和 Lücke(1988b)的综述,对 FCC 材料的总结。

- 全约束泰勒模型[见图 3.18(a)]预测的最终稳定取向为 {4, 4, 11}〈11, 11, 8〉,该取向也称为 Dillamore 取向。其他的稳定取向可以在 3.7.1.3 节的松弛约束模型的基础上进行解释。

- 如果在 ND - RD 面允许一些剪切变形[见图 3.18(b)],那么所预测的最终稳定取向将是 {112}〈111〉取向或铜取向。

- 如果只允许 ND - TD 面的剪切变形[见图 3.18(c)],则会出现 {4, 4, 11}〈11, 11, 8〉取向和 {123}〈634〉S 取向。

- 如果可同时发生 ND - RD 面和 ND - TD 面的剪切变形,即轧制平面上的自由剪切,则铜织构和 S 织构都将沿着 β-纤维扩展,这与铜和铝的织构很接近(见图 3.3 和图 3.5)。

- 如果允许 TD - RD 面内的剪切变形[见图 3.18(d)],则织构会发生显著变化,预计会出现一个强的 {011}〈211〉黄铜成分,以及其他散布在 {011}〈100〉戈斯织构的 α-纤维成分,这与图 3.6 所示的黄铜织构接近。

- 变形织构中出现的其他峰,特别是对于高度对称的亚稳定取向(如 {011}〈100〉戈斯取向或 {001}〈100〉立方取向),这是因为尽管它们不稳定,但除了在精确的理想取向上外,流离它们的速度很缓慢,因此它们会持续存在,往往会持续到发生非常大的应变时。

3.7.1.5　与实验结果对比

Sachs 和泰勒理论都不能完全解释变形过程中发生的织构变化,但人们普遍认为泰勒模型更好。

有相当多的证据表明,特别是在大晶粒试样中,晶粒中心的滑移行为与晶界附近的滑移行为不同(如 Hirth,1972)。在邻近晶粒间约束最大的晶界附近,滑移系的活跃度比在晶粒中心的要高,而晶界对滑移系的影响较小。因此,在晶界区域的塑性行为接近泰勒模型,而在晶粒中心可能接近 Sachs 模型(Kocks 和 Canova,1981;Leffers,1981)。这种滑移活动差异的一个重要结果是,在变形过程中,晶粒的不同部分不可避免地会旋转到不同的取向,从而在晶粒内部形成变形带(见 2.7 节)。

对于中、高层错能(γ_{SFE})的 FCC 金属和 BCC 金属,变形模式为位错滑移,实验织构与泰勒模型预测的织构吻合得很好。然而,理论预测的织构演化得更快,比实际观察到的更尖锐。对于 γ_{SFE} 值较低的金属,泰勒模型不太令人满意,而 Sachs 模型则给出了更好的结果(Leffers,1981)。在这两种情况下,精度不足主要是由于这些简单理论无法考虑变形的不均匀性(见 2.4 节),而变形的不均匀性对微观结构有重要影响。松弛约束理论对大变形下的织构预测有一定的改进。将晶粒尺度的不均匀性(如变形带等)纳入织构演化模型中,可提高织构预测精度(Lee 等,1993),因为这些不均匀性与本节前面讨论的局部晶体塑性直接相关。

3.7.2 最近提出的一些模型

为了更好地预测变形织构的性质和形成速率,近年来发展的模型放弃了均匀变形假设,并使用各种方法来预测织构。下面将列出其中一些模型。

自洽模型 这类模型使用平均场方法,其中每个晶体的变形都是在均质基体的周围单独考虑的(Molinari 等,1987)。这种方法得到了广泛的应用,Lebensohn 和 Tomé(1993)开发的计算代码 VPSC(黏塑性自洽)已经成为织构模拟的一个事实标准。

晶粒邻域相互作用模型 LAMEL 模型(van Houtte 等,1999)从泰勒模型出发,考虑成对晶粒的变形。这些模型显著提高了织构演化和塑性各向异性的预测能力(van Houtte 等,2005)。

全场晶体塑性模拟 正如本章所述,在大变形下,晶粒表现出不同的晶格重取向和机械破碎,这些行为对再结晶,特别是新晶粒的生成至关重要。因此,越来越多的模型将材料的微观结构离散至足够细的尺度,以模拟晶粒内的织构变化。这些模型(如 Kalidind 等,1992)通常使用嵌入晶体塑性本构模型的有限元方法。它们不仅可以考虑邻近晶粒间的相互作用,还可以考虑晶粒间的长程相

103

互作用。最近，另一种依赖于快速傅里叶变换、基于图像的方法也已用于研究这类问题(Lebensohn，2001)。这类模拟对计算机资源的需求更大，尽管在本版成书的时候，个人计算机已能够以合理的分辨率执行这类计算。

3.7.3　织构转变

Wassermann(1963)最早尝试考虑微观结构不均匀性的影响，他提出如果所有FCC金属在小轧制变形量下(小于50%)的轧制织构是相似的，且是由织构从 $\{112\}\langle111\rangle$ (C)向 $\{011\}\langle211\rangle$ (B)散布构成，那么FCC金属的织构转变就可以合理解释。Wassermann认为，低堆垛层错能金属在发生较大变形时容易激活孪晶，晶粒因此会旋转到 $\{552\}\langle115\rangle$ 取向。而常规的位错滑移会导致 $\{110\}\langle001\rangle$ 取向的形成(实验观测到的)。然而，这一假设被随后的TEM观测结果所否定，TEM观测结果表明，FCC金属中的孪晶非常细(见图2.20)，与Wassermann所设想的宏观整体特征没有关系。

后来有很多人试图解释这种织构转变。Hutchinson等(1979)认识到，在金属(如70:30黄铜)中观察到的非常精细的孪晶结构，与Wassermann的大块孪晶的概念不一致，并提出一种更符合微观结构的5阶段织构演化模式。

(1) 0~50%轧制变形：由于位错滑移导致的旋转在铜和黄铜中都产生铜型织构。

(2) 40%~60%轧制变形：黄铜中某些取向合适(特别是在 $\{112\}\langle111\rangle$ 附近)的晶粒中发生细小孪晶。

(3) 50%~80%轧制变形：在孪晶体积内，滑移仅限于平行于孪晶晶界的滑移面上，导致过度滑移以及通过耦合旋转形成 $\{111\}\langle uvw\rangle$ 分量。

(4) 60%~95%轧制变形：剪切带的增加破坏了 $\{111\}\langle uvw\rangle$ 取向，抑制了均匀变形形成的织构成分，并促进其他织构成分(包括 $\{110\}\langle001\rangle$)的形成。

(5) 85%以上的轧制变形：变形变得均匀，稳定织构成分(如 $\{110\}\langle112\rangle$)的强度更高。

后来的工作对铜和黄铜在小于50%轧制变形后的织构相似性产生了一些怀疑。虽然Hirsch和Lücke(1988a)的大量ODF工作支持这一观点，但Leffers和Juul Jensen(1988)的研究表明， $\{112\}\langle111\rangle$ 成分在铜和黄铜(15% Zn)中的演化是不同的，Gryzliecki等(1988)对铜锗合金(8.8% Ge)的详细研究也支持这一结果。如前面所述，70:30黄铜在50%的轧制变形下，确实在很多晶粒内部出现了孪晶，因此铜和黄铜的一些织构差异也是意料之中的。还有一个难点是在50%~80%轧制变形量时发生的取向变化，在这个变形量范围内， $\{110\}$

〈112〉取向的重要性被忽略了。前面提到的研究表明,该织构成分已经处于早期发展阶段。Lee 等(1993)认为这可以通过渐进变形带来解释。{110}〈112〉取向在后续高应变下的快速发展被 Chung 等(1988)归因为由剪切带形成的细小晶粒的均匀剪切变形。

更多的工作是考虑织构演化与变形模式之间的关系。El-Danaf 等(2000)对铜和 70:30 黄铜进行了单向压缩变形、平面应变压缩变形和剪切变形。在两种压缩模式下,当真应变约为 0.5 时,均发生了织构转变,但在 1.62 以下的任何应变水平下,简单剪切变形试样均未发生织构转变。黄铜试样在 3 种变形模式后均出现了孪晶现象。作者得出结论,织构转变的开始与应变硬化的速度和微尺度剪切带的出现有关,而不是与孪晶有关,尽管孪晶提高了应变硬化,但更重要的因素是应变集中的出现和随后剪切带的形成。

Engler(2000)关于铜锰合金方面的工作与前面织构转变的讨论特别相关。这些合金中的锰原子含量在 0～12% 范围内,层错能基本不变,但在轧制时观察到明显的织构转变。锰含量为 4%、8% 和 12% 的合金的轧制织构与锌含量为 5%、10% 和 30% 的铜锌合金的相似,可将图 3.19 与图 3.8(b)进行对比。El-

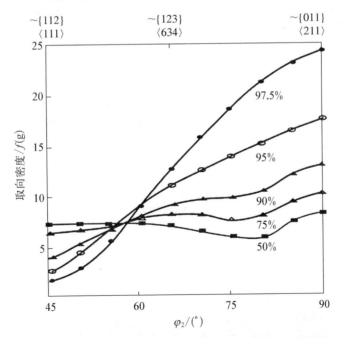

图 3.19 Cu-8%Mn 冷轧至不同厚度减薄量后的 β-纤维强度
(图中显示了一个强 {011}〈211〉织构成分的发展)

(图片源自 Engler O, 2000. Acta Mater., 48: 4827.)

Danaf 等（2000）的工作与 Engler（2000）的相反，在简单压缩变形后没有观察到织构转变，仅报道了一些有限的金相学结果，但在含有 4% 和 8%Mn 的合金中，在高应变水平下观察到剪切带的发展，与铜里面发现的剪切带相似，如图 2.12
106 （e）所示，且剪切带的频率低于同类铜锌合金。合金中没有观察到孪晶，在这些合金中也不会出现孪晶现象。基于修正泰勒模型的计算也佐证了实验结果，该模型考虑了加工硬化率和流动应力等材料参数。

这些结果使人严重怀疑以孪晶变形和随后广泛剪切带的形成来解释织构转
107 变的合理性。Engler 认为织构转变是由于屈服强度的增加，屈服强度的增加促进了剪切带的形成，从而导致织构中强黄铜成分而非铜成分的发展，并且据报道，铜锰系合金中存在短程有序（Pfeiler，1988），这将有利于平面滑移，进而促进剪切带的形成和黄铜织构成分的发展。然而，最显著的结果是，在单轴压缩变形后没有观察到织构转变。如果这是由于屈服应力效应，那这表明，这种转变可能只与平面应变压缩和轧制变形有关。

虽然，如前所述，织构转变首先在低层错能的 FCC 合金中被发现，并从变形孪晶的开始来解释，但现在我们知道，除了这些材料之外，铜锰合金中也发生了类似的织构转变。此外，在时效硬化铝合金中也存在类似的织构转变（见 3.2.2 节），其中可变形的第二相颗粒促进了平面滑移（见 2.9.1 节）。

Kocks 和 Necker（1994）首先提出了织构转变的一种特别直接的解释，即不全位错携带的滑移将有效的伯格斯矢量从 110 改变为 112。发生 {111}⟨112⟩ 滑移相当于 FCC 晶格中的孪晶的平面应变压缩，会导致强的 α-纤维织构，即戈斯织构和黄铜织构的组合，如图 3.20 所示。S 织构成分非常弱，铜成分可以忽略，所以这是织构转变的一种极端理论情况。然而，在冷轧多组元 FCC 金属（也称为"高熵合金"，Bhattacharjee 等，2014；Sathiaraj 等，2016）中就观察到了这种只有 α-纤维存在的极端织构。这种方法对于低层错能（γ_{SFE}）合金是合理的，但对于 Al-Li 合金来说，平面滑移如何改变有效伯格斯矢量就不那么明显了。这个结果是"黏塑性自洽代码"（Lebensohn 和 Tomé，1991；软件版本为 VPSC7d）计算得到的，该计算从一组 500 个随机选择的取向开始。

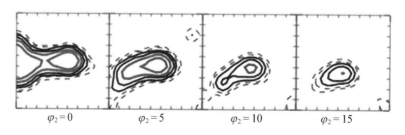

$\varphi_2 = 0$ $\qquad$ $\varphi_2 = 5$ $\qquad$ $\varphi_2 = 10$ $\qquad$ $\varphi_2 = 15$

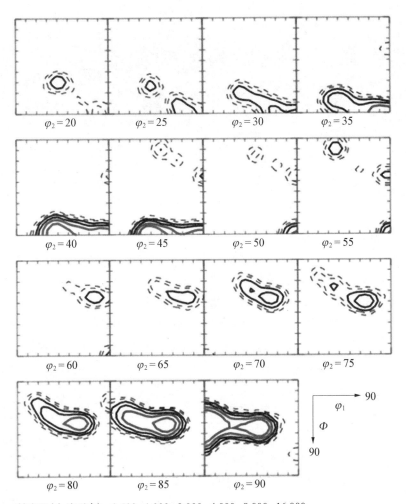

等高线(由外到内): 0.500, 1.000, 2.000, 4.000, 8.000, 16.000。

图 3.20 用 ⟨111⟩⟨112⟩ 滑移模拟的轧制织构 ODF,显示出具有戈斯和
黄铜织构成分的强 α-纤维

第 4 章 ▷ 晶界的结构和能量

4.1 引言

本书的大部分内容涉及不同晶体取向区域之间的边界是如何形成的,或这些边界在变形过程中或变形后的退火过程中如何重新排列。本章将介绍这些边界的结构和性质,并在第 5 章讨论边界的迁移和迁移率。我们将集中讨论与回复、再结晶和晶粒长大最相关的晶界问题,并不试图全面覆盖该主题。关于晶界的进一步信息请参阅 Hirth 和 Lothe(1968)、Bollmann(1970)、Gleiter 和 Chalmers(1972)、Chadwick 和 Smith(1976)、Balluffi(1980)、Wolf 和 Yip(1992)、Sutton 和 Balluffi(1995),以及 Gottstein 和 Shvindlerman(2010)的著作。

考虑如图 4.1 所示的晶界,晶界的整体几何形状由晶界平面 AB 相对于两个晶粒(两个自由度)中的任意一个取向定义,用单位矢量 n(见图 4.1)和绕取向差轴([uvw])的最小旋转角(θ)表示,取向差轴和旋转角所确定的旋转使两个晶体重合(3 个自由度)。因此需要 5 个宏观自由度来定义晶界的几何形状。此外,晶界结构依赖于 3 个微观自由度,即 2 个平行和 1 个垂直于晶界的刚体平移。晶界的结构也依赖于原子尺度上的局部位移,并受到外部变量(如温度和压力)和内部参数(如键合、成分和缺陷结构)的影响。由于晶界的许多性质取决于其结构,因此了解晶界结构是理解其行为的必要前提。高通量计算(Olmsted 等,2009a,2009b)和三维实验技术的发展使得将晶界的类别和性质表示成含 5 个宏观自由度的函数成为可能(Rohrer,2011a)。这

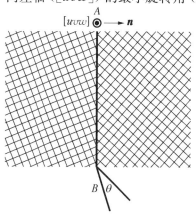

图 4.1 两个晶体之间的晶界,这两个晶界之间存在绕垂直于纸面的轴线的相对转动 θ

方面的工作大部分是针对静态晶界的,因此对于迁移(动态)晶界的结构、能量和
性质方面,存在更大的不确定性,而迁移晶界在退火过程中是非常重要的。此
外,大多数的实验测量都针对高温条件,而计算则多是在 0 K 下进行的。因此,
由于缺乏对晶界本身的了解,我们理解在不同温度下发生的回复、再结晶和晶粒
长大现象的能力很可能受到限制。

110

　　为了方便,通常将晶界按照取向差角(θ)分为大角度晶界(HAGB,θ 大于
某一临界角度)和小角度晶界(LAGB,θ 小于该临界角度)。该临界角度值一般
为 $10° \sim 15°$,即小角度晶界到大角度晶界的过渡区间,具体取值一定程度上取
决于所关注的晶界性质。一个简单的原则是,一般情况下,LAGB 可视作由位错
阵列组成,其结构和性能通常是取向差的函数。而 HAGB 的结构和性能通常与
取向差无关。然而,正如下一节所讨论的,有一些"特殊的"大角度晶界确实具有
特征结构和性质,因此须谨慎对待这种将晶界粗略地划分为这两大类的做法。

4.2　晶粒间的取向关系

　　正如上一节所讨论的,定义晶界需要 5 个宏观自由度。然而,实验手段很难
确定晶界平面的取向(见 A2.6.3 节),而且以前也通常忽略晶界平面的取向。
然而,使用这种不完整的晶界描述可能会在解释晶界行为时产生问题。研究微
观结构的三维方法的出现提供了大量关于晶界类型和特性的数据,这些数据通
常表示为晶界平面取向的函数。两个立方晶体的相对取向可描述成旋转一个晶
体使其与另一个晶体的取向相同,该旋转矩阵 $\boldsymbol{g}$ 的表达式为

111

$$\boldsymbol{g} = \begin{bmatrix} a_{11} & a_{12} & a_{13} \\ a_{21} & a_{22} & a_{23} \\ a_{31} & a_{32} & a_{33} \end{bmatrix} \tag{4.1}$$

式中,a_{ij} 是新旧笛卡尔坐标轴之间方向余弦的列矢量。"旧"与"新"的名称差异
说明该旋转有明确的顺序,并不是可互换的。每一行和每一列的平方和为 1(单
位矢量),列矢量之间的点积为零,所以只涉及 3 个独立的参数,更多细节见附录
A1。旋转角度 θ 满足如下关系:

$$2\cos\theta + 1 = a_{11} + a_{22} + a_{33} \tag{4.2}$$

旋转轴 $[uvw]$ 的方向为

$$[(a_{32} - a_{23}), (a_{13} - a_{31}), (a_{21} - a_{12})] \tag{4.3}$$

在立方晶体材料中,由于对称性,两个晶粒的相对取向可以用 24 种不同的方式来描述。在没有任何具体对称性的情况下,通常用与最小取向差相关的"角度-轴"对来描述旋转,这有时称为错向(disorientation)。因此,θ 值可能出现的范围是有限的,Mackenzie(1958)表明,旋转轴为 $\langle 100 \rangle$ 时,θ 的最大值为 45°;为 $\langle 111 \rangle$ 时,θ 的最大值为 60°;为 $\langle 110 \rangle$ 时,θ 的最大值为 60.72°;为 $\langle 1, 1, \sqrt{2} - 1 \rangle$ 时,θ 的最大值为 62.8°。对于不同对称性的随机取向多晶体,取向差统计分布如图 4.2 所示。

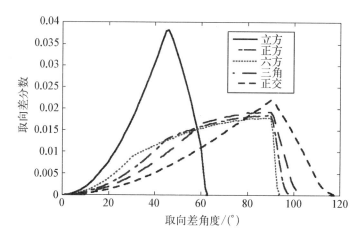

图 4.2 不同对称性(立方、正方、六方、三角和正交对称)的随机取向多晶体内取向差统计分布

当然,图 4.2 中所示的取向差统计分布只存在于随机取向的多晶体中,而对于非随机的取向分布(即晶体学织构,普遍存在于热机械加工后的试样中),取向差分布会与图 4.2 不同。例如,在强织构材料中,大量取向相似的晶粒导致大量的小/中角度晶界[见图 14.3(a)和 A2.1 节];在含有大量特殊晶界(即 4.4.1 节讨论的重位点阵)的材料中,如图 11.8 所示。

图 4.2 给出了不考虑取向差轴的取向差角度分布。如附录 A2 所述,EBSD 技术可以很容易地获得图 4.2 所示的取向差分布,该图有时也称为 Mackenzie 图。如图 4.3(a)所示是微观结构的绝佳"指纹",可作为描述微观结构中晶界分布特征的切入点。

需要注意的是,图 4.3(Ratanaphan 等,2014)(a)中的错向分布是五维数据的一维表示。例如,如果考虑在 39°处的最大值,我们可以考虑构成这个峰值的错向轴的分布,如图 4.3(b)所示。其分布表明,绝大多数具有 39°错向的晶界具有 [110] 取向差 轴。也可以考虑晶界平面的分布,如图 4.3(c)所示,这种分布

在 ($\bar{2}$21) 取向处具有最大值。晶界面法线垂直于取向差轴,并且 ($\bar{2}$21) 面终止了晶界两侧的两个晶粒。这些晶界占材料总晶界的 5%。

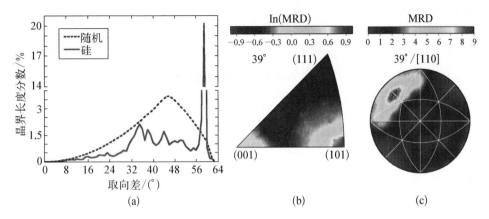

(a)　　　　　　　　　(b)　　　　　　　　　(c)

图 4.3　(a) 硅中取向差的分布(实线)与随机分布(虚线)的对比;(b) 取向差为 39°的晶界的取向差轴的分布;(c) 绕[110]轴 39°取向差的晶界平面分布

根据晶界平面的取向以及取向差轴之间的关系,可将晶界分为倾斜、扭转或混合型。如果晶界平面法线垂直于取向差轴,则为倾斜晶界。如果晶界平面法线平行于取向差轴,则为扭转晶界。而所有其他情况,则为混合晶界。虽然这些分类在文献中经常使用,但它们通常不是严谨的分类;对称的不可分晶界在一种表示法中可能具有扭转特征,而在另一种表示法中可能具有倾斜特征。例如,FCC 金属中的共格孪晶界在晶界两侧以 (111) 面终止,可将其表示为关于 [111] 轴附近的 60° 取向差,此时,其为扭转晶界,亦可表示为关于 [110] 的 70.5° 取向差,则其为倾斜晶界。

本节描述的“角度-轴”符号通常用于表示取向差。当然,还有其他几种表示取向关系的方法,包括欧拉角(取向差分布函数)和 Rodrigues-Frank 空间。附录 A1 概述了使用这些方法描述晶粒绝对取向的案例,此处不做进一步讨论。

4.3　小角度晶界

小角度晶界或亚晶界可以用一组位错表示(Burgers,1940;Read 和 Shockley,1950),这类晶界最简单的是对称倾斜晶界(见图 4.4),其中晶界两侧的晶格存在相对旋转(取向差),

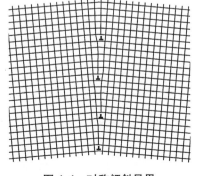

图 4.4　对称倾斜晶界

旋转轴位于晶界平面上。晶界由垂直于滑移面排列的平行刃位错墙组成,这种晶界最初是以晶体表面蚀刻坑阵列的形式显现出来,但现在更多的是通过透射电子显微镜来观察的。

4.3.1　倾斜晶界

如果晶界上的伯格斯矢量为 b 的位错的间距为 h,则晶界两侧的晶体都有一个小角度 θ 的取向差,且有

$$\theta \approx \frac{b}{h} \tag{4.4}$$

该晶界的能量 γ_S 可表示为(Read 和 Shockley,1950)

$$\gamma_S = \gamma_0 \theta (A - \ln\theta) \tag{4.5}$$

式中,$\gamma_0 = Gb/4\pi(1-v)$,r_0 是位错核的半径,数值一般为 $b \sim 5b$;$A = 1 + \ln[b/(2\pi r_0)]$。

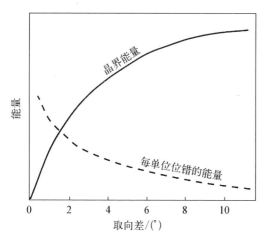

图 4.5　倾斜晶界和位错的能量,皆表示为晶体取向差的函数

由式(4.5)可知,倾斜晶界的能量随取向差增加而增加(随 h 增加而减小),如图 4.5 所示。结合式(4.4)和式(4.5)可以发现,单位长度位错的能量随 θ 增加而下降,如图 4.5 所示。这表明,如果相同数量的位错排列在更少、但更大取向差角的晶界中,那么材料的能量将更低。如图 4.6(Read,1953)所示,当 θ 值较小时,理论与实验测量值吻合得较好。但对于较大的取向差,该位错模型则不合理,因为当 θ 超过 $15°$ 时,位错核将会重叠,

位错失去其唯一性,而式(4.5)所基于的简单位错理论就不合适了。

对于大角度晶界(即 $\theta \approx 15°$),基于式(4.5),用 γ_m 和 θ_m 分别对晶界能量(γ_S)和取向差(θ)进行归一化处理(Read,1953),可得

$$\gamma = \gamma_m \frac{\theta}{\theta_m} \left(1 - \ln\frac{\theta}{\theta_m}\right) \tag{4.6}$$

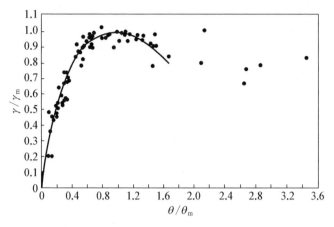

图 4.6 各种金属的小角度倾斜晶界的能量与取向差的关系

(其中圆点符号为实验测量值,实线为理论计算结果)

虽然 Read-Shockley 关系得到广泛使用,但很少有实验能测量小角度晶界的能量。Yang 等(2001)详细测量了多晶体铝箔中的晶界三重点的几何和晶体学属性,辅以统计分析来确定晶界能,得到的结果与 Read-Shockley 关系[见式(4.6)]吻合得很好。作者还发现,如图 4.7(Yang 等,2001)所示,取向差轴会影响小角度晶界的能量,不过这种影响较小,取向差轴接近⟨100⟩方向的小角度晶界的能量最高,接近⟨111⟩时最低。

116

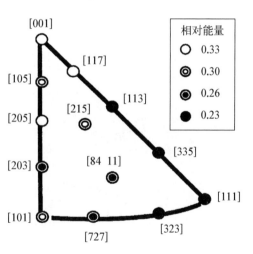

图 4.7 小角度晶界的晶界能随取向差轴的变化

4.3.2 其他小角度晶界

更一般的情况是两个或多个伯格斯矢量的位错反应形成二维网络,该二维网络的特点取决于所涉及的位错类型。例如,扭转晶界通过绕晶界平面法线的取向差来分离晶粒,可以由两组螺位错形成。如果两组位错的伯格斯矢量是正交的,则位错不会产生强烈的反应,晶界由位错的方形网络组成,如图 4.8(a)和(c)所示。如果伯格斯矢量是这样的——两组位错反应形成如图 4.8(b)和(d)所示的第三个伯格斯矢量的位错,则可以形成一个六边形网络。假设 h 是网络中位错的间距，则取向差（θ）可由式（4.4）近似得到。位错网络的确切形状取决于晶界平面与晶体的夹角。关于形成 LAGB 反应的更多细节请参阅位错理论的相关书籍（如 Friedel，1964；Hirth 和 Lothe，1982；Hull 和 Bacon，2001）。

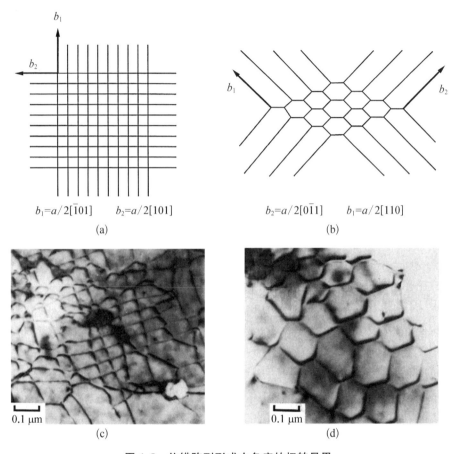

图 4.8　位错阵列形成小角度的扭转晶界

（a）伯格斯矢量相互正交的螺位错形成的方形位错网络；（b）由伯格斯矢量相差120°的螺位错形成的六边形位错网络；（c）铜中方形扭转晶界的 TEM 图（Humphreys 和 Martin，1968）；（d）铜中六边形扭转晶界的 TEM 图（Humphreys 和 Martin，1968）

4.4　大角度晶界

虽然对 LAGB 的结构已经有相当的了解，但对 HAGB 的结构却知之甚少。早期的理论认为晶界是由一个薄的"非晶层"组成的（见 1.2.1 节），但现在我们知道，这些晶界是由两个晶粒之间的好匹配区和差匹配区组成的，至少对于相对对称的晶界构型是这样的。当前很多关于高度对称晶界原子结构的认识都是通过大量的计算机模拟和原子分辨率显微镜得到的。重位点阵(CSL)这一概念(Kronberg 和 Wilson,1949)已经成为晶界取向差分类的最常用方法之一。　118

4.4.1　重位点阵

考虑两个相互穿透的晶格,并将它们平移,使每个晶格点重合,如图 4.9 所示。如果两个晶格中的其他点重合(见图 4.9 中的实圆),则这些点构成重位点阵(CSL),并用 Σ 表示 CSL 位点与晶格位点比值的倒数。例如在图 4.9 中,Σ 为 5。所有的晶界都可以指定一个 Σ 数,即使它可能非常大。按照惯例,$\Sigma > 29$ 时被认为是随机的,$\Sigma < 29$ 时被认为是低 Σ 的 CSL。一般情况下,Σ 值与晶界的具体属性无直接关系。当然,也有例外,某些低 Σ 的晶界具有一些特殊性质,典型例子是图 4.10 所示的共格孪晶(Σ3)晶界、LAGB(Σ1)和 FCC 材料中的高迁移率 Σ7 晶界,我们将在 5.3.2 节进一步讨论。此外,CSL 值只是反映了晶界的取向差,与晶界平面无关,晶界平面往往对晶界特性有更大的影响(Rohrer,2011b)。

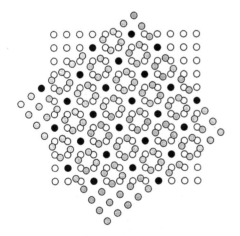

图 4.9　由两个简单立方晶格绕⟨001⟩轴旋转
　　　　约 36.9° 形成的重位点阵(Σ5)

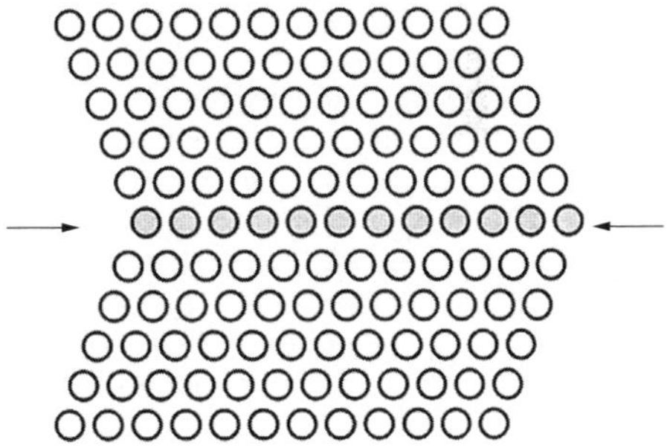

图 4.10　共格孪晶(Σ3)晶界

(填充的实心圆代表两个晶格共有的位置。)

晶界工程是通过对材料进行加工,以最大限度地增加 CSL 或"特殊"晶界的数量,从而改善材料的性能(Watanabe,1984),更详细的讨论见 11.3.2.3 节。　119

有关 CSL 晶界几何与 CSL 关系的详细资料可参阅 Brandon 等(1964)、Grimmer 等(1974)、Mykura(1980)和 Warrington(1980)的文献。表 4.1 列举了 Σ 与晶界(直到 Σ29)的"角度-轴"旋转之间的对应关系。

表 4.1 **Σ < 31 重位点阵的旋转轴和角度**

Σ	θ_{min}	旋转轴	频率/%
1	0	任意	2.28
3	60	⟨111⟩	1.76
5	36.87	⟨100⟩	1.23
7	38.21	⟨111⟩	0.99
9	38.94	⟨110⟩	1.02
11	50.48	⟨110⟩	0.75
13a	22.62	⟨100⟩	0.29
13b	27.80	⟨111⟩	0.39
15	48.19	⟨210⟩	0.94
17a	28.07	⟨100⟩	0.20
17b	61.93	⟨221⟩	0.39
19a	26.53	⟨110⟩	0.33
19b	46.83	⟨111⟩	0.22
21a	21.79	⟨111⟩	0.19
21b	44.40	⟨211⟩	0.57
23	40.45	⟨311⟩	0.50
25a	16.25	⟨100⟩	0.11
25b	51.68	⟨331⟩	0.44
27a	31.58	⟨110⟩	0.20
27b	35.42	⟨210⟩	0.39
29a	43.61	⟨100⟩	0.09
29b	46.39	⟨221⟩	0.35

注:第 4 列为采用 Brandon 准则预测的随机取向多晶体内晶界出现的频率(Pan 和 Adams,1994)。
数据源自 Mykura H,1980. Grain Boundary Structure and Kinetics. In:Balluffi(Ed.). ASM,Ohio,445.

4.4.2　大角度晶界的结构

晶界上的原子结构是由原子弛豫决定的,弛豫取决于原子结合力的性质,近年来对这些结构开展了大量的计算机模拟(如 Gleiter,1971;Weins,1972;Vitek 等,1980;Balluffi,1982;Wolf 和 Merkle,1992;Olmsted 等,2009a,b;Ratanaphan 等,2015)。模拟也预测了一些特殊情况,即晶界上仍保持了高度的原子级共格,并形成了规则的、明确的结构单元。虽然在具有特殊几何形状的晶界中观察到这种情况,即在两个晶粒对齐一个共同的低指数轴,但预计这种情况不会在一般晶界中普遍存在。在图 4.11(Gleiter,1971)的晶界处,阴影的圆圈代表重复的结构单元。

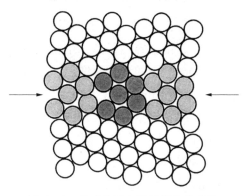

图 4.11　特殊晶界内的重复结构单元

CSL 是一个几何关系,任何偏离精确的重合关系都会破坏 CSL。然而,即使在这种情况下,通过引入晶界位错也可以维持晶界结构,这些位错可以在局部容纳错配,就像位错在小角度晶界($\Sigma 1$)中保持晶格结构一样。晶界位错的伯格斯矢量可以比晶格矢量小得多,一些晶界位错与晶界中的台阶有关(King 和 Smith,1980),这些晶界缺陷是晶界迁移的重要因素,将在 5.4.1.3 节进一步讨论。

高分辨率电子显微镜和其他技术已广泛研究过晶界的结构(如 Gronski,1980;Pond,1980;Sass 和 Bristowe,1980;Krakow 和 Smith,1987;Seidman,1992;Wolf 和 Merkle,1992)。实验结果也基本上证实了计算机模拟结果,并表明虽然在晶界处的原子弛豫过程中,通常会破坏 CSL,但会保留晶界结构的周期性晶界位错网络。

如果一个 CSL 晶界偏离了一个角度 $\Delta\theta$,但其中的结构由一组晶界位错维持,那么它仍然具有 CSL 晶界的特殊性质,因此定义 $\Delta\theta$ 是有意义的。随着 $\Delta\theta$ 增加,晶界位错间距减小[见式(4.4)],当位错核重叠时,$\Delta\theta$ 达到极限值。角度偏差极限与晶界的周期性有关,这被称为 Brandon 准则(Brandon,1966),即

$$\Delta\theta \leqslant 15\Sigma^{-1/2} \tag{4.7}$$

离散晶界位错的观测和特殊晶界性质的测量结果（如 Palumbo 和 Aust，1992；Randle，1996）表明该准则过于宽松，更准确的角度偏差极限为

$$\Delta\theta \leqslant 15\Sigma^{-5/6} \tag{4.8}$$

4.4.3　大角度晶界的能量

　　基于上一节概述的结构模型，可以预计满足精确重合关系的晶界的能量最小，并且由于容纳了晶界位错网的能量，晶界能量会随取向偏差（即偏离精确的重合关系）的增大而增加。然而，晶界的几何形状与能量之间的关系要比这复杂得多（Goodhew，1980）。Sutton 和 Balluffi（1987）基于实验测量结果得出结论，晶界能量与宏观自由度定义的晶界整体几何形状之间没有简单的关系，例如，小的 Σ 值并不意味着低的晶界能。图 4.12（Ratanaphan 等，2015）所示的数据也说明 Σ 与晶界能量之间没有明确的关系。晶界能很可能主要是由晶界微观结构所决定的，原子结合也具有重要影响。计算机模拟表明（Smith 等，1980；Wolf 和 Merkle，1992），与晶界相关的局部体积膨胀或自由体积是重要因素，Wolf 和 Merkle（1992）的模拟结果发现晶界能量与体积膨胀之间存在线性关系。

122

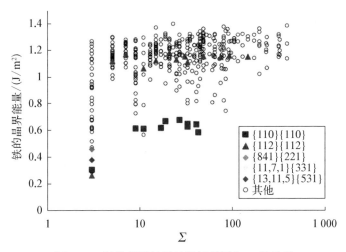

图 4.12　计算得到的铁的晶界能量与 Σ 的关系

（Σ 是重位点阵密度的倒数；正方形：晶界两侧为 $\{110\}$ 平面；三角形：晶界两侧为 $\{112\}$ 平面；菱形的灰色、白色和黑色分别是由 $\{841\}$ $\{221\}$、$\{11,7,1\}\{331\}$ 和 $\{13,11,5\}\{531\}$ 平面构成的晶界；空心圆圈代表其他晶界。）

近年来,获得了大量计算和测量的晶界能量数据,使得进行比较成为可能。如图 4.13(Rohrer 等,2010)所示,比较了测量到的和计算得到的镍的晶界能。除了两个异常的数据点,总体上的一致性很好。对比表明,实验测量结果对那些最常见的晶界是准确的,但对那些很少被观察到的晶界却不准确。由于计算的晶界能量不依赖于观测频率,因此对于晶粒数少的晶界类型,计算得到的晶界能量会比实验测量结果更可靠,并且可以用来确定实验无法得到的晶界能量值。

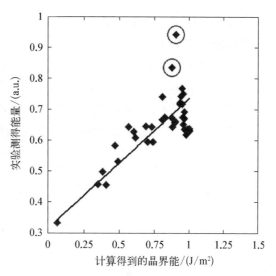

图 4.13　Ni 中 Σ3 晶界的晶界能,实验测量结果与计算结果的对比

(两者有很好的一致性。图中两个圆圈是实验测量结果的异常值。)

在发生了明显晶粒长大的材料中,晶界能与晶界密度成反比。换句话说,多晶体包含大量低能量晶界和少量高能量晶界。例如,图 4.14(Beladi 和 Rohrer,2013)显示了铁素体钢中一定能量范围内所有晶界的平均随机分布倍率(MRD)。MRD 的对数与能量之间的关　124

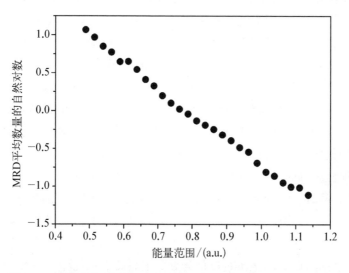

图 4.14　铁素体钢的晶界平均随机分布倍率(MRD)与能量的关系

[晶界能被分为宽度为 0.025(a.u.)(即 arbitrary unit,任意单位)的等间距区间。]

系几乎是线性的。晶界特征分布比能量分布更容易测量,与计算的晶界能量具有很强的逆相关性,可以代替计算的晶界能量分布进行比较。

有证据表明,大角度晶界的能量和结构受杂质偏析的影响。Ag‑Au 和 Cu‑Pb(Gleiter,1970a;Sauter 等,1977)晶界能的测量结果表明,随着偏析的增加,能量最小的晶界的能量逐渐趋于随机晶界的能量,如图 4.15(Sauter 等,1977)所示。实验(Palumbo 和 Aust,1992)证实了这一趋势。

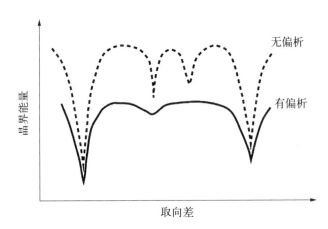

图 4.15 有晶界偏析和无晶界偏析时,溶质原子引起的能量变化与取向差关系的示意图

在解释晶界能量的实验测量结果并将其应用于本书后面讨论的退火过程时,需要持谨慎态度。因为这些实验测量通常是在非常高的同系温度下进行的,以便达到平衡稳定状态。实验(Gleiter 和 Chalmers,1972;Goodhew,1980;Shvindlerman 和 Straumal,1985;Rabkin 等,1991;Sutton 和 Balluffi,1995;Gottstein 和 Shvindlerman,2010;Cantwell 等,2014)和分子动力学模拟(Wolf,2001;Frolov 等,2013)都有证据表明,一些特殊的晶界可能在非常高的温度下发生相变,这可能涉及向不同的有序结构或向液态结构的转变。为将这种界面相变与体积相变区分,我们将其称为晶界相变[①]。晶界相变会显著影响晶界的能量和其他性质(如扩散和迁移),我们会在 5.3.1 节中进一步讨论。

125　　我们已经知道,特殊晶界的结构及其能量更多地取决于晶界平面的取向而非取向差(Rohrer,2011b)。Lojkowski 等(1988)证实了这一现象,如图 4.12 所

---

①　译者注:晶界可以发生类似相的转变,当温度、材料成分和其他相关参数变化时,晶界的结构、成分和属性也可能发生变化。原文中使用 complexion transition 一词,这个术语并不常见,而且在冶金学领域也主要指晶界相变,因此将其直接译作晶界相变。

示,取向差相同的晶界,其能量变化范围很大,即这些晶界能量取决于晶界平面的取向。如表 4.2 所示,$\Sigma3$ 共格孪晶界的能量远小于非共格孪晶界。

表 4.2　测量的晶界能

材　　料	大角度晶界/ (mJ/m^2)	共格孪晶界/ (mJ/m^2)	非共格孪晶界/ (mJ/m^2)
银(Ag)	375	8	126
铝(Al)	324	75	—
金(Au)	378	15	—
铜(Cu)	625	24	498
黄铜(Cu-30% Zn)	595	14	—
铁 (γ)	756	—	—
Fe-3% Si	617	—	—
304 不锈钢	835	19	209
镍(Ni)	866	43	—
锡(Sn)	164	—	—
锌(Zn)	340	—	—

注:材料中的百分数为质量分数。

数据源自 Murr L E, 1975. Interfacial Phenomena in Metals and Alloys. Addison-Wesley, Reading, 131.

4.5　晶界和晶粒的拓扑结构

除了晶界自身的结构和性质外,我们还需要了解材料内部晶界的排列状态。由于晶界是非平衡缺陷,当所有晶界都去除时,单相材料处于热力学最稳定的状态,但实际中很少出现这种情况。本书的大部分内容都是讨论大/小角度晶界被消除或重新排列成亚稳态构型。本节讨论这些亚稳态晶界排列的性质。

Smith 在其 1952 年的经典论文里提出了空间填充的拓扑要求和晶界张力的作用,Atkinson(1988)对此进行了讨论。在二维和三维中,微观结构都是由边

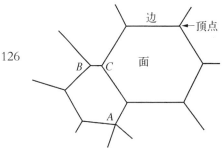

图 4.16　晶粒结构的二维截面

（在 A 处的 4 线顶点会分解成两个 3 线顶点，如 B 和 C。）

界连接的顶点或围绕面的边组成的，如图 4.16 所示。在三维的情况下，面围绕着胞元或晶粒。若不考虑无穷远处的面或胞元，任何胞元结构的胞元、面、边和顶点都遵守式 (4.9) 的守恒定律，即欧拉方程。

$$F - E + V = 1（二维平面）$$
$$-C + F - E + V = 1（三维欧式空间）$$

$$(4.9)$$

式中，C 为单元数；E 为边数；F 为面数；V 为顶点的数量。

连接给定顶点的边数为其配位数 z。对于拓扑稳定的结构，二维情况下 $z = 3$，三维情况下 $z = 4$。因此，在二维结构中，如图 4.16 所示，A 处的 4 线顶点是不稳定的，会分解为两个 3 线顶点，如 B 和 C。

4.5.1　二维微观结构

在二维微观结构中，材料将被晶界分隔成晶粒或亚晶，如果晶界是移动的，则可在晶粒顶点处建立局部力学平衡。考虑图 4.17 中所示的 3 种晶粒 1、2 和 3。晶界的比能分别为 γ_{12}、γ_{13} 和 γ_{23}，在平衡时，这些能量相当于单位长度的晶界张力。假设晶界能与晶界平面取向无关，则图 4.16 中 3 个晶界的稳定条件为

$$\frac{\gamma_{12}}{\sin \alpha_3} = \frac{\gamma_{13}}{\sin \alpha_2} = \frac{\gamma_{23}}{\sin \alpha_1} \quad (4.10)$$

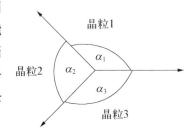

图 4.17　晶界三重点处的作用力

如果所有晶界具有相同的能量，则由式 (4.10) 可知，3 个晶粒将在 $120°$ 处相遇。在这种情况下，稳定的晶粒形状是大小相等的六边形。在二维微观结构中，无论晶粒的实际排列如何，由式 (4.9) 可知，若 $z = 3$，则每个晶粒或胞元的平均边数为 6。

4.5.2　三维微观结构

研究证明（Smith，1952），没有一个三维平面多面体在重复时可以同时完全填充空间和平衡晶界张力。如图 4.18（Smith，1952）所示，截断八面体

以 BCC 方式堆叠在一起,填补了空间,但没有正确的角度来平衡晶界张力。具有双曲面界面的开尔文十四面体(见图 4.19)同时满足这两个条件。对晶粒形状的三维测量表明,边数少于 15 的晶粒,其(平均)曲率会导致晶粒收缩,而大于 15 的晶粒,其(平均)曲率会导致晶粒长大(Rowenhorst 等,2010)。

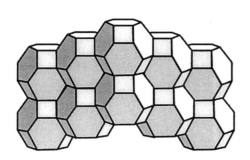

图 4.18　截断八面体的体心立方堆积

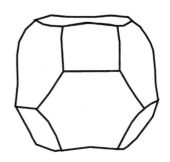

图 4.19　开尔文十四面体

对多晶体材料的微观结构检测通常在随机的平面截面上进行,因此截面效128应意味着在微观结构上测量的角度不一定是真实的晶界角度。然而,在退火良好的单相材料的微观结构中,截面上的晶粒形状往往近似为六边形,并且研究证明(Smith,1948),晶界角度的分布符合高斯分布,并在真实角度处达到峰值。图 4.20(Smith,1948)显示了退火 α-黄铜中大角度晶界的测量结果,可以看出,数据峰值在 120° 处,即平衡角度处。

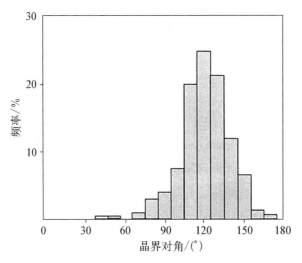

图 4.20　α-黄铜中高能量晶界的晶界角度分布频率

通常情况下,如果晶界能量不相等,前面讨论的规则几何结构就不稳定。如图 7.36 所示,再结晶 α-黄铜的微观结构就是一个很好的例子,它既包含正常的大角度晶界,也包含"随机的"低能量 Σ3 共格孪晶界。孪晶界的能量较低,这一点从它们与 A 处随机大角度晶界所形成的角度(略大于 90°)可以看出。这应该与只涉及高能量晶界的三重点 B 的角度进行比较。基于类似的原因,小角度晶界其能量强烈依赖于取向差(见图 4.6),很少会相互呈 120° 排列,如图 6.21 所示为回复后的微观结构。

因空间填充要求和晶界张力相互作用而产生的不稳定性为亚晶和晶粒的长大提供了驱动力,我们会在后面的章节中详细讨论。

4.5.3 晶界琢面[①]

图 7.36 所示的黄铜退火孪晶组织是前述 Σ3 孪晶界的典型案例,这是晶界形成琢面的一个极佳例子。在许多金属中,都会发生晶界的琢面化(Sutton 和 Balluffi,1995;Gottstein 和 Shvindlerman,2010)。为使晶界自发地琢面化,总的晶界能量减少必须克服总晶界面积的增加。因此,琢面化只可能发生在晶界能量强烈依赖于晶界平面的情况下,最常见的情况是在低能量的 CSL 晶界。研究发现,特定晶界的琢面化行为可能强烈地依赖于杂质水平(Ference 和 Balluffi,1988)和温度(Hsieh 和 Balluffi,1989)。图 4.21(Goukon 等,2000)展示了晶界倾角对铜的不对称 Σ11{110} 晶界相对能量的影响(Goukon 等,2000),该效应与晶界的琢面行为密切相关。有时也会观察到再结晶晶粒的晶界琢面行为(见 5.3.2.2 节),如图 5.16 所示。

4.5.4 晶界连接性

晶粒取向或织构非随机分布的重要性已被广泛接受,并在第 3 章和第 12 章中详细讨论。然而,也有人认为,晶粒取向差的非随机空间分布也可能很重要,特别是对于 CSL 晶界。若这些晶界的强度或扩散率等属性明显不同于其他晶界值,则聚集效应及其连接性可能会对材料的化学、物理或机械性能产生影响(Watanabe,1994),这些效应是晶界工程需要考虑的重要因素(见 11.3.2.3 节)。

---

① 译者注:晶界琢面(grain boundary facets),在晶界内部,可能存在一些平坦的区域(晶面),这些区域称为晶界琢面。

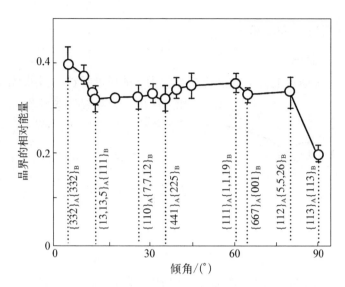

图 4.21 铜的不对称的 $[110]\Sigma11$ 倾斜晶界的相对晶界能与晶界倾角的关系

4.5.5 三重点(三晶交点)

虽然本章主要关注晶粒的面和边界属性,有证据表明,顶点或三重点的属性也可能在微观结构演化和影响晶粒长大中发挥作用,这些问题留到 5.5 节和第 11 章讨论。

4.6 Smith-Zener 阻力:第二相颗粒与晶界的相互作用

颗粒的弥散会对小角度晶界或大角度晶界产生阻力或压力,这可能对回复、再结晶和晶粒长大过程产生重要影响。根据 Smith(1948)的分析,这种效应称为 Smith-Zener 拖曳[①]。这种相互作用的大小取决于颗粒和界面的性质,以及颗粒的形状、大小、间距和体积分数。描述第二相颗粒分布的参数的定义见附录 A2.8。

---

① 这是自 1948 年以来被众多论文引用的结构冶金学经典之一,简单地称之为"Zener"分析,因为 Smith 在其他的论文中引用了 Zener 论文对这一部分的贡献。根据 Mats Hillert 在 2004 年第二次"再结晶与晶粒长大"会议上引用的一段与 Cyril Stanley Smith 的私人谈话,该分析的想法源于 Smith 和 Zener 的数学贡献。由于这个原因,它被更恰当地称为 Smith-Zener 分析。

4.6.1 单个颗粒的阻力

131 ### 4.6.1.1 总则

我们首先考虑比能为 γ 的晶界与半径为 r 的球形颗粒（非共格界面）之间的

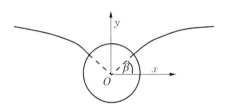

相互作用。若晶界和颗粒在如图 4.22 所示的角度 β 处相遇,则晶界上的约束力为

$$F = 2\pi r \gamma \cos\beta \sin\beta \qquad (4.11)$$

当 $\beta = 45°$ 时,约束力最大,为

图 4.22 晶界与球形颗粒的相互作用

$$F_{max} = \pi r \gamma \qquad (4.12)$$

正如 Nes 等(1985)所讨论的,这种约束力有许多不同的起源,但最终的结果通常与上述方程相似。需要注意的是,当晶界与颗粒相交时,颗粒有效地消除了与相交面积相等的晶界区域,从而降低了系统的能量,因此晶界被吸附到颗粒上。

式(4.12)预测了颗粒施加的钉扎力应与晶界能量（γ）成正比。因此,我们预计小角度晶界与低能量的 Σ 晶界导致的钉扎效应会小于"随机"大角度晶界的。尽管 Humphreys 和 Ardakani(1996)表明,对于铜,接近 $40°\langle 111 \rangle$（$\Sigma 7$）晶界上的钉扎压力比其他大角度晶界约小 10%,但令人惊讶的是,几乎没有证据能证明这一现象。此外,由于曲率驱动力和钉扎力之间的平衡,极限晶粒尺寸表达式[见式(11.31)]不包含晶界能。

132 ### 4.6.1.2 颗粒形状的影响

对于非球形的颗粒,其形状也会对钉扎力有一定的影响(Ryum 等,1983; Nes 等,1985)。Nes 等(1985)考虑了晶界与椭球颗粒的相互作用(见图 4.23),他们的假设晶界与颗粒的角度为 $90°$,颗粒在晶界中形成了一个平面孔。他们计算了如图 4.23(Nes 等,1985)所示的两种极端情况下的阻力,并给出不同情况下的最大阻力分别如下。

情形 1: $$F_1 = \frac{2F_s}{(1+e)e^{1/3}} \qquad (4.13)$$

情形 2a: $$F_2 = F_s \left(\frac{1+2.14e}{\pi e^{1/2}} \right) \quad (e \geqslant 1) \qquad (4.14)$$

情形 2b: $$F_2 = F_s e^{0.47} \quad (e < 1) \qquad (4.15)$$

式中,e 为椭球颗粒的偏心率,$e=1$ 时为球体;F_s 是来自相同体积的球形颗粒的阻力。图 4.24(Nes 等,1985)展示了等体积颗粒的 F_1 和 F_2 随长宽比的变化。可以看出,只有当薄板面和晶界以面对方式相遇,且长轴和晶界边缘以对齐方式相遇时,非球形颗粒的钉扎力才会明显大于球形颗粒的钉扎力。

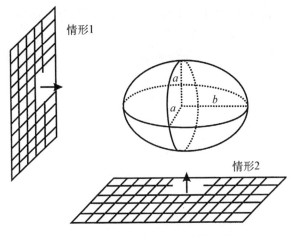

图 4.23　晶界与椭球颗粒的相互作用

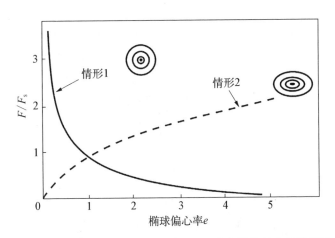

图 4.24　在图 4.23 所示的两种情况下阻力与晶粒长宽比的关系

Ringer 等(1989)分析了晶界与立方颗粒间的相互作用,相互作用的强度取决于立方体相对于晶界的方向,在极端情况下,当立方体的面平行于晶界平面时,阻力几乎是相同体积球体的 2 倍。然而,由于这是一种特殊情况,实际中不太可能出现,因此不是一个很重要的因素。

133   ### 4.6.1.3 共格颗粒

如果一个大角度晶界经过一个共格颗粒，那么颗粒在通过晶界时通常会失去共格性。由于非共格界面的能量大于原始共格界面的能量，因此发生这种转换需要能量，而这种能量必须由移动晶界提供。正如 Ashby 等（1969）首次提出的，共格颗粒在钉扎晶界时比非共格颗粒更有效。

基于 Nes 等（1985）的分析并加以修正，如果把晶粒标记为 1 和 2，而把颗粒标记为 3[见图 4.25(a)]，那么现在有 3 种不同的晶界能量 γ_{12}、γ_{13} 和 γ_{23}。这些晶界在颗粒表面相遇，如果在接触的切平面上建立平衡方程，则为

$$\gamma_{23} = \gamma_{31} + \gamma_{12}\cos(\alpha + \theta) \tag{4.16}$$

$$\cos(\alpha + \theta) = \frac{\gamma_{23} - \gamma_{13}}{\gamma_{12}} \tag{4.17}$$

此时阻力为

$$F_C = 2\pi r\gamma_{12}\sin\alpha\cos\theta \tag{4.18}$$

当 $\sin\alpha = 1$ 时，且当 $\theta = 0°$ 时，F_C 具有最大值，为

$$F_C = 2\pi r\gamma_{12} \tag{4.19}$$

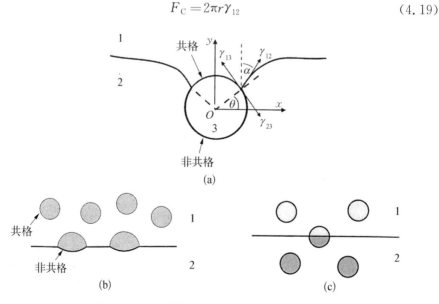

图 4.25 共格颗粒与大角度晶界的相互作用

(a) 晶界绕过颗粒；(b) 晶界在颗粒处停止；(c) 晶界穿过颗粒

因此,共格颗粒钉扎晶界的效果是同样大小的非共格颗粒的 2 倍。

大角度晶界通过共格颗粒,导致颗粒失去共格性。因为小的非共格颗粒不太稳定(Gibbs-Thomson 效应),所以存在许多可能的相互作用。例如,颗粒可能在通过晶界时溶解,并沿着共格方向重新析出,它可能重新定向到共格方向,或者晶界可能切过颗粒(Doherty, 1982)。

溶解　有实验证据表明小的共格颗粒可以被移动的晶界溶解,Doherty (1982)和 Nes 等(1985)都曾研究过这一问题。Nes 等(1985)发现,在这种情况下,共格颗粒引起的钉扎力不仅取决于颗粒的大小,还取决于合金的浓度。钉扎力可表示为

$$F = \frac{2\pi AkTr^2}{3V}\ln\left(\frac{C_0}{C_{eq}}\right) - 2\pi\gamma' r \tag{4.20}$$

式中,A 为阿伏伽德罗常数;k 为玻尔兹曼常数;V 为沉淀相的摩尔体积;C_0 为溶质浓度;C_{eq} 为平衡浓度;γ' 为共格界面的能量。

颗粒溶解后,颗粒可能在晶界后方再次共格地析出,也可能在晶界处发生不连续的析出。

静止晶界上的共格颗粒　如果没有足够的驱动力使晶界移动或溶解共格颗粒,那么颗粒将沿着晶界变成非共格。因此,晶界上颗粒的平衡形状将发生变化,如图 4.25(b)所示。晶界上颗粒曲率半径的增加将导致它们变粗,代价是较小的球形共格颗粒被吞噬,从而增强了晶界的钉扎效应(Howell 和 Bee, 1980)。

晶界越过共格颗粒　在某些情况下,析出相可能会被晶界切割,并发生与周围晶粒相同的取向变化,如图 4.25(c)所示。在含有共格 γ' 相的镍合金中(Porter 和 Ralph, 1981;Randle 和 Ralph, 1986)以及在含有半共格 Al_3Sc 颗粒的铝合金中(Jones 和 Humphreys, 2001),均观察到这种现象。

4.6.2　源自颗粒分布的阻力

在讨论完单个颗粒引起的钉扎力后,我们进一步讨论计算由一组颗粒在晶界上产生的约束压力,这是一个尚未完全解决的复杂问题。

4.6.2.1　来自随机分布的颗粒阻力

对于半径为 r、随机分布的球形颗粒,若其体积分数为 f_V,则单位体积内的颗粒数 N_V(见附录 A2.8)为

$$N_V = \frac{3f_V}{4\pi r^3} \tag{4.21}$$

136 如果晶界是平面,那么距晶界两侧距离 r 以内的颗粒将与它相交。因此,与单位面积晶界相交的颗粒数为

$$N_{\mathrm{s}} = 2rN_{\mathrm{V}} = \frac{3f_{\mathrm{V}}}{2\pi r^2} \tag{4.22}$$

颗粒对单位面积晶界施加的钉扎压力为

$$p_{\mathrm{sz}} = N_{\mathrm{s}}f_{\mathrm{s}} \tag{4.23}$$

因此,根据式(4.12)和式(4.22),可得

$$p_{\mathrm{sz}} = \frac{3f_{\mathrm{V}}\gamma}{2r} \tag{4.24}$$

上述关系最早由 Smith(1948)提出。由于在原始论文中,N_{s} 被视作 rN_{V}(而非 $2rN_{\mathrm{V}}$),所以钉扎压力是式(4.24)的一半。式(4.24)给出的 p_{sz} 称为 Smith-Zener 钉扎压力。很明显,上述计算并不严谨,因为如果晶界是刚性的,那么如图 4.26(a)所示,将会有很多颗粒向一个方向推动晶界,也会有很多颗粒向另一个方向拉动晶界,所以净钉扎压力将为零,这与计算位错与溶质原子阵列相互作用时遇到的问题类似。因此,如果要发生钉扎,晶界必须发生平面构型的局部松弛,如图 4.26(b)所示。

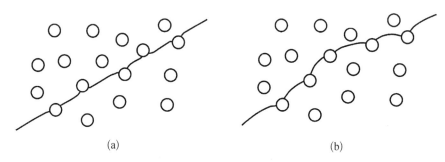

图 4.26 **(a)** 颗粒与刚性平面晶界的相互作用;**(b)** 颗粒与柔性晶界的相互作用

　　许多作者尝试对 Smith-Zener 阻力进行更严谨的计算,更多细节可参考 Nes 等(1985)、Hillert(1988)和 Doherty 等(1989)的论述。然而,目前得出的结论是,更复杂的计算也不会得到与式(4.24)显著不同的关系,因此,式137 (4.24)仍被广泛使用。尽管早期的一些计算机模拟表明式(4.24)给出的 Smith-Zener 阻力并不正确,但 Miodownik 等(2000)的许多模拟证实了 Smith-Zener 关系(见 11.4.2 节)。Couturier 等(2005)做了一个非常详细的

研究分析,他们通过移动有限元分析发现,虽然单个颗粒之间的相互作用较弱(与 Smith-Zener 相比),但静止晶界上的颗粒密度更高,因此有效钉扎压力翻倍,并可表示为

$$p_{SZ} = \frac{3f_V\gamma}{2r} \tag{4.24a}$$

在第 11 章中,我们会比较拖曳力与晶粒长大所需的驱动力,并推导钉扎晶粒尺寸的表达式。

4.6.2.2　晶界-颗粒相关性的影响

Anand 和 Gurland（1975）、Hellman 和 Hillert（1975）、Hutchinson 和 Duggan（1978）、Hillert（1988）,以及 Hunderi 和 Ryum（1992a)指出,只有当晶粒或亚晶粒的尺寸远大于颗粒间距时,将晶界假设为平面或近似平面才是合理的,这也是采用式(4.24)计算 Smith-Zener 钉扎压力的前提。若非如此,那么我们需要仔细检查其结果,尽管是以一种简化的方式。在图 4.27 中,我们确定了 4 种重要的情况。在图 4.27(a)中,晶粒尺寸都远小于颗粒间距;在图 4.27(b)中,颗粒间距与晶粒尺寸相当;在图 4.27(c)中,晶粒尺寸远远大于颗粒间距;在图 4.27(d)中,颗粒分布不均匀,且只分布在晶界上。在所有这些情况中,颗粒和晶界之间都有很强的相关性,尽管很难准确地评估钉扎力,而且这种评估取决于颗粒和晶粒(或亚晶)排列的细节。

考虑构成图 4.27 所示的三维立方体阵列的颗粒和晶界。对于情况(a),可以合理地假设所有颗粒不仅位于晶界上,而且位于晶粒结构的顶点上,因为在这些位置上,颗粒通过去除最大晶界面积使系统的能量最小。

如果晶粒边长为 D,则单位体积内的晶界面积为 $3/D$,单位晶界面积的颗粒数(N_A)可表示为

$$N_A = \frac{N_V D}{3} \tag{4.25}$$

因此,晶界上颗粒的数量密度(N_A)可能取决于颗粒相对于边(三重线)和节点(四重点)的位置。但是,假如某条边上的颗粒被 3 个晶界共享,则它在这些晶界上是作为一个部分颗粒存在的,而在总的(面积)数量密度上没有净变化。位置也会显著影响晶界钉扎效应。考虑最简单的钉轧力表达式(Ashby 和 Centamore,1968),即从颗粒在晶界、边或顶点上处于最低能量构型到位于晶内的能量变化,然后除以发生变化的距离(即颗粒半径 r)。受力情况如下,其中节点的计算是基于颗粒在 6 个相邻晶界上各自所占据的区域:

138

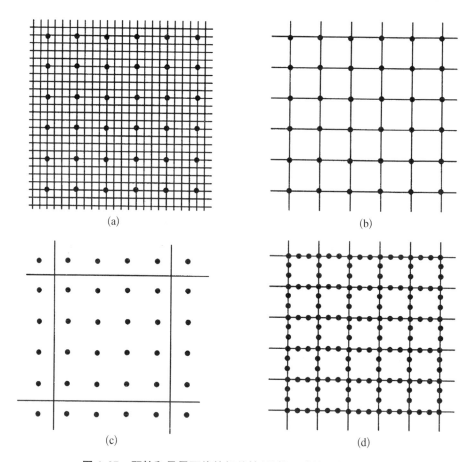

图 4.27 颗粒和晶界可能的相关性(晶粒尺寸的函数)示意图

(a) 晶粒尺寸远小于颗粒间距;(b) 晶粒尺寸等于颗粒间距,且颗粒位于晶界节点上;(c) 晶粒尺寸远大于颗粒间距;(d) 颗粒密度高,且都在晶界上

$$p_{gb} = \Delta E_{gb}/\Delta x = \pi\gamma r^2/r = \pi\gamma r$$

$$p_{edge} = \Delta E_{edge}/\Delta x = 3\pi\gamma r^2/(2r) = 1.5\pi\gamma r \qquad (4.25a)$$

$$p_{node} = \Delta E_{node}/\Delta x = 6(109°/180°)\pi\gamma r^2/(2r) = 1.82\pi\gamma r$$

这种方法,无论多么近似,都能得到晶界上颗粒的正确结果(也就是 Smith-Zener 结果),并且计算得到的力分别比边(三重线)和节点(四重点)的力大 50% 和 82%。还有一些有趣的改进,例如,如果考虑把三重线从颗粒上拉开,但把颗粒留在一条晶界上,此时,因为能量变化更小,钉扎力比标准值小 50%。

因此,对于图 4.26(a)和(b)所示顶点处的颗粒,我们可以使用式(4.21)的

139

改进公式：

$$N_A = \frac{N_V D}{3} = \frac{3Df_V}{4\pi r^3} \tag{4.26}$$

对于非共格球形颗粒，晶界上的钉扎压力 p'_{SZ} 为

$$p'_{SZ} = F_S N_A = \frac{1.82Df_V\gamma}{4r^2} \tag{4.27}$$

这一关系适用于如图 4.27(b)所示及更小的晶粒尺寸，此时晶粒尺寸与颗粒间距（D_C）相同。在这种情况下，立方晶格（边长 L）上的颗粒间距等于 D_C，即

$$L = D_C = N_V^{-1/3} = \left(\frac{4\pi r^3}{3f_V}\right)^{1/3} \tag{4.28}$$

此时钉扎力最大，$p'_{SZ_{max}}$ 为

$$p'_{SZ_{max}} \approx \frac{2.2\gamma f_V^{2/3}}{r} \tag{4.29}$$

当晶粒尺寸超过 D_C 时，由式(4.26)计算的单位晶界面积的颗粒数（N_A）将减小，最终达到式(4.22)所示的 N_S。我们可以用下面的近似方法来处理这种从相关晶界到不相关晶界的转变。

若材料的晶粒尺寸为 D，则其单位体积内的晶界角（节点）的数量约为 $1/D^3$，因此，当 $D \geqslant D_C$ 时，位于有效钉扎点上的颗粒的比例为

$$X = \frac{1}{N_V D^3} \tag{4.30}$$

当 $D = D_C$ 时，由式(4.28)可得 $X = 1$。因此，随着晶粒长大，位于晶粒角上的颗粒的比例越来越小。

则单位面积晶界内位于晶粒角上的颗粒数为

$$N_C = XN_V D \tag{4.31}$$

其余的颗粒将位于晶界、晶粒边缘或晶粒内部。在上述简单的分析中，我们假设 140 不在晶粒角上的颗粒被晶界随机相交，则单位面积的颗粒数量为

$$N_r = 2rN_V(1-X) \tag{4.32}$$

因此，每单位面积晶界上的颗粒总数为 $N_C + N_r$，根据式(4.23)，钉扎压力为

$$p''_{SZ} = \pi r \gamma [1.82 X N_V D + 2(1-X) N_V r] \tag{4.33}$$

或当 $D \geqslant D_C$ 时,有

$$p''_{SZ} = \pi r \gamma \left[\frac{1.82}{D^2} + \left(1 - \frac{1}{N_V D^3}\right) 2r N_V \right] \tag{4.34}$$

如图 4.28 所示为晶界上的钉扎压力与晶粒尺寸的关系。可以看出,随着晶粒尺寸的增大,式(4.27)计算的钉扎压力逐渐增大,当晶粒尺寸接近 D_C 时达到峰值,并最终[见式(4.33)]下降至式(4.24)所给出的 Smith-Zener 钉扎压力。

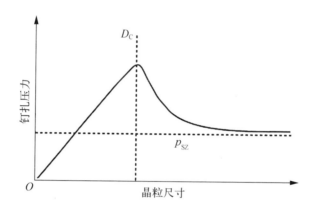

图 4.28 在给定的颗粒弥散度下,晶粒尺寸对 **Smith-Zener** 钉扎压力的影响

当然,这里讨论的峰值钉扎压力是基于非常简单的颗粒几何形状,显然并不准确。但钉扎压力以类似于图 4.28 所示的方式变化是确切可信的,并且对含颗粒材料的回复、再结晶和晶粒长大具有重要的影响,我们会在后面的章节中继续讨论。例如,Harun 等(2006)使用相场、Potts 和顶点 3 种不同的模拟方法模拟了移动晶界与单个颗粒的相互作用,发现模拟结果与理论分析具有很好的一致性,即颗粒因相互作用而被拉长变成链状。

4.6.2.3 来自非随机分布颗粒的阻力

在许多合金中,颗粒可能不是随机分布的。尤其是颗粒集中在平面带内的情况[见图 4.29(Nes 等,1985)]。这种类型的结构经常出现在轧制材料中,如铝镇静钢、大多数商业铝合金和粉末冶金制品等。在许多情况下,颗粒可能是棒状或板状的,并与轧制平面平行排列。Nes 等(1985)模拟了图 4.29(a)所示的情况,并计算了初次再结晶后晶粒的长径比。

我们假设半径为 r 的球形颗粒聚集在厚度为 t、间隔为 L 的平面带中,则平

行于平面带的晶界 AB 受到的阻力为

$$p_{PZ} = \frac{p_{SZ}L}{t} \tag{4.35}$$

式中，p_{SZ} 由式(4.23)给出，是颗粒均匀分布时的拖曳压力。

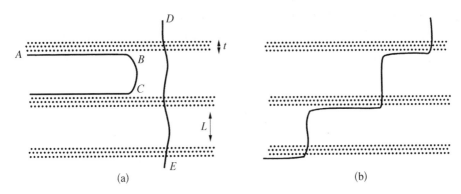

图 4.29　晶界与平面阵列颗粒的相互作用

(a) 晶界取向对钉扎的影响；(b) 晶界通过颗粒平面阵列的传播

　　垂直于平面带的晶界上的阻力很大程度上取决于晶界的形状。例如，图 4.29(a)中的曲线晶界 BC 段没有任何钉扎。但如果晶界较长，如 DE 段，且驱动力均匀分布，则平均钉扎压力为 p_{PZ}。在这两种情况下，钉扎力在垂直于平面带的方向上明显更大，这种各向异性将反映在晶粒或亚晶的形状上。Nes 等(1985)的研究表明，晶界可能会以交错的方式传播，如图 4.29(b)所示。图 4.30 142

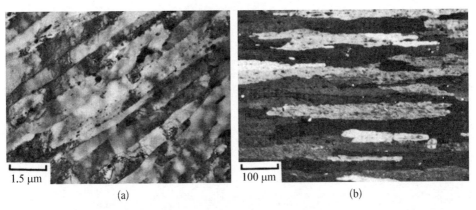

图 4.30　(a) 轧制态的粉末冶金铝坯的透射电子显微照片(**TD** 平面)，展示了小的氧化物颗粒的平面排列对小角度晶界的钉扎作用；(**b**) 同一材料再结晶后的光学显微照片，展示了拉长的晶粒结构

(Bowen 等,1993)(a)是轧制态的粉末冶金铝板的透射显微照片,显示了小的氧化物颗粒带如何与小角度晶界相互作用,并在回复过程中影响亚晶的形状,图4.30(b)是同一材料再结晶后的光学显微照片,它清楚地显示了整齐排列的氧化物颗粒与大角度边界的相互作用,并导致再结晶后拉长的晶粒结构。

143 　　另一个重要现象是,当第二相颗粒在预先存在的小角度或大角度晶界上析出时,会出现非随机的颗粒分布(Hutchinson 和 Duggan,1978)。在这种情况下,如图 4.27(d)所示,所有(或大部分)颗粒都将位于晶界上,单位面积晶界的有效颗粒数近似为式(4.27)所示,此时,钉扎压力 p_X 为

$$p_X = f_s N_A = \frac{\gamma D f_V}{4r^2} \tag{4.36}$$

第 5 章 　 晶界的迁移和迁移率

5.1　引言

第 4 章讨论了晶界的结构和能量,本章将讨论晶界迁移的模型和机制,特别是晶界的迁移,以便为后续章节中关于回复、再结晶和晶粒长大的讨论提供理论基础。读者可从 Sutton 和 Balluffi(1995)、Gottstein 和 Shvindlerman(2010)等关于晶界和界面的专著中找到本章提及的某些问题更详细的讨论。也有大量的研究借助分子动力学模拟来理解晶界迁移,如 Olmsted 等(2009b)。近年来,我们在理解陶瓷和金属的晶界结构方面取得了一些重大进展,例如杂质会导致特定的晶界结构和性质的形成,在某些情况下,会表现出比无杂质材料更高的晶界迁移(Cantwell 等,2014)。

5.1.1　退火过程中晶界迁移的作用

小角度晶界(LAGB)和大角度晶界(HAGB)的迁移在冷加工金属退火过程中起着关键作用。LAGB 的迁移发生在回复过程中和再结晶的形核过程中,HAGB 的迁移发生在初次再结晶的过程中以及结束之后。

尽管晶界迁移在退火过程中至关重要,但我们对该过程细节的理解并不充分。这主要是因为晶界迁移涉及高温和远离平衡的条件下迅速发生的原子尺度过程。因此,无论是从实验上还是从理论上,研究晶界迁移都是非常困难的。虽然多年来积累了大量的实验证据,但在很多情况下,这些结果是相互矛盾的,很少出现明确的模式。然而,比较明确的是即使是非常少量的溶质也会显著影响晶界的迁移率,因此很难确定晶界的固有迁移率。虽然我们现在对晶界结构(第4章)和基于晶界结构的晶界迁移模型的认识有很大的进步,但模型与实验结果的定量一致性并不理想。

146

5.1.2 晶界迁移的微观机制

LAGB 和 HAGB 通过晶界附近的原子过程进行迁移。本节简要概述研究者们提出的各种机制,为本章后面更详细的讨论做准备。晶界迁移机制取决于若干参数,如晶界结构;对于给定的材料,晶界结构是成分、取向差和晶界平面的函数。它还取决于实验条件,特别是温度以及作用在晶界上的力的性质和大小,而且它还受到材料中的点缺陷(如溶质和空位)的强烈影响。

LAGB 的迁移是通过构成晶界的位错的攀移和滑动来实现的,因此,LAGB迁移的诸多方面都可以用位错理论来解释。

HAGB 迁移的基本过程是原子在晶界两侧的晶粒之间的转移,最早的晶界迁移模型(Turnbull, 1951)便是基于这种热激活原子跃迁的模型。正如 4.4.2 节所讨论的,晶界的结构与其晶体学性质有关,有证据表明晶界可能通过固有的晶界界面缺陷(如位错壁架、位错台阶或晶界位错)的移动进行迁移。在某些情况下,晶界迁移还可能涉及无扩散原子重排[①],这涉及一群原子的协同运动过程(可参考无扩散相变)。在某些情况下,也可能同时发生晶界的滑动和迁移。

由于原子在晶界的堆垛密度小于理想晶体,晶界与自由或过量的体积有关,这取决于晶界的晶体学性质(见 4.4.3 节)。这导致了与溶质原子强烈的相互作用和溶质气团的形成,在低晶界速度下,溶质气团随晶界移动并阻碍其迁移。晶界速度的范围非常大,例如,在晶粒长大的过程中,晶界在近乎理想的晶体中的移动相对较慢。然而,在再结晶过程中,晶界以非常快的速度移动(通常比扩散控制相变都要快得多)。在这种情况下,晶界迁移至高度缺陷的区域中,在其后面(扫过的区域)留下了理想无缺陷的晶体。晶界在再结晶过程中消弭缺陷的机理尚不清楚,但可以认为晶粒长大过程中的晶界能和晶界结构是不同于再结晶过程的。

5.1.3 晶界迁移率的概念

晶界在净压力 $p=\sum p_i$ 的作用下以速度 v 移动(见 1.3 节),通常可假设速度与压力成正比,比例常数为晶界的迁移率 M,因此

$$v=Mp \tag{5.1}$$

---

① 译者注:无扩散原子重排(diffusionless shuffle)描述材料中的相变或微观结构变化过程。该过程是在没有原子扩散参与的情况下发生的,原子或晶格点在不需要大范围扩散的情况下就能完成重新排列以形成新的晶体结构或相态,这种相变通常在短时间内发生。

128

式中,压力或驱动力的单位为 J/m³ 或 N/m²(Pa),驱动力的量级范围为 10 kPa (晶粒长大)到 10 MPa(初次再结晶);速度的单位为 m/s;迁移率的单位为 m⁴/ (J·s)或 m/(s·MPa)。这种关系可以用反应速率理论来预测,如果迁移率与 驱动力无关,且假设 $p \ll kT$,则迁移率与晶界迁移机制的具体细节无关(见 5.4.1节)。

然而,也有人提出其他的晶界迁移机制,如台阶或晶界位错控制的迁移 (Gleiter,1969b;Smith 等,1980),其中晶界迁移率依赖于驱动力,可以预测这 种关系在某些条件下可能不成立。如果晶界迁移率受溶质原子控制,那么如 5.4.2节所讨论的,由溶质阻力 p_{sol} 引起的阻滞压力可能是晶界速度的函数。虽 然驱动压力 p_d 与速度之间存在复杂的关系(见图 5.33),但如果将式(5.1)中的 p 替换为 $(p_d - p_{sol})$,则仍可遵从式(5.1)。

Viswanathan 和 Bauer(1973)、Demianczuc 和 Aust(1975)分别开展了铜和 铝的晶界迁移研究,并都得到与式(5.1)一致的结果。Huang 和 Humphreys (1999a)通过原位扫描电镜(in-situ SEM)测量铝再结晶过程中的晶界迁移率, 也证实了这一关系,即储存的能量作为驱动力。Gottstein 和 Shvindlerman (2010)总结了一些以曲率为驱动力的实验结果,也证实了式(5.1)中的比例关 系。虽然 Rath 和 Hu(1972)、Hu(1974)采用幂律关系 $v \propto P^n (n \gg 1)$ 拟合区域 精炼铝的数据,但 Gottstein 和 Shvindlerman(1992)认为 Rath 和 Hu 的实验受 到热蚀效应①的强烈影响,考虑这一因素,他们重新分析了 Rath 和 Hu 的数据, 发现也与式(5.1)一致。对 Vandermeer 和 Hu(1994)的早期实验结果进行重新 校验,发现也与式(5.1)一致。

晶界迁移率与温度有关,且通常遵循如下的 Arrhenius 关系:

$$M = M_0 \exp\left(-\frac{Q}{RT}\right) \tag{5.2}$$

因此,$\ln M$ 或 $\ln v$(对于常数 p)的曲线与 $1/T$ 的斜率为 Q,即激活能。它可能 与控制晶界迁移的原子尺度热激活过程有关(见下一节)。然而,实际情况并非 总是如此,在解释实验测量的激活能时应分外谨慎。

5.1.4　晶界迁移率的测量

由于缺乏好的实验数据,我们目前对晶界迁移的认识仍非常有限。除了微

---

①　译者注：热蚀效应或热槽(thermal grooving)是指在高温条件下,由于表面扩散引起的材 料表面形貌变化,如出现的凹槽或沟槽现象。

量杂质对迁移率的影响所产生的问题外（见5.3.3节），实际测量也非常困难（见附录A2.7.2）。

晶界迁移率是用晶界在确定的驱动力作用下的速度来度量的。很难通过实验来测量再结晶过程中的晶界速度，因为源于变形储能的驱动压力通常在10～100 MPa范围内，难以准确测量，而且由于微观结构的变化，驱动压力随时间变化，并且随回复的进行而下降。然而，在容易形成亚晶的材料（如铝）中，利用EBSD（Humphreys，2001）可以相当准确地确定回复充分的材料的亚晶尺寸和取向差，因此根据式（2.13）（Huang和Humphreys，1999a），驱动压力可以由这些参数计算得到。许多晶界迁移率的测量是在具有更好的驱动压力特征的材料中进行的，例如铸态的亚结构或使用仔细控制几何形状的双晶体（如Masteller和Bauer，1978；Gottstein和Shvindlerman，2010）。然而，在这样的实验中，驱动压力要低得多（约为10^{-2} MPa），目前还不清楚在这种低驱动力材料中测量到的晶界迁移率在多大程度上可以直接用于再结晶材料中的晶界迁移。此外，有证据表明移动晶界和位错会相互作用，并且位错会影响晶界迁移率（见5.3.4节），这表明在变形材料和未变形材料的晶界迁移之间可能存在物理差异。

此外，许多晶界迁移的测量是在驱动力恒定的条件下进行的，其结果以晶界速度而不是迁移率来表示（见图5.9）。如式（5.1）所示，迁移率与速度成正比，因此，从晶界迁移率的角度讨论这些结果是合理的，即使这个参数还没有实际测量到。

149

5.2 小角度晶界的迁移

5.2.1 应力作用下对称倾斜晶界的迁移

在回复、再结晶和晶粒长大等过程中，晶界在缺陷或晶界曲率引起的驱动力的作用下会发生迁移。但众所周知，对称的倾斜晶界（见图4.4）在一般应力的作用下就可以很容易地移动（Washburn和Parker，1952；Li等，1953）。晶界的迁移率取决于温度和晶界取向差[1]，如图5.1（Bainbridge等，1954）所示为恒定应力下取向差对锌对称倾斜晶界迁移率的影响。可以看出，随着取向差的增加，晶界上的位错距离更小[见式（4.4）]，迁移率降低。假设晶界迁移的主导机制是构成晶界的刃位错的滑动，但实际材料中的位错边界比图4.4所示的更为复杂，晶界的迁移还涉及一些位错的攀移。

---

[1] 译者注：晶界取向差（boundary misorientation）严格地说是指晶界两侧材料点的取向差。

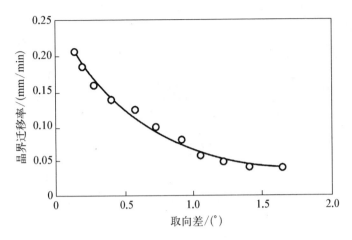

图 5.1　锌在 350℃、恒定应力作用下,取向差对其内部对称
倾斜晶界迁移率的影响

Winning 等(2001)研究了超高纯度铝在小剪切应力作用下,其内部对称的
〈111〉和〈112〉平面倾斜晶界的迁移行为,揭示了一些有趣的特征。如图 5.2
(Winning 等,2001)所示,迁移率在取向差(θ)约为 14°时发生了突变。研究表
明 LAGB 的移动性能与晶界取向差没有明显的依赖性,尽管 $\theta < 10$°的实验数
据也非常有限。LAGB 的迁移激活焓与自扩散激活焓接近,而自扩散激活焓与
位错攀移激活焓一致;HAGB 的迁移激活焓比晶界扩散激活焓要低(或者接
近)。因此,在应力作用下,HAGB 和 LAGB 的相对迁移率主要取决于温度,从
图 5.2 中可以看出,在非常高的同系温度下,LAGB 比 HAGB 移动得更快。应
力作用下的晶界迁移与曲率驱动下的晶界迁移的比较(Winning 等,2002)表明,
尽管 LAGB 移动相似,但 HAGB 的晶界迁移可能有很大的不同,并取决于倾
斜轴。

若将上一节的结果应用于多晶体的回复、再结晶和晶粒长大过程,还需考虑
两个因素。如果晶界在外加应力的作用下以位错滑动的方式运动,这意味着这
种运动必然导致形状的变化。前面的那些实验主要以(不受约束的)单晶体为研
究对象,形状变化可能没有什么影响;但在多晶体中,单个晶粒受到周围其他晶
粒的约束,形状变化会导致内应力的产生,而内应力则会阻碍晶界的进一步移
动。一个晶粒或亚晶组织内含有多种类型的界面,而对称倾斜晶界的行为并不
具有代表性,因为在变形和回复金属中存在很多普通的小角度晶界(见 6.4.2
节)。因此,若要建立早期结果与多晶体退火过程之间的相关性,还需进一步研
究随机的小角度晶界和大角度晶界在应力作用下的迁移行为。

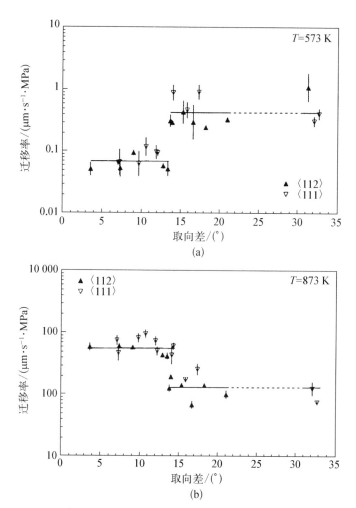

图 5.2　高纯铝在应力作用下,晶界取向差对其内部对称的〈111〉和〈112〉平面倾斜晶界的迁移率的影响

(a) 573 K;(b) 873 K

5.2.2　一般的小角度晶界

5.2.2.1　小角度晶界迁移率的测量

虽然人们很早就认识到普通 LAGB 的迁移率明显低于 HAGB 的,但仍缺乏对 LAGB 的迁移率以及晶界取向差对 LAGB 迁移率影响的系统研究。这是当下亟待解决的关键问题,因为,如 6.5.3 节所述,了解普通小角度晶界的迁移能力是理解变形金属退火的关键要素。

早期的研究表明,小角度、中等角度晶界的迁移率更低。例如,Tiedema 等

(1949)发现,与基体的取向差在几度范围内的再结晶晶粒的长大就非常缓慢,并最终以孤岛状晶粒保留下来。此外,还有 Graham 和 Cahn(1956)关于铝、Rutter 和 Aust(1960)关于铅,以及 Walter 和 Dunn(1960b)关于铁的相关研究。需要强调的是,所引用的参考文献仅提供了一些主要的定性观察,并不能代表取向差影响晶界迁移率的系统研究。

Sun 和 Bauer(1970)、Viswanathan 和 Bauer(1973)采用双晶体实验(晶界能为晶界迁移提供驱动力),测量了 NaCl 和铜的大角度晶界和小角度晶界的迁移率。他们从实验结果归纳出一个迁移率参数 K',K' 是迁移率 M 和晶界能 γ 的乘积,这个参数与"约简迁移率"相似,而"约简迁移率"常出现在曲率驱动晶粒长大的相关研究中。K' 的具体形式为

$$K' = 2\gamma M \tag{5.3}$$

图 5.3(Sun 和 Bauer,1970)和图 5.4 分别为氯化钠和铜的结果,两幅图都清楚地表明 LAGB 和 HAGB 的迁移率差异很大。从图 5.4 中可以看出,铜的 HAGB 的 K' 值比 LAGB 的($2°\sim5°$)大了约 3 个数量级。

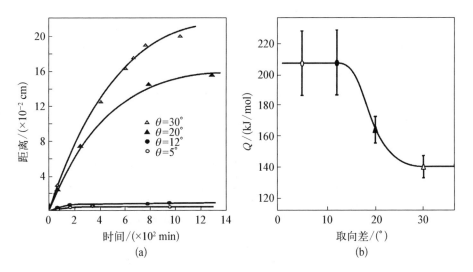

图 5.3　(a) 750℃ 下,NaCl 双晶体的弯曲晶界位移随时间的变化(表示为关于 〈100〉轴的取向差);(b) 晶界迁移激活能

铜的 20° 倾斜晶界的能量仅是 2° 晶界的 4 倍左右(Gjostein 和 Rhines,1959),HAGB 的迁移率约为 LAGB 的 250 倍。结果还表明,两种材料中 LAGB 的迁移激活能明显高于 HAGB 的迁移激活能。铜的 LAGB 的迁移激活能约为 200 kJ/mol,与其自扩散的激活能接近(见表 5.1),而 NaCl 的迁移激活能为

205 kJ/mol，与钠离子在 NaCl 中的扩散激活能接近。

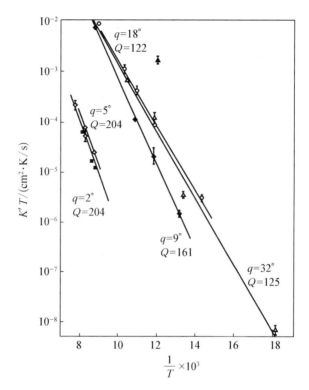

图 5.4　晶界迁移率参数 K′随温度和取向差的变化

（材料为 99.999％铜；图中给出了每组晶界的激活能 Q，单位为 kJ/mol）

（数据源自 Viswanathan R，Bauer C L，1973. Acta Metall.，21：1099.）

表 5.1　一些材料的自扩散、芯区扩散和晶界扩散的激活能

材　料	T_m /K	G /GPa	b /nm	Q_S /(kJ/mol)	Q_C /(kJ/mol)	Q_B /(kJ/mol)	γ_b /(J/m²)
Al	933	25.4	0.286	142	82	84	0.324[a]
Au	1 336	27.6	0.288	164			0.38[a]
Cu	1 356	42.1	0.256	197	117	104	0.625[a]
α-Fe	1 810	69.2	0.248	239	174	174	0.79[a]
γ-Fe	1 810	81	0.258	270	159	159	0.76[a]
NaCl	1 070	15	0.399	217(Na⁺)	155	155	0.5[c]

续　表

材　料	T_m /K	G /GPa	b /nm	Q_S /(kJ/mol)	Q_C /(kJ/mol)	Q_B /(kJ/mol)	γ_b /(J/m²)
Pb	601	7.3	0.349	109	66	66	0.2[b]
Sn	505	17.2	0.302	140[b]		37[b]	0.16[b]
Zn	693	49.3	0.267	91.7	60.5	60.5	0.34[a]

注：数据来源为[a] Murr (1975)；[b] Friedel (1964)；[c] Sun 和 Bauer (1970). 其他数据源自 Frost H J，
　　Ashby M F, 1982. Deformation-Mechanism Maps, Pergamon Press.

　　Fridman 等(1975)对高纯锌双晶体和高纯铝双晶体的测量证实，中等角度晶界的迁移率随着取向差的增加而增加，如图 5.13 所示。图 5.13(c)也证实了 LAGB 的迁移激活能比 HAGB 的迁移激活能要高，尽管文献报道的 LAGB 迁移激活能似乎比自扩散的激活能要高得多。

　　也有一些关于铝的 LAGB 迁移的研究结果，Huang 和 Humphreys(2000)测量了 Al‐0.05%Si 变形单晶(取向为{110}⟨001⟩)内部亚晶的长大速率。这种取向的晶体在平面应变压缩过程中是稳定的，不会再结晶，因此可以发生明显的亚晶长大(见 6.5.2 节)。他们计算了取向差在 2.5°～5.5° 之间的 LAGB 的迁移率(见图 5.5)，在此范围内，当取向差增加约 3° 时，迁移率增加了约 50 倍。他们还研究

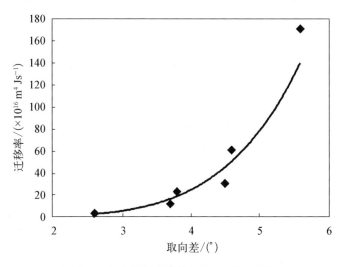

图 5.5　取向差对小角度晶界迁移的影响

(材料为 Al‐0.05%Si，变形温度为 300℃，实验数据通过测量单晶中的亚晶长大得到。
数据源自 Huang Y, Humphreys F J, 1997. Acta Mater., 45：4491.)

了该材料的立方取向单晶,并增大了 LAGB 取向差的范围(Huang 等,2000a,b, c),温度和取向差对迁移率的综合影响如图 5.6(Huang 等,2000a)所示。

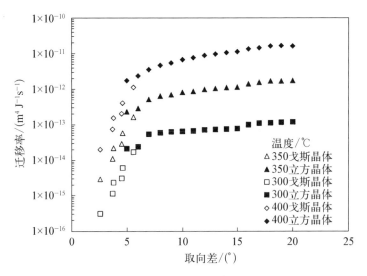

图 5.6 取向差和温度对 Al‑0.05%Si 晶界迁移率的影响

(实验数据通过测量戈斯取向和立方取向单晶中的亚晶长大得到。)

154   研究表明,当晶界取向差 $\theta \leqslant 14°$ 时,晶界迁移的激活能是晶界取向差的函数,而当 $\theta > 14°$ 时,晶界迁移激活能基本保持不变[见图 5.7(Humphreys 和

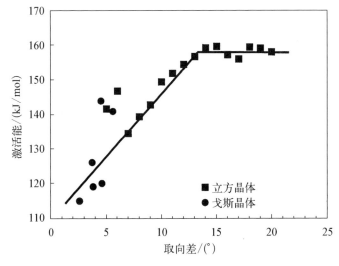

图 5.7 取向差对 Al‑0.05%Si 中小角度晶界迁移激活能的影响

(实验结果通过测量单晶中的亚晶长大得到。)

Huang,2000)]。激活能均在 125～154 kJ/mol 范围内,与 Si 在 Al 中的晶格扩散激活能一致,表明晶界迁移是由溶质气团的晶格扩散所控制的(见 5.4.2 节)。

Yang 等(2001)对铝箔中的晶界三重点进行了详细的几何分析,确定了纯度为 99.98% 的铝中小角度晶界的迁移率,他们的结果与图 5.5 和图 5.6 非常相似。通过亚晶长大或三重点的几何参数来确定晶界迁移率的前提是微观结构的演化是由晶界的迁移率而不是三重点的迁移率所控制的。5.5 节讨论了三重点迁移率可能受到速率限制的情况。

5.2.2.2　小角度晶界的迁移机理

当前对 LAGB 迁移运动机制的认识仍相当不充分,前面关于 LAGB 的迁移率的讨论是目前该领域鲜有的系统性研究,为认识 LAGB 迁移机制提供了以下线索:① LAGB 以与式(5.1)一致的速率迁移,表明在等温退火过程中,对于特定晶界,迁移率是一个常数;② LAGB 迁移受体扩散过程控制;③ 随着取向差的增加,晶界迁移率显著增加。

Nes(1995a)讨论了各种可能的速率控制机制,包括热激活滑移、交滑移、攀移和溶质拖曳等。Furu 等(1995)指出,他们在商业多晶铝合金中测量的亚晶长大动力学与热激活滑移和溶质拖曳过程最为一致。在这种情况下,迁移的表观激活能取决于亚晶尺寸,在长大过程中或在不同的微观结构下是变化的。5.2.2.1 节讨论的实验结果表明,在一定的亚晶尺寸和晶界取向差范围内,激活能保持恒定,这更符合早期的观点(如 Sandström,1977b),即晶界运动是由构成晶界的位错的攀移进行的,且攀移速度受溶质的晶格扩散控制。虽然也有人提出(Ørsund 和 Nes,1989),低温下,晶界迁移可能受位错的管道扩散或芯区扩散控制,但目前还没有实验证据证明这一点。

5.2.2.3　小角度晶界的迁移理论

由于 LAGB 的能量和结构对晶界取向差很敏感,因此晶界的固有迁移率也依赖于这些参数。LAGB 的迁移一般需要晶界内位错的攀移,这个过程受速率控制。Sandström(1977b)、Ørsund 和 Nes(1989)讨论了 LAGB 的迁移理论,他们认为 LAGB 的迁移率可表示为

$$M = \frac{CD_s b}{kT} \tag{5.4}$$

式中,C 为无量纲常数;D_s 为自扩散系数。

Hirth 和 Lothe (1968)讨论了上述研究者皆未考虑的一个重要因素,即在晶界的运动过程中没有物质的净流动,因此空位沉降源的间距约等于晶界内的

位错间距 h，而 h 与晶界取向差有关［见式（4.4）］。鉴于取向差 θ 对晶界结构的明显影响，LAGB 的迁移可能会在一定程度上受 θ 的影响，而式（5.4）并未考虑此因素。下面的近似分析（Humphreys 和 Hatherly，1995）与 Furu 等（1995）的观点有一定的相似性，该近似分析基于与 Nes 的讨论。

考虑一个曲率半径为 R 的弓出晶界，由于曲率作用，作用在晶界上的压力为

$$p = \frac{2\gamma_s}{R} \tag{5.5}$$

式中，γ_s 是由式（4.5）给出的晶界能量。当 θ 值较小时，可认为 $\gamma_s \approx c_1 Gb\theta$，其中 c_1 是一个比较小的常数。

假设式（5.1）成立，则晶界速度可表示为

$$v_b = \frac{\mathrm{d}R}{\mathrm{d}t} = \frac{2M\gamma_s}{R} = \frac{2c_1 MGb\theta}{R} \tag{5.6}$$

情况 A：极小角度晶界（$\theta \to 0$） 我们首先考虑内部位错间距很大的晶界的运动。在这种极端情况下，我们可以假定晶界上个别位错的行为起主导作用。假设晶界上的某个位错被弯曲至曲率半径 R，则单位长度位错上的力可近似地表示为

$$F = \frac{Gb^2}{2R} \tag{5.7}$$

对于没有明显的空位过饱和时的位错攀移，$Fb^2 \ll kT$，并且近似地给出了位错在力 F 作用下的攀移速度（v_d）（Friedel，1964；Hirth 和 Lothe，1968），即

$$v_d = D_s c_j \frac{Fb}{kT} \tag{5.8}$$

式中，c_j 是位错割阶的浓度。将式（5.7）代入式（5.8），可得

$$v_d = \frac{D_s c_j Gb^3}{2kTR} \tag{5.9}$$

由于假设位错与这样的 LAGB 基本上无关，因此，晶界上所有位错的速度由式（5.9）给出，即 $v_d = v_b$。故由式（5.6）和式（5.9）可得

$$v_b = \frac{2c_1 MGb\theta}{R} = \frac{D_s c_j Gb^3}{2kTR} \tag{5.10}$$

$$M = \frac{D_s c_j b^2}{4c_1 kT\theta} \tag{5.11}$$

即在这种极端情况下：① 主导机制是个别位错的攀移；② $v=Mp$ 有望成立；③ M 与 θ 成反比。

情况 B：位错核重叠的晶界 ($\boldsymbol{\theta > 15°}$) 这实际上是大角度晶界的情况，对于一般晶界，我们可以做如下合理假设（见 5.4.1.1 节）：① 主导机制是原子跨越晶界；② $v=Mp$ 成立；③ M 与 θ 无关 。

情况 C：中间状况 这可能是变形多晶体回复过程中最重要的状态，但也是最难分析的状态。

158

C1(中等角度) 当晶界角大、h 小时，晶界的运动可能是由原子转移距离 h 主导的，这个过程类似于原子通过扩散穿过一个厚度为 h 的薄膜，M 与 h 成反比，因此 $M \propto \theta$。

C2(低等到中等角度) 这是一个过渡（角度）区间，其主导机制尚不清楚。有两个相反的因素：① 根据情况 A 所讨论的影响因素，迁移率 M 随 θ 增加而降低；② 随着 θ 增加，空位源至空位沉降点的间距 h 减小，如前所述，h 减小会增加位错攀移速率，进而提高迁移率。可以预计，随着 θ 增加，第二种效应最终将占主导地位，导致某些取向差小的晶界的迁移率最小。

基于单个位错行为的理论在多大程度可用也是未知的，因为位错节点上的反应可能成为一个主导因素（Hirth 和 Lothe，1968）。在没有明确机制的情况下，如式(5.1)所假定的，迁移率是否与驱动力无关也是未知的。Winning 等(2010)回顾了这一情况，得出结论：与实验证据最一致的模型是外部位错为小角度晶界运动提供速率限制/控制步骤的模型。因此，在这个中间取向差范围内的迁移率 M 的计算公式为

$$M = 2\delta b \frac{D_L}{kT}$$

式中，δ 为晶界宽度；b 为伯格斯矢量的大小；D_L 为体扩散系数。此外，实验观察通常发现（在这个中间范围）晶界迁移率几乎是恒定的，并且与取向差无关。

与实验对比 正如该模型预测的，LAGB 迁移激活能或回复激活能的测量结果表明，激活能受晶格扩散控制。图 5.8 中的粗线表

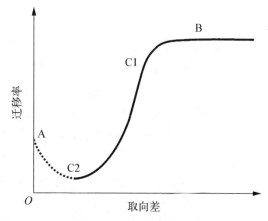

图 5.8　小角度晶界迁移率随取向差变化的示意图
（图中字符与文中讨论的情况相对应。）

示有重要实验证据的区域。

区域 A　该区域没有最新的实验数据，但对于应力作用下对称倾斜晶界的这一特殊情况，当 $\theta < 1°$ 时，晶界迁移率 M 随取向差增加而下降，如图 5.1 所示（Parker 和 Washburn，1952）。

区域 B　有可靠的实验证据表明，随机 HAGB 的迁移率较高，且与 θ 无关。

区域 C1　有证据表明，如图 5.3～图 5.6 所示，当 θ 在 $5°\sim 20°$ 范围内时，晶界迁移率随 θ 增加而增加，并在 θ 为 $14°\sim 20°$ 时达到饱和。当取向差在 $14°\sim 15°$ 时，迁移激活能的取向依赖性发生了变化（见图 5.2、图 5.6、图 5.7），这与晶界结构的变化是一致的，即从小角度晶界转变为大角度晶界。

区域 C2　对于 $2°\sim 5°$ 范围内的取向差，铝的实验证据表明，晶界迁移率随 θ 增加而迅速增加（见图 5.5）。在这个范围内的迁移率通常仅为随机大角度晶界的 $1/500\sim 1/10$。

总而言之，尽管已经取得了相当大的进展，但还需要做进一步的实验和理论工作，才能充分了解小角度晶界的迁移行为，为建立详细的退火模型奠定坚实的基础。

5.3　大角度晶界迁移率的测量

5.3.1　温度对高纯度金属的晶界迁移率的影响

5.3.1.1　晶界迁移激活能

通常用式（5.2）来分析晶界迁移率的温度依赖性，以确定激活能 Q 和指前因子 M_0，且 Q 值可提供控制晶界迁移的原子尺度热激活过程的信息。

图 5.4 是极高纯度金属的典型数据，其中迁移率的对数与 $1/T$ 之间的线性关系表明，在所研究的条件范围内只有单一的激活能。表 5.2 显示了大角度晶界迁移率的一些实验数据，这些数据通过不同的技术从多种高纯度金属中获得。将表 5.2 中的晶界迁移激活能与表 5.1 中的扩散激活能进行比较可以看出，高纯度金属的晶界迁移激活能往往与晶界扩散激活能相近，即晶界扩散激活能与晶界迁移激活能相近，约为体扩散激活能的一半。

5.3.1.2　转变温度

在非纯金属或合金中（将在 5.3.3 节讨论），迁移率随温度的变化比图 5.3 显示的更复杂，在一个温度范围内可能存在多个表观激活能。然而，即使在高纯

表 5.2 高纯金属中大角度晶界的迁移激活能(Haessner 和 Hofmann，1978)

材　料	迁移激活能 /(kJ/mol)	指前因子/(m/s)	温度范围/K	实　验
铝	63	2×10^4	273～350	再结晶
铝	67	4.8×10^3	615～705	毛细管①
铜	121	7.5×10^6	405～485	再结晶
铜	123	2.4	700～975	毛细管
金	80	5.8×10^{-1}	593～613	再结晶
铅	25	1.1×10^{-2}	473～593	条纹结构
锡	25	4.5×10^{-1}	425～500	条纹结构
锌[a]	63		525～625	毛细管

注：[a]数据来自 Kopetski 等(1979)。

度金属中,有时也会在很高的温度下发现迁移率和激活能的变化。对此有以下
两种可能的解释。

(1) 高温下可能发生晶界结构的变化,即重位点阵或有序晶界可能变得更
加无序,从而失去它们的专属性质。

高纯度铅(Rutter 和 Aust,1965)和铜(Aust 等,1963；Ferran 等,1967)的
实验证据表明某些晶界在高温下不再具备高的迁移率,这被归因于高温下晶界
特征的变化(另见 4.4.3 节)。Maksimova 等(1988)测量了纯度为 99.999 9％的
锡中 Σ17、28°-⟨001⟩ 晶界的迁移率随温度升高的不连续变化。如图 5.9
(Maksimova 等,1988)所示,当温度在 $0.94T_m \sim 0.98T_m$ 之间时,温度升高会导
致取向差在该角度到 1°范围内的晶界的迁移率发生不连续的下降,而晶界取向
差超过这个数值的 Σ17 晶界没有表现出这样的转变。温度较高的晶界具有更
高的激活能,这是由于晶界从高温下的特殊晶界转变为一般晶界的结果。Wolf
等(2001)利用分子动力学模拟提供了令人信服的证据,证明特殊晶界的结构在
高温下可逆转变为无序的"类液体"状态。

161

———————————

① 译者注：再结晶中的毛细现象(capillary),类似于液体在毛细管中上升的现象,在再结晶
中,晶粒的长大也会受到类似的表面张力效应影响,使得晶粒优先从晶界区域开始生长。
这有助于形成更大尺寸、更规则的晶粒,从而改善材料的性能。

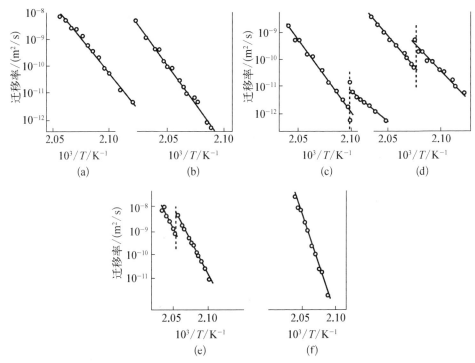

图 5.9　恒定驱动力下,锡的 ⟨001⟩ 倾斜晶界的迁移率与温度的依赖关系

(结果表明,在 Σ17、28°-⟨001⟩ 晶界的约 1° 范围内,晶界迁移率发生了不连续的变化。)
(a) 26.0°;(b) 26.5°;(c) 27°;(d) 27.7°;(e) 28.2°;(f) 29.5°

　　(2) 高温下,晶界的迁移机制可能发生变化。

　　其他的工作表明,在高温条件下,晶界迁移率较高,迁移激活能较低,会出现不连续的转变。Gleiter(1970c)发现,在 $0.7T_m \sim 0.8T_m$ 范围内,高纯铅中的 ⟨100⟩ 倾斜晶界的性质发生了不连续变化,实际温度取决于晶界的晶体学性质。高温条件下,晶界迁移的激活能非常低($26\ \mathrm{kJ/mol}$),而低温下的激活能为 $58\ \mathrm{kJ/mol}$,接近晶界扩散的激活能(见表 5.1)。对于锌,有研究表明,当温度 $T > 0.91T_m$(Gondi 等,1992)时,激活能变得非常低,约为 $17\ \mathrm{kJ/mol}$(Gondi 等,1992),这与液体扩散的激活能相当。Kopetski 等(1979)发现,在温度高于 $0.9T_m$ 时,锌的晶界迁移激活能急剧转变为零,如图 5.10(Kopetski 等,1979)所示。尽管 Gleiter(1970c)将他的结果解释为向不同晶体结构的转变,但这 3 组测量之间有一个相似之处——后两者被解释为晶界迁移机制的变化,即从由扩散控制的晶界迁移转变为涉及协同原子重排的晶界迁移(见 5.4.1.4 节)。更多关

162

于这种转变的证据和机制的讨论请参阅 Sutton 和 Balluffi(1995)以及 Gottstein 和 Shvin-dlerman(2010)。

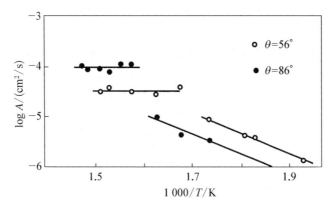

图 5.10   锌中⟨1120⟩倾斜晶界的约简迁移率(A)的温度依赖性
(右上角的两个取向差值代表向零激活能的高温区的转变。)

5.3.2   取向对高纯度金属的晶界迁移率的影响

由于晶界迁移涉及晶界内和穿过晶界的扩散过程,因此晶界结构会影响晶界的迁移。为了定义两个晶粒之间的关系,有必要明确晶粒之间的取向关系和晶界平面的取向(见 4.1 节)。虽然有一些数据表明这些参数对晶界迁移的影响,但这些信息还远不够完整。

5.3.2.1   晶界迁移率的取向依赖性

大量证据表明,HAGB 不仅具有比小角度晶界更大的迁移率(见 5.2.2 节),而且大角度晶界的迁移率和激活能也与取向密切相关。这一领域的早期工作包括 Cook 和 Richards(1940)、Bowles 和 Boas(1948)在铜里面发现某些取向的晶粒长得很快;Beck 等(1950)发现在轻度轧制变形后的高纯铝中,取向差约 40°(相对于⟨111⟩轴)的晶粒长大得最快。Kronberg 和 Wilson(1949)对铜的再结晶实验发现,那些相对于变形基体绕⟨111⟩轴转动 22°∼ 38°或绕⟨100⟩轴转动 19°的晶粒长大最快。他们提出一种假设,认为快速长大的取向与晶界结构之间存在一种关系,这种特殊的边界(后来称为 Kronberg-Wilson 边界)具有高密度的重位点阵(见 4.4.1 节),通常具有很快的长大速度。早期关于取向差对迁移率影响的最著名研究之一是 Liebmann 等(1956)的工作,他们测量了轻微变形的纯度为 99.8% 的铝晶体再结晶过程中⟨111⟩倾斜晶界的迁移率后发现,取向差约为 40°(绕⟨111⟩轴)的晶界的迁移率最大,这一

163

结果对 FCC 金属的再结晶织构演化理论具有重要意义（见 12.3.2 节）。上述结果中，材料中的杂质以弥散相的形式存在于基体中。在类似材料的实验中，杂质被保留在固溶体中，并没有观察到 40°-⟨111⟩ 晶界的高迁移率（Green 等，1959）。然而，在更大的应变（如 80% 轧制变形）下，研究发现，对于纯度水平从 99.97% 到 99.999 9% 变化的铝，这些晶界的高迁移率与微观结构无关（Parthasarathi 和 Beck，1961；Gleiter 和 Chalmers，1972）。铝的选择长大实验（Ibe 和 Lücke，1966）得到了类似的结果，但解释这类实验的结果必须谨慎，因为它们并不能提供晶界迁移或速度的直接信息。图 5.11（Huang 和 Humphreys，1999a）为铝再结晶过程中取向对晶界迁移率影响的研究结果，其中取向差角和取向差轴对迁移率的影响均如图 5.11 所示。图 5.11(a)中非常宽的峰（±10°）与 Liebmann 等（1956）早期有限的结果一致，与由曲率驱动晶粒长大产生的尖锐峰（±0.2°）形成对比[见图 5.12（Molodov 等，1995）]。

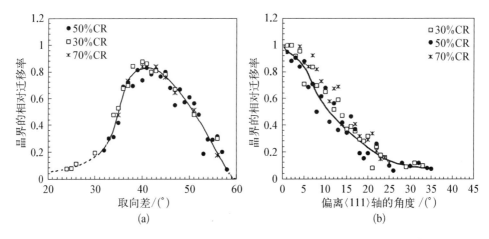

图 5.11　再结晶晶界的相对迁移率与(a)取向差的函数关系（当晶界的轴线在⟨111⟩晶向的 10° 范围内时），以及与(b)晶界轴和⟨111⟩轴晶向偏差角的关系（当晶界取向差在 30°～50° 范围内时）

虽然通常在铝合金中发现，唯一快速长大的晶界在 40°-⟨111⟩ 附近，高纯铝的再结晶研究表明，在低温（< 150℃）下，晶粒的优先长大朝 28°～38°-⟨100⟩（晶粒相对于变形基体绕 ⟨100⟩ 转动 28°～38°）转变（Huang 和 Humphreys，1999b）。

164　　在很多金属中都发现某些取向（晶粒相对变形基体）的晶粒具有更快的长大速率（Gleiter 和 Chalmers，1972），表 5.3 总结了早期的实验观察结果。具有大量重位点阵的晶界并不一定具有高的迁移率,例如,Σ3 孪晶界(一种具有最多重位点阵的大角度晶界)的迁移率极低(Graham 和 Cahn,1956)。

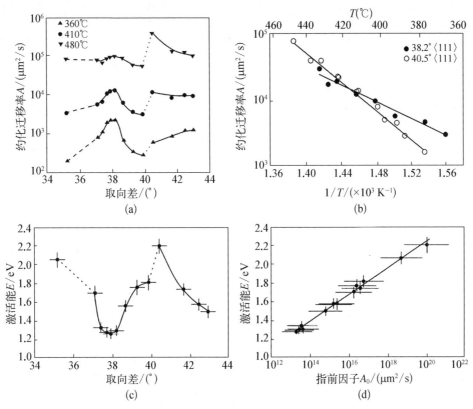

(a)

(b)

(c)

(d)

图 5.12　曲率驱动长大实验测定的原子含量为 99.999%的 Al 中〈111〉倾斜晶界的迁移率

(a) 温度对约简迁移率的影响;(b) 38.2°和 40.5°〈111〉倾斜晶界的约简迁移率与温度的关系;(c) 迁移激活能;(d) 激活能与指前因子之间的关系

表 5.3　常见的快速增长取向

最相近的重合关系			实 验 关 系				
Σ	旋转角度/(°)	旋转轴	旋转角度/(°)	旋转轴	金属	晶体结构	参 考 文 献
$\Sigma7$	38.2	〈111〉	35~45	〈111〉	Al	FCC	Liebmann 等(1956)
			38	〈111〉	Cu	FCC	Kronberg 和 Wilson (1949)

续　表

最相近的重合关系			实　验　关　系		金属	晶体结构	参 考 文 献
Σ	旋转角度/(°)	旋转轴	旋转角度/(°)	旋转轴			
			36～42	⟨111⟩	Pb	FCC	Aust 和 Rutter (1959a)
Σ13a	22.6	⟨100⟩	23	⟨100⟩	Al	FCC	May 和 Erdmann-Jesnizer (1959)
			19	⟨100⟩	Cu	FCC	Kronberg 和 Wilson (1949)
Σ13b	27.8	⟨111⟩	30	⟨111⟩	Cu	FCC	Beck (1954)
			30	⟨111⟩	Ag	FCC	Ibe 和 Lücke (1966)
			20～30	⟨111⟩	Nb	BCC	Stiegler 等(1963)
Σ13	30	⟨0001⟩	30	⟨0001⟩	Zn	CPH	Ibe 和 Lücke (1966)
			30	⟨0001⟩	Cd	CPH	Ibe 和 Lücke (1966)
Σ17	28.1	⟨100⟩	26～28	⟨100⟩	Pb	FCC	Aust 和 Rutter (1959a)
			30	⟨100⟩	Al	FCC	Fridman 等(1975)
Σ19	26.5	⟨110⟩	27	⟨110⟩	Fe-Si	BCC	Ibe 和 Lücke (1966)

165　　　如第 4 章所述,尽管某些低 Σ 晶界的能量较低,但情况并非普遍如此,表5.3 中的数据也证实了这一点,即只有某些 Σ 的晶界具有高迁移率。如 5.3.3节中所讨论的,晶界迁移的取向依赖性与溶质效应密切相关,因此在解释表5.3的数据时必须注意。Shvindlerman 及其同事们利用高纯铝和其他材料双晶体的曲率驱动长大,对晶界迁移率进行了大量的测量。图 5.12 是极高纯度铝中⟨111⟩倾斜晶界的迁移数据,图 5.13(Fridman 等,1975)显示了铝中⟨100⟩倾斜晶界的取向差和纯度的影响。

　　　这类实验使我们能够非常精确地研究晶界迁移率与取向差之间的关系。从图 5.12(a)可以看出,在 38.2° 和 40.5° 处有两个明显的窄峰。图 5.12(a)和(b)显示了这些峰的相对强度随温度的变化,低温下 38.2° 的峰值更明显,而在高温下 40.5°的峰占主导地位。在图 5.12(b)中,两种晶界的迁移率对温度的不同依赖关系很明显,这也表现为激活能的差异,如图 5.12(c)所示。38.2°⟨111⟩ 晶界是重位点阵晶界 Σ7,可能具有特殊性质。高温下向 40.5°峰值转变的原因尚不清楚,但可能与向更随机的晶界结构转变有关(Molodov 等,1995),或者与杂质有关。在高纯度材料中,少量杂质的作用可能对晶界迁移激活能产生很大的影响,如图 5.13 所示。

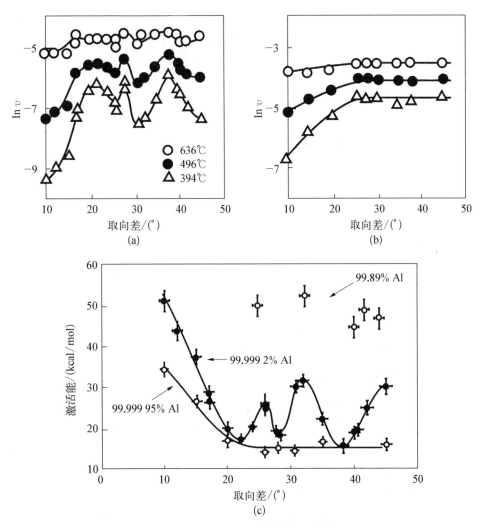

图 5.13 铝中 ⟨100⟩ 倾斜晶界的迁移率

(a) 温度和取向差对原子含量为 99.999 2% 的铝晶界迁移率的影响;(b) 温度和取向差对原子含量为 99.999 95% 的铝晶界迁移率的影响;(c) 不同纯度样品中迁移激活能的取向依赖性

我们经常发现,对于某一特定类型的晶界,当取向差变化时,激活能 Q 的变化与指前因子 M_0 的变化存在一定的关系,这被称为"补偿效应"(Molodov 等, 1995)。该关系可表示为

$$Q = \alpha \ln M_0 + \beta \qquad (5.12)$$

式中, α 和 β 是常数。

167　从图 5.12(d)可以看出,高纯铝中接近 $\Sigma 7$ 晶界的 Q 与 M_0 的关系符合式(5.12)。这种关系意味着在 $\ln M$ 与 $1/T$ 的曲线图中[见图 5.12(b)],各直线相交于一个公共点(补偿温度),即激活焓与激活熵之间的耦合(Molodov 等, 1995; Sutton 和 Balluffi, 1995)。研究发现铝中的 LAGB($\Sigma 1$)也满足式(5.12)的关系(Huang 等, 2000a)。这种关系只适用于类似类型的晶界。例如,分子动力学模拟表明接近 $\Sigma 7$ 或 $\Sigma 13$ 的晶界也符合式(5.12)的关系,但这两种情况下的常

168　数 α 和 β 不同(Upmanyu 等, 1999)。此外,诸如扩散等其他热激活的晶界过程,也可能存在补偿效应(Sutton 和 Balluffi, 1995)。

晶界迁移的取向依赖性与再结晶以及晶粒长大过程中的织构演化有关(见 12.3.2 节)。在初次再结晶的情况下,除了在一个非常局部的尺度上,不可能准确地定义长大晶粒与变形基体之间的关系,因为变形材料的任何晶粒都会包含一个高度错向的亚结构(见 2.4 节)。因此,在再结晶材料中应用"迁移率-取向"关系时必须谨慎,特别是在将高晶界迁移率与特定的晶界结构联系起来时。晶界取向差通常采用"角度-轴"对来描述(见 4.2 节),有大量证据表明,如图 5.11(a)和表 5.3 所示,存在一个明显的角度散布,这些角度的晶界具有高的迁移率。有关偏离〈111〉轴重要性的信息较少,尽管图 5.11(b)显示该峰也很宽。

5.3.2.2　晶界平面对迁移率的影响

人们早就知道,对于特定的取向差,晶界迁移率可能取决于实际的晶界平面(Gleiter 和 Chalmers, 1972)。一个极端的例子是 FCC 金属中的 $\Sigma 3$ 孪晶取向,其中共格{111}平面晶界是非常固定的,而非共格孪晶界有更大的迁移率。在许多情况下,具有快速长大取向关系的晶粒表现出非常各向异性的长大, Kohara 等(1958)的工作是一个非常典型的早期案例。对于 FCC 金属,各向异性使得平行于〈111〉旋转轴的平面(即扭转晶界)的长大速度比倾斜晶界的要慢得多(Gottstein 等, 1978),因此,无约束晶粒往往会变成板状,如图 5.14(Ardakani 和 Humphreys, 1994)所示。

研究发现,在再结晶过程中,40°-〈111〉倾斜晶界的迁移率是扭转晶界的 10

倍左右(Huang 和 Humphreys，2000)，而且 Huang 和 Humphreys(1999a)还发现 40°-⟨111⟩ 扭转晶界的迁移率与"随机"大角度晶界相似。

高纯铝在 150℃ 以下的再结晶过程中,具有约 30°-⟨100⟩ 取向关系的晶粒(接近 Σ17) 可能会形成近似为八面体形状的再结晶晶粒[见图 5.15(Huang 和 Humphreys，1999b)],这是因为沿 ⟨100⟩ 方向长大最快(Huang 和 Humphreys，1999b)。在所有的 ⟨100⟩ 方向,而不仅仅是在与取向差轴平行的方向上,长大都很迅速。

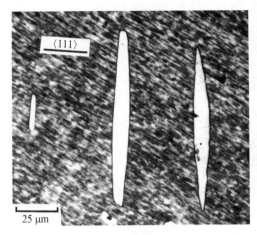

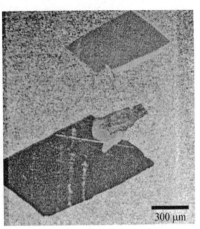

图 5.14　Al‑0.05%Si 再结晶单晶的侧面透镜状晶粒的光学显微图

(晶粒绕⟨111⟩轴朝变形基体旋转了约 40°,板条的宽面平行于旋转轴。)

图 5.15　高纯铝在 50℃ 再结晶的 SEM 显微图,晶粒与变形基体的取向差约为 30°,晶粒优先沿与再结晶晶粒 ⟨100⟩ 轴平行的方向长大,导致形成了近似八面体的晶粒形状

在本节讨论的 3 个案例中(即 Σ3、Σ7 和 Σ17),晶粒发展成非对称形状,这是由变形基体与再结晶晶粒之间的取向关系所决定的,而这种取向关系是各向异性晶界迁移的结果。

另一个完全不同的例子是再结晶晶粒的晶体学琢面行为。X 射线形貌提供了一些证据(如 Gastaldi 等,1992；Sutton 和 Balluffi，1995),在纯铝的再结晶后期,琢面平行于新晶粒的低指数面,尽管这种行为在再结晶铝中不常见。然而,内部氧化的镍合金(Humphreys，2000)显示了与再结晶晶粒 {100} 面平行的非常强的琢面[见图 5.16(Humphreys，2000)]。这些琢面位于再结晶晶粒上,不受变形基体取向关系的影响。因此,晶粒的长大在某种程度上类似于熔体中的晶体长大,即结晶而不是再结晶。由于琢面在完全再结晶材料中不明显,这样的微观结构似乎是琢面长大的结果,而不是因为各向异性的晶界能。对这种长大

170

行为的合理解释是,再结晶是由一种类似于从熔体或气相沉积过程中晶体长大的壁架机制[①]控制的。虽然目前还不清楚为什么这种机制会控制这种材料的再结晶,但含硫杂质的电沉积镍的类似琢面行为(Hibbard 等,2002)表明,这可能是由于在再结晶晶界上的杂质偏析。透射电子显微镜显示,异常晶粒的晶界运动是不规则的,可能是由于间歇性的溶质钉扎(Hibbard 等,2008)。

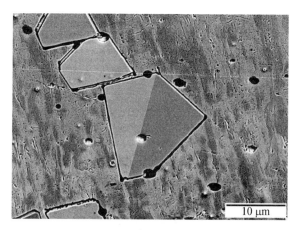

图 5.16　Ni‐SiO₂ 合金在 600℃ 下再结晶的 SEM 显微图

(再结晶晶粒在 {100} 面上呈平面状,中心晶粒为孪晶。)

5.3.3　溶质对晶界迁移率的影响

溶质原子对晶界迁移有很大的影响,非常少量的杂质可以使迁移率降低几个数量级(Dimitrov 等,1978),如图 5.17(Frois 和 Dimitrov, 1966)(a)所示。由于溶质的强烈影响,特别是在低浓度时,很难确信在"纯"金属中测量的与在 5.3.1 节和 5.3.2 节中所讨论的迁移率能否代表晶界的固有行为。

5.3.3.1　溶质浓度的影响

从图 5.17 可以看出,晶界迁移率与溶质含量之间的关系显示了由过渡区域分隔的两种不同状态。

(1)在较高的溶质浓度下,迁移率较低,且随溶质浓度的增加而降低。在这种低迁移率的情况下,人们认为在晶界周围存在一层溶质原子气团,晶界速度受

---

① 译者注:壁架/台阶机制(ledge mechanism),晶体生长或晶体形成过程中的一种机制,晶体的生长或形成伴随着在晶体表面或晶界附近形成了一种平台状的结构,类似于一个壁架或台阶。晶体的生长在壁架上进行,从而在壁架的基础上逐渐构建起新的晶体结构。

杂质原子的扩散速率控制(见 5.4.2 节)。Gordon 和 Vandermeer(1966)指出，172
对于含少量铜的铝，在低迁移率状态下，恒定驱动力下的晶界速度与溶质浓度成
反比，如图 5.18(Gordon 和 Vandermeer，1966)所示。

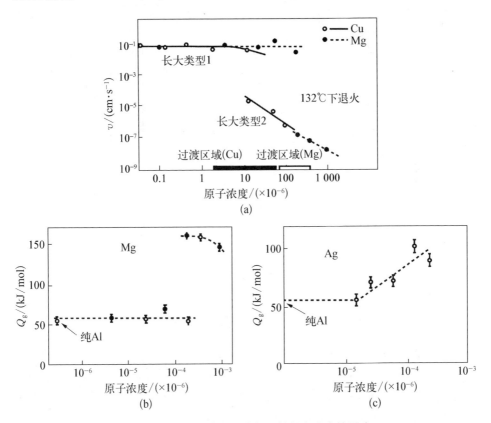

图 5.17　杂质对变形铝中新晶粒长大速率的影响

(a) 铜和镁对长大速率的影响；(b) 镁对晶界迁移激活能的影响；(c) 银对晶界迁移激活能的影响

(2) 在低溶质浓度下，迁移率更高，溶质对迁移率的影响很小。在高迁移率
范围内，晶界迁移率几乎不受溶质的影响，认为晶界已经脱离了溶质气团(见
5.4.2 节)。

对于如图 5.17(a)所示的铝中铜和镁的情况，这两者之间有一个非常尖
锐的转变。然而，类似的实验表明，银[见图 5.17(c)]或铁(Montariol,
1963)在铝中有更渐进的转变。如图 5.17(a)所示，在同一溶剂中，不同的
溶质可能会影响发生转变时的临界浓度，也可能会不同程度地降低慢速区
域内的迁移率。

晶界迁移的表观激活能也是溶质含量的函数，如图 5.17(b)和(c)所示，在

173　发生晶界分离的临界溶质含量处发生转变。两者的转变细节不同,镁溶质[见图 5.17(b)]的转变是突然的,而银溶质[见图 5.17(c)]的转变是渐进的。

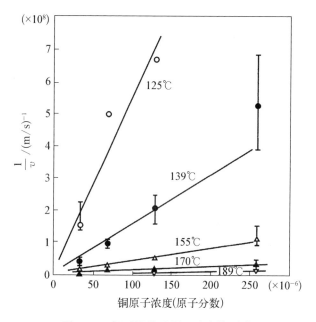

图 5.18　铜对铝的晶界迁移率的影响

在大多数情况下,低溶质浓度下的激活能本质上与溶质无关,与非常高纯度材料的激活能对应,如表 5.2 所示。在较高溶质浓度下的表观激活能通常与自扩散或溶质在溶剂中扩散的激活能接近,从图 5.17(b)和(c)中可以看出,表观激活能可能取决于溶质浓度。

Boutin(1975)还测量了铝再结晶过程中的晶界有效迁移率,其所研究的合金是用不同的溶质添加剂制成的,且都是以高纯铝为基体。他们的实验表明,铁是一种扩散缓慢、激活焓高的杂质,具有很强的阻滞作用。对于再结晶过程中的晶界迁移,他们推导出了晶界速度与铁浓度成反比的方程,即

$$V = 4 \times 10^8 C_{SS} c_{Fe}^{-1} \exp\left(\frac{167\,000}{RT}\right) \tag{5.13}$$

上式实际上就是恒定驱动力假设下的晶界迁移。这里指前因子的单位是 m/s,质量浓度单位是百万分之一,激活焓的单位是 J/mol。

与铁的阻滞效应相反,研究发现铍可加速铝的晶界迁移。大多数添加元素的影响可以忽略不计,包括 Mg 和 Cu,这与 Frois 和 Dimitrov(1966)的结果相矛

盾。Be 的加速效应归因于可能形成 Al、Fe 和 Be 的化合物,从而隔离了 Fe 的作用,即减少固溶体中的铁。研究还发现,锆具有与铁相似的效果,能将晶界迁移降低若干数量级。

5.3.3.2　杂质和晶界复相①

Dillon 和 Harmer(2008)研究了一系列掺杂氧化铝的异常晶粒长大,发现这种现象与大晶粒的晶界特征不同于一般晶界有关。他们测量了有效晶界迁移率随温度的变化;该体系的所有研究材料有一个共同的激活焓,但指前因子不同,且与不同的晶界结构相关联。在这种情况下,不同的晶界结构意味着材料中杂质原子以不同原子填充排列,这样可以建立特定于温度和成分的结构,即“晶界复相”(Cantwell 等,2014)。每种晶界特性都具有不一样的原子结构,且能量小于一般晶界的能量,而迁移率则可低可高。对于高迁移率的复相,如果存在某种机制使新结构从一个晶界传播到另一个晶界,就会发生异常晶粒长大(Frazier 等,2015)。

5.3.3.3　温度的影响

从迁移率与 $1/T$ 的对数图中可以很好地看出温度和溶质对迁移率的联合影响。图 5.19(Grunwald 和 Haessner,1970)为金(含 2×10^{-5} 浓度的铁)的晶界迁移率(Grunwald 和 Haessner,1970),该曲线同时反映了金的表观激活能的

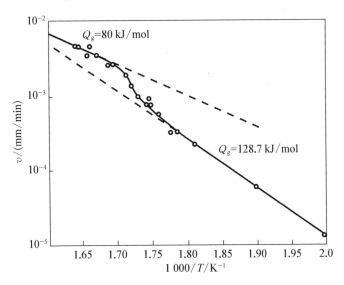

图 5.19　温度对 30°⟨111⟩ 倾斜晶界迁移速度的影响

---

① 译者注:complexion 在文中译作“复相”。在材料科学和晶体学领域,晶界区域可能存在不同于晶体内部的原子结构,这些特殊结构称为“复相”。

变化及其在较高温度下迁移率的急剧增加。铅（Aust，1969）和铜（Grewe 等，1973）也有类似结果。在大多数情况下，高温下含杂质材料的激活能与高纯度材料相当，而低温下的激活能通常与自扩散激活能接近。

在很多情况下（Gordon 和 Vandermeer，1962；Fridman 等，1975），发现在转变过程中激活能存在一个峰值，如图 5.20 所示。图 5.19 所示为该峰的起源，在转变过程中，该线（即直线）的斜率（表观激活能）增大。这显然是由于溶质对晶界影响的转变而产生的表观激活能，并不是物理机制的激活能。

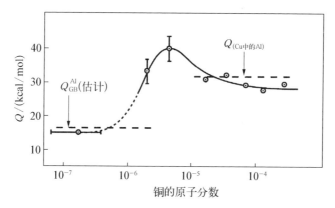

图 5.20　铜对铝的晶界迁移激活能的影响

（数据源自 Gordon P，Vandermeer R A，1962. Trans. Metall. Soc. AIME，224：917.）

5.3.3.4　取向的影响

175　　人们很早就知道溶质对晶界迁移率的影响取决于晶界的晶体学特征，而特殊的晶界，如那些接近重合关系的晶界，与随机晶界相比，更不易受溶质的影响（Kronberg 和 Wilson，1949；Aust 和 Rutter，1999a，b）。图 5.21 所示是 Aust 和 Rutter 对掺锡铅的研究结果。

176　　在杂质浓度较低时，特殊晶界的迁移率与一般晶界的相似。随着杂质含量的增加，随机晶界的迁移率受杂质的影响更大。在〈111〉和〈100〉旋转铝晶粒的扭转晶界上，也证实了取向差和溶质的联合作用，如图 5.12 和 5.13 所示。对于纯度为 99.999 2% 的铝，除了在最高温度外，迁移率随取向差波动，最大的长大速率出现在巧合旋转[①]附近［见图 5.13（a）］。然而，如图 5.13（b）所示，对

---

①　译者注：当两个晶体或晶粒之间的晶格方向发生旋转时，如果旋转的角度是特定的，使得晶格中的某些晶格点在旋转后仍然能够完全或部分地重合，就称为巧合旋转（coincidence rotation）。巧合旋转通常会导致两个晶体或晶粒之间具有相对较好的匹配和接触。

于纯度为 99.999 95％的材料，当 $\theta > 20°$ 时，迁移率几乎与取向无关。这些结果证实了 Aust 和 Rutter（1959a，b）的结果：晶界迁移率的取向依赖性（见 5.3.2.1 节）主要来自溶质偏析对晶界的取向依赖性，而非晶界迁移率的内在结构依赖性。

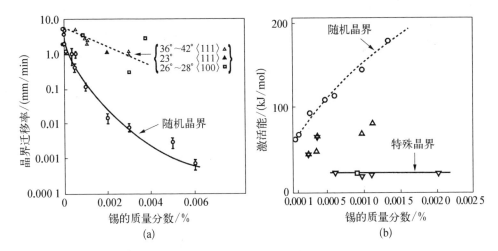

图 5.21　（a）掺锡区域精炼铅晶体在 30℃ 时的晶界迁移率（Aust K T，Rutter J W，1959a. Trans. Metall. Soc. AIME 215，119. ）；（b）锡对铅中随机晶界和特殊晶界迁移激活能的影响

（Aust K T，Rutter J W，1959b. Trans. Metall. Soc. AIME，215：820.）

有一些证据［见图 5.13（c）］表明，迁移率的取向依赖性不仅在高纯度时消失，在低纯度时也一样。锌的实验研究（Sursaeva 等，1976；Gottstein 和 Shvindlerman，1992）也发现了类似的效应，这表明迁移率的取向依赖窗口可能是由晶界结构和纯度水平共同决定的，如图 5.22（Gottstein 和 Shvindlerman，1992）所示。

在纯度较低时，晶界迁移与取向无关的证据仍存在争议，并且，正如 Haessner 和 Hofmann（1978）所说，Fridman 等（1975）对图 5.13（c）中最低纯度材料的结果与 Demianczucc 和 Aust（1975）的结果相矛盾，后者发现在类似纯度的铝中，晶界迁移具有取向依赖性。此外，许多证据表明，铝晶界迁移率的取向依赖性（Liebmann 等，1956；Yoshida 等，1959）本就是在纯度很低的材料中获得的。总之，对于溶质如何影响晶界迁移的取向依赖性，需要进一步研究。

Gordon 和 Vandermeer（1966）以及 Gottstein 和 Shvindlerman（1992）推测，在达到较低的杂质水平时，随机晶界可能会比特殊晶界更容易移动，因为特殊晶

177

界的能量较低,为晶界移动时所需的过渡结构改变设置了更大的障碍。然而,这个论点没有考虑5.4.1节讨论的可能性,即高纯度材料中的特殊晶界可能通过一种原子重排式的低能量机制运动,而随机晶界不具备这种机制。

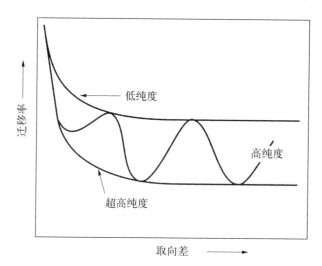

图 5.22　不同纯度下晶界迁移率激活能与取向差的依赖关系

5.3.3.5　温度和取向的影响

有证据表明,在铜(Aust 等,1963)和铅(Rutter 和 Aust,1965)中,中等纯度材料的特殊晶界的高迁移率在高温下可能会消失,如图 5.23(Rutter 和 Aust,1965)所示。这可能是由高温下晶界处的溶质气团蒸发消失导致的(见5.4.2节)。

5.3.4　点缺陷对晶界迁移的影响

空位和其他点缺陷与静态 HAGB 的相互作用已被大量研究(如 Balluffi,1980),并已表明晶界可能是点缺陷的源和沉降点,且点缺陷会与晶界位错相互作用。点缺陷对迁移晶界的影响不太清楚,尽管有证据(Hillert 和 Purdy,1978;Smidoda 等,1978)表明移动晶界的扩散系数比静止晶界要大几个数量级。

5.3.4.1　空位对晶界迁移的影响

缺陷对晶界迁移的作用也已被大量研究,如 Cahn(1983)、Gleiter 和 Chalmers(1972)以及 Haessner 和 Hofmann(1978)。尽管这些研究人员普遍认为空位通量(flux)或过饱和会增强晶界迁移能力,但这方面的实验证据并不充分。Haessner 和 Holzer(1974)发现了空位会增强晶界迁移的证据,他们发现中子辐照提供了铜单晶再结晶时的晶界运动速度,如图 5.24(Haessner 和 Holzer,

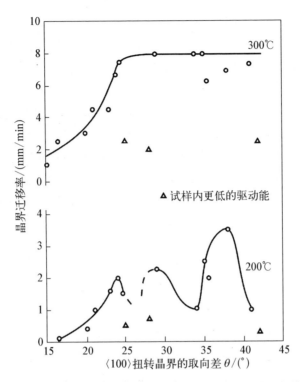

图 5.23　恒定驱动力下温度和取向对铅中倾斜晶界运动速度的影响

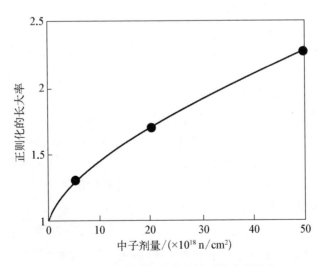

图 5.24　中子辐照对铜的晶界迁移率的影响

1974)所示。在该材料中,辐照产生 Frank 空位环,虽然会增加再结晶的驱动力, 但作者声称,量热测量表明这种影响是可以忽略的,且空位环增加了晶界迁移率。Atwater 等(1988)的工作支持了这一观点,他们将金、锗和硅离子轰击薄膜中的晶粒增长速率升高归因于点缺陷对晶界迁移率的影响。

其他表明空位会影响晶界迁移率的间接证据有烧结铜导线,即晶界上的气孔提高了晶界的迁移率(Alexander 和 Balluffi,1957),以及氧化铝的烧结过程中小气孔被缓慢迁移的晶界所消耗(Coble 和 Burke,1963)。

移动晶界扫过的空位会增加晶界的自由体积,从而帮助原子越过晶界,这一基本概念可能是对的(Gordon 和 Vandermeer,1966),但并没有严格的理论支持。这种模型意味着静态晶界和移动晶界的结构是不同的,也表明晶界的结构及其迁移率可能依赖于晶界速度。这个问题最有可能通过晶界迁移的计算机模拟得到最终解决。

可能很难区分空位对晶界迁移率和晶界迁移驱动力的影响。Estrin 等(1999,2000)讨论了晶粒长大过程中空位的热力学效应,在晶粒长大过程中,单位体积内晶界面积减小,与晶界相关的多余自由体积的消除会导致空位注入晶粒。这会增加晶粒的能量,因此将减小晶粒长大的驱动压力。这种效应可能只对超细晶材料很重要,预计对纳米晶材料的稳定性(防止晶粒长大)会有重要影响。这与溶质限制晶粒尺寸的观点类似(见 11.4.2.5 节)。这一观点已被 Clark 和 Alden(1973)的研究所推翻,他们发现锡铋合金在蠕变变形下发生晶粒加速长大的明确证据。基于在超塑性变形中保持小晶粒尺寸的重要性,Wilkinson 和 Caceres(1984a)收集了应变速率对晶粒长大动力学影响的数据。他们进一步分析了相关性,并证明了变形(应变)速率与晶粒粗化速率之间存在直接的、近似的线性关系。

5.3.4.2 移动晶界产生缺陷

移动晶界可以作为缺陷的来源。有证据(Gleiter,1980)表明,在低位错密度的材料中,移动晶界的后方可能会留下较高的位错密度。这归因于晶粒长大导致的位错增殖而非晶界上的应力松弛导致的位错释放。Gleiter 认为,以类似的方式,晶粒长大将导致在移动晶界后面留下空位,并引用了铝和镍合金中移动晶界后的空位过饱和的实验证据。例如,作为大多数 FCC 金属的一个重要特征,已经证明退火孪晶会在一次再结晶过程中作为晶界扫过变形材料(Jin 等,2014,2015)。Fullman 和 Fisher(1951)最先发现退火孪晶也会出现在三重线上,Lin 等(2015)根据镍的晶粒长大三维图像明确证实了这一现象。

5.3.5　实验测量的范围

需要强调的是,由于一些原因,我们不能肯定地得出关于 HAGB 在再结晶过程中的迁移率的一般性结论,主要原因包括:① 对晶界迁移进行可靠的实验研究是极其困难的;② 需要研究的变量很多,包括溶剂、溶质、浓度、取向差、晶界平面、温度和驱动力,因此很少有系统的研究;③ 在非常高的温度和特殊的晶界上,曲率驱动晶粒长大的驱动力明显低于再结晶中发现的驱动力,这方面已经开展了非常详细系统的研究。

5.4　大角度晶界的迁移理论

本节我们主要研究纯金属和含溶质合金中大角度晶界迁移的理论解释程度。Sutton 和 Balluffi(1995)以及 Gottstein 和 Shvindlerman(2010)的著作对此问题进行了更详细的讨论。

5.4.1　纯金属的晶界迁移理论

图 5.25(a)为晶界示意图。晶界迁移模型通常基于如此假设,即原子通过热激活从晶粒(如 A 和 B)中连续脱离,并移动到更无序的晶界区域(如 C),如图5.25(a)所示,这些原子随后重新附着到其中一个晶粒上。如果两个方向的原子通量相等,那么晶界是静态的。然而,如果存在一个迁移驱动力,那么一个方向

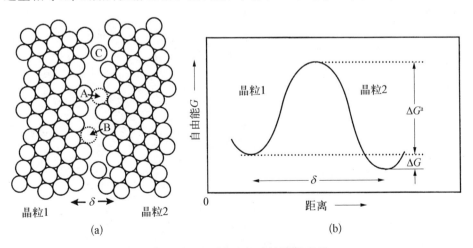

(a)　　　　　　　　　　　　　(b)

图 5.25　通过原子跃迁的晶界迁移

(a) 迁移机制;(b) 原子越过晶界时的自由能

181 的原子通量会更大。基于这个通用模型，提出了几个不同的版本，主要的变量是
① 单个或群体激活，迁移既可以通过单个原子的激活发生，也可以通过一组原
子的集体运动发生；② 原子在晶界区域的作用，从母晶粒上脱离的原子要么立
即附着在晶粒上，要么留在或移动至晶界区域；③ 优先位置，如果考虑到晶界的
晶体学性质，则可能存在原子脱离和附着的优先位置。

5.4.1.1　热激活晶界迁移：早期的单过程模型

Turnbull(1951)在反应速率理论的基础上提出了晶界迁移理论，该理论认
为晶界移动是由单个原子运动控制的，本节将使用这种方法来说明问题的本质。
考虑如图 5.25(a)所示的晶界，其厚度为 δ，在自由能差 ΔG 的影响下向左移动。
为了使原子从母晶粒中脱离，必须通过热激活获得如图 5.25(b)所示的激活能
ΔG^{a}。 如果原子振动的频率是 v_0，那么原子每秒获得这种能量的次数是
$v_0 \exp[-\Delta G^{a}/(kT)]$。 如果每单位晶界面积有 n 个原子适合跃迁，那么每秒钟
从晶粒跃迁的次数为 $nv_0 \exp[-\Delta G^{a}/(kT)]$。 然而，并不是所有的原子都处于
有利于跃迁的位置，因此我们引入了一个晶界结构依赖因子 A_J，它是能够跃迁
的原子的比例。由于不是所有的原子都能找到一个合适的位置附着到另一个晶
182 粒上，因此我们引入了一个适应因子 A_A，即成功附着的比例。因此，原子从晶
粒 1 到晶粒 2 的有效通量是

$$A_J A_A nv_0 \exp\left(-\frac{\Delta G^{a}}{kT}\right)$$

同样，从晶粒 2 到晶粒 1 存在的原子通量是

$$A_J A_A nv_0 \exp\left(\frac{-\Delta G^{a}+\Delta G}{kT}\right)$$

因此，从晶粒 1 到晶粒 2 的净通量为

$$J = A_J A_A nv_0 \exp\left(-\frac{\Delta G^{a}}{kT}\right)\left[1-\exp\left(-\frac{\Delta G}{kT}\right)\right] \tag{5.14}$$

如果晶界速度为 v，原子间距为 b，则，

$$v = J\,\frac{b}{n} = A_J A_A v_0 b \exp\left(-\frac{\Delta G^{a}}{kT}\right)\left[1-\exp\left(-\frac{\Delta G}{kT}\right)\right] \tag{5.15}$$

由于再结晶过程中的自由能变化较小，我们可以假设 $\Delta G \gg kT$，展开
$\exp[-\Delta G/(kT)]$ 得

$$v = A_\mathrm{J} A_\mathrm{A} v_0 b \exp\left(-\frac{\Delta G^\mathrm{a}}{kT}\right)\left(\frac{\Delta G}{kT}\right) \tag{5.16}$$

当驱动压力 $p = \Delta G$ 时,

$$v = A_\mathrm{J} A_\mathrm{A} v_0 b \exp\left(-\frac{\Delta G^\mathrm{a}}{kT}\right)\frac{p}{kT} \tag{5.17}$$

并将 $\Delta G = \Delta H - T\Delta S$ 代入

$$v = A_\mathrm{J} A_\mathrm{A} v_0 b \exp\left(-\frac{\Delta H^\mathrm{a}}{kT}\right)\exp\left(\frac{\Delta S}{k}\right)\frac{p}{kT} \tag{5.18}$$

因此,式(5.17)的形式与式(5.1)相同,其中有

$$M = \frac{A_\mathrm{J} A_\mathrm{A} v_0 b}{kT}\exp\left(-\frac{\Delta H^\mathrm{a}}{kT}\right)\exp\left(\frac{\Delta S}{k}\right) \tag{5.19}$$

不过,这个模型很笼统,不够具体,不能预测激活能(ΔH^a)等参数。例如,虽然激活过程通常与晶界扩散一致,但在这个模型中,原子越过晶界而不是在晶界内运动,这两种过程并不一定相同。此外,还需要为参数 A_J 和 A_A 提供更明确的物理解释和定义。这些问题以及原子是否在晶界区域内迁移在后续发展的理论中得到了更明确的解释,这些后续发展的理论考虑了晶界结构,并试图将迁移与晶界缺陷(如台阶或位错)的运动联系起来,下一节会具体讨论。

5.4.1.2　早期群体过程理论

在 Mott(1948)最早的群体过程理论中,原子群(岛)从一个晶粒移动到晶界区域,类似的原子群附着在另一个晶粒上。Gleiter 和 Chalmers(1972)回顾了这类模型的后续发展。这类模型的吸引力在于,由于原子群是热激活的,因此需要比单个原子大得多的激活能[见式(5.18)],而该激活能能够通过当时的实验条件测量到。然而,后来发现如此大的激活能是由杂质引起的(见 5.3.3 节),而不是纯金属的晶界特征(见表 5.2)时,人们的注意力转向了单过程理论。正如下一节所讨论的,现在有一些证据表明,协同的原子运动对于纯金属的晶界迁移很重要,新的群体过程模型正在发展中。

5.4.1.3　台阶模型

早期尝试将晶界结构的影响纳入晶界迁移模型的工作是由 Gleiter(1969b)开展的,他提出了一个详细的原子模型,其中晶界迁移是通过晶界上的台阶或扭折的运动进行的,如图 5.26(Gleiter,1969b)所示。TEM 观察已发现了存在这种台阶的证据(Gleiter,1969a)。台阶通过增加或移除台阶上的原子而运动,并

且假定原子在晶界内短距离扩散。这个过程类似于晶体在蒸汽中生长所发生的现象,而通过壁架运动的界面迁移是相变过程中相界移动的一个公认机制(Aaronson 等,1962)。

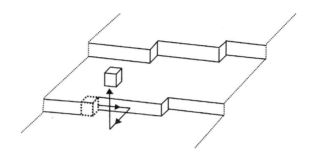

图 5.26 晶界迁移的壁架运动机制(原子从壁架的扭折中脱离,并沿着壁架移动并进入晶界)

对于在退火过程中遇到的驱动压力,Gleiter 提出了如下的晶界速度表达式

$$v = v_0 b \psi \exp\left(\frac{\Delta G^a}{kT}\right) \frac{p}{kT} \tag{5.20}$$

该式与式(5.15)类似,但因子 ψ 被修改了,ψ 是一个考虑了晶界(厚度 δ)上的台阶结构细节的函数,其形式为

$$\psi = \frac{c}{\delta}\left[1 + \frac{b}{\delta}\left(\frac{1}{f_1} - \frac{1}{f_2}\right)\right] \tag{5.21}$$

式中,c 是常数;f_1 和 f_2 是晶界两侧阶跃密度的函数。通过 f_1 和 f_2,可预测晶界的迁移率与取向差和晶界平面有关。例如对于 FCC 金属中绕 ⟨111⟩ 轴旋转的晶体,预计在 {111} 扭转晶界的壁架密度以及迁移率都是最低的,正如实践中发现的(见 5.3.2.2 节)。

5.4.1.4 晶界缺陷模型

随着对 HAGB 缺陷结构理解的提高,以及认识到台阶和固有晶界位错都是一般特征,有关这些缺陷在晶界迁移过程中作用的实验和理论研究都得到了快速发展。晶界台阶和晶界位错之间有非常密切的关系,一般来说,晶界位错的核心都有台阶(King 和 Smith,1980)。图 5.27(Smith 等,1980)所示的例子是 FCC 材料中接近 Σ5 的晶界上的一个 1/10⟨310⟩ 位错。这些台阶的高度取决于位错的伯格斯矢量、晶界平面和晶界的晶体学性质。当这些位错移动时,就不可避免地发生台阶运动和晶界迁移。有大量证据表明,晶界位错会运动和增殖,并且在高温下保持其核芯结构（如 Dingley 和 Pond，1979；Rae，1981；Smith，1992）。

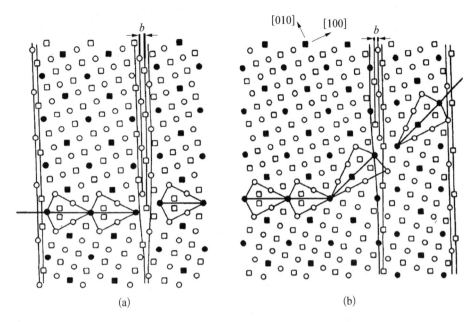

图 5.27　FCC 晶格中 Σ5 倾斜晶界的原子排列

（该晶格中含有伯格斯矢量平行于晶界或倾斜于晶界的位错，空心符号代表 {001} 面的 ABA 顺序堆垛，实心符号代表重位点阵。）

（a）晶界位错可以通过滑移来移动；（b）需要晶界位错的攀移和滑移

　　在某些特殊情况下，位错可以在晶界平面上滑动，因此可能发生绝热的晶界迁移。一个著名的例子是 FCC 材料中 $\frac{1}{6}\langle 112\rangle$ 孪晶位错，这些位错在 {111} 平面上滑动，孪晶平面在每个位错通过时向前推进一个 {111} 平面间距。在更一般的情况下，位错无法在晶界上滑动，需要晶界位错的滑动/攀移联合运动。

　　如果晶界运动是由密度为 ρ 的晶界缺陷的集体运动来完成的，每个晶界缺陷的运动速度为 v，台阶高度为 h，那么晶界速度（v_b）将由下式给出（Smith，1992）： 185

$$v_b = h\rho v \tag{5.22}$$

晶界位错的滑动与剪切变形有关，晶界位错的运动过程导致了晶界的迁移和滑动。Bishop 等（1980）对这种联合运动的过程进行了建模，Ando 等（1990）在锌双晶中以及 Babcock 和 Balluffi（1989a）在金双晶近 Σ5 晶界上均观察到这种联合运动过程，他们发现晶界位错的移动与晶界在应力作用下的迁移和滑动之间有良好的相关性。然而,需要注意的是,这种位错运动导致形状变化,如果没有松弛,就会施加一个背应力,从而抵消晶界迁移的驱动力(Smith 等,1980)。这表明,未受约束双晶体的行为可能与受约束多晶体的行为不同,后者在再结晶和晶粒长大中更为重要(见 5.2.1 节)。Babcock 和 Balluffi(1989b)的进一步实验表明,高温下,晶界在毛细力作用下的迁移表现出截然不同的行为。

186　　　晶界以一种不稳定的(锯齿状滑动)方式迁移,而晶界位错的移动只占晶界迁移的一小部分,特别是对于一般晶界。这种不稳定的晶界迁移是真实的还是实验过程中的人为产物,目前尚不清楚,尽管一些研究者也发现了类似的行为。基于他们的实验和计算机模拟,Majid 和 Bristowe(1987)以及 Babcock 和 Balluffi(1989b)从原子的局部协同重排①的角度解释这些实验结果,该过程类似于 Bauer 和 Lanxner(1986)所提出的过程。图 5.28(Babcock 和 Balluffi,1989b)以 $\Sigma5\langle001\rangle$ 扭转晶界为例,展示了这一机制的示意图。

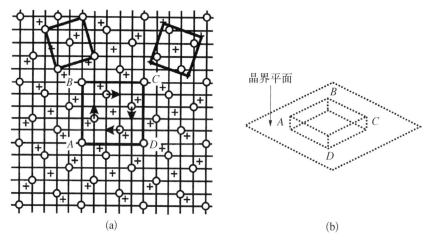

(a)　　　　　　　　　　　　　　　(b)

图 5.28　$\Sigma5[001]$ 扭转晶界通过原子重排进行迁移的机制

(a) 沿 $[001]$ 视图显示晶体 1(○)和晶体 2(+)面向晶界的第一个平面;(b) 矢量表示晶体 1 中的原子重排需将晶界移动 $a/2$ 距离并产生正方形晶界壁架

Babcock 和 Balluffi(1989b)认为这是一种比晶界位错运动更重要的晶界迁移机制。然而,对于高阶 CSL 而言,在这种拖曳运动过程中,只能以协调方式移动的原子的数量很大,因此这种机制可能只在高度有序的晶界中有效,而非一般晶界。

---

① 译者注:协同原子重排(cooperative atomic shuffles),在晶体中,原子的位置是有序排列的,但在某些情况下,由于温度、应变或其他因素的影响,一些原子可能会在局部范围内发生重新排列,形成新的结构模式,而不改变整体晶体的结构。

5.4.1.5　晶界迁移模型的现状

理论和实验研究主要集中在低 Σ 晶界的行为方面,特别是非常高纯度材料的对称倾斜晶界。正如 Smith(1992)所总结的——由于这种简单的晶界不能代表更一般的晶界,这可能导致在解释晶界迁移时过分强调了晶界结构和缺陷的重要性。

虽然确实会发生台阶或晶界位错的运动,并且这些运动可以解释晶界的某些属性,但在更一般的情况下,重要的过程似乎是原子跨越晶界的热激活传输,并且迁移似乎受该过程的激活能控制。除了特殊情况外,没有充分的证据表明附着位点和脱离位点有任何显著的影响。

人们长期以来一直认为,在一般晶界上,晶界的局部过剩体积或孔隙度是一个重要的参数,它可能不仅决定了晶界的能量(见 4.4.2 节),而且还决定了晶界的迁移行为(Seeger 和 Haasen,1956;Gordon 和 Vandermeer,1966);对于除低 Σ 晶界的其他晶界,这个参数可能比晶界结构的原子级细节更重要。过剩晶界体积的概念可以解释许多与晶界晶体学特征相关的重要因素,包括倾斜晶界的迁移率高于扭转晶界(见 5.3.2.2 节),以及溶质对一般晶界和特殊晶界的相对影响(5.3.3 节)等。尽管我们知道过剩自由体积与晶界能相关(如 Wolf 和 Merkle,1992),但正如 Homer 等(2014)的综述所说,迁移率与能量或与晶界结构相关的任何其他参数之间并不存在简单的相关性。

5.4.1.6　用分子动力学模拟晶界运动

分子动力学(MD)是有助于我们理解晶界迁移的重要模拟工具,第 16 章将对此进行更详细的讨论;关于分子动力学的原理的介绍请参阅 LeSar(2013)。在晶界迁移的 MD 模拟方面,早期的晶界结构研究揭示了晶界迁移的一些现象(Bishop 等,1982)。随着能反映不同金属材料特性的势函数的发展,研究人员能够以可控的方式改变取向差,并测量迁移率的变化。Upmanyu 等(1999,2002a,b)采用 U 形双晶体进行研究(见图 5.29),小晶体的固有曲率为晶界运动提供了驱动力。由于弯曲端形状保持自相似性,驱动力不变,因此可从末端速度中提取迁移率。通过控制这两

图 5.29　分子动力学模拟中的 U 形双晶体,图示为 {111} 晶体平面

[内部晶体(深色原子)的弯曲端向下移动到它的弯曲中心;恒定的宽度导致恒定的曲率和速度,因此晶界迁移率可被测量。]

187

种晶体的相对取向,可以确定取向差。由于必须使用周期性模型,因此只能模拟对称的双晶体。这种结构与实验中使用的结构非常接近,如 Viswanathan 和 Bauer(1973)的研究。

二维模拟结果表明,〈111〉倾斜晶界在低 Σ 值处具有高迁移率,与实验结果基本一致。然而,随后针对 388 种不同晶界类型的能量(Olmsted 等,2009a)和迁移率(Olmsted 等,2009b)的三维模拟结果表明,迁移率未随取向差或能量发生系统性变化。此外,如果将对比限定为特定的倾斜轴(如〈100〉、〈110〉或〈111〉),实验测量的迁移率随取向差的变化(Gottstein 和 Shvindlerman,2010)与任何温度下的模拟结果都完全不同。正如 Taheri 等(2005)所述,与模拟的迁移相关联的激活焓远低于实验值,差不多低了一个数量级,而实验值通常与体扩散的激活焓相似。注意到在浓度低至 1×10^{-6}(见 5.3.3 节)时,晶界运动受到溶质阻力的强烈影响,而模拟是在完全无杂质的材料上进行的,因此这种情况是合理的。Wang 和 Upmanyu(2014)模拟了铁中晶界运动与外加剪应力耦合的情况,添加到体系中的碳原子会在晶界处偏析,从而大大提高了晶界迁移所需的应力,正如预期的那样。

当描述移动晶界的驱动力时,标准的例子是晶粒长大中的曲率和初次再结晶的储能。如果系统受应力作用,而材料的各向异性导致两个相邻晶粒的弹性能密度不同,则会存在一种驱动力促使它们之间的晶界向能量密度较低的晶粒迁移(Thompson 和 Carel,1995)。尽管人们早就知道(Parker 和 Washburn,1952),如果(小角度)晶界具有离散结构,其中单个位错可以与外加应力耦合,则在晶界上施加剪应力会导致晶界移动。但直到最近才发现,大角度晶界也能在剪应力的作用下迁移(Cahn 等,2006)。一般来说,这种剪切耦合运动仅限于高度对称的晶界。然而,实验发现,高剪应力会促进晶粒长大,例如,在纳米结构材料的应力集中处(如薄膜中的空位)附近会出现晶粒长大(Rupert 等,2009)。

5.4.2 固溶体的晶界迁移理论

大多数关于溶质对晶界迁移影响的理论都是基于 Lücke 和 Detert(1957)针对稀固溶体提出的理论。Cahn(1962)、Lücke 和 Stüwe(1963)进一步独立发展了该理论,后来 Lücke 和 Stüwe(1971)将其扩展到包括更高的溶质含量。

Lücke 和 Stüwe(1963)、Gordon 和 Vandermeer(1966)及 Gleiter 和 Chalmers(1972)都回顾了其他一些早期的理论以及一些后来的模型,尤其是 Bauer(1974)、Hillert 和 Sundman(1976)及 Hillert(1979)提出的理论,他们将该

理论扩展到高溶质含量的材料。然而,Cahn-Lücke-Stüwe(CLS)模型仍被广泛接受,因为它为溶质对晶界迁移的影响提供了很好的半定量解释,这是下面讨论的基础。

CLS 理论基于这样一个概念,即由于局部原子环境的不同,晶界区域内的原子和晶内的原子具有不同的能量 U。 因此,在晶界和溶质原子之间存在一个力 dU/dx,这个力可能是正的,也可能是负的,这取决于具体的溶质和溶剂。晶界上所有溶质原子所受的总力为 $P=\Sigma(dU/dx)$,溶质原子在晶界上施加的力大小相等、方向相反。这种相互作用的结果是晶界附近的溶质(气团)过量或不足,溶质浓度 c 为

$$c=c_0\exp\left(-\frac{U}{kT}\right) \tag{5.23}$$

式中,c_0 为平衡溶质浓度。

对于固定的晶界和被晶界吸引的溶质,图 5.30 展示了相互作用能 U、力 F、溶质浓度 c 和扩散系数 D 与溶质到晶界的距离 x 的关系。 190

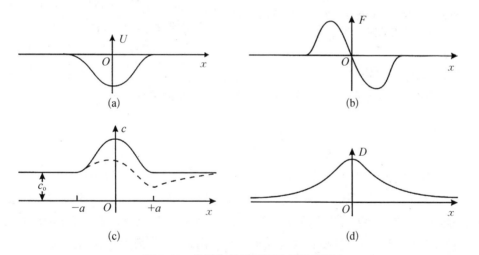

图 5.30 溶质与晶界相互作用示意图

(a) 势能 $U(x)$;(b) 溶质原子与晶界的相互作用力 $F(x)$;(c) 静止晶界(实线)和从左到右移动晶界(虚线)的溶质原子的最终分布;(d) 晶界区域的扩散系数 $D(x)$

元素在静止晶界上的偏析程度通常与它的溶解度有关,一般来说偏析随溶解度降低而增加,如图 5.31(Hondros 和 Seah, 1977)所示。因此可以推测,溶质原子施加在晶界上的力(是晶界溶质浓度和溶质扩散率的函数)强烈地依赖于具体的溶质和溶剂组合。

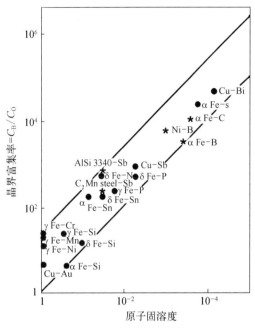

图 5.31　在一系列材料体系中，晶界富集随固溶度的降低而增加

如果移动晶界比静止晶界有更大的自由体积（见 5.3.4 节），那么可以推测，溶质在移动晶界中的溶解度会大于在静止晶界中的溶解度。Simpson 等（1970）对 Pb - Au 合金的研究也提供了一些间接的证据，他们发现，在试样经淬火和时效处理并发生了晶粒长大后，晶界处发生了析出，而这种效应未出现在静止晶界的材料中。

5.4.2.1　低晶界速度

对于移动的晶界，溶质影响的轮廓曲线不再对称，如图 5.30（c）所示，分布重心位于晶界后方。如图 5.30（c）所示，晶界从左向右移动，因此溶质产生合力，将晶界向左拖动。随着晶界速度的增加，溶质进一步滞后于晶界。

当晶界速度较低时，驱动压力 p 与晶界速度 v 的关系为

$$p = \frac{v}{M} + \alpha c_0 v \tag{5.24}$$

式中，M 为无溶质时的晶界迁移率；α 为常数，取决于模型的应用场合。

根据式（5.24）可知，晶界速度与溶质浓度（c_0）成反比。晶界迁移的表观激活能将是晶界区域溶质扩散的平均值，该均值取决于 U 及其假设的 U-x 和 D-x 曲线（见图 5.30）。Hillert（1979）的研究表明，这些参数的选择对结果有很大的影响。例如，CLS 模型假设了一个楔形的能量势阱，而非图 5.30（a）的形式，它还假设扩散系数在整个材料中是常数。需要强调的是，这个理论仅适用于稀固溶体（$c_0 < 0.1\%$）。Hillert（1979）采用一个允许晶界扩散率与体扩散率不同的模型计算晶界迁移率，发现如果晶界扩散率增大，溶质阻力的最大值比式（5.24）所预测的要小得多。

5.4.2.2　高的晶界速度

中等速度下的晶界速度与驱动压力之间的关系非常难计算，因为它严重依

赖于模型的细节和参数。然而,当晶界速度很快,而溶质原子跟不上晶界时,晶界就会脱离气团,出现一种极端情形。在这种情况下,有

$$p = \frac{v}{M} + \frac{c_0}{\alpha' v} \qquad (5.25)$$

式中,α' 为常数。据估计,第一项占主导地位,因此溶质原子的影响很小。预计此时晶界的迁移率和激活能与纯金属晶界的固有值相似(见 5.3.1 节)。由 Cahn(1962)以及 Lücke 和 Stüwe(1963)联合式(5.23)和式(5.24),得到如下方程:

$$p = \frac{v}{M} + \frac{\alpha c_0 v}{1 + \alpha \alpha' v^2} \qquad (5.26)$$

5.4.2.3　模型预测

由该模型可知,溶质拖曳所产生的阻滞力随晶界速度变化而变化,达到如图 5.32(Lücke 和 Stüwe,1963)所示的最大值。这幅图也表明溶质拖曳在高温下变得不那么有效,因为在高温条件下,根据式(5.23),晶界附近的溶质浓度会降低,因此气团会明显地蒸发掉。

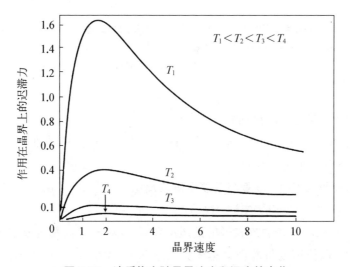

图 5.32　溶质拖曳随晶界速度和温度的变化

由于前面讨论的原因,虽然很难完全量化 CLS 模型,但定性预测驱动压力、溶质浓度和温度与晶界速度之间关系是有意义的,如图 5.33(Lücke 和 Stüwe,1963)所示。图 5.33(a)显示了 3 种不同溶质含量对速度与驱动力之间关系的影响,并将其与速度和驱动压力成比例的高纯度材料进行了比较[见式(5.1)]。

可以看出,溶质浓度非常低时,曲线是连续的,与高纯度材料的预测值只有些许偏差。然而,当溶质浓度很高时,曲线呈 S 形,并分别预测了从下面[见式(5.23)]和上面[见式(5.19)]开始的速度(虚线)的不连续变化。图 5.33(b)展示了晶界速度与温度之间的关系,分别对应低溶质含量 A、高溶质含量 B 和无溶质 C 的情况。此外,$\ln v$ 与 $1/T$ 的曲线斜率可以用表观激活能来解释。直线 D 和 E 叠加在 A 和 B 上,表示如式(5.23)所示的低速下的极端情况。

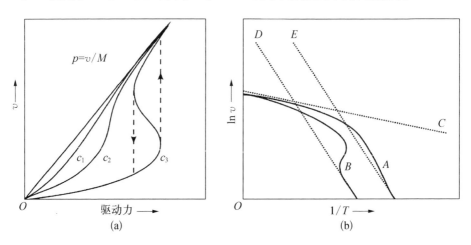

图5.33 (a) 不同溶质浓度 $(c_3 > c_2 > c_1)$ 下预测的晶界速度与驱动力之间的关系; (b) 预测的晶界速度与温度之间的关系

[曲线 A 为低溶质浓度,曲线 B 为高溶质浓度,曲线 C 为高纯度材料,曲线 D 和 E 为式(5.23)描述的低晶界速度极限情况。]

5.4.2.4 实验与理论的相关性

虽然实验数据非常有限,理论亦不能完全量化,但实验结果的许多特征似乎可以用 CLS 模型来定性地解释。

(1) **在低速条件下,速度与溶质浓度成反比**。该结果[可由式(5.23)预测得到]与图 5.17 所示的实验结果一致。

(2) **在较高的驱动力或较低的溶质浓度时,存在一个向高速状态的转变,在高速状态下,晶界速度与溶质含量无关**。图 5.17 和图 5.19 所示的结果明确地证实了这一现象。

(3) **表观激活能随温度升高而降低**。这一结果[可由图 5.33(b)所示的模型预测]与 5.3.3 节所讨论的诸多实验结果一致。根据该模型的预测可知,在低晶界速度下,晶界迁移受溶质扩散控制,因此该过程存在一个适合的激活能。从图 5.33(b)中可以看出,从低速向高速转移时,表观激活能会出现一个峰值,

图 5.17、图 5.19 和图 5.20 所示的数据与此一致。在某些情况下，如图 5.17 所示，低速状态下的激活能是溶质含量的函数。这可能是由于溶质对晶界自由体积的影响，从而影响溶质扩散的激活能。根据该模型的预测结果［见图 5.33(b)］，在高晶界速度的条件下，晶界迁移激活能应该与高纯度材料的激活能相似。实验结果表明，这种情况经常发生。

(4) **转变的性质取决于溶质浓度和驱动力。**从图 5.33(b)中可以看出，随着温度的升高，速度转变在低溶质浓度时是逐渐进行的，而在高溶质浓度时则是急剧发生的。有证据表明，虽然尚无实验能证明这种转变的性质是溶质含量的函数，但这种转变既可能是渐进的(见图 5.19 和图 5.20)，也可能是不连续的(见图 5.17)。

(5) **在较高的温度下，溶质的作用较小。**式(5.22)表明，在较高的温度下，溶质气团会弱得多，图 5.23 所示的结果与此一致。

5.4.2.5　理论发展

从定性的角度，虽然 CLS 模型与许多实验结果似乎是一致的，但普遍认为它不能做出实际的定量预测。CLS 方法是基于杂质向晶界的偏析，并预测迁移激活能取决于溶质和溶剂，但与溶质浓度无关。然而，实验表明，在高纯铝中加入低浓度的溶质，激活能会显著增加(Molodov 等，1998)，文献作者认为这是由于晶界上溶质原子之间的相互作用。考虑了这一点，他们应用 Bragg-Williams 规则溶液理论证明晶界迁移焓包括杂质迁移焓、溶质在晶界上的吸附能和吸附原子间的相互作用能，该理论能更好地解释实验结果。

在含溶质的合金中，还有许多其他因素需要纳入晶界迁移的定量理论中。例如，包括溶质对晶界结构、能量和扩散率的影响，以及溶质与晶界晶体学的相互作用。

5.5　三重点的迁移

5.5.1　简介

本章讨论了晶界的迁移和迁移率。然而，在三维多晶体(或亚晶结构)中，晶粒不仅在晶界处连接，也在三重点(见 4.5 节)和四重点处连接。三重点是缺陷，它具有特定的原子结构和能量(Palumbo 和 Aust，1992；King，1999)。

Galina 等(1987)首先提出，三重点可能具有有限的迁移率，在某些情况下，可能是该迁移率而非晶界迁移率限制了多晶体的长大速度。类比式(5.1)，假设三重点速度 v_{TJ} 与驱动压力 p_{TJ} 和迁移率 M_{TJ} 成正比，即

195

$$v_{TJ} = M_{TJ} p_{TJ} \tag{5.27}$$

三重点的迁移率只能在非常有限的一些几何构型中通过实验精确测量，如含有对称倾斜晶界的三晶体中的 99.999% 的锌(Czubayco 等，1998)和 99.999% 的铝(Protasova 等，2001)。

如图 5.34(Protasova 等，2001)所示，晶界迁移率与三重点迁移率的温度依赖性明显不同，三重点迁移的激活能大约是自扩散的两倍。分子动力学模拟(Upmanyu 等，2002a，b)和二维顶点模型(Weygand 等，1998a)与有限的实验数据基本一致，重要的是，分子动力学模拟表明三重点的迁移率还取决于它的运动方向。

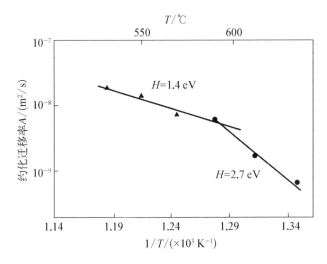

图 5.34　在纯度为 99.999% 的 Al 中三重点(圆点)和晶界(三角形)的迁移率的温度依赖性

5.5.2　三重点迁移率的重要性

实验和模拟均表明，三重点迁移率是有限的，可能小到会限制晶界迁移。在这种情况下，通常认为亚晶(见 6.5 节)或晶粒(见 11.1 节)的长大速率受晶界迁移率控制的假设是不正确的。从理论上(Gottstein 等，2000)和通过计算机模拟(Weygand 等，1999)研究了有限的三重点迁移率对多晶体晶粒长大的影响，主要结论是当三重点阻力很大时：① 晶粒的等温长大动力学与晶界控制的动力学相似，即 $R \propto t^{1/2}$(见 11.1 节)；② 晶粒尺寸分布的缩放行为(见 11.1.1 节)消失；③ von Neumann-Mullins 定律(见 11.1.5 节)不再成立。

由于现有的数据有限，很难确定在什么条件下三重点阻力会成为晶粒长大的重要因素,但预计这应该是在晶粒尺寸小、温度低和接近高对称取向差的情况下。模拟结果(Upmanyu 等,2002a，b)表明,三重点阻力可能只在晶粒尺寸不超过约 50 个原子间距的材料中显著,因此只对纳米晶材料有重要影响。晶界迁移和三重点迁移的激活能差异很大(见图 5.34),因此可以通过测量多晶体的晶粒长大动力学的温度依赖性来确定具体的控制机制。

　　虽然目前有关极小晶粒尺寸材料的可用数据很少,但测量到的晶粒长大和亚晶长大的激活能(见 5.2.2.1 节)通常都接近自扩散的激活能,这与晶界控制而非三重点迁移控制有关。Al‑Mg 合金的晶粒长大动力学(见图 14.12),在很大尺寸范围内的测量结果都表明,无论是小晶粒(<0.5 μm)还是大晶粒,似乎都是相似的(Hayes 等,2002),这表明有一个共同的机制在起作用。

197

第 6 章 ▶ 变形后的回复

6.1 引言

6.1.1 回复的发生

回复是指变形材料在发生再结晶之前所发生的变化,它使材料的部分性能恢复到变形前的状态。回复不涉及与晶界长程运动相关的机制,这意味着它仅限于纯粹的局部过程。众所周知,回复的主要原因是材料内部位错结构的变化,在讨论回复时,最方便的是集中讨论微观结构相关方面。回复并不局限于塑性变形材料,任何存在非平衡、高浓度的点或线缺陷的晶体都可能发生回复。典型的例子如经过辐照或高温淬火的材料,这些材料在随后的退火过程中会发生回复,甚至可能使性能和组织完全恢复到原来的状态(如 Koehler 等,1957;Balluffi 等,1963)。本章我们只讨论在预变形后退火过程中发生的回复。

即使是变形金属,其点缺陷和位错都主要是在变形过程中形成的。然而,由于大多数过剩点缺陷在低温下就会发生退火回复,通常不构成冷加工金属回复的一个单独可识别的过程,因此本章不做进一步讨论。

位错回复不是一个单一的微观结构变化,而是一系列事件(见图 6.1),6.3~6.5 节将详细讨论这些回复过程。在特定样品的退火过程中,是否出现任何或所有这些情况,取决于一些关键参数,包括材料、纯度、应变、应变速率、变形温度和退火温度等。在许多情况下,其中一些阶段将在变形过程中作为动态回复发生。虽然这些回复阶段通常按所示顺序发生,但它们之间也可能存在显著重叠。

200 在考虑回复的细节之前,我们应该注意到回复和再结晶是相互竞争的过程,因为两者都是由变形储能所驱动(见 2.2 节)。一旦发生了再结晶并消耗了变形亚结构,就不会再发生回复。因此,回复的程度取决于再结晶发生的难易程度。

相反,由于回复降低了再结晶的驱动力,大量的预先回复反过来又会影响再

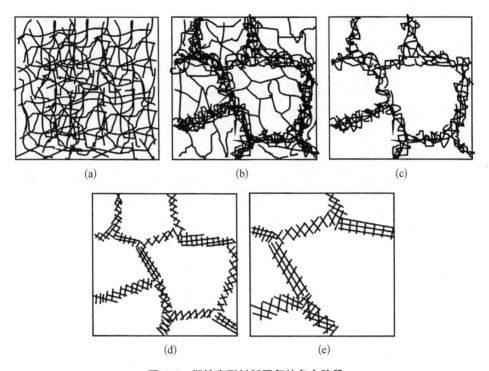

图 6.1 塑性变形材料回复的各个阶段

(a) 位错缠结；(b) 胞元形成；(c) 胞元内位错湮灭；(d) 亚晶形成；(e) 亚晶长大

结晶的性质和动力学。由于回复机制在再结晶形核中起着重要作用，因此，有时候很难严格区分回复和再结晶过程。此外，正如本章末尾所述，在某些情况下，这两种现象并没有明显的区别。

Beck(1954)、Bever(1957)以及 Titchener 和 Bever(1958)对变形金属回复的早期工作进行了系统的综述，但尽管其有明显的重要性，回复在后来几年并没有引起多大兴趣。然而，当前工业界需要建立针对退火过程的基于物理的定量模型，重新引起了人们对回复的兴趣(如 Nes，1995a)。

6.1.2 受回复影响的性能

在回复过程中，材料的微观结构变化很小，发生的尺度很小。光学显微镜观察到的微观结构通常难以揭示这些变化。回复通常是通过一些体积测量技术间接测量的，例如，通过跟踪某些物理或机械性质的变化。 201

通过量热法测量变形储能的变化是跟踪回复的最直接方法，因为变形储能与材料内部位错的数量和构型有关(见 2.2 节)。在一系列经典的实验中，Clareborough 等(1955、1956、1963)研究了铜、镍和铝中变形储能的释放。近

年来,高灵敏度差示扫描量热计的发展,使其被用于测量退火现象,但如附录
A2.2.1 所述,对其结果的解释可能并不直观。图 6.2(Schmidt 和 Haessner,
1990)所示为 Schmidt 和 Haessner(1990)的工作,显示了高纯铝的退火,在−
196℃变形并保持在该温度进行量热测定。在−70℃左右处的峰值是由于点缺
陷的回复,而在约−20℃处的峰值则是由于再结晶。并未检测到由于位错回复
而产生的单峰。99.999%的高纯铝在较低的温度下再结晶,要么在再结晶前没
有明显的位错回复,要么由于再结晶峰与位错回复峰太接近而无法被检测到。
图 6.3(Clareborough 等,1963)为 99.998%的铝在室温下变形后退火的热量演
化。在这种情况下,检测到两个阶段,即 100～250℃处的宽峰对应位错回复时
的放热,以及 300℃处的峰对应再结晶时的放热。

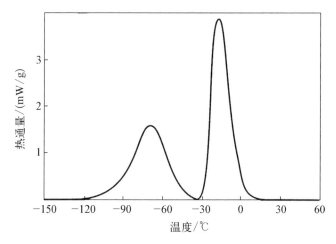

**图 6.2　通过差示扫描量热法测量 99.999%的高纯铝在
77K 时变形至真应变为 6.91 的回复**

　　在塑性变形过程中发生变化的某些其他物理性质也可以通过回复得到改
善,例如电阻率(见图 6.3)。尺寸变化不仅发生在体积上,也发生在方向上。
Hasegawa 和 Kocks(1979)表明,在回复过程中,回复应变的方向可发生逆转,意
味着它与预变形有着微妙的联系。然而,很难将这些与回复过程中发生的微观
结构变化定量地联系起来,并且与储存能量的情况一样,这些参数对退火时可能
发生的任何少量相变都很敏感,尤其是溶质水平会随析出而变化。

　　在回复过程中发生的微观结构变化会影响材料的力学性能,因此,回复通常
是通过材料的屈服应力或硬度的变化来测量的(见图 6.3),尽管这些变化往往
很小。材料发生回复后的力学性能具有重要的实际意义,它们与微观结构变化
的关系已被广泛研究(见 6.5.2.3 节)。

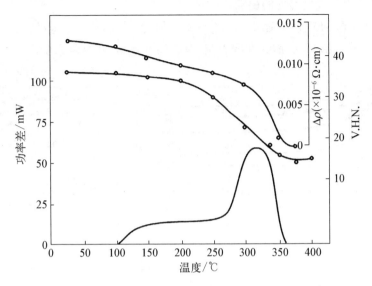

图 6.3　通过量热法、电阻率测量和硬度测量得到 99.998% 的高纯
铝在 75% 压缩变形后的回复率(加热速度为 6℃/min)

6.2　回复的实验测量

6.2.1　回复程度

6.2.1.1　应变效应

对于金属多晶体,只有在材料发生轻微变形时才能完全回复(Masing 和
Raffelsieper,1950;Michalak 和 Paxton,1961)。然而,像锌这类密排六方金属
的单晶体,在一个滑移系上可以变形到产生很大应变,在退火后能够完全回复到
其原来的组织和性能(Haase 和 Schmid,1925;Drouard 等,1953)。立方金属单
晶在单滑移取向和加工硬化的阶段 I 也可以在退火时几乎完全回复(Michalak
和 Paxton,1961)。然而,如果晶体变形到加工硬化的阶段 II 或阶段 III,那么在
发生任何明显的回复之前,都可能发生再结晶(Humphreys 和 Martin,1968)。
这种行为可以用变形过程中产生的各种类型的位错结构对退火的响应来解释
(见 6.3 节)。

通常发现,在恒温下退火过程中可能恢复的性能变化比例会随应变的增加
而增加(Leslie 等,1963)。然而,这一趋势在更大变形的材料中可能会被逆转,
因为再结晶会更早发生。

6.2.1.2 退火温度的影响

轻微变形的铁［见图 6.4（Michalak 和 Paxton，1961）］和锌［见图 6.5（Drouard 等，1953）］的退火曲线表明，退火温度越高，回复越完全。

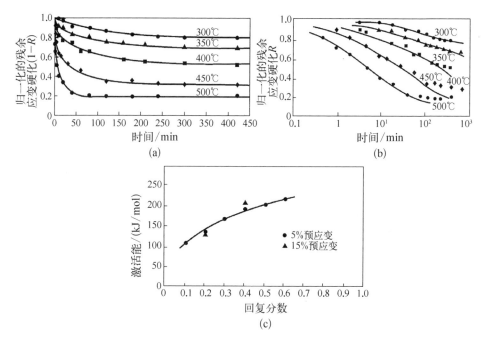

(a)   (b)

(c)

图 6.4 铁在 0℃发生 5%变形后的等温回复

（a）硬度回复随时间的函数；（b）对数图；（c）回复过程中激活能的变化

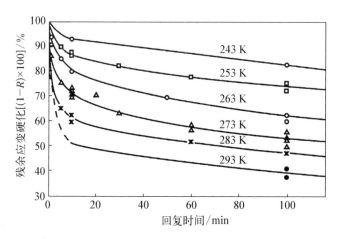

图 6.5 锌单晶发生 0.08 剪切应变后的回复

6.2.1.3　材料特性

材料本身的性质也决定了回复的程度。其中最重要的一个参数是层错能 γ_{SFE}，它通过影响位错解离的难易程度，决定了位错攀移和交滑移的速率。这些机制通常控制回复率(见 6.3 节)。在低层错能的金属中(见表 2.4)，如铜、α-黄铜和奥氏体不锈钢，位错攀移困难，位错结构的回复通常发生在再结晶之前。而在高层错能金属中，如铝和 α-铁，攀移迅速，并可能发生明显的回复，如图 6.3 和图 6.4 所示。溶质可以通过影响层错能(如前所述)、钉扎位错或空位的浓度和迁移率来影响回复。位错的溶质钉扎抑制动态回复，导致比无溶质材料更高的变形储能，同时也抑制了静态回复。由于前者会促进回复，而后者会阻碍回复，因此很难预测其净效果。例如，镁可以钉扎铝中的位错(Olmsted 等,2006)，并阻碍动态回复(见 2.4.3 节)，导致 Al-Mg 合金中存储的能量高于纯铝。在随后的退火过程中，即使 Mg 在回复过程中阻碍了位错，Al-Mg 合金的回复也是迅速的(Barioz 等,1992)，可能比纯铝的回复更快(Perryman, 1955)。以类似的方式，少量锰钉扎铁中的位错(Leslie 等,1963)，通过抑制动态回复和保留高位错密度，促进后续退火中的亚晶形成。

6.2.2　回复动力学的测量

在实验研究方面，回复通常通过单个参数的变化来测量，如硬度、屈服应力、电阻率或放热等。假设该参数随退火条件的变化为 X_R，则可通过实验确定回复动力学参数 dX_R/dt。通常很难从这些分析中获得对回复的基本认识，首先是因为参数 X_R 与微观结构的关系通常非常复杂，其次是因为回复可能涉及几个并发或连续的原子机制(见图 6.1)，其中每个都有自己的动力学行为。

6.2.2.1　经验的动力学关系

对实验结果的分析通常是基于 X_R 与 t 之间几种不同的经验关系，其中两种最常见的等温关系，我们将其称为Ⅰ型动力学和Ⅱ型动力学。

Ⅰ型动力学：

$$\frac{dX_R}{dt} = -\frac{c_1}{t} \tag{6.1}$$

通过积分得到

$$X_R = c_2 - c_1 \ln t \tag{6.2}$$

式中，c_1 和 c_2 是常数。很明显，这种形式的关系在回复的早期 ($t \rightarrow 0$，此时 $X_R \rightarrow X_0$) 或回复末期 ($t \rightarrow \infty$，此时 $X_R \rightarrow 0$) 是不成立的。

Ⅱ型动力学：

$$\frac{\mathrm{d}X_R}{\mathrm{d}t} = -c_1 X_R^m \tag{6.3}$$

当 $m > 1$ 时，通过积分得到

$$X_R^{1-m} - X_0^{1-m} = (m-1)c_1 t \tag{6.4}$$

当 $m = 1$ 时，

$$\ln X_R - \ln X_0 = c_1 t \tag{6.5}$$

6.2.2.2 单晶体单滑移变形的回复

在简单剪切变形条件下，Drouard 等（1953）测量了锌单晶在 50℃下简单剪切变形（发生在基面的剪切变形）后的回复动力学行为，如图 6.5 所示。将回复程度 R 表示成回复后晶体的屈服应力 σ、变形晶体的屈服应力 σ_m 和未变形晶体的屈服应力 σ_0 的函数，即

$$R = \frac{\sigma_m - \sigma}{\sigma_m - \sigma_0} \tag{6.6}$$

206 在更一般的变形条件下，发现回复率、时间和温度存在如下关系：

$$R = c_1 \ln t - \frac{Q}{kT} \tag{6.7}$$

这是Ⅰ型动力学，激活能 Q 为 83.7 kJ/mol，接近锌的自扩散激活能（见表 5.1）。也发现了锌晶体（Cottrell 和 Aytekin，1950）和铝晶体（Kuhlmann 等，1949；Masing 和 Raffelsieper，1950）的 X_R 与时间之间的关系，其形式与Ⅰ型动力学一致。

在变形后的弥散强化铜单晶中发现了一种不寻常的回复（Hirsch 和 Humphreys，1969；Gould 等，1974）。如果这些晶体在室温及更低温度下变形至 0.15 剪切应变，然后在室温退火，大部分的加工硬化可在短时间内回复，如图 6.6（Humphreys 和 Hirsch，1976）所示。该过程的激活能约为 90 kJ/mol，不到铜自扩散激活能的一半（见表 5.1）。这种回复效果归因于变形过程中在颗粒处形成的不稳定高能量 Orowan 环的退火（见 2.9.3 节），该退火主要通过由位错管道扩散或芯区扩散控制的位错攀移过程。虽然在含颗粒的铝单晶中也有类似的效应（Stewart 和 Martin，1975），但在含颗粒的多晶体中未观察到这种类型的回复，这可能是因为变形单晶体内形成了更简单的位错结构的结果。

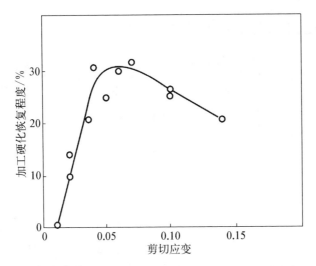

图 6.6　单滑移取向的 **Cu‑Al₂O₃** 晶体变形至不同的剪切应变,然后在室温下静置 **3 h** 后所回复的加工硬化量,变形温度为 **77 K**

6.2.2.3　多晶体的回复动力学

图 6.4 中铁的回复动力学是发生大量回复金属的典型,图中表明回复率最初是很快的,然后单调下降。

Ⅰ型回复动力学关系常被用于描述多晶体的回复,铁的回复率与 $\log t$ 的关系如图 6.4(b)所示。不过,从图中可以看出,正如这种关系所预期的,与式(6.2)相对应的直线段通常只出现在此类关系所预期的部分回复范围内。

使用通常的阿伦尼乌斯(Arrhenius)关系,可以从特定回复阶段的回复率的温度依赖性获得回复激活能。在某些情况下,发现激活能随着回复的进行而升高。例如,Michalak 和 Paxton (1961)测量了区域精炼铁发生 5% 变形后的回复动力学,发现激活能从回复开始时的 91 kJ/mol 上升到回复基本完成时的约 220 kJ/mol(接近铁的自扩散激活能),如图 6.4(c)所示。van Drunen 和 Saimoto(1971)测量了变形⟨100⟩铜晶体在不同温度下的回复动力学,发现属于Ⅱ型动力学($m=2$),且激活能与铜的自扩散激活能相等。

只有了解回复过程中发生的物理过程,才能获得对前面讨论的动力学类型的解释。在接下来的部分中,我们将讨论 3 个级别的回复:位错湮灭、位错重排和亚晶长大,并在可能的情况下将这些机制与回复动力学联系起来。

6.3 回复过程中的位错迁移和湮灭

在回复过程中,材料的储存能量因位错运动而降低,存在两个主要过程,即位错湮灭和位错重新排列至较低能量的状态。这两个过程都是通过位错的滑动、攀移和交滑移来实现的。我们不详细讨论位错的物理特性,可查阅 Friedel(1964)、Hirth 和 Lothe(1968)或 Hull 和 Bacon(2001)等参考资料了解相关信息。

6.3.1 一般原则

图 6.7 为含有刃位错晶体的示意图。位错的弹性应力场相互作用,合力取决于位错的伯格斯矢量和相对位置。在同一滑移面上符号相反的位错,例如 A 和 B,可能会通过相互滑动而湮灭。这种过程甚至可以在低温下发生,从而降低变形过程中的位错密度并导致动态回复。在不同的滑移平面上,伯格斯矢量相反的位错,如 C 和 D,可以通过滑移和攀移的组合来消除。由于攀移是热激活过程,只能在高同系温度下发生。类似的螺位错构型将通过交滑移消除位错而回复。对于高层错能的材料(如铝),交滑移可以在低同系温度下发生,但对于较低层错能的材料,则需在较高温度下才会发生。

208

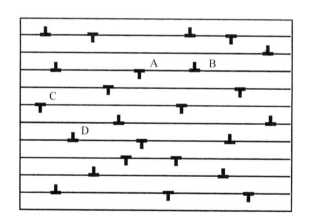

图 6.7 含刃位错晶体的示意图

图 6.7 中的晶体仅包含一种伯格斯矢量的位错,并且它包含数量相同,但符号相反的两种位错。因此,有可能通过位错湮灭而完全回复。这对应于晶体中仅有一个滑移系参与变形的情况,如 6.2.1.1 节所述。

6.3.2 偶极子湮灭动力学

两个伯格斯矢量相反的平行位错,如图 6.7 中的 C 和 D,称为位错偶极子。Li(1966)在其经典论文里讨论了刃位错、螺位错和混合位错偶极子的湮灭动力学行为。两个符号相反、间距为 x 的平行螺位错之间的吸引力 F 为

$$F = \frac{Gb^2}{2\pi x} \tag{6.8}$$

如果位错攀移速度与 F 成正比[见式(5.8)],则偶极子分解率为

$$\frac{\mathrm{d}x}{\mathrm{d}t} = -c_1 F \tag{6.9}$$

结合式(6.8)和式(6.9)得

$$\frac{\mathrm{d}x}{\mathrm{d}t} = \frac{c_2}{x} \tag{6.10}$$

如图 6.8(Li,1966)所示的 LiF 中螺位错偶极子的寿命曲线与这个关系一致。Li 还表明,刃位错偶极子和混合位错偶极子的湮灭动力学也与式(6.10)相似。

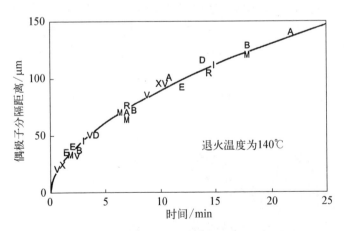

图 6.8 LiF 晶体中螺位错偶极子的寿命曲线

应用该理论来计算含有偶极子分布材料的回复时,首先必须假设偶极子彼此不相互作用,其次需知道偶极子高度的初始分布。Li(1966)根据变形过程中偶极子的形成机制,对偶极子的大小分布作了如下假设:

$$\frac{d\rho}{dt} = -c_1\rho^2 \tag{6.11}$$

或

$$\frac{1}{\rho} - \frac{1}{\rho_0} = c_1 t \tag{6.12}$$

式中，ρ_0 为初始位错密度。这些动力学等价于式(6.3)和式(6.4)（II 型动力学，其中 $m=2$）。

Li(1966)和 Prinz 等(1982)分别发现 LiF（$m=2$）、铜和镍（$m=3$）的位错密度回复速率与 II 型动力学一致。

将不相互作用位错偶极子的湮灭动力学与平行刃位错随机阵列的动力学进行比较是很有意义的(见图 6.7)，当同时考虑偶极子和长程相互作用时，平行刃位错的随机阵列如图 6.7 所示。由于平行位错(相同或相反的伯格斯矢量)作用在单个刃位错上的弹性力是已知的(Hirth 和 Lothe，1968；Hull 和 Bacon，2001)，并且对于如图 6.7 所示的阵列，作用在任一位错上的力可被认为是其他位错产生的力的总和。假设位错速度与作用其上的力成正比[见式(5.8)]，该假设已被证明适用于前面所讨论的偶极子，那么也许能够模拟计算出位错阵列因其内力而发生的重排。从计算机模拟的两个相反伯格斯矢量中的各 500 个位错阵列开始，微观结构的演变如图 6.9 所示，动力学结果如图 6.10 所示。尽管回复速率起初与式(6.11)一致，它随后随时间下降得更快，如图 6.10(b)所示，更接近于 $\rho^{-1.5} \propto t$ 的形式关系。从图 6.9(b)可以看出回复速度在更长时间内更慢的原因。随着退火的进行，会发生位错偶极子的形成和湮灭，如在 D 处。然而，除此之外，位错开始形成低能量的倾斜晶界(B 处)，并且由于这些结构是相当稳

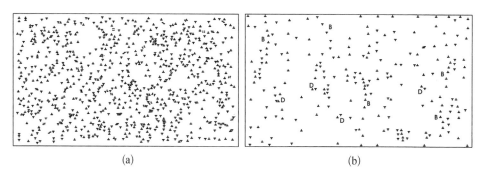

(a)　　　　　　　　　　　　(b)

图 6.9　刃位错偶极子退火过程的计算机模拟

(a) 初始组织；(b) 回复后期，出现了小角度晶界的雏形

定的,位错湮灭速率要慢得多。因此,同时发生了两种回复机制,即位错湮灭和位错重排成稳定构型;这很好地说明了单一回复机制难以解释回复数据。

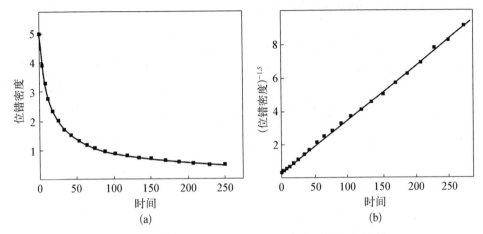

图 6.10 图 6.9 所示的计算机模拟得到的回复动力学结果

(a) 位错密度 ρ 随时间的变化;(b) $\rho^{-1.5}$ 随时间的变化

本节描述的模拟忽略了螺位错的行为,因此无法准确地预测含有一种伯格斯矢量位错的变形材料的退火。然而,它确实表明,除了偶极子的相互作用,其他更远距离的相互作用可能是决定退火动力学行为的重要因素,而且这种模拟与 Prinz 等(1982)的原位 HVEM 退火实验基本一致,即同时发生了小角度晶界的形成和位错偶极子的湮灭。 211

6.3.3 更复杂位错结构的回复动力学

在 6.3.2 节中,我们只考虑了由相似伯格斯矢量的平行位错组成的简单位错阵列的回复。在多个滑移系上变形的多晶体和单晶中,位错结构要复杂得多,Friedel(1964)考虑了一般位错结构的回复动力学。在各种情况下,在回复过程中哪种机制控制位错运动并不明显,因为除了体扩散或芯区扩散引起的位错攀移外,热激活滑移或交滑移过程也有可能是速率控制的。

根据 Friedel 的观点,我们假设位错结构是一个网格大小为 R 的三维网络(Frank 网络)。从网络的几何结构中,我们期望位错速度 v 与网络的尺寸变化有关,即 $\mathrm{d}R/\mathrm{d}t \sim v$,并考虑系统的能量,位错迁移导致网络粗化的驱动力为

$$F \approx \frac{Gb^2}{R}$$

(6.13) 212

6.3.3.1 位错攀移控制

在驱动力较小且空位过饱和可忽略的情况下,位错速度 v 由式(5.8)给出。因此,根据式(5.8)和式(6.13)可得

$$v = \frac{\mathrm{d}R}{\mathrm{d}t} = \frac{D_s G b^2 c_j}{kTR} \tag{6.14}$$

$$R^2 = R_0^2 + c_1 t \tag{6.15}$$

式中,$c_1 = 2D_s G b^3 c_j/(kT)$。位错密度 ρ 与网络间距相关 $(\rho \sim R^{-2})$,因此式(6.15)可以写成

$$\frac{1}{\rho} - \frac{1}{\rho_0} = c_1 t \tag{6.16}$$

与式(6.4)中 $m=2$ 的 Ⅱ 型经验动力学具有相同的形式。

根据式(2.2)给出的流动应力 σ 和 ρ 的关系,上式也可以写成

$$\frac{1}{\sigma_0^2} - \frac{1}{\sigma^2} = c_3 t \tag{6.17}$$

式中,$c_3 = 2D_s c_j/(\alpha^2 GbkT)$。

在高温条件下,攀移受空位形成 Q_{VF} 和空位运动 Q_{VM} 的控制,也受空位自扩散 Q_S 的控制。然而,在较低的温度下,割阶形成 Q_j 也可能是一个速率控制步骤。因此,攀移的激活能 Q_{CL} 预计为

$$Q_{CL} = Q_{VF} + Q_{VM} + Q_S \quad (\text{高温})$$
$$Q_{CL} = Q_{VF} + Q_{VM} + Q_j \quad (\text{低温}) \tag{6.18}$$

然而,在某些情况下,攀移可能是被沿位错线(位错芯区扩散或管道扩散)的扩散而非晶格扩散所控制的。在这些情况下,激活能 Q_C 将远远小于 Q_S,通常是 Q_C/Q_S 约为 0.5(见表 5.1)。Prinz 等(1982)提出,对于扩展位错,回复期间的攀移很可能由芯区扩散所控制。

6.3.3.2 位错的热激活滑移控制

213

一些学者(Kuhlmann,1948;Cottrell 和 Aytekin,1950;Friedel,1964)考虑了通过热激活滑移或交滑移来控制回复的可能性。他们提出激活能 Q 是内应力 σ 的一个递减函数,回复速率为

$$\frac{\mathrm{d}\sigma}{\mathrm{d}t} = -c_1 \exp\left[\frac{-Q(\sigma)}{kT}\right] \tag{6.19}$$

结果表明,在低应力条件下,激活能的应力依赖性可能表示为如下形式:

$$Q(\sigma) = Q_0 - c_2\sigma \tag{6.20}$$

因此

$$\frac{\mathrm{d}\sigma}{\mathrm{d}t} = -c_1 \exp\left[\frac{-(Q_0 - c_2\sigma)}{kT}\right] \tag{6.21}$$

积分形式为(Cottrell 和 Aytekin,1950)

$$\sigma = \sigma_0 - \frac{kT}{c_2}\ln\left(1 + \frac{t}{t_0}\right) \tag{6.22}$$

式中,σ_0 是 $t = 0$ 处的流动应力;t_0 由下式给出:

$$t_0 = \frac{kT}{c_1 c_2}\exp\left(\frac{Q_0 - c_2\sigma}{kT}\right)$$

这种关系在形式上类似于式(6.2)的 I 型动力学。

因此,如果回复是由热激活滑移所控制,我们期望激活能随着位错密度(或冷加工)的增加而降低,并在退火过程中增加。这种关系与 Kuhlmann 等(1949)、Cottrell 和 Aytekin(1950)、Michalak 和 Paxton(1961)的实验结果一致,如图 6.4(c)所示。有学者称,如图 6.11(Barioz 等,1992)所示的 Al-Mg 合金中回复的最新测量结果也与这个模型一致。Q_0 与应变无关,但与合金的镁含量有关,Al-1‰Mg 的 Q_0 为 277 kJ/mol,Al-5‰Mg 的 Q_0 为 231 kJ/mol。在所有情况下,Q_0 都远远大于铝的自扩散 Q_0(约 142 kJ/mol)。

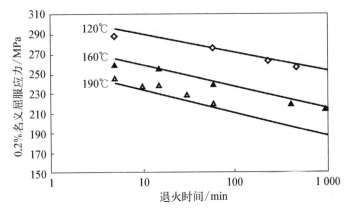

图 6.11　根据式(6.22)绘制的 Al-3‰Mg ($\varepsilon = 3$) 的回复率曲线

Hirth 和 Lothe(1968)讨论了在其他各种情况下的位错速度,特别是考虑了割阶位错的热激活滑动。位错速度和驱动力之间的特殊关系不仅取决于扩散的类型(芯区扩散或体扩散),而且还取决于假设的运动方式和溶质的影响。

214 　　层错能也是控制攀移或交滑移速率的重要参数。Argon 和 Moffat(1981)认为 FCC 金属中扩展刃位错的攀移是由扩展割阶位错的空位蒸发所控制,此时,位错的攀移速率为

$$v = \frac{c'D_x}{kT}F\gamma_{\text{SFE}}^2 \tag{6.23}$$

式中,D_x 可能是芯区扩散或体扩散速率。

　　参考 6.3.3.1 节中关于攀移控制回复的讨论可知,如果攀移速度由式(6.23)而不是由式(5.8)给出,则回复率与 γ_{SFE}^2 成正比。

　　总之,已建立了几种可能的动力学模型来描述均匀的位错回复,其中一些模型预测的动力学行为与实验结果类似。原则上,根据实验退火的响应形式应该可以确定合适的模型。然而,在实现该目标前,还需要做更多的工作,我们认为存在 4 个方面的难题。

　　(1)力学性能和微观结构之间的实际关系比当前回复模型中考虑的要复杂得多(见 6.2.2 节)。虽然回复率经常通过力学性能的变化来测量,但在大多数情况下,不可能根据位错密度和排列来可靠地解释这些数据。

215 　　(2)位错湮灭和位错重排的机制可能不是顺序发生的,而可能是同时发生的(见图 6.9)。因此,仅基于位错湮灭或 Frank 位错网络长大的回复模型可能不合适,6.4 节和 6.5 节所讨论的回复机制的影响也需要酌情纳入回复模型中。

　　(3)需要更准确的模型来描述溶质和层错能对位错迁移率的影响。

　　(4)不能忽略微观结构回复的不均匀性。

　　在考虑变形状态(见 2.4 节)和初次再结晶(见第 7 章)时,很明显,变形状态中的不均匀性导致了非均匀退火。因此,在退火过程中回复速率的变化(通过整体性能的变化来衡量)很可能是由于不同组织部分的不同回复速率造成的。Kuhlmann(1948)率先提出了这个因素,目的是解释综合性的回复模型应考虑回复过程中激活能的变化。

6.4　位错重排成稳定结构

6.4.1　多边形化

　　如果如图 6.12(a)所示,在变形过程中产生的两个符号的位错数量不相等,

则多余的位错无法通过湮灭消除［见图 6.12(b)］。在退火过程中，这些多余的
位错将以规则排列或 LAGB 的形式排列成能量较低的结构。最简单的例子如
图 6.12(c)所示，其中只涉及一个伯格斯矢量的位错。这种结构可以通过弯曲
单滑移系变形的单晶产生，Cahn(1949)首次证明了这种现象，这种机制通常称
为**多边形化**。

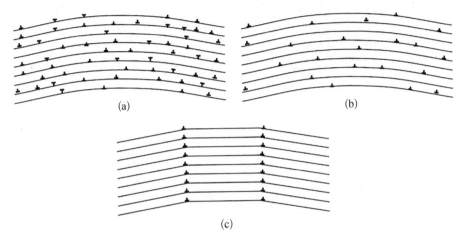

图 6.12　含刃位错的弯曲晶体的多边形化回复

(a) 变形后；(b) 发生位错湮灭后；(c) 倾斜晶界的形成

　　如图 6.12(c)所示的位错墙称为**倾斜晶界**。这是一种特别简单的 LAGB，
第 4 章较全面地讨论了这种晶界。根据 Read-Shockley 方程［见式(4.5)］，倾斜
晶界的能量随取向差的增大而增加，单位长度位错的能量则随取向差的增大而
减少(见图 4.5)。因此，随着回复进行，存在一种驱动力促进形成更少的但取向
差更大的界面。

6.4.2　亚晶的形成

　　在多晶体材料承受大变形的情况下，在变形和随后的退火过程中产生的位
错结构要比图 6.12(c)所示的简单情况复杂得多，因为涉及许多不同伯格斯矢
量的位错。两个或多个伯格斯矢量的位错反应形成二维网络，其特征取决于所
涉及的位错类型(见 4.3 节)。在中、高层错能的合金中，变形后的位错通常排列
成三维的胞元结构，复杂的位错缠结形成胞元墙［见 2.4.2 节和图 2.9(a)(b)］，
并且胞元尺寸依赖于材料和变形大小。

　　图 6.13(a)显示了变形铝中直径约为 1 μm 的等轴胞元。通过在 HVEM 中
的原位退火，可以直接追踪回复过程，图 6.13(b)显示了退火后的相同区域。纠

216

189

缠在一起的胞元墙，例如在 A 和 B 处，变成了更规则的位错网络或 LAGB，胞元内部的位错数量减少。胞元发展变成亚晶，在这个阶段，微观结构的尺寸变化不大。

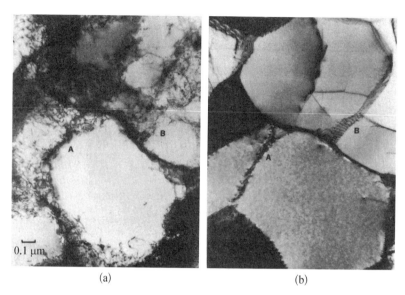

(a)   (b)

图 6.13　铝在发生 10%变形后的原位退火透射高压电子显微图(HVEM)

(a) 变形结构；(b) 同一区域在 250℃下退火 2 min 后的微观结构

217　　　如图 6.13 所示，从胞元墙中松散的位错缠结转变为亚晶界可被认为是回复过程中的一个明显阶段[见图 6.1(d)]，这个过程涉及一些冗余位错的湮灭和其他位错重排成 LAGB。有许多关于这一阶段回复的 TEM 研究结果，包括 Bailey 和 Hirsch(1960)对镍的研究，Carrington 等(1960)和 Hu(1962)对铁的研究，Lytton 等(1965)、Hasegawa 和 Kocks(1979)对铝的研究等。随着这一过程的发生，机械性能会发生改变，屈服应力降低，但加工硬化率会上升，如 Lytton 等(1965)、Hasegawa 和 Kocks(1979)的研究工作。

　　在某些情况下，在变形过程中会发生动态回复，以至于变形后位错以发育良好的亚晶结构的形式出现，变形后的回复主要涉及亚晶结构的粗化，我们会在下一节讨论。在变形过程中，促进亚晶而非胞元结构形成的因素有高层错能、低溶质含量、大变形和高变形温度。在层错能较低的金属(如不锈钢)中通常看不到发育良好的亚晶组织，因为再结晶在明显回复之前发生。然而，如果再结晶受到

218　抑制，例如存在弥散的第二相颗粒，那么在足够高的温度下，会发生回复，导致形成如图 6.14(Humphreys 和 Martin，1968)所示明显的亚晶结构(Humphreys

和 Martin，1967）。如果变形相对均匀，从而没有形成再结晶形核所需的非均质性，那么即使在纯铜中也可能发生明显的回复，van Drunen 和 Saimoto（1971）发现，在拉伸变形的⟨100⟩铜晶体退火过程中发生了亚晶形成而不是再结晶。

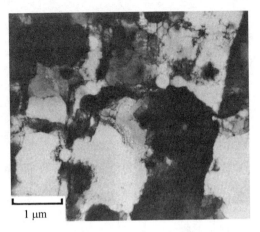

图 6.14　含有弥散分布的 SiO_2 颗粒的铜在发生 50% 冷轧变形后在 700℃ 下退火，内部形成的亚晶

6.5　亚晶的粗化

如图 6.13(b)所示，回复亚结构的储能与完全再结晶材料相比仍然很大，因此可以通过亚结构的粗化进一步降低，这导致材料内部小角度晶界总面积减少。

6.5.1　亚晶长大的驱动力

亚晶长大的驱动力来自亚晶晶界中储存的能量。如果微观结构近似为半径为 R、晶界能为 γ_s 的亚晶阵列，则单位体积的存储能 E_D 为 $\alpha\gamma_s/R$，其中 α 是形状因子，约为 1.5[见式(2.7)]。亚晶长大的驱动力 F 源自亚晶长大时储存能量的减少，根据 Ørsund 和 Nes(1989)有

$$F=-\frac{\mathrm{d}E_D}{\mathrm{d}R}=-\alpha\,\frac{\mathrm{d}}{\mathrm{d}R}\left(\frac{\gamma_s}{R}\right) \qquad (6.24)\quad 219$$

假设储存的能量是均匀的，力也是均匀分布的，则驱动压力 p 为

$$p=\frac{F}{A}=-\alpha R\,\frac{\mathrm{d}}{\mathrm{d}R}\left(\frac{\gamma_s}{R}\right) \qquad (6.25)$$

如果在亚晶长大过程中 γ_s 是恒定的，则

$$p=\frac{\alpha\gamma_s}{R} \qquad (6.26)$$

然而，由于 γ_s 是相邻亚晶取向差的函数（见 4.3 节），亚晶长大过程中驱动压力 p 可能是变化的。

6.5.2 亚晶粗化的实验测量

6.5.2.1 亚晶长大的动力学

许多关于恒温下晶粒尺寸 D 随时间 t 变化的测量结果揭示了如下形式的动力学行为：

$$D^n - D_0^n = c_1 t \tag{6.27}$$

式中，n 为常数；c_1 为与温度相关的速率常数；D_0 为 $t=0$ 时的亚晶尺寸。

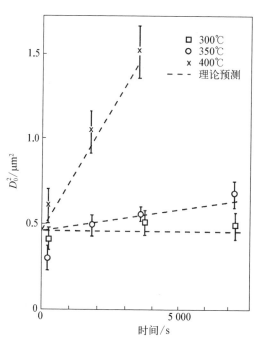

图 6.15 根据式(6.27)绘制的 Al‐1%Mn 合金的亚晶长大图 ($n = 2$)

在某些情况下，式(6.27)中的指数 n 约为 2，这与再结晶后晶粒长大动力学的形式类似(见 11.1 节)。已有的研究表明指数 n 接近 2，例如 Smith 和 Dillamore(1970) 关于高纯铁，Sandström 等(1978) 关于 Al‐1%Mn，Varma 和 Willits (1984)、Varma 和 Wesstrom(1988) 关于 99.99%铝，以及 Varma(1986) 关于 Al‐0.2% Mg。图 6.15 (Sandström 等,1978)给出了一些典型的实验结果。

然而，大多数关于铝的亚晶长大的研究发现，亚晶长大速率的下降比式(6.27)所预测的要快得多。例如，Furu 和 Nes(1992)报道了商业纯铝(99.5%)的 n 约为 4。其他关于高纯铝(>99.995%)的研究(Beck 等,1959；Sandström 等,1978；Humphreys 和 Humphreys,1994)发现，亚晶长大动力学与式(6.27)中一个大的 n 值或下式的对数关系一致：

$$\log D = c_2 t \tag{6.28}$$

亚晶长大动力学的实验研究相当少。此外，数据经常有相当大的分散性，图 6.15 显示了典型的误差条。还应注意到，实际测量的亚晶长大量通常非常小，因为再结晶的开始会抑制亚晶的长大，在本节引用的研究中，D/D_0 的比值很少超过 2。

220

在不能发生再结晶的材料中可以发生更多的亚晶长大。{110}⟨001⟩戈斯取向单晶在平面应变压缩变形中不会产生促进再结晶的大尺度微观结构不均匀性,并且由于没有预先存在的大角度晶界,如果先通过蚀刻小心地去除试样的表面,则可以抑制再结晶。在这些晶体中,能够将亚晶长大比 D/D_0 控制在 5~10 的范围内,从而可以更精确地测量亚晶长大(Ferry 和 Humphreys,1996a;Huang 和 Humphreys,2000),如图 6.16(Huang 和 Humphreys,2000)所示。等温长大动力学[见图 6.16(a)]总是与式(6.27)中大于 2 的指数相一致。然而,我们发现在退火过程中,平均的亚晶取向差略有下降,如图 6.16(b)所示。由于 LAGB 的能量和迁移都非常依赖于取向差(见图 4.6 和图 5.6)。式(6.26)和式(6.34)中的能量项 γ_s 在亚晶长大过程中逐渐减小,若采用式(6.34)拟合图 221

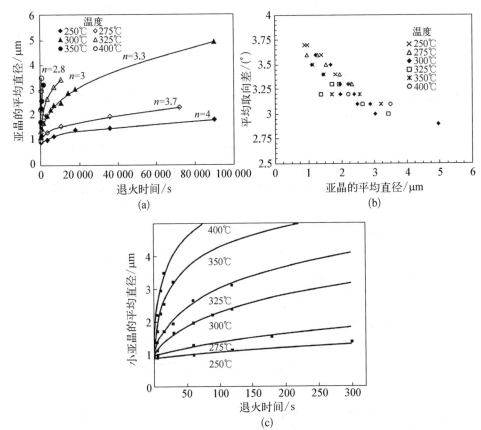

(a)

(b)

(c)

图 6.16 {110}⟨001⟩ 取向的 Al - 0.05%Si 晶体变形过程中的等温亚晶长大动力学

(a) 将实验数据点按式(6.27)拟合,指数 n 的值分别列在曲线附近;(b) 晶体退火过程中平均亚晶取向差随平均亚晶尺寸的变化;(c) 将图 6.16(a)中的数据点按式(6.34)拟合,式(6.34)考虑了长大过程中平均取向差的变化

6.16(a)的数据,如图6.16(c)所示,吻合得很好。这表明式(6.27)中的大增长指数 n 是退火过程中晶界特征变化和式(6.35)中 c 不为常数的结果。虽然这些样品没有发生再结晶,但只有亚晶长大早期阶段的数据是可用的[见图6.16(c)],因为亚晶长大是不连续的(见6.5.3.5节)。还需注意的是,这种晶体以一种相当简单的方式变形,滑移系的数量有限,这些结果可能不是所有亚晶长大的典型结果。

222

6.5.2.2 取向、取向差与亚晶长大的相关性

正如本章前面所讨论的,亚晶增长的驱动力与LAGB的能量 γ_s 成正比,因此,亚晶的长大速率是取向差 θ 的函数。在亚晶长大实验中,亚晶的长大速率是一个很少测量的参数,但预计它是预应变和晶粒取向的函数(见2.2.3.2节)。Smith和Dillamore(1970)表明,铁中的亚晶长大速率在不同织构成分之间存在显著差异,认为其原因是不同亚晶取向差分布的影响。在亚晶长大过程的测量中,若没有测得这个参数,必然会导致实验数据的可靠性降低,并且无疑会导致如前所述的实验结果的发散。

研究者已经开展了一些测量亚晶长大过程中取向差的工作。Furu和Nes(1992)测量了商业纯铝中亚晶尺寸和取向差的变化,发现平均亚晶取向差随亚晶长大而增加。该结果与试样中存在的取向梯度一致,6.5.3.6节会进一步讨论该现象。在没有取向梯度的样品中(Humphreys 和 Humphreys,1994;Huang 和 Humphreys,2000),平均亚晶取向差在退火过程中略有下降,如图6.16(b)所示。

6.5.2.3 亚晶尺寸与力学性能的关系

鉴于力学性能常用于测量回复以及亚结构对结构材料强度的影响,我们简要讨论材料流动应力与亚晶结构之间的关系。假设可以忽略亚晶内的位错密度,并且强度是由胞元尺寸或亚晶尺寸决定的。Sherby 和 Burke(1967)、McElroy 和 Szkopiak(1972)、Takeuchi 和 Argon(1976)、Thompson(1977)、GilSevillano 等(1980)以及 Derby(1991)对亚结构强化进行了综述。

我们考虑用3种简单的方法来解决低同系温度的问题。稍后将讨论高温行为(见13.2.3节),其中应力通常与亚晶尺寸成反比。

(1)假设亚晶和晶粒的行为相似,屈服应力可由 Hall-Petch 关系给出:

$$\sigma = \sigma_0 + c_1 D^{-1/2} \tag{6.29}$$

223　　(2)假设流动应力是由位错源决定的(Kuhlmann-Wilsdorf,1970),其长度与亚晶直径密切相关,此时有

$$\sigma = \sigma_0 + c_2 D^{-1} \tag{6.30}$$

式(6.29)和式(6.30)均可写成

$$\sigma = \sigma_0 + c_3 D^{-m} \tag{6.31}$$

(3) 假设构成亚晶界的位错在整个微观结构上是取可平均的。在这种情况下,每单位体积的亚晶面积 A 约为 $3/D$。对于小的取向差 $\theta = b/h$ [见式(4.4)],每单位晶界面积的位错长度 L 为 $1/h$。因此

$$\rho = AL = \frac{3}{Dh} = \frac{3b\theta}{D} \tag{6.32}$$

假设流动应力与位错密度之间的关系可用式(2.2)描述,则

$$\sigma = \sigma_0 + c_4 \left(\frac{\theta}{D}\right)^{1/2} \tag{6.33}$$

与式(6.31)具有相同形式 ($m = 1/2$ 和 $c_3 = c_4 \theta^{1/2}$)。

上述这些方程都可用于研究亚结构强化,但它们的应用却鲜有一致。Thompson 的综述表明,对于发育良好的亚晶界,$m \approx 1$;而对于胞元结构,$m \approx 0.5$。此外,他也引用了实验证据来支持式(6.33),显然,该领域还需进一步的研究。

6.5.3 通过晶界迁移实现的亚晶长大

6.5.3.1 一般注意事项

目前已提出了两种完全不同的亚结构粗化机制,即本节要讨论的亚晶界迁移和 6.5.4 节讨论的亚晶旋转与合并。尽管普遍认为亚晶长大速率受小角度晶界迁移的控制,但三重点迁移也可能起作用,如 5.5 节所述。然而,目前还没有实验或理论证据表明这是一个重要因素。

在变形和回复的多晶体中,亚晶结构在拓扑上可能与再结晶晶粒结构非常相似,并且因小角度晶界迁移而引起的粗化有时被认为与再结晶后晶粒长大的过程类似(会在第 11 章中讨论),尽管本节会说明两者存在明显差异。

小角度晶界迁移的局部驱动力来自相邻晶界的能量和取向。在图 6.17 所示的二维情况中,三重点 A

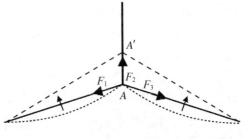

图 6.17 小角度晶界在三重点 A 处的迁移

224

受到来自 3 个晶界的力 F_1、F_2 和 F_3 的作用。如果这些晶界的比能相等，当晶界彼此呈 120° 角时，三重点将处于平衡状态（见 4.5.1 节）。晶界因此被迫变成曲线（短虚线），并倾向于向箭头的方向移动，以使它们的长度最小化。因此，三重点将会移动，直至到达某个位置 A' 时才会稳定下来，在 A' 处，晶界成直线（长虚线），角度平衡值为 120°。

第 11 章对多晶体长大拓扑结构的讨论表明，大的亚晶将以小晶粒的收缩和消失为代价长大。亚晶结构通过三重点 Y 形结的移动来调整由晶界能量产生的力，而这一过程的详细机制取决于组成晶界的位错。Yu 等（2013）提供了铝回复过程中 Y 形结运动的证据。例如，在图 6.18 所示的简单情况下，连接点 A 的垂直移动可以通过以下方式完成，即大角度晶界 AB 发生分解，进而为晶界 AC 和 AD 提供位错。在一般情况下，随着 Y 形结的移动，会发生更复杂的位错相互作用，在某些条件下，这些相互作用可能是由速率决定的（见 5.5 节）。然而，目前还没有对这一过程的研究分析。

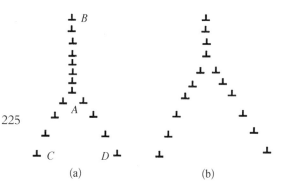

图 6.18　亚晶长大过程中 Y 形结的移动

6.5.3.2　多边形晶体中的亚晶长大

对称的倾斜晶界［见图 6.12（c）］可以通过构成晶界刃位错的滑动而运动（见 5.2.1 节），其迁移率高，在低温下就可能发生迁移（Washburn 和 Parker，1952）。多边形亚结构（弯曲单晶退火时形成的倾斜晶界阵列）的亚晶长大已被广泛研究，研究证明，这些亚晶的长大是通过 Y 形结的迁移而进行的，如图 6.18 所示。Gilman（1955）首次定量研究了锌晶体的这一过程。其他相关研究包括锌（Sinha 和 Beck，1961）、氯化钠（Amelinckx 和 Strumane，1960）、LiF（Li，1966）和硅铁（Hibbard 和 Dunn，1956）等晶体。总的来说，这些测量结果表明，晶界取向差和晶界间距都随时间的对数而增加，并且激活能随时间的增长而增加。Li（1960）、Feltner 和 Loughhunn（1962）对这一过程进行了理论分析，Friedel（1964）和 Li（1966）综述了这一过程。应该强调的是，弯曲单晶的多边形化是亚晶形成和长大的一种非常特殊的情况，预计它与发生在多晶体中的或经历了更复杂变形的单晶体中的亚晶结构的长大关系不大。

225

6.5.3.3　无取向梯度的亚晶长大

晶粒长大(将在第 11 章讨论)和**亚晶长大**之间存在显著的区别。在前一种情况下,晶界主要是大角度晶界且能量相似,晶界之间的平衡角度通常为 120°,晶粒结构(二维)趋向于等轴六边形晶粒的集合(见 4.5.1 节)。相比之下,小角度晶界的能量强烈依赖于取向差和晶界平面(见 4.3.1 节),晶界之间的平衡角一般不可能是 120°。在轻微变形的材料中,亚晶有时几乎呈矩形(见图 2.10)。然而,在严重变形的材料中,亚晶在拓扑上往往与晶粒结构相似,如图 6.19 (Huang 等,2000a)所示,尽管在解释亚晶长大动力学时应谨慎使用大角度晶界相关的模型。然而,在通过晶界迁移模拟亚晶长大动力学时,通常假设如果取合适的晶界迁移率 M 和长大驱动压力 p,亚晶结构的长大可以以涉及大角度晶界的晶粒长大类似的方式处理,这将在第 11 章中讨论(Smith 和 Dillamore,1970; Sandström,1977b)。

226

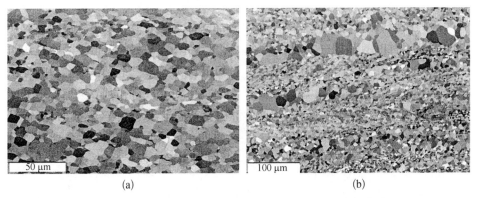

(a)　　　　　　　　　　　　　　(b)

图 6.19　热变形铝晶体(取向为{100}⟨001⟩)中亚晶长大的通道对比 SEM 显微照片

(图中存在长程取向梯度。)

(a) 在 350℃变形和淬火;(b) 在 350℃进一步退火。在带状组织内(存在明显的取向变化)可以看到大量的亚晶长大

根据式(6.26)和式(5.1),并代入 $dR/dt = v$,可得

$$\frac{dR}{dt} = \frac{\alpha M \gamma_s}{R} \tag{6.34}$$

如果在长大过程中没有取向梯度,且 θ 保持不变,则积分得到

$$R^2 - R_0^2 = ct \tag{6.35}$$

式中,$c = 2\alpha M \gamma_s$;R_0 是 $t = 0$ 时的亚晶半径。

227　　　如果 c 在长大过程中为常数，则式(6.35)与通常的晶粒长大关系[见式(11.5)]具有相同的形式，并且与式(6.27)相似($n=2$)，这与亚晶长大动力学的一些实验测量结果一致。

6.5.3.4　亚晶长大过程中取向差的减少

228　　　即使在没有整体取向梯度的情况下，亚晶结构的平均取向差 θ 可能也会发生变化。Humphreys(1992b)采用二维顶点模型(见16.2.4节)模拟在无取向梯度时的亚晶长大发现，平均取向差随亚晶长大而下降[见图 6.20(Humphreys，1992b)]，并且式(6.27)中的指数 $n > 3$，这个结果后来也被蒙特卡罗模拟所证实(Holm 等，2001)。

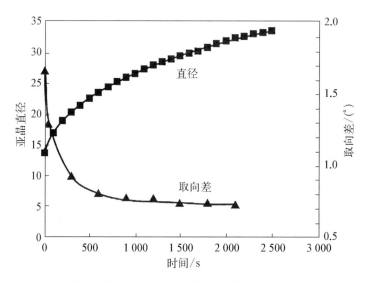

图 6.20　在没有取向差梯度的情况下，计算机模拟预测的亚晶长大和取向差减小

　　　因此，我们推测，小角度晶界迁移将以这样一种方式发生，即通过移除或缩短更大角度(更高能量)的晶界来降低局部能量。考虑图 6.21(a)所示晶界结构的退火，其中高能量晶界用粗线表示。晶界角最初为 120°，但线张力会使 ∠DEC 和 ∠GFH 增大，而使 ∠CAK 和 ∠HBL 减小，从而形成图 6.21(b)所示的微观结构。随着线张力的增大，大角度晶界的总长度也随之减小。

　　　6.5.2.1节讨论的和图 6.16(b)所示的实验结果证实了计算机预测，并提供了明确的证据，即在没有取向梯度的情况下，亚晶的取向差随着亚晶长大而减小。然而，需要强调的是，大多数变形晶粒内部存在大的取向梯度(见2.4节)，图 6.16(b)的行为并不典型。我们会在11.3.2节进一步讨论晶界特征在晶粒长大中的作用。

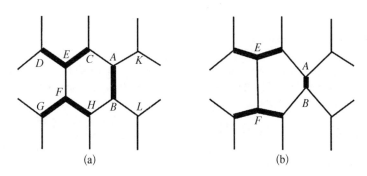

图 6.21　(a) 和(b)中线段 *AB* 的缩短和线段 *EF* 的延长减小了平均取向差

6.5.3.5　亚晶的不连续长大

我们在本章的前面部分已经讨论过,亚晶的长大是通过亚晶逐步均匀的粗化而发生的,按照第 1 章的定义,从唯象的角度,这是一个连续的过程。但在某些情况下,一些亚晶可能会比平均长大速度快得多,形成如图 6.22(Huang 和 Humphreys,2000)所示的**双重亚晶结构**,其中一些亚晶的尺寸可能达到约 100 μm。这一过程表面上看类似于再结晶(见图 7.1)或异常晶粒长大(见图 11.19),但实际上与两者不同,因为它只涉及小角度晶界。然而,它也可视为一个不连续的过程,并且现在也经常被称为不连续的亚晶长大,虽然"异常的亚晶长大"也是一个合理的描述。

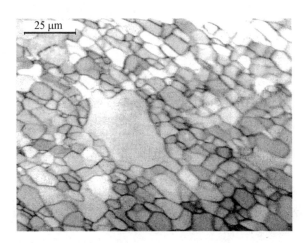

**图 6.22　EBSD 花样质量图显示了 Al‑0.05%Si 中不连续的
亚晶长大,图中黑线为小角度晶界**

Ferry 和 Humphreys(1996a)首次确定了不连续的亚晶长大,Huang 和 Humphreys(2000)进一步研究了 ⟨110⟩⟨001⟩ 取向铝晶体的不连续亚晶长大。

快速长大的亚晶是那些位于亚晶取向散布边缘的亚晶，相比于正常长大的亚晶，它们的取向差略大，如表 6.1 所示。

表 6.1　在不同初始微观结构的 {110}⟨001⟩ 取向 Al‐0.05%Si 晶体中，连续和不连续长大亚晶的相邻晶粒间的取向差 (Huang 和 Humphreys, 2000)

工 艺 批 次	初始的亚晶尺寸 /μm	与周围晶粒间的取向差/(°)	
		连 续 长 大	不 连 续 长 大
A	1.2	2.6	3.8
B	0.9	3.7	4.6
C	4.4	4.5	5.6

此外，胞状微观结构（如亚晶结构）是否连续增长或不连续增长？这个问题留在第 10 章分析。该理论分析令人惊讶的结果是，由于取向差对小取向差晶界的迁移率有很大影响（见图 5.5），在这种结构中预计会出现不连续的亚晶长大。正如实验所发现的那样，那些取向差略大于平均取向差的亚晶长大得更快。模拟 (Rollett 和 Holm, 1997；Maurice 和 Humphreys, 1998；Holm 等, 2003) 也发现了类似初始微观结构的不连续亚晶长大。

有趣的是，虽然异常亚晶长大在理论上早就预测到了，但直到最近才由实验观察到。如 6.5.2.1 节所述，原因是在大多数材料中很少发生亚晶长大，因为再结晶一开始就会抑制该过程。只有在特殊的情况下，再结晶不会发生，才会出现明显的亚晶长大，异常的亚晶长大才能由实验检测到。也有人认为，异常亚晶长大作为一种多边形化机制，实际上是产生了新的晶粒，这很好地解释了再结晶晶粒尺寸与预变形大小的相关性 (Wang 等, 2011)。

6.5.3.6　沿取向梯度的亚晶长大

许多变形或回复的亚结构中存在取向梯度 ($\Omega = d\theta/dR$)（见 2.2.3.3 节）。在这种情况下，亚晶平均取向差 θ 会在亚晶粗化过程中增大，这些亚晶将比在没有取向梯度的情况下长大得更快。如 7.6 节所述，取向梯度的回复在再结晶的形核中起着特别重要的作用。

如图 6.19 举例说明了这一点，图 6.19(a) 为 {100}⟨001⟩ 立方取向铝晶体在 350℃ 平面应变压缩变形后的微观结构。在这些条件下，立方取向是不稳定的（见 13.2.4 节），且会形成变形带，在变形带外会发生大的取向变化（10°～30°）。尽管变形后材料的微观结构[见图 6.19(a)]相当均匀，但在进一步退火[见

229

图 6.19(b)]时,变形带内的亚晶在长大过程中会进一步累积取向差,因此它们 230
的长大非常快。这与图 16.11 的顶点模拟预测的过程类似。

基于式(6.26)和 Read-Shockley 方程[见式(4.6)],可以发现 LAGB 的能量随 θ 变化。对于较小的 θ,$\gamma_s = \theta\gamma_m/\theta_m$,因此

$$P = \frac{\alpha\gamma_s}{R} = \frac{\alpha\theta\gamma_m}{\theta_m R} \tag{6.36}$$

γ_m 是 Read-Shockley 方程预测的晶界能量,当取向差达到 θ_m 时,会转变为 HAGB 的行为。由于存在取向梯度,θ 随亚晶长大而增大,即

$$\theta = \theta_0 + \Omega(R - R_0) \tag{6.37}$$

式中,θ_0 和 R_0 为 θ 和 R 的初值;Ω 为取向梯度。因此,由式(5.1)可得

$$\frac{dR}{dt} = \frac{\alpha M\theta\gamma_m}{\theta_m R} = \frac{\alpha M\gamma_m}{\theta_m R}[\theta_0 + \Omega(R - R_0)] \tag{6.38}$$

对于小的取向梯度,式(6.38)可简化为式(6.34)。然而,对于变形不均匀 ($\Omega > 5°/\mu m$)处的大取向梯度,式(6.38)预测了一个很快的亚晶长大速率,且它随 R 的增加而下降,比没有取向梯度时的速率下降得更慢。式(6.38)的确切形式取决于 M 的取向依赖性,因此取决于所假设的晶界流动模型。建立亚晶在取向梯度中的长大理论和模型(这是预测再结晶开始所必需的)需要对这一领域更深入的理解。

6.5.4　通过旋转和合并的亚晶长大

Hu(1962)基于 Fe‐Si 合金的原位 TEM 退火实验,提出了另一种亚晶长大机制。他认为亚晶可能通过晶界扩散过程进行旋转,直到相邻的亚晶具有相似的取向。正如 Li(1962)所讨论的那样,两个亚晶会合并成一个更大的亚晶,发生的晶界迁移很小,驱动力由晶界能量的下降来提供。

6.5.4.1　亚晶旋转过程

该过程如图 6.23 所示,考虑两个相邻的小角度晶界 AB 和 BC,假设旋转发生在这样一个方向上——使 HAGB(AB)的取向差增加,而 LAGB(BC)的取向 231
差减小。由式(4.5)和图 4.6 可以看出,晶界角度越小,晶界能量 $d\gamma/d\theta$ 的变化越大。因此,当两个晶界的面积相近时,晶界 AB 的能量增加会小于晶界 BC 的能量减少。因此,如果这种旋转方式减少了晶界 BC 的取向差,而增加了 AB 的取向差,那么整体能量就会下降,最终导致如图 6.23(b)所示的亚晶合并。

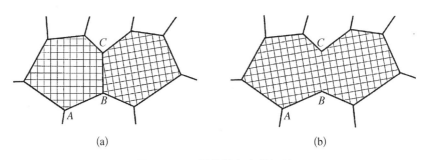

(a)   (b)

图 6.23   亚晶旋转和合并机制

关于回复过程中发生的亚晶旋转和合并,当前尚无被认可的确定性的实验证据。主要有两类实验证据:在 TEM 中直接观察箔材的退火和在 TEM 中对整体退火然后减薄的材料进行后续观察。

6.5.4.2   原位 TEM 观测的证据

首先,这种技术是存疑的,因为在箔材中发生的事件通常不能代表材料的整体行为。因为位错可以很容易地逃逸到薄膜的表面,而薄膜即使在 HVEM 中也很少会超过 $2\,\mu m$ 厚,并且在制样过程中会改变位错密度以及小角度晶界的取向差。以图 6.12(c)为例,考虑晶界中的位错,倾斜晶界上的刃位错之间的力将它们垂直地分开(Hirth 和 Lothe,1968)。显然,如果把试样加热到可以发生攀移的温度,那么位错会消失,晶界最终也会消失。此外,薄试样可以通过弯曲来调节由位错结构变化引起的应力。一些原位退火实验表明位错可以从取向差非常小的晶界(如 Sandström 等,1978)处逃逸。

Chan 和 Humphreys(1984a)以及 Humphreys 和 Chan(1996)在 HVEM 中通过原位退火获得 Al - 6%(质量分数)Ni 在高温变形时亚晶旋转的证据。该合金含有第二相弥散颗粒,这些颗粒在高温下不溶解但会粗化。在退火过程中,形成了清晰的亚晶[见图 6.24(Humphreys 和 Chan,1996)(a)],在较低的退火温度下,这些亚晶以晶粒粗化控制的速率通过小角度晶界的迁移而长大(见11.4.3.2 节)。然而,在超过 550℃的温度下,亚晶的取向改变了。如图 6.24(b)所示,在晶粒 X 处可以看到刃位错密度变化的清晰证据。此外,对亚晶取向改变前后的晶界取向差的测量表明,亚晶内的对比度变化是因为相对取向的改变,而不是因为箔材弯曲的假象。

虽然前述实验表明亚晶发生了旋转,但首先需强调的是,该现象只发生在非常高的温度($0.9T_m$)下,远远高于那些容易发生小角度晶界迁移的温度,因此,在相对较低的温度下,正常回复的相关性值得怀疑。其次,由于本节所讨论的原因,几乎可以肯定是试样的自由表面会辅助晶界上的位错重排。

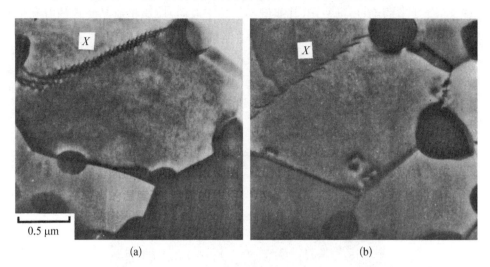

图 6.24　通过 HVEM 观察 Al‑6%Ni 薄膜在 550℃原位退火过程中的亚晶旋转

(注意 X 处晶界附近的位错损失。)

大多数原位退火实验,特别是那些用于研究再结晶机制的,都发现了小角度晶界迁移的明确证据,如 Kivilahti 等(1974)、Ray 等(1975)、Bay 和 Hansen (1979)、Humphreys(1977)以及 Berger 等(1988),但没有发现亚晶旋转的证据。然而,利用分子动力学对晶粒长大的原子模拟(Haslam 等,2001,2003)发现了纳米晶微观结构中晶粒旋转的明确证据,相关讨论见下一节。

6.5.4.3　大块退火样品的证据

通过对大块退火样品的表征来确定退火机制的困难在于,只能看到退火之前或之后的微观结构,因此证据是间接的。亚晶合并的证据通常是含有极小角度晶界(即取向差非常小的晶界)的大亚晶的显微照片,这种晶界被认为正处于因晶界合并而消失的过程中。Hu(1962)、Doherty(1978)、Faivre 和 Doherty (1979)以及 Jones 等(1979)皆发现了此类结构的确切证据。这种实验观察存在的问题是,在变形过程中,亚晶或胞元不断形成和改变,因此新的亚晶晶界经常会在旧的亚晶内部形成(见 2.4.2 节)。故在清晰的亚晶内部,发育不良的小角度晶界的显微照片既可能显示晶界的形成,也可能显示晶界的消失,因此不能提供亚晶合并令人信服的证据。

有些对回复微观结构的实验观察表明,晶界附近的亚晶尺寸大于晶粒内部(Goodenow, 1966;Ryum, 1969;Faivre 和 Doherty, 1979;Jones 等,1979)。这种影响是否是因为 HAGB 附近的变形微观结构不同于晶粒内部(见 3.7.1.4

节），或者是否表明 HAGB 附近的退火行为存在差异，目前尚不清楚。然而，根据 6.5.4.1 节的论点，HAGB（其能量不依赖于取向）应该是亚晶旋转的有利位置（Doherty 和 Cahn，1972）。

Jones 等（1979）有明确证据表明，极小角度晶界和大角度晶界连接时位错密度不均匀，晶界位错密度在 HAGB 附近可能更低，如图 6.25（Jones 等，1979）所示。根据 HAGB 能够从 LAGB 吸收位错的设想，作者认为这可能是亚晶旋转的早期阶段。

234

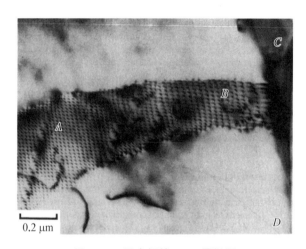

图 6.25　退火铝的 TEM 显微图

（小角度晶界 *AB* 中的位错间距随大角度晶界 *CD* 的接近而变大。）

6.5.4.4　在单个晶界上重取向的建模

亚晶合并动力学可分为两个阶段考虑。本节我们忽略相邻亚晶的约束，研究单个晶界上的重取向，下一节我们将考虑整个微观结构。Li（1962）从两种可能的机制，即刃位错的协作攀移和空位的协作扩散，讨论了单个晶界上的重取向动力学。对于小的晶界取向差，例如那些经常在回复结构中发现的，位错攀移可能是速率控制的，我们只考虑这一机制。Li 考察了取向差 θ 和高度 L 下的单个对称倾斜晶界的情况，如果位错间距在攀移过程中保持一致，则位错在时间 $\mathrm{d}t$ 内（此间取向变化了 $\mathrm{d}\theta$）所做的功为

$$\mathrm{d}W = \frac{2L^3\mathrm{d}\theta}{3b\theta B}\,\frac{\mathrm{d}\theta}{\mathrm{d}t} \tag{6.39}$$

式中，位错的攀移率 $B = D_x b^3 c_{\mathrm{j}}/(kT)$，$D_x$ 是扩散系数，c_{j} 是位错割阶的浓度。

式（6.39）等于晶界取向差改变了 $\mathrm{d}\theta$ 时的能量变化 $\mathrm{d}E$：

$$dE = 2L\gamma_{m}\ln\left(\frac{\theta_{m}}{\theta}\right)d\theta \tag{6.40}$$

式中，γ_{m} 和 θ_{m} 是 Read-Shockley 方程[见式(4.6)]中的常量。令 dE 和 dW 相等，则有

$$\frac{d\theta}{dt} = \frac{3\gamma_{m}\theta Bb}{L^{2}}\ln\left(\frac{\theta}{\theta_{m}}\right) \tag{6.41}$$

积分后得出

$$\ln\ln\left(\frac{\theta_{m}}{\theta}\right) = \left(\frac{3Bb\gamma_{m}}{L^{2}}\right)t + K \tag{6.42}$$

Li(1962)也分析了扭转和其他小角度晶界的重取向，发现与式(6.41)只相差一个很小的因子。

Doherty 和 Szpunar(1984)研究了通过位错攀移发生重取向的动力学行为，认为考虑环绕亚晶的位错环的行为比考虑孤立的晶界(Li 的做法)更合适。对于体扩散控制的位错攀移，他们得到了与 Li 非常相似的动力学，即式(6.41)。然而，他们发现在低温 ($T < 350℃$) 下，芯区扩散[修正了式(6.41)中的 B 项]会大大加快铝的重取向速率。

6.5.4.5　亚晶合并动力学建模

在回复后的亚晶结构的合并中，一个亚晶的重新取向会影响亚晶周围的所有晶界，因此大约涉及 14 个 LAGB。Li(1962)指出，从所有相关晶界的能量变化计算出的亚晶旋转驱动力，除了绕一条旋转轴外，绕所有轴上的旋转驱动力都是有限的，因此该过程在热力学上是可行的。源自亚晶周围 α 个晶界的总驱动力为

$$\sum_{\alpha}L_{\alpha}^{2}\frac{d\gamma}{d\theta}\sum_{\alpha}L_{\alpha}^{2}\gamma_{m}\ln\left(\frac{\theta_{m}}{\theta_{\alpha}}\right) \tag{6.43}$$

由式(6.43)可知，θ 最小、面积最大的晶界提供的驱动力最大。

为了正确计算一个被环绕的亚晶的旋转动力学，须将式(6.43)计算的驱动力与所有起作用的晶界内的位错的攀移率结合使用，这是一个难题。但是，根据 Li 的攀移动力学[见式(6.41)]可知，旋转速率最低的晶界具有最大的驱动力。因此，Li 认为这种晶界控制了旋转速率，因此式(6.41)可近似用于预测亚晶的旋转速率，该方法被后来的研究人员广泛采用。但需要注意的是，方程中 L 和 θ 的取值并不是亚晶的平均值，而是 $L^{2}\ln(\theta_{m}/\theta)$ 最大的亚晶对应的值。使用这种

分析的另一个问题是旋转亚晶会影响周围的微观结构,进而影响相邻亚晶随后的旋转动力学。因此,为了确定亚晶旋转动力学,我们不仅需要知道亚晶尺寸和取向的初始分布,还需知道这些参数的变化值。

Moldovan 等(2001)基于连续理论、弹性和扩散流动,建立了多晶柱状微观结构中晶粒旋转的详细理论。

已经有一些尝试将实验测量的亚晶长大动力学(见 6.5.2 节)与预测的亚晶合并动力学进行比较。采用式(6.41)预测长大动力学的通常做法是将 θ 等同于实验测量的平均取向差,并假设在时间 t 时,所有直径小于 L 的亚晶都会合并,因此 L^2 与 t 成正比。这些动力学与有时在实践中发现的[见式(6.27),$n=2$]形式相似,当然也与 θ 保持不变时,LAGB 迁移对亚晶粗化的预测相似[见式(6.35)]。然而,它们与最近对亚晶长大的实验测量不一致,后者对应的 n 值[见式(6.27),6.5.2 节]更大。

由于理论预测的亚晶长大速率(包括亚晶旋转和亚晶迁移主导的长大)的不确定性,采用动力学区分这些机制可能并不合适。

6.5.4.6　亚晶合并的模拟

一些研究人员采用计算机模拟研究了二维亚晶阵列中的亚晶旋转和合并。该过程的驱动力由式(6.43)给出,旋转速率由 Li(1962)根据位错攀移控制假设计算得到。Saetre 和 Ryum(1992)使用方形亚晶阵列作为起始结构。我们使用了扩展的顶点模型(见 16.2.4 节),它允许更真实的亚晶结构。图 6.26 显示了我们模拟的相同微观结构但不同取向差散布的结果。如图 6.26(a)所示,由于极小取向差晶界的消除,大量的合并导致了亚晶尺寸一开始急剧增大。此后,亚

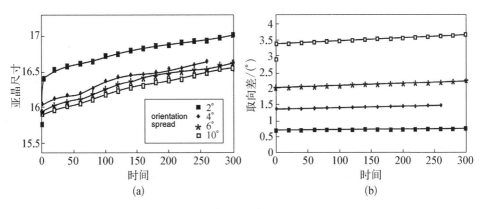

图 6.26　二维微观结构中亚晶合并动力学的计算机模拟

(在微观结构中引入了 2°~10°的取向差散布。)

(a) 亚晶的长大;(b) 平均取向差

晶尺寸呈线性增长,这与 Saetre 和 Ryum(1992)的结果一致。需要注意的是,在初始阶段之后,长大速率几乎不受取向差的影响。如图 6.26(b)所示,平均亚晶取向差几乎随时间线性增加。

也开展了针对 HAGB 微观结构的模拟,但亚晶取向差的分布相同。正如 Doherty 和 Cahn(1972)首次预测的那样,HAGB 优先发生合并。数据分析表明,在整个模拟过程中,在 HAGB 处发生合并的概率是在晶粒内部发生合并的 2.5 倍。

阿贡实验室的 Wolf 对柱状多晶体的长大进行了介观尺度模拟(Moldovan 等,2002)和分子动力学模拟(Haslam 等,2001,2003)。这些模拟允许发生晶界迁移和晶粒旋转,因此可以对这些机制进行比较。在接近熔点的温度下,发现直径约为 15 nm 的晶粒会发生非常显著的旋转,分子动力学模拟如图 6.27

237

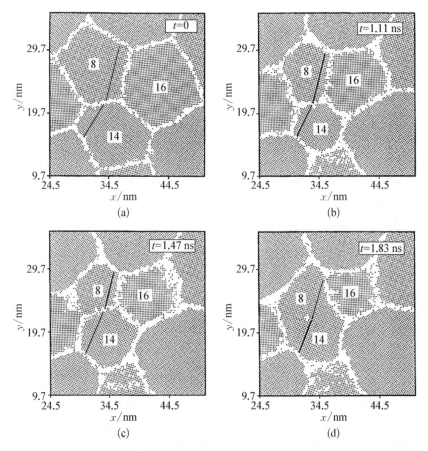

图 6.27　分子动力学模拟小柱状多晶体的晶粒长大,包括晶粒旋转、合并和晶界迁移

(晶界区域的错配原子没有显示出来,实线代表⟨110⟩方向。)

(a) $t = 0$;(b) $t = 1.11$ ns;(c) $t = 1.47$ ns;(d) $t = 1.83$ ns

238 (Haslam 等,2001)所示。这些功能强大的分子动力学模拟证明了晶粒旋转和晶界迁移之间的相互作用,并与本节的讨论一致,表明亚晶旋转只有对于取向差小、且在极高温度下的极小亚晶才会成为一个重要因素。

6.5.5　再结晶的回复机制与形核

毫无疑问,亚晶的旋转和合并在热力学上是可行的,并且如前一节所述,有证据表明,在电子显微镜下加热的箔材中,位错可能从取向差非常小的晶界逃逸出来,这可能导致在这些特殊条件下合并。还有一些证据表明位错重排可能发生在与大角度晶界相邻的小角度晶界中。然而,没有令人信服的证据表明这种机制在均匀回复期间或在大取向梯度区域的回复过程中对亚晶粗化起任何重要作用,正如 7.6.3 节所讨论的,这种机制可认为是再结晶的一种起源方式。因此,根据现有的理论和实验证据,目前可以合理地认为亚晶粗化和亚晶处的再结晶形核都受 LAGB 的迁移所控制。

6.6　第二相颗粒对回复的影响

第二相颗粒可能在材料变形过程中就已存在,在这种情况下,它们通常均匀地分布在微观结构中,也可能在退火过程中析出,此时,它们的分布通常与位错结构有关。本节我们将主要关注那些稳定分布的、在退火过程中不发生变化的颗粒。析出和退火同时进行的影响将在 9.8 节中讨论。

第二相颗粒可能会以多种方式影响回复机制,在位错湮灭和重排以形成 LAGB 的过程中(见 6.3 节),颗粒可能会钉扎单个位错,从而抑制这一回复阶段。三维位错网络退火的驱动力 F 由式(6.13)给出。这与颗粒的钉扎效应而产生的力(F_p)相反,F_p 可近似地表示为

$$F_p = \frac{c_1 Gb^2}{\lambda} \tag{6.44}$$

式中,c_1 为常数,取决于颗粒与位错之间相互作用的大小;λ 为沿位错线的颗粒239 间距(2.9.3 节详细讨论了位错-颗粒的相互作用)。由此产生的驱动力就变为($F - F_p$)。这种方法只有在颗粒间距小于位错网络尺寸的情况下才有效,并且由于这种情况在实践中很少发生,因此很少研究颗粒对这一回复阶段的影响。然而,人们对颗粒在回复过程中对亚晶长大的影响更感兴趣,因为这与第 9 章中讨论的含颗粒合金中再结晶的起源有关。

6.6.1　颗粒对亚晶长大速率的影响

有大量证据表明,细颗粒的弥散可能会对亚晶产生强烈的钉扎效应(Humphreys 和 Martin,1968;Ahlborn 等,1969;Jones 和 Hansen,1981;Gladman,1990),图 6.14 举例说明了这一点。Anand 和 Gurland(1975)发现亚晶长大与渗碳体颗粒的体积分数相关,为 $\propto f^{-1/2}$。利用颗粒来钉扎和稳定回复的亚结构是提高合金在高温下的强度和抗蠕变性能的一种行之有效的方法。用于此目的的颗粒需要在高温下保持稳定,通常利用粉末冶金或机械合金化将氧化物颗粒加入弥散强化合金中,如镍合金(如 Benjamin,1970)和铝合金(如 Kim 和 Griffith,1988)。

Jones 和 Hansen(1981)用电子显微镜观察了单个晶界位错被颗粒钉扎的现象,如图 6.28(Jones 和 Hansen,1981)所示。到目前为止,还没有基于"位错-颗粒相互作用"的晶界迁移理论,并且用于解释颗粒存在时的亚晶长大模型基本类似于解释颗粒对晶粒长大影响的模型(11.4 节)(Sandström,1977b)。迄今为止,很少有定量测量颗粒影响亚晶长大速率的方法。

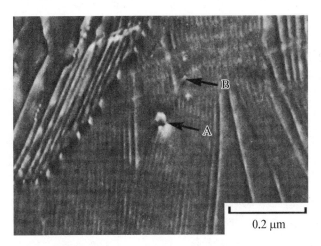

0.2 μm

图 6.28　TEM 显微图显示了铝中 Al_2O_3 颗粒(A 和 B)对小角度晶界位错的钉扎作用

有人认为(Bhadeshia,1997)变形机械合金化铁和镍基高温合金抵抗再结晶的稳定性可以通过三重点钉扎使细小(约 0.2 mm)亚晶组织稳定(见 5.5 节)来解释。然而,这些微观结构似乎需要足够多的第二相小颗粒,以防止亚晶长大(见 11.4.2 节),颗粒的稳定化是更可能的解释。

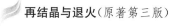

在第 4 章中讨论了 HAGB、LAGB 与颗粒的相互作用。由式(4.12)给出单个非共格球形颗粒的钉扎力为 F_{SZ}，由式(4.24)给出随机分布的颗粒与平面晶界相互作用产生的阻力为 P_{SZ}，即 Smith-Zener 阻力。如果颗粒间距远小于亚晶直径 $2R$，则由式(6.26)和式(4.24)可得亚晶长大的驱动压力为

$$p = p_D - p_{SZ} = \frac{\alpha \gamma_s}{R} - \frac{3F_V \gamma_s}{2r} \qquad (6.45)$$

因此，根据式(5.1)，与之前一样，令 $v = dR/dt$ 代入得

$$\frac{dR}{dt} = M\gamma_s \left(\frac{\alpha}{R} - \frac{3F_V}{2r} \right) \qquad (6.46)$$

该方程预测了短时间内抛物线的增长规律，而在较长时间内，当 p_D 接近 p 时，预测了亚晶的极限直径为 $4\alpha r/3F_V$。在实践中，将式(6.46)用于亚晶长大速率有几个困难。特别是，如 2.9.2 节所述，变形形成的初始胞元或亚晶尺寸可能与颗粒间距密切相关，因此式(4.24)所基于的平面晶界与随机分布颗粒相互作用的假设是不合理的。在这种情况下，钉扎压力随亚晶尺寸的变化要复杂得多，见4.6.2 节及图 4.28。

6.6.2　受颗粒限制的亚晶尺寸

由于颗粒稳定亚晶结构的工业重要性，计算颗粒限制的亚晶尺寸受到广泛的关注。此外，11.4.2 节会详细讨论极限晶粒尺寸的概念，本节只讨论与亚晶特别相关的若干知识。

6.6.2.1　稳定的颗粒弥散

根据 11.4.2 节，我们预计，当颗粒体积分数较小时，极限亚晶尺寸与 F_V^{-1}〔见式(11.31)〕成正比，而当体积分数较大时，则与 $F_V^{-1/3}$ 成正比〔见式(11.34)〕。这一转变对应的临界体积分数尚不清楚，可能约为 0.05（见 11.4.2.3 节）。Anand 和 Gurland(1975)测量了 F_V 在 0.1～0.2 范围内钢的极限亚晶尺寸，结果与式(11.33)的 $F_V^{-1/2}$ 关系一致。然而，如 11.4.2.3 节所述，式(11.33)预测的亚晶尺寸不太可能是稳定的〔见图 6.29（Anand 和 Gurland，1975）〕，他们的实验结果与式(11.34)的 $F_V^{-1/3}$ 关系同样吻合得很好。

6.6.2.2　对再结晶的抑制

被颗粒所限制的亚晶长大对合金的再结晶行为有显著的影响。颗粒的弥散可能会阻碍再结晶起始阶段的回复过程，该问题会在 9.4.1 节中讨论。

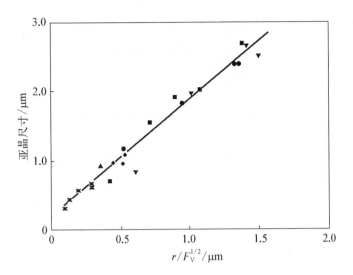

图 6.29　根据式(11.34)绘制的碳素钢中受颗粒限制的亚晶尺寸

6.6.2.3　亚晶形成后的析出

过饱和合金在退火过程中可能会在回复的亚结构上发生沉淀析出,这种行为在商业 Al - Mn 合金(Morris 和 Duggan,1978)、Fe - Cu(Hutchinson 和 Duggan,1978)和 Fe - Ni - Cr(Hornbogen,1977)中均观察到。在这种情况下, 242 析出一般发生在小角度晶界上。这种非均匀分布的析出相[见图 4.25(d)]对晶界产生强烈的钉扎效应,如 11.4.3.1 节所述,极限亚晶尺寸由式(11.35)给出。

6.6.2.4　颗粒粗化控制的亚晶长大

如果在形成颗粒稳定的亚晶结构后,颗粒在回复退火中变粗,那么可能会发生一般的亚晶长大,其动力学由颗粒粗化控制,如图 6.30 所示。图 6.24(a)所示的是这种微观结构的一个例子。这种情况下的亚晶长大动力学以及颗粒参数

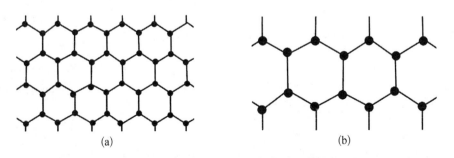

(a)   (b)

图 6.30　第二相颗粒粗化控制的扩展回复

与亚晶尺寸之间的关系将在 11.4.3.1 节讨论。Hornbogen 及其同事首次在 Al‐Cu 合金中研究了这一现象（如 Köster 和 Hornbogen，1968；Ahlborn 等，1969；Hornbogen，1970）。当颗粒变粗时，可能会出现大量的亚晶长大，有时用"扩展回复"这个术语来描述这个过程。

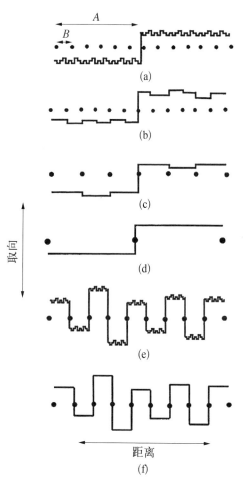

图 6.31　本节讨论的扩展回复和连续再结晶示意图

图 6.31(a)显示了理想化的一维变形微观结构。纵向表示取向，水平方向表示第二相颗粒和晶界的分布。因此，微观结构代表两个晶粒，每个晶粒都包含小的亚晶。在低温退火时会发生回复，初始亚晶的长大在很大程度上将不受颗粒的影响，直到亚晶长大到与颗粒间距相当的尺寸［见图 6.31(b)］，此时回复结构稳定了，如 6.6.2.1 节所述。晶粒内的取向扩展在亚晶长大期间不太可能发生显著变化，并且由于晶粒内没有整体取向梯度，因此亚晶取向差保持较小。在较高温度下进一步退火可能会使颗粒粗化，从而使亚晶长大［见图 6.31(c)］，这个过程如图 6.30 所示，称为**扩展回复**。如果颗粒继续粗化，那么最终的微观结构［见图 6.31(d)］将主要包含大角度晶界。因此，这类似于再结晶的微观结构，用**连续再结晶**[①]来描述这个过程也是合理的。然而，应该指出的是，这个术语并不意味着任何特定的微观机制，适用于任意没有明显的形核和长大过程的大角度晶界结构的演变。第 14 章讨论了在非常大应变的变形期间或之后可能发生的这种连续再结晶与传统的不连续再结晶之间的关系。

---

①　同样地，如果相对较粗的颗粒钉扎住了变形的晶粒结构［见图 6.31(e)］，那么晶粒内的回复就会消除亚结构及与它们相关的取向梯度，如图 6.31(f)所示。

从本章前面的讨论中可以看出,扩展回复和连续再结晶之间的本质区别最好是根据最终微观结构中小角度晶界和大角度晶界的相对数量来定义,并且存在介于两者之间的情况。

在含有大体积分数(约 0.1)的金属间化合物颗粒的合金中发现了由颗粒粗化控制的扩展回复的例子,例如 Al-Fe(Forbord 等,1997)和 Al-Ni(Morris,1976; Humphreys 和 Chan,1996)。热挤压后,Al-6%Ni 在变形基体中含有体积分数为 0.1、大小约为 0.3 μm 的 $NiAl_3$ 颗粒。退火时,未发生不连续再结晶,但颗粒和亚结构在高温下粗化(见图 11.13 和图 11.14)。尽管亚晶从 100℃时的约 0.8 μm 长大到 500℃时的约 2 μm,但晶粒/亚晶取向差的分布基本上没有变化,如图 6.32(Humphreys 和 Chan,1996)所示。材料在退火后保留了相当一部分小角度晶界的事实表明发生了扩展回复,这很容易与连续再结晶区分开来,产生的微观结构主要由大角度晶界构成,如图 14.5(b)所示。

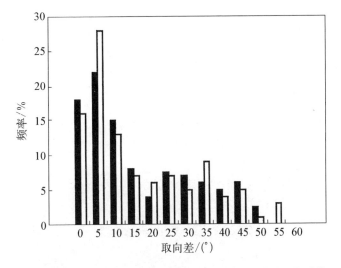

图 6.32　Al-6%Ni 在 100℃(黑柱)和 500℃(白柱)退火时的
晶粒/亚晶取向差分布频率

第7章 〉 单相合金的再结晶

7.1 引言

上一章所讨论的回复,在空间和时间上都是一个相对均匀的过程。从比胞元或亚晶尺寸更大的尺度上观察时,材料内部大多数区域发生的变化都是相似的。回复随时间逐渐进行,而且该过程没有明确的、可辨别的起始或结束时间。若将回复视为广义的相变过程,则回复可认为是一个连续的相变过程。相比之下,再结晶过程涉及在材料内部某些区域形成新的、无应变的晶粒,并且这些再结晶晶粒的后续长大会逐渐消耗变形组织或回复组织[见图1.1(c)(d)]。如图7.1所示,任意时刻的微观结构都可分为再结晶或非再结晶组织。并且从如图7.2所示的原位退火可观察到,再结晶分数从0逐渐增加到1;同样,从相变角度,这是典型的(1.1节所定义的)不连续退火现象。

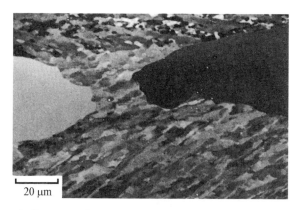

20 μm

图7.1 铝的 SEM 通道对比图显示再结晶晶粒朝回复的亚晶组织长大

为区别于完全再结晶材料中可能出现的异常晶粒长大过程(有时也称为**二次再结晶**,见11.5节),变形组织的再结晶通常称为**初次再结晶**(或**一次再结晶**)。本章若无特别说明,再结晶即为初次再结晶。

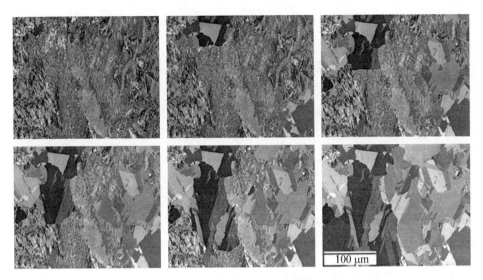

图 7.2　原位退火时变形铜的再结晶

(该实验和其他原位退火实验的相关视频可以在 www. recrystallization. info 上查看。)

通常将初次再结晶分为**形核**(即变形组织中首次出现新晶粒)和**长大**(新晶粒逐渐取代变形组织)两个过程。尽管对任一特定的晶粒,这两个过程是先后发生的,但在整个材料内部中,形核和长大可以在任何时间同时发生。因此,直观上再结晶动力学与相变动力学类似,都存在形核和长大两个过程。 246

在讨论再结晶的起源时,通常使用的"形核"一词并不合适,因为正如我们在7.6.1 节中要进一步讨论的那样,并不会发生经典热力学意义上的形核。更准确的过程描述应该是"初始化",不过,为了尽量减少与文献的冲突,我们仍使用 247

这一公认的术语。事实上,在回复到亚晶结构的材料中,再结晶的"形核"是亚晶结构异常长大的结果(Holm 等,2003;Wang 等,2011),这很好地说明了再结晶现象的多尺度本质。

在等温退火过程中,再结晶动态过程通常用**再结晶体积分数**(X_v)作为时间对数($\log t$)的函数表示,并以 X_v - $\log t$ 图表示。该图通常具有图 7.3 所示的典型的 S 形,在再结晶发

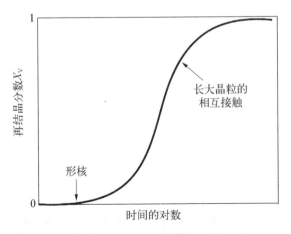

图 7.3　等温退火过程中典型的再结晶动力学曲线

生初期存在明显的孕育阶段,随后再结晶速率增加,对应线性区域,最后再结晶速率降低直至饱和。

本章主要讨论再结晶的起源、动力学行为,以及影响再结晶过程和最终微观结构的因素。本章主要关注单相合金的再结晶行为,第9章会讨论双相合金的再结晶行为,第5章已详细讨论了再结晶过程中的晶界迁移率和迁移过程,第12章将讨论再结晶晶粒的取向(再结晶织构)。

大量研究发现,金属材料在大变形后的再结晶行为可能明显不同于其在小变形或中等变形下的再结晶行为,本章主要讨论大变形过程中的不连续再结晶,而连续再结晶过程将在第14章中讨论。连续再结晶是指塑性变形过程中位错亚结构内的取向差(稳定)逐渐增大,并且在非常大的应变后,形成了亚微米晶粒尺寸的HAGB结构(Toth和Gu,2014)。

7.1.1 再结晶过程的量化

再结晶是一种微观结构转变,可以直接采用光学显微镜进行量化观察(见附录A2)。EBSD也已成为一个有用的工具,可以根据取向数据自动区分再结晶和未再结晶区域(Field,1995;Rollett等,2002)。此外,也可通过测量各种物理或机械性能(如压痕硬度、电阻或热量释放率)来检测再结晶的发展过程。

7.1.1.1 整体转变

再结晶的进展程度通常用 X_V 来描述,对于等温实验,通常用再结晶完成50%(即 $X_V = 0.5$)的时间 $t_{0.5}$ 来度量再结晶速率。对于等时实验,即时间恒定(如1h)的不同温度下的退火过程,**再结晶温度**通常定义为材料达到50%再结晶时的温度。虽然这些对再结晶过程的测量具有实用价值,但对再结晶的更基本的测量应该分别测量形核和长大过程。

7.1.1.2 形核

第一个难题是如何定义我们所说的**再结晶核**。一个较受认可的定义是低内能晶体在变形或回复的材料中长大,并通过大角度晶界与基体隔开。

如果单位体积内的晶核数(N)在再结晶过程中保持不变,则 N 是一个关键参数。然而,如果 N 不是常数,则还需考虑**形核速率** $\dot{N} = \mathrm{d}N/\mathrm{d}t$。由于再结晶的形核是一个非常复杂的过程,形核速率并不是一个简单的参数。如图7.4(Anderson和Mehl,1945)所示,早期研究表明再结晶过程中的形核速率并不总是恒定的。

需要谨慎对待这些测量数据,特别是在再结晶的早期阶段,因为观测到的形核数很大程度上依赖于检测它们的技术。例如,在图7.4(a)中,难道在时间小于 1 000 s 的范围内真的没有再结晶晶核？还是由于这些晶核太小了，光学显微镜无法检测到？图 7.4(b) 所示的初始形核速率快速上升是一个真实的效应，还是因为小的晶核没被检测的缘故？在第二种情况下，也许这幅图实际上代表的是单调下降的形核速率？

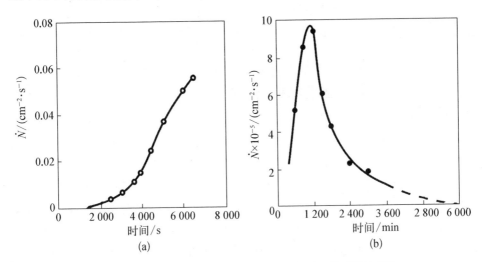

图 7.4　5% 变形铝在 350℃ 退火时形核率 ($\dot{N}$) 随时间的变化

(a) 初始晶粒尺寸为 45 μm；(b) 初始晶粒尺寸为 130 μm

而且，虽然正式的再结晶动力学模型(见 7.3 节)通常会涉及形核速率 $\dot{N}$，但一般很难通过实验测量 $\dot{N}$。当我们考虑形核机制和形核位置(见 7.6 节)时，在大多数情况下，显然还不太可能获得真实的形核数及其随时间和其他参数变化的定量模型。

7.1.1.3　长大

在再结晶过程中，新晶粒的长大比它们的形核更容易分析。一般认为(见 5.1.3 节)，大角度晶界的运动速度 v，即长大速率 ($\dot{G}$) 可由下式表示：

$$v = \dot{G} = Mp \tag{7.1}$$

式中，M 为晶界迁移率；p 为作用在晶界上的净驱动压力(见 5.1.3 节)。

驱动压力　再结晶的驱动力 p_d 由位错密度 ρ 提供，其产生的储能 E_D 由式 (2.6) 表示。再结晶的最终驱动压力可近似表示为

$$p_d = E_D = \alpha \rho G b^2 \tag{7.2}$$

式中，α 为常数(约为 0.5)，金属的位错密度设为 10^{15} m^{-2}，$Gb^2 = 10^{-9}$ N，则初次再结晶的驱动压力在 1 MPa 量级。如果位错以小角度晶界的形式存在，则根

据式(2.8)，驱动压力也可以用亚晶尺寸和取向差来表示。

250　　　　**晶界曲率**　假设变形结构内的一个小的、半径为 R 的球形新晶粒正在长大，则存在一个来自大角度晶界（假设比能为 γ_b）曲率的反作用力。如果晶粒收缩，晶界面积会减小，能量会降低，因此在晶界处会出现一个阻滞压力 p_c，p_c 可由 Gibbs-Thomson 关系给出：

$$p_c = \frac{2\gamma_b}{R} \tag{7.3}$$

然而，这种压力仅在再结晶初期阶段（此时新晶粒很小）比较显著。当晶界能为 $0.5\,\mathrm{J/m^2}$ 时，根据前述的驱动压力，当 $R = 1\,\mu m$ 时，$p_c = p_d$。因此，在该晶粒尺寸以下，再结晶的净驱动压力为零。在合金的再结晶过程中，由溶质或第二相颗粒等产生的阻滞力可能更显著，第 9 章和第 11 章会讨论这个主题。

在再结晶过程中，由于作用在晶界上的压力不是常数，晶界速度可能也不是常数。特别是驱动力可以通过回复而降低，驱动压力和晶界迁移率都会在试样中发生变化，这些问题会在后面章节详细讨论。因此长大速率 $\dot{G}$（在任何再结晶模型中都是一个重要的参数）也是材料以及变形和退火条件的复杂函数。

7.1.2　再结晶规律

本章我们主要关注再结晶的基本原理，尽管会参考一些遴选的文献，但不会详细讨论过去 50 年间所开展的再结晶实验研究。Cotterill 和 Mould(1976)提供了大量关于早期工作的参考书目，涵盖的材料种类繁多。

为了引入这一主题，我们有必要回顾最早试图将材料的再结晶行为合理化的尝试，即建立所谓的再结晶定律(Mehl，1948；Burke 和 Turnbull，1952)。基于大量实验工作的结果，这一系列定性陈述预测了初始微观结构（晶粒尺寸）和工艺参数（变形应变和退火温度）对再结晶时间和再结晶后晶粒尺寸的影响。如果认为再结晶是由热激活过程控制的形核和长大现象，而热激活过程的驱动压力是由变形储能提供的，那么这些规则在大多数情况下是合理的。

251　　　（1）发生再结晶需要一个最小的临界变形量。变形必须足以为再结晶提供晶核，并提供必要的驱动力以维持其长大。

（2）再结晶发生的温度随退火时间的增加而降低。这是因为控制再结晶的微观机制是热激活的，再结晶速率与温度之间的关系可由阿伦尼乌斯方程表示。

（3）再结晶发生的温度随变形的增加而降低。为再结晶提供驱动力的变形储能随变形的增大而增加（通过加工硬化）。此外，取向梯度的程度也随变形增大而增大,这促进了新晶粒的形成(形核)。因此,在变形程度较高的材料中,形核和长大都更为迅速,甚至可以在更低的温度下发生。

(4) 再结晶晶粒尺寸主要取决于变形量,变形量大时晶粒变小,且对退火温度不敏感。较之于晶粒长大速率,晶核数或形核速率受预变形量的影响更大(Eastwood 等,1935)。因此,大的变形能提供更多的单位体积晶核数、更小的最终晶粒尺寸。虽然(通过热激活的)长大速率对退火温度很敏感,但新晶粒的密集度在很大程度上取决于变形组织。

(5) 对于给定的变形量,以下因素会提高再结晶温度:① 较大的初始晶粒尺寸。晶界是形核的有利位置,因此初始晶粒尺寸越大,形核位置越少,形核速率越低,再结晶速度越慢或再结晶温度越高。② 更高的变形温度。在更高的变形温度下,材料在变形过程中会发生更多的回复(动态回复),因此在同等变形量下,所存储的变形能比在较低的变形温度下的要少。

7.2　影响再结晶速率的因素

当 Burke 和 Turnbull(1952)在 1952 年回顾这一主题时,他们能够将大量的实验数据合理化为"再结晶定律"中相对简单的概念。然而,后来的研究表明,再结晶是一个比当时设想的要复杂得多的过程,此外,我们现在知道,很难将早期的研究成果推广至当前合金材料在大变形条件下的再结晶,因为早期的研究工作大部分是针对高纯度金属在单轴小变形条件[①]下的再结晶行为。虽然再结晶定律仍为整体行为提供非常有用的参考,但我们现在认识到,还有许多其他重要的材料和加工工艺参数需要考虑在内,因此,任何试图理解再结晶的尝试都需要在更精细(比 60 年前或更早)的微观结构层面上解决这一现象。

252

下一节我们将考虑一些已知的影响材料再结晶速率的重要因素。

7.2.1　变形结构

7.2.1.1　预先变形的大小

变形量和变形类型在某种程度上会影响再结晶速率,因为变形改变了存储能和有效晶核数。正如 7.6 节要讨论的,形核点的类型也可能是变形的函数。存在一个最小的临界变形量,通常约为 $1\%\sim3\%$,低于这个变形量就不会发生

---

① 译者注:本文所述的小变形只是相对的。

再结晶。超过该变形时,再结晶速率随应变增加而增加,在真应变为2~4时达到最大值并趋于稳定,图7.5(Anderson 和 Mehl,1945)为拉伸变形对铝再结晶动力学的影响。如图7.23所示,与退火温度相比,预变形强烈影响再结晶晶粒尺寸(Eastwood 等,1935)。正如 Wang 等(2011)所讨论的,再结晶晶粒尺寸随变形增加而减小这一现象可以通过取向梯度随变形增加而稳步增加来理解(Hughes 等,1997;Merriman 等,2008),取向梯度增加提高了亚晶结构异常长大的趋势,这反过来又提供了更高的形核密度。

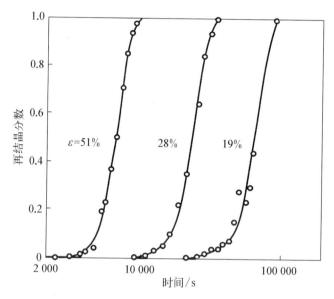

图 7.5 拉伸应变对 350℃ 下退火铝再结晶动力学的影响

253 ### 7.2.1.2 变形模式

变形模式同样影响再结晶速率。单晶通过单滑移变形,在退火时回复,可能不会再结晶,因为位错结构(见图6.7)不包含提供形核位置所需的非均质性和取向梯度。这种效应的典型例子是以基面滑移而变形的六方金属。例如,Haase 和 Schmid(1925)的研究表明,即使在发生大的塑性变形后,锌晶体也可在不发生再结晶的情况下完全回复至其初始状态。而另一个极端是,金属经历了变形,但整体形状变化很小或没有(即大多数变形是冗余的),却仍可能发生再结晶。从驱动力的角度这很好解释,因为无论是否发生形状变化,变形都会导致应变硬化。因此,可近似地认为,不管形状变化如何,累积的塑性变形才是最重要的,变形方式对再结晶的影响是复杂的。例如,在铁(Michalak 和 Hibbard,1957)和铜(Michalak 和 Hibbard,1961)中,发现在相同的厚度减少情况下,相比于横轧,等断面轧制会诱发更快速的再结晶。Barto 和 Ebert(1971)通过拉伸、拉丝、轧制和压缩使钼的真应变达到 0.3,发现拉伸变形后的试样的再结晶速率最高,其他试样的再结晶速率依次下降。

7.2.1.3　应变路径变化

在许多塑性加工工艺中,应变路径不是恒定的,甚至可能是反向的。例如在轧制过程中,表面附近的剪切变形会改变符号。虽然对应变路径效应的主要兴趣是它们对成形性的影响,但应变路径效应如何影响随后的再结晶行为也是很重要的。一般规律是,应变路径的反转,例如通过拉伸-压缩或扭转-反向-扭转实验,会持续降低晶核的密度和(或)提高再结晶温度。

Lindh 等(1993)报道了应变路径对高纯铜再结晶影响的实验结果,他们开展了拉伸和拉伸/压缩组合实验,并测量了再结晶温度。对于仅受拉伸变形的试样,再结晶温度随拉伸应变的增加而降低[见图 7.6(Lindh 等,1993)]。通过拉伸和压缩变形达到相同的总永久应变(ε_{perm}),试样在较高的温度下发生再结晶。根据拉伸/压缩试样的数据点得到图 7.6的拉伸试样的曲线,最终可得到拉伸/压缩试样的等效再结晶应变(ε_{equ}^{R})如下:

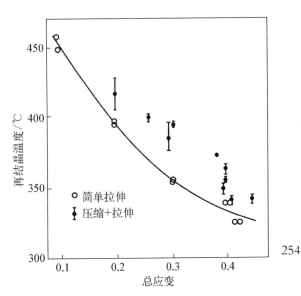

254

图 7.6　铜的再结晶温度作为拉伸或拉伸/压缩组合变形试样中总施加应变的函数

$$\varepsilon_{equ}^{R} = \varepsilon_{perm} + \eta \varepsilon_{red} \quad (7.4)$$

式中,ε_{red} 为冗余应变;η 为常数 0.65,表明冗余应变对再结晶的促进作用仅为永久应变的 0.65 倍。

Embury 等(1992)对比研究了纯铝立方块在单向压缩变形后和在不同方向渐进压缩变形后的再结晶行为,后者的目的是使材料发生与前者相同的累积塑性变形而不产生整体的形状变化。他们的结果[见图 7.7(Embury 等,1992)(a)]表明,在相同等效应变下,多轴压缩变形试样的再结晶速度比单轴压缩变形试样要慢,这与图 7.6 的结果一致。而当试样在相同应力水平下变形时,如图 7.7(b)所示,试样的再结晶动力学是相似的。

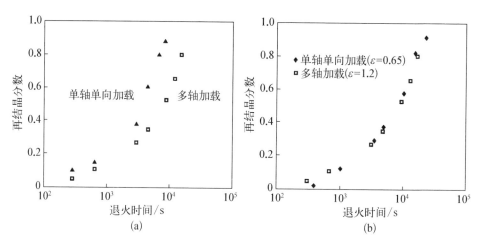

图 7.7　冗余变形对纯铝再结晶的影响，单轴变形试样和多轴压缩
变形试样的再结晶动力学的对比

（a）试样变形至相同的等效应变(0.7)；(b)试样变形至相同的等效应力

　　Zhu 和 Sellars(1997)研究了反向单轴变形对铝的影响。他们发现再结晶动
力学的影响与前面提到的相似，并且还表明，如果应变路径涉及拉伸和压缩，在
给定的总应变下，再结晶晶粒尺寸要大得多。他们还研究了应变路径变化对变
形微观结构的影响，发现应变反转后的位错密度更低。Czochralski(1925)的研
究表明，扭转和反向扭转相结合会导致比等效正向应变更大的再结晶晶粒尺寸。
Farag 等（1968）的研究表明，如果随后施加相等但方向相反的应变，纯铝在
400℃、扭转应变为 2.3 时产生的细长晶粒结构可以恢复成等轴晶粒结构。
Rollett 等(1988)也表明，在室温零净应变下，微观结构发生了很大程度的回复，
这表明变形过程中形成的取向梯度可能被反向变形部分抵消了，从而降低了形
核密度。Stout 和 Rollett(1990)指出，尽管应变硬化仍在继续，但这种(部分的)
晶粒结构的回复仍在发生，尽管当塑性流动逆转时，应变硬化会立即停止。

　　对所有结果的一个简单解释是，随着应变路径的逆转，抑制了取向梯度增大
的趋势。取向梯度的减小降低了再结晶晶核的密度，因此再结晶晶粒尺寸更大
（以及再结晶温度更高）。然而，详细解释变形模式对再结晶的影响需要更全面
地理解冗余变形对组织的影响。

7.2.2　晶粒取向

7.2.2.1　单晶

　　正如第 2 章所讨论的，变形晶粒的微观结构和储存能量强烈依赖于可激活

的滑移系,即依赖于晶粒取向。因此,变形过程中的初始取向和"取向路径"都会影响形核点和再结晶驱动力。Hibbard 和 Tully(1961)测量了不同取向的铜和硅铁单晶在冷轧 80%后的再结晶动力学,发现硅铁的再结晶速率存在显著差异,如表 7.1 所示。

表 7.1 600℃ 时硅铁单晶的再结晶(Hibbard 和 Tulley,1961)

初始取向	最终取向	发生 50%再结晶所需的时间/s	发生再结晶后的取向
{111}⟨112⟩	{111}⟨112⟩	200	{110}⟨001⟩
{110}⟨001⟩	{111}⟨112⟩	1 000	{110}⟨001⟩
{100}⟨001⟩	{001}⟨210⟩	7 000	{001}⟨210⟩
{100}⟨011⟩	{100}⟨011⟩	未发生再结晶	{100}⟨011⟩

Brown 和 Hatherly(1970)研究了取向对铜单晶在 98.6%冷轧变形后的再结晶动力学的影响。在 300℃ 退火时,再结晶时间在 5～1 000 min 之间变化。相比之下,多晶体试样在相同变形量下的再结晶时间为 1 min;与表 7.1 中的前两个样品一致,并未发现再结晶动力学与变形织构有明确的联系。例如,{110}⟨112⟩ 和 {110}⟨001⟩ 晶体都形成相似的 {110}⟨112⟩ 轧制织构,但由于变形组织的性质不同,前者的再结晶速度为后者的 1/50。在早期研究中,单晶和参考的多晶体之间的再结晶动力学、织构的差异突出了晶界在再结晶过程中的重要性,并表明在使用单晶实验数据来预测多晶体的行为时必须谨慎。

诸如 EBSD 等技术的发展使得对局部取向的细致表征成为可能(见附录 A2.1.4),有助于澄清关于单晶再结晶的许多问题,这方面已有大量的研究(如 Driver,1995;Mohamed 和 Bacroix,2000;Driver 等,2000;Godfrey 等,2001)。大体上,一般结论与前人的研究一致,表明变形储能与晶体取向有关,并影响再结晶速率。需要注意的是,单个取向的行为不足以理解多晶体的行为,因为取向混合在一起,而形核往往发生在不同取向晶粒之间的晶界上。

7.2.2.2 多晶体

在多晶体材料中,有证据表明,整体再结晶速率可能取决于起始织构和最终变形织构。对于铁,已证实了变形储能的取向依赖性(见 2.2.3 节),并在此基础上预测出各织构成分的再结晶先后顺序,如图 7.8 所示。最近的工作 (Hutchinson 和 Ryde,1995)也证实了图中所示的趋势。在铝合金中,Blade 和

Morris(1975)的研究表明,在热轧和退火后形成的织构差异会导致材料随后冷轧和退火时的再结晶动力学的差异。7.4 节讨论的非均匀再结晶的实验观察,也为不同变形织构成分的再结晶速率变化提供了进一步的证据。

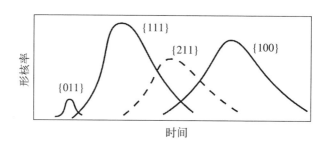

图 7.8 变形铁的再结晶形核速率的取向依赖性示意图

(图片源自 Hutchinson W B, 1974. Metal Sci. J., 8: 185.)

7.2.2.3 晶界特征对长大速率的影响

变形晶粒和再结晶晶粒之间的取向关系对再结晶长大速率也有很强的影响,这是第 5 章讨论的晶界迁移率 M 依赖于晶界特征的结果,由式(7.1)可知,这会直接影响长大速率。

高迁移率的晶界不仅会加快再结晶速度,而且对再结晶织构影响很大。这种效应称为**定向长大**,将在 12.3.2 节详细讨论。Juul Jensen(1995b)指出,如果再结晶晶粒遇到取向相似的变形区,定向长大效应也可能是由低迁移率的小角度晶界造成的。更一般地说,再结晶新晶粒的邻域将影响其长大,因此,一种织构成分的新晶粒在成长为另一种成分时可能具有优势或劣势,如 Alvi 等(2008)的研究。

本节可以得出重要的一般性结论如下。

(1) 不同织构成分的再结晶发生速率不同,必然导致不均匀的再结晶(见7.4 节)。

(2) 应变路径和历史会影响变形储能和微观结构的不均匀性,因此相同的织构成分也可能发生完全不同的再结晶。如果不知道起始织构、最终织构以及关联它们的取向路径,就不可能预测变形织构中某个特定成分的再结晶行为。

(3) 取向的空间分布影响晶界特征分布,进而影响再结晶晶粒的形核与长大。

7.2.3 原先晶粒尺寸的影响

通常发现细晶材料比粗晶材料的再结晶速度更快,如图 7.9(Hutchinson

258

等,1989a)所示。

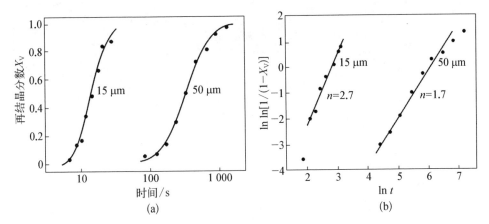

图 7.9　不同初始晶粒尺寸铜冷轧至 **93%**,然后在 **225℃** 时的再结晶动力学

(a) 再结晶分数;(b) Johnson-Mehl-Avrami-Kolmogorov(JMAK)图

初始晶粒尺寸也会影响再结晶的速率,因为:

(1) 特别是在中低变形时,晶界是有利的形核位置(见 7.6.3 节),因此,细晶材料存在更多的潜在形核点,这可能是主要的影响;

(2) 当金属变形量较小($\varepsilon < 0.5$)时,变形储能随晶粒尺寸的减小而增加(见 2.2.2 节);

(3) 粗晶材料更容易形成变形带和剪切带等非均质特征(如 Hatherly,1982),因此,这些特征的数量(也是形核的位置)随晶粒尺寸的增大而增加(见 2.7.4 节和 2.8.4 节);

(4) 变形织构和再结晶织构可能受初始晶粒尺寸的影响,如前所述,再结晶动力学也受晶粒取向的影响。

所有这些影响的证据都可以在文献中找到,虽然 Hutchinson 等(1989a)的研究表明,在相同温度下,细晶材料的晶粒长大速度比粗晶材料快 20 倍左右(见图 7.9),动力学差异主要归因于取向效应。

7.2.4　溶质

溶质的典型作用是通过溶质拖曳阻碍再结晶(Boutin,1975;Dimitrov 等,1978)(见第 5 章)。表 7.2 显示了区域精炼对各种金属在大轧制变形下后再结晶温度的影响。虽然商业原料中杂质的数量和类型没有规定,且在某些情况下可能含有第二相颗粒,但金属纯化后的效果是显而易见的。

表 7.2　纯度对再结晶温度的影响（Dimitrov 等,1978）

材　　　料	再结晶温度/℃	
	工 业 纯 度	区 域 提 纯
铝	200	−50
铜	180	80
铁	480	300
镍	600	300
锆	450	170

260　　　溶质对再结晶行为的定量影响取决于特定的溶剂/溶质组合,铝中的铁是一个很好的例子,它是对商业合金有重要影响的强溶质。如图 7.10(Marshall-Ricks,1992)所示,高纯铝的固溶体含极少量的铁就可将再结晶温度提高约 100℃。

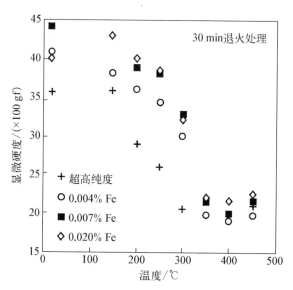

图 7.10　固溶微量铁对 80%冷轧变形铝的退火行为的影响

Abrahamson 等(如 Abrahamson 和 Blakeny,1960)对过渡元素溶质对铁再结晶的影响开展了大量研究。虽然他们的工作表明了这种影响与溶质的电子排布相关,但仍未澄清。

杂质可能会影响再结晶晶粒的形核与长大。再结晶的形核速率很难测量，甚至无法确定，杂质的影响也未被量化。在某些情况下，溶质可能对回复过程有很强的影响，而回复过程是形核的一个组成部分，可能会影响再结晶的驱动力。然而，大多数实验工作，如 Boutin(1975)，表明溶质主要影响晶界迁移(见 5.3.3 节)，即影响再结晶晶粒的长大速率[见式(7.1)]。

7.2.5　变形温度和应变速率的影响

虽然屈服应力随温度升高而降低，但温度对塑性变形，尤其是应变硬化有很大的影响。除非存在动态应变时效，温度升高会导致应变硬化降低，在足够高的温度下，动态回复效应会显著增强，以至于在小应变后流动应力就会达到饱和。当温度升高至热激活状态，恢复过程(如位错攀移)成为变形的主导机制时，此时材料进入蠕变状态。增大应变速率所产生的效应与降低温度所产生的效应相似，但这种效应是以应变速率的对数来表示的，因此比温度导致的变化弱得多。本节不讨论滑移动力学，读者可参考 Kocks 等(1975)和 Follansbee (2013)的论著。总的来说，变形组织除了与应变有关外，还与变形温度和应变速率有关。与环境条件相比，在高温、低应变速率下变形，存储的能量更低，且与在低温类似应变下变形相比，不容易发生再结晶，这些影响将在 13.6 节中考虑。

7.2.6　退火条件

7.2.6.1　退火温度

从图 7.11(a)可以看出，退火温度对再结晶动力学有深刻的影响。如果我们把转变视为一个整体过程，并把 50% 的再结晶时间 ($t_{0.5}$) 作为再结晶速率的衡量标准，我们可能会得到如下类型的关系：

$$\text{Rate} = \frac{1}{t_{0.5}} = C\exp\left(-\frac{Q}{kT}\right) \tag{7.5}$$

从图 7.11(b)可以看出，$\ln t_{0.5}$ 和 $1/T$ 的曲线符合式(7.5)，曲线斜率为 290 kJ/mol。虽然这样的分析可能有实际用途，但从中得到的激活能不容易解释，因为它指的是整个变化过程，不太可能是恒定的。例如，研究发现这些激活能依赖于应变(Gordon，1955)，并且随着材料纯度的微小变化而显著变化。Vandermeer 和 Gordon(1963)发现，在纯铝中添加 0.006 8%(原子分数)的铜可使再结晶激活能从 60 kJ/mol 提高到 120 kJ/mol。

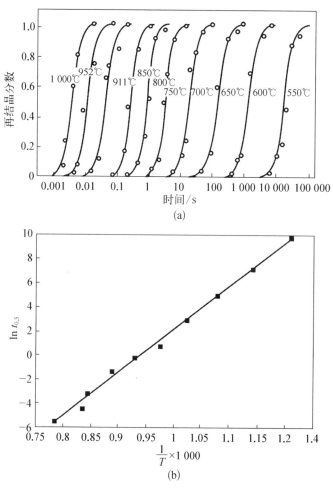

**图 7.11　(a) 退火温度对 Fe - 3.5%Si 合金变形至 60%后退火的影响,
(b) 50%再结晶时的阿伦尼乌斯图**

(数据源自 Speich G R, Fisher R M, 1966. In: Recrystallization, Grain Growth and
Textures, ASM, Ohio: 563. 蒙特卡罗模拟代码 ssparks 的网址为: http: //
spparks. sandia. gov/.)

　　只有在与原子水平的热激活过程相关时才能解释激活能。分别考虑构成再
结晶的形核和长大过程,则有

$$\dot{N} = C_1 \exp\left(-\frac{Q_N}{kT}\right) \tag{7.6}$$

$$\dot{G} = C_2 \exp\left(-\frac{Q_G}{kT}\right) \tag{7.7}$$

虽然式(7.7)有一定的有效性,因为晶界迁移率遵循这种关系(见 5.3.1 节)。但是式(7.6)用得较少,因为研究表明在实践中很少存在恒定的形核速率。例如,在 6.5 节中可以看到,再结晶形核中的速率控制过程可能是亚晶长大,在这种情况下,该过程的激活能与形核最相关。

7.2.6.2 加热速度

将试样加热到退火温度的加热速度也会影响再结晶的速度,要做到这一点,就必须有其他一些过程与再结晶相互作用,并使其具有不同的温度依赖性。

(1) 加热速度影响回复和再结晶的相对速率。

如果缓慢加热增加了再结晶前的回复量,则驱动压力会降低,再结晶速度会减慢。虽然这种效应在文献中经常引用,但没有实验证据证明它也适用于单相合金。只有当回复过程的激活能低于再结晶时,在较低的加热速度下回复率才会提高。在大多数合金中,这两个过程的速率是由晶格扩散控制的,并且具有相似的温度依赖性,因此,加热速度对其中一个的影响并不一定比另一个大。在非常纯的金属中,大角度晶界的迁移是由晶界扩散(见 5.3 节)控制的,而回复是由晶格扩散控制的,因此,较低的加热速度实际上会促进再结晶,尽管目前还没有相关报道。

(2) 发生相变。

沉淀反应对再结晶有不同的温度依赖性,如果过饱和固溶体在较低的加热速度下进行变形和退火,则在再结晶之前可能会发生沉淀析出并阻碍再结晶,而在快速加热时,在发生任何沉淀之前可能已经完成了再结晶。这种效应(将在9.8 节详细讨论)可能会影响工业合金再结晶的速度,通常发现快的加热速度会促进再结晶并形成更小的晶粒尺寸,如 Al - Li 合金(Bowen, 1990)和 Al - Zn - Mg 合金(Wert 等,1981)。相反,在钢中,快速加热可能会减缓再结晶(Ushioda 等,1989)。在这种情况下,加热速度决定了固溶体中碳的含量,而这反过来又影响了再结晶(见 15.3 节)。

7.3 初次再结晶的形式动力学

7.3.1 JMAK 模型

如图 7.3 所示的曲线是许多相变过程的代表,可以用形核和长大过程进行唯象描述。这一领域的早期工作归功于 Kolmogorov(1937)、Johnson 和 Mehl (1939) 以 及 Avrami (1939),通常称为 Johnson-Mehl-Avrami-Kolmogorov

(JMAK)模型。更详细的相变动力学理论讨论可参阅相变文献,如 Christian (2002)。

7.3.1.1 原理

264 假设晶核的形成速率为 $\dot{N}$,新晶粒以线性速率 $\dot{G}$ 在变形组织中长大。如果再结晶晶粒是球形的,则它们的体积以直径的三次方变化,并且再结晶分数 X_V 随时间迅速增加。最终,新晶粒会相互接触,再结晶速率降低,当 X_V 接近 1 时,再结晶速率趋于零。由于形核不能在那些已经再结晶的区域发生,因此在一个时间间隔 dt 内出现的形核数目 dN 小于 $\dot{N}dt$。再结晶体积内可能出现的形核数为 $\dot{N}X_V dt$,因此可能形成的核心总数为 dN',包括"伪"晶核[①],则有

$$dN' = \dot{N}dt = dN + \dot{N}X_V dt \tag{7.8}$$

如果 t 时刻一个再结晶晶粒的体积是 V,且"伪"晶核是真实的,那么将发生再结晶的材料的分数 X_{VEX}(也称为**扩展体积**)为

$$X_{VEX} = \int_0^t V dN' \tag{7.9}$$

如果孕育时间远小于 t,则

$$V = f\dot{G}t^3 \tag{7.10}$$

式中,f 是形状因子(球体为 $4\pi/3$)。因此,

$$X_{VEX} = f\dot{G}\int_0^t \dot{N}t^3 dt \tag{7.11}$$

如果 $\dot{N}$ 为常数,则

$$X_{VEX} = \frac{f\dot{N}\dot{G}^3 t^4}{4} \tag{7.12}$$

在 dt 时间间隔内,扩展体积增加了 dX_{VEX}。当未再结晶材料的分数为 $(1-X_V)$ 时,则有 $dX_{VEX} = (1-X_V)dX_{VEX}$,或

$$dX_{VEX} = \frac{dX_V}{1-X_V} \tag{7.13}$$

---

① 译者注:"伪"晶核或"幻象"晶核(phantom nuclei)是指在再结晶过程中的潜在晶核位置,这些位置可能会引发再结晶,但由于各种因素,如热涨落、局部应力或杂质等,这些晶核可能不会完全发展成成熟的新晶粒。

$$X = \int_0^{X_V} dX_{VEX} = \int_0^{X_V} \frac{dX_V}{1-X_V} = \ln\frac{1}{1-X_V} \tag{7.14}$$

$$X_V = 1 - \exp(-X_{VEX}) \tag{7.15}$$

结合式(7.12)和式(7.15),对于三维长大的特殊情况,有

$$X_V = 1 - \exp\left(-\frac{f\dot{N}\dot{G}t^4}{4}\right) \tag{7.16}$$

更一般地可以写成

$$X_V = 1 - \exp(-Bt^n) \tag{7.17}$$

式中,$B = f\dot{N}\dot{G}^3/4$,通常称为 **JMAK 方程**。

在本节前面考虑的情况中,假设形核晶粒在三维空间中长大,且再结晶过程中的形核和长大速率不变,则式(7.17)中的指数 n(也称为 **JMAK 或 Avrami 指数**)可从式(7.16)中推断为 4。Avrami(1939)也考虑了形核速率不是常数的情况,假设 $\dot{N}$ 是时间 t 的递减函数,对时间依赖性采用简单的幂律函数描述。在这种情况下,n 的取值在 3~4 之间,取决于函数的具体形式。

存在两个重要的极端情况,如前述讨论,$\dot{N}$ 为常数和 $n=4$,以及形核速率下降得很快,以至于所有的有效形核均在再结晶开始之前发生,称为**位点饱和形核**(site-saturated nucleation)。在这种情况下,式(7.12)中的 X_{VEX} 由 $fN(\dot{G}t)^3$ 给出,其中 N 为晶核的**数量密度**。从式(7.17)得到的 JMAK 指数为 3。这些分析假定再结晶晶粒在相互接触之前,是在三维空间内各向同性地长大。如果晶粒受到样品几何形状或内部微观结构的约束,只发生一维或二维长大,则 JMAK 指数较低,如表 7.3 所示。Cahn(1956)将该理论扩展到晶界上随机位点的形核,发现 n 从相变开始时的 4 减小到相变结束时的 1。然而,目前还没有对非随机分布的形核位点的通用分析处理方法。许多作者都处理过特殊的情况,如局限于晶界的形核(Tong 等,2000)。

表 7.3 理想的 JMAK 指数

晶粒长大的维度	位点饱和度	JMAK 指数
三维	3	4
二维	2	3
一维	1	2

此外,JMAK 方法的基本特征是**假设形核点是随机分布的**。在下一节中,我们会看到这种假设经常不成立。

7.3.1.2　与实验比较

通常将再结晶动力学的实验结果与 JMAK 模型[将式(7.17)线性化]进行比较,即绘制 $\ln\{\ln[1/(1-X_V)]\}$ 与 $\ln t$ 的关系,通常会得到一条斜率为指数 n 的直线,这种数据表示方法称为 JMAK 图。需要注意的是,式(7.14)表明 JMAK 图等价于 $\ln X_{VEX} - \ln t$ 曲线。

难以通过测量 X 来确定长大速率,然而,若假设单位体积内的再结晶和未再结晶区域间的界面面积 S_V 是时间的函数,则 Cahn 和 Hagel(1960)证明了整体增长率为

$$\dot{G} = \frac{1}{S_V} \frac{dX_V}{dt} \tag{7.18}$$

早期许多关于再结晶的实验研究表明 JMAK 指数 $n \approx 4$,包括 Anderson 和 Mehl(1945)关于铝的研究、Reiter(1952)关于低碳钢的研究,以及 Gordon(1955)关于铜的研究。所有这些研究都是针对细晶材料发生了少量的拉伸变形。正如 Doherty 等(1986)所述,在这种条件下,可以预计再结晶晶粒的尺寸增加,每个旧晶粒产生的有效晶核数不到一个。因此,这些晶核的总体空间分布很可能是接近随机的,如图 7.14(a)所示,从而满足 JMAK 动力学的条件。从图 7.9(b)可以看出,细晶铜的再结晶行为符合 JMAK 动力学,而粗晶材料的对数曲线在长时间内表现出明显的负偏差。

事实上,详细分析后发现,实验数据吻合 JMAK 动力学的情况是罕见的。或者 JMAK 曲线是非线性的,或者 JMAK 曲线的斜率小于 3,或者两者都是,等等。一个非常明显的例子是 Vandermeer 和 Gordon(1963)在含少量铜的冷轧铝(冷轧减薄率为 40%)上的工作[见图 7.12(Vandermeer 和 Gordon,1963)],JMAK 的斜率为 1.7,在较长的退火时间后,两个较低退火温度下的数据均落在直线以下。铝和其他材料的大量研究发现 n 的数量级为 1,其中包括铜(Hansen 等,1981)和铁(Michalak 和 Hibbard,1961;Rosen 等,1964)。

因此,本节讨论的 JMAK 分析过于简单,无法对再结晶这样复杂的过程进行定量建模,这是这个假设很少成立的原因。

7.3.2　微观结构路径法

Vandermeer 和 Rath(1989a)采用他们提出的**微观结构路径法(MPM)**对

JMAK 方法进行了重大的改进。该方法通过引入额外的微观结构参数,并在必要时放松均匀晶粒接触约束,进而使用更真实和更复杂的几何模型。

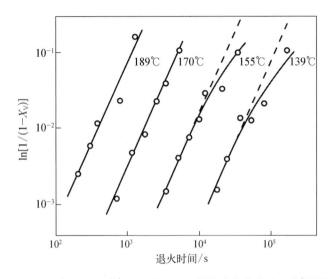

图 7.12　含 0.006 8%(原子分数)Cu 的铝合金在发生 40%轧制变形后的 JMAK 再结晶动力学图

对于 JMAK 模型,采用**扩展体积**(X_{VEX})的概念比较方便,扩展体积与再结晶分数 X_V 的关系如式(7.15)所示。此外,微观结构以单位体积内再结晶和未再结晶材料间的**界面面积** S_V 为特征,由 Gokhale 和 DeHoff(1985)给出了如下的 S_V 与扩展界面面积的关系:

$$S_{VEX} = \frac{S_V}{1 - X_V} \tag{7.19}$$

这种关系也只适用于随机分布的再结晶晶粒。

单个再结晶晶粒的长大可以写成积分形式

$$X_{VEX} = \int_0^t V_{(t-\tau)} N(\dot{\tau}) dt \tag{7.20}$$

$$S_{VEX} = \int_0^t S_{(t-\tau)} N(\dot{\tau}) dt \tag{7.21}$$

式中,$V_{(t-\tau)}$ 和 $S_{(t-\tau)}$ 分别为晶粒在 t 时刻的体积和界面面积,该晶粒在 τ 时刻形核。

如果假设晶粒是球形的且形状不变,则晶粒的体积和界面面积分别为

268

$$V_{(t-\tau)} = K_V \cdot a_{(t-\tau)}^3 \tag{7.22}$$

$$S_{(t-\tau)} = K_S \cdot a_{(t-\tau)}^2 \tag{7.23}$$

式中，a 为椭球长半轴；K_V 和 K_S 为形状因子。半径函数 $a_{(t-\tau)}$ 与界面迁移率 $\dot{G}(t)$ 的关系为

$$a_{(t-\tau)} = \int_\tau^t \dot{G}(t)\,\mathrm{d}t \tag{7.24}$$

X_{VEX} 和 S_{VEX} 是可以通过金相法测量的全局微观结构参数，而 $a_{(t-\tau)}$ 是一种局部属性，可以通过测量平整的抛光表面上最大的晶粒直径（D_L，采用截线法）来估计。若假设 D_L 是 τ 时刻最先形核晶粒在 t 时刻的直径，则 $a_{(t-\tau)} = D_L/2$。

Vandermeer 和 Rath(1989a)利用 Gokhale 和 DeHoff(1985)的方法表明，再结晶材料的形核和长大特征包含在式(7.20)和式(7.21)的时间依赖性中，他们还证明了如何计算这些方程来得到再结晶晶粒的形核速率、长大速率和尺寸，该方法基于拉普拉斯变换的数学原理对方程进行求逆。对于等温退火，假设 X_{VEX}、S_{VEX} 和 D_L 对时间的依赖性可以用幂律函数表示如下：

$$X_{\mathrm{VEX}} = Bt^n \tag{7.25}$$

$$S_{\mathrm{VEX}} = kt^m \tag{7.26}$$

$$D_L = St^s \tag{7.27}$$

并假设导出的函数可以用幂律函数表示，因此

$$\dot{N}_{(\tau)} = N_1 \tau^{\delta-1} \tag{7.28}$$

$$a_{(t-\tau)} = G_a(t-\tau)^r \tag{7.29}$$

式中，N_1、G_a、δ 和 r 为常数。如果晶粒形状在长大过程中保持球形，则 $a_{(t)} = D_L/2$，因此 $r = s$，$G_a = S/2$。

Vandermeer 和 Rath 指出，对于一个球形晶粒，且其在长大过程中形状不变，则有

$$\delta = 3m - 2n \tag{7.30}$$

$$r = s = n - m \tag{7.31}$$

269　根据式(7.25)～式(7.29)，可得：①$\delta=1$ 对应恒定的形核速率；②$\delta=0$ 对应位点饱和形核；③$r=s=1$ 对应恒定的长大速率。

因此，通过实验测量 X_V、S_V 和 D_L，并表示为退火时间的函数，则可以确定

n、m、s,并计算 δ 和 r,进而确定形核动力学的形式。如果使用简单的 JMAK 模型,那么对于恒定的形核和长大速率,可以得到 $n=4$, $m=3$, $s=1$,从而得到 $\delta=1$ 和 $r=1$。

图 7.13(Vandermeer 和 Rath,1989a)是 Vandermeer 和 Rath 获得的变形铁晶体再结晶的数据,根据图 7.13 中的直线斜率分别得出 n、m 和 s。 并采用阿伦尼乌斯关系对这些数据进行归一化,以便包含在多个温度下得到的结果。计算结果为 $n=1.90$, $m=1.28$, $s=0.60$,即 $\delta=0.04$, $r=0.62$。 因为 δ 几乎为零,因此该形核实际上是位点饱和形核,并且由于 $r \approx s$,可以推断这些晶粒以球形长大。较低的 r 值说明长大速率随时间减小。 270

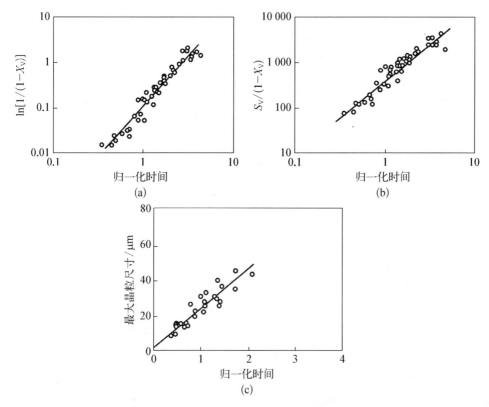

图 7.13　铁晶体在 70%变形后,并在不同温度下退火的退火动力学

(通过阿伦尼乌斯关系对时间轴进行归一化,发现退火温度范围内的数据均落在一条共同的曲线上。)
(a) X_V 的变化;(b) S_V 的变化;(c) 最大再结晶晶粒直径的变化

如果 $s \neq r$,则晶粒形状在再结晶过程中发生了变化,需进一步获得晶粒形状的信息(Vandermeer 和 Rath,1990)。该模型还被扩展至包含再结晶退火过程中的回复效应（Vandermeer 和 Rath，1989b）。

相比于原始的 JMAK 模型，MPM 可以从实验测量中提取更多关于形核和长大速率的详细信息，并且是确定形核是否处于位点饱和状态（如 Vandermeer 和 JuulJensen，2001）的非常有效的工具。然而，需要注意的是，尽管 MPM 方法比 JMAK 模型更灵活，但它仍然基于如下假设：核的空间分布是随机的，长大速率是全局参数而非局部参数。在大多数情况下，空间随机形核是一个糟糕的假设，下一节将对此展开讨论。

从 JMAK 模型和微观结构路径法的讨论中可以清楚地看到，在实际的再结晶动力学建模中，最有可能导致问题的两个因素是不均匀的再结晶和同时发生的回复，这些将在下一节中考虑。

7.4 实际材料的再结晶动力学

7.4.1 晶核的非随机空间分布

普遍认为，再结晶过程中的形核位点是非随机分布的。然而，前面讨论的动力学的解析方法无法令人满意地考虑这一点。

所有材料都发现了非随机位点分布的证据，特别是那些初始晶粒度较大的材料，例如铁（Rosen 等，1964）、铜（Hutchinson 等，1989a）、黄铜（Carmichael 等，1982）和铝（Hjelen 等，1991；Somerday 和 Humphreys，2003b）。

在单个晶粒的尺度上，再结晶的形核是不均匀的，我们会在 7.6 节中详细讨论。形核发生在优先形核点上，如原始的晶界、过渡带和剪切带等。当变形较小时，变形的异质性较少，能作为形核点的更少。这些小规模的异质性是否会导致晶核的整体不均匀分布取决于核心数相对于潜在形核点的数量，如图 7.14 所示。如果形核只发生在晶界上，那么在晶核数相同的情况下，细晶材料中［见图 7.14(a)］的再结晶会比在粗晶材料中［见图 7.14(b)］更均匀（因为细晶材料的潜在形核点更多）。极端情况是单晶体，在单晶体中，再结晶形核很少是随机分布的（如 Driver，1995；Mohamed 和 Bacroix，2000；Driver 等，2000；Godfrey 等，2001）。

在更大的尺度上，并不是材料内的所有晶粒都以相同的速率再结晶，而这种更大尺度上的变形异质性往往是导致不均匀再结晶的主要原因，这种效应是由晶粒间的取向差异引起的。正如第 2 章所讨论的，滑移系的开动和变形过程中的应变路径变化依赖于晶体取向。位错的分布、密度以及大尺度的微观结构不均匀性都与晶粒取向有关。因此,形核位点的有效性、生存能力以及再结晶晶粒的长大速率都强烈依赖于取向。

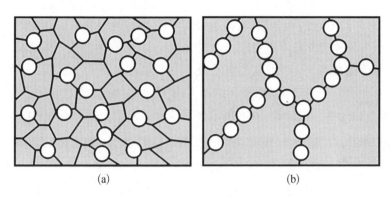

图 7.14　初始晶粒尺寸对非均匀形核影响的示意图

(a) 小的初始晶粒尺寸;(b) 大的初始晶粒尺寸

另一个极端的例子是 {110}⟨001⟩ 戈斯取向的 FCC 单晶体的平面应变压缩变形。在这些材料中,不会发生不均匀变形,也没有再结晶形核(Ferry 和 Humphreys,1996a)。变形 FCC 多晶体中的戈斯取向晶粒再结晶速度也较慢,图 7.15(Somerday 和 Humphreys,2003b)为单相铝合金中变形大晶粒在退火时发生部分再结晶后的 EBSD 图。样品区域原本由 3 个晶粒组成,晶界沿轧制方向(RD)排列,下方晶粒发生再结晶,形成尺寸约为 15 μm 的晶粒,上方晶粒发

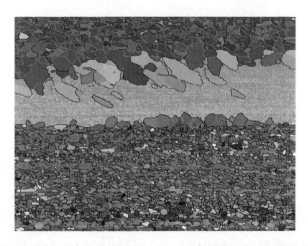

图 7.15　部分再结晶的冷轧单相粗晶 Al‑0.05%(质量分数)Mn 合金的 EBSD 图

[该区域最初包含 3 个变形的大晶粒,上方和下方的原始晶粒发生了不同程度的再结晶,而中间晶粒(戈斯取向)未发生再结晶;深浅不同的颜色代表试样中的取向。]

生再结晶,形成约 $30~\mu m$ 的晶粒。中间的戈斯取向晶粒没有发生再结晶,但上方和下方均有一些大晶粒(约为 $100~\mu m$)朝戈斯取向发生晶粒长大。

272　在低锌 α-黄铜(Carmichael 等,1982)中也发现了不均匀再结晶的一个极端例子,根据它们不同的初始取向,晶粒或者通过均匀的滑移来协调变形,或者通过变形孪晶和剪切带来协调变形。在退火过程中,后一种晶粒先再结晶,且往往是在前一种晶粒开始再结晶之前就完全再结晶,如图 7.16(Carmichael 等,1982)(b)所示。在含有可促进再结晶形核的粗大第二相颗粒的合金中(见9.3.4 节),由于类似的原因,颗粒的聚集可能导致宏观上的不均匀再结晶。

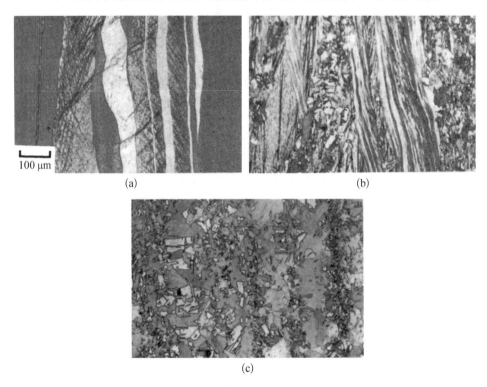

图 7.16　95：5 黄铜 75%冷轧退火后的不均匀再结晶组织

(TD 平面,竖直方向为轧制方向)

(a) 变形后的组织;(b) 250℃下退火 6 min;(c) 250℃下退火 24 h

7.4.2　再结晶长大速率的变化

7.4.2.1　实验观察

有相当多的证据表明,长大速率 $\dot{G}$ 不是一个常数,因此,实际的再结晶动力学须考虑 $\dot{G}$ 在空间和时间上的变化。虽然在再结晶过程中,晶界迁移率 M

可能会发生一些变化,例如迁移率的取向依赖性(见 5.3.2 节),但通常认为长大速率 $\dot{G}$ 变化的主要原因是驱动压力的变化。由于微观结构的不均匀性,驱动压力在整个材料中可能会发生变化,也可能因回复和再结晶同时发生而随着时间减小。在多数情况下,这两种效应都会发生,因此很难解释或预测长大速率。

也有一些关于再结晶过程中晶界运动速度的详细测量数据,包括铝 273 (Vandermeer 和 Gordon,1959;Furu 和 Nes,1992)、铁(Leslie 等,1963;English 和 Backofen,1964;Speich 和 Fisher,1966;Vandermeer 和 Rath,1989a)和钛(Rath 等,1979)等。长大速率通常是通过测量最大长大晶粒的尺寸或通过 Cahn-Hagel 分析[见式(7.18)]来确定的。所有这些研究都发现长大速率随退火时间的延长而显著降低。

研究人员提出了许多方程来表示 $\dot{G}$ 随时间的变化,如

$$\dot{G} = \frac{\Lambda}{1+Bt^r} \tag{7.32}$$

持续很长一段时间后,上式可简化为

$$\dot{G} = Ct^{-r} \tag{7.33}$$

虽然 Vandermeer 和 Rath(1989a)在研究铁的再结晶动力学时发现 $r=0.38$,但在某些情况下发现 r 接近 1。

7.3.1 节的 JMAK 基础模型假设长大速率不变,下面的分析说明了回复对 274 长大速率和再结晶动力学的影响,Furu 等(1990)讨论了更详细的处理方法。如果我们允许 $\dot{G}$ 变化,那么对于单位体积内含有 N 个晶核的饱和位点形核,式(7.16)可写为

$$X_V = 1 - \exp\left[-fN\left(\int_0^t \dot{G}\,dt\right)^3\right] \tag{7.34}$$

如果长大速率随时间的变化如式(7.33)所示,则联合式(7.33)和式(7.34)可得

$$X_V = 1 - \exp\left[-fN\left(C\,\frac{t^{1-r}}{1-r}\right)^3\right] \tag{7.35}$$

对于不同的 r 值,式(7.35)给出的再结晶动力学的 JMAK 图如图 7.17 所示。随着长大速率(随 r 的增加)越来越慢,JMAK 图仍是一条直线。然而,根据式(7.35),斜率应减小至 $3(1-r)$。

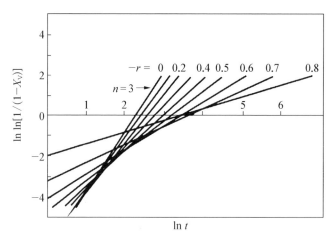

图 7. 17　式(7. 35)预测的回复参数 r 对 JMAK 图的影响
(再结晶形核条件为位点饱和形核。)

7.4.2.2　回复的作用

直到最近，再结晶长大速率的下降或非线性 JMAK 曲线被认为完全是由于回复对再结晶驱动力的影响。这一领域的早期经典工作是 Vandermeer 和 Gordon(1963)的研究，他们对含少量铜的铝合金的再结晶进行了大量的金相和量热研究。在这项工作中，发现低的 JMAK 斜率，且这些图在很长一段退火时间内都是非线性的(见图 7.12)，这两种现象的出现皆被归因为回复。然而，现在我们认为，在许多情况下，回复以外的因素可能更重要。

考虑图 7.18 所示的冷加工铜和铝在退火过程中的软化测量。对于铜，如图 7.18(a)所示，在此之前没有因为再结晶而软化，但对于铝[见图 7.18(b)]，有明显的预先软化，这些观察结果与我们对这些材料回复的认识是一致的。虽然我们可以预期在铝的再结晶过程中会发生一些回复，并降低再结晶驱动力，但铜或其他中、低层错能的金属中，不太可能有明显的回复。因此对于这些材料，并不能用回复来解释它们的低 JMAK 指数，也不能解释更长时间后 JMAK 图的非线性，如图 7.9(b)所示。

我们现在必须质疑回复在影响再结晶方面的作用，即使对于那些已知的容易回复的材料。

1. 均匀回复能解释观察到的 JMAK 图吗？

如第 6 章所讨论的，回复降低了再结晶驱动压力 (p)，因此根据式(7.1)可以降低 $\dot{G}$。尽管我们对回复动力学的了解还相当不足，但现有证据表明，回复过程与式(7.32)和式(7.33)给出的长大速率降低的动力学行为大体一致。例如,通常在实验中观察到的 JMAK 斜率为 2,意味着式(7.33)中 $r=0.33$ 的值并非不合理。然而,本节讨论的回复模型或 Furu 等(1990)的模型会导致线性的 JMAK 图,因此不能解释经常观察到的图 7.12 所示的非线性 JMAK 图。

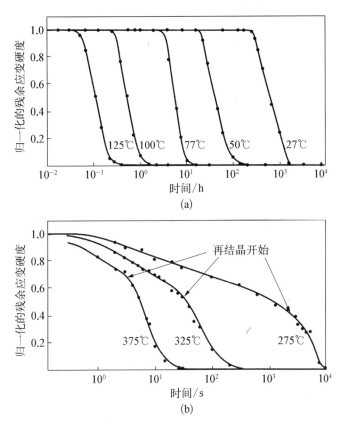

(a)

(b)

图 7.18　(a) 冷加工铜(Cook 和 Richards, 1946)和(b)工业纯铝(Furu 等,1990)退火过程中部分残余应变硬化随退火时间的变化

2. $\dot{G}$ 的温度依赖性是否与回复一致?

Vandermeer 和 Rath(1989a)在研究铁的再结晶动力学时发现,如果将数据归一化以考虑长大速率的温度依赖性,则在大的退火温度范围内的数据可以拟合成式(7.33),如图 7.13(c)所示。如果长大速率的这种下降是由回复导致的,那么只有当回复激活能与大角度晶界迁移激活能相等的情况下,这些数据才能在整个温度范围内符合式(7.33)。正如 7.2.6.2 节所讨论的,这两种激活能相等是有可能的,因为这两个过程都是由晶格扩散所控制的,尽管这也与下一节讨论的微观结构不均匀性相一致。

3. 回复量是否足以解释再结晶动力学？

一些研究[如 Perryman(1955)对铝和 Rosen 等(1964)对铁]表明,预先的回复处理对再结晶几乎没有影响。图 7.19(Rosen 等,1964)是铁再结晶前在不同温度下发生回复的 JMAK 图,其结果表明,预先回复量对再结晶动力学行为影响不大。

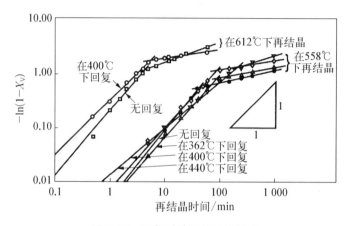

图 7.19   回复对铁再结晶的影响

对铝的回复程度和再结晶长大速率(Furu 和 Nes,1992)的实验测量表明,均匀回复的程度相对较小(在 $X_V = 0.1$ 时为 20%),其本身并不足以解释实验所观察到的长大速率的下降。因此,很可能是回复之外的其他因素导致了长大速率在长时间退火后的下降。

7.4.2.3 微观结构不均匀性的作用

如 7.4.1 节讨论的变形组织(见 2.4 节)的性质不仅导致了再结晶晶核的不均匀分布,而且还导致了变形储能的变化,而变形储能是导致不均匀长大速率的原因。Hutchinson 等(1989a)研究了冷轧电工铜的不均匀再结晶行为,他们测量了再结晶过程中储存能量的释放,发现它与再结晶分数不成正比,变形储能高的区域首先发生再结晶[见图 7.20(Ryde 等,1990)(a)]。测量到的再结晶晶粒长大速率随时间增加降低,他们认为这完全是由于变形储能的不均匀分布。如图 7.20(b)所示,平均长大速率与真实驱动力成正比,而真实驱动力可通过量热测量计算出来。如图 7.9(b)所示的再结晶动力学表明,虽然细晶材料的线性 JMAK 图的斜率为 2.7,但粗晶材料因其更不均匀的再结晶,其 JMAK 图的斜率明显低于 1.7,并且在再结晶后期,数据落在直线图下方(不再是线性的)。

早期对铝的研究(Vandermeer 和 Gordon,1963)也表明,随着再结晶的进行,单位体积再结晶的热量逐渐减少。虽然这被归因于回复,但很有可能这些结果也可一定程度上归因于变形储能的不均匀分布。

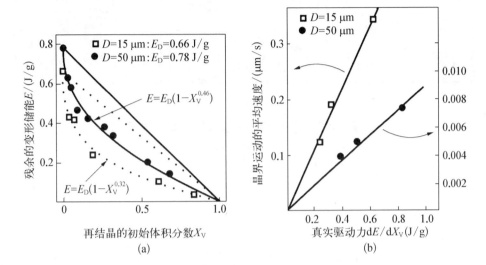

图 7.20　变形储能的不均匀分布对铜再结晶的影响(再结晶动力学如图 7.9 所示)

(a) 残余储存能与再结晶体积分数的关系表明,大部分储存能在再结晶初期就已释放;(b) 晶粒长大速率与变形储能降低速率的相关性表明,晶界速度与驱动力近似成正比

由于变形微观结构的多样性以及我们对其理解的不充分,尽管 Vandermeer 和 Rath(1989b)及 Furu 等(1990)对具体情况进行了分析,但仍很难给出非均匀微观结构中再结晶的一般处理方法。此外,Rollett 等(1989a)的研究表明,变形储能的空间变化会导致长大速率的显著变化,这反过来导致 JMAK 指数明显低于理想值。

如图 7.21 所示,存在这样一种可能。在图 7.21(a)中,变形微观结构中出现了高变形储能的球形区域(暗阴影),这些区域可能对应着与大的第二相颗粒相关的大变形区(见 2.9.4 节)。如果再结晶主要在这些区域内或附近形核,则一开始的长大速率会很高,但当这些高储能区域被消耗掉后,长大速率会显著下降,如图 7.21(b)所示。在这种情况下,变形储能非均匀性是局部的,并且如果可以计算出这些区域内的变形储能,则可以根据式(7.34)对长大速率和再结晶动力学进行理论建模(Furu 等,1990)。Vandermeer 和 Juul Jensen(2001)用该模型解释了铝合金再结晶过程中观察到的两阶段长大动力学,即在大的第二相颗粒处发生形核(见 9.3 节)。

然而,如果晶核的密度较低,例如在变形不大的情况下[见图 7.21(c)],则正在长大的晶粒的驱动力约为高能量区域和低能量区域驱动力的平均值,并且

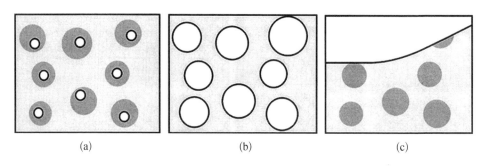

(a)　　　　　　　　　　(b)　　　　　　　　　　(c)

图 7.21　储存能量的局部变化对再结晶的影响

(a) 如果形核(白色区域)发生在高能量储存区域(深灰色区域),那么长大速率随再结晶的进行而减小;(b) 高能量储存区域被消耗后;(c) 如果再结晶形核的规模大于储能的分布,则长大晶粒的平均储能在再结晶过程中基本不变

在再结晶过程中不会发生变化。

图 7.22 显示了变形后的晶粒具有的不同的微观结构和储能情况。在这种情况下,异质性的尺度比图 7.21 的例子大得多。即使形核是相对均匀的,变形储能最高的晶粒长大最快,从而形成如图 7.22(b)所示的微观结构。在这种情况下,在再结晶过程中,不仅晶粒的长大速度会因高储能区域的消耗而降低,而且晶粒长大也会因为与原晶粒内的相邻(再结晶)晶粒的撞击而受到限制。

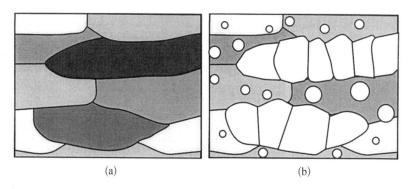

(a)　　　　　　　　　　(b)

图 7.22　(a) 晶粒之间的储能变化,颜色越深代表变形储能越高;**(b)** 不均匀分布的变形储能导致晶粒在再结晶过程中的不均匀长大

279　　　虽然解析模型难以有效处理非均匀再结晶的动力学行为,但计算机模拟(见第 16 章)可以解决这一问题(Srolovitz 等,1988;Rollett 等,1989a;Furu 等,1990)。从图 16.14 的模拟中可以看出,晶核的不均匀分布不仅导致了与许多实验测量结果一致的低 JMAK 斜率值,而且随着再结晶的进行,JMAK 斜率也会减小。

因此,我们得出结论,许多实验研究中所发现的再结晶动力学偏离理想的线性图以及较低的 JMAK 指数值,在大多数情况下可直接归因于微观结构的异质性,微观结构的异质性导致了形核位置和储能的非随机分布,并使其增长速率随时间的增加而减小。

7.5　再结晶组织

7.5.1　晶粒取向

再结晶晶粒一般不是随机取向,而是有择优取向或织构。我们会在第 12 章详细讨论再结晶织构的起源,第 15 章给出了工业实践中织构控制的一些实例。

7.5.2　晶粒度

最终的晶粒尺寸可以根据各种参数对形核和长大过程的影响进行科学预测。任何有利于增加晶核数或提高形核速率的因素,如大应变或小的初始晶粒尺寸,都会导致更小的最终晶粒尺寸。图 7.23(Eastwood 等,1935)所示为黄铜的实验结果,可以看到,退火温度几乎不影响最终的晶粒尺寸。然而,如果退火温度或加热速度的变化改变了形核与长大之间的平衡,这种情况在双相合金中最有可能发生(见 7.2.6 节),那么最终的晶粒尺寸将受到相应的影响。

在整个试样中,晶粒尺寸可能不是恒定的。正如试样内部不同的织构成分以不同的速度再结晶(见 7.4 节),因此不同织构成分内的最终晶粒尺寸和形状可能会有所不同,

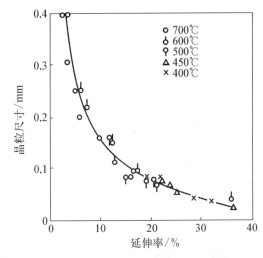

图 7.23　不同温度下拉伸应变对 α-黄铜再结晶最终晶粒尺寸的影响

如图 7.15、图 7.16 和图 7.24(Hjelen 等,1991)所示。

在平面截面上测量的晶粒尺寸分布通常接近图 7.25(Saetre 等,1986a)所示的对数正态分布,在不完全再结晶的材料中也报道了类似的晶粒尺寸分布(Marthinsen 等,1989)。然而,正如第 11 章所讨论的,虽然晶粒尺寸分布通常

会很好地与对数正态分布吻合,但这只在接近平均值时有效。在两端会出现偏差,对于正常的晶粒长大,理论上由于尺寸的上限截止值,这种明显的偏差也是意料之中的。这种偏差在以概率图(更准确地说是概率密度图)表示时最为直观,而不是常用的直方图(Donegan 等,2013)。

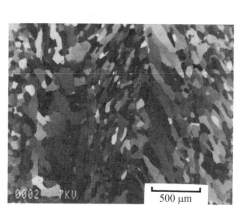

图 7.24　再结晶高纯铝的 SEM 通道衬度图
(显示了再结晶过程中各向异性晶粒长大的影响。)

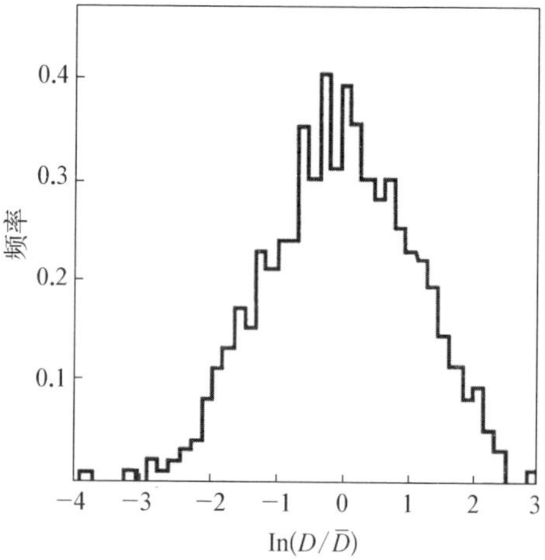

图 7.25　Al - 0.3%Fe 合金再结晶后的晶粒尺寸分布

282　7.5.3　晶粒形状

如果晶粒是均匀分布且各向同性长大的,则再结晶组织由等轴多面体组成(见 4.5 节)。虽然在许多情况下,再结晶晶粒近似等轴,但也有一些例外,如图 7.15 和图 7.24 所示。各向异性长大导致板条形晶粒,这种类型的各向异性长大通常是晶体学上的,一个特别重要的情况是当 FCC 金属中的再结晶晶粒相对于变形基体的取向为 40°-⟨111⟩ 时(在 5.3.2 节和 12.3.2 节详细讨论),再结晶长大晶粒与变形晶粒之间形成的倾斜晶界的侧面比其他面的长大要快得多,从而产生如图 5.14 所示的板条状晶粒。然而,由于这种择优长大仅局限于某些特定取向关系的倾斜晶界,可能不会对再结晶多晶体的微观结构产生显著影响。

工业上,对于含颗粒合金,颗粒的各向异性分布,通常是沿平行于轧制平面的方向分布(如 4.6.2.3 节所述),会降低垂直于轧制平面的长大速率,导致再结晶后的晶粒组织呈扁平状,如图 4.28 所示。

7.6　再结晶的"形核"

已经有相当多的研究试图理解再结晶的成核过程。再次申明,我们使用"成核"来强调不存在新晶粒的直接形核。再结晶形核的重要性在于它是决定晶粒尺寸和取向的关键因素。为了有效地控制再结晶,有必要了解形核的机制及影响它的参数。

7.6.1　经典形核理论

Burke 和 Turnbull(1952)认为,为相变而发展的经典形核理论也可能适用于再结晶。在这种情况下,形核会伴随着随机的原子涨落,导致形成一个具有大角度晶界的小结晶。如果局部的变形状态与再结晶状态之间的能量差大于形核时产生的高能界面的能量,则该晶核是稳定的。尽管这一理论似乎解释了再结晶的某些现象,如孕育期和在高局部变形区的优先形核,但这一理论并不完全正确,因为:① 驱动力低,与相变相比,驱动再结晶过程的能量较小(见 2.2.1 节);② 界面能大,大角度晶界是再结晶过程中必不可少的因素,其能量非常大,约为 1 J/m^2(见 4.4.3 节)。

基于均匀形核理论的近似计算(Martin 等,1997;Christian,2002)发现,由于临界晶核的半径很大,以至于形核速率可以忽略不计,因此这不是一个再结晶起源的有效机制。更具体地说,假设储能(驱动力)$p = 1$ MPa(见第 2 章),晶界能 $\gamma = 0.5$ J/m^2(见第 4 章),则均匀形核所需的临界晶核尺寸约为

$$r_{\text{crit}} = 2\gamma/p = 1 \ \mu\text{m} \tag{7.36}$$

因此,引起再结晶的"晶核"不是严格的热力学意义上的核,而是在变形微观结构中预先存在的小体积元。R. W. Cahn(1950)首先解释了再结晶晶粒必须起源于变形组织,这是回复和多边形化的结果。

7.6.1.1　亚晶的异常长大(ASG)

研究发现最接近正常晶粒长大的机制可能是亚晶结构中的异常晶粒长大。根据第 10 章中亚晶结构稳定性的详细分析,我们对这一机制总结如下。

塑性变形导致位错的非均匀储存,形成三维的胞元结构,胞元墙内的位错密度高于胞元内的位错密度。根据一些研究人员的记录,胞元结构首先以消除异号位错的形式发生回复,某些胞元的长大速度超过其他胞元,并且速度足够快,进而形成新的晶粒(Faivre 和 Doherty,1979;Bellier 和 Doherty,1977)。胞元

结构的回复通常导致亚晶结构的形成,其中胞元墙或亚晶墙像规则晶界一样,在原子尺度上是尖锐的,尽管它们的晶格取向差更小,因此这个过程也称为多边形化。可以认为亚晶粗化形成再结晶晶粒的过程是亚晶结构中的异常晶粒长大,这种说法引入的模型的一个重要组成部分是利用了 Holm 等(2003)提出的亚晶结构粗化的定量模型,该模型又利用了早期关于异常晶粒长大的研究成果(Rollett 等,1989a)。Humphreys(1997b)以及 Rollett 和 Mullins(1997)也提出了类似的异常晶粒长大的理论方法。

Vatne 等(1996b)对铝热变形后的再结晶模型做了重要贡献,他们假设 PSN 是立方织构的主要形核机制,同时还有应变诱导晶界迁移(SIBM),该模型合理预测了 1050 型和 3004 型铝合金单道次热变形时再结晶晶粒尺寸随 Zener-Hollomon 参数的变化规律。他们专门引入了一种额外的形核机制,以解释所观察到的晶粒尺寸。Sheppard 和 Duan(2002)发表了关于再结晶模拟的工作,其中亚晶尺寸是预测晶粒尺寸的关键输入参数,再次特地引入了形核密度。Poirier 和 Nicolas(1975)在研究岩石的动态再结晶时指出,异常亚晶长大(ASG)可能导致再结晶。正如在第 1 章中讨论的,Hughes(2001,2002)发现胞元和亚晶界两侧的平均取向差随应变单调增加(Hughes 等,1997,1998)。在他们的研究中,纯铝被冷轧至厚度减少 5%～50%,发现平均取向差与应变的平方根成正比。根据晶界类型采集和分离了取向差测量值,如几何必需边界(GNB)或偶然位错边界(IDB)。建立了这两类平均取向差与外加应变的幂律关系,其中 IDB 和 GNB 分别为小于 θ、不小于 $k\varepsilon^{1/2}$,以及小于 θ、不小于 $k\varepsilon^{2/3}$,其中 k 为比例常数。根据热轧(293 K)多晶铝(Hughes,2002)的实验数据,测定了 IDB 的 k 值约为 1.5°,GNB 的 k 值约为 7.2°。平均取向差与应变之间的这种关系使我们可以根据材料的平均取向差来估算预变形大小。

模型的另一个关键输入是亚晶尺寸,研究发现亚晶尺寸随金属的流动应力增加而单调减小(Ginter 和 Mohamed,1982),见第 2 章中的综述。总的来说,高的变形温度和高层错能有利于亚晶结构的形成。亚晶尺寸与流动应力的函数关系可由下列经验关系给出:

$$\delta = bK(\sigma/G)^{-r} \tag{7.37}$$

式中,δ 是亚晶尺寸;σ 是流动应力;G 是剪切模量;b 是伯格斯矢量的大小;K 和 r 是常数,一般分别等于 10 和 1。因此,这种关系可以用来预测任意金属(会形成亚晶尺寸)在给定应力下形成的亚晶结构尺寸。如果流动应力可以由工艺参数(如应变速率、应变和温度)确定,那么也可以直接预测亚晶尺寸与应变之间的关系函数。

通过对亚晶网稳定性的分析,得到的基本结论是异常长大的概率随平均取向差的升高而显著增加,这在 Holm 等(2003)和 Wang 等(2011)的二维和三维计算机模拟中得到了充分的验证。原因很简单,取向差反映了取向的散布,平均取向差越大,其衍生的取向散布就越大。不断增加的取向散布意味着会有越来越多的晶粒偏离它们的邻居足够远,从而有高迁移率的晶界。如果这样的晶粒处于长大状态,那么其高迁移率的周长会促进晶粒的异常长大,为再结晶提供了形核点。Wang 等(2011)的研究表明,结合晶核密度和亚晶尺寸,可以解释为什么再结晶晶粒尺寸强烈地依赖于预变形大小(控制取向差程度),而不依赖于退火温度,如图 7.23 所示。

7.6.1.2　应变诱导晶界迁移(SIBM)

如图 7.26(Bellier 和 Doherty,1977)所示,Beck 和 Sperry(1950)首次报道了该机制,并在许多金属中观察到。应变诱导晶界迁移(SIBM)涉及已有晶界的部分弓出,在迁移晶界后面留下一个位错密度较低的区域,如图 7.27 所示。该机制的一个典型特点是新晶粒与它们(所起源)的旧晶粒具有相似的取向。该机制在低应变下尤其重要,Beck 和 Sperry 发现,当纯铝的厚度减薄量超过 40%时,该机制会被其他的机制所替代,因为新晶粒的取向明显不同于基体晶粒的取向(见 7.6.3 节)。在早期的工作中,新旧晶粒的取向相似与否主要是根据蚀刻产生的衬度对比来判断的,这种方法不一定可靠。然而,Bellier 和 Doherty (1977)当时已能够确定晶粒取向,他们在轧制铝中发现,当厚度减薄小于 20%时,SIBM 是主要的再结晶机制。由于新晶粒和旧晶粒之间的取向关系,这一机制可能产生与变形织构密切相关的再结晶织构。研究还表明,SIBM 在铝和钢

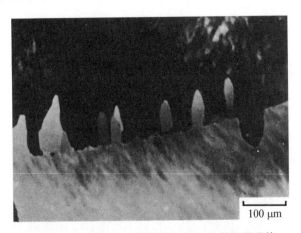

100 μm

图 7.26　铝中应变诱导晶界迁移的光学显微照片

高温变形后的再结晶过程中也非常重要，此时的变形组织比低温变形后更加均匀（如 Theyssier 和 Driver，1999；Hutchinson 等，1999b）。在高温变形铝合金的再结晶过程中发生的 $\{100\}\langle001\rangle$ 立方织构强化现象（具有重要的工程应用价值，见 12.4.1 节），也通常被归因于立方取向区域的边界上的 SIBM 效应，这里所指立方取向区域是指变形微观结构内部的区域（如 Vatne 和 Nes，1994；Vatne 等，1996a，d）。

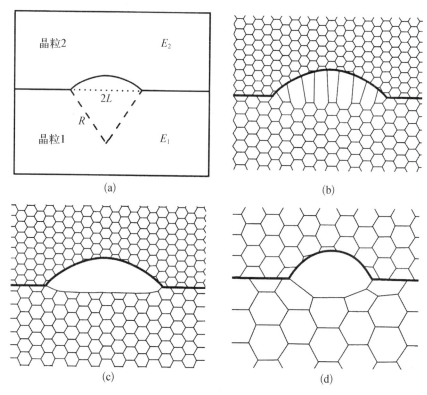

(a)   (b)

(c)   (d)

图 7.27 （a）分离低储能（E_1）晶粒与高储能（E_2）晶粒的晶界的应变诱导晶界迁移（SIBM）；（b）将位错结构拖到迁移晶界后面；（c）迁移晶界没有位错结构；（d）SIBM 起源于单个大亚晶

7.6.1.3 多重亚晶的应变诱导晶界迁移（SIBM）

通常认为 SIBM 的驱动力是由晶界两侧位错密度的差异引起的，且可以是由变形过程直接导致的，因为我们知道位错的存储速率可能与晶粒取向有关（见 2.2.3.3 节），所以在晶界两侧区域可能不同。

Bailey 和 Hirsch（1962）率先研究这一过程的动力学行为，在图 7.27（a）中，如果变形晶粒储存了 E_1 和 E_2 的能量，且 $E_1 < E_2$，则驱动力由能量差 $\Delta E =$

$E_2 - E_1$ 提供。如果弓出晶界是半径为 R 的球帽,且晶界能量为 γ_b,则晶界弓出区域的界面能为

$$E_B = 4\pi R^2 \gamma_b \tag{7.38}$$

$$\frac{dE_B}{dR} = 8\pi R \gamma_b \tag{7.39}$$

在弓出初期,单位体积内的晶界能量差为 ΔE,且有

$$\frac{dE}{dR} = 4\pi R^2 \Delta E \tag{7.40}$$

对于弓出长大 $\dfrac{dE}{dR} > \dfrac{dE_B}{dR}$,有

$$R > \frac{2\gamma_b}{\Delta E} \tag{7.41}$$

当晶界弓出变成半球形时,即 $R = R_{crit} = L$ 时,将达到如下的临界值:

$$R_{crit} > \frac{2\gamma_b}{\Delta E} \tag{7.42}$$

在凹下的那一侧,弓出晶界通过一排位错或小角度晶界与更低的晶粒相连,而且目前尚不完全清楚在临界阶段[见式(7.40)]晶界是否仍可被视为隔离高储存能量的区域 (E_1, E_2)[见图 7.27(b)],或者它是否隔离了 E_2 和理想晶体[见图 7.27(c)]。在这种情况下,式(7.40)中的 ΔE 由 E_2 给出。如果是这种情况,那么临界条件很可能在达到半球结构之前就出现了。但是,几乎没有实验证据可以证明这一点。Fe‑Si 的光学显微照片 (Dunn 和 Walter,1959)显示了弓出区域的一些亚结构,Bailey 和 Hirsch(1962)的铜 TEM 显微图[见图 7.28(Bailey 和 Hirsch,1962)]也显示了弓出区的位错密度(虽然比母晶的位错密度要低),即与图 7.27(b)所示的一致。采用 16.2.4 节中描述的顶点模型模拟了 SIBM 过程,发现了 LAGB 在迁移晶界后的一

1 μm

图 7.28　铜(14%拉伸变形,然后在 234℃ 退火 5 min)中 SIBM 的 TEM 显微图

些拖曳现象，这与 Bailey 和 Hirsch(Humphreys，1992b)的实验结果一致。

Bate 和 Hutchinson(1997)的研究表明，如果发生了 SIBM[见图 7.27(b)]，随着弓出的发展，弓出晶界处的位错或弓出长度保持不变，但晶界面积增加，因此作用在晶界凹侧、由亚结构引起的抑制压力将减少。他们将凸出面的(恒定)压力定义为 p，将其相反侧的(恒定)压力定义为 fp，则弓出区域的临界长度为

$$R_{\text{crit}} = \frac{2\gamma_{\text{b}}}{p\sqrt{1-f}} \tag{7.43}$$

可与 Bailey 和 Hirsch 的结果做对比[式(7.40)]，即

$$R_{\text{crit}} = \frac{2\gamma_{\text{b}}}{p(1-f)} \tag{7.44}$$

这一分析的含义是，当变形储能较大而 ΔE 较小时（$f \to 1$），临界弓出尺寸显著减小。随着 f 增大，式(7.41)和式(7.42)给出的 R_{crit} 之间的差值减小。

7.6.1.4 单个亚晶的应变诱导晶界迁移(SIBM)

如果 SIBM 发生在具有充分回复的亚晶结构的材料中，如低溶质铝合金，它可能起源于图 7.27(d)所示的单个大亚晶。在不存在亚晶拖曳的情况下，并假设临界弓出的尺寸与大亚晶的尺寸相等，则临界亚晶半径为

$$R_{\text{crit}} = \frac{2\gamma_{\text{b}}}{p} \tag{7.45}$$

式中，p 为一排半径为 R_i、界面能为 γ_1 的亚晶阵列的变形储能，将 p 取作 $3\gamma_1/2\gamma_i$[见式(2.7)]，我们得到弓出长大成晶粒 2(见图 7.27)时(Faivre 和 Doherty，1979)，

$$R_{\text{crit}} = \frac{4\gamma_{\text{b}}R_2}{3\gamma_2} \tag{7.46}$$

式中，R_2 和 γ_2 为上方晶粒 2 中亚晶的尺寸和晶界能。

对于单个亚晶的 SIBM，不需要两个晶粒的变形储能差，只需要在晶界附近
290 存在一个临界尺寸的亚晶即可。然而，如果在晶界两侧存在存储能量差时，则 SIBM 的临界亚晶尺寸会减小。因此，单个亚晶 SIBM 的生存、长大能力取决于两个晶粒中亚晶的尺寸、尺寸分布和晶界能(或取向差)。图 7.29(Humphreys，1999a)展示了 SIBM 的临界亚晶尺寸与两个晶粒的亚晶尺寸和晶粒 2 的平均亚晶取向差之间的关系(Humphreys，1999a)。

当亚晶结构具有相同的平均尺寸（$R_1/R_2 = 1$）时，可以看出，当平均取向差

超过 2°时,存在一个合理的概率,
即有足够大的亚晶(尺寸超过亚晶
平均尺寸约 2.5 倍)在大角度晶界
的一侧或两侧作为再结晶的"晶
核"。从图 7.29 中可以看出,如果
$\bar{\theta}_2 = 1°$,$R_1 = 1.6R_2$,则晶粒 1 中
的亚晶尺寸为 $2.5R_2$(即 $1.6R_1$)
时,就能够诱导 SIBM。

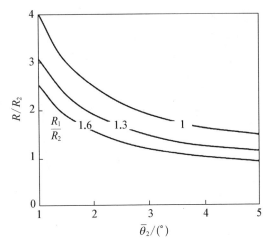

单个大到足以诱导 SIBM 的
亚晶可以在变形过程中形成(如
Humphreys 和 Hurley,2001)。
然而,它们也可能来自晶界附近的
优先回复,Doherty 和 Cahn(1972)
以及 Jones 等(1979)讨论了在大
角度晶界附近(见 6.5.4 节)发生

图 7.29　晶粒 1 中大亚晶进行应变诱导晶界迁
移(SIBM)的临界尺寸,作为晶粒 2 中
亚晶平均取向差和两个晶粒中亚晶相
对尺寸的函数

的回复(以亚晶合并的形式)是如何促进 SIBM 的。

7.6.1.5　多个或单个亚晶的 SIBM

由于式(7.41)给出的临界晶核尺寸是根据具体条件进行校正的,所以在大
多数情况下都可以发生多个亚晶的 SIBM。然而,如果晶粒间的变形储能差
(ΔE)变小,R_{crit} 就会变大。因此,一个重要的参数是沿晶界的距离,在该距离
上保持着任何特定的 f 值。最大距离是晶粒尺寸,但通常会更小。如果以
20 μm 为合理极限,则会出现多个亚晶 SIBM 的 f 和 θ 条件,如图 7.30 所示。

单个亚晶 SIBM 的临界亚晶尺寸由式(7.44)和图 7.29 给出。存在亚晶的
概率取决于亚晶的尺寸分布,通常亚晶的尺寸可达到平均值的 3~4 倍。如果我
们以 $4R_2$ 作为最大的可能尺寸,那么当 $R_1 = R_2$ 且 $\theta_2 > 1°$ 时,就会发生 SIBM,
如图 7.29 所示。如果假设 f 的变化是因为亚晶尺寸的差异,则单个亚晶 SIBM
的条件如图 7.30(a)所示。

计算表明,如果两个过程都可行,当弓出尺寸接近临界值时,因为缺乏约束
压力,单个亚晶的 SIBM 变得更快。因此,从图 7.30(a)中可以看出,当晶粒具有
相似的变形储能、亚结构取向差大于 1°时,单个晶粒的 SIBM 将占主导地位。研
究发现,约 20%冷轧铝中的 SIBM(Humphreys 和 Hurley,2001)与单个亚晶的
SIBM 一致,因为如图 7.31 的电子背散射衍射(EBSD)结果所示,弓出内部没有
可检测到的亚结构。对于较低的亚晶取向差和位错胞元发育较差的材料,可能

会出现多重 SIBM,这与 Bailey 和 Hirsch 早期研究结果一致。第二相颗粒的弥散会降低驱动压力,有利于多重亚晶的 SIBM,如图 7.30(b)所示,9.4.1 节会进一步讨论该主题。

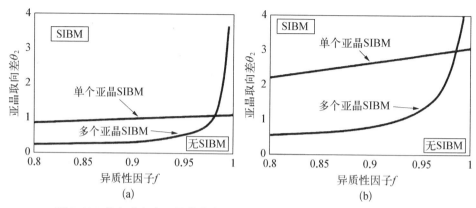

图 7.30　单个或多个亚晶的应变诱导晶界迁移(SIBM)的条件表示为两个晶粒变形储能的分数差 (f) 的函数

(在上部区域,两种机制都可以发生,但单个亚晶的 SIBM 通常更快。)
(a) 单相合金;(b) $p_Z = 0.5 p_D$ 的含颗粒合金

尽管 SIBM 在再结晶中的重要性毋庸置疑,但要澄清其机理和发生条件的细节还需要大量额外的工作。

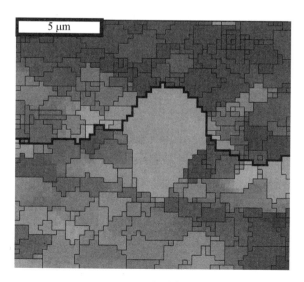

图 7.31　EBSD 图显示了 Al‐0.1%(质量分数)Mg 在冷轧 20%、300℃退火时的应变诱导晶界迁移(SIBM)

(不同灰度代表晶体取向,黑色线条代表大角度晶界,灰色线条为小角度晶界,再结晶晶粒无明显亚结构;由 P. J. Hurley 提供。)

254

7.6.2　预变形晶核模型

292

在上节讨论的 SIBM 过程中,预先存在的大角度晶界是再结晶发生的先决条件。然而,在许多情况下,再结晶也会起源于材料内部没有这种晶界的区域,我们需要考虑在这种情况下,再结晶晶核是如何形成的。

Burgers(1941)首先提出了这样一种假设——再结晶可能起源于变形材料中的微晶。在他的块假说中,晶核可以是高度变形后的晶体,也可以是相对无变形的晶体。正如 Cahn(1950)所假设的,再结晶是由变形组织中存在的位错胞元或亚晶引起的,这一观点现已被证实是确定无疑的。虽然对这些预先存在的亚晶如何变成晶核仍不确定,但有几点现在已经很明确了。

(1) 晶核的取向继承变形结构的取向。没有证据表明在形核过程中或形核后会形成新的取向,除孪晶外(见 7.7 节)。虽然在某些情况下,新晶粒的取向似乎位于变形织构的扩展之外(Huang 等,2000c),对这种现象最有可能的解释是,再结晶起源于变形材料织构成分中没有检测到的非常小的区域。

293

(2) 根据 6.5.3 节、7.6.1 节和第 10 章中讨论的机制,形核通过**亚晶(异常)长大**的机制发生。所有直接原位 TEM 退火观察到的再结晶形核(Ray 等,1975;Humphrcys,1977;Bay 和 Hansen,1979)的研究表明,其机制仅为小角度晶界的迁移,没有证据表明亚晶合并有显著作用。原位 HVEM 实验表明,晶核附近的回复明显快于材料的其余部分。

(3) 为了通过这种快速回复来产生大角度晶界,必须存在**取向梯度**。如图 7.32

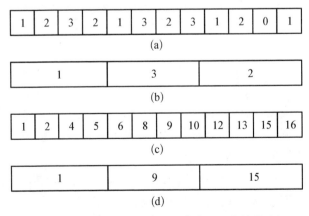

图 7.32　取向梯度对一维微观结构回复的影响

(数字表示亚晶相对于微观结构左边缘的取向。)

(a) 没有整体的取向梯度;(b) 退火时没有形成大角度晶界;(c) 有取向梯度;(d) 回复导致形成大角度晶界

所示,它显示了两个一维亚晶结构,每个亚晶之间具有相似的取向差。如图 7.32(a)所示的组织的亚晶长大回复产生了大的亚晶,但没有大角度晶界[见图 7.32(b)],而当存在取向梯度[见图 7.32(c)]时,同样的回复量就能形成大角度晶界[见图 7.32(d)]。Dillamore 等(1972)首先明确阐述了这一重要观点。需要注意的是,任何具有大取向梯度的区域总是具有高的变形储能,因为需要几何必需位错或小角度晶界来协调这些取向差。如 6.5.3.4 节所述,理论预测表明,大取向梯度区域的回复速度最快。

因此,在这种情况下,可以认为再结晶的形核不过是在高应变能和高取向梯度区域的不连续亚晶长大(见第 10 章)。

294　　晶核的位置是决定其生存能力的重要因素,本节讨论的一般机制可以在不同的位置发生。

7.6.3　形核点

再结晶源于变形组织的不均匀性,这可能与预先存在的微观结构特征有关,如第二相颗粒(见 2.9.4 节)或晶界,也可能是由变形引起的不均匀性,如第 2 章所述。由于再结晶晶粒的取向取决于再结晶的位置,因此,如第 12 章所述,形核位置的类型可能对再结晶织构有很强的影响。

7.6.3.1　晶界

众所周知,晶界引起了位错滑移的不均匀性(Ashby,1970；Leffers,1981),在晶界附近可能发生滑移系的不同组合(见 3.7.1 节),从而在理论上可能产生类似于发生在大的第二相颗粒附近的情况(见 2.9.4 节)。Mishra 等(2009)指出,晶界附近的取向梯度始终更强,这一点已被三维表征进一步证实,如 Pokharel 等(2015)。此外,表征取向时所使用的空间分辨率非常重要(Subedi 等,2015)。晶界附近存在较大的取向梯度是正常的,因为晶界两侧应力状态不同,因此存在很强的应力梯度(Rollett 等,2012)。这种梯度很可能导致激活滑移系的变化,晶格重取向的变化可以累积。因此,再结晶很可能起源于大的取向梯度区域,最常见的是晶界附近或晶界三重点附近,这个机制与 SIBM 的机制是否有真正的区别尚无定论。

许多研究都发现(如 Beck 和 Sperry,1950),在原始晶界附近发生的形核,新晶粒的取向不同于母晶粒的取向,并且在大应变下更复杂。这一现象的实验证据包括 Hutchinson(1989)的铁双晶体实验(新晶粒的取向偏离母晶粒约 30°)和 Driver 等(2000)的铝双晶体实验。关于这种类型的再结晶及其所产生晶粒的取向,我们仍知之甚少。

7.6.3.2　过渡带

过渡带可将变形过程中的晶粒分割成不同取向的区域(见 2.7.3 节)。因此过渡带通常具有大的取向梯度,是再结晶的理想位置。Hu(1963)以及 Walter 和 Koch(1963)首次报道了铁中过渡带内的再结晶,在过渡带内形成的晶体取向是滑移和应变路径的直接结果,因此再结晶晶粒倾向于具有择优取向。因为它是决定金属再结晶织构(见第 12 章)的重要因素,所以对这种机制的研究很多,包括 Bellier 和 Doherty(1977)以及 Hjelen 等(1991)对铝、Inokuti 和 Doherty (1978)对铁、Ridha 和 Hutchinson(1982)对铜的研究。图 7.33(Hu, 1963)所示是 Hu 的经典著作里关于铁过渡带内再结晶形核的例子。

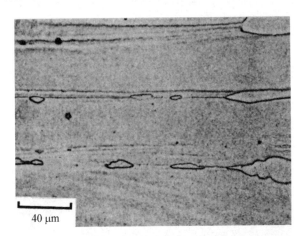

40 μm

图 7.33　硅铁晶体中过渡带内再结晶形核的光学显微照片

图 7.34(Huang 等,2000b)的电子背散射衍射(EBSD)图中展示了 Huang 等(2000b)的工作,是在高温变形立方取向铝晶体的过渡带内再结晶的例子。如图 7.34(a)所示,晶粒变形不均匀,阴影区域代表与原立方取向差在 15°以内的区域。这个变形区域内存在大的取向梯度[见图 7.34(b)],在退火过程中,这个区域内的亚晶很快长大(见 6.5.3.6 节和图 6.19),导致大量的取向差累积,在发生少量长大后即形成大角度晶界,然后开始再结晶。

7.6.3.3　剪切带

轧制金属中的剪切带是高应变的薄带区域,通常与轧制平面呈 35°方向。它们是由于轧制过程中的塑性失稳导致应变不均匀造成的,剪切带的形成强烈地依赖于变形条件以及材料的成分、织构和组织等(见 2.8 节)。在许多金属中都观察到剪切带内的再结晶形核,包括铜及其合金(Adcock,1922;Duggan 等, 1978a;Ridha 和 Hutchinson,1982;Haratani 等,1984;Paul 等,2002)、铝

295

296

（Hjelen 等，1991）和钢（Ushioda 等，1981）。图 7.35（Adcock，1922）所示为一张早期的显微照片，展示在铜的剪切带内有大量的再结晶形核。

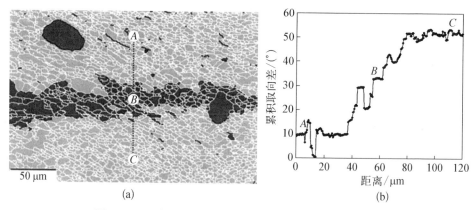

(a)   (b)

图 7.34　立方取向铝晶体在热变形和退火后的 EBSD 图，
**　　　　显示了源自大取向梯度带的再结晶**

（a）图中黑色区域为立方取向晶粒，黑色线条代表大角度晶界，白色线条代表小角度晶界；
（b）沿标记线 A—B—C 取向差的变化

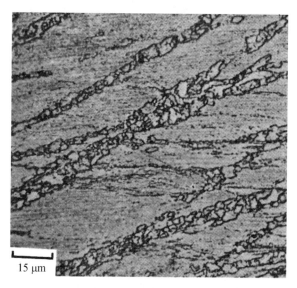

图 7.35　铜剪切带内发生再结晶的显微照片

对剪切带内再结晶形核机制的认识尚不充分，而所形成晶粒的取向似乎非
常依赖于具体情况（Nes 和 Hutchinson，1989）。例如，对于 α - 黄铜（Duggan
等，1978a），这种形核的再结晶晶粒的取向是很分散的，但在铝（Hjelen 等，1991）

297

中,晶粒的取向接近 S{123}⟨634⟩织构成分。我们会在 12.2.1.2 节进一步讨论剪切带内形成的晶粒的取向及其对再结晶织构的影响。

7.7　退火孪晶

7.7.1　简介

在某些材料的再结晶过程中,特别是中、低层错能的 FCC 金属,如铜及其合金和奥氏体不锈钢等,会形成退火孪晶,如图 7.2 所示。在许多金属间化合物、陶瓷和矿物中也发现了这样的孪晶。如图 7.36 所示,这些孪晶外形一般是两边平行的薄片/薄层。在 FCC 金属中,片层被 {111} 平面或**共格孪晶界**(CT)包围,在其两端或台阶处被**非共格孪晶界**(IT)包围(见图 7.36),4.4 节详细讨论了这些晶界的性质。孪晶可能在回复、初次再结晶或再结晶后晶粒长大过程中形成,从图 7.2 的原位退火实验中可以观察到孪晶在铜再结晶过程中的形成过程。Jin 等(2013,2014)最近对不锈钢和纯镍的研究表明大多数孪晶是在再结晶过程中形成的,实际上,孪晶密度在晶粒长大过程中会有所降低(见图 7.37)。

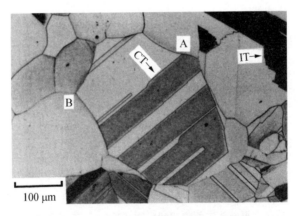

图 7.36　70∶30 黄铜中的退火孪晶

(图中标注了一些 CT 和 IT,图片由 M. Ferry 提供。)

在纯镍的相关工作中,Jin 等(2015)表明,加热速度对再结晶过程中发生的孪晶密度没有影响[见图 7.38(Jin 等,2015)]。在该图中,标签"V500"和"V5"分别表示 500℃/min 和 5℃/min 的加热速度。这种不敏感性很关键,因为它表明晶界迁移速度不是孪晶形成速率的直接影响因素。在同样的工作中,他们发现再结晶前端①的孪晶界的产生速率与弯曲度成正比,即前端越粗糙,孪晶的密度就越高。他们进一步表明,孪晶密度(在再结晶完成后)与预变形程度有关。

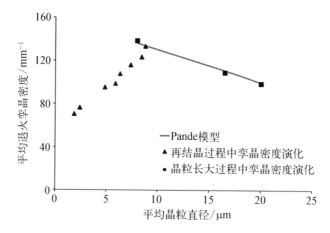

图7.37 在3种不同退火时间下(Jin等,2014),晶粒长大过程中的退火孪晶密度演化与晶粒平均尺寸(黑色方形)的关系

[这种关系与再结晶过程中的依赖关系相反(黑色三角形);再结晶阶段的最终平均晶粒尺寸大于晶粒长大开始时的平均晶粒尺寸,这是因为两者经历的退火时间不同。]

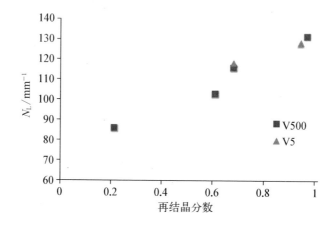

图7.38 两个试样在再结晶过程中(350℃时)的退火孪晶密度随再结晶分数的演化

[图中包含了两种不同加热速度(500℃/min和5℃/min)的数据,表明加热速度对退火孪晶密度没有影响。]

---

① 译者注:再结晶前端(recrystallization fronts)指新晶粒生长的边界,即变形区与再结晶区之间的界面。在再结晶过程中,新的无变形晶粒开始在已变形的晶体区域内生长,这些新晶粒的形成会导致晶界的移动和重组。

Fullman 和 Fisher(1951)认为,孪晶也可以在晶粒长大过程中形成,但仅限于比较少见的晶界三重点处的孪晶(Lin 等,2015)。应该注意的是,孪晶的形成不仅发生在退火过程中,也可能发生在固态相变(Basson 等,2000)或凝固(Han 等,2001)中,当然也会发生在塑性变形过程中,但本节不讨论这些孪晶。然而,在电沉积中可以调控孪晶形成,以获得高密度的孪晶,因此与传统晶粒尺寸的相同材料相比,纳米孪晶可以产生高强度和超高强度的材料,如 Lu 等(2009)的研究。最近兴起通过控制晶界特征(晶界工程)来改善合金的性能,通过热机械处理最大限度地增加低 Σ 晶界(如 $\Sigma3$ 孪晶)的数量,我们会在 11.3.2.3 节进一步讨论。

7.7.2　退火孪晶的形成机理

虽然对孪晶的研究很广泛,但形成孪晶的原子尺度的机制仍不清楚。如图 7.39 所示,孪晶可以在两种构型中长大。在图 7.39(a)中,长大方向垂直于共格孪晶界,在图 7.39(b)中长大方向平行于共格孪晶界。

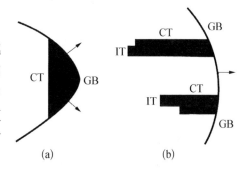

图 7.39　再结晶过程中形成的孪晶的可能取向

(图片源自 Goodhew P J, 1979. Metal Sci, 13, 108.)

(a) 共格孪晶晶界平行于再结晶前端;(b) 共格孪晶晶界垂直于再结晶前端

7.7.2.1　通过层错长大发生的孪晶

Gleiter(1969c, 1980)提出孪晶是由共格孪晶界上的壁架运动引起的。当孪晶通过在 ABCABC 序列中插入密排平面进行传播时,孪晶片层的开始或结束只需要一个具有低能量长大层错的壁架的形核和传播,从而改变序列,例如:

$$ABCABC\,|\,BACBACBA\,|\,BCABC$$

虽然这种机制能够解释图 7.39(a)所示的孪晶传播,但它与图 7.39(b)所示的结构不一致。

7.7.2.2　晶界解离形成的孪晶

Goodhew(1979)在金中通过晶界解离发现了孪晶形成的证据。他发现了以下解离现象:

$$\Sigma9 \rightarrow \Sigma3 + \Sigma3$$

$$\Sigma11 \rightarrow \Sigma3 + \Sigma33$$

300

$$\Sigma 33 \rightarrow \Sigma 3 + \Sigma 11$$

$$\Sigma 99 \rightarrow \Sigma 3 + \Sigma 33$$

在上述所有的情况中,都发生了能量下降(Hasson 和 Goux, 1971),其可能的机制如图 7.40(Goodhew, 1979)所示。有人认为,这种类型的晶界解离可以通过晶界位错的释放而发生,Meyers 和 Murr(1978)以及 Grovenor 等(1980)提出了这种机制的变体形式。

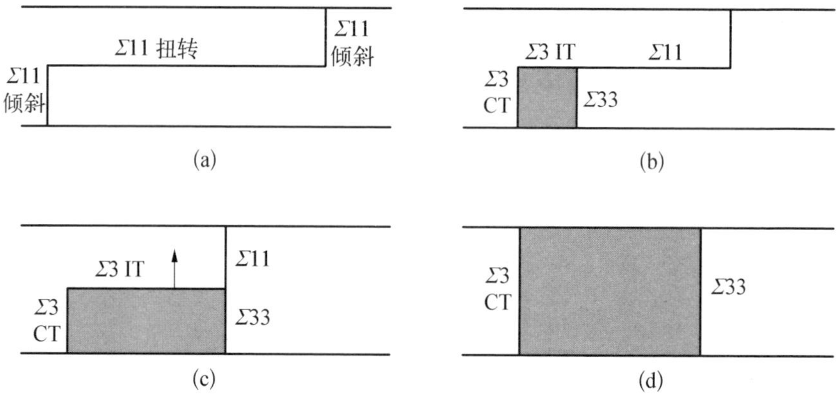

图 7.40　Σ11 晶界解离的可能机制

(a) 倾斜晶界的迁移;(b) 其中一个倾斜晶界解离,并留下一个孪晶;(c) 剩余的 Σ11 孪晶界被消除;(d) 非共格孪晶界(IT)迁移过去以消除剩余的 Σ11 晶界

301 7.7.3　回复过程中的孪晶形成

Huber 和 Hatherly(1979, 1980)报道了变形态 70∶30 黄铜在约 250℃(比再结晶温度低约 30℃)退火过程中剪切带内形成的回复孪晶。它们的长约为 250 nm、宽为 2~10 nm。只有一组孪晶在一个特定区域内长大,而且它们总是与 {110}⟨112⟩ 局部取向有关。随着退火继续,孪晶的数量和宽度都增加,并且在发生孪晶的区域,位错会逐渐减少,如图 7.41(Huber 和 Hatherly, 1979)所示。这种位错损失似乎与再结晶的开始有关,但是,在成长中的晶核周围没有明确的晶界。

302 7.7.4　再结晶过程中的孪晶形成

7.7.4.1　孪晶的作用

由于孪晶产生了变形微观结构中本不存在的新取向,因此孪晶对退火织构的形成具有重要影响(见 12.3.5 节)。Haasen 和 Göttingen 的同事们(如 Berger 等,

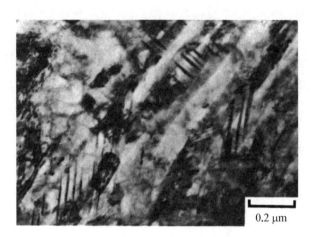

图 7.41　85∶15 α-黄铜中的退火孪晶

(材料经扭转变形和 240℃的退火处理。)

1988)开展了大量的研究,表明再结晶早期阶段的多重孪晶可能是决定铜合金晶粒取向的重要因素。他们基于原位高压电子显微镜退火实验(Berger 等,1983)得出的结论是,孪晶在铝的再结晶中起重要作用,但这一结论是有争议的。在铝的大块样品中很少观察到孪晶,该材料中出现的孪晶很可能是因为自由表面的影响,如 7.7.4.3 节所讨论的。

7.7.4.2　孪晶选择原则

如果以随机的方式发生多重孪晶,则会产生一个随机织构(见 12.3.5 节)。而严重变形铜的再结晶织构(见图 12.1)是非常强的立方织构,孪晶的贡献很小。众所周知(如 Hatherly 等,1984),通常只会形成少数可能的孪晶变体,因此再结晶过程中的孪晶不是随机发生的,必然存在一些变体选择原则。Wilbrandt (1988)详细地综述了这方面的研究,并得出结论——没有一个简单的准则能解释所有的实验结果,但以下 3 个因素已被证明是很关键的。

(1) 晶界能。有大量的证据表明,晶界能是影响孪晶发生的一个非常重要的因素,降低晶界能可提高晶粒抵抗孪晶的稳定性,以防止进一步产生孪晶。Goodhew(1979)、Göttingen 团队(Berger 等,1988)和 Lin 等(2015)都提供了很好的证据佐证这一原则。

(2) 晶界迁移。也有学者认为孪晶是以产生移动性更好的晶界的形式发生的,例如在铜和银单晶的动态再结晶过程中(Gottstein 等,1976;Gottstein,1984)(见 13.3.6 节),发现在快速长大的晶粒取向形成之前,会发生多重孪晶。然而,如果这是最主要的因素,那可以预期孪晶链会导致越来越多的移动晶界,但众所周知的是，孪晶有时会导致非常稳定（迁移率非常小）的晶界（Berger 等，1988）。

303　　　（3）位错排列的作用。Form 等（1980）提供了孪晶受位错结构影响的证据，他们发现孪晶密度随着位错密度的增加而增加。Rae 等（1981）以及 Rae 和 Smith（1981）发现位错结构和晶界取向都是影响孪晶的重要因素。

7.7.4.3　孪晶与界面

Humphreys 和 Ferry（1996）采用 SEM 对铝进行了原位退火实验，并与块体材料的微观结构进行对比，结果表明，在再结晶过程中，自由表面处形成的孪晶要比样品内部多。在双相铝合金中，孪晶常与大的第二相颗粒相结合。虽然原因还不清楚，但很可能是高能量表面或界面的存在起了重要作用，就像在下一节讨论的晶粒长大过程中形成孪晶一样，在含有小的第二相颗粒的铝合金的再结晶过程中也可能形成大量的孪晶（Higginson 等，1995；Lillywhite 等，2000），尽管原因尚不清楚。

7.7.5　晶粒长大过程中的孪晶形成

早期孪晶形成的相关工作主要是晶粒长大过程中孪晶在三重线上的形成（Burke，1950；Fullman 和 Fisher，1951；Murr，1968）。最近，Lin 等（2015）在分析通过高能量衍射显微镜（HEDM）获得的纯镍晶粒长大延时三维取向图时证实了这一点。

图 7.42 所示为基于能量判据所假定的孪晶机理。在图 7.42(a)中，晶粒长大使得晶粒 A、B 和 C 之间的三重点垂直移动。随着晶粒长大的进行，假设在某个位置出现长大缺陷，导致形成了与晶粒 A 孪生的晶粒 T。如果晶粒的相对取向使得 AT 晶界的能量比 AC 的低，因为共格孪晶界 AT 的能量非常低（见表 4.2），即尽管产生了额外的晶界区域，但总晶界能量可能会降低，所以孪晶结构

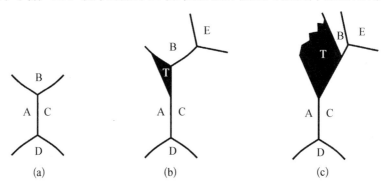

（a）　　　　　　（b）　　　　　　（c）

图 7.42　再结晶后晶粒长大过程中的孪晶形成机制

将是稳定的,并会长大。在二维条件下,这个条件为

$$\gamma_{AT}L_{13} + \gamma_{TC}L_{23} + \gamma_{TB}L_{12} < \gamma_{AC}L_{23} + \gamma_{AB}L_{12} \tag{7.47}$$

式中,γ_{ij} 是晶粒 i 和 j 之间晶界的能量,L_{xy} 是点 x 和 y 之间的距离。相关的证据是 Lin 等(2015)分析了新晶粒形成前后三重线处二面角的变化与已有晶粒的孪晶关系。

304

如果三重点 ABC 与另一个三重点(如 BCE)发生反应,则晶粒长大会终止,从而导致能量平衡较不利的晶粒结构(见图 7.42)。在这种情况下,孪晶片层的数量应该与三重点相互作用的数量成正比,Hu 和 Smith(1956)发现了这一点的证据。晶粒长大过程中孪晶形成的原子机制可能与前面讨论的再结晶过程中的孪晶形成机制相似,但仍是一个有待研究的主题。11.3.2.3 节会进一步讨论退火孪晶的形成机制。

第 8 章　有序材料的再结晶

8.1　引言

近年来,有序金属间化合物作为高温结构材料的应用受到了极大的关注,但这些材料的工程应用经常受它们较差的韧性所限。尽管如此,例如,γ-钛铝化合物已在燃气涡轮发动机中得到应用(Clemens 和 Meyer,2016)。热机械加工不仅可用于成形材料,还可用于破碎铸造组织、减少不均匀性、细化晶粒尺寸并优化微观结构和织构(Morris 和 Morris-Munoz,2000)。对于超塑性应用场合(Nieh 和 Wadsworth,1997),在加工和使用过程中控制晶粒尺寸至关重要,在某些情况下,控制晶粒形状和再结晶状态也同样关键(如 McKamey 和 Pierce,1992;Zhang 等,2000)。

目前很少有金属间化合物可在室温下进行大变形,因此对于有序材料,人们更关注热变形和静态或动态再结晶。本章我们将有序合金的变形、回复、再结晶和晶粒长大与常规金属的行为进行对比研究。尽管对有序材料的热机械加工进行了广泛的研究,但大部分工作是关于复杂的多相材料,本书不考虑这些材料。即使是更简单的单相金属间化合物,其退火行为也有许多悬而未决的问题,正如 Baker（2000）的综述所述。

8.2　有序结构

8.2.1　性质和稳定性

在退火行为方面研究最为广泛的两类有序结构(或超晶格、有序化点阵)是与 A_3B 型合金(如 Cu_3Au、Ni_3Al 和 Ni_3Fe 等)相关的 $L1_2$ 结构,以及与 AB 型化合物(如 CuZn、FeCo 和 NiAl)相关的 B2 结构。在具有 B2 结构的材料里,一个特别重要的例子是镍钛诺(镍和钛的非磁性合金),镍钛诺是一类形状记忆合金,在成分上有许多变化,形状记忆合金的机械性能强烈依赖于它们的微观结构,而微观结构又取决于它们的热机械加工历史(Robertson 等,2012)。$L1_2$ 结 306 构是面心立方结构,A 原子位于面心位置(1/2、1/2、0 等);而 B2 结构是体心立方结构,B 原子位于体心位置(1/2、1/2、1/2)。当 B2 结构经进一步的有序化过程后,会产生 DO_3 结构。晶胞由 8 个 B2 晶胞组成,排列为 $2 \times 2 \times 2$ 立方体,在晶胞中心具有 A 原子和 B 原子的交替晶胞,这种结构的例子有基于 Fe_3Al 的材料。

在某些材料中,当温度超过临界有序温度 T_c 时,有序结构不复存在,但在其他材料中,有序状态在熔点之前都是稳定的。后一种材料(也称为永久有序材料)的诸多性质与化合物密切相关。表 8.1 给出了一些重要有序材料的 T_c 值。

表 8.1   某些有序合金的有序温度 (T_c)

材　　料	T_c/℃
Cu_3Au	390
Ni_3Fe	500
$CuZn$	454
$FeCo$	约 725
Fe_3Al	约 540
$(Co_{78}Fe_{22})_3V$	910
Ni_3Al	1 638(熔点)

在可以被无序化的材料中,有序性在加热过程中的保持或在冷却过程中的发展,是由有序参数 S 来衡量的。S 值介于 1(完全有序状态)和 0(完全无序状态)之间。但是,当温度低于 T_c 时,不同材料的有序程度是不一样的。在某些情况下,例如 FeCo 的 S 随合金加热而缓慢减小,并且在室温下通过淬火可以保持无序状态。在其他情况下,例如 Cu_3Au 在淬火时无法保持无序状态,并且在略低于 T_c 的温度下,S 值会突然升高,这两种行为如图 8.1 所示。

在可以被无序化的材料中,低于 T_c 的结构采用称为"畴"的体积元来描述,畴内具有高度的有序性。在完全有序的材料中,A 原子和 B 原子具有不同位置的相邻畴由称为**反相畴界**(APB)的表面所隔开,并且这种边界是沿着母晶格中的简单晶面形成的。APB 对有序材料的变形和退火行为至关重要，因为它们不仅发生在有序化过程中（正在长大的）畴的碰撞，而且还发生在位错的通道中（见下一节）。在部分无序的材料中，畴由无序区域彼此隔开。

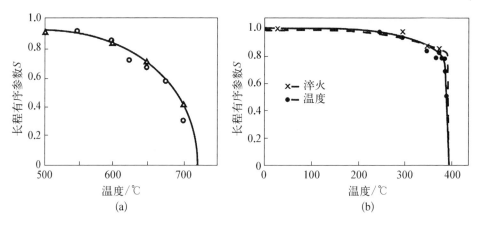

图 8.1　(a) FeCo 和 (b) Cu₃Au 的有序参数 S（温度的函数）

［(a)的图片源自 Stoloff N S, Davies R G, 1964. Acta Metall., 12: 473; (b)的图片源自 Hutchinson W B, Besag F M C, Honess C V, 1973. Acta Metall., 21: 1685.］

307　8.2.2　有序材料的变形

无序晶格中的完美位错只是有序结构中的不全位错，它在超晶格中的运动会留下一个平面，该平面是 APB。例如，在 B2 结构中，预期位错的伯格斯矢量为 $a/2\langle 111\rangle$，其运动会导致一个 APB 的产生。为了避免产生这种边界所带来的能量增加，有序结构中的移动位错成对耦合（超位错），使第二个位错恢复至有序状态。这两个位错由 APB 的一小块区域相连。

Baker 和 Munroe(1990，1997)讨论了有序 B2 合金中滑移过程的细节。常见的位错具有对应于 $\langle 100\rangle$、$\langle 110\rangle$ 和 $\langle 111\rangle$ 的伯格斯矢量，但只有第一个和最后一个位错是在低温下发现的。在许多合金（如 CuZn 中），在接近 $0.4T_m\sim$ $0.5T_m$ 的温度下，会发生从 $\langle 111\rangle$ 滑移到 $\langle 100\rangle$ 的转变。然而，在其他材料（如 FeAl）中，发生这种转变的温度也受成分控制。目前，对于这些材料从 $\langle 111\rangle$ 滑移到 $\langle 100\rangle$ 的转变，尚无明确的解释。对于 B2 超晶格中的 $\langle 111\rangle$ 位错，滑移面是 $\{011\}$、$\{112\}$ 和 $\{123\}$，但耦合的 $\langle 111\rangle$ 部分是否可以交滑移取决于连接它们的 APB 的能量。对于大的 APB 能量，不全位错靠近在一起，重组和交滑移很容易。如果能量非常低，则各个部分的交滑移成为可能。对于中间值，交滑移更加困难，并且位错会发生堆积。

Lerf 和 Morris(1991)详细研究了 L1$_2$ 合金 Al$_{64}$Ti$_{28}$Fe$_8$ 在压缩变形中存在
的位错。在室温下,未解离的〈110〉位错穿过晶格,但〈100〉位错仍然被钉扎。 308
在 500℃,许多位错解离为成对的 $a/2$〈110〉不全位错,从而在 {111} 平面上构成
可移动的超位错。在 700℃ 时,超位错均匀分布在 {001} 和 {111} 平面之间,当
温度超过 500℃ 时,八面体平面之间的交滑移越来越普遍。

许多在熔点前仍保持有序的材料的低温延展性非常有限,部分原因是因其
有序结构,位错运动变得困难,以及一些金属间化合物的晶界脆化。然而,一些
有序合金,例如掺硼的 Ni$_3$Al,可以在室温下发生大变形(如 Ball 和 Gottstein,
1993a;Yang 和 Baker,1997),而其他合金可以通过球磨等技术变形(Jang 和
Koch,1990;Koch,1991;Gialanella 等,1992)或等通道转角挤压(ECAE)
(Semiatin 等,1995)。

通常再结晶金属,尤其是晶粒尺寸小的金属,比冷加工后的材料具有更好的
延展性能。然而,有一些金属间化合物仅在发生回复或部分再结晶时具有更好的
延展性(Baker,2000)。例如,McKamey 和 Pierce(1992)研究了经热处理以释放应
力或产生一定数量再结晶的 Fe$_3$Al 基合金的室温强度和延展性。最大延展性(8%
的延伸率)与应力释放(恢复)状态相关,而完全再结晶材料的延伸率仅为 3.5%。

在大塑性变形过程中,许多超位错变得解耦或解离,并且材料逐渐变得无序
(Koch,1991;Ball 和 Gottstein,1993a)。Dadras 和 Morris(1993)对具有 DO$_3$
结构的 Fe$_{68}$Al$_{28}$Cr$_4$ 合金的研究发现,该合金铣削后,大约 75% 的位错是解耦的
和孤立的。

从式(2.6)可以看出,变形后储存的能量与位错密度 ρ 和伯格斯矢量大小 b
的平方成正比。无序与有序材料的伯格斯矢量不同,在 L1$_2$ 金属间化合物中,无
序状态时 $b = a/2$〈110〉,但有序化后 b 翻倍为 a〈110〉。如果位错密度相似,可
以预计有序材料比无序合金具有更大的储存能量,并且有证据支撑这一观点
(Baker,2000)。但是,由于有序材料在塑性变形过程中可能会发生无序化,因
此情况很复杂。较高的储存能量会加速再结晶或降低再结晶温度(见 7.2 节),
并且有证据表明,相比变形前无序的合金,变形前有序的相同合金可在更低的温
度下发生再结晶(Clareborough,1950;Baker,2000)。

8.2.3　微观结构和变形织构

309

尽管已经有很多关于有序材料位错运动机制的研究,但是,当前对热机械处
理过程中形成的微观结构和织构的性质仍知之甚少,这可以从 Yamaguchi
(1999)的综述中看出。基于 Ni$_3$Al 的掺硼合金可以在室温下轧制,Gottstein 等

对此进行了大量的研究。Ball 和 Gottstein(1993a)将掺硼的 $Ni_{76}Al_{24}$（具有 $L1_2$ 结构的化合物）在室温下轧制（减薄率 ＞ 90％）。 他们发现在中等变形下，微观结构由显微带簇和剪切带组成，如图 8.2(Ball 和 Gottstein，1993a)所示；后者通常与低层错能合金中的交叉类型有关。在各种变形量下皆未发现胞元形成的证据。在低于 0.4 的应变下，观察到非常薄（约 $0.05\ \mu m$）的显微带；在更高的应变下，在更早形成的黄铜型剪切带之间出现了一些较薄的剪切带，他们将其归类为铜型剪切带。

50 μm

图 8.2　70％冷轧的掺硼 Ni_3Al 的纵截面上观察到的剪切带

图 8.3(Ball 和 Gottstein，1993a)所示的是这种材料轧制至 92％减薄率后的变形织构，属于一种弱铜型织构，由黄铜$\{110\}\langle112\rangle$、铜$\{112\}\langle111\rangle$以及介于戈斯$\{110\}\langle001\rangle$和 S$\{123\}\langle634\rangle$取向之间的发散取向构成。出现这种轧制织构是意料之外的，因为图 8.2 所示剪切带类型在中、低层错能材料中很常见，通常与这种减薄水平的强黄铜型织构有关（见 3.6.4 节）。Ball 和 Gottstein 没有发现变形孪晶的证据，尽管 Chowdhury 等(1998)已经报道了这些现象，他们还发现了大应变后朝 DO_{22} 结构变化的证据。在类似于低层错能 FCC 材料（见 2.5 节）的微观结构中出现"铜型"织构（见 3.2.1 节）是不寻常的，需要进一步研究。

Kawahara(1983)研究了一种 FeCo - 2V 合金，该材料的晶体结构为 B2 结构，可通过淬火保持为无序状态，轧制后有序和无序试样都出现了大量的剪切带。第一个剪切带仅在 10％减薄后出现，在 50％减薄后，试样的微观结构如图 8.2 所示，存在大量剪切带，这些剪切带的特征与低层错能的 FCC 金属的剪切带类似。经 70％轧制减薄后，试样的轧制织构由$\{001\}\langle110\rangle$、$\{112\}\langle110\rangle$、$\{111\}\langle110\rangle$和$\{111\}\langle211\rangle$成分构成，类似于铁基材料的轧制织构。

310

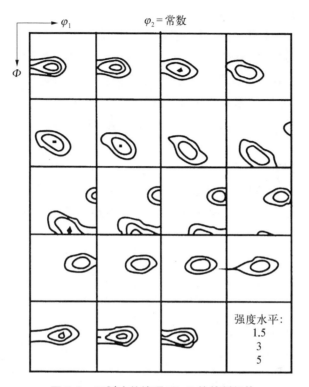

图 8.3　92%冷轧掺硼 Ni₃Al 的轧制织构

Huang 和 Froyen(2002)研究了 Fe_3Al 基 B2 有序多晶体合金温轧过程中微观结构和织构的演化,发现晶粒在变形过程中被拉长并且晶界保持为直线,位错结构相当随机,未发现胞元形成的证据,且大多数位错的伯格斯矢量为〈111〉。Raabe(1996)报道了类似材料温轧后形成的接近〈111〉〈110〉的织构,并表明实验织构与基于〈110〉〈111〉和〈112〉〈111〉滑移系的泰勒模型计算结果非常吻合。Morris 和 Gunther(1996)表明,Fe_3Al 的变形织构受合金成分、加工温度和有序化程度的影响。在热机械处理后的镍钛诺中,Robertson 等(2005)发现织构类似于 BCC 材料中的织构,尽管还有一个额外的〈110〉〈110〉织构成分无法用当前的泰勒模型解释。

311

8.3　有序材料的回复和再结晶

有序结构的回复和再结晶很复杂,因为可能同时发生几个完全不同的过程,即有序状态的复原以及那些与回复和再结晶相关的过程。这些过程的动力学是

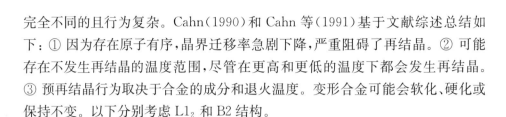

完全不同的且行为复杂。Cahn(1990)和 Cahn 等(1991)基于文献综述总结如下：① 因为存在原子有序，晶界迁移率急剧下降，严重阻碍了再结晶。② 可能存在不发生再结晶的温度范围，尽管在更高和更低的温度下都会发生再结晶。③ 预再结晶行为取决于合金的成分和退火温度。变形合金可能会软化、硬化或保持不变。以下分别考虑 $L1_2$ 和 B2 结构。

8.3.1 $L1_2$ 结构

8.3.1.1 回复

在一项重要的早期研究中，Roessler 等(1963)研究了 Cu_3Au 在 63%（$\varepsilon \approx 1$）轧制变形后的微观结构。他们对比研究了有序和原先无序的材料，发现[见图 8.4(Roessler 等，1963)]在两种情况下，当退火温度低于 390℃ 时，硬度都会增加。在无序状态下变形的材料增幅最大，最大值随 S 从 0.50 增加到 0.85。众所周知，硬度与畴尺寸之间存在一定关系，Stoloff 和 Davies(1964)的研究表明，硬度在一个临界的、小畴尺寸处最大。图 8.4 所示的应变-时效-硬化可归因于有序化过程中畴的快速长大。

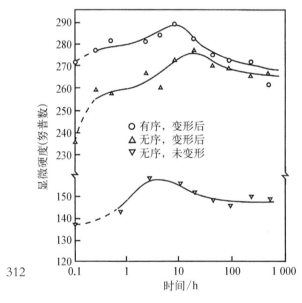

图 8.4 轧制 Cu_3Au 在 288℃ 退火后的显微硬度与退火时间的关系

Vidoz 等(1963)发现，合金 Ni_3Fe（$T_c \approx 500℃$）以与 Cu_3Au 相同的方式在退火过程中发生硬化。化学计量成分的影响最大，并随着成分偏离理想值而迅速下降。含 Fe 超过 32% 或含 Ni 超过 78% 的非化学计量合金通过再结晶软化。除了硬度增加外，化学计量合金在退火后的加工硬化率显著提高，这种变化被认为是由于涉及 APB 管的位错拖曳。

基于 $(FeCoNi)_3V$ 成分的 $L1_2$ 合金体系受到了相当多的关注(Liu，1984)。Cahn 等(1991)将合金$(Co_{78}Fe_{22})_3V$ 分别在有序和无序条件下轧制至 50%（$\varepsilon \approx 0.8$）减薄率，并分别在 T_c(910℃)以上和以下温度退火。在温度到达 T_c 之前，这种合金的 S 值仍然很高，并且再结晶被强烈阻碍，在温度略低于 T_c 时的阻滞因子约为 300。对于起初为有序状态的材料,在再结晶之前和再结晶的早期阶段,其硬度和拉伸强度都显示出明显的下降,如图 8.5(Cahn 等,1991)(a)所示。然而,如图 8.5(b)所示,最初无序的材料在再结晶的早期阶段之前和期间都表现出明显的硬化。在回复过程中,在无序状态下变形的材料的硬度升高[见图 8.5(b)],可归因于退火过程中有序化引起的硬化。初始有序材料的硬度降低[见图 8.5(a)]是由于正常的位错回复。图 8.5(a)所示的$(Co_{78}Fe_{22})_3V$ 的硬度降低与图 8.4 所示的初始有序 Cu_3Au 退火期间硬度增加形成对比,人们认为后一种行为是较大的轧制变形导致大量无序化的结果,这导致退火时的有序硬化。

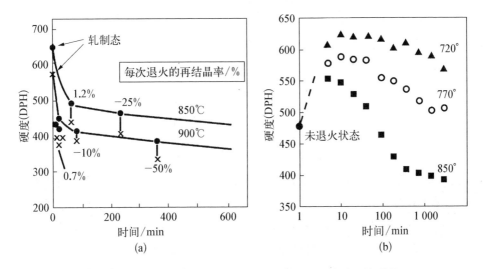

图 8.5　变形后的$(Co_{78}Fe_{22})_3V$ 材料在退火过程中的硬度变化

(a) 初始状态为完全有序的材料轧制至 25%减薄率(·显微硬度,×宏观硬度);(b) 初始无序的材料轧制至 50%减薄率

　　因此,我们得出如下结论,在温度低于 T_c 的变形弱有序合金的回复过程中,会发生两个过程: ① 正常的位错回复,这会导致软化。② 重新有序化,如果材料在变形之前或变形过程中是无序的,那么重新有序化会导致硬化。

　　因此,在回复退火期间对硬度的净影响将取决于变形量、重新有序化的速率和位错回复率。Ni_3Al 等强有序合金在回复时趋于软化(Baker,2000),这可能是因为这种材料在变形过程中的无序化比弱有序合金的无序化要小。

8.3.1.2　再结晶

Hutchinson 等(1973)开展了 Cu_3Au 再结晶的第二个经典研究。他们将无序合金轧制至 90%的减薄率 ($\varepsilon \approx 2.5$)并进行等温退火,如图 8.6(Hutchinson

等,1973)所示。有序化动力学使得材料在 330~380℃ 完全恢复至有序状态,并且可以清楚地看到有序状态下再结晶的延迟。Hutchinson 等认为再结晶延迟不能归因于有序状态下的抑制形核,更重要的因素应是有序状态下晶界迁移被抑制,由于穿过有序晶格的晶界迁移的扩散距离增大了。

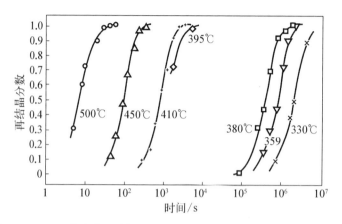

图 8.6 Cu₃Au 合金在 90% 轧制变形后的再结晶分数与退火时间的关系

314   再结晶织构也得到了确定。当退火温度高于 T_c 时,再结晶织构非常弱,而当退火温度低于 T_c 时,会形成强烈的铜型变形织构。通过将他们的结果与纯铜和纯金的结果进行比较,Hutchinson 等认为当温度为 T_c 时,因超晶格存在而产生的阻滞因子约为 100。Cahn 和 Westmacott(1990)对 $(Co_{78}Fe_{22})_3V$ 合金进行了类似的实验,发现了更大的阻滞因子,约为 300。

Gottstein 等(1989)、Ball 和 Gottstein(1993b)、Escher 等(1998)研究了 8.2.3 节中提到的掺硼 Ni₃Al 合金的退火行为。早期的研究确定了该材料再结晶动力学的一些细节。该材料的再结晶速度很慢,JMAK 指数为 2.2,再结晶激活能为 110 kJ/mol,不到 Baker 等(1984)发现的激活能的一半。鉴于高的储存能量(可为再结晶提供很大的驱动力),Gottstein 等(1989)将其缓慢的再结晶行为归因于有序结构存在时晶界迁移率的下降。

在发生再结晶之前,亚晶优先在晶界附近形成,并且在低应变水平下通过应变诱导晶界迁移(SIBM)开始再结晶。在更大的变形之后,形核主要发生在剪切带(见图 8.2)和微变形带处,并且在这些不均匀处形成了直径为 $0.2~\mu m$ 的等轴晶粒。新晶粒中也经常出现退火孪晶。在带与带之间的区域内,形核速度要慢得多,最终形成的晶粒约大了 3 倍,这种情况与 Carmichael 等(1982)报道的低锌黄铜相似(见图 7.16 和 7.4.1 节)。

研究发现,该材料的多晶体的再结晶织构几乎是随机的,Ball 和 Gottstein 315
(1993b)将此归因于剪切带和微变形带内更高的局部形核率以及有序结构极低
的晶界迁移率。Chowdhury 等(2000)也进一步证实了该材料的弱再结晶织构,
并将其归因于 DO_{22} 结构恢复为稳定的 $L1_2$ 结构以及孪晶对再结晶的影响,其
中,DO_{22} 结构是在变形过程中形成的,孪晶是在变形后期形成的。

8.3.2 B2 结构

FeCo:B2 合金的退火行为在许多方面与上面描述的不同,在这些材料中,
FeCo 得到了广泛研究。该合金的临界温度约为 725℃,通过淬火可保持为无序
状态。在变形时,FeCo 在有序和无序状态下以相似的速率发生加工硬化。该材
料在无序状态下变形时,其重新有序化的动力学行为受到阻滞,这与 $L1_2$ 相的
Cu_3Au 等合金相反,后者的有序化动力学行为会被加速(Stoloff 和 Davies,
1964)。

Buckley(1979)、Rajkovi 和 Buckley(1981)研究了含有少量 V 或 Cr 的 FeCo
合金的再结晶行为。如果冷加工材料在 T_c 以下退火,则有序与再结晶反应之间
的相互作用会导致非常复杂的行为模式。例如:① 当温度超过 725℃(T_c)时,
再结晶速度很快;② 当温度在 600~725℃ 之间时,合金快速有序化,然后是缓慢
的再结晶;③ 当温度在 475~600℃ 之间时,以中等速率发生均匀有序化,发生位
错回复但不发生再结晶,推测再结晶的驱动力不足以使晶界迁移通过超晶格;
④ 当温度在 250~475℃ 之间时,有序反应很慢,可能发生部分再结晶,在迁移晶
界附近的有序化更快。

Fe_3Al:在回复过程中,热加工时形成的缠结位错结构大量回复为组织良好
的小角度晶界(Morris 和 Lebouef,1994;Huang 和 Froyen,2002),同时硬度降
低,而长程有序的程度增加。如图 8.7(Huang 和 Froyen,2002)所示,再结晶在
变形带(见 7.6.4 节)等非均质处形核并以 SIBM 的形式长大(见 7.6.2 节)。

β-黄铜:Morris 和 Morris(1991)详细研究了 β-黄铜的退火行为。如前所
述,随着温度上升到超过 T_c,此后的有序程度不断减少,如图 8.8 所示的退火
行为并未出现图 8.6 中 Cu_3Au 的明显不连续性。电子显微镜显示位错结构 316
在远低于 T_c 的温度下迅速回复,但随着温度接近 T_c 而逐渐降低,这归因于短
程有序。再结晶速率随着温度接近于 T_c 而增加也是意料之中的,并且在这个
温度范围内,晶界迁移的激活能(145 kJ/mol)接近于铜在有序结构中的扩散
激活能。然而,当温度超过 T_c 时,再结晶速率随温度升高而降低却是令人费
解的。

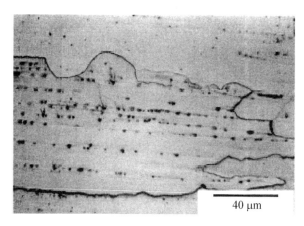

图8.7　热变形后的 Fe_3Al 在650℃退火过程中源于 SIBM 的再结晶

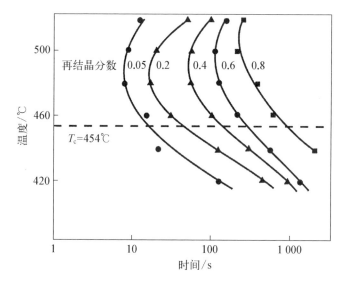

图8.8　β-黄铜在20%压缩后的再结晶动力学

（图中曲线为再结晶分数的等高线；图片源自 Morris D G，Morris M A，1991. J. Mat. Sci.，26：1734.）

　　镍钛诺：镍钛诺是一类重要的形状记忆合金，其成分接近50%Ni-50%Ti，具有多种精确化学计量变化和一种或多种元素的替代。形状记忆效应取决于从有序的高温 B2 相到低温 B19′相的马氏体相变。材料发生变形后，这种相变行为会更加复杂，因为在随后的 R→B19′相变之前，会发生从 B2 到菱面体或 R 相的额外相变。Khelfaoui 和 Guenin（2003）通过差示扫描量热法来量化这两种相变的程度，并表示为不同温度下退火时间的函数。当仅发生回复时，没有明显的马氏体相变。在形成小的再结晶晶粒时，可以测量到 B2→R 和 R→

B19′相变。再结晶完成后,仅发生直接的 B2→B19′相变,中间相变的存在与否似乎取决于晶粒尺度上内应力或残余应力。Khmelevskaya 等(2008)学者认为,相比常规晶粒结构(超过 1 μm),再结晶后的严重塑性变形可以产生超弹性性能更好的纳米结构材料。Frick 等(2005)还发现,特别是在含有过量 Ni 的材料中,可能会发生 Ti_3Ni_4 的沉淀析出,它对回复具有抑制作用并会改变形状记忆效应。

8.3.3 畴结构

永久有序合金与会发生有序/无序转变的合金之间的一个重要区别是后者的再结晶材料中存在反相畴结构。Cu_3Au 和 FeCo 等弱有序化合物在再结晶后会出现大量的 APB 结构(如 Hutchinson 等,1973;Cahn,1990;Cahn 和 Westmacott,1990;Yang 等,1996),而像 Ni_3Al 这样的强有序化合物则几乎没有。Yang 等(1996)认为这种差异是因为弱有序化合物中的晶界是部分无序的,并且当晶界迁移时,在这个无序畴内会产生 APB。然后 APB 会对晶界施加阻力,从而解释了为什么晶界虽然是无序的,但其移动能力比完全无序材料要慢得多。然而,在强有序化合物中,大多数晶界是有序的,并且迁移受长程有序的阻碍,这种长程有序一直延续到晶界平面,因此当晶界移动时,两组原子群必须迁移到它们正确的位置,并且不会形成 APB。

8.4 晶粒长大

大多数关于有序合金晶粒长大的研究发现,有序合金的等温晶粒长大动力学与无序合金相似,晶粒尺寸与时间的关系通常亦可用式(11.7)描述。对含 2%V 的 FeCo 的晶粒长大动力学的研究表明,式(11.7)的指数 n 约为 2。然而,如果将速率常数表示为 $1/T$ 的关系,则可以得到图 8.9(Davies 和 Stoloff,1966)所示的结果(Davies 和 Stoloff,1966)。当温度超过 T_c 时,表现为正常的阿伦尼乌斯关系,但

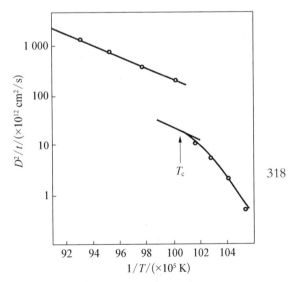

图 8.9 FeCo‐V 中晶粒长大速率常数与温度的关系

318

277

在较低温度下曲线是弯曲的,并且在 T_c 处速率常数存在不连续变化,表明即使是很小程度的有序也会显著抑制晶粒长大。Huang 和 Froyen(2002)报道了当有序程度增加时,Fe_3Al 合金中的晶粒长大速率会出现类似的下降。

Ball 和 Gottstein(1993b)研究了 8.3.1 节中讨论的掺硼 Ni_3Al 在 $800 \sim 1\,150\,℃$ 温度范围内再结晶后的晶粒长大。他们发现动力学模型符合式(11.7)的形式,长大指数 n 随温度略有变化,平均值为 3,晶粒长大的激活能为 298 kJ/mol,接近 Ni 在 Ni_3Al 中的扩散激活能。

Baker(2000)讨论了化学计量对有序 Fe‑Co 合金晶粒长大速率的影响,如图 8.10 所示,可以看出,随着合金偏离化学计量,晶粒长大速率会增加,随着铁替代铝,合金变得更加无序并且扩散速率增加。

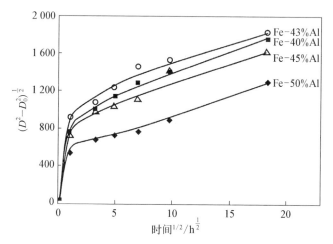

图 8.10　不同 Fe‑Al 合金在 1 200℃ 下的晶粒长大动力学,图中展示了偏离化学计量的影响

(图片源自 Schmidt B, Nagpal P, Baker I, 1989. Mat. Res. Soc. Proc., 133: 755.)

诸如硼等间隙溶质原子对晶粒长大速率的影响是很复杂的。在 Ni_3Al 中,发现硼对晶界迁移速率几乎没有影响(如 Cahn, 1990; Yang 和 Baker, 1996)。然而,硼对 FeAl 合金的晶粒长大有很强的抑制作用(Yang 和 Baker, 1996),这可能是由于两种晶格的间隙位点的性质差异。

8.5　动态再结晶

在有序合金的热变形过程中经常观察到动态再结晶,似乎与金属动态再结晶的发生过程非常相似,并且容易在回复缓慢且保留大量存储能量的材料中发生(见 13.3 节)。

Baker 和 Gaydosh(1987)以及 Imayev 等(1995)报道了晶界迁移和动态再结晶的证据。在 FeAl 中,在 $600\sim700℃$ 的温度范围内,〈111〉超位错起主导作用(Baker 和 Munroe,1997),动态再结晶非常缓慢。然而,在 $750\sim900℃$ 的温度范围内,〈100〉位错起主导作用,动态再结晶快速进行。这种行为差异归因于〈100〉位错攀移得更快(Imayev 等,1995),虽然晶界迁移率也受温度变化的影响。

Aretz 等(1992)、Ponge 和 Gottstein(1998)研究了大晶粒掺硼 Ni_3Al 热压缩过程中的动态再结晶行为。应力-应变曲线具有一个峰值,这是金属发生动态再结晶的典型特征(见 13.3 节),并且动态再结晶发生在旧的晶界处,新晶粒形成了如 13.3.3 节中描述的典型"项链状微观结构"。动态再结晶的机制似乎涉及晶界区域渐进的晶格旋转,并且可能类似于 13.4.2 节中讨论的镁(Ion 等,1982)和一些矿物中发现的机制。在动态再结晶的早期阶段,观察到局部晶界迁移,并且项链结构中第一层晶粒的取向与原始晶粒的取向相当接近。然而,随着变形的发展,晶粒取向变得更加随机,这归因于退火孪晶的形成,以及动态再结晶区域中超塑性变形引起的晶粒旋转。

8.6　总结

有序合金的回复、再结晶和晶粒长大行为与无序金属有许多相似之处。尽管材料和加工变量的数量很多,还有许多因素需要澄清,但可以得出以下结论(Cahn,1990;Baker,2000)。

(1) 如果在有序状态下变形,有序化合物的再结晶速度比在无序状态下变形时更快,因为前者具有更大的变形储能。

(2) 有序化严重降低了晶界迁移率,从而延缓了再结晶和晶粒长大,偏离化学计量学通常会增加扩散率和晶界迁移率。

(3) 在弱有序合金的回复过程中,如果 $T>T_c$,硬度通常会降低;如果 $T<T_c$,则硬度会增加。永久有序合金在回复时往往会软化。

(4) 在一些弱有序合金中,可能存在不发生再结晶的温度范围,即使在更高或更低的温度下也会发生。

(5) 弱有序合金在再结晶后内部会出现 APB,而强有序合金则不会。

320

第 9 章 ▶ 双相合金的再结晶

9.1 引言

大多数商业合金具有多个组成相,因此了解双相材料的再结晶行为不仅具有科学意义,而且具有重要的工程意义。

第二相可能以弥散颗粒的形式存在于变形过程中;对于过饱和基体,颗粒也可能在随后的退火过程中析出。传统合金中第二相的含量通常远低于 5% (体积分数),除此之外我们还将讨论含有大量陶瓷增强相的颗粒增强金属基复合材料,以及两相含量接近的双相合金。第二相颗粒对再结晶最重要的影响可以总结如下:① 储存的能量和再结晶的驱动力可能会增加;② 大颗粒可作为再结晶的形核点;③ 颗粒,特别是密集分布的颗粒,可能会对小角度晶界和大角度晶界产生显著的钉扎效应;④ 如果储存的能量足够大,再结晶前端不受颗粒的影响。前两种效应倾向于促进再结晶,而第三种效应会阻碍再结晶。最后一点很重要,因为颗粒可以影响初次再结晶,但更多的是影响形核而不是晶粒长大。因此,再结晶行为,特别是动力学以及由此产生的晶粒尺寸和织构,取决于哪一种影响为主导效应。

合金中第二相颗粒的尺寸、分布和体积分数由合金成分和加工工艺决定,通过改变这些微观结构特征,冶金学家能够控制再结晶过程中产生的微观结构和织构。因此,本章讨论的原理在工业合金的加工中具有重要的应用价值。

本章我们将研究颗粒对初次再结晶的影响,第 15 章会讨论一些通过第二相颗粒来控制再结晶、具有工业意义的案例。本章的大部分内容是针对在变形和退火过程中颗粒稳定弥散的情况,而 9.8 节会讨论再结晶和相变同时发生这一特殊情况。

9.1.1 颗粒参数

正如以下各节所讨论的,含颗粒合金的退火行为取决于颗粒的体积分数、大小、形状和间距,因此,我们需要定义这些参数。颗粒参数的确定和描述是很重要的,读者可以参考 Underwood(1970)、Cotterill 和 Mould(1976)、Martin(1980)的著作。然而,无论是理论还是实验结果,目前都没有足够的精确度来确保这些复杂参数的有效性,为了清晰起见,我们尽可能使用最简单的关系,这些关系的定义见附录 A2.8。

9.1.2　颗粒对变形组织的影响

颗粒对变形组织的发展具有很大的影响,进而影响再结晶行为。我们在 2.9 节详细讨论了双相合金的变形微观结构,本节我们回顾变形组织的 3 个方面,它们对决定材料在后续退火过程中的行为尤为重要。

(1) 颗粒对整体位错密度的影响,这为再结晶提供了驱动力。

(2) 颗粒对基体变形不均匀性的影响,这可能会影响再结晶位点的可用性和可行性(见 7.6.4 节)。

(3) 颗粒周围变形结构的性质(见 2.9.4 节),这决定了是否会发生颗粒激发再结晶形核现象。

9.2　颗粒对再结晶的影响

在讨论含颗粒合金的再结晶模型和机制之前,我们先简要回顾一些实验表征结果,特别是影响再结晶行为的参数。我们的目的不是系统综述大量已报道的实验结果,而是强调这些研究中发现的潜在关键要素。对于早期文献的更详细论述,读者可以参考 Cotterill 和 mold(1976)、Hansen(1975)、Hornbogen 和 Köster(1978)、Humphreys(1979b)的综述。需要注意的是,有许多方法来解释实验数据,但我们认为颗粒不会影响再结晶过程中新晶粒的长大(变形储能处于正常范围内),但它们确实会影响形核阶段。

9.2.1　颗粒参数的影响

Doherty 和 Martin(1962)首次证实了再结晶动力学和最终晶粒尺寸都强烈依赖于颗粒尺寸和颗粒间距。很难分离这两个参数的影响,因为很少有研究能孤立一个参数,而让另一个参数独立变化。研究发现,与单相合金相比,密集颗粒会阻碍甚至完全抑制再结晶。当热稳定颗粒的间距足够小时,可以保持变形/回复的微观结构直至基体的熔化温度,如图 9.1(Preston 和 Grant,1961)所示。对于用于高温构件的弥散强化合金,高温下保留的位错亚结构提供了除颗粒增

323

强外的额外强化机制(如 Kim 和 Griffith,1988)。相比之下,对于颗粒尺寸大于 1 μm 且颗粒间距较大的合金,其再结晶速度比单相基体更快,如图 9.2(a)所示。

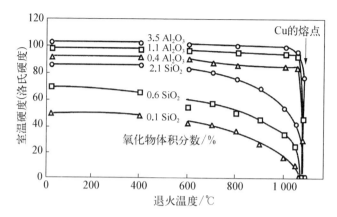

图 9.1　弥散强化铜合金经挤压和退火处理后的室温硬度

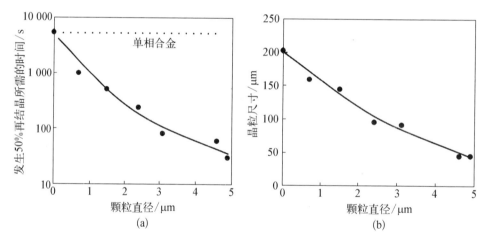

图 9.2　颗粒尺寸对 Al－Si 合金再结晶的影响(材料经 50%的冷轧变形并在 300℃进行退火处理)

(a) 再结晶体积分数达到 50%的耗时;(b) 再结晶后的晶粒尺寸
(数据源自 Humphreys F J, 1977. Acta Metall., 25:1323.)

Doherty 和 Martin(1962)通过改变同一合金中颗粒的尺寸和间距,证明颗粒可以加速,也可以延迟再结晶,如图 9.3(a)所示。图 9.2(b)和图 9.3(b)表明,当再结晶被抑制时,最终晶粒尺寸会增大。图 9.4(Hansen 和 Bay,1981)是再结晶被小颗粒抑制的某合金中的典型再结晶组织,颗粒对晶界的钉扎导致了典型的、不规则的晶界形状。下文将详细讨论再结晶的延迟伴随着晶粒尺寸的增加,因此最简单的解释似乎是细颗粒限制了新晶粒的数量。

324
325

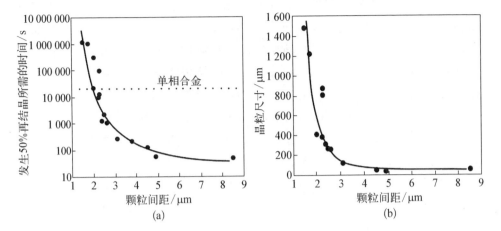

图 9.3　颗粒间距对 Al‑Cu 单晶再结晶的影响(材料经 60% 轧制
并在 305℃ 进行退火处理)

(a) 再结晶体积分数达到 50% 的耗时；(b) 再结晶后的晶粒尺寸
(数据源自 Doherty R D，Martin J W，1964. Trans. ASM，57：874.)

图 9.4　Al‑Al$_2$O$_3$ 冷轧再结晶后的光学显微图

在第 7 章中，我们简要回顾了名义临界晶核的尺寸，以确定低变形储能和高
晶界能量(需要有一个可移动的界面)消除均匀形核的可能性。结合式(4.24)
(钉扎力)和式(7.36)(临界尺寸)，对上述分析进行简单修改，即可得出结论：钉
扎力和驱动力 P 相当时，临界尺寸趋于无穷大。通过平衡这两种力，我们可以
得到尺寸无穷大时的表达式：

$$\frac{2\gamma}{p} = \frac{3f_V}{4r} \tag{9.1}$$

然而,该结果仅说明颗粒弥散使形核更加困难。更有效的分析涉及各种非均匀的形核机制。我们会在第 11 章讨论导致有效形核的亚晶结构中的异常晶粒长大;这种考量也适用于颗粒限制晶粒长大和可能促进异常晶粒长大(将在 11.5节讨论)。在 11.4.3 节会讨论再结晶之前或再结晶过程中的沉淀相。在上述各种情况中,亚晶尺寸通常在 $0.1 \sim 5\ \mu m$ 之间,这意味着,在这个范围内(或更小)给出极限晶粒尺寸的 Smith-Zener 钉扎,也可能会限制形核。

326　　Smith-Zener 极限与 r/f_v 成正比。一些实验研究分析证实了颗粒对再结晶的促进到抑制的转变主要是体积分数 f_v 和颗粒半径 r 的函数;近似地,当 r/f_v 大于 $0.2\ \mu m^{-1}$ 时,再结晶会被抑制(Humphreys,1979b)。当 r/f_v 小于该值时,通常发现再结晶速度比无颗粒基体的更快,即便是颗粒很小以至于无法发生 PSN。对 Ito(1988)发表的实验数据的分析表明,临界颗粒间距[可从式(A2.12)和式(A2.13)推导出,且等价于 $r/f_v^{1/2}$]可能是描述这种转变更好的参数,尽管实验数据还不足以区分这两种可能性。同样,颗粒和晶界的相互作用也会影响极限晶粒尺寸(见 11.4.2.3 节)。

再结晶的加速可归因于变形过程中不可变形颗粒产生的位错所增加的驱动力(见 2.9.2.1 节)和 PSN 效应(见 9.3 节)。在含有小颗粒的合金中,铝合金的再结晶加速不如铜合金那么常见(如 Hansen,1975),这可能是因为在大多数铝合金中,大量的动态回复会消除许多在颗粒附近产生的几何必需位错。如 9.3 节所述,PSN 的条件是颗粒直径大于 $1\ \mu m$。加速/延缓和 PSN 的准则表明,颗粒体积分数和大小对再结晶的影响如图 9.5 所示。AB 线的位置取决于材料动态回复的程度,对于铝合金,将向右移动,对于铜合金,将向左移
327　动。当然,这幅图过于简单化了,如后文所述,其他参数也会影响再结晶机制和动力学。

9.2.2　应变效应

在铜和铝合金的研究中,有相当多的证据表明,从延迟再结晶到加速再结晶的转变会受应变的影响,在小变形阶段表现为延迟再结晶的合金,在大变形后可能为加速再结晶(见图 9.5)。图 9.6(Baker 和 Martin,1983b)举例说明了在含有小的第二相颗粒的铜合金中的这种效应。在低应变下,合金 H 中的颗粒钉扎效应会导致材料发生再结晶的温度比纯铜更高。然而,当应变较大时,颗粒导致变形储能升高会增加再结晶的驱动力,而钉扎力保持不变,材料的再结晶温度比纯铜更低。

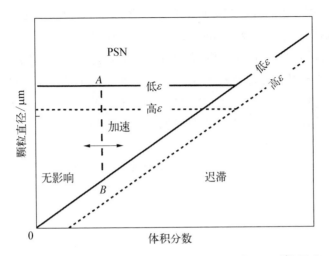

图 9.5　颗粒尺寸、体积分数和预变形对再结晶动力学和机制的影响示意图

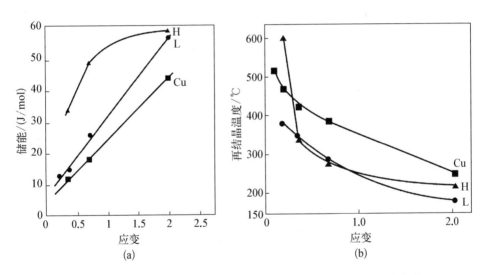

图 9.6　(a) Cu‐Al$_2$O$_3$ 合金的储能随应变变化;(b) Cu‐Al$_2$O$_3$ 合金的再结晶温度与纯铜对比

[合金的参数为: $d = 46\,\text{nm}$, $f_V = 1.5 \times 10^{-2}$ (H); $d = 38\,\text{nm}$, $f_V = 4 \times 10^{-3}$ (L)。]

9.2.3　颗粒强度的影响

9.2.3.1　共格颗粒

含弱等轴共格颗粒的铜镍合金 ($f_V/r \approx 2\,\mu\text{m}^{-1}$) 在与基体相同的变形速率下,表现出再结晶阻滞效应(Phillips,1966)。颗粒在变形过程中会呈带状分布,　328

285

但在退火过程中，它们解体和球化。在这种合金中，不会产生几何必需位错（见
2.9.1节），因此不会增加再结晶的驱动力。此外，在变形过程中，有效颗粒间距
减小，进而提高了颗粒钉扎晶界的有效性。因此，这一类合金比含不可变形颗粒
的合金更容易表现出再结晶阻滞效应。对这种阻滞效应最可能的解释是，在变
形过程中形成的弥散颗粒（与位错亚结构处于相同尺度）钉扎了亚晶结构，若这
些亚晶结构不被钉扎，则会导致新晶粒的形成（Gladman，1990）。

9.2.3.2 气孔和气泡

气孔或气泡以类似于第二相颗粒的方式对晶界施加钉扎效应，Bhatia 和
Cahn(1978)综述了它们对再结晶和晶粒长大的影响。由于变形过程中没有形
成几何必需位错，气孔和气泡总是会阻碍再结晶，也可能会被移动的晶界所拖
曳，如11.4.5节所述。研究发现气孔或气泡的分散可以抑制许多金属的再结
晶，包括铂（Middleton等，1949）、铝（Ells，1963）、铜（Bhatia 和 Cahn，1978）和
钨（Farrell等，1970）等。Thomson-Russell(1974)的研究表明，在掺杂钨中，随
着变形的增加，气泡弥散逐渐细化，导致再结晶温度升高，如图 9.7（Thompson-
Russell，1974）所示。如 Dillamore(1978b)所述，以这种方式控制再结晶是白炽
灯钨丝加工的关键环节。

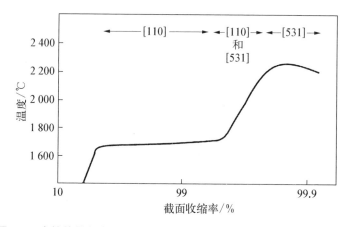

图9.7　在拉伸钨丝中，随着变形增加，再结晶温度的升高和织构的变化

329　　### 9.2.3.3 小的板条状颗粒

如果颗粒尺寸足够小，即使是硬相的颗粒也会破裂，因为位错会造成局部应
力增大［见式(2.13)和图2.34］，特别是当颗粒以板条形式存在时。Kamma 和
Hornbogen(1976)研究了含碳化物板条颗粒（200 nm×10 nm）钢的再结晶，发现
当轧制减薄量超过90%时，板条颗粒破裂，导致变形带的形成。再结晶在这些

变形带的交叉处形核,导致快速再结晶。然而,在更大的变形下,弥散颗粒的细化会导致变形更加均匀,颗粒钉扎增加,再结晶变慢,如图 9.8(Kamma 和 Hornbogen,1976)所示。

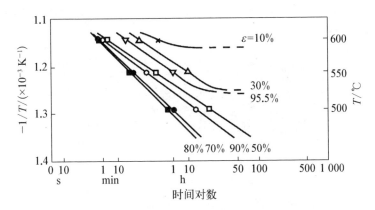

图 9.8　在含有 200 nm×10 nm 碳化物板条的钢中,再结晶的开始时间与温度(T)和冷加工变形量(ε)的关系

9.2.4　微观结构均匀化的影响

关于“细小弥散的颗粒使滑移均匀化”是否会消除形核所需的晶格曲率,从而有助于延缓再结晶,文献中进行了大量讨论,但目前认为这种可能性不大。如 2.9.2.2 节所述,有证据表明,尺寸小、间距极近的颗粒会影响胞元或亚晶结构,减少胞元或亚晶的取向差(见表 2.7)。然而,现在已明确的是(见 7.6.4 节),形核并不是发生在均匀取向区域的胞元或亚晶内,而是发生在与大应变梯度相关的微观结构异质处。这些位置,例如晶界、变形带、剪切带和大颗粒的变形区,仍然存在于表现为阻滞再结晶的合金中(如 Chan 和 Humphreys,1984b)。然而,颗粒对大、小角度晶界的钉扎效应降低了再结晶的有效性,而细颗粒的弥散主要决定了再结晶动力学。

我们得出结论,颗粒对再结晶的影响可主要从 PSN 和晶界钉扎的角度进行分析,并将进一步详细考虑这些机制。 330

9.3　再结晶的颗粒激发形核

在许多合金中,包括铝、铁、铜和镍,都观察到 PSN 现象,通常只在直径约大于 1 μm 的颗粒中发现(Hansen,1975;Humphreys,1977),从 Gawne 和

Higgins(1971)对 Fe‑C 合金的间接测量中推断出下限为 $0.8~\mu m$，下面将讨论形成这个下限的原因。

在大多数情况下，任意一个颗粒处最多只能有一个晶粒形核，但有证据表明在非常大的颗粒处会发生多个形核。从图 9.9(Leslie 等，1963)中可以清楚地看到，这是最早证明 PSN 的显微图之一。

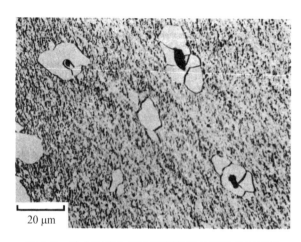

图 9.9　铁中氧化物夹杂处颗粒激发的再结晶形核

颗粒激发再结晶形核有 4 个特别重要的方面。① 许多工业合金(特别是铁基和铝基合金)含有大尺寸的第二相颗粒，因此 PSN 可能是许多工程合金的一种再结晶机制。② 与大多数其他再结晶机制不同的是，形核点是组织中明确的区域，可以通过合金化或加工改变。因此，可以调控可能的形核数和再结晶晶粒尺寸。③ PSN 产生的再结晶晶核的取向一般与其他再结晶机制产生的取向不同。因此，有可能通过调节 PSN 的数量来调控再结晶织构(见 12.4.3 节、15.2.2 节和 15.2.3 节)。④ 由于位错和颗粒的相互作用是与温度相关的，只有当预变形在低于临界温度或高于临界应变速率的条件下进行时，才会发生PSN，我们会在 13.6.4 节讨论这一影响。

9.3.1　PSN 的原理

虽然对退火后的试样(产生了再结晶晶核)的显微观察可提供再结晶动力学和新晶粒取向等信息，但很难从这些试样中推断出再结晶的形核机制。大多数直接证据来自 HVEM 的原位观察。Humphreys(1977)研究了轧制铝中颗粒处的再结晶行为，得出如下结论：① 再结晶源于变形区内原有的亚晶，而不一定是在颗粒表面(界面)；② 通过亚晶界的快速迁移形核；③ 当变形区被消耗后，晶粒

331

可能停止长大。

后来的原位工作(Bay 和 Hansen，1979)以及对大块退火试样的研究 (Herbst 和 Huber，1978)也支持了这些一般性结论。图 9.10(Humphreys，1977)是铝原位 HVEM 退火实验的部分电子显微照片，图像表明在靠近箭头所指的界面区域发生了 PSN。可以看出，PSN 晶粒并没有长得很大，并最终被其他晶粒包围，如 9.3.5 节所述，这是 PSN 的一个常见特征。图 9.11(Humphreys，1980)展示了原位 HVEM 退火确定的 Al-Si 形核动力学行为。如图 9.11(a)所示，变形区的快速退火是由于存在(与基体相比)大的取向梯度和小的亚晶尺寸(见 6.5.3.4 节)。而图 9.11(b)所示的变形区内最大取向差的下降与某些实验

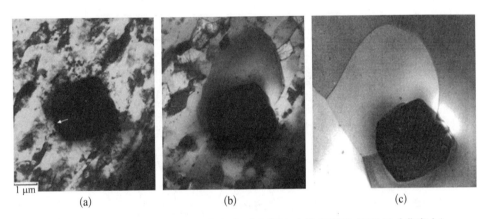

(a) (b) (c)

图 9.10　Al-Si 原位 HVEM 退火实验(在颗粒上方的变形区,亚晶尺寸非常小)

(a) 再结晶起源于靠近晶粒的变形区(箭头所指区域)；(b) 再结晶已经消耗了变形区；(c) PSN 晶粒的进一步长大受到源于别处再结晶的阻碍

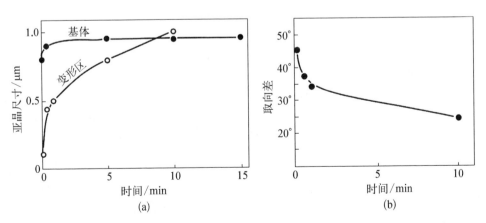

(a) (b)

图 9.11　250℃原位 HVEM 退火时,Al 中 Si 颗粒变形区内亚晶尺寸和取向差的变化

(a) 亚晶长大动力学；(b) 变形区内的最大取向差

结果相一致，在这些实验中，观察到的晶核可能不是在界面处取向差最高的区域产生的，而是在变形区内其他地方产生的。

原位退火和大块试样退火实验表明，PSN 发生的微观机制与单相材料非均匀变形区的再结晶形核机制相似，PSN 模型与 7.6.4.2 节讨论的过渡带再结晶模型有关。采用 2.9.4 节所讨论的变形区的经验模型，我们可以更定量地研究 PSN 的发生条件。如式（2.24）和式（2.25）所示，变形区具有取向梯度和位错密度梯度。我们假设再结晶是由变形区内亚晶长大引起的，如图 9.12 所示；我们还考虑了再结晶发生在颗粒表面（A）、区域中心（B）或区域外围（C）的可能性。

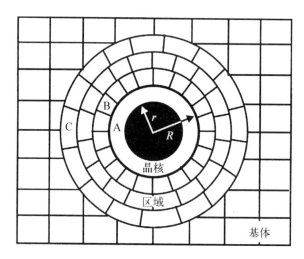

图 9.12　变形区内晶核的长大

9.3.1.1　变形区内晶核的形成

晶核形成的一个必要条件是在变形区内最大的取向差（θ_{max}）足以形成与基体间的大角度晶界，因此形核的条件取决于颗粒尺寸［见式（2.21）］和变形量（见图 2.36），图 9.13（b）描述了这种条件。

基于亚晶沿着取向梯度长大（见 6.5.3.4 节）的考量以及式（6.38），采用一阶近似，大取向梯度区域内的亚晶长大速度与亚晶尺寸无关，而与取向梯度的大小成正比。当亚晶沿取向梯度长大时，其与邻近亚晶的取向差增大。当这种取向差达到大角度晶界（如 $10° \sim 15°$）时，那么可以认为，一个潜在的再结晶晶核已经形成。达到大角度晶界所必需的亚晶尺寸与取向梯度成反比，综合这两个因素表明，形核时间会与取向梯度的平方成反比。因此，颗粒表面附近由于取向梯度最大（见图 2.35），非常有利于晶核的形成。

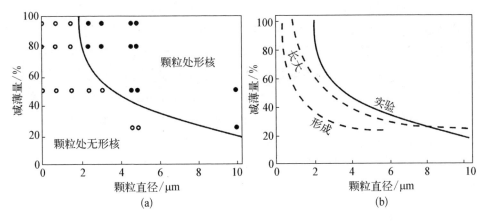

图 9.13　(a) 轧制减薄率和颗粒尺寸对发生 **PSN** 的影响(**Humphreys, 1977**)；
(b) 实验数据与理论预测的晶核形成和长大的对比

9.3.1.2　晶核的长大

一旦形成了明显大于邻近亚晶的晶核,那么上述基于均匀亚晶长大的模型就不如图 9.12 所示的那类模型合适。假设一个晶核的大角度晶界能是 γ_b,受到两种作用力,即曲率半径引起的阻滞压力(p_C),如式(7.3)所示,以及由晶核所在基体内的位错密度(ρ)或变形储能(E_D)引起的驱动压力(p_D),如式(7.2)所示。如果 $p_D > p_C$,直径为 D 的晶核将会长大,即

$$D \geqslant \frac{4\gamma_b}{\alpha\rho Gb^2} \tag{9.2}$$

式中,$\alpha \approx 0.5$。

最简单的 PSN 分析假设发生 PSN 的临界条件是晶核的曲率半径等于颗粒半径(即图 9.12 中 $R = r$),因此用颗粒直径 d 代替式(9.2)中的 D。还假设在此阶段变形区已被消耗殆尽,驱动力由基体存储的能量 E_D 提供。临界颗粒直径 d_g(可提供一个能在变形区外长大的晶核)可表示为

$$d_g \geqslant \frac{4\gamma_b}{\alpha\rho Gb^2} = \frac{4\gamma_b}{E_D} \tag{9.3}$$

如 2.2.1 节和 2.9.2 节所述,计算变形区外基体内存储的能量或位错密度是很难的,尽管可以用式(2.24)和滑移距离 L 来估算大颗粒之间的距离。位错密度随变形增加而增加,因此存在一个临界颗粒直径 d_g(是应变的函数),当晶核的尺寸小于 d_g 时,再结晶晶核不会长大至变形区外,这定义了 PSN 发生的条

335

件。以上分析忽略了变形区更高的位错密度所提供的驱动力，如果将变形区内位错密度 ρ 的变化以式(2.30)表示，则可以更准确地推断出长大条件。

图 9.13(a)为颗粒尺寸和应变对冷轧变形 Al - Si 单晶中 PSN 的影响的实验结果，表明产生 PSN 的临界颗粒尺寸 d_g 随应变的增大而减小。图 9.13(b)中对比了实验数据[见图 9.13(a)实线]和由式(9.2)计算的长大条件[其中，变形区内的位错密度由式(2.30)给出]。如上所述，尽管该分析中存在相当多的不确定性，但实验数据和模型预测匹配得很好。图 9.13(b)还给出了 9.3.1.1 节所讨论的形核条件。通过对比形成和长大的准则，可以看出，在低温变形下，晶核的长大条件才是 PSN 的决定因素。

336　9.3.2　PSN 产生的晶粒的取向

由于研究者认为晶核起源于变形区，因此它们的取向仅限于变形区内存在的取向（见 2.9.4 节）。

9.3.2.1　单晶体的实验

对 Al - Si 单晶的拉伸变形实验(Humphreys，1977，1980)证实了晶核的取向属于变形区取向扩展范围。这些合金的轻轧晶体退火后产生了强烈的再结晶织构[见图 9.14(Humphreys，1977)]，即变形织构绕⟨112⟩轴旋转了 30°～40°而成为再结晶织构。

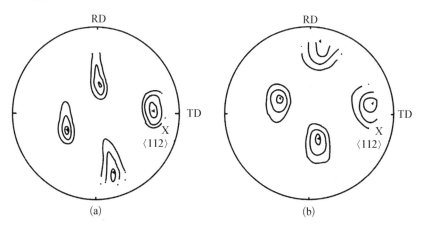

图 9.14　含 4.6 μm Si 晶粒的 Al 单晶经 65%变形的(a)变形织构和(b)再结晶织构的⟨111⟩极图

（变形取向和再结晶取向之间存在一个绕接近⟨112⟩、约 40°的相对旋转。）

使用 EBSD 可以更详细地研究晶核的取向，如图 9.15(Humphreys，2000)所示，为含有粗大 SiO₂ 颗粒的镍的冷轧晶粒在部分再结晶后的微观结构，显示了变形基体和再结晶晶核的取向。从图 9.14 和图 9.15 可以看出,虽然 PSN 晶核的取向发散性大于变形基体的取向发散性,但 PSN 核并非随机取向。

含颗粒的定向单晶经平面应变压缩以及随后的退火处理,提供了有关 PSN 晶粒取向的更多信息(见 2.9.4.2 节)。图 9.16(Ferry 和 Humphreys,1996b)为 {110}⟨001⟩ 戈斯取向的含颗粒晶粒的 {111} 极图。基体晶粒的取向在变形过程中未发生改变,也未表现出明显的取向扩展。图 9.16(b)~(d)显示了不同应变后 PSN 晶核的取向。

图 9.16(a)和(c)的对比表明,晶核的取向与颗粒变形区内的取向相似。

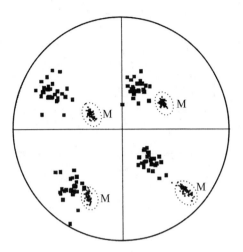

图 9.15　基于 EBSD 数据绘制的 {111} 极图,显示了 Ni‑SiO₂ 单晶经轧制及部分再结晶后基体取向(M)与 PSN 晶核(方块)之间的关系

337

图 9.16(b)~(d)表明,尽管晶核在大变形下的取向发散更强,但它们的取向并不是随机的,往往绕着变形基体的 TD 发生错向。对{001}⟨110⟩晶体(Ardakani 和 Humphreys,1994)和{011}⟨01̄1⟩晶体(Ferry 和 Humphreys,1996c)的类似实验也得出了这样的结果。

9.3.2.2　变形多晶体中的 PSN

Kalu 和 Humphreys(1988)使用 TEM 微观织构技术确定了颗粒附近变形区的取向,随后在 HVEM 中对试样进行退火直至发生再结晶形核。然后重新测量微观织构,发现晶核的取向位于变形区内。

关于含有大颗粒、严重轧制变形的多晶体的实验结果表明,晶核要么是弱织构的,要么近似为随机取向(如 Wassermann 等,1978;Herbst 和 Huber,1978;Chan 和 Humphreys,1984c;Humphreys 和 Brough,1997;Engler,1997;Hutchinson 等,1998)。

综上所述,对于变形后单晶,会出现相当尖锐的 PSN 织构,这是由变形区内有限的取向范围造成的。对严重变形后的多晶体,在每个晶粒或晶粒间的连接区域内会有若干个变形区,这些变形区在大变形后可能会有很大的取向差。因此,晶核的取向范围要大得多,单个晶粒会使晶核的取向散布至很大范围,从而导致织构弱化。虽然相对于变形材料而言,晶核的取向并不是随机的,但如果在整个多晶体上取平均,则弱织构的取向扩散可能会导致晶核的取

338

293

向几乎是随机分布的。

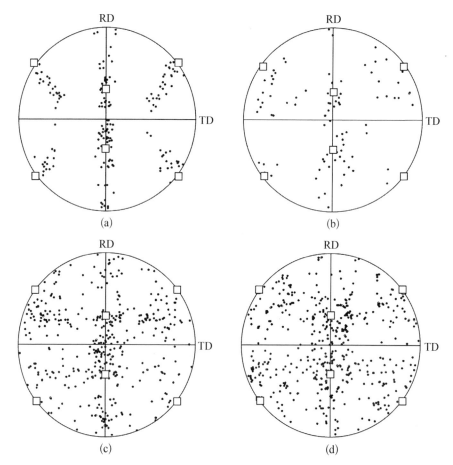

**图 9.16　{110}⟨001⟩取向 Al‑0.6%Si 晶体在平面应变压缩下
变形后的 EBSD 数据的 {111} 极图**

(空心方形代表在变形过程中未发生变化的基体取向。)

(a) 变形区内的取向，$\varepsilon = 1.4$；(b) 真应变为 0.7 后的 PSN 核的取向；(c) 真应变为 1.4 后的
PSN 核的取向；(d) 真应变为 2.2 后 PSN 晶核的取向

9.3.2.3　PSN 对再结晶织构的影响

　　如果 PSN 是唯一的形核机制，则如上面所述，最终的再结晶织构一般较弱。
这种情况在颗粒数量大的合金中经常发生。然而，在颗粒体积分数低的合金中，
或存在小颗粒钉扎效应的合金中（见 9.5 节），最终织构中存在的数量明显多于
其他织构成分。这表明除颗粒外，还有其他促进再结晶形核的微观结构特征，这
一点将在 9.3.5 节和 12.4.3 节进一步讨论。

339

9.3.3　PSN 的有效性

PSN 的一个重要工业应用是控制合金的再结晶晶粒尺寸,特别是细晶材料的生产。如果每个颗粒都能成功地形核一个晶粒(即形核效率为 1),则最终的晶粒尺寸 D 和单位体积内的颗粒数直接相关,晶粒尺寸与颗粒(直径为 d)体积分数 F_V 之间的关系为

$$D \approx dF_V^{1/3} \qquad (9.4)$$

如图 9.17(Humphreys 等,1990)所示为采用此准则预测的晶粒尺寸。

如果多个晶粒在一个颗粒上形核,则形核效率可能大于 1。然而,多重形核通常只发生在尺寸超过 5 μm 的颗粒上,而这很少发生。如果颗粒尺寸接近最小值(见图 9.13),则形核效率很低

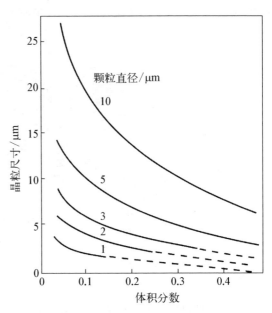

图 9.17　式(9.4)预测的 PSN(形核效率为 1 时)晶粒的尺寸

340

(虚线代表 Zener 钉扎效应可以防止不连续再结晶的条件。)

(Humphreys,1977;Wert 等,1981;Ito,1988),也不能达到预测的小晶粒尺寸。由于晶核之间通常是相互竞争的,只有当所有的形核事件同时发生(位点饱和形核),且晶粒以相似的速率长大,才能获得高的形核效率。对于颗粒尺寸大、间距宽的合金,这一条件可能会得到满足,但如果颗粒间距很小,或者晶核长大受到细小弥散颗粒的影响,则形核效率可能会显著下降,9.5 节和 9.6 节会进一步讨论这种现象。

位于大变形和大变形梯度区域(如晶界和剪切带等)的颗粒,可能比其他颗粒提供了更有利的形核位置,从而降低了整体形核效率。在 Al - Mn 和 Al - Fe - Si 合金中发现了这种效应的一些证据(Sircar 和 Humphreys,1994)。

9.3.4　颗粒分布的影响

有证据表明[见图 9.18(Humphreys,1980)],形核优先发生在成对或成群的颗粒上。即使单个颗粒小于形核的临界尺寸也可能发生这种现象。这一现象

是基于金相观察（Herbst 和 Huber，1978；Weiland，1995）和原位退火（Bay 和 Hansen，1979）的统计分析得到的（Gawne 和 Higgins，1971）。对含直径接近临界尺寸颗粒（Koken 等,1988）的 Al - Si 合金的再结晶晶核分布的详细研究也表明,在这些条件下,在颗粒聚集的位置更有利于形核。晶核的团簇对再结晶动力学的影响已在 7.4.1 节讨论过。

341

图 9.18　在镍的原位 HVEM 退火过程中,SiO$_2$ 颗粒团簇处的再结晶形核

9.3.5　PSN 对再结晶微观结构的影响

　　如果再结晶完全是由 PSN 引起的,那么根据前面的讨论,完全再结晶的微观结构将由等轴晶[晶粒尺寸可由式(9.4)计算]组成,并且织构相当弱。我们很少发现这种情况,研究一个最简单的案例很有启发。我们考虑在 9.3.2.1 节中已经讨论过的{110}⟨001⟩戈斯取向含颗粒单晶的再结晶微观结构。这种取向的晶体特别有趣,因为除了大颗粒,在变形过程中不会形成其他再结晶形核点（见 6.5.2.1 节）。如图 9.19（Ferry 和 Humphreys,1996b）所示为平面应变压缩至真应变 0.7 和 1.4 并完全再结晶的晶体的微观结构。在较低的应变下,可以看到由 PSN 形成的与颗粒相关的非常小的晶粒。然而,它们以"岛状"晶粒的形式存在于更大的晶粒中[与图 9.10(c)所示的原位退火结果类似]。在较大的应变下,形成了等轴组织,其晶粒尺寸对应的 PSN 效率为 0.85。在再结晶的早期阶段,可以看到这些更大晶粒优先长大（Ferry 和 Humphreys,1996c）,而且这些晶粒的取向属于颗粒变形区的取向,表明它们也是由 PSN 形成的。这些长大较快的晶粒的取向范围有限,相对于基体的取向为 45°-⟨111⟩或 24°-⟨150⟩。得出的结论是某些取向的晶粒的长大速度明显快于其他取向的晶粒,特别是在轻度变形的材料中。这是 12.3.2 节讨论的"定向长大"的一个很好的例子。由于

PSN 只产生了有限的取向范围,这些快速长大的晶粒是铝中长大最快的取向(见 5.3.2 节)。

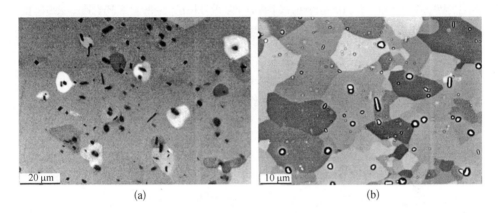

(a)　　　　　　　　　　　　　(b)

图 9.19　Al‑0.8%Si 合金(含有 3 μm 硅颗粒,⟨110⟩⟨001⟩)变形和退火后的再结晶微观结构

(a) 在快速长大的晶粒(ε = 0.7)内形成的岛状 PSN 晶粒;(b) PSN 晶粒在较大应变(ε = 1.4)后形成等轴晶粒

Humphreys 等(1995)利用计算机 Avrami 模拟(见 16.2.5 节)研究了再结晶微观结构的发展,发现再结晶晶粒具有不同迁移率的两种晶界(以迁移率 R_M 描述两种晶界的相对迁移率)。图 9.20(Humphreys 等,1995)为不同 R_M 值对完全再结晶微观结构的影响。如果迁移率相同(即 $R_M = 1$),则会形成正常的晶粒结构[见图 9.20(a)]。然而,随着 R_M 的增加,首先在大晶粒的晶界处会出现小晶粒[见图 9.20(b)],然后是岛状晶粒[见图 9.20(c)]。R_M 的变化除了影响再结晶微观结构外,还会影响再结晶织构。

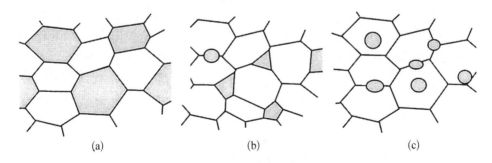

(a)　　　　　　　　　　　(b)　　　　　　　　　　　(c)

图 9.20　晶界相对迁移率(R_M)对再结晶微观结构演化的影响

(a) $R_M = 1$,形成正常的微观结构;(b) $R_M = 1.2$,晶界处出现小晶粒;(c) $R_M = 3$,长大缓慢的晶粒最后形成岛状组织

342　　　在其他再结晶的双相晶体中也发现了类似的岛状晶粒组织（Ardakani 和 Humphreys，1994），在含双峰颗粒分布的合金的再结晶中也发现了类似的岛状晶粒组织，如 Chan 和 Humphreys(1984b)以及 Humphreys 和 Brough(1997)的研究，其中小颗粒的钉扎效应放大了晶界迁移率中可能非常微小的差异（见9.6节）。

343　9.4　再结晶过程中的颗粒钉扎（Smith-Zener 拖曳）

9.4.1　再结晶形核

我们在第6章讨论了颗粒弥散可能阻碍回复的方式，并解释了当颗粒间距与亚晶或胞元尺寸相似时，钉扎效应为何特别有效。由于再结晶一般是通过局部回复而开始的，因此，颗粒显然可以抑制形核。单相合金中再结晶形核位置的定量信息很少，就颗粒对含小颗粒合金的再结晶的影响，目前仍很难建立一个令人满意的模型。9.5 节会讨论 Smith-Zener 阻力对 PSN 的影响。

9.4.1.1　变形不均匀处的形核

颗粒对变形不均匀处（如变形带或剪切带）再结晶形核的影响可以从颗粒限制亚晶尺寸的角度来讨论，这个颗粒所限制的亚晶尺寸是双相合金中亚晶能够长到的最大尺寸（见 11.4.2 节）。如果这个参数小到足以阻止亚晶长大到形成大角度晶界的尺寸，那么形核将被抑制。如果形核发生在取向梯度 Ω 的区域，那么形成取向差为 θ_m 的大角度晶界所需的亚晶长大量为 θ_m/Ω，则抑制形核的判据可近似表示为

$$D_\mathrm{lim} < \frac{\theta_\mathrm{m}}{\Omega} \tag{9.5}$$

344　　　如 11.4.2.3 节所述，当颗粒体积分数小于 0.05 时，D_lim 由式(11.30)定义，当颗粒的体积分数较大时，D_lim 由式(11.34)给出。因此抑制的标准为

$$\frac{f_\mathrm{V}}{r} > \frac{4\alpha\Omega}{3\theta_\mathrm{m}} \quad (f_\mathrm{V} < 0.05) \tag{9.6}$$

$$\frac{f_\mathrm{V}^{1/3}}{r} > \frac{\beta\Omega}{\theta_\mathrm{m}} \quad (f_\mathrm{V} > 0.05) \tag{9.7}$$

对于颗粒体积分数低的合金，使用 11.4.2.3 节中讨论的 $\alpha = 0.35$、$\beta = 3$、$\theta_\mathrm{m} = 15°$ 和 $\Omega = 5° \ \mu m^{-1}$（Ørsund 等，1989），则当 $f_\mathrm{V}/r > 0.15 \ \mu m^{-1}$ 时，形核会被抑

制。这与 9.2.1 节中讨论的实验观察结果一致,取向梯度随变形的增加而增大,因此预计抑制再结晶所需的 f_V/r 或 $f_V^{1/3}/r$ 的临界值也随变形增加而增大,如 9.2.2 节所述。

9.4.1.2　应变诱导晶界迁移

7.6.2 节讨论了应变诱导晶界迁移(SIBM)引起的再结晶。钉扎颗粒的弥散可提供抵消驱动力的钉扎压力 p_{sz},并且单个和多个亚晶 SIBM(见 7.42 节和 7.43 节)的临界弓出尺寸可通过用 $p-p_{sz}$ 替换 p 而得到。形核的临界弓出尺寸将随 p_{sz} 的增加而增大,当 $p_{sz}=p$ 时,达到无穷大。当 $p_{sz}=p/2$ 时,颗粒钉扎对这些机制的影响如图 7.30(b)所示。虽然这两种机制都受到了颗粒的抑制,但单晶的 SIBM 受到的影响更大。对颗粒钉扎条件下 SIBM 的研究(Higginson 等,1997;Higginson 和 Bate,1999)已经证明,当 p_{sz} 较大时,SIBM 的弓出长度可以达到几百微米。在那些退火过程中会发生沉淀析出的合金中(见 9.8.3 节)也发现了这种前端宽大的 SIBM(见图 9.27),就是这样一个例子。

在 SIBM 受颗粒钉扎影响的条件下,经常发现某些织构成分会优先长大(见 12.4.3 节),特别是立方取向晶粒(Higginson 等,1997;Higginson 和 Bate,1999)。这可能是由于立方取向晶粒的亚结构阻力在 SIBM 过程中会降低,或者是低能量晶界的 Smith-Zener 钉扎效应下降(见 4.6.1.1 节)。

9.4.2　再结晶过程中的长大

345

在初次再结晶过程中,含弥散颗粒合金的晶粒在长大过程中受到两种相反压力的作用,即驱动长大的压力 p_D[见式(7.2)]和由颗粒产生的 Smith-Zener 钉扎压力 p_{sz}[见式(4.24)]。在长大的初期,还应考虑晶界曲率 ρ_C[见式(7.3)]带来的阻滞压力。因此,再结晶净驱动压力为

$$p = p_D - p_{sz} - p_C = \frac{\alpha \rho G b^2}{2} - \frac{3 f_V \gamma_b}{d} - \frac{2\gamma_b}{R} \tag{9.8}$$

除非 p 为正,否则再结晶晶粒不会长大,因此可以预计,当 f_V/d 大于临界值时,再结晶长大会被抑制;这个临界值在驱动压力小(也即变形小)时更大。从定性的角度看,这与 9.2.1 节讨论的实验结果是一致的,即 f_V/d 大的合金的再结晶速度会比等效的无颗粒基体材料更慢,并且当超过临界应变时,会发生从阻滞到加速的转变。

研究人员(如 Baker 和 Martin,1980;Chan 和 Humphreys,1984b)通过对驱动压力和钉扎压力[如式(9.8)]的分析发现,Smith-Zener 钉扎压力(p_{sz})太

小,无法阻滞这些材料的再结晶长大。而这些研究中,f_V/d 值在 $0.2\sim 0.6\ \mu m^{-1}$ 之间,这与式(9.6)得到的颗粒抑制再结晶一致。此外,在存在颗粒的再结晶模拟(Rollett 等,1992b)中发现,当变形储能超过某一临界值(该临界值并不大)时,颗粒对再结晶动力学基本没有影响。如果将钉扎效应理解为摩擦效应,那么这个结果也是合理的。问题是,对于一个小的、非耗散阻力,那么一个足够大的驱动力可使能量情形发生足够大的改变,从而消除钉扎效应。

因此,我们推断 Smith-Zener 钉扎在阻滞初次再结晶中起重要作用。但是,这很可能只是影响形核阶段,而不影响新晶粒的长大。它还可以改变再结晶织构。实验和理论表明,决定再结晶动力学的关键参数为 f_V^n/r,其中 $\dfrac{1}{3} < n < 1$。

9.5　双峰颗粒分布

许多商业合金既包含大颗粒($>1\ \mu m$),其可作为 PSN 的位点,也包含小颗粒,其间距足够紧密,以钉扎迁移晶界。Nes 和他的同事分析了这些合金的再结晶行为(如 Nes,1976)。在这种情况下,驱动压力 p_D 被 Smith-Zener 钉扎压力 p_{SZ} 所抵消,晶核长大的临界颗粒尺寸[见式(9.2)]就变为

$$d_g = \frac{4\gamma_b}{p_D - p_{SZ}} = \frac{4\gamma_b}{\dfrac{\rho G b^2}{2} - \dfrac{3 f_V \gamma}{2r}} \tag{9.9}$$

式中,f_V 和 r 为小颗粒的参数。

因此,随着 Smith-Zener 钉扎压力的增加,PSN 的临界颗粒直径也随之增大。由于实际合金中存在颗粒尺寸的分布,这意味着能作为再结晶晶核的颗粒更少,而再结晶晶粒的尺寸将会增加。通过拓展 9.4.1 节的分析,可就细颗粒弥散对 PSN 的影响进行另一角度的分析,在这种情况下,大颗粒处会出现取向梯度 Ω,并由式(2.24)给出。能充当晶核的颗粒数 N_d 是直径大于 d_g 的颗粒数,如果忽略其他的形核位点,并假设位点饱和形核,则晶粒尺寸可近似为

$$D_N = N_d^{-1/3} \tag{9.10}$$

有显著 Smith-Zener 钉扎效应的双峰合金的再结晶动力学通常与那些只有小颗粒(但具有类似的分散性)的合金相似(Hansen 和 Bay,1981;Chan 和 Humphreys,1984b;Humphreys 和 Brough,1997)。后两项研究发现了一种

不寻常的再结晶"岛状"晶粒结构,在这种结构中,从较不成功的晶核中分离出来的小晶粒被快速长大的晶粒吞噬。这是因为部分晶粒的长大比其他晶粒快得多,这可能是由于 9.3.5 节中讨论的因素,但也可能是由于 PSN 位点(其产生的晶核比 SIBM 的位点要小,PSN 的初始驱动压力 p_C 更小,见式(9.7),因此增长率更小)。在这种情况下,通常发现颗粒钉扎限制了某些晶粒的长大,并导致了取向选择,而主导再结晶织构的大晶粒所产生的织构要比 PSN 晶粒主导的织构强得多(见 12.4.3 节)。

9.6　颗粒对晶粒尺寸的控制作用

通过颗粒来控制合金的晶粒尺寸和织构是一种常用手段,在许多结构钢、易拉罐铝合金和超塑性合金中都很重要,第 15 章会详细介绍一些相关案例。本节我们主要讨论如何利用颗粒对再结晶的影响来控制材料在热机械处理过程中的晶粒尺寸。以下讨论主要基于 Nes(1985)、Wert 和 Austin(1985)以及 Nes 和 Hutchinson(1989)所建立的模型。决定合金退火后晶粒尺寸的主要参数是 f_V/r(f_V 和 r 分别为细小颗粒的体积分数和平均半径),因为 f_V/r 会影响 Smith-Zener 阻力[见式(4.24)]、有效的再结晶晶核数[见式(9.9)和式(9.10)]和晶粒正常长大终止时的晶粒尺寸 D_{lim}(见 11.4.2 节)。图 9.21 展示了颗粒弥散程度 f_V/r 对再结晶晶粒尺寸的影响,曲线 D_N 是 PSN 初次再结晶后的晶粒尺寸,源自大颗粒或任何其他位置的有效晶核数会随 f_V/r 的增加而减少[见式

347

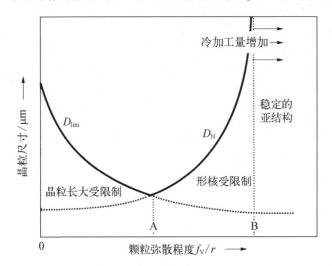

图 9.21　颗粒参数对再结晶晶粒尺寸的影响

(9.8)和式(9.9)]。在某些弥散水平（$f_V/r=B$）下，晶核的数量实际上为零，即不会发生再结晶。曲线 D_{lim} 是晶粒正常长大停止时的晶粒尺寸，如式(11.31)或式(11.34)所示，这两种晶粒尺寸相等的点记为 $f_V/r=A$，存在以下 3 个重要机制。

（1）晶粒长大极限尺寸（$f_V/r<A$）：在这种情况下，初次再结晶后的晶粒尺寸由可用形核位点的数量决定，如果形核位点数多，则再结晶晶粒尺寸可能很小[见式(9.9)和式(9.10)]。然而，较之于正常的晶粒长大，晶粒是不稳定的，如果在足够高的温度下退火，那么晶粒长大将达到极限尺寸 D_{lim}。在这种情况下，最小晶粒尺寸达到 $f_V/r=A$。

（2）形核极限尺寸（$A<f_V/r<B$）：在此范围内，材料再结晶至由晶核数决定的晶粒尺寸 D_N，且 $D_N>D_{lim}$，因此不会发生正常的晶粒长大。然而，如果平均再结晶晶粒尺寸很小，但组织不均匀，那么被抑制了的正常晶粒长大可能使材料在高温退火时发生异常晶粒长大（见 11.5.2 节）。

（3）无再结晶（$f_V/r>B$）：在该条件下，Smith-Zener 钉扎足以抑制不连续再结晶，并且颗粒能稳定变形组织或回复后的组织，如 6.6.2 节所述。

因此，存在一个最佳的颗粒弥散水平，即 $f_V/r=A$，可以产生一个小而稳定的晶粒尺寸。另一个影响 D_N 和 f_V/r 临界值的参数是变形储能，对于低温变形来说，变形储能主要是应变的函数。在图 9.21 中，箭头表示应变增加对转变区的影响。

9.7　颗粒增强金属基复合材料

颗粒增强金属基复合材料（MMC），如含约 20%（体积分数）陶瓷颗粒的铝合金，是应用于汽车和航空航天领域的结构材料，具有高强度、高刚度和低密度。颗粒增强 MMC 的优点之一是它们可以像传统合金一样进行机械加工，因此研究其再结晶行为非常关键（如 Humphreys 等，1990；Liu 等，1991）。

这些复合材料存在一个不寻常的情况，即增强颗粒的数量多（体积分数大），且这些颗粒的尺寸足够大（通常为 $3\sim10~\mu m$）到可以发生 PSN。因此，颗粒（通过颗粒激发形核 PSN）在控制晶粒尺寸方面起着重要的作用。如果每个颗粒产生一个再结晶晶粒，则晶粒尺寸与颗粒直径和体积分数的函数关系如图 9.17 所示，可以看出这些材料的晶粒尺寸都非常小。如图 9.22 所示，为一系列 Al-SiC 颗粒复合材料的晶粒尺寸随颗粒直径和体积分数的变化，这些结果与式(9.4)和图 9.17 的预测结果很接近。

与未增强的基体相比,颗粒增强 MMC 的再结晶动力学过程通常非常快(Humphreys 等,1990;Liu 等,1989;Sparks 和 Sellars,1992;Ferry 等,1992),这是由于几何必需位错[见式(2.24)]产生的巨大驱动力和大量的形核位点的共同作用。

在粉末冶金制备的铝基复合材料中,除了存在大的陶瓷增强颗粒外,还存在尺寸很小(100 nm)、分布不均匀的氧化物颗粒。因此,存在几种预料之中的但又很重要的影响,特别是在含低体积分数的陶瓷增强颗粒的复合材料

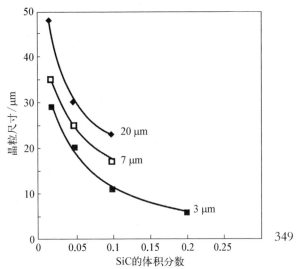

图 9.22　Al – SiC 颗粒增强复合材料在 80%冷轧变形、600℃ 退火后的再结晶晶粒尺寸

(数据源自 M G Ardakani。)

中(如 Juul Jensen 和 Hansen,1990;Bowen 等,1993),可以用含有双峰颗粒分布的合金的再结晶来解释(见 9.5 节),即① Smith-Zener 钉扎效应通过钉扎亚晶结构和抑制形核,减缓再结晶动力学过程;② 再结晶晶粒尺寸大于式(9.4)所预测的晶粒尺寸;③ 形成了拉长的亚晶和晶粒(见图 4.28);④ 形成的织构比没有小颗粒的基体更强。

Ferry 等(1992)研究了沉淀相对 AA2014 Al – Al_2O_3 复合材料再结晶的影响,发现正如对双峰颗粒分布(见 9.5 节)所预期的那样,再结晶动力学主要由细小弥散的沉淀相所决定。Humphreys(1988a)和 Liu 等(1991)发现,如果大尺寸陶瓷颗粒的体积分数大,则不连续再结晶会被抑制。这种情况在 $f_V/r > 0.2\ \mu m^{-1}$ 时发生,与此类似的是图 9.17 中的虚线区域。由此产生的微观结构混合了大角度晶界和小角度晶界,如 6.6.2 节所述,材料仅在退火时才会出现回复。

9.8　沉淀析出与再结晶的相互作用

9.8.1　引言

在本章的前几节中,我们考虑了双相合金的再结晶,其中第二相在变形过程中就存在,而相分布在随后的退火过程中并没有发生实质性的变化。然而,在可

能发生沉淀析出的合金中,可能会出现再结晶和沉淀析出同时发生的情况。这种情况非常复杂,因为① 变形组织可能会影响析出的性质和动力学;② 析出相可能会干扰回复和再结晶。

Hornbogen 及其同事率先研究了 Al-Cu 和 Al-Fe 合金中的这个问题(如 Ahlborn 等,1969;Holm 和 Hornbogen,1970),Hornbogen 和 Köster(1978)对该问题进行了综述。尽管该问题实际上很重要,但令人惊讶的是,从那时起这一领域的系统性工作很少,直到最近对相对简单的析出体系,如 Al-Mn(Engler 和 Yang,1995;Somerday 和 Humphreys,2003a,b)、Al-Sc(Jones 和 Humphreys,2003)和 Al-Zr(Humphreys 等,2003)的研究。下面的讨论主要是基于后 3 篇参考文献所做的工作。

在冷轧后的过饱和固溶体的退火过程中,会同时出现析出和再结晶现象,如图 9.23(Humphreys 等,2003)所示,为快速加热到退火温度时材料的 TTT 曲线。再结晶起始线和终点线是在没有沉淀的低合金中发现的,析出线表示有足够的析出物影响再结晶行为。

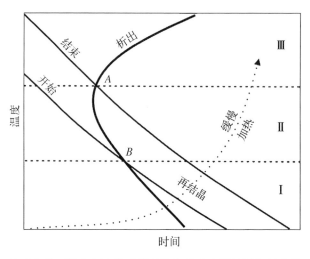

图 9.23　快速加热至退火温度的冷轧过饱和铝合金再结晶和析出的 TTT 曲线

A 点和 B 点是两个关键点,表明这两个过程在这里相交。温度 T_A 和 T_B,以及相应的时间取决于具体的合金。对于 Al-1.3%Mn 和 Al-0.25%Zr,T_A 约为 400℃,T_B 约为 350℃,而对于 Al-0.25%Sc,T_A 和 T_B 均超过 500℃。可以看出,对于快速加热的试样,其再结晶行为可分为 3 种情形。

(1) 情形 I:$T < T_B$(析出在再结晶前发生),在发生任何再结晶之前都有显著的析出,并且再结晶被抑制了。理论上,最终会发生沉淀相粗化,并允许再

结晶进行,但对于 T_A 和 T_B 约为 400℃ 的合金,这个过程非常缓慢。

(2) 情形 Ⅱ: $T_B < T < T_A$(析出和再结晶同时发生),再结晶在析出之前就开始了,但后续的析出会抑制再结晶的完成。

(3) 情形 Ⅲ: $T > T_A$(再结晶在析出前发生),在该情形中,再结晶在析出前发生,不受第二相颗粒的影响。随后,再结晶后的材料可能会发生沉淀。

析出动力学和再结晶动力学具有不同的温度依赖性,尽管两者都受扩散控制,但在较高的温度下,析出的驱动力会显著降低。

9.8.2 情形 Ⅰ: 析出在再结晶前发生

9.8.2.1 加热速度的影响

图 9.23 表明,在低于 T_B 的温度下进行退火会导致析出相抑制再结晶。然而,如果采用缓慢的加热速度(10℃/h),那么在加热时间内,即使在高温下,也可能发生充分的析出并抑制再结晶,如图 9.23 的虚线所示。因此可以预计加热速度对再结晶有强烈的影响,如表 9.1 所示,显示能在 1 h 内达到再结晶所对应的温度。缓慢加热可使 Al-Zr 和 Al-Mn 合金在再结晶前发生沉淀析出,进而再结晶温度提高约 100℃。Al-Sc 合金的再结晶不受加热速度的影响,因为即使是快速的加热速度也不足以防止再结晶开始前的沉淀析出。该分析与已知的加热速度对工业铝合金再结晶的影响一致,工业铝合金在再结晶过程中会发生沉淀析出(如 Bampton 等,1982; Bowen, 1990)。

352

表 9.1 加热速度对某些铝合金再结晶温度的影响(Humphreys 等,2003)

合 金	再结晶温度/℃	
	快速加热(500℃/s)	慢速加热(10℃/h)
Al-0.25%Sc	575±5	550±20
Al-0.25%Zr	380±10	480±20
Al-1.3%Mn	425±5	500±20

9.8.2.2 微观结构演化

虽然在析出先于再结晶发生的区域内,退火过程中的微观结构演变取决于特定的合金,以及均匀的抑或非均匀的析出,但在所有情况下,微观结构演化可分为 3 个阶段。

（1）沉淀和回复：沉淀发生并钉扎大、小角度晶界，因而阻止再结晶。如图9.24(Humphreys 等,2003)(a)所示，在 Al-1.3%Mn 合金中，在变形的亚结构上发生了不均匀的沉淀。

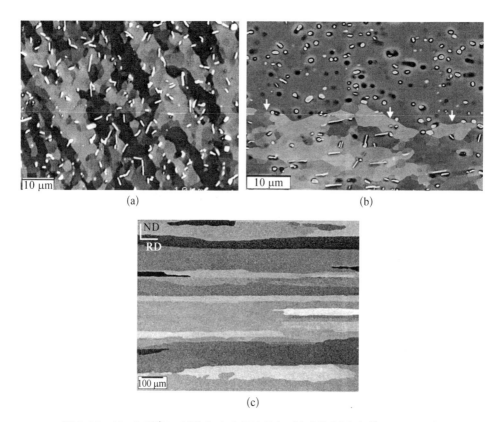

(a)　　　　　　　　　　　　　　　　(b)

(c)

图 9.24　Al-1.3%Mn 过饱和合金经冷轧(80%减薄率)和加热至不同温度(加热速度为 10℃/h)后的 SEM 通道对比显微图

(a) 400℃时非共格 MnAl6 板条在亚晶界上的析出；(b) 500℃时板条在 HAGB 处(箭头)的球化；(c) 550℃时发生完全再结晶，产生大的拉长晶粒

（2）颗粒粗化或相变：在进行再结晶之前，通常会有大量的颗粒发生粗化，一般在晶界处最为迅速，可能会破坏全共格特性(如 Al-Sc)或向平衡相的转变(如 Al-Zr)。随着颗粒的粗化，亚晶也发生长大(见 6.6.2 节)。尽管这只是通过颗粒控制的亚晶长大所造成的回复，但是一些学者错误地将这一过程描述为"连续再结晶"或"就地再结晶"。

（3）再结晶：在温度足够高或时间足够长的情况下，发生充分的颗粒粗化，使得在大角度边界、变形不均匀处或大的第二相颗粒处可以发生再结晶。

再结晶的驱动力由变形储能提供,简单模型(见 7.6 节)预测的可迁移和可激活 SIBM 的最小长度 L_C(界面的比能为 γ)为

$$L_C \geqslant \frac{4\gamma}{\Delta E} \tag{9.11}$$

式中,ΔE 是晶界两侧的净驱动压力。然而,先于再结晶发生的沉淀会产生 Zener 钉扎压力 p_{SZ},因此式(9.11)为 353

$$L_C \geqslant \frac{4\gamma}{(p_D - p_{SZ})} \tag{9.12}$$

当 $p_{SZ} > p_D$ 时,不会发生再结晶;随着析出相粗化,p_{SZ} 降低,会出现 SIBM,尽管起初的 L_C 非常大。因此,可以发生涉及一些长晶界段(宽前端晶界段)的 SIBM。虽然 p_{SZ} 和 L_C 在高温退火过程中逐渐减小,但少数大的晶界段会率先发生再结晶并主导再结晶过程,导致产生非常大的晶粒尺寸[见图 9.24(c)],这 354 是合金在这一区域内发生再结晶的典型现象。晶粒通常在轧制方向上被拉长,这可能是由于原大角度晶界处析出相的额外钉扎作用,使得再结晶晶粒很难在垂直于轧制平面的方向上迁移(见 4.6.2.3 节)。

即使在较高的退火温度下,例如铝合金在 $500\sim600℃$ 下的再结晶过程也相对缓慢,因为再结晶前端的运动是由移动的大角度晶界上的颗粒粗化或相变控制的(Humphreys,1999a;Lillywhite 等,2000;Humphreys 等,2003),而与晶界迁移率无关,这与单相合金再结晶时的情况不同[见式(7.1)]。导致再结晶过程中大角度晶界迁移的颗粒粗化的机制取决于具体的合金,可能涉及板条状颗粒(Al-Mn)的球化[见图 9.24(b)]、颗粒粗化[Al-Zr,见图 9.25(Humphreys

图 9.25 缓慢加热至 350℃,大角度晶界上的非共格 Al_3Zr 颗粒在再结晶过程中向标记方向迁移,并发生了优先粗化现象

等,2003)]、边界通过半共格颗粒(Al - Sc)或相变(Al - Mg - Si)。Holm 和 Hornbogen 研究了 Al - 0.042%Fe,发现在再结晶早期,亚晶网络上的沉淀析出对再结晶有很强的阻滞作用。尽管没有发生初次再结晶,但随后的颗粒粗化允许亚晶结构逐渐粗化,以至于呈现出再结晶的特征,他们仍称之为"连续再结晶"(见第14章)。这些机制的进一步细节可以在上面引用的参考文献中找到。

9.8.3　情形Ⅱ: 析出和再结晶同时发生

从图9.23可以看出,在这种状态下,再结晶在出现明显析出之前发生,但析出会在再结晶完成之前影响再结晶。对 Al - Fe(Holm 和 Hornbogen,1970)、Al - Mn、Al - Sc 和 Al - Zr 合金(Humphreys 等,2003)在该区域再结晶过程的研究中发现,再结晶非常不均匀,如图9.26(Jones 和 Humphreys,2003)所示。通常,这种情形下的再结晶程度主要取决于退火温度,几乎与时间无关。当温度略高于 T_B 时,只有少量的再结晶发生,但温度较高时,有更多的再结晶发生,直到 T_A 时,有可能发生完全再结晶。

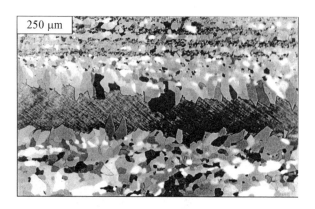

图9.26　部分再结晶的 Al - 0.12%Sc 合金在 425℃ 退火 1 min 后发生不均匀再结晶

变形储能最高的区域或非常容易移动的晶界或沉淀较慢的区域尤其受影响,因为这些区域可以在发生明显沉淀之前就发生再结晶。有证据表明存在许多不寻常的微观结构特征,包括晶界接近 40°-⟨111⟩(Somerday 和 Humphreys,2003a, b; Jones 和 Humphreys,2003)的宽前端 SIBM(见9.4.1.2节)、片状晶粒的长大(Jones 和 Humphreys,2003)和拉长的"墓碑状"晶粒(Humphreys 等,2003)。图9.27(Jones 和 Humphreys,2003)所示的 EBSD 图显示了 Al - Sc 合金的宽前端 SIBM。

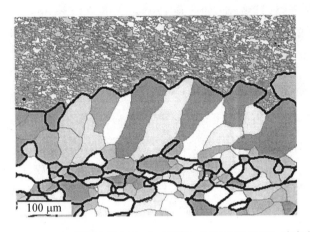

图 9.27　EBSD 图显示了 Al - 0.12%Sc 的宽前缘 SIBM,底部接
近立方取向的晶粒朝变形后的 {110}⟨001⟩ 戈斯取向
晶粒向上长大

(请留意被拖到迁移晶界后面的亚结构;粗黑线代表大角度晶界。)

9.8.4　情形Ⅲ: 再结晶在析出前发生

图 9.23 表明,当在高于 T_A 的温度下退火时,再结晶会在发生明显的析出前完成。在这种情况下,再结晶类似于单相合金的再结晶,形成等轴晶组织。晶粒一般比情形Ⅰ形成的晶粒要小,但可能会在随后的较高退火温度下快速长大。

9.9　双相合金的再结晶

本章前几节讨论了双相合金的再结晶,其中一相分散在另一相的基体中。然而,在许多重要的合金中,两相的体积分数是差不多的(见图 11.15),我们在本节讨论这种双相合金的再结晶行为。这种双相合金的例子包括 α/β-黄铜/青铜、α/γ-钢及 α/β-钛合金。热机械处理过程中经常发生的相变和再结晶可用于改善微观结构,这种技术已经广泛用于生产细晶双相合金,以获得超塑性变形能力(Pilling 和 Ridley,1989)。本节我们主要关注双相合金低温变形后的再结晶。Hornbogen 和 Koster(1978)以及 Hornbogen(1980)对双相合金的再结晶进行了综述,11.4.3.3 节介绍了双相组织中的晶粒长大。回复和再结晶之间的竞争关系固然复杂,但它们在钛合金的加工过程中却很重要,因为钛合金在很宽的温度范围内通常是双相的(Furuhara 等,2007;Liang 和 Guo,2015)。

α/β-黄铜合金(如 60:40 黄铜)是粗大双相微观结构再结晶的好例子。一

356

357

些著名的早期研究(Honeycombe 和 Boas,1948；Clareborough,1950)也是针对该合金体系的。后来,Mäder 和 Hornbogen(1974)为接下来的讨论奠定了基础,下述讨论说明了该合金体系的一些复杂现象。

9.9.1 平衡微观结构

最简单的情况是材料在变形前平衡的温度下退火。如果两相的体积分数相等,则这两相通常受到约束以发生相似的变形。然而,如果其中一相是连续的,则相之间存在应变配分,这种配分取决于相的相对体积分数、尺寸和强度,这将影响再结晶行为。通常发现各相的再结晶是相互独立的,其方式在很大程度上可以从单个相的再结晶理论中预测出来(如 Vasudevan 等,1974；Cooke 等,1979)。

在双相 α/β-黄铜合金中,微观结构由面心立方(FCC)高锌 α-黄铜等轴晶

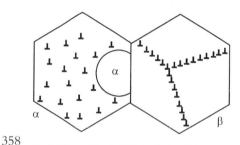

358

图 9.28 α/β-黄铜在低应变后的再结晶

和有序体心立方(BCC)(B2)β-黄铜相组成,前者层错能低,其变形行为见 2.5 节。图 9.28(Ma 和 Hornbogen,1974)显示了轧制减薄率小于 40% 后的退火行为。β 相易于回复并形成亚晶,而低层错能的 α 相不容易发生回复,容易发生再结晶,再结晶形核主要在 α/β 晶界处。β 相的再结晶时间一般更长,尽管在低应变条件下,可能会出现延长回复(Mäder 和 Hornbogen,1974；Cooke 和 Ralph,1980)。如 8.3.2 节所讨论的,β 相的再结晶动力学受有序反应的影响。

Mäder 和 Hornbogen 发现,当轧制压下量超过 70% 时,Cu-42%Zn 合金中的 β 相在变形过程中会发生马氏体相变,成为无序的 FCC 相（α_M 相）。在退火过程中,两相之间发生扩散[见图 9.29(Mäder 和 Hornbogen,1974)],使其成分趋于均匀,所有晶粒均发生再结晶和析出[见图 9.29(c)],形成细晶双相组织。

9.9.2 非平衡微观结构

如果退火温度与材料最初稳定时的温度不同,那么退火过程中将发生相变,并可能导致析出与再结晶之间复杂的相互作用(见 9.8 节),很多 α/β-黄铜的早期研究都是在这个条件下开展的。Hornbogen 和 Köster(1978)讨论了如何将再结晶和相变结合起来调控铁合金和铜合金双相材料的微观结构,另外 Williams 和 Starke(1982)以及 Flower(1990)对钛合金进行了研究,此处不做详

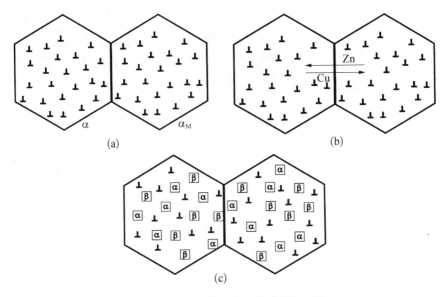

图 9.29　α/β-黄铜大变形后的再结晶

(a) β 相转变为马氏体；(b) 发生相互扩散；(c) 两相都发生再结晶和沉淀析出

细讨论。然而,α/β-黄铜合金体系(Mäder 和 Hornbogen,1974)可再次用于阐　359
述其原理。

　　必要的相变可以通过原始 α/β 界面的移动或在体积分数降低的相内沉淀来
实现。例如,在图 9.30(Mäder 和 Hornbogen,1974)(a)中,β 相的体积分数正
在减少,α 晶粒在相界处形核并朝变形的 β 相内长大。这些晶粒随后作为再结
晶晶核并消耗变形的 α 晶粒[见图 9.30(b)]。如果驱动力增加,则 α 相会在 β 晶
粒内部发生非均匀形核。

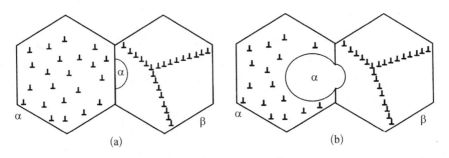

图 9.30　α/β-黄铜在不同退火温度下的再结晶

(a) β 相的体积分数因 α 晶粒向 β 晶粒的长大而降低；(b) 新的 α 区域在 α 晶粒中形核并再结晶

第 10 章 ▶ 胞状微观结构的长大和稳定性

10.1 引言

在前面的章节中,我们讨论了为再结晶提供驱动压力的变形状态,讨论了在退火早期阶段发生的局部回复过程以及更大尺度上的微观结构演化过程(再结晶和晶粒长大等)。本章我们将阐述这些不同退火现象之间存在的明确关系,并且可以在一个统一的框架内对其进行分析。当我们试图分析那些不太符合传统意义上的退火行为时,这种方法特别有用。此外,我们还会讨论为什么一些微观结构变化在整个微观结构中均匀或连续地发生,而另一些则不连续地发生。

如果一种材料内部没有很多的自由位错,那么微观结构可以用亚晶和晶粒来描述,我们可以用胞元集合体来表示。因此,变形和回复材料中的亚晶与完全再结晶材料中的晶粒的不同之处仅在于胞元的尺寸和它们之间的取向差。

这些微观结构的退火是通过 HAGB 或 LAGB 的迁移而发生的。这种胞状微观结构的均匀粗化会导致连续过程,如亚晶粗化(见 6.5 节)和正常晶粒长大(见第 11 章),而非均匀长大会导致不连续过程,如再结晶(见第 7 章)和异常晶粒长大(见 11.5 节)。因此,我们看到表 1.1 中的所有 6 种退火现象之间存在关系,本章将对此进行探讨。

对于高层错能/低溶质金属,例如许多铝合金和铁素体钢,将变形后的微观结构视为胞状微观结构的假设并非不合理,这些金属要么在高温下变形,要么在冷加工之后经低温回复退火,但对于在低温下变形的低层错能金属来说,这不是一个好的假设(见第 2 章)。

10.2 模型

如图 10.1(Humphreys,1997a)所示的微观结构构成了胞状区域,这些区域可以是晶粒、亚晶或它们的任意组合。微观结构包含各种尺寸的胞元以及取向差的分布。为了简化分析,我们建立一个平均场模型,分析半径为 R 和晶界类型为"取向差 θ、能量 γ 和迁移率 M"的特定晶胞的长大行为,这些晶胞嵌在平均半径为 $\bar{R}$,晶界参数为"取向差 $\bar{\theta}$、能量 $\bar{\gamma}$ 和迁移率 $\bar{M}$"的晶胞集合体中。作为进一步的简化,我们不考虑晶界平面对晶界能量和迁移率的影响(见 5.3.2.2 节)。有关本章所讨论模型的更多细节可参阅 Humphreys (1997a)的文献,相关的发展和应用可参阅 Rollett 和 Mullins(1997)的文献。

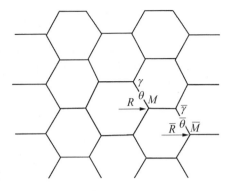

图 10.1　上述分析所假设的理想胞状微观结构

(晶粒近似为半径为 R 和 $\bar{R}$ 的球体。)

　　该模型的前提条件是晶界迁移是唯一重要的微观机制,这在大多数情况下是合理的,但不应忽视在某些条件下其他机制起作用的可能性(见 6.5.4 节)。对于三维微观结构,若半径为 R 的特定晶粒或亚晶的长大量为 ΔR,对应的晶界能增加可由下式计算:

$$\Delta E_{\text{boundary}} = 8\pi\alpha\gamma R\,\Delta R \tag{10.1}$$

如果晶粒集合体的单位体积变形储能(比变形储能)为 E_V,则在长大过程中释放的储能为

$$\Delta E_{\text{stored}} = 4\pi\beta R^2 E_V \Delta R \tag{10.2}$$

式中, α 和 β 为无量纲常数,代表模型假定的理想化几何形状中固有的近似值,随假设的精确几何形状不同而略有不同,如 Hillert(1965)所述。晶粒长大过程中所减少的能量为

$$\Delta E = \Delta E_{\text{stored}} - \Delta E_{\text{boundary}} \tag{10.3}$$

　　晶界上的力($\Delta E/\Delta R$)则可表示为

$$F = 4\pi\beta E_V R^2 - 8\pi\alpha\gamma R \tag{10.4}$$

晶粒长大的晶界压力是

$$p = \beta E_V - \frac{2\alpha\gamma}{R} \tag{10.5}$$

三维亚晶阵列的单位体积晶界内存储的能量为

$$E_V = \frac{3\bar{\gamma}}{2\bar{R}} \tag{10.6}$$

式中，$\bar{R}$ 和 $\bar{\gamma}$ 分别为阵列的平均半径和晶界能，因此特定晶粒长大的驱动压力为

$$p = \frac{1.5\beta\bar{\gamma}}{\bar{R}} - \frac{2\alpha\gamma}{R} \tag{10.7}$$

其晶界速度为

$$\frac{\mathrm{d}R}{\mathrm{d}t} = MP = M\left(\frac{1.5\beta\bar{\gamma}}{\bar{R}} - \frac{2\alpha\gamma}{R}\right) \tag{10.8}$$

对于能量相等 $(\gamma = \bar{\gamma})$ 的特殊情况，取 $\alpha = 1/2$，$\beta = 2/3$，式(10.8)可简化为

$$\frac{\mathrm{d}R}{\mathrm{d}t} = MP = M\gamma\left(\frac{1}{\bar{R}} - \frac{1}{R}\right) \tag{10.9}$$

这是 Hillert(1965)在其经典论文中得出的表达式，用于描述晶界能量相同的三维晶粒集合体(平均半径为 $\bar{R}$)中半径为 R 的晶粒的长大。对于更一般的情况，假设 $\alpha = \beta$，式(10.8)变为

$$\frac{\mathrm{d}R}{\mathrm{d}t} = MP = M\left(\frac{\bar{\gamma}}{\bar{R}} - \frac{\gamma}{R}\right) \tag{10.10}$$

大晶粒相对于集合体的长大速率为

$$\frac{\mathrm{d}}{\mathrm{d}t}\left(\frac{R}{\bar{R}}\right) = \frac{1}{\bar{R}^2}\left(\bar{R}\frac{\mathrm{d}R}{\mathrm{d}t} - R\frac{\mathrm{d}\bar{R}}{\mathrm{d}t}\right) \tag{10.11}$$

364　　　正如 Thompson 等(1987)首次指出的，如果下式成立，则大晶粒会比正常长大的晶粒长大得更快，并通过不连续的长大导致微观结构失稳：

$$\bar{R}\frac{\mathrm{d}R}{\mathrm{d}t} - R\frac{\mathrm{d}\bar{R}}{\mathrm{d}t} > 0 \tag{10.12}$$

Hillert(1965)证明了均匀晶粒集合体的长大速率 $\mathrm{d}\bar{R}/\mathrm{d}t$ 为(见 11.2.2.1 节)

$$\frac{\mathrm{d}\bar{R}}{\mathrm{d}t} = \frac{\bar{M}\,\bar{\gamma}}{4\bar{R}} \tag{10.13}$$

如果"大"晶粒的数量很少，这个方程是有效的。根据式(10.10)，取 $\mathrm{d}R/\mathrm{d}t$，失稳条件[式(10.12)]可表示为

314

$$M \bar{\gamma} - \frac{\bar{R} M \gamma}{R} - \frac{R \bar{M} \bar{\gamma}}{4 \bar{R}} > 0 \tag{10.14}$$

为方便起见,可用集合体内晶粒的尺寸和晶界参数来表示特定晶粒的尺寸和晶界参数,定义如下参数:

$$X = \frac{R}{\bar{R}}, \quad Q = \frac{M}{\bar{M}}, \quad G = \frac{\gamma}{\bar{\gamma}} \tag{10.15}$$

则不等式(10.14)所述的失稳条件为

$$Y > 0 \tag{10.16}$$

式中, $Y = 4QX - 4QG - X^2$,则 $Y = 0$ 的条件为

$$X = 2Q \pm 2\sqrt{Q^2 - QG} \tag{10.17}$$

X 的两个值定义了稳定/不稳定长大的界限。

　　因此,微观结构失稳的条件取决于特定晶粒相对于晶粒集合体的尺寸、晶界能和迁移率。如图 10.2(Humphreys,1997a)所示,不仅存在发生不失稳的最小尺寸比(X),而且还存在失稳晶粒或亚晶可进行长大的最大尺寸比。当异常晶粒或亚晶达到这个最大尺寸比时,它会继续长大,但比值 $R/\bar{R}$ 保持不变,这些临界尺寸比是相对迁移率和晶界能的函数。一般来说,高迁移率、大尺寸和小晶界能易导致晶粒或亚晶失稳。从前面的分析中可以发现,只有当 $Q > G$ 时,才有可能发生失稳;当 $Q = G$ 时,X 的值最小,且 $X = 2G = 2Q$。

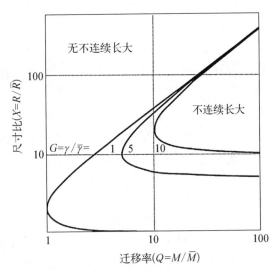

图 10.2　不连续长大的条件与晶粒的相对尺寸、晶界能和迁移率的关系

　　Rollett 和 Mullins(1997)基于 von Neumann-Mullins 分析,研究了同样的问题,得出一个非常相似的方程:

365

$$\frac{\mathrm{d}X}{\mathrm{d}t} = \frac{\overline{M}\,\overline{\gamma}}{2\overline{R}} \Gamma(\rho, Q, G) \tag{10.18}$$

式中，$\overline{M}$、$\overline{R}$ 和 $\overline{\gamma}$ 分别指基体晶界的迁移率、半径和能量；Γ 是（相比于基体的）相对尺寸、能量和迁移率的函数；ρ 是（可能）异常长大晶粒的相对尺寸。如上所述，相对能量和迁移率定义为 G 和 Q。需要注意的是，这些比值介于异常晶粒周长的属性与基体中所有"正常"晶界的属性之间（与系统中的平均值相反）；a 是相对能量的函数，即 $a = \dfrac{6}{\pi \sin G}$。

$$\Gamma(X, Q, G) = QG\left(a + \frac{a-2}{X}\right) - \frac{X}{4} \tag{10.19}$$

如上所述，相对尺寸有两个值：X_+ 和 X_-。其中大的值定义了预期晶粒的最大尺寸，小的值定义了晶粒异常长大（并最终达到最大值）的尺寸。

$$X_\pm = 2QGa \pm \sqrt{(QGa)^2 + QG(a-2)} \tag{10.20}$$

366   尽管式（10.20）给出了与式（10.17）相似的结果，但其中的差异可以通过模拟来测量。

晶界迁移率和能量不是自变量，而是与晶界性质有关的量。我们对晶界采取一种特别简单的处理方法，即晶界性质仅取决于取向差（θ），忽略晶界平面的重要性。然后我们可以使用 Read-Shockley 关系[见式（4.5）]来关联晶界能量（γ）和取向差（θ），如图 4.5 所示。如 5.2.2 节所述，取向差对晶界迁移率（M）的影响尚不太清楚。然而，式（10.21）的经验关系[它是从图 5.5 和图 5.6 的数据（Humphreys，1997a）中得到的]已被证明可以描述稀铝合金的晶界迁移率，即

$$M = M_m\{1 - \exp[-B(\theta/\theta_m)^N]\} \tag{10.21}$$

式中，M_m 为大角度晶界的迁移率；$N = 4$；$B = 5$。

我们现在可以通过指定微观结构并将晶界能和迁移率引入式（10.17）来研究各种晶粒和亚晶结构的稳定性。当然，任何预测都会对取向差、能量和迁移率之间关系的确切形式非常敏感，而且这些关系尚未充分明确。但是，以下分析的主要方面很可能是有效的。

10.3   单相微观结构的稳定性

我们假设平均半径为 $\overline{R}$ 和平均取向差为 $\overline{\theta}$ 的等轴亚晶（或晶粒）阵列，并考

虑半径为 R 的特定亚晶的长大行为,该亚晶插入阵列中并与集合体的取向差为
θ。由于特定亚晶具有单一取向,因此它与所有相邻亚晶的取向差不会相同,我
们用 θ 代表该亚晶与其周围亚晶之间的平均取向差。如果相邻亚晶的数量很
多,或 $\bar{\theta}$ 与 θ 相比较小,那么使用特定亚晶与其相邻亚晶之间的平均取向差($\bar{\theta}$)
也是合理的。如果特定亚晶的尺寸与其邻居的大小相同($R=\bar{R}$),则平均会有
14 个邻近的亚晶(见 4.5.2 节)。然而,我们最感兴趣的是特定亚晶大于平均值
的情况,例如当 $R=2\bar{R}$ 时,邻近亚晶的数量约为 50,并且平均取向差的概念可
能更有效。尽管亚晶集合体的平均取向差为 $\bar{\theta}$,但围绕该平均值的取向分布很
重要,稍后会考虑这一点。我们还假设在此分析中,随着集合体粗化,$\bar{\theta}$ 不随着
集合体的粗化而变化。如果集合体内没有取向梯度,则这是一个合理的假设;相
反,若存在取向梯度,则 $\bar{\theta}$ 会随着亚晶的粗化而增大(见 7.6.3 节)。集合体内亚
晶的平均半径为 $\bar{R}$,但单个亚晶的尺寸可能大于或小于 $\bar{R}$,尺寸分布的重要性会
在后文讨论。根据式(10.17),我们可计算不连续增长的特定亚晶的最小尺寸以
及它可以长大的最大尺寸比,这些参数取决于 θ 和 $\bar{\theta}$。当 $\theta=\bar{\theta}$ 时,则 $G=1$ 和
$Q=1$(即这是一个"理想"的亚晶集合体,所有晶界都具有相同的属性)。在这种
情况下,从式(10.17)中可以看出:如果不满足失稳准则 $Q>G$,就不会发生不
连续长大,因此集合体会在退火时均匀(连续)粗化。

接下来,我们将这种分析应用至许多具有实际重要性的微观结构。为了以
其常用形式呈现晶界取向差,它们将以度数而不是归一化形式表示。这些情况
在本书其他章节有更详细的讨论,在下面的讨论中,我们只考虑这种分析在这些
情况下的应用。

10.3.1　小角度晶界——回复

图 10.3(Humphreys,1997a)显示了一个特定的亚晶,根据式(10.17),这个特
定亚晶从一个平均取向差为 $\bar{\theta}$ 的亚晶集合体中以取向差 θ 长大。失稳条件是该亚
晶具有相对于集合体的临界尺寸,并且 $\theta>\bar{\theta}$,上限代表不连续或异常长大的程度。

如图 10.3(a)所示,如果集合体的平均取向差 $\bar{\theta}$ 很小(如 $\bar{\theta}=1°$),那么大的亚
晶可能会出现不连续的长大,这些亚晶相对于集合体只有很小的取向差,例如尺寸
为 $2\bar{R}$、取向差在 $1.1°\sim2.5°$ 之间的亚晶将发生异常长大。$\bar{\theta}=1°$、尺寸大于 $1.5\bar{R}$
的亚晶将变得不稳定并长大,直到 X 在 $50\sim100$ 的范围内;而 $\bar{\theta}=5°$、尺寸大于
$1.5\bar{R}$ 的亚晶应该不连续地增长以达到($10\sim50$)X 的值。因此,我们可以看出,小角
度亚晶微观结构在不连续亚晶长大方面具有固有的不稳定性。然而,很少发现这种
不连续(异常)的亚晶长大(在 6.5.3.5 节中讨论过),因为它通常被再结晶所取代。

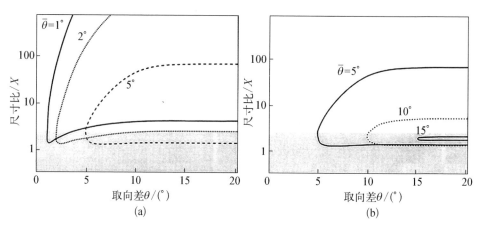

图 10.3　亚晶的失稳条件，表示为相对尺寸(X)和亚晶与周围多晶体的取向差(θ)的函数
（阴影区域表示集合体内亚晶尺寸的可能分布。）
(a) 平均取向差为 $1°\sim5°$ 的亚晶集合体；(b) 平均取向差为 $5°\sim15°$ 的亚晶集合体

368　该分析表明，退火行为不仅取决于集合体的平均性能，还取决于亚晶尺寸和取向差的范围。亚晶尺寸分布的实验测量很少，但热加工（Duly 等，1996）或冷加工（Hurley 和 Humphreys，2001）铝中的亚晶测量表明，分布近似为对数正态分布，且最大尺寸在$(2\sim3)\bar{R}$范围内。在接下来的讨论中，我们将假设晶粒和亚晶为这种尺寸分布。预期的尺寸范围由图 10.3 中的阴影区域表示，从图 10.3 (a)可以看出，最小取向差的要求不太可能是限制性的，决定失稳的最关键因素是微观结构是否含有足够大尺寸的亚晶。集合体和不连续长大亚晶的长大速率可以从前面的分析中确定，并且发现长大最快的亚晶是那些同时具有最大尺寸和最大取向差的亚晶（Humphreys，1977）。

369　## 10.3.2　大、小角度晶界和再结晶

在这种情况下，我们假设有一个平均取向差 $\bar{\theta}$ 为 $2°\sim5°$ 的典型亚晶集合体。如果存在小的大取向差晶粒（即再结晶"晶核"），则它可能不连续地长大，即第 7 章中讨论的初次再结晶的正常过程。如果该晶核与亚晶集合体的取向差为 $15°$ 或更大，则从图 10.3(a)中可以看到，对于尺寸范围为 $1.5\bar{R}\sim2.5\bar{R}$ 的晶核，微观结构是不稳定的，再结晶晶粒能够长大到亚晶尺寸的 $100\sim1\,000$ 倍之间。然而，如果亚晶集合体的平均取向差小于 $2°$，则"晶核的尺寸"必须大于 $2.5\bar{R}$，因此不连续再结晶的形核可能是一个限制因素。该模型可扩展用于分析应变诱导晶界迁移的再结晶现象（Humphreys，1999a；Humphreys 和 Hurley，2001），相关讨论见 7.6.2 节。

10.3.3　大角度晶界——晶粒长大

从图 10.3(a)可以看出,随着 $\bar{\theta}$ 的增加,再结晶晶核不连续长大的临界尺寸和最大长大比值都减小了,图 10.3(b)表明这种趋势在更大的平均取向差下仍然存在。如果 $\bar{\theta}=10°$,则最大生长比为 $5\bar{R}$,因此基本不会发生失稳。如果 $\bar{\theta}>15°$,则异常长大的亚晶可以长大至不超过 $2.5\bar{R}$。由于这在集合体正常的尺寸分布范围内,这实际上意味着不可能出现异常长大,因此这种集合体是稳定的。后一个结果与 Thompson 等(1987)的分析一致,表明在晶界特性相同的晶粒集合体中不会发生异常晶粒长大[式(10.17)中 $Q=1$],这已被许多实验充分证实(见 11.5 节)。即使存在一些具有低能量和高迁移率的"特殊晶界"(如 $\Sigma 7$ 晶界),也不太可能影响微观结构的稳定性,因为特定晶粒的有效 γ 和 M 是围绕该晶粒的所有晶界的平均值。

在中等至大取向差 $\bar{\theta}>10°$ 的条件下,从图 10.3(b)中可以看出形成异常长大的形核很容易,因此异常长大晶粒的数量可能会很多。然而,这种晶粒/亚晶的长大程度相对于集合体来说有限,图 10.3(b)表明,该过程会导致尺寸分布范围比正常晶粒长大(而非可识别的异常晶粒长大)的更广。如果我们简单地将异常亚晶或晶粒长大过程定义为不连续长大的亚晶或晶粒可以长大到超过 $5\bar{R}$,则表明,$\bar{\theta}<10°$ 的亚晶集合体是不稳定的,并且会不连续长大,而如果 $\bar{\theta}>10°$,则集合体是稳定的,并且可以连续的方式长大(Humphreys,1997a)。

上述对以中等角度晶界为主的微观结构粗化的分析,一定程度上也可用于强织构合金的异常晶粒长大(见 11.5.3 节),强织构合金的平均晶界取向差远低于随机取向多晶体(Humphreys,1997a)。

10.3.4　极大变形后微观结构的稳定性

一般来说,增加的塑性应变会促进后续退火时的再结晶(见第 7 章)。然而,大量研究表明,大变形后的金属也可能抵抗再结晶,如第 14 章所述。易形成亚晶的金属在变形过程中,亚晶尺寸基本上不随应变变化,其值主要由变形温度和应变速率决定(见 2.2.3 节和 13.2.3 节)。然而,由于几何因素(见 2.2.1 节)和晶粒破碎(见 2.4.2 节),大角度晶界面积会随应变增加。因此,大角度和小角度晶界区域的比值(相应地,平均取向差 $\bar{\theta}$)随着应变增加而增大。综上所述,微观结构的稳定性随 $\bar{\theta}$ 的增加而提高,因此在足够大的变形下,大角度晶界的分数可能会增加到足以稳定微观结构以阻止晶粒的不连续长大(初次再结晶)。根据模型估计,阻止不连续再结晶所需的大角度晶界的分数为 $0.6\sim0.7$(Humphreys 等,1999)。第 14 章将详细讨论通过非常大的变形抑制不连续再结晶。

10.4 双相微观结构的稳定性

在上一节讨论的理论中,已考虑了第二相颗粒的弥散对退火的影响 (Humphreys,1997b)。假设直径为 d、体积分数为 F_V 的晶粒在晶界上施加的 钉扎压力为 p_{sz},对于平面晶界,则有 $p_{sz}=3F_V\gamma_i/d$,其中 γ_i 是晶界的能量[见 式(4.24)]。通过修改式(10.13)以考虑到 p_{sz} 的影响,可得在存在颗粒(这些颗 粒在晶界上施加的钉扎压力为 p_{sz})的条件下,晶粒或亚晶集合的长大速率为

$$\frac{\mathrm{d}\bar{R}}{\mathrm{d}t}=\frac{\bar{M}\,\bar{\gamma}}{4\bar{R}}-\bar{M}p_{sz}=\bar{M}\bar{\gamma}\left(\frac{1}{4\bar{R}}-\frac{3F_V}{d}\right) \tag{10.22}$$

371　类似于式(10.10),特定晶粒/亚晶的长大速率修正为

$$\frac{\mathrm{d}R}{\mathrm{d}t}=\frac{M\bar{\gamma}}{\bar{R}}-\frac{M\gamma}{R}-Mp_{sz}=M\left(\frac{\bar{\gamma}}{\bar{R}}-\frac{\gamma}{R}-\frac{3F_V\gamma}{d}\right) \tag{10.23}$$

我们用无量纲参数代替颗粒钉扎项

$$\Psi=\frac{\bar{p}_{sz}\bar{R}}{\bar{\gamma}}=\frac{3F_V\bar{R}}{d} \tag{10.24}$$

然后,对于集合体和特定晶粒,分别有

$$\frac{\mathrm{d}\bar{R}}{\mathrm{d}t}=\frac{\bar{M}\,\bar{\gamma}}{\bar{R}}\left(\frac{1}{4}-\Psi\right) \tag{10.25}$$

$$\frac{\mathrm{d}R}{\mathrm{d}t}=M\left(\frac{\bar{\gamma}}{\bar{R}}-\frac{\gamma}{R}-\frac{\Psi\gamma}{\bar{R}}\right) \tag{10.26}$$

根据不等式(10.12)给出的特定晶粒或亚晶异常或不连续长大的失稳条件,并结 合式(10.22)和式(10.23),可得

$$\bar{R}M\left(\frac{\bar{\gamma}}{\bar{R}}-\frac{\gamma}{R}-\frac{\Psi\gamma}{\bar{R}}\right)-\frac{R\bar{M}\,\bar{\gamma}}{\bar{R}}\left(\frac{1}{4}-\Psi\right)>0 \tag{10.27}$$

利用特殊晶粒的归一化参数,失稳条件[不等式(10.27)]可以用尺寸比 X 表 示为

$$X = \frac{2Q(G\Psi - 1)}{4\Psi - 1} \pm 2 \frac{\left[(Q - QG\Psi)^2 + (4\Psi - 1)QG\right]^{1/2}}{4\Psi - 1} \qquad (10.28)$$

如前所述,该方程的两个根定义了稳定/不稳定长大的界限,下限 $X_{\min}$ 是可以异常长大的最小晶粒或亚晶的尺寸比,而上限 $X_{\max}$ 是该比例可以达到的最大比值。此外,如果基体晶粒尺寸大于 Smith-Zener 极限,则该分析无法考虑基体中长大停滞的情况。此外,如果迁移率和能量是各向同性的,则异常晶粒长大所对应的 X 的取值范围可以忽略不计。

该理论能够计算亚晶或晶粒的长大速率[见式(10.22)和式(10.23)],式(10.25)预测了发生不连续过程(如不连续亚晶长大、再结晶和异常晶粒长大)的条件。该理论可应用于微观结构的各个区域,包括在大取向梯度区域(如晶界和大的第二相颗粒)通过亚晶核长大形成再结晶晶核;以及多种应用,包括第二相颗粒异常晶粒长大的影响(见 11.5.2 节)。这些会在本书其他地方讨论。

10.5　总结

本章我们讨论了单相和双相材料中的回复、再结晶和晶粒长大过程之间的关系,所有这些过程可能连续发生,也可能不连续发生,可以通过一个简单的平均场解析模型进行半定量的探索和分析。这是一个很有价值的概念,因为它消除了各种退火过程之间人为的且往往是模糊的划分,从而为这一主题提供更普适的方法。

需要强调的是,这里介绍的模型过于简化,还可以进行大量改进。最近,Feppon 和 Hutchinson(2002)对该理论进行了修改,对晶粒周围的拓扑结构进行了更详细的说明。这种方法强调了可能引起异常长大的晶粒尺寸范围作为晶界能量比函数的敏感性。另一个例子是 Razzak 等(2012)的工作,他们采用了相同的拓扑方法,来考虑有多少小晶粒堆积在一个大的异常晶粒周围,并重点研究了颗粒的 Smith-Zener 钉扎对晶粒长大的影响。他们定义了异常晶粒的相对尺寸 X^* 和基体晶粒尺寸与 Smith-Zener 极限 $x = R/R_\infty$ 的关系,其中当 $x > 1$ 时,异常长大最为明显,并且 x 的值越大,X 必须越大(见图 10.4)。该分析与上述分析的主要区别在于,尽管忽略了晶界特性的任何变化,但对于 X(相对异常晶粒尺寸)和 x(相对于颗粒钉扎极限的基体晶粒尺寸)的某些组合下,仍可能发生异常长大。

如前所述,定量利用这些模型的一个主要障碍是缺乏有关基本材料参数的信息,例如晶界能量和迁移率,而这些参数是重要的输入(Humphreys 和

372

373

Hurley，2001）。然而，正如其他章节所讨论的，计算机模拟正在为这个问题提供越来越多的信息。

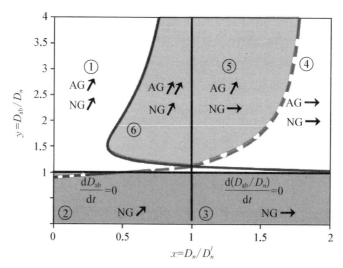

图 10.4 根据 **Razzak** 等（**2012**）的理论，基体（$x < 1$）和异常晶粒（y 位于虚线以上）长大的稳定性极限

（假设晶界性质和 Smith-Zener 钉扎为各向同性。）

第 11 章 再结晶后晶粒长大

11.1 引言

与初次再结晶相比,单相材料的再结晶晶粒长大可能是一个相对简单的过程。然而,尽管已经开展了大量的理论和实验研究,许多重要的问题仍然没有得到解答。多年前,Smith(1948,1952)以及 Burke 和 Turnbull(1952)的经典论文就为理解晶粒长大奠定了理论基础。在大约 30 年的时间里,理论与实验之间的明显冲突促使人们建立了其他的理论模型。计算机模拟技术的应用(Anderson 等,1984)为解决这个问题提供了新的途径,围绕计算机模拟的兴趣和争议进一步激发了有关这一主题的研究,也促成了一些国际会议(见 1.2.2 节)以及大量文献的发表。Mac-Pherson 和 Srolovitz(2007)利用基于几何概率的数学方法,提出了三维空间中单个晶粒长大的精确理论,这是自 von Neumann(1952)和 Mullins(1956)提出的开创性二维理论以来的首个此类进展。

虽然初次再结晶通常先于晶粒长大,但它当然不是必要的前兆,本章的内容同样适用于通过其他途径(如烧结、铸造或气相沉积)生产的材料中的晶粒长大。本章我们只考虑在晶界驱动压力作用下的晶粒长大。然而,我们也需指出,外部施加的力,如应力(如 5.2.1 节中讨论的)或磁场(如 Smolukowski 和 Turner,1949;Watanabe,2001)引起的,也可以诱导晶界迁移。

本章我们主要关注晶粒长大的动力学和微观结构的性质与稳定性。第 5 章讨论了影响晶界迁移的因素。第 10 章讨论了有关异常晶粒长大的详细理论,本章将使用上述主要结果来说明其对微观结构的影响。

11.1.1 晶粒长大的性质和意义

当由冷加工变形储能驱动的初次再结晶完成时,材料的微观结构并不是稳定的,可能发生进一步的再结晶晶粒长大,其驱动力是材料内部以晶界形式储存的能量的下降。晶粒长大的驱动压力通常比初次再结晶的驱动力小两个数量级

(见 1.3.2 节),一般约为 10^{-2} MPa。因此,在具体的温度下,晶粒长大时的晶界运动速度比在再结晶阶段要慢,晶界迁移更多地受溶质和第二相颗粒的钉扎效应的影响。

晶粒长大技术的重要性源于性能(特别是力学行为与晶粒尺寸的关系)的依赖性。在较低温度下服役的结构材料通常需要较小的晶粒尺寸来优化其强度和韧性。然而,为了提高材料的高温蠕变抗力,则需要较大的晶粒尺寸。第 15 章会详细讨论控制晶粒长大的应用案例,包括硅铁变压器片的加工和超塑性材料微观结构的演化。如 11.5.4 节所述,人们对用于电子领域的薄金属、氧化物和半导体薄膜的晶粒长大也相当感兴趣。因此,对晶粒长大的理解是在固态加工过程中控制金属和陶瓷的微观结构与性能的先决条件。

晶粒长大可分为**正常晶粒长大**和**异常晶粒长大或二次再结晶**两种类型。正常的晶粒长大,即组织均匀地粗化,被归类为**连续过程**。晶粒尺寸和形状的范围相对较窄,晶粒尺寸分布的形式通常与时间和尺度无关,如图 11.1(a)所示。经过一段初始的瞬态长大后,微观结构达到准静止状态,在此状态下,晶粒尺寸与平均晶粒尺寸的比值基本保持不变,只有平均晶粒尺寸随时间的幂次变化。这种**自相似性**常见于一些长大过程,如晶粒粗化和气泡长大等(Mullins, 1986),也使这成为一个具有挑战性的问题,建模者往往对其数学复杂性感兴趣,而非晶粒长大的实际重要性。

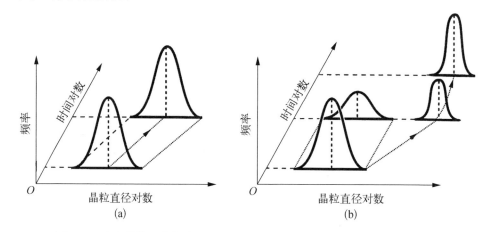

图 11.1 (a) 晶粒正常长大和(b) 晶粒异常长大时晶粒尺寸分布变化示意图

[图片源自 Detert K, 1978. Recrystallization of Metallic Materials. In: Haessner F (Ed.). Riederer-Verlag GmbH, Stuttgart: 97.]

异常晶粒长大是一个**不连续的过程**,微观结构中少量晶粒长大并消耗晶粒尺寸较小的基体,晶粒尺寸呈双峰分布。然而,最终这些大晶粒会碰在一起,然后继续正常的晶粒长大[见图 11.1(b)和第 10 章]。

11.1.2　影响晶粒长大的因素

本章将讨论影响晶粒长大的主要因素。

(1) 温度。晶粒长大涉及大角度晶界的迁移,因此其动力学行为受到晶界迁移的温度依赖性的强烈影响,如 5.3.1 节所述。由于晶粒长大的驱动力通常非常小,特别是与再结晶相比,显著的晶粒长大通常只在高温(相对于熔点)下发生。

(2) 溶质和颗粒。虽然晶粒长大受到许多因素的抑制,但溶质(见 5.3.3 节)和第二相颗粒(见 4.6 节)对晶界的钉扎作用尤为重要。

(3) 试样尺寸。当晶粒尺寸超过试样厚度时,晶粒长大速率减小。在这种情况下,柱状晶粒只在一个方向而不是两个方向弯曲,因此驱动力减弱。通过热蚀刻可能能观察到晶界与表面相交形成的凹槽,这些凹槽阻碍了晶粒的进一步长大。

(4) 织构。由于几何原因,强织构材料不可避免地含有大量低能量的 LAGB,这会降低晶粒长大的驱动力。

11.1.3　晶粒长大动力学的 Burke - Turnbull 分析

Burke(1949)以及 Burke 和 Turnbull(1952)假设晶界上驱动压力 p 仅源自晶界曲率,并推导了晶粒长大动力学。如果能量为 γ_b 的晶界的主曲率半径为 R_1 和 R_2,则

$$p = \gamma_b \left(\frac{1}{R_1} + \frac{1}{R_2} \right) \tag{11.1}$$

如果晶界是半径为 R 的球体的一部分,那么 $R = R_1 = R_2$,且

$$p = \frac{2\gamma_b}{R} \tag{11.2}$$

Burke 和 Turnbull 补充了以下假设。

(1) 所有晶界的 γ_b 相同。

(2) 曲率半径 R 与单个晶粒的平均半径 $\bar{R}$ 成正比,因此

$$p = \frac{\alpha \gamma_b}{\bar{R}} \tag{11.3}$$

式中，α 是一个很小的几何常数。

（3）晶界速度与驱动压力 p［见式(5.1)］成正比，p 与 $\mathrm{d}R/\mathrm{d}t$ 成正比，即 $\mathrm{d}R/\mathrm{d}t = cp$，式中 c 为常数，因此，

$$\frac{\mathrm{d}\bar{R}}{\mathrm{d}t} = \frac{\alpha c_1 \gamma_b}{\bar{R}} \tag{11.4}$$

因此，$\bar{R}^2 - \bar{R}_0^2 = 2\alpha c_1 \gamma_b t$，也可以写成

$$\bar{R}^2 - \bar{R}_0^2 = c_2 t \tag{11.5}$$

式中，$\bar{R}$ 为 t 时刻的平均尺寸；$\bar{R}_0$ 为初始的平均晶粒直径；c_2 为常数。

379 　　上述**抛物线增长定律**对二维和三维微观结构都有效，尽管根据式(11.1)，这两种情况下的常数 c_2 不同。在极限条件 $\bar{R}^2 - \bar{R}_0^2$ 时，有

$$\bar{R}^2 = c_2 t \tag{11.6}$$

式(11.5)和式(11.6)可以写成更一般的形式：

$$\bar{R}^n - \bar{R}_0^n = c_2 t \tag{11.7}$$

$$\bar{R} = c_2 t^{1/n} \tag{11.8}$$

在上述分析中，常数 $n = 2$，通常称作晶粒长大指数。

11.1.4　与实验测量的动力学比较

　　式(11.5)和式(11.6)是 Beck 等(1949)根据经验首先提出的，用来描述晶粒长大的动力学行为。他们发现 n 通常远大于 2，并随成分和温度而变化。很少有晶粒长大动力学的测量结果可得到式(11.5)或式(11.6)预测的晶粒长大指数 $n = 2$，图 11.2(Higgins, 1974)展示了各种金属和合金的 $1/n$ 值作为同系温度的函数。如图所示，温度越高，n 值越小，这种趋势在许多实验中都有报道。

380 　　表 11.1 显示了一些杂质水平不超过百万分之几的区域精炼金属的数据，n 的取值范围为 2～4，平均值为 2.4 ± 0.4。陶瓷材料领域也广泛测量了晶粒长大动力学的数据，这些数据(Anderson 等,1984；Ralph 等,1992)揭示了类似的晶粒长大指数范围，如表 11.2 所示。为了解释为什么测量到的晶粒长大指数与 Burke 和 Turnbull 分析给出的理论值"2"不同，人们付出了很多的努力，早期的解释有以下两类。

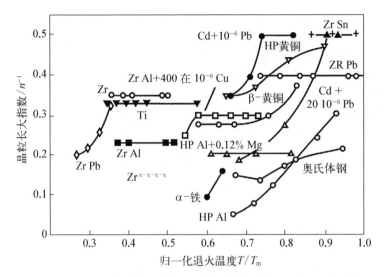

图 11.2　各种材料等温晶粒长大的晶粒长大指数 n 的温度依赖性

表 11.1　高纯金属等温晶粒长大的晶粒长大指数

金　　属	指数 n	参　考　资　料
铝(Al)	4	Gordon 和 E1 Bassyoumi(1965)
铁(Fe)	2.5(随温度变化)	Hu(1974)
铅(Pb)	2.5	Bölling 和 Winegard(1958)
铅(Pb)	2.4	Drolet 和 Gallibois(1968)
锡(Sn)	2.3	Drolet 和 Gallibois(1968)

注：数据源自 Anderson M P, Srolovitz D J, Grest G A, et al., 1984. Acta Metall, 32：783.

表 11.2　陶瓷等温晶粒长大的晶粒长大指数

陶　　瓷	指数 n	参　考　资　料
ZnO	3	Dutta 和 Spriggs(1970)
MgO	2	Kapadia 和 Leipold(1974)
MgO	3	Gordon 等(1970)

续 表

陶　　　瓷	指数 n	参 考 资 料
CdO	3	Petrovic 和 Ristic(1980)
$Ca_{0.16}Zr_{0.84}O_{1.84}$	2.5	Tien 和 Subbaro(1963)

注：数据源自 Anderson M P, Srolovitz D J, Grest G A, et al. , 1984. Acta Metall. , 32：783.

11.1.4.1 晶界迁移率 M 随晶界速度的变化而变化

5.1.3 节讨论的晶界迁移率在某些情况下可能是晶界速度的函数,在这种情况下,Burke 和 Turnbull 分析中假设的速度与驱动力的线性关系[见式(5.1)]不再成立,这方面的一个例子是溶质对晶界的拖曳(见 5.4.2 节)。从图 5.32 可以看出,除非常低或非常高的晶界速度外,速度和驱动力并不是线性正比。然而,如果在晶粒长大过程中,晶界从分离行为向溶质拖曳行为转变,那这些曲线的形状只会预测更高的晶粒长大指数,但这些条件一般不太可能满足。

381 　　如 5.3.1.2 节所述,有证据表明,在非常高的温度下,即使是在纯度非常高的金属中,晶界结构和迁移率也会发生变化。在某些情况下,这可以解释为何向低 n 值转变,尽管没有直接证据证明这一点。已经广泛研究过陶瓷中的晶粒长大,在许多情况下,n 的测量值可归因于特殊的晶界迁移机制。例如,Brook(1976)列出了长大指数在 1～4 之间对应的 11 种晶界迁移机制。

11.1.4.2 存在一个极限晶粒尺寸

Grey 和 Higgins(1973)对数据进行了另一种经验分析,他们提出将式(5.1)替换为

$$v = M(P - C) \tag{11.9}$$

式中,C 是材料常数。

如果将该方程引入至 Burke 和 Turnbull 的分析中,则式(11.4)成为

$$\frac{d\bar{R}}{dt} = c_1\left(\frac{\alpha\gamma_b}{R} - C\right) \tag{11.10}$$

由于晶粒长大,当驱动压力 p 降至 C 值时,则没有净压力,晶粒长大至一个极限值停止。Grey 和 Higgins 指出,这种形式的方程很好地解释了几种材料的晶粒长大动力学。参数 C 与 Smith-Zener 钉扎参数相似,它预测了双相材料中的极限晶粒尺寸(见 11.4.2 节),Grey 和 Higgins 认为 C 的物理起源可能是那些无法随晶界一同扩散的溶质团簇。

然而，即使在纯度非常高的材料中，通常也很少有证据表明 $n=2$，有人认为 Burke 和 Turnbull 分析的一个甚至多个基本假设可能是不正确的。尽管我们后面会讨论，几乎没有证据表明 Burke 和 Turnbull 的结果存在严重错误，但我们还是做了大量的工作，建立了更精细的晶粒长大模型，这些模型不仅涉及动力学，还涉及晶粒尺寸分布。

11.1.5　晶粒长大的拓扑性质

Burke - Turnbull 分析假设整个晶粒阵列的平均行为可以从一个晶界的部分迁移率推断出来，而没有考虑晶粒之间的相互作用或（微观结构要求的）空间填充所施加的约束。这方面的晶粒长大是由 Smith(1952)首先提出的，他从晶粒拓扑的角度讨论晶粒长大，并指出"正常的晶粒长大是由空间填充的拓扑需求和表面张力平衡的几何需求之间的相互作用造成的"。

在 4.5 节晶粒拓扑的介绍中，我们注意到在二维晶粒结构中，唯一稳定的排列——能同时满足空间和晶界张力平衡要求——是一组正六边形，如图 11.3 所示，而任何其他排列都不可避免会导致晶粒长大。例如，如果只引入一个五边形[见图 11.4(Hillert，1965)(a)]，那么它必须被一个七边形所平衡，以保持每个晶粒的平均边数为 6 条

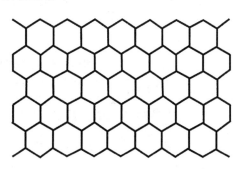

图 11.3　二维等边六边形晶粒阵列是稳定的

(见 4.5.1 节)，如图 11.4(a)所示。为了保持顶点上的 120°角，晶粒的这条边必然要弯曲。为了减小晶界面积，晶界倾向于发生迁移，晶界向其曲率中心迁移[见图 11.4(b)]。任何超过 6 个边的晶粒将趋向于长大，因为它的晶界是凹的，任何少于 6 个边的晶粒将趋向于收缩，因为它有凸边。图 11.4(a)中五边形晶粒的收缩形成一个 4 射线顶点[见图 11.4(b)]，该顶点分解为两个 3 射线顶点，晶粒变成了四边形[见图 11.4(c)]。类似的相互作用使晶粒变成 3 条边[见图 11.4(e)]，并最终消失，留下一个五边形晶粒和一个相邻的七边形晶粒[见图 11.4(f)]。因此，六角菱形结构是亚稳定的，不是完全稳定的。

von Neumann(1952)根据表面张力的要求，提出面积为 A 的 N 边二维胞元的长大速率为

$$\frac{\mathrm{d}A}{\mathrm{d}t}=c(N-6) \tag{11.11}$$

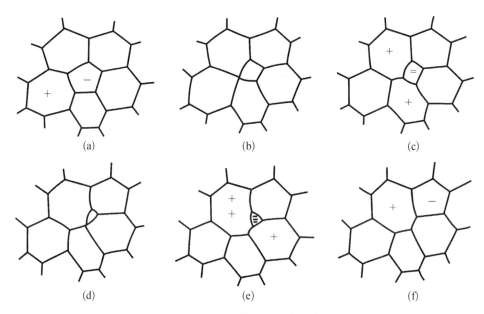

图 11.4　二维晶粒结构长大示意图

(a) 边数小于或大于 6 的晶粒引入的结构不稳定性；(b)～(f) 五边形晶粒的收缩和消失

383　这可以写成晶粒半径 R 的形式：

$$\frac{dR}{dt} = \frac{c(N-6)}{2R} \tag{11.12}$$

　　Mullins(1956)通过对单元周长的切线积分得到净曲率，并给出了式 (11.11)的严格推导。通过假设每个三重点的局部平衡，对于各向同性晶界能导致二面角都等于 120°，很明显，每个三重点的二面角都等于 60°。六边形晶粒或胞元的净曲率为零，既不长大也不收缩。因此，二维晶粒长大应遵循 von Neumann-Mullins 定律，并且所有晶界都具有相同的能量。对该理论最直接的验证是由 Palmer 等(1994)提供的，他们对薄膜中单个晶粒长大(或收缩)的测量与式(11.11)吻合得很好。但是，趋势线上有大量的散点，这表明局部环境和晶界各向异性的耦合导致了个别晶粒的较明显偏差。

　　在三维空间中，没有一个具有平面面片的规则多面体能够填满空间并使其二面角等于 120°以平衡晶界张力和满足三重线上的局部平衡。正如 4.5 节所讨论的，最接近的形状是 Kelvin 十四面体(见图 4.17)，但角度不是严格精确的，晶界必须是弯曲的，以实现三重线上的平衡。因此，在理想的三维晶粒结构中，晶粒长大是不可避免的。

11.2　晶粒长大理论和模型的发展

一个完备的晶粒长大理论必须同时考虑 Smith 所讨论的拓扑空间填充要求和 Burke 和 Turnbull 所讨论的局部晶界迁移动力学。本节我们回顾为改进 11.1.3 节讨论的理论所做的各种尝试。需要强调的是,下面讨论的所有理论都假设晶界迁移是晶粒长大的速率限制因素。然而,晶粒长大也涉及晶粒顶点的迁移,正如 5.5 节所讨论的,这些缺陷的迁移率在某些情况下可能成为速率限制的因素,因此不应忽视,尽管这似乎只对纳米结构材料明显。

11.2.1　引言

由于晶粒阵列的几何形状与肥皂泡的几何形状非常相似,而肥皂泡的稳定性和演化本身就很有意义,因此这种类比得到了广泛的研究。例如,Smith(1952)基于肥皂泡实验数据提出,晶粒大小和形状的分布应该是不变的,晶粒面积应该与时间成正比。在这两种系统中,长大的驱动力都是界面能的减少。Weaire 和 Rivier(1984)、Atkinson(1988)以及 Weaire 和 Glazier(1992)讨论了这两种情况的相似之处,发现了相似的长大动力学和晶粒尺寸分布,但长大机制不同,因为在泡沫中,为了平衡压力,气体分子通过渗透胞元膜而长大。还有其他显著的差异,因此,肥皂泡的演变可以作为晶粒长大的类比,但有一定的局限性。

晶粒长大的理论和模型可分为两大类:确定性模型和统计模型。确定性模型的前提是多晶体内任何晶粒的行为都依赖于其他所有晶粒的行为。如果已知整个多晶体的几何形状,则自动考虑了拓扑约束,并通过使用一些相对简单的局部规则,如式(11.4)可预测晶粒结构的演化。如果要研究尺寸合理的晶粒集合体,这种非常强大的方法需要大量的计算能力,11.2.4 节会进一步讨论确定性模型。统计模型所依据的假设是,可以通过归纳微观结构中一小部分的行为来计算整个晶粒集合体的行为。Burke‑Turnbull 分析就是这种模型的一个例子,有关晶粒尺寸分布预测和拓扑约束近似的改进将在 11.2.2 节和 11.2.3 节讨论。

晶粒长大统计理论的发展有着漫长且复杂的历史,不同方法的优点仍有争议。问题的关键在于,这些理论需将实际晶粒结构的拓扑复杂性及其对晶粒长大驱动力的影响降低到某个平均值,且对于所考虑的特定晶粒提供数量可控的参数。在评估这些理论时,我们将重点关注它们对晶粒长大动力学和晶粒尺寸

385

分布的预测，以及这些预测与实验数据的比较。

11.2.2 早期的统计理论

大多数统计学的晶粒长大理论属于平均场理论的范畴，这些理论确定了单个晶粒或晶界在环境中的行为，而这个环境是整个多晶体的某种平均。这些理论可分为两类。在晶粒长大过程中，较大的晶粒长大而较小的收缩，从统计学上讲，晶粒可以视为在力的作用下在"晶粒尺寸-时间-空间"坐标系内的移动，而这个力导致了平均晶粒尺寸的漂移。以 Feltham 和 Hillert 的理论为代表的这类模型通常称为漂移模型。Louat 采用的另一种方法是考虑晶面在"晶粒尺寸-时间-空间"内的随机漫步；这样，晶粒长大在形式上就成为一种类似扩散的过程，这类模型通常称为扩散模型。

1. Hillert 理论

Hillert(1965)发展了一种基于晶界速度与曲率半径成反比假设的晶粒长大的统计理论。实际上，他通过将基于晶粒拓扑的式(11.11)转换为基于晶粒尺寸的式(11.4)来近似表示单个晶粒的行为。他使用了之前的第二相颗粒分布的 Ostwald 熟化分析(Lifshitz 和 Slyozov，1961；Wagner，1961)，得到

$$\frac{\mathrm{d}D}{\mathrm{d}t} = cM\gamma_b\left(\frac{1}{R_{crit}} - \frac{1}{R}\right) \tag{11.13}$$

式中，c 在二维阵列中为 0.5，在三维阵列中为 1。R_{crit} 是随时间变化的临界晶粒尺寸，由下式给出：

$$\frac{\mathrm{d}R_{crit}^2}{\mathrm{d}t} = \frac{cM\gamma_b}{2} \tag{11.14a}$$

$$\frac{\mathrm{d}R_{crit}}{\mathrm{d}t} = \frac{cM\gamma_b}{4R_{crit}} \tag{11.14b}$$

当 $R < R_{crit}$ 时，晶粒会收缩；当 $R > R_{crit}$ 时，晶粒会长大。Hillert 指出，拓扑约束导致平均晶粒半径 $\bar{R}$ 等于 R_{crit}，因此式(11.14)预测了式(11.4)和式(11.5)的抛物线状的晶粒长大动力学。

Hillert 还求解了式(11.13)，得到了晶粒尺寸分布函数 $f(R, t)$。如图 11.6(a)所示，这比对数正态分布窄得多，而对数正态分布与实验发现的分布接近[见 11.2.4 节和图 11.6(b)]。此外，它还朝反方向倾斜，即实验分布有长尾，至少延伸到平均值的 2.5 倍，而理论分布则有一个硬截点。其中，三维阵列的最

大值为 $1.8\bar{R}$，二维阵列的最大值为 $1.7\bar{R}$。Hillert 认为，如果初始晶粒尺寸分布中不包含大于 $1.8\bar{R}$ 的晶粒，则会导致晶粒正常长大，并且该分布会调整到预测的 $f(R,t)$。然而，如果存在大于 $1.8\bar{R}$ 的晶粒，那么会导致异常晶粒长大，尽管这个论断已被 Thompson 等(1987)证明是错误的(见 11.5.1 节)。

Hillert 的结果与 Feltham(1957)的结果非常相似，他假设归一化的晶粒尺寸分布遵循对数正态分布，并且与时间无关，得到

$$\frac{dR^2}{dt} = c\ln\left(\frac{R}{\bar{R}}\right) \tag{11.15}$$

式中，c 是常数。设定 $R = R_{max} = 2.5\bar{R}$，则得到了抛物线式的长大动力学。

2. Louat 的随机漫步理论

Louat(1974)认为晶界运动可视为一种扩散过程，在这个扩散过程中，晶界的各部分发生随机运动。这导致了晶粒的长大，因为晶粒因收缩而消耗的过程是不可逆的。该理论预测了抛物线式的晶粒长大动力学和不变的 Rayleigh 晶粒尺寸分布[见图 11.6(a)]，这与实验现象(见 11.2.4 节)很接近。尽管该理论因其假设缺乏强有力的物理基础而受到一些学者的批评，但其作者后来对该理论进行了辩护和进一步的发展(Louat 等,1992)。Pande(1987)提出了一个统计模型，该模型结合了 Louat 理论中的随机漫步元素和 Hillert 的曲率半径方法。

3. 基于 Fokker-Planck 方程的理论

最近对晶粒长大的数学研究集中于寻找量化与晶粒长大相关的熵的方法(Barmak 等,2011a,b)。该方法的关键是求解各种形式的 Fokker-Planck 方程，这可追溯到 Louat 的早期工作。

11.2.3　考虑拓扑约束

1. 缺陷模型

Hillert(1965)基于 11.1.5 节讨论的拓扑约束，提出了二维晶粒长大的另一种方法。在六边形晶粒阵列中，引入如图 11.4(a)所示的五边形和七边形晶粒，构成稳定缺陷。随着长大的发生，五边形晶粒最终消失[见图 11.4(b)～(e)]，5～7 对缺陷在结构上移动[见图 11.4(f)]。Hillert 认为，长大速率取决于缺陷移动所需的时间(即五边形晶粒缺陷移动的时间)以及微观结构中这类缺陷的数量。如果后者保持不变(这是晶粒分布不随时间变化的合理假设)，那么就会产生与他的统计理论[见式(11.14)]类似的抛物线增长率。Morral 和 Ashby(1974)通过在十四面体阵列中引入 13 面或 15 面晶粒，将该模型扩展到

三维。

2. Rhines 和 Craig 分析

Rhines 和 Craig(1974)强调拓扑学在晶粒长大中的作用,他们认为,当一个晶粒缩小并消失时(见图 11.4),不仅相邻晶粒之间必须共享这个体积,而且由于相邻晶粒的拓扑属性(形状、面、边和顶点等)也会发生变化,这反过来会影响更远的晶粒。他们引入了两个新概念:扫描常数和结构梯度。他们定义了**扫描常数** Θ,即晶界扫过单位体积材料时所吞噬掉的晶粒数,他们认为 Θ 在晶粒长大过程中为常数。而另一个参数 Θ^*,即晶界扫过与平均晶粒体积相等的材料时所吞噬掉的晶粒数,是由 Doherty(1975)提出的。很明显,这两个参数在晶粒长大过程中都不是常数,也无法通过实验直接测量,所以问题还没有解决。Rhines 和 Craig 引入的另一个参数是无量纲**结构梯度** ζ,即单位体积的表面积 S_V 与每个晶粒的表面曲率 m_V/N_V 的乘积,即

$$\zeta = \frac{m_V S_V}{N_V} \tag{11.16}$$

式中,N_V 为单位体积晶粒数。

$$m_V = \int_{S_V} \frac{1}{2}\left(\frac{1}{r_1}+\frac{1}{r_2}\right)\mathrm{d}S_V \tag{11.17}$$

式中,r_1 和 r_2 是主曲率半径。Rhines 和 Craig 认为 ζ 在晶粒长大过程中应该为常数,如图 11.5(a)所示,他们通过实验也发现 ζ 为常数。然而,Doherty(1975)提出了另一种结构梯度 $\zeta^* = m_V/N_V$,即每个晶粒的平均曲率。

采用 Atkinson(1988)提出的 Doherty 修正,则 Rhines 和 Craig 的分析如下,晶界上的平均压力 p 为

$$p = \frac{\gamma_b m_V}{S_V} \tag{11.18}$$

平均晶界速度为

$$v = MP = \frac{M\gamma_b m_V}{S_V} \tag{11.19}$$

晶界在试样单位体积内每秒扫过的体积为 vS_V,如果每单位体积内损失的晶粒数为 Θ^*,则对于每个 $\bar{V}(N_V=\bar{V}^{-1})$,晶粒损失速率为

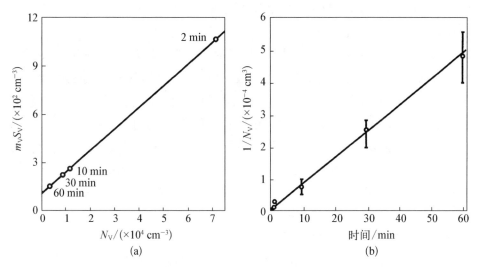

图 11.5　**(a) 铝晶粒长大的 $m_V S_V$ - N_V 曲线；(b) 铝的平均晶粒体积 $(1/N_V)$ 与退火时间的关系**

（数据源自 Rhines F N, Craig K R, 1974. Metall. Trans., 5：413.）

$$\frac{\mathrm{d}N_V}{\mathrm{d}t} = \frac{\theta^* v S_V}{\bar{V}} = \theta^* M\gamma_b m_V N_V \tag{11.20}$$

即单位体积内每损失一个晶粒，体积净增加 $\bar{V}$，这个体积净增加平均分布在剩余的 N_V 个晶粒上，因此

$$\frac{\mathrm{d}\bar{V}}{\mathrm{d}t} = \frac{\mathrm{d}N_V}{\mathrm{d}t}\frac{\bar{V}}{N_V} = \frac{\theta^* M\gamma_b m_V}{N_V} \tag{11.21}$$

如果 Θ^*、M、γ_b 和 $m_V/N_V (=\zeta^*)$ 不随时间变化，则对式 (11.21) 积分，可得

$$\bar{V} = \frac{\theta^* M\gamma_b m_V t}{N_V} + \bar{V}_0 = ct + \bar{V}_0 \tag{11.22}$$

式中，$\bar{V}_0$ 是 $t=0$ 时的平均晶粒体积。

如图 11.5(b) 所示，Rhines 和 Craig(1974) 在纯度为 99.99% 的铝中发现了这种关系。$\bar{V}$ 随时间的线性关系表明晶粒半径以 $t^{1/3}$ 速率增加，即式 (11.7) 的晶粒长大指数 $n=3$。如 Rhines 和 Craig(1974) 所强调的，这与大多数其他理论预测的 $n=2$ 有很大的不同。在上述分析中，只有在 ζ^* 保持不变的情况下，才能得到 $\bar{V}$ 对时间的线性依赖关系，而图 11.5(b) 所示的结果表明 ζ 为常数。

Doherty(1975)建议,根据式(11.9),如果将式(11.18)的驱动压力 p 替换为 $(p-C)$,就可以解决这个问题。

Rhines 和 Craig 的实验采用非常耗时的试样连续切片法,而不是通常采用的二维截面分析。他们发现,若对试样进行传统的二维方法分析,会得到晶粒半径与 $t^{0.43}$ 成正比,即 $n=2.3$,这与通常发现的结果相当接近(见表 11.1)。他们从二维和三维测量结果的差异中得出结论,N_V 只能通过三维方法(如连续切片)确定,而不能从二维截面的测量结果推断出来。这一观点引起了广泛的讨论,三维微观结构的计算机模拟分析(Anderson 等,1984;Srolovitz 等,1984a),也有所帮助。这些分析表明,只有当微观结构是各向异性的,二维和三维方法之间才会有显著差异,因此,Rhines 和 Craig(1974)在二维和三维中测得的长大指数差异意味着它们的微观结构是各向异性的。当然,这对所有基于二维截面的实验都有严重的影响,Rhines 和 Craig 的研究强调,如果要将二维测量结果与理论进行比较,则必须确定晶粒形状的各向异性。第 4 章的讨论表明,晶界能实际上具有很强的各向异性,并且这种各向异性会影响晶粒长大。

这项开创性的工作在晶粒长大动力学的理论和实验方面留下了许多未解之谜。特别是,尚不清楚晶粒长大指数为 3 是任意基于拓扑约束模型的结果,还是该特定分析的特定结果。正如 Atkinson(1988)所讨论的,微观结构是否会处于拓扑平衡状态尚不清楚,尤其是在低温条件下,如果情况确实如此,那么本节"缺陷模型"中所讨论的局部拓扑约束可能更合适。Kurtz 和 Carpay(1980)提出了详细的晶粒长大统计理论,该理论强调拓扑因素,本质上是 Rhines 和 Craig 模型的延伸。然而,与 Rhines 和 Craig 不同的是,Kurtz 和 Carpay 预测了一种抛物线($n=2$)型的晶粒长大关系。

因为连续切片方法的复杂性和难以实施,$\bar{V} \propto t$ 的实验验证仅限于 Rhines 和 Craig(1974)的工作,结果列于表 11.1 和表 11.2 中。一般不宜过分依赖单一材料的研究结果,特别是中等纯度的铝,其晶界迁移率对少量杂质非常敏感(见 5.3.3 节)。然而,晶粒长大指数约为 3 时,与许多金属研究并不矛盾。

3. Abbruzzese-Heckelmann-Lücke 模型

有研究者开发了晶粒长大的二维统计理论(Lücke 等,1990,1992;Abbruzzese 等,1992)。该理论的一个关键要素是引入拓扑参数,将晶粒的边数 $(\bar{n}_i)$ 与晶粒尺寸 (r_i) 关联起来。通过实验测量,他们发现了晶粒的边数与尺寸之间具有如下的线性关系:

$$\bar{n}_i = 3 + 3r_i \tag{11.23}$$

晶粒的边数 n 与平均尺寸($\bar{r}_n$)的关系如下：

$$n = 6 + \frac{3(\bar{r}_n - 1)}{\xi^2} \qquad (11.24)$$

式中,ξ 是一个为 0.85 的相关系数。

　　虽然这种特殊的线性关系是从实验中得到的,但作者认为它普遍适用于真391
实的等轴晶粒结构。该模型预测的抛物线型晶粒长大动力学与 Hillert 理论相
似,即式(11.14)。然而,Mullins(1988a,b)后来表明,允许线性的微小偏差是很
重要的,因为它使晶粒尺寸分布接近实验测量的结果。

　　4. 近期的其他统计理论

　　上述讨论表明,虽然纯单相多晶体中正常晶粒长大的统计理论已经发展了
约 50 年,但是对于正确的解决方案,甚至这种方法能否产生令人满意的解决方
案,还没有达成普遍一致的意见。从文献和最近关于再结晶和晶粒长大的会议
论文集中可以看出,新理论的建立和对旧理论的修正仍在以相当可观的速度进
行。达成一致的主要问题之一仍然是如何以合理的参数数量准确地表示晶粒结
构的拓扑关系。如上所述,对泡沫和多晶体三维拓扑的研究产生了许多近似方
法,如 Hilgenfeldt 等（2001）、Mullins（1986）,最终形成了 MacPherson 和
Srolovitz(2007)的精确理论。

11.2.4　确定性理论

　　如果我们不考虑“平均”晶粒的行为,而是考虑多晶体中每一个晶粒的长大
和收缩,那么就可以绕开统计模型的许多拓扑困难。Hunderi 和 Ryum(1992b)
讨论了晶粒长大的统计模型和确定性模型的相对优点,并通过对一维晶粒长大
的分析来说明这一点,该分析是从 Hunderi 等(1979)的早期确定性模型发展而
来的。这些作者指出,在 11.2.3 节中描述的统计理论没有考虑到这样一个事
实,即特定尺寸的晶粒可以在被较小晶粒包围的环境中长大,但如果被较大的晶
粒包围,就会收缩,即式(11.13)中的 R_{crit} 随位置而变化。他们提出了一个线性
气泡模型,在该模型中,一个气泡 i 与若干个其他气泡(编号为 $i-n$ 至 $i+n$)接
触,其中 n 取决于气泡的相对尺寸。不同尺寸气泡之间的压力差导致了气泡之
间的物质转移,通过求解一组耦合方程,可预测气泡的尺寸分布和晶粒长大动力
学行为,其结果与 Hillert 所预测的抛物线长大动力学非常接近。然而,将这种
解析模型扩展至三维空间的大量晶粒,目前还不可行。近年来,最有前景的确定
性晶粒长大模型是那些基于晶粒长大计算机模拟的模型,这些晶粒长大模拟使

用**运动方程**和**蒙特卡罗模拟方法**,其详细内容将在 16.2 节中讨论。

392

1. 基于运动方程的计算机仿真

这种方法目前主要用于二维模拟,首先指定一个初始晶粒结构,然后根据特定方程允许晶界和顶点移动,使这种微观结构达到平衡。例如,对晶界进行调整,使三重点的角度为 120°,然后允许晶界以与其曲率半径成比例的量移动,这个循环在所有晶界上重复很多次。其本质是对逻辑参数的量化,这些逻辑参数表示出图 11.4 所示的顺序。这种方法的关键特点是一旦构造了最初的微观结构,制定了运动规则,以及顶点接触和晶粒转换规则(见图 16.9),就不需要对晶粒拓扑结构做假设,晶粒长大行为是确定的。

许多学者基于这些方法开发了不同的顶点模型(见 16.2.4 节),Anderson (1986)和 Atkinson(1988)综述了这些方法。所采用的物理原理略有不同,因此产生的晶粒尺寸分布和长大动力学也不尽相同,尽管后者通常接近抛物线。这些模拟还表明,初始长大动力学对起始晶粒结构相当敏感。这种方法已经扩展到三维模拟,如 Nagai 等(1992)、Maurice(2000)以及 Syha 和 Weygand(2010)的研究。后者特别证明了顶点模型适用于各向异性晶界性质。

2. 蒙特卡罗计算机模拟

蒙特卡罗模拟技术已广泛用于研究晶粒长大,其原理见 16.2.1 节。早期对二维模型(Anderson 等,1984)的研究表明,面积为 A、大的孤立晶粒的收缩率遵循如下关系:

$$A - A_0 = ct \tag{11.25}$$

式中,A_0 为 $t=0$ 时的晶粒尺寸;c 为常数。

这导致了晶粒尺寸与时间之间的抛物线关系,类似于许多理论的预测[见式(11.5)],而且这个模拟导致晶界速度对驱动压力具有线性依赖关系[见式(5.1)]。

但值得注意的是,图 16.4 所示的二维晶粒结构在经过初始瞬态后,其晶粒长大指数为 2.44,这明显不同于 11.2 节讨论的统计理论预测值 2 而更接近实验测量值(见表 11.1 和表 11.2)。对计算机生成的微观结构的分析表明,偏离

393 指数 2 的原因是拓扑效应。特别是顶点的运动和旋转会导致相邻晶界之间曲率的重新分布,Anderson 等(1984)认为,这降低了晶界迁移的局部驱动压力,进而成为晶粒长大指数更高的原因。这些模拟表明了晶界随机运动的重要性,Louat (1974)首先考虑了这一现象,他也强调了晶粒局部环境的重要性。将这些模拟扩展到三维模拟(Anderson 等,1985),得到的晶粒长大指数为 2.81,而 Rhines 和 Craig(1974)的预测值为 3。因此,当时这些结果支持了 Rhines 和 Craig

(1974)的观点,即晶粒长大指数大于 2 是拓扑因素的必然结果。

然而,同一研究团队(Anderson 等,1989a)后来用更大的阵列进行了更长时间的模拟,表明先前的结果是不正确的,因为它们不能代表稳态的晶粒长大,而且受起始晶粒结构的影响。后来的结果表明,二维模拟的增长指数为 2.04,三维模拟的为 2.12,这与大多数理论预测的 $n=2$ 的抛物线动力学非常接近,Anderson 得出了渐进的、长时间长大指数为 2 的结论。

Srolovitz 等(1984a)和 Anderson 等(1989a)分析了蒙特卡罗模拟得到的晶粒尺寸分布,发现晶粒尺寸分布函数(以 $R/\bar{R}$ 表示)不随时间变化,接近于图 11.6(Srolovitz,1984a)所示的实验测量结果。由三维晶粒结构的二维截面所确定的晶粒尺寸分布最接近 Louat(1974)提出的 Rayleigh 分布。

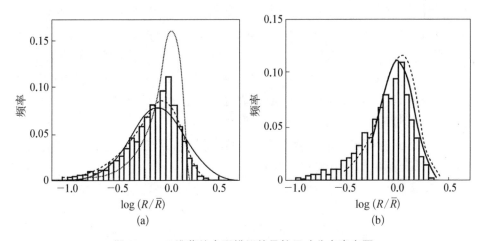

图 11.6　二维蒙特卡罗模拟的晶粒尺寸分布直方图

(a) 理论分布-正态分布(点虚线;Feltham,1957;Hillert,1965)和 Rayleigh 分布(虚线;Louat,1974);(b) 铝(Beck,1954)和 MgO(虚线;Aboav 和 Langdon,1969;虚线)的实验数据

11.2.5　最新的理论发展

如 11.1.1 节所述,对晶粒长大进行建模仍然是一个非常活跃的领域,在过去的十年里,平均每年有 20 多篇论文发表,其中大多数是对早期模型的改进。通过考虑不同尺寸晶粒之间的空间相关性,平均场法得到了明显的改进(Marthinsen 等,1996),虽然这种方法给出了正确的晶粒长大动力学,但尺寸分布与实验不一致,除非进行进一步的修改(Mullins,1998a)。随机理论通常使用 Fokker-Planck 方程,其基础是给定的晶粒在因晶粒而异的环境中长大,对晶粒长大提供了更完整的描述(Mullins,1998a,b;Pande 和 Rajagopal,2001)。然而,目

前还没有一个被普遍接受的随机粗化理论（Pande 和 Rajagopal，2001）。Kazaryan 等（2002）建立了能够考虑实际材料各向异性的晶界能量和迁移率的模型。

11.2.6　哪种理论最能解释理想材料中的晶粒长大

现在应该考虑的问题是，哪一种理论或模型（如果有的话）接近于解释纯单相材料中的晶粒长大。从大量正在积极探索的方法中可以清楚地看出：尚无明确的答案。Ryum 和 Hunderi（1989）对晶粒长大的统计理论进行了非常清晰的分析，并表明当前所有模型都存在受质疑的假设。我们简要讨论若干基本质疑。

(1) 理论上需要晶粒长大指数为 2 吗？本节的讨论表明，绝大多数理论预测了抛物线型的再结晶动力学行为。主要的异议来自 Rhines 和 Craig（1974）的工作，他们预测了 $n=3$。然而，他们的分析已不再被认同，Kurtz 和 Carpay（1980）对他们的工作进行了扩展，预测了 $n=2$。早期的蒙特卡罗模拟表明，n 的较高值与拓扑因子有关（Anderson 等，1984），这已被证明是模型的假象，因为后来的模拟（Anderson 等，1989a）发现 $n\approx2$。Mullins 和 Viñals（1989）综述了统计的自相似结构的粗化行为理论，他们得出结论——对于曲率驱动的长大，如在晶粒长大期间发生的长大，理论上需要指数 $n=2$。

对于晶界速度与驱动压力成正比、各向同性晶界能的理想单相材料，支持 $n=2$ 的理论预测，似乎是确凿无疑的。

395　(2) 晶粒尺寸分布可以用来证明或反驳一个理论吗？正如本节前面所讨论的，不同的理论预测了不同的晶粒尺寸分布，尽管若用归一化晶粒尺寸（$R/\bar{R}$）表示，则晶粒尺寸分布将在长大过程中保持不变。如图 11.6 所示，实验数据似乎最接近 Rayleigh 分布，窄的 Hillert 分布拟合最差。最近对实验分布的评述（Pande，1987；Louat 等，1992）已经证实了这一点，并且后来的蒙特卡罗模拟（Anderson 等，1989a）结果获得了与 Rayleigh 分布一致的数据。在比较实验结果和理论预测时，应注意（见 11.2.3.2 节所述），只有当晶粒结构是各向同性的，二维截面的测量结果才能反映三维晶粒分布。尽管测量的分布和预测之间存在许多相关性，Frost（1992）已经表明，对各个统计模型进行很小的调整就可以改变模型预测的晶粒尺寸分布，因此不能用来证明模型的有效性。

(3) 为什么很少测量到晶粒长大指数为 2？如 11.1.4 节所述，以及表 11.1 和表 11.2 所总结的，晶粒长大指数为 2 在实验中很少发现，平均值接近 2.4。如果我们接受理论预测 $n=2$，那么我们必须得出这样的结论，**即较大的测量指数是由于所使用的材料不是理想材料**，即与模型中对材料的基本假设不一致。我们应该记得，晶粒长大的驱动压力是非常小的（见 11.1 节），因此与"理想材料"的任何微小偏差都可能对动力学行为产生非常大的影响。有几个重要的参数可能会导致材料"理想性"的丧失,并影响动力学行为:① **初始晶粒结构不是等轴的,或者明显偏离稳态的晶粒尺寸分布**。众所周知,长大过程中晶粒尺寸分布的变化会影响实验测量的晶粒长大动力学(如 Takayama 等,1992;Matsura 和 Itoh,1992),而且蒙特卡罗模拟也已证明在长大的早期阶段会产生较大的指数(Anderson 等,1984,1989a)。② **织构的存在或发展**。这将导致不均匀的晶界能量和迁移率,从而使构成晶粒长大的理论基础的式(11.3)和式(11.4)不再成立。③ **存在非常少量的第二相或其他钉扎缺陷**。如 11.1.4 节所述,这也会导致高的 n 值。

在我们讨论最后两个非常重要的因素之前,我们首先考虑晶粒尺寸的三维表征方面的最新进展。

11.2.7　三维的晶粒尺寸分布

396

自动连续切片(Uchic 等,2011)和高能 X 射线同步辐射全三维表征技术(Larson 等,2002;Li 和 Suter, 2013;Poulsen,2004)的出现使得我们能够积累大量真正的三维属性的数据。有很多学术著作论述了这些方法,我们重点介绍几项关键成果。Donegan 等(2013)分析了几个不同的此类数据集,除了一个从近似柱状晶粒结构的薄膜中获得的数据集外,其他数据集都是真实的三维晶粒尺寸。当显示为晶粒尺寸对数的累积分布概率图,并以平均值进行归一化(作为一个线性维度)时(见图 11.7),可以立即看出,只要尺寸离中间值不太远,所有的分布都可以近似为对数正态分布。对于正态分布的数据,概率图会产生一条直线。与典型的相对频率直方图或概率密度函数相比,这种图能更清楚地显示两端的偏差。然而,如果考虑到整个数据范围,那么某些分布会明显偏离对数正 397
态分布。在三维数据中,通常有成千上万个数据点,这种偏差就很有意义。在尺寸标尺下端的偏差通常与空间分辨率的限制有关,大多数情况下可以忽略。顶部的偏差更显著,Donegan 等(2013)表明,这种偏差可以通过"峰值超过阈值"方法进行系统的量化。同样明显的是,采用各向同性的 Potts 模拟(模拟方法见第 16 章)获得的分布与对数正态分布的偏差最大,这也是合理的,因为大多数理论分析预测的是(相对)晶粒尺寸的上限。薄膜的尺寸分布非常接近直线,值得注意的是,表征的结构是停滞的,即晶粒长大已经停止。同样,在存在钉扎颗粒(标记为"Smith-Zener")的条件下进行晶粒长大模拟时,其分布也接近对数正态分布。高温合金(标记为"IN100")的上端尾部分布偏差介于钉扎结构和 β-钛(标记为"Ti21S")之间;后者的热处理温度为 β 单相区温度,可以发生晶粒长大,而高温合金的热处理温度是第二相颗粒可在一定程度上限制晶粒长大的温度范围。

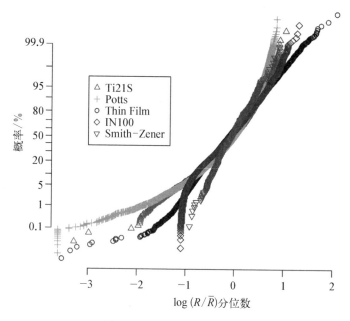

图 11.7   三维晶粒尺寸分布概率图

[其中每个点都是均值归一化的尺寸对数;沿直线的分布是正态分布;在实验数据中,"IN100"是指镍基高温合金,"Ti21S"是指 BCC 钛合金,"Thin Film"是指从铝和铜薄膜中收集的二维数据;模拟数据包括"Potts"(指晶粒长大的各向同性的 Potts 模型)和"Smith-Zener"(指同一类型的模拟,但钉扎晶界并限制晶粒尺寸的第二相颗粒)。数据源自 Donegan S P, Tucker J C, Rollett A D, et al., 2013. Acta Mater., 61:5595.]

关于三维晶粒的尺寸分布,有许多方面可以在此进行描述。其中一个更相关的问题是,能否从截面上的二维测量中推断出真正的三维分布? Tucker 等(2012)的研究表明,使用 Saltykov 重构方法确实可以根据二维测量结果正确重构出中间和上端尾部的三维分布;但下端尾部的匹配程度较低。具有足够分辨率的三维图像也提供了有关晶界全部五维晶体学特征的数据(如 Saylor 等,2004)。最近实验技术可以测量晶界曲率(Rowenhorst 等,2010),并将这些值与晶界特征进行比较。

11.3   晶粒长大中的晶粒取向和织构效应

11.3.1   动力学

11.3.1.1   实验测量

晶粒的长大速率可能受到强晶体学织构的影响(Beck 和 Sperry,1949),这至少在一定程度上是由于大量取向相似的晶粒导致了更多的小角度(即低能量和低迁移率)晶界(见 4.2 节)。因此,驱动压力[见式(11.3)]和长大速率都降低了。在晶粒长大过程中,织构也可能发生改变,进而影响长大动力学(Distl等,1982;Heckelmann 等,1992)。在 12.4.4 节中讨论了晶粒长大过程中的织构演变,图 12.22(b)举例说明了织构同时发生变化时复杂的晶粒长大动力学。

11.3.1.2　理论

Novikov(1979)修改了晶粒长大的统计模型,考虑了晶界能的变化,并解释了织构会如何影响晶粒长大的动力学行为。Abbruzzese 和 Lücke(1986)以及 Eichelkraut 等(1988)将织构的影响纳入至 Hillert 的晶粒长大模型。他们认为,如果一种材料包含 A、B 和 C 等织构成分,则式(11.13)和式(11.14)中的均匀晶界能 γ_b 和迁移率 M 应该替换为与织构成分(γ_{bAB},M_{AB} 等)相关的具体值,并且式(11.13)中的临界半径 R_{crit} 对于每一组晶界都是不同的。他们随后计算了每个织构成分的晶粒长大,并表明这可能对晶粒尺寸分布和长大动力学有非常强的影响。例如,对于含两种织构成分 A 和 B 的材料,图 11.8 是所预测的这些参数的变化。初始的相对平均晶粒尺寸 $\bar{R}_B/\bar{R}_A = 0.8$,迁移率 $M_{AB}/M_{AA} = 5$(即晶粒 A 朝晶粒 B 长大的迁移率是晶粒 A 朝自身长大的迁移率的 5 倍),在这种情况下,织构 A 在长大过程中会显著下降[见图 11.8(a)(b)],晶粒尺寸分布发生了剧烈变化,R 与 t 的关系复杂[见图 11.8(c)]。有一些证据表明,模型的预测与实验测量是一致的(Abbruzzese 和 Lücke,1986),尽管不应过多地依赖于数量上的一致,因为目前对晶界的迁移率、晶界能量和取向差的认识并不准确。

11.3.1.3　计算机建模

Grest 等(1985)扩展了晶粒长大的蒙特卡罗模拟研究,考虑了可变化的晶界能。他们根据 Read-Shockley 关系[见式(4.6)]设定了晶界能量,并通过改变能量饱和对应的临界角度 θ_m 来改变能量范围。因此,该模拟接近于代表由大角度和小角度晶界混合组成的微观结构的退火行为。然而,由于晶界的迁移率没有变化,小角度(低能量)晶界并不具有实际材料中预期的低迁移率(见 5.2 节)。他们发现,引入可变晶界能后,晶粒长大指数 n 增加到 4。与晶界能恒定的模拟相比,退火过程中小角度晶界数量增加,晶粒尺寸分布更宽。这种模拟可以与图 6.20 所示的回复过程的顶点模拟进行比较,在图 6.20 中,小角度晶界具有较低的能量和较低的移动性,并且有较大的增长指数 n,晶界取向差也有所减少。

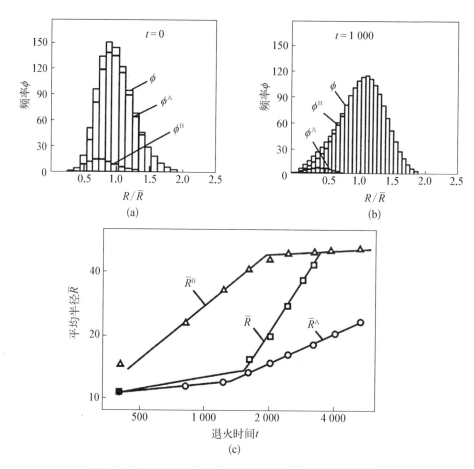

图 11.8　含织构成分 A 和 B 的微观结构中预测的晶粒长大

(数据源自 Abbruzzese G，Lücke K，1986. Acta Metall.，34，905.)
(a) 初始晶粒的尺寸分布；(b) 晶粒长大后的尺寸分布；(c) 长大动力学

11.3.2　晶粒长大对晶界特征分布的影响

近年来,随着快速测定晶体取向的自动化技术的广泛应用,人们越来越关注晶粒长大和其他退火过程对晶界特征的影响,特别是对其分布(**晶界特征分布,GBCD**)的影响(见图 4.2 和图 A2.1)。GBCD 既是对材料微观结构也是对晶粒尺寸的定量测量。

11.3.2.1　特殊晶界的频率

大量的证据表明,低 Σ 晶界的相对分数往往会在晶粒长大过程中发生变化。在中、低层错能的金属中,当存在大量的 $\Sigma 3^n$ 晶界时,这类晶界和 $\Sigma 1$ 晶界在晶粒长大过程中有增大的趋势。因此,在镍中,Furley 和 Randle(1991)报告

了在晶粒长大过程中 Σ3 晶界（孪晶界）增加和 Σ5 晶界减少，Randle 和 Brown
(1989)发现在奥氏体不锈钢的退火过程中，小角度晶界(Σ1)和其他低 Σ 晶界都
有所增加。Pan 和 Adams(1994)的研究发现，在 Inconel 699 合金的晶粒长大过
程中，特殊晶界(Σ1、Σ3 和 Σ9)的数量大大增加。

　　Watanabe 等研究了快速凝固后退火的 Fe‑6.5%（质量分数)Si 合金在晶 400
粒长大和异常晶粒长大后的晶界取向差(1989)，取得了一些确切的证据，证明在
这类材料的晶粒长大过程中，晶界特性会发生变化。在较短的退火时间后[见图
11.9(Watanabe，1989)(a)]，取向差分布接近于随机值(见图 4.2)，但在较长的
退火时间后[见图 11.9(c)]，取向差分布明显向较低的取向差偏移，形成了强
{100}织构。如图 11.9(d)所示，随着晶粒长大，低 Σ 和小角度晶界的频率也显
著增加。在高层错能的面心立方(FCC)金属中，Σ3 晶界较少，但 Σ1 晶界较多，

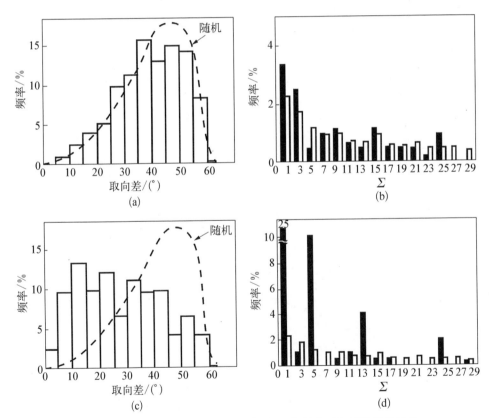

图 11.9　在快速凝固的 Fe‑6.5%Si 中晶粒长大对晶界特征的影响

(a) 在 1 090℃退火 600 s 后，测量到的晶粒取向差分布；(b) 特殊晶界的频率(黑色条)接近随机值
(白色条)；(c) 在 1 090℃退火 3 500 s 后取向差分布，平均取向差减小；(d) 小角度(Σ1)和其他特殊
晶界频率增加

平均取向差较小，因此，在没有取向梯度的情况下，这些晶界的能量在亚晶长大过程中降低，如6.5.2.1节所述和图6.16(b)所示。

一些晶粒长大模拟表明，随着晶粒长大，低能量晶界的数量增加，高能量晶界的数量减少，直到达到稳态（Upmanyu等，2002b；Kazaryan等，2002；Gruber等，2005）。Dillon和Rohrer（2009）基于对晶界能和晶界曲率的观察，得出**高能量晶界比低能量晶界更容易收缩**的结论。基于这一观察建立了一个简单的晶界特征分布演化模型，该模型表明，在正常的晶粒长大过程中，随机的晶界分布演化为稳态分布，其中晶界数量与晶界能量呈逆对数关系，如图4.14所示。

11.3.2.2 数据的解释

6.5.3.4节指出，对于存在晶界能量分布的微观结构，在其退火过程中，晶界张力必然会导致高能量晶界总量相对于低能量晶界减少。如上所述，这种情况已在实验中观察到，并在蒙特卡罗（Grest等，1985；Holm等，2001）和顶点（Humphreys，1992）计算机模拟中都得到验证。

为了半定量地说明问题的复杂性，我们用包含5种晶界类型的初始微观结构进行了简单的顶点模拟，分别是：① 恒定能量和恒定迁移率的随机大角度晶界；② 低迁移率的低能量晶界（以小角度晶界或$\Sigma3$孪晶界为代表）；③ 具有高迁移率的低能量晶界（以纯金属中的低Σ晶界为代表）；④ 低迁移率的高能量晶界；⑤ 高迁移率的高能量晶界。

高能量、低能量或迁移率分别为随机晶界的5倍或1/5。模拟发现，在晶粒长大过程中，晶界类型的分布也发生了变化，如图11.10所示。

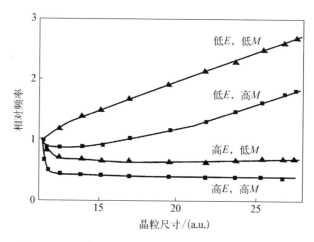

图11.10 晶粒长大过程中晶界类型变化的计算机模拟

（晶界频率表示为"随机"晶界频率的倍数。）

从图 11.10 可以看出,在晶粒长大过程中,低能量晶界的比例增加和高能量晶界的比例减少是主导过程。然而,晶界迁移率也起着作用,有趣的是,低能量/低迁移率晶界(如小角度晶界 $\Sigma 1$ 和其他低 Σ 晶界)的比例增加最快,与图 11.9 的实验结果一致。Gruber 等(2005)利用有限元模型模拟了晶界特征的演化,该模型允许晶界能量和迁移率作为所有 5 个介观自由度的函数而变化,即取向差和倾斜角度。他发现了一个类似的结果,即各向异性的能量导致 GBCD 与能量函数负相关;迁移率的各向异性对晶界数量没有影响。在后来的研究中,Gruber 等(2009,2010)使用蒙特卡罗模型模拟晶粒长大,发现当晶界能根据 Read-Shockley 模型变化时,晶粒长大的趋势是相同的。

通过以上考虑的晶粒取向和晶界特征对晶粒长大的影响,我们可以得出结论:有实验和理论证据表明,整体的和局部的取向效应在晶粒长大中都很重要,它们会影响晶粒长大动力学和微观结构。越来越多的证据表明,标准晶粒长大理论**所涉及的晶界能各向同性且恒定的理想材料根本不存在**,在单相材料晶粒长大理论中,最有成效的进展是那些能更加真实地考虑晶粒长大过程中晶粒取向和晶界特征分布影响的理论。

11.3.2.3　晶界工程

晶界特征分布具有重要的工业意义,因为多晶体的某些力学和物理性质取决于晶界的性质。众所周知,低能量晶界的性质不同于那些更一般或"随机"的大角度晶界(见 5.3.2 节),研究表明(如 Palumbo 和 Aust,1992;Aust 等,1993;Thaveeprungsriporn 和 Was,1997;Watanabe,1998),这种晶界的存在可能改善材料的工程性能。这种晶界的重要性质可能包括蠕变过程中晶界滑移率较低,耐高温断裂,抗溶质偏析,沉淀和晶间脆化,低电阻率,耐腐蚀,抗应力腐蚀等。

Watanabe(1984)首先提出通过热机械加工来控制晶界分布,从而改善材料的性能,由此产生了晶界工程的概念,这是目前非常活跃的研究领域,特别是对中、低层错能的金属(层错能低于 150 mJ/m^2)(如 Watanabe,1998)。晶界工程已在一些商业领域得到成功应用,包括由 Ontario Hydro(Lehockey 等,1998)在发电厂改善奥氏体不锈钢和镍合金的使用性能,以及改善铅酸电池栅格的耐腐蚀和蠕变性能(Lehockey 等,1999)。

再结晶和晶粒长大都可以用来增加低 Σ 晶界的比例,而且为了优化材料,经常需要多次的变形和退火。对于许多应用来说,重要的不仅仅是低能量晶界的数量,还有它们的空间分布。例如,如果失效发生在"随机"晶界,那么在关键区域,可以采用低 Σ 晶界来破坏这些"随机"晶界的网络。因此,晶界的三维连通性也是一个重要的参数（Randle，1999；Kumar等，2002；Schuh等，2003）。另外，这里所说的低 Σ 晶界主要就是 $\Sigma3$ 晶界。这些晶界插入网络的程度，而不是作为晶粒内的孤立孪晶，对于破坏最容易腐蚀或失效的随机晶界网络非常关键。

我们当前对晶界工程所使用的热机械加工工艺背后的科学依据知之甚少，而且大多数的加工工艺（其中一些已获得专利保护）纯属经验之谈。为了建立科学的晶界特征分布控制方法，有必要进行系统研究，以确定再结晶如何以及为何会影响特殊晶界的数量和分布。最近的研究提供了一些线索，例如使用 EBSD 技术能清晰地研究这个问题。Jin 等（2013，2014，2015）明确指出，在中、低层错能的 FCC 金属中，退火孪晶主要出现在初次再结晶过程中。如 11.3.2.2 节所述以及图 11.9 和图 11.10 所示，晶粒长大对特殊晶界数量的影响更容易预测，但仍需要更详细的定量模型。Lin 等（2015）分析了镍中晶粒长大的三维数据集，结果表明在晶粒长大过程中会不时产生以共格孪晶为边界的新取向，这进一步验证了 Fullman 和 Fisher（1951）等提出的一些旧观点。

11.4 第二相颗粒对晶粒长大的影响

由 4.6 节可知，第二相颗粒对晶界具有很强的钉扎效应（Smith-Zener 钉扎），钉扎压力主要由颗粒的尺寸、体积分数、界面和分布决定。由于晶粒长大的驱动压力极低，颗粒可能对晶粒长大动力学和由此产生的微观结构都有非常大的影响。值得注意的是，在晶粒发生长大的高温下，第二相颗粒的弥散可能不稳定。我们将首先处理含有稳定弥散颗粒材料的行为，然后在本节末尾考虑颗粒本身在晶粒长大过程中的形成、粗化或迁移情况。此外，以下给出的定量关系是基于晶界与非共格等轴颗粒随机分布的相互作用。对于其他类型的颗粒，颗粒的阻滞压力可能不同，如 4.6.1 节所讨论的，因此应该对理论做适当的修正。

虽然下面的讨论是以正常晶粒长大为基础的，但许多考虑因素也与回复过程中亚晶结构的长大有关。与亚晶长大特别相关的理论细节已在 6.6 节中讨论了。

11.4.1 颗粒影响下的晶粒长大动力学

稳定的第二相颗粒弥散会降低晶粒的长大速率，因为长大的驱动压力[即式 (11.3) 中的 p]与来自颗粒的钉扎压力 p_{sz}[见式 (4.24)]相反。如果将此纳入简单的晶粒长大理论，如 Burke 和 Turnbull（1952）的分析（见 11.1.3 节），晶粒长大速率为

$$\frac{dR}{dt} = M(p - p_{sz}) = M\left(\frac{\alpha\gamma_b}{R} - \frac{3F_V\gamma_b}{2r}\right) \tag{11.26}$$

式(11.26)预测了一个最初呈抛物线的增长速度,但随后下降,并最终在 $p = p_{sz}$ 时停滞。

Hillert(1965)扩展了他的正常晶粒长大理论,包括了颗粒钉扎对晶粒长大动力学和晶粒尺寸分布的影响。颗粒引起的钉扎压力导致单相材料的长大速率[见式(11.13)]发生变化,其修正方程如下:

$$\frac{dR}{dt} = cM\gamma_b\left(\frac{1}{R_{crit}} - \frac{1}{R} \pm \frac{z}{c}\right) \tag{11.27}$$

式中,二维时 c 为 0.5,三维时 c 为 1;$z = \frac{3F_V}{4r}$。

对于尺寸范围为 $1/R \pm z/c$ 的晶粒,晶界迁移的净压力为零,因此不会发生长大或收缩,比这更大或更小的晶粒将以较低的速率收缩或长大。Hillert 提出了如下的平均长大速率方程:

$$\frac{d\bar{R}^2}{dt} = \frac{cM\gamma_b}{2}\left(1 - \frac{z\bar{R}}{c}\right)^2 \tag{11.28}$$

与式(11.27)相比,它预测的长大速率的减缓更为渐进。Hillert(1965)也指出,颗粒钉扎会影响晶粒尺寸分布。Abbruzzese 和 Lücke(1992)扩展了这个模型,并指出在正常的晶粒长大过程中,颗粒钉扎会减少晶粒尺寸分布的宽度,对此也有一些实验证据(Tweed 等,1982)。

11.4.2　受颗粒限制的晶粒尺寸

Smith 和 Zener(1948)多年前就指出,当颗粒钉扎在晶界上的压力被驱动晶粒长大的压力平衡时,晶粒长大停止,达到极限晶粒尺寸。在工业合金的热处理过程中,晶粒极限尺寸的存在对防止晶粒长大具有重要的现实意义。

11.4.2.1　Smith-Zener 极限

在 Smith 和 Zener(1948)首次考虑的情况中,认为晶界是一宏观平面,因为晶界与颗粒相互作用,所以钉扎压力 p_{sz} 可由式(4.24)计算出。晶粒长大的驱动压力 p 来自晶界的曲率,由式(11.3)给出。当 $p = p_{sz}$ 时,晶粒长大停止,即

$$\frac{\alpha\gamma_b}{R} = \frac{3F_V\gamma_b}{2r} \tag{11.29}$$

如果取晶粒的平均半径为平均曲率半径 R，则晶粒的极限尺寸为

$$D_{SZ} = \frac{4\alpha r}{3F_V} \tag{11.30}$$

假设 $\alpha = 1$（有些作者使用其他值），就得到了著名的 Smith-Zener 极限晶粒尺寸。

$$D_{SZ} = \frac{4r}{3F_V} \tag{11.31}$$

人们早就认识到这只是一种近似的解决方法，并尝试了许多替代方法。当 r 较大时，Hillert（1965）将 $1/R_{crit}$ 等价为 z/c，从式（11.27）推导了另一个极限晶粒尺寸的表达式，给出了用于三维分析的极限晶粒半径，即 $\frac{4r}{3F_V}$，则晶粒直径为式（11.31）的 2 倍[式（11.30）中 $\alpha = 0.5$]。Gladman（1966）提出了一个由 14 面体晶粒组成的几何模型，并考虑了颗粒对晶粒长大和收缩的影响，他得到的极限晶粒尺寸为

$$D_G = \frac{\pi r}{3F_V}\left(\frac{3}{2} - \frac{2}{Z}\right) \tag{11.32}$$

其中，Z 为最大晶粒尺寸与平均晶粒尺寸的比值，这个参数不容易计算，但预计在 $1.33 \sim 2$ 之间。Hillert（1965）的晶粒长大理论给出了 $Z = 1.6$，而 Gladman 认为 $Z = 2$。采用这个值，Gladman 的模型与式（11.30）一样，对 F_V 和 r 具有相同的依赖性，预测了一个小于式（11.31）的极限晶粒尺寸，对应于式（11.30）中的 $\alpha = 0.375$。

研究人员对 Smith-Zener 方法做了许多改进（如 Louat，1982；Hellman 和 Hillert，1975；Hillert，1988），这些改进预测的极限晶粒尺寸通常与式（11.30）的形式相似，$0.25 < \alpha < 0.5$，这比式（11.31）所预测的要小得多。Manohar 等（1998）对 Smith-Zener 关系的诸多改进进行了全面评述。

11.4.2.2 与实验结果对比

令人惊讶的是，对于颗粒体积分数低的材料，很少有实验结果能够准确地吻合这些关系，特别是验证 D_{SZ} 对 F_V 的依赖关系。Gladman（1980）对比了一些研究中的极限晶粒尺寸 D_{SZ} 的测量值和他的理论预测值，发现存在合理的一致性。Tweed 等（1982）详细研究了 3 种含有极低体积分数的 Al_2O_3 颗粒的铝合金的再结晶晶粒尺寸和尺寸分布，发现极限晶粒尺寸在某些情况下相当于式（11.30）中非常小的 α 值。然而，数据表现出相当大的离散性，很难将数据的趋

势与任何极限晶粒尺寸的模型相匹配。图 11.11 为含有约 5×10^{-3}（体积分数）碳化物颗粒的铁合金在发生晶粒长大后的极限晶粒尺寸,该数据由 Koul 和 Pickering(1982)提供。可以看出,虽然数据有限且分散,但与式(11.30)对应的理论线($\alpha=0.37$)有相当好的一致性,即 Gladman 模型中 $\alpha=0.37$。Manohar 等(1998)分析了含有少量第二相颗粒的铁和铝合金的实验结果,发现极限晶粒尺寸与式(11.30)一致($\alpha\approx0.26$)(见图 11.13)。使模拟更接近实验结果的一个证据是 Couturier 等(2005)报道的有限元模拟,他们发现,尽管颗粒施加的有效阻力比经典分析估计的要小,但在静止晶界上每单位面积的颗粒密度比随机的要高 4 倍。这种比随机密度高的情况决定了极限晶粒尺寸比经典分析的要小,正如式(4.26)中所指出的。

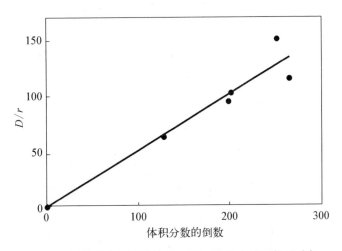

图 11.11　含碳化物颗粒的 **Fe - Ni - Cr** 合金的晶粒尺寸与颗粒体积分数的关系

(数据源自 Koul A K, Pickering B, 1982. Acta Metall., 30：1303.)

11.4.2.3　颗粒-晶界的关联效应

11.4.2.1 节的讨论假设钉扎压力 p_{SZ} 为宏观平面晶界的钉扎压力。然而,正如 4.6.2.2 节所讨论的,当颗粒间距与晶粒尺寸相似时,这一假设不成立,必须考虑颗粒和晶界的非随机相关性,这在颗粒体积分数大的材料中尤其重要。在这种情况下,令驱动压力[见式(11.3)]等于钉扎压力[见式(4.27)],可得到极限晶粒尺寸(D_{SZ1})为

$$D_{SZ1} = r\left(\frac{8\alpha}{3F_V}\right)^{1/2} \approx \frac{1.6\alpha^{1/2}r}{F_V^{1/2}} \tag{11.33}$$

式(11.33)给出的极限晶粒尺寸与 Anand 和 Gurland(1975)提出的亚晶长大的极限晶粒尺寸非常接近(见图 6.29 和 6.6.2.1 节)。然而,很可能 D_{SZ1} 代表了这样一种情况——所有颗粒都在晶界角上,但不是所有晶界角都被颗粒占据[见图 4.25(a)],因此 D_{SZ1} 代表了极限晶粒尺寸的下限,晶粒长大实际上会继续进行,直到所有晶粒角都被钉住,即式(4.28)的晶粒尺寸 D_C[见图 4.25(b)]。因此有

$$D_{SZC} = D_C \approx N_V^{-1/3} \approx \frac{\beta r}{F_V^{1/3}} \tag{11.34}$$

式中,β 是一个很小的几何常数。

不少作者(Hellman 和 Hillert,1975;Hillert,1988;Hunderi 和 Ryum,1992a)都研究过这种类型的关系,Hillert(1988)提出 $\beta=3.6$。

在含有大体积分数颗粒($F_V>0.05$)的合金中,实验测量的极限晶粒尺寸非常分散(Hazzledine 和 Oldershaw,1990;Olgaard 和 Evans,1986),尽管有一些迹象表明极限晶粒尺寸与$(F_V)^n$(其中 $n<1$)成反比,但这些结果绝非定论。如果式(11.34)成立,则通过分析钢的数据(Hellmann 和 Hillert,1975)和图 11.15 中的 Al-Ni 数据,可发现 β 分别为 3.3 和 3.4。Anand 和 Gurland(1975)用式(11.33)分析的亚晶数据也与式(11.34)吻合,如图 6.29 所示,$\beta=2.7$。

图 11.12 为根据式(11.30)和式(11.34)预测的极限晶粒尺寸 D_{SZ} 和 D_{SZC}(几何常数 $\alpha=0.35$,$\beta=3$)随体积分数变化的情况,结果与实验一致。可以看

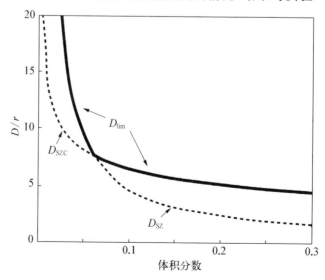

图 11.12 预测的颗粒-晶界相关的极限晶粒尺寸 $D_{SZC}(\beta=0.3)$ 和非相关极限晶粒尺寸 $D_{SZ}(\alpha=0.35)$ 随颗粒尺寸和体积分数的变化

出,两条曲线在体积分数约为 0.06 时相交。当体积分数小于该数值时,相对于长大而言,颗粒相关极限尺寸(D_{SZC})是不稳定的,而不相关极限尺寸(D_{SZ})是合适的,而当体积分数较高时,其极限将是 D_{SZC}。在实际情况中,共格钉扎和不共格钉扎之间会有一个逐渐的过渡(见 4.6.2.2 节),正如 Hunderi 和 Ryum(1992a)所讨论的那样。无论是理论上还是实验上,尚未确定从 D_{SZ} 到 D_{SZC} 转变所对应的实际体积分数,但理论估计(Hillert,1988;Hazzledine 和 Oldershaw,1990;Hunderi 和 Ryum,1992a)认为 $0.01 < F_V < 0.1$,与图 11.12 一致。图 11.13 展示了 Manohar 等(1998)对几项实验研究的分析,实验结果与图 11.12 的分析一致,表明极限晶粒尺寸从对 F_V^{-1} 的依赖性转变为对 $F_V^{-1/3}$ 的依赖性,且 F_V 约为 0.05。

409

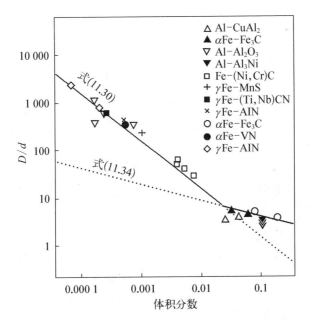

图 11.13　实验测量的极限晶粒/颗粒尺寸比作为体积分数的函数,结果与体积分数约为 0.05 时从 F_V^{-1} 过渡到 $F_V^{-1/3}$ 的关系一致,符合图 11.12 的理论分析

(图片源自 Manohar P A, Ferry M, Chandra T, 1998. ISIJ Int., 38: 913.)

综上所述,有效的极限晶粒尺寸(D_{lim})将是 D_{SZ} 或 D_{SZC} 中较大的一个,即图 11.12 中的实线,并且过渡将在体积分数约为 0.05 时发生。

11.4.2.4　计算机模拟

使用蒙特卡罗技术(见 16.2.1 节)对颗粒控制晶粒长大进行了大量的计算机模拟。最初的工作(Srolovitz 等,1984b)是一个二维模拟,发现极限晶粒尺寸与 $F_V^{-1/2}$ 成比例关系。然而,此后的研究(Hillert,1988;Hazzledine 和

Oldershaw，1990)表明，三维情况完全不同，**受颗粒限制的晶粒长大的二维模拟不适用于三维结构中的晶粒长大，因为二维模拟中的晶粒等同于三维模拟中的纤维**。颗粒可以在二维空间中消除所有的曲率，因为晶界可以像钉扎点一样围绕颗粒自由旋转；然而，在三维空间中，颗粒只是局部的钉扎点。后来的三维蒙特卡罗模拟(Anderson 等，1989b；Hazzledine 和 Oldershaw，1990)发现了一个与式(11.34)相符的极限晶粒尺寸，尽管它们的 β 值（约为 9）比实验发现的要大得多(见 11.4.2.3 节)。早期的三维蒙特卡罗模拟通常限于约 100^3 单位的晶格，晶粒直径等于一个单位。因此，当体积分数小于 0.05 时，由式(11.34)可以看出，极限晶粒尺寸接近阵列的尺寸，无法得到准确的结果。因此，这种模拟仅限于 D_{szc} 预计的适用范围，既不能验证也不能反驳所预测的极限晶粒尺寸 (D_{lim}) 在临界体积分数处从 D_{sz} 转变为 D_{szc}。

410

最近的大规模蒙特卡罗模拟(Miodownik 等，2000)表明，当颗粒的体积分数为 0.025～0.15 时，极限晶粒尺寸对 F_{v}^{-1} 的依赖关系与式(11.30)($\alpha \approx 1$)的原始 Smith-Zener 预测一致，即式(11.31)。然而，只有 4 个数据点，这些结果与前面的分析讨论、其他模拟和实验相矛盾，因为他们没有发现在高体积分数时向 $D \propto F_{\text{v}}^{-1/3}$ 的转变。

虽然现在人们普遍认为，在低体积分数下，式(11.30)服从 Smith-Zener 关系，但**在大体积分数下向式(11.34)关系转变的原因仍不清楚，需要进一步的研究**。

411

11.4.2.5 受溶质限制的晶粒尺寸

如前面所讨论的，在晶粒长大过程中，随着晶界面积的减小，能量(ΔE_{B})的降低促进了晶粒的长大。然而，对于固溶体来说，情况更为复杂，因为一些溶质会偏析到晶界上，降低了晶界的比能(见 5.4.2 节)，而其余的溶质则会提高晶内材料的能量(ΔE_{G})。

考虑一个含有少量溶质但溶质强烈偏析在晶界上(见图 5.30)的细晶多晶体。最初，大多数溶质都在晶界。然而，随着晶粒长大，晶界面积变得不足以容纳所有的溶质，一些溶质将被迁移至晶粒内部，提高了晶粒内部的自由能。

长大到某一阶段时，晶粒的净自由能变化 $\Delta E_{\text{G}} - \Delta E_{\text{B}}$ 可能为正值，晶粒长大的驱动力消失，此时我们得到一个由溶质决定的极限晶粒尺寸。这个概念作为一种提高纳米结构材料晶粒稳定性的方法，是由 Weissmuller(1993)提出的。Kirchheim(2002)进一步验证了这一理论，他声称这可以解释 Ni－P 和 Ru－Al 合金中纳米级晶粒的稳定性，Gleiter(2000)也在纳米结构材料综述中对此进行了讨论。5.3.4.1 节也讨论了类似的空位限制晶粒长大的情况。

11.4.3　晶粒长大过程中的颗粒不稳定性

到目前为止,我们假设第二相颗粒在晶粒长大过程中是稳定的。在许多情况下,情况并非如此。本节我们研究 3 种重要情况下晶粒长大过程中的第二相不稳定的后果。

11.4.3.1　晶粒或亚晶形成后的析出

在某些情况下,第二相颗粒可能在晶粒或亚晶结构形成后析出。在这种情况下,颗粒不可能均匀地分布,而是优先在晶界上析出。因此,由颗粒引起的钉扎压力将大于 4.6.2.3 节讨论的随机颗粒分布(Hutchinson 和 Duggan,1978)。假设所有颗粒都在晶界上,并且在晶界上随机分布,则钉扎压力可由式(4.36)计算,并令其与式(11.3)给出的驱动力相等,则极限晶粒尺寸为

$$D_{szp} = r\left(\frac{8\alpha}{F_V}\right)^{1/2} \tag{11.35}$$

虽然还没有关于式(11.35)的定量测试报告,但预计在实际情况中,这种现象会 412 更适用于回复过程中的亚晶长大(见 6.6 节)而非晶粒长大。

11.4.3.2　晶粒长大过程中弥散颗粒的粗化

一个重要的情况是,由于颗粒弥散,晶粒长大停滞,而颗粒发生粗化(Ostwald 熟化)。在这种情况下,晶粒尺寸 D 等于 11.4.2.3 节中定义的 D_{lim},长大速率受颗粒尺寸变化率控制。因此,

$$\frac{dR}{dt} = c\frac{dr}{dt} \tag{11.36}$$

当颗粒的体积分数较低时,式中常数 c 为 $\frac{2\alpha}{3F_V}$,体积分数较高时,为 $\frac{\beta}{2F_V^{1/3}}$。

颗粒粗化的速率取决于速率控制机制(Hillert,1965;Gladman,1966;Hornbogen 和 Köster,1978;Ardell,1972;Martin 和 Doherty,1976)。如果颗粒长大是由体积扩散(扩散系数为 D_s)所控制,那么(Lifshitz 和 Slyozov,1961;Wagner,1961)有

$$\bar{R}^3 - \bar{R}_0^3 = c_1 D_s t \tag{11.37}$$

而对于由沿晶界扩散控制的颗粒长大(扩散系数=D_b,这种情况通常发生在颗粒体积分数较大的情况下),则

$$\bar{R}^4 - \bar{R}_0^4 = c_2 D_b t \tag{11.38}$$

图 11.14(Morris，1976)显示了含有体积分数为 0.1、初始直径为 0.3 μm 的 $NiAl_3$ 颗粒的 Al-6%(质量分数)Ni 合金中的晶粒长大动力学。在较宽的温度范围内，由颗粒粗化控制的晶粒长大动力学符合式(11.37)。图 11.15 (Humphreys 和 Chan，1996)为同一合金体系中晶粒尺寸与第二相颗粒的关系。如式(11.34)所预测的那样，晶粒尺寸与颗粒尺寸成正比。由直线的斜率可知，方程中的常数 b 为 3.4。某商业 Al-Fe 合金也表现出类似的颗粒与亚晶尺寸之间的线性关系(Forbord 等，1997)。

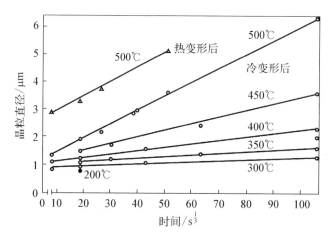

图 11.14 含 $NiAl_3$ 颗粒(体积分数为 0.1)的 Al-6%Ni 合金在颗粒粗化控制下的晶粒长大动力学

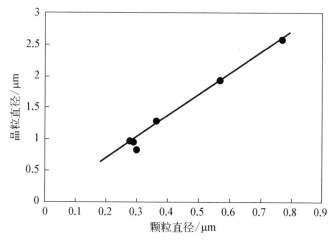

图 11.15 含 $NiAl_3$ 颗粒(体积分数为 0.1)的 Al-6%Ni 合金的晶粒大小与颗粒尺寸之间的关系

当然,通过晶界扩散而发生的颗粒粗化只会影响那些在晶界上的颗粒,而其他颗粒的粗化则会慢一些。然而,随着晶粒长大,晶界将失去一些颗粒,并捕获另外的颗粒,因此颗粒的整体粗化速度可能是均匀的,虽然式(11.37)中的速率常数应该包括一个校正因子,以描述一个颗粒不被晶界捕获的时间分数。

11.4.3.3 双相组织的粗化

在两相体积分数相当的双相合金中,结构的粗化速率受两相间相互扩散的控制,扩散距离与两相的尺寸相当。在这种情况下,预计粗化速率取决于粗化机制、相的形态和体积分数(如 Ardell,1972;Martin 和 Doherty,1976)。对这种相长大的详细分析超出了本书的范围,但是,一般情况下,预计体扩散控制[见式(11.37)]对应的长大指数约为 3,界面控制[见式(11.38)]对应的长大指数约为 4。Grewel 和 Ankem(1989,1990)研究了多种含不同体积分数的钛合金的晶粒长大,如图 11.16(Grewel 和 Ankem,1990)所示的微观结构,发现长大指数对体积分数并不是特别敏感,如图 11.17(Grewel 和 Ankem,1989)所示。然而,当温度由 700℃升高至 835℃时,Ti-Mn 合金的长大指数 n 由 3.6 降至 3.1,表明随着温度的升高,长大机制发生了由界面扩散控制向体扩散控制的转变。

图 11.16　含 44% α 相(暗)和 56% β 相的 Ti‐6%Mn 合金的微观结构

尽管 Higgins 等(1992)报道了双相 Ni‐Ag 合金的长大指数约为 4,这与上面讨论的界面扩散控制粗化一致,但他们发现,速率常数比 Ostwald 熟化理论预测的要大几个数量级。他们认为,晶粒的非球形形状(见图 11.16)以及由此产生的曲率为颗粒迁移和合并提供了驱动力。

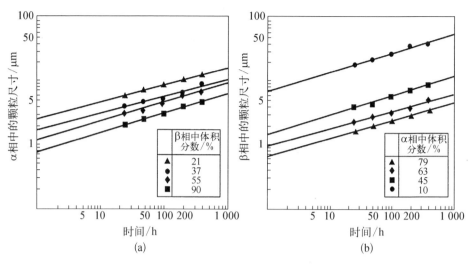

图 11.17　不同体积分数的 Ti‑Mn 合金在 973 K 时各相的长大动力学

（a）α 相；（b）β 相

11.4.4　晶粒转动

Randle 和 Ralph（1987）发现，在晶粒长大被第二相颗粒抑制的镍基高温合金中，低 Σ 晶界出现的概率（约 50%）比在没有发生析出的同一合金中高得多。有人认为这可能是晶粒旋转产生了更低能量晶界的结果（参见 6.5.4 节中的亚晶旋转），尽管目前还没有直接的实验证据支持这一解释，并且如 11.3.2 节所讨论的，因晶界迁移导致的晶粒长大，或在含颗粒合金的再结晶过程中，经常会出现高频率的特殊晶界（见 7.7.4.3 节）。然而，二维分子动力学模拟（见 6.5.4.5 节和图 6.27）表明，纳米晶粒在接近熔化温度时可能会旋转。

11.4.5　晶界拖曳颗粒

式（11.26）表明，当驱动压力 p 大于钉扎压力 p_{SZ} 时，含颗粒的材料中晶粒会长大。在后续讨论中，假设晶粒长大在极限晶粒尺寸处（这两种压力相等时）停止。然而，在高温下，晶界施加在颗粒上的压力可能足以将颗粒拖入基体中，在这种情况下，晶界将继续迁移，并以颗粒在基体中的迁移率 M_p 所决定的速率进行（Ashby，1980；Gottstein 和 Shvindlerman，1993）。驱动压力对晶界速度的影响如图 11.18 所示，当驱动压力（$p < p_{SZ}$）较小时，晶界和颗粒一起移动，速度为

$$v = \frac{M_{\mathrm{p}}p}{N_{\mathrm{S}}} \tag{11.39}$$

式中，N_{S} 是单位晶界面积上的颗粒数。

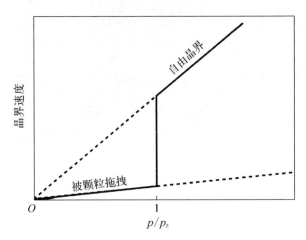

图 11.18　晶界速度与驱动压力 p 的函数关系

(在驱动压力较低时，晶界速度受颗粒拖曳控制，但当驱动压力超过颗粒的钉扎压力 p_{SZ} 时，晶界就脱离了颗粒。)

当 $p > p_{\mathrm{SZ}}$ 时，晶界脱离颗粒，速度为 $M(p - p_{\mathrm{SZ}})$，其中 M 为晶界的固有迁 416 移率［即式(11.26)］。

有几种机制可以解释颗粒穿过基体的运动(Ashby，1980)，包括原子(基体或颗粒)通过扩散穿过基体、穿过颗粒或沿着界面运动。Ashby(1980)已经证明，一般来说，基体原子和颗粒原子的耦合扩散是必需的。由此产生的颗粒迁移率很低，对于稳定的晶体颗粒来说，通常可以忽略不计。然而，对于气泡、非晶或液态颗粒，颗粒速度可能得在非常高的温度下才能测量到(Ashby，1980)。

Ashby 和 Centamore(1968)在含各种弥散氧化物的铜的高温退火中观察到了颗粒拖曳。当颗粒沿着晶界扫过时，晶界上的颗粒数(N_{S})增加，如图 11.19 (Ashby 和 Palmer，1967)所示，因此根据式(11.39)，晶界速度减小。非晶态的 SiO_2、GeO_2 和 B_2O_3 颗粒在高温下的迁移率均可测得，但检测不到稳定的晶体 Al_2O_3 颗粒的迁移。因此，这种现象在含有稳定晶体颗粒的合金中可能不重要。然而，如果这种机制发生在工程合金中，则晶界上颗粒浓度的增加将导致脆性和腐蚀敏感性的增加。

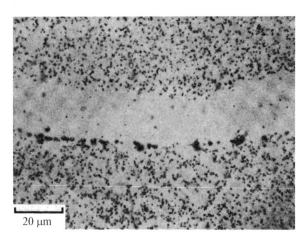

图 11.19 在含非晶 SiO_2 颗粒的铜中的晶界拖曳颗粒现象

(可以清楚地看到迁移晶界后的无颗粒带和晶界处颗粒集中。)

417 11.5 异常晶粒长大(AGG)

在前一节中,我们讨论了再结晶后晶粒的均匀长大。但在组织变得不稳定的情况下,一些晶粒可能过度长大,消耗较小的再结晶晶粒[见图 11.1(b)]。这一过程可能导致晶粒直径达到几毫米甚至更大,即**异常晶粒长大(AGG)**。由于这种**选择性的晶粒不连续长大**具有与初次再结晶相似的动力学和某些微观结构的相似性,如图 11.20 所示,因此有时也称为**二次再结晶**。异常晶粒长大是生产大晶粒材料的重要方法,例如电工应用的 Fe-Si 合金的加工制造(见 15.4 节)。避免高温下的异常晶粒长大是钢和其他合金晶粒尺寸控制的一个重要方面,

图 11.20 Al-1%Mg-1%Mn 在 600℃ 退火时异常晶粒长大

Dunn 和 Walter(1966)对各种材料的异常晶粒长大进行了系统的综述。

11.5.1　AGG 现象

与正常晶粒长大类似,异常晶粒长大的驱动压力通常也是晶界能的降低。然而,在薄材料中,额外的驱动力可能来自表面能的取向依赖性(见 11.5.4 节)。异常晶粒长大是由于某些晶粒优先长大,这些晶粒比其周围晶粒具有一些特殊的长大优势。在某些情况下,异常晶粒长大的过程可以用式(7.17)的 JMAK 动力学来描述(Dunn 和 Walter,1966)。

需要考虑的一个重要问题是,在"理想的晶粒集合"中是否会出现异常晶粒长大,"理想的晶粒集合"是指没有杂质、晶界能量恒定。正如 Thompson 等(1987)所指出的,这个问题的答案可以从晶粒长大理论中推导出来,我们以第10 章中给出的分析为基础进行讨论。考虑一个半径为 R 的特定晶粒在一组平均半径为 $\bar{R}$ 的多晶体中长大。晶粒和多晶体的长大速率分别由式(10.10)和式(10.13)给出,该特定晶粒发生异常长大的条件由式(10.14)给出。对于理想材料,所有的晶界能量和迁移率都是相同的,于是异常长大的条件为

$$\frac{4R}{\bar{R}} - \frac{R^2}{\bar{R}^2} - 4 > 0 \qquad (11.40)$$

但这个条件永远不会满足,尽管当 $R = 2\bar{R}$ 时,左边等于零。

因此,在多晶体集合体中,一个非常大的晶粒总是比平均晶粒要长大得更慢,并最终重新加入正常的尺寸分布。因此,在"理想的晶粒集合"中,不会发生异常晶粒长大。

对异常晶粒长大的蒙特卡罗模拟(Srolovitz 等,1985)也得出了类似的结果。因此,只有在晶粒长大受到抑制时才会出现异常晶粒长大,除非异常长大的晶粒比其相邻晶粒有尺寸以外的优势。下文将讨论导致异常晶粒长大的主要因素——**第二相颗粒、织构和表面效应**。

11.5.2　第二相颗粒的影响

如 11.4.2 节所讨论的,第二相颗粒的弥散分布可阻止晶粒长大到超过极限晶粒尺寸。然而,在某些情况下,仍有可能发生异常晶粒长大。这一现象已经由许多人研究分析过,最著名的是 Hillert(1965)和 Gladman(1966)的研究。在接下来的章节中,我们将利用第 10 章的胞元稳定性模型来探究异常晶粒长大的条件,并得出与之前工作基本一致的结论。

11.5.2.1　异常晶粒长大的条件

如 11.5.1 节所讨论的,异常晶粒长大是胞状微观结构不稳定或不连续长大的一个例子,可以据此进行分析。我们暂时假设所有的晶界能量和迁移率相同,并且材料含有平均半径为 R 的晶粒以及直径为 d、体积分数为 F_V 的球形颗粒。

根据式(10.25)可以看出,当下式满足时,$d\bar{R}/dt$ 将变为零,正常的晶粒长大终止。

$$\Psi = \frac{1}{4} \tag{11.41}$$

式中,$\Psi = 3F_V\bar{R}/d$[见式(10.24)]。 因此,极限晶粒尺寸为

$$\bar{R}_{lim} = \frac{d}{12F_V} \tag{11.42}$$

由式(11.42)给出的极限晶粒尺寸 $\bar{R}_{lim}$ 与式(11.30)的极限晶粒尺寸(D_{SZ})相同,其常数 $\alpha = 0.25$,在与实验观察结果一致的范围内(见 11.4.2.1 节)。对于 $\Psi > 0.25$,由不等式(10.12)可以看出,由于 $d\bar{R}/dt$ 总是为零,只要 dR/dt 是正的,就总是会发生异常晶粒长大。如图 11.21(Humphreys,1997b)所示,当 $\Psi < 0.5$ 时,引发异常长大的最小晶粒尺寸较小。而当 $\Psi < 0.1\left($或 $F_V/d < \dfrac{1}{30R}\right)$ 时,异

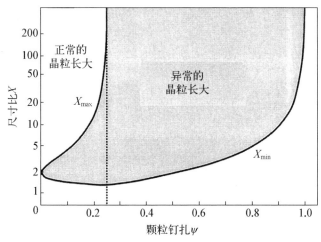

图 11.21　颗粒(以无量纲参数 Ψ 表示)对理想晶粒集合体中启动异常晶粒长大所需的最小晶粒尺寸比(X_{min})和最终晶粒长大所需的最大晶粒尺寸比(X_{max})的影响

(对于较小的 Ψ 值,X_{max} 足够小,使得尺寸分布变宽而不是真的不连续晶粒长大。)

常长大所能达到的最大尺寸比小于5。因此，在这个 Ψ 值以下，我们发现晶粒尺寸分布范围变宽，而不是真正的异常长大。当 Ψ 增加到 0.25 以上时，启动异常长大所需的最小晶粒尺寸增大，由式(10.26)可知，如果 $\Psi \geqslant 1$ 或下式成立，即使是最大的异常长大晶粒也无法继续长大：

$$\frac{F_V}{d} > \frac{1}{3\bar{R}} \tag{11.43}$$

对应的平均晶粒直径为

$$D_M = 2R = \frac{2d}{3F_V} \tag{11.44}$$

因此，在这个弥散水平以上，不会发生任何类型的晶粒长大。D_M 是式(11.44)给出的正常晶粒长大的极限晶粒尺寸的 4 倍。这些预测和图 11.21 与 Anderson 等(1995)在更详细的模型中得出的结论相似。从我们的模型中，可以识别出 5 种不同的区间范围：

$\Psi = 0$	可能发生正常晶粒长大；
$0 < \Psi < 0.1$	晶粒尺寸分布变宽；
$0.1 < \Psi < 0.25$	异常长大和正常晶粒长大；
$0.25 < \Psi < 1$	异常长大但无正常晶粒长大；
$\Psi > 1$	不可能长大。

如图 11.22(Humphreys，1997b)所示，这些机制是平均晶粒尺寸 $\bar{R}$ 与弥散水平(F_V/d)的函数。图 11.22 所示异常长大的 Ψ 值上限是平面晶界($R=\infty$)迁移的条件，即假设异常晶粒长大不受是否有合适的大晶粒作为"晶核"的限制。但从图 11.21 可以看出，在较大的 Ψ 值下，启动异常晶粒长大所需的最小晶粒尺寸增大，而最大的有效晶粒取决于晶粒集合体的尺寸分布。一般发现晶粒尺寸分布为对数正态分布时，最大值通常约为 $2.5R$(见图 11.6)。由式(10.25)可以看出，这对应着 $\Psi \approx 0.6$，这一条件是异常晶粒长大更真实的极限，如图 11.22 中的虚线所示。需要注意的是，该分析是基于钉扎源于颗粒的 Smith-Zener 钉扎压力[见式(4.24)]的假设，如 4.6.2.2 节和 11.4.2.3 节所讨论的，这可能不适用于颗粒体积分数较大的情况。

当前，制备晶粒尺寸小于 $1~\mu m$ 的合金在科学和技术方面颇受关注(见 15.6 节)，我们会在 14.5.2 节进一步讨论这些材料发生 AGG 的条件。

11.5.2.2 实验观察

据报道，许多颗粒体积分数为 $0.01 \sim 0.1$ 的合金都存在异常晶粒长大现象，

422 详细资料可参考 Dunn 和 Walter(1966)、Cotterill 和 Mould(1976)以及 Detert (1978)的文献。不过,文献中并没有足够的证据来准确定义诱发或防止这种现象的必要条件。在含颗粒的合金中,异常晶粒长大并不容易发生,这可能是由许多因素造成的。

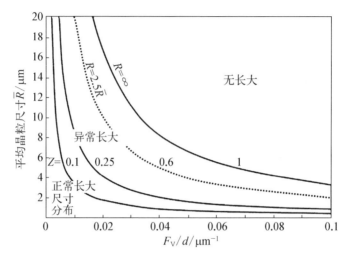

图 11.22 理想晶粒集合体的各种长大机制,表示为基体晶粒尺寸($\bar{R}$)和颗粒弥散水平(F_V/d)的函数

(虚线对应 $\Psi=0.6$,这是直径为晶粒集合体平均直径 2.5 倍的晶粒异常长大的条件。)

（1）在许多情况下,初次再结晶过程中产生的晶粒尺寸明显大于受颗粒限制的晶粒尺寸,Hillert(1965)指出,这是一种抑制异常晶粒长大的非常有效的方法。根据以上分析,如果晶粒尺寸大于正常晶粒长大时的极限晶粒尺寸的 4 倍,则不可能出现异常晶粒长大。正如 9.2.1 节所述,初次再结晶产生的晶粒尺寸是一个关于颗粒参数和热机械加工工艺的复杂函数,对于 F_V/r 比值大的合金,颗粒钉扎往往会导致初次再结晶后的晶粒尺寸变大。例如,考虑图 9.2 和图 9.3 所示的含有颗粒铝合金的再结晶数据,它们表现出加速和延缓再结晶。表 11.3 汇总了每项研究的两个样本的数据（每个图的极值数据点）,可以看出,特别是对于再结晶延迟的材料（编号 1）,所测得的晶粒尺寸远远大于式(11.42) [或式(11.30),$\alpha=0.25$]给出的极限晶粒尺寸 D_{SZ}。如果对比测量的晶粒尺寸和 AGG 的临界晶粒尺寸 D_M[见式(11.44)],可以看出在材料 1 或 2 中是不可能发生 AGG 的,但在材料 3 和 4 中极有可能。

表 11.3 某些含颗粒铝合金的异常晶粒长大的条件

编号	合金	F_V	$d/\mu m$	晶粒尺寸/μm	$D_M/\mu m$	$D_{SZ}/\mu m$	参考文献
1	Al-Cu	0.053	0.56	1 483	11	2.5	Doherty 和 Martin(1964)
2	Al-Cu	0.03	1.01	68	67	15.7	
3	Al-Si	0.001 2	0.7	160	583	114	Humphreys (1977)
4	Al-Si	0.01	4.9	44	490	16.3	

(2) 异常晶粒长大的发生可能受到"形核"而不是长大因素的限制。这一观点的有力证据来自大量的实验观察,这些观察表明,特别是当退火温度升高和颗粒弥散变得不稳定时,容易发生异常晶粒长大。May 和 Turnbull(1958)早期关于 MnS 颗粒对硅铁异常晶粒长大影响的经典研究清楚地表明了这一点。在 Calvet 和 Renon(1960)对铝—铜的研究中,这一点更加清楚,他们指出,异常晶粒长大发生在溶解温度(θ 相的溶解)的 30℃范围内,且不能高于溶解温度(见图 11.23)。这一结果非常明确地指出了颗粒粗化和颗粒溶解的重要性,因为温度必须接近溶解温度。

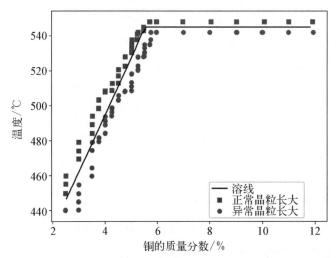

图 11.23 在一定成分和温度范围内,Al-Cu 合金中出现的正常晶粒长大和异常晶粒长大。两种情况边界非常接近于溶解线,这表明异常晶粒长大是由于颗粒的存在而促成的

(根据 Calvet J, Renon C, 1960. Mémoires Scientifiques Revue de Métallurgie. 57:3. 重新绘制。)

423 　　Gladman(1966,1992)讨论了在颗粒粗化条件下的晶界脱钉问题,特别是对异常晶粒长大控制具有重要技术意义的钢中,一些钢的晶粒长大行为如图11.24(Gladman,1992)所示。

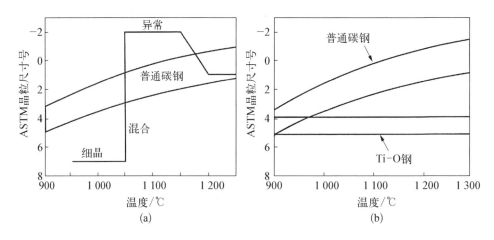

图 11.24　钢的异常晶粒长大

(a) TiN 晶粒长大抑制剂在阻止晶粒正常长大方面非常有效,但它们的粗化和溶解会导致高温下的异常晶粒长大;(b) 粗大且难溶的非金属夹杂物在阻止晶粒正常长大方面效果较差,但它们的稳定性阻止了异常晶粒长大

　　未添加晶粒细化剂的普通碳钢会因正常的晶粒长大而导致晶粒粗化。然而,如果存在传统的晶粒长大抑制剂(AlN)[见图11.24(a)],则小晶粒结构可保持到约1 050℃,该温度下的颗粒粗化会导致异常晶粒长大,进而产生非常大的晶粒尺寸。当温度达到1 200℃时,大多数颗粒都溶解了,然后会发生正常的晶粒长大。然而,如果存在更稳定、更弥散分布的颗粒(例如氧化物或钛碳氮化物)[见图11.24(b)],那么即便在非常高的温度下,所有的晶粒长大都会被抑制。

　　根据11.5.2.1节的分析(见图11.22),如果在颗粒变粗或体积分数降低(即 F_V/d 较小)的温度下对可抵抗异常晶粒长大的合金进行退火,则只有在平均晶粒尺寸没有成比例增加的情况下,才可能出现异常晶粒长大。AGG 的发生可能取决于关键钉扎点的移除或削弱导致晶粒结构的局部失稳(Gladman,
424 1966),从而导致局部不均匀的晶粒长大。由此产生的更宽的晶粒尺寸分布可能会促成异常晶粒长大的"形核"。

11.5.2.3　计算机模拟

　　Srolovitz 等(1985)和 Doherty 等(1990)分别开展了颗粒存在时的异常晶粒长大的二维和三维蒙特卡罗模拟。在二维模拟中,虽然正常的晶粒长大由于颗粒钉扎而停滞,但却无法诱导异常晶粒长大。然而,在三维模拟中,发现人工诱导的大晶粒是稳定的,并消耗了较小的被钉扎晶粒,这与上述解析模型和实验观测一致。这一结果再次强调了使用三维模拟来建立颗粒钉扎模型的必要性。

11.5.3 织构的影响

抑制正常晶粒长大的织构(见 11.3 节)可能会促进异常晶粒长大,Dunn 和 Walter(1966)以及 Cotterill 和 Mould(1976)综述了这一领域的大量工作。这方面最好的例子也许是硅铁材料的戈斯织构强化(会在 15.4 节中讨论)。在许多情况下,正常的晶粒长大除受到织构的限制外,还受到颗粒和自由表面等许多因素的限制,在这种情况下,很难量化织构在异常晶粒长大中的作用。

如果细晶再结晶材料中存在**单一的强织构成分**,则在高温进一步退火时通常会出现异常晶粒长大,这一点被铝(Beck 和 Hu, 1952)、铜(Dahl 和 Pawlek, 1936;Bowles 和 Boas, 1948;Kronberg 和 Wilson, 1949)、镍合金(Burgers 和 Snoek, 1935)和硅铁(Dunn 和 Koh, 1956)中的立方织构所证实。

在这种情况下,晶粒有可能发生异常长大,因为在一个强织构的材料体积内,晶界具有较小的取向差,所以相比于正常的晶粒结构,其具有更低的能量和迁移率。如果存在一些其他织构成分的晶粒,那么会引入更高能量和迁移率的晶界,这些晶界可能会优先迁移,这一过程与含亚晶材料的初次再结晶密切相关(见第 7 章)。

Abbruzzeze 和 Lücke(1986)以及 Eichelkraut 等(1988)分析了织构材料中的异常晶粒长大。下面的讨论分析是以 Humphreys(1997a)的模型为基础,该模型已在第 10 章介绍过。Rollett 等(1989b)给出了一个有点类似的分析,但只考虑了晶界迁移率的影响,而没有考虑晶界能量,之后 Rollett 和 Mullins(1997)进一步考虑了晶界的能量和迁移率的影响。

当至少有一个强织构成分时,就容易出现异常晶粒长大。如果这个织构成分非常强,那么平均取向差 $\bar{\theta}$ 就很小,并且在这个特定的织构变体内有许多小角度晶界,然而如果织构成分更分散,那么晶界就有更高的平均取向差。通常,织构成分被定义为包含某个理想取向、相差约在 15°范围内的取向,因此我们可以将 $\bar{\theta}=15°$ 作为我们模型中的晶粒/亚晶集合体的上限。微观结构中还会有其他晶粒,它们要么具有随机取向,要么是另一个织构成分的一部分,要么是主要成分的晶体学变体。因此,预计微观结构会有许多大角度晶界($\bar{\theta}>15°$),这些晶界将为不连续长大提供"晶核"。因此,情况将类似于图 10.3(b)所示的 $\bar{\theta}$ 在 5°~15°范围内,在图 10.3(b)中,我们注意到异常晶粒长大的形核会很容易,但当主要织构成分呈弥漫分布（$\bar{\theta}$ 较大）时，异常长大晶粒的最大尺寸比会比较小。如图 10.3（b）所示，当 $\theta = 10°$ 时，异常长大晶粒的最大尺寸约为平均晶粒尺寸的 5 倍。

发散织构： Hutchinson 和 Nes（1992）指出，在钢、Cu 和 Al 中，主要织构成分中的晶粒大于平均值，在 Al - Mn 晶粒长大过程中也报道了类似的现象（Distl 等，1982；Weiland 等，1988）。事实上，这些结果可能证明了上文讨论的具有中等角度晶界的晶粒集合体所预测的过渡正常/异常行为，对于这种晶粒集合体，预计会出现宽泛的尺寸分布，而不是真正的异常长大。

426 　　**强织构：** 如果主要织构成分强，则 $\bar{\theta}$ 值较小，预计会发生更强的异常长大［见图 10.3（a）］。实验结果也证实了这一点，硅铁就是一个很好的例子（见 15.4 节）。第 10 章的模型，预测到随着主要织构成分的减弱，异常晶粒的尺寸与晶粒集合体的最大尺寸之比应该减小，并量化了这些参数之间的关系。虽然这与实验结果大体一致，但很少有测量结果能定量说明织构强度和晶粒尺寸分布。

11.5.4　表面效应的影响

人们早就认识到，异常晶粒在薄板中往往比在大块材料中更容易长大，这一现象在 Fe - Si 薄片合金的生产中尤其重要（Dunn 和 Walter，1966），详见 15.4 节。例如，用于电子领域的多晶体薄膜的晶粒尺寸和织构的控制是一个很好的例子，说明了表面效应在晶粒长大过程中的重要性（Abbruzzese 和 Brozzo，1992；Thompson，1992）。如果正常晶粒长大被自由表面或颗粒或织构所抑制，就可能在薄片中发生异常晶粒长大，如果织构导致晶粒间表面能的显著变化，如 Greiser 等（2001）的研究，则对异常晶粒长大特别有利。

11.5.4.1　正常晶粒长大的表面抑制效应

当晶粒尺寸与薄板厚度处于同一量级时，晶粒仅在一个方向上会被显著弯曲，从式（11.1）可以看出，驱动力下降到三维多晶体中晶粒的一半。由于表面张力和晶界张力的平衡，在晶界和自由表面交界处的热蚀效应也会对晶界产生钉扎作用。关于热蚀效应的经典工作是由 Mullins（1958）提出的，Dunn（1966）和 Frost 等（1990，1992）对这种处理进行了拓展。图 16.10 显示了将 Frost 的计算模型应用于模拟薄金属带材中晶粒长大的情况。下面是对这一现象的简化处理。

考虑厚度为 S 的薄板上的单个晶粒，其晶界由热蚀效应固定，如图 11.25 所示。如图 11.25（b）所示，热蚀处的角度 θ_g 由晶界能 γ_b 和表面能 γ_{sur} 产生的力之间的平衡决定，可由下式求得：

$$\theta_{\mathrm{g}} = \arcsin\left(\frac{\gamma_{\mathrm{b}}}{2\gamma_{\mathrm{sur}}}\right) = \frac{\gamma_{\mathrm{b}}}{2\gamma_{\mathrm{sur}}} \tag{11.45}$$

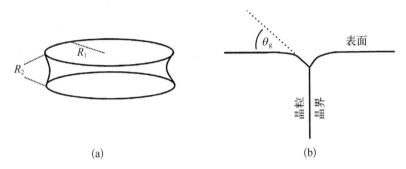

图 11.25　薄试样的热蚀效应

(a) 薄材中一个孤立晶粒的形状；(b) 表面的热蚀效应

如果晶界在表面,则可以被拉出热蚀槽,若晶粒偏离竖直方向的角度为 θ_{g}, 427
则对应的曲率半径为

$$R_2 = \frac{S}{2\theta_{\mathrm{g}}} \tag{11.46}$$

等同于因热蚀效应引起的钉扎压力,即

$$p_{\mathrm{g}} = \frac{\gamma_{\mathrm{b}}^2}{S\gamma_{\mathrm{sur}}} \tag{11.47}$$

由于面内的曲率为 R_1,p_{g} 与压力 p[见式(11.3)]相反[见图 11.25(a)]。当 $p_{\mathrm{g}} \geqslant p$ 时,不会发生晶粒长大,故正常晶粒长大的极限晶粒尺寸(D_L)为

$$D_L = \frac{Sc_1\gamma_{\mathrm{sur}}}{\gamma_{\mathrm{b}}} \tag{11.48}$$

式中,c_1 是一个很小的常数。

Mullins(1958)建议 $c_1 = 0.8$,Frost 等(1992)的计算机模拟给出 $c_1 \approx 0.9$。通常,$\gamma_{\mathrm{sur}} \approx 3\gamma_b$,这表明薄膜的正常晶粒长大的极限尺寸是厚度的 2~3 倍,这与金属(Beck 等,1949；Barmak 等,2013)和半导体薄膜(Palmer 等,1987)的实验测量结果一致。

11.5.4.2　薄膜内的异常晶粒长大

有相当多的证据表明,由于上述原因,正常晶粒长大被抑制的薄膜或薄片中很容易出现异常晶粒长大(Beck 等,1949；Dunn 和 Walter, 1966；Palmer 等,

1987；Thompson，1992）。这种异常晶粒长大不是由晶界曲率驱动的，这一点从实验观察和测量中都可以清楚地看出。这些观察表明，晶界的运动方向可能与曲率预期的方向相反（Walter 和 Dunn，1960b）；从测量结果中还发现晶界速度不随时间变化（Rosi 等，1952；Walter，1965）。晶粒长大的二维计算机模拟对研究薄膜中的异常晶粒长大特别有效（Srolovitz 等，1985；Rollett 等，1989b；Frost 和 Thompson，1988）。

异常晶粒长大的驱动压力来自表面能的取向依赖性。如果相邻晶粒间的表面能差为 $\Delta\gamma_{sur}$，则晶界迁移驱动压力 $p_s = 2\Delta\gamma_{sur}/S$。因为这个过程还必须克服由于热蚀效应产生的阻力，则增长速度是

$$v = M(p_s - p_g) = \frac{M}{S}\left(2\Delta\gamma_{sur} - \frac{\gamma_b^2}{\gamma_{sur}}\right) \tag{11.49}$$

因此，可以预测异常晶粒长大的速度与薄片厚度成反比，这与金属薄片（Foster 等，1963）和半导体薄膜（Palmer 等，1987）的实验结果一致。

式(11.49)给出了异常晶粒长大的条件，即

$$2\Delta\gamma_{sur} > \frac{\gamma_b^2}{\gamma_{sur}} \tag{11.50}$$

或

$$\frac{\Delta\gamma_{sur}}{\gamma_{sur}} > c_2\left(\frac{\gamma_b}{\gamma_{sur}}\right)^2 \tag{11.51}$$

式中，c_2 是一个很小的常数，Mullins(1958)建议 c_2 为 1/6，Frost 等(1992)认为约为 1/4。

以 $\gamma_{sur}/\gamma_b = 3$ 为例，则式(11.51)意味着当 $\Delta\gamma_{sur} > 0.02\gamma_{sur}$ 时，就会发生异常晶粒长大，即在薄试样中只需要几个百分点的表面能差异就能促进异常晶粒长大。

晶粒间表面能的变化是晶粒取向的结果。因此，上述分析只考虑了取向引起的表面能变化，而没考虑织构引起的晶界能变化，显然是过于简单化了。晶粒的表面能当然非常依赖于表面化学性质，而且 Fe-Si 合金中的异常晶粒长大长期以来都被认为受溶质气团影响（Detert，1959；Walter 和 Dunn，1959；Dunn 和 Walter，1966）。最近关于晶粒定向硅钢片的研究（见 15.4 节）表明了少量合金添加在决定表面能方面的重要性。

11.5.5　预先变形的影响

人们一直关注小应变对晶粒长大和异常晶粒长大的影响（Riontino 等，1979；Randle 和 Brown，1989）。长期以来，人们一直认为小的塑性应变可能会阻碍正常的晶粒长大，但会促进异常晶粒长大（见 1.2.1.3 节），这种现象可能的最好解释是初次再结晶的应变诱导晶界迁移（见 7.6.2 节），而非晶粒长大现象。事实再次证明，EBSD 为这种方法提供了有利的证据。Bennett 等（2011）证明了无取向电工钢中的 AGG 与各晶粒的取向梯度大小直接相关，而取向梯度大小被认为是变形储能的指示。更具体地说，小取向梯度晶粒的长大是以大取向梯度晶粒为代价的。Agnoli 等（2015）在镍基高温合金 IN‐718 的研究中进一步证明了这一点，该研究还提供了 Smith-Zener 钉扎的信息。

11.5.6　晶界复相转变[①]的影响

在陶瓷材料中，晶界结构和化学性质的突然变化可在特定温度下触发异常晶粒长大。Dillon 等（2007，2010）研究表明，在氧化铝中掺杂各种偏析杂质（如 Mg、Nd、Si 等）会发生晶界复相转变，从而降低晶界能，增加晶界迁移率。这种转变被激活后，平衡的高迁移率晶界可以与亚稳的低迁移率晶界共存。被高迁移率晶界包围的晶粒比其他晶粒长大得快，晶粒尺寸呈双峰分布。在掺钙的氧化钇（Bojarski 等，2012）和 $SrTiO_3$（Rheinheimer 和 Hoffmann，2015）中，已经证明高迁移率和低迁移率晶界的共存会导致异常晶粒长大。

这一机制的有趣之处在于，为了使晶粒具有长大优势，有必要将转变的晶界聚集在某些晶粒上。Frazier 等（2015）利用介观尺度的晶粒长大模拟表明，如果转变晶界是随机发生的，那么就检测不到异常晶粒长大。只有当转变成高迁移状态的晶界相互关联并共享三重线时，它们才能超越相邻的晶界。有实验证据表明，能量最高的晶界首先发生转变，但在这些晶界"播下"微观结构的种子后，同一晶粒上的相邻晶界通过异质机制发生转变。

---

① 译者注：晶界复相转变（grain boundary complexion transition）指晶界在特定条件下从一种状态转变为另一种状态，可能是由温度、压力、化学环境等因素的改变引起的。这种转变可能导致晶界区域的化学成分发生变化，或者晶界结构重新排列，从而影响材料的性能。

第 12 章 再结晶的织构

12.1 引言

变形金属在退火过程中产生的再结晶织构一直是广泛研究的主题。其原因有二：首先，也是最重要的一点，这些织构在很大程度上决定了许多成品的性能的方向性；其次，它们的起源引起了科学界的极大兴趣。就后者而言，尽管经常有相反的说法，但目前对再结晶织构起源的理解在本质上还只是定性的。造成这种情况的原因有很多，其中大部分已经在前面的章节中讨论过。它们与形核事件的性质、不同类型、不同取向环境中形核速率的取向依赖性，以及不同取向晶粒间晶界的性质、能量和迁移率有关。通过 EBSD 测定微观织构（见附录 A1），可以在局部取向与微观结构之间建立关联，从而解决其中的一些问题。我们首先要注意的是，在织构演化的讨论中有几个经常被忽略的重要问题。

（1）后续晶粒长大的影响。退火织构的发展并不会在再结晶完成时停止，它在晶粒长大过程中继续发展，最终织构不一定是初次再结晶完成时的织构。大量论文研究了因晶粒长大而改变的织构。

（2）变形的影响。许多数据，特别是面心立方（FCC）金属的数据，都是针对经强冷轧变形的材料的退火，如 95%～99% 的轧制减薄量。这种极端的变形在工业生产中很少见。出于成本的原因，工业实践的目的是尽量减少获得材料相关性能所需的变形，并升高变形温度，以减少轧机或挤压机的载荷需求。

（3）初始织构的影响。虽然变形织构与再结晶织构之间的关系受到了广泛关注，但越来越多的证据表明，变形前材料的取向在决定再结晶织构方面起着重要作用。

（4）纯度的影响。某些金属的纯度对再结晶织构有很大的影响。在许多情况下，极少量的第二元素可以通过影响晶界迁移率而完全改变退火织构，如铜中

0.03%的磷。

12.2　再结晶织构的性质

本节我们描述了在退火过程中形成的织构的性质,并将它们与第 3 章讨论的变形织构进行了比较。虽然会对成分、变形和其他加工变量的影响进行一些讨论,但关于再结晶织构演变方式的详细讨论会留在本章的后面。

12.2.1　FCC 金属的再结晶织构

在 FCC 金属和合金中,再结晶织构的范围比相应的变形织构要广泛和复杂得多,而且在许多情况下,织构的起源仍有争议。

12.2.1.1　铜及其合金

如 3.2 节所述,纯铜的轧制织构基本上由取向空间中的 β-纤维组成,主要成分为 S 取向($\{123\}\langle634\rangle$)、铜取向($\{112\}\langle111\rangle$)以及较弱的黄铜取向($\{110\}\langle112\rangle$)成分(见表 3.1)。在低层错能的高合金化金属中,如 70∶30 的 α-黄铜,黄铜取向占主导,另外还有一个不太明显的戈斯取向($\{110\}\langle001\rangle$)成分。中间合金的织构或多或少会从一个极端过渡到另一个极端。然而,在再结晶金属中却没有发现这样简单的过渡。

在强轧制变形的铜和其他中、高层错能的 FCC 合金中,再结晶织构由强立方织构$\{001\}\langle100\rangle$组成[见图 12.1(Beck 和 Hu,1966)]。如果层错能足够低,则还会出现少量取向与具体孪晶相对应的织构成分。加入少量的多种合金元素,如 5% Al、1% Be、0.2% Cd、1.5% Mg、4.2% Ni、0.03% P、0.3% Sb、1% Sn 和 4% Zn 等,可以消除铜的强立方织构(Barrett 和 Massalski,1980)。在大

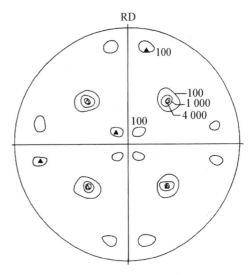

图 12.1　97%冷轧铜在 200℃退火后的 111 极图

(强度单位无实际含义;空心符号表示理想的$\{001\}\langle100\rangle$"立方"取向,实心符号为$\{122\}\langle212\rangle$"孪晶"取向。)

多数情况下,这些合金元素降低了层错能并改变了变形织构的性质。如果铜在低温(−196℃)下轧制,变形织构也会发生类似的变化,而且如预期的那样,立方织构在退火后也会消失。

　　1) 低层错能的铜合金

　　有许多关于铜锌合金的研究。70∶30 黄铜[见图 12.2(Beck 和 Hu, 1966)]的再结晶织构通常报道为{236}⟨385⟩,但稍后将表明,该材料的再结晶织构会因退火温度的变化而显著改变。随着合金含量的增加,铜的强立方织构迅速消失,在含 3% 锌的铜合金中,立方织构很弱。同样,{236}⟨385⟩织构在含锌量少于 10% 的合金中也不是主要成分。在含锌量为 3%～15% 的中等范围内,出现了一系列的复杂取向。Lücke 及其同事们研究了大量的退火织构(如 Schmidt 等,1975;Virnich 和 Lücke, 1978;Hirsch, 1986)。图 12.3(Lücke, 1984)总结了他们对这种合金以及其他几种合金体系的研究结果。研究表明,层错能是影响再结晶织构的主要参数,如果用层错能对结果进行归一化处理,则可观察到这一系列合金的一致行为。在图 12.3 中,织构成分被绘制成**约简层错能**$\left(\gamma_{\mathrm{RSFE}}=\dfrac{\gamma_{\mathrm{SFE}}}{Gb}\right)$的函数。

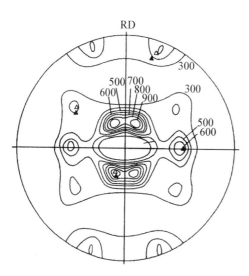

**图 12.2　95% 冷轧 70∶30 黄铜在 340℃
退火后的 111 极图**

(强度单位无实际含义;空心符号表示理想的{225}⟨374⟩取向,实心符号为{113}⟨211⟩取向。)

　　我们可以发现,在 $\gamma_{\mathrm{RSFE}} \approx 3 \times 10^{-3}$ 处(对应的是约 8% Zn、3% Al 或 2% Ge),再结晶织构的性质发生了明显的变化。大约在这个值,{236}⟨385⟩织构成分开始在合金中发展,随后迅速上升到接近最大值(此时 $\gamma_{\mathrm{RSFE}} \approx 2.2 \times 10^{-3}$)。在 γ_{RSFE} 值较低时,立方织构是最强的成分,尽管它的强度只在低合金含量时才明显。Cu - Zn 体系的典型 ODF 如图 12.4(Virnich 和 Lücke, 1978)所示,各织构成分的体积分数如图 12.5(Virnich 和 Lücke, 1978)所示,这些织构成分及其他再结晶织构成分的欧拉角如表 12.1 所示。

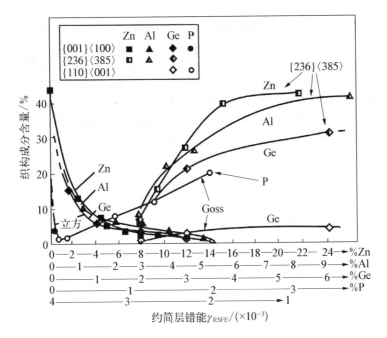

图 12.3　铜基合金再结晶后主要织构成分({100}⟨001⟩、{236}⟨385⟩、

{110}⟨001⟩)的体积分数随约简层错能$\left(\gamma_{\text{RSFE}} = \dfrac{\gamma_{\text{SFE}}}{Gb}\right)$的变化

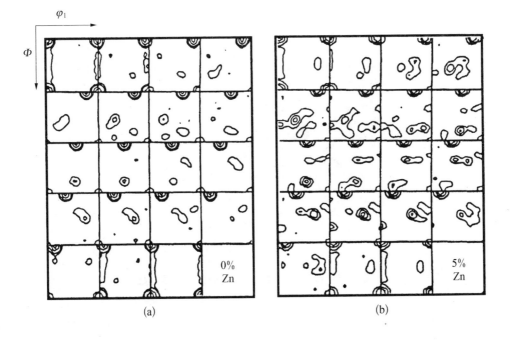

(a)　　　　　　　　　　(b)

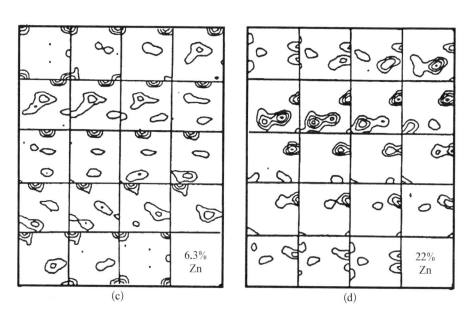

图 12.4　轧制和退火后的铜锌合金的再结晶织构

(a) Cu；(b) 5%Zn；(c) 6.3%Zn；(d) 22%Zn

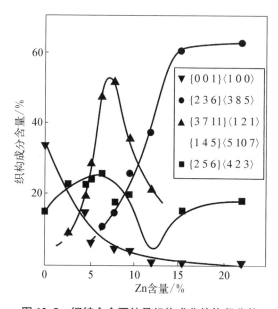

图 12.5　铜锌合金再结晶织构成分的体积分数

表 12.1　FCC 金属的再结晶织构组成

织构类型	Miller 指数	欧拉角/(°)		
		φ_1	Φ	φ_2
立方	{001}⟨100⟩	0	0	0
—	{236}⟨385⟩	79	31	33
戈斯(G)	{011}⟨100⟩	0	45	0
S	{123}⟨634⟩	59	37	63
P	{011}⟨122⟩	70	45	0
Q	{013}⟨231⟩	58	18	0
R(铝)	{124}⟨211⟩	57	29	63

2) 铜锰合金

与大多数元素相似,在铜中加入锰并不会降低层错能;如 3.6.4 节所述,增加锰含量会增加黄铜和戈斯变形织构。在再结晶方面,Engler(2001a)指出,随着 Mn 含量的增加,立方织构会消失,α-纤维成分如戈斯和{236}⟨385⟩取向占主导地位。但是,除非轧制减薄率非常大,否则织构相当弱。

3) 加工工艺参数的影响

已有大量的工作研究了微观结构和加工变量(如先前的晶粒尺寸和织构、变形、时间、退火温度以及加热速度等)对这些基本织构的影响。本书不可能综述所有这些研究成果,仅讨论几个具体的例子。对于立方织构,五十多年前人们就发现以下因素可减少这种织构的强度:① 小的轧制变形量(≤50%)以及中间退火;② 在倒数第二道轧制工序开始时的晶粒较大;③ 低的最终退火温度。

Duggan 和 Lee(1988)的研究是一个很好的例子,说明了原先晶粒尺寸、轧制减薄量和退火温度对 70:30 黄铜再结晶织构的影响。在 300℃(低温)退火 1 h 后,随着原先晶粒尺寸的增加,92%冷轧材料的织构发生了从通常的{236}⟨385⟩取向[见图 12.6(Duggan 和 Lee,1988)(a)]到{110}⟨110⟩取向[见图 12.6(b)]的转变,但变化的幅度依赖于变形量,这种转变在 97%轧制减薄率时不复存在。对于细晶材料和大的减薄量,高温退火(600℃)会导致{113}⟨332⟩织构的形成[见图 12.6(c)]。而在小的减薄量时，会产生{110}⟨112⟩和更一般的{110}⟨hkl⟩取向。随着晶粒尺寸的增大，在较大的变形下会出现{110}⟨112⟩织构。高温下的{113}⟨332⟩织构可能与晶粒长大有关，而在 97%轧制变形的材料中，晶粒长大受试样厚度和较短的退火时间限制，织构为{236}⟨385⟩。对于所研究的全部晶粒尺寸范围(30～3 000 μm)，严重轧制的材料在 300℃退火后的织构为{236}⟨385⟩，在 600℃退火后的织构为{113}⟨332⟩。这些结果说明了晶粒长大对退火织构的重要影响。

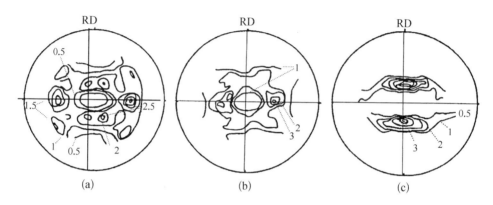

图 12.6 原先晶粒尺寸对 92%冷轧与退火的 70∶30 黄铜再结晶织构的影响

(a) 晶粒尺寸为 30 μm，在 300℃下退火 18 h；(b) 晶粒尺寸为 3 000 μm，在 300℃下退火 18 h；
(c) 晶粒尺寸为 30 μm，在 600℃下退火 1 h

　　Yeung 等(1988)的 ODF 数据证实了退火温度的重要性，他们对晶粒尺寸为 100 μm 的 70∶30 黄铜试样进行冷轧及 300℃和 900℃盐浴退火处理。表 12.2 列举了从 ODF 数据中测得的一些主要织构成分的体积分数。在 900℃退火后，微观结构中存在的各种变形不均匀性都是再结晶晶粒的形核位置，而对于 95%的轧制试样，{236}⟨385⟩取向的体积分数从 300℃时的 0.35 降低到 900℃时的约 0.1。高温退火后的主要织构成分表现出轧制织构的特征，即取向在黄铜和 S 之间的织构成分的体积分数为 32%，而经立方织构绕 ND 旋转得到的织构成分的体积分数为 16.8%。这种变化是由于在快速加热过程中因退火温度过高而未发生回复，导致再结晶在变形微观结构的所有成分上均匀形核。再加上高温退火相关的快速晶界迁移率，轧制织构成分被保留也是情理之中的。

　　表 12.2 很好地说明了再结晶织构的一些鲜为人知的方面。人们通常认为，这种织构清晰明确，特别是在大变形后。然而，如表所示，在所有情况下，随机织构和其他次要的织构成分的体积分数都很高。

表 12.2　经轧制减薄及后续退火处理后，70∶30 黄铜再结晶织构中某些成分的体积百分比（Yeung 等，1988）

织构成分	退火后的体积分数/%					
	T＝300℃			T＝900℃		
	80%轧制减薄	87%轧制减薄	95%轧制减薄	80%轧制减薄	87%轧制减薄	95%轧制减薄
{001}⟨100⟩	2.4	3.1		0.5	3.3	
黄铜，戈斯					24.0	5.9
{236}⟨385⟩			35.2			9.4
ND 旋转立方						16.8
黄铜，S						31.8
其他	20.0	34.7	20.9	54.3	29.0	7.1
随机	77.6	62.2	43.9	45.2	43.7	29.0

4）纤维织构

铜基线材和其他具有纤维织构的产品的再结晶织构通常与相应的变形织构相似。以铜为例，线材的低温退火可得到⟨100⟩或⟨112⟩的纤维织构，而高温退火可得到⟨111⟩至⟨112⟩混合纤维织构。

12.2.1.2　单相铝合金

冷轧后退火时，高纯度铝呈现出中、高层错能材料特有的立方织构特征。与铜的情况一样，大的轧制减薄量和高退火温度会强化这种织构。固溶镁的存在会降低回复率，提高合金的强度，并促进冷轧过程中剪切带的形成（见 2.8 节）。这会降低通常占主导地位的立方织构的强度，有以下两方面的原因。

（1）剪切带切断了细长的立方取向带，而立方取向带是形成立方取向再结晶晶粒的原因（见 2.8 节和 12.4.1 节），因此抑制了立方织构的形成（Ridha 和 Hutchinson，1982）。

（2）剪切带中出现再结晶形核（见 7.6.4.3 节），织构成分如{011}⟨100⟩（戈斯）、{011}⟨122⟩（P）、{013}⟨231⟩（Q）（Hirsch，1990a；Lücke 和 Engler，1992；Engler，2001b），整体的织构可能是相当弱的，这表明在强变形剪切带内也产生

439

379

了更多的随机取向晶粒。

在 Al-3%Mg 中,再结晶织构受到变形量的强烈影响(Engler,2001b),如图 12.7(Engler,2001b)所示。90%的冷轧减薄后,再结晶后仍以立方织构为主[见图 12.7(a)],但减薄至 97.5%后,形成强的 Q 取向和戈斯取向成分[见图 12.7(b)]。这种行为与固溶处理的 Al-1.8%Cu 合金相当类似(Engler 等,1995)。由于工业纯铝中含有少量的合金元素(如铁和硅),会导致在再结晶退火之前或期间形成第二相颗粒,几乎所有的工业铝合金都是多相的,而对真正单相铝合金的研究还相当有限。

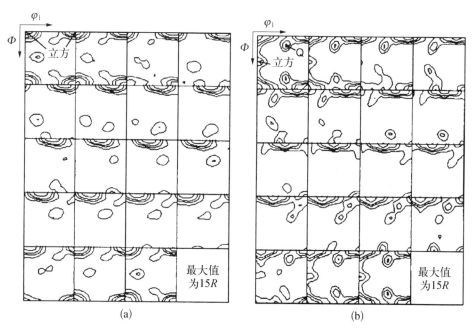

图 12.7　冷轧减薄量对粗晶 Al-3%Mg 合金再结晶织构的影响

(a) 轧制减薄量为 90%;(b) 轧制减薄量为 97.5%

440 ## 12.2.2　体心立方(BCC)金属的再结晶织构

由于低碳退火钢板是重要的工业产品,其性能的优化一直是人们关注的焦点。织构、晶粒尺寸、成分、第二相的弥散以及生产过程中的每一个阶段都很重要,它们各自在选定产品中的作用将在第 15 章详细讨论。

Emren 等(1986)对真空脱气钢、铝镇静钢、无间隙钢和 Armco 铁的织构发展进行了详细的研究。轧制程度、退火时间、退火温度和加热速度均有所变化。每一种材料经 80%轧制和 700℃退火后的 110 极图基本相同。图 12.8(Emren

等,1986)(a)为无间隙原子钢的结果,对应的 ODF 如图 12.8(b)所示。很明显,再结晶织构与图 3.9 所示的轧制织构基本相似,且再结晶织构仍可采用之前用于轧制状态的纤维织构进行描述(见 3.3 节和图 3.10),即:

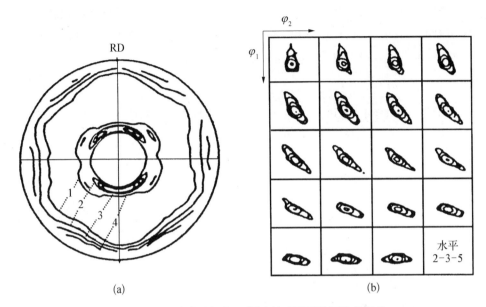

(a)

(b)

图 12.8 无间隙原子钢在 80%冷轧减薄后的再结晶织构

(a) 110 极图;(b) ODF

(1) α-纤维,是指⟨110⟩纤维轴平行于轧制方向的部分纤维织构,在{001}⟨110⟩、{112}⟨110⟩和{111}⟨110⟩处的织构强度最大;

(2) γ-纤维,是一个相当完整的纤维织构,⟨111⟩纤维轴平行于板材法线,该纤维织构中的主要成分分别为⟨110⟩、⟨112⟩和⟨123⟩晶体轴,与轧制方向平行。

图 12.9(Hutchinson 和 Ryde,1997)为典型再结晶织构在 ϕ_2=45°截面上的 ODF。与图 3.10 中的变形织构对比可知,再结晶

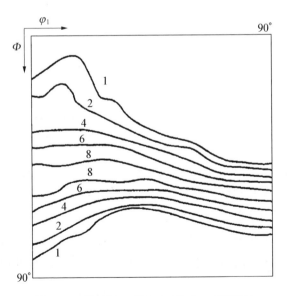

图 12.9 再结晶 IF 钢 ODF 的 ϕ_2=45°截面

441 取向一般接近 α-纤维和 γ-纤维，但大部分 α-纤维在再结晶过程中已被消除，特别是在(001)[1̄10]到(112)[1̄10]的取向范围内。γ-纤维相对来说变化不大。

图12.10(Emren等,1986)为真空脱气钢在700℃退火过程中的织构发展，从图中可以看出，{112}⟨110⟩和{001}⟨110⟩附近的取向消失以及{111}⟨112⟩成分增强，而{111}⟨110⟩成分保持不变。

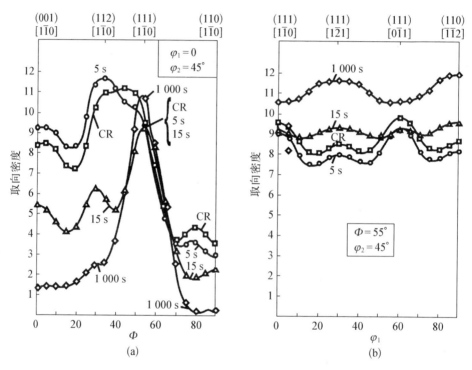

图12.10　85%冷轧钢在700℃退火后,再结晶不同阶段沿 α-纤维和 γ-纤维的取向密度 $f(g)$

(a) 沿 α-纤维;(b) 沿 γ-纤维

BCC 金属和 FCC 金属的再结晶织构性质有显著差异。这两种金属的轧制织构都可以用典型的纤维织构来描述,在 BCC 金属中,这些纤维在再结晶织构中基本被保留了下来。相比之下,FCC 金属的再结晶织构更适合用单个峰值成分来描述,这些峰值成分在变形织构中并不总是很突出。本章不讨论工业上很重要的铁硅电工钢的织构,15.4 节会详细解释这种材料产生强{110}⟨001⟩(戈斯)织构的原因。

12.2.3　六方金属的再结晶织构

关于六方金属再结晶织构的早期研究发现,一般来说,**轧制织构仍被保留,只是强度发生变化**(Barrett 和 Massalski,1980),而在数量相当有限的最新研究中,情况也大致如此(Philippe,1994)。Inoue 和 Inakazu(1988)报道的轧制钛和再结晶钛的取向分布函数表明,无论轧制程度或退火温度如何,α 相退火后的主要织构成分为$\{0225\}\langle2110\rangle$。该取向与轧制织构的主要成分$(1214)[10\bar{1}0]$密切相关,即由它经 30°-[0001]旋转得到。然而,随着轧制变形量或退火温度的增加,强度显著增加。当在 1 000℃下进行退火时,即在 β 相区中,由于相变过程中变体的选择,织构发生了变化。图 12.11(Inoue 和 Inakazu,1988)为材料分别在 α 和 β 相区温度范围内发生再结晶后选定截面的 ODF。Gerspach 等(2009)指出,在变形小于 50%时,在锆合金轧制板材中观测到织构变化,这被归因于定向形核,而在更大的变形(超过 80%)时,织构没有变化。Bozzolo 等(2005)指出锆合金板材的再结晶织构以$\{0°,35°,0°\}$为主。在随后的晶粒长大过程中,该成分被取向钉扎所抑制,而$\{0°,35°,30°\}$取向则由于尺寸优势而长大为其他成分,这也有效地导致了 30°-[0001]旋转。

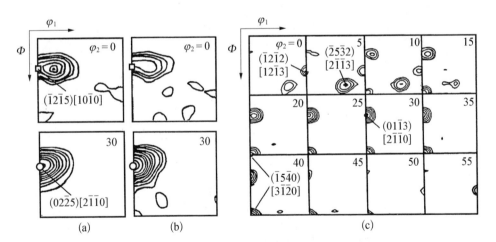

图 12.11　90%冷轧钛在不同温度下再结晶完成的 ODF($\varphi_2=0°$和 $\varphi_2=30°$)

(a) 600℃;(b) 800℃;(c) 1 000℃

12.2.4　双相合金的再结晶织构

除了颗粒的大小和间距,多相合金退火时形成的再结晶织构尤其取决于在

443 变形过程中是否存在第二相，或退火时是否发生沉淀析出（Hornbogen 和 Kreye，1969；Hatherly 和 Dillamore，1975；Hornbogen 和 Köster，1978；Humphreys 和 Juul Jensen，1986；Juul Jensen 等，1988；Humphreys，1990）。颗粒可以通过两种方式影响再结晶织构：① 在再结晶过程中，大的（>1 μm）、预先存在的颗粒是有利的形核位点，与之相关的高度错向变形区会导致大范围分布的"晶核"取向（见 9.3 节）；② 密集颗粒的弥散可能钉扎晶界，不仅影响再结晶动力学，还影响最终的晶粒尺寸和织构。Humphreys 和 Juul Jensen（1986）以及 Juul Jensen 等（1988）整理了一些合金的再结晶织构数据，表 12.3 中一些例子可用于说明颗粒对织构的影响。

表 12.3 某些含颗粒合金的再结晶织构的主要成分

材　　料	轧制减薄量/%	颗粒参数		再结晶织构
		$F_V \times 100$	直径/μm	
Al(99.996 5)	90	0	—	立方
Fe - AlN	70	0.06	0.017	轧制
Al - Al$_2$O$_3$	90	0.4	0.1	变形
Cu - SiO$_2$	70	0.5	0.23	轧制＋孪晶
Al - Fe - Si	90	0.5	0.2~7	立方、轧制、随机
Al - Si	90	0.8	2	立方、轧制、随机
Al - Ni	80	10.0	1	轧制、随机
Al - SiC	70	20.0	10	随机

注：数据源自 Humphreys F J, Juul Jensen D, 1986. In: Proc. 7th Int. Risø Symp., Risø, Denmark：93.

12.2.4.1 颗粒激发形核

第 9 章讨论了颗粒激发形核对再结晶及晶核取向的影响，这里我们主要讨论其对最终再结晶织构的影响。近乎肯定的是，再结晶晶核起源于颗粒变形区，因此它们的取向仅限于这些变形区内已有的取向。情况概括如下：对于小变形或含颗粒的单晶，PSN 的取向范围可能非常有限，在这种情况下 PSN 可能导致

444 相对较强的织构（见图 9.14～图 9.16）。虽然新的取向与变形基体有晶体学上

的关系,且这种关系是滑移活动的函数(见 2.9.4 节),但这不可避免地导致取向在变形基体周围的扩散。

如 9.3.2.2 节所述,在严重变形的多晶体材料中形成的晶核要么是随机取向的,要么是弱织构的。Habiby 和 Humphreys(1993)的研究表明,即使 PSN 晶粒相对于基体晶粒有很大的取向差,也会产生弱化的轧制织构,而不是随机织构。他们基于计算机模拟生成的铝合金典型轧制织构,通过允许轧制织构中每个取向生成新的晶粒,并使其偏离母晶粒的随机轴高达 45°,进而获得一种"再结晶织构"。其结果是轧制织构减弱,峰值强度从 5.5 MRD 降至 3.1 MRD。

颗粒增强金属基复合材料的退火行为是 PSN 控制织构的一个极端例子(Humphreys,1990;Bowen 和 Humphreys,1991;Bowen 等,1991)。在许多这类材料中,大颗粒(>3 μm)的体积分数比传统合金大得多,甚至可能超过 20%。PSN 容易在大颗粒处发生,随着颗粒体积分数的增加,再结晶织构(一种较弱的轧制织构)的强度降低,当体积分数超过 10% 时,再结晶织构趋于随机织构。

12.2.4.2　小颗粒的钉扎

正如 9.4 节所述,密集分布的小颗粒(<1 μm)的弥散可能对再结晶动力学和晶粒尺寸有很大的影响,这种影响取决于颗粒是在变形前还是变形后出现的。虽然再结晶织构很可能受颗粒尺寸、强度和间距等因素的影响,但这方面的数据仍很少,目前还无法量化这些参数的影响。

1) 小的可变形颗粒

小的可变形颗粒的存在,例如在时效硬化过程中形成的小的可变形颗粒(如 Al-4%Cu),**会影响变形的均匀性**(见 2.9.1 节),**并经常导致剪切带的形成**。在这种情况下,再结晶织构与 12.2.1.2 节讨论的固溶合金的织构非常相似(Lücke 和 Engler,1992)。

2) 小的不可变形颗粒

如果颗粒是不可变形的,并且对于 PSN 来说太小,或者如果颗粒在再结晶退火过程中析出,那么它们的作用主要是钉扎晶界(见 4.6 节)。Humphreys 和 Juul Jensen(1986)分析了这类合金已发表的数据,发现在一般情况下,再结晶后仍保留了与变形材料相似的织构(见表 12.3)。例如,在 BCC 合金中,{111}织构成分通常会被强化,在 FCC 和 BCC 合金中,尽管成分之间的平衡可能会被改变,但再结晶织构往往比变形织构更强。正如 9.4 节所述,对于小的颗粒间距,不大可能发生不连续的再结晶,因此退火机制是一种回复机制,尽管弥散颗粒的粗化可能会导致**扩展回复**(见 6.6.2.4 节)。在这两种情况下,退火织构都与变形织构相似。对于一些颗粒间距较大且发生不连续再结晶的合金(如表 12.3 中

445

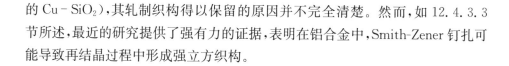

的 Cu‑SiO₂),其轧制织构得以保留的原因并不完全清楚。然而,如 12.4.3.3 节所述,最近的研究提供了强有力的证据,表明在铝合金中,Smith‑Zener 钉扎可能导致再结晶过程中形成强立方织构。

12.3 再结晶织构理论

12.3.1 历史背景

再结晶织构的性质主要由两个因素决定:① 新晶粒的取向;② 这些晶粒的相对形核和长大速率。至于这些因素如何作用在特定的变形织构和微观结构上,进而产生独特的再结晶织构,这个问题已经争论了五十多年,有两种主要理论得到大力提倡,即再结晶织构的起源要么是具有特定取向的晶粒的择优形核(**定向形核理论**),要么是在随机取向晶核的阵列中具有特定取向晶粒的择优长大(**定向长大理论**)。与争议相关的实验工作大多是针对 FCC 金属,早期工作主要是针对铜及其单相合金。由于立方织构在商用多相铝合金的热机械加工中的重要性(见 15.2 节),使近年来该领域的相关研究日益增加。

7.6 节已指出,再结晶晶粒产生的晶核是在变形状态下预先存在的小区域,即晶核的取向已经存在于变形结构中。除孪晶可能带来的取向变化之外,不会形成其他明显不同的取向。对于早期的研究者来说,他们面对的是明显不同于变形织构的再结晶织构,这就带来一个重大的问题,他们提出了几个模型来解释新取向是如何产生的。其中大多数都不再被认为是站得住脚的,在此不做讨论。Beck 和 Hu(1966)回顾了这一早期工作的细节。

定向形核理论始于 Burgers 和 Louwerse(1931)的论断,即轻度压缩变形铝单晶中的首选晶核是由晶体"碎片"组成,这些"碎片"比晶体的主体部分变形更严重。他们提出了一种形式上的晶体学理论,将"碎片"与局部晶格曲率联系起来,并涉及⟨112⟩的旋转。随后,Barrett(1940)发现单晶试样中的再结晶晶粒与变形基体之间有 45°‑⟨111⟩的旋转关系。这类结果使人们推测观察到的旋转与晶粒的最大长大速率有关。随着实验方法的改进,进一步确定了角度旋转的数值,并建立了**定向长大理论**。迄今,大量进一步的证据表明,具有某些特定取向关系的晶界具有更高的迁移率,5.3.2 节已对此进行了讨论。

早期的另一种定向形核理论是基于**逆 Rowland 变换**(Verbraak 和 Burgers,1957;Verbraak,1958)。这种所谓的"马氏体"理论依赖于严格的晶体学分析(Rowland 变换),它描述了一种能够从单一{001}⟨100⟩晶格衍生出两个{112}

〈111〉类型孪晶相关晶格的机制。马氏体模型假设,轧制织构中两个相邻的孪晶相关{112}〈111〉铜成分共同经历逆 Rowland 变换,生成一个{001}〈100〉立方织构晶核。必需的剪切变形要求存在〈112〉不全位错,因此层错能要足够低,以允许形成不全位错。如果没有这些,就像铝一样,这个过程就不发生,而这种金属的立方结构发展就需要不同的机制。由于这个以及其他原因,该理论从未得到强有力的支持,后来 Verbraak(1975)试图重新引起人们的兴趣,但没有成功。

12.3.2　定向长大

大多数关于定向长大的讨论都是基于对与晶界快速迁移相关的特定旋转关系的观察。大部分实验工作是由 Lücke 领导的团队完成的,典型材料的晶体学关系如表 5.3 所示。其中最重要的是 40°-〈111〉旋转关系,该关系常用于关联 FCC 金属的变形织构和退火织构(如 Ibe 和 Lücke,1966;Lücke,1984)。

因为存在几个难点,尚不能接受以下观点,即因晶粒间特定晶体学关系导致的定向长大是影响最终织构的唯一原因。

12.3.2.1　活动的旋转轴的数量

只有少数可能的旋转轴是实际活动的,对于任何特定的轴,旋转通常只发生在一个特定方向上。该领域关于单晶的研究很多,重点研究了{112}〈111〉、{123}〈634〉和{110}〈112〉这些取向的单晶,因为这些取向构成了所有 FCC 金属轧制织构的基础取向。第一种类型的单晶在轧制至 80% 减薄率后仍保持该取向,当发生再结晶后,发现了 6 种源于 40°-〈111〉旋转(该旋转最多有 8 种可能)的取向(Köhlhoff 等,1981)。{123}〈634〉取向单晶在轧制过程中不太稳定,但在再结晶过程中只发生一种可能的旋转(Lücke 等,1976)。{110}〈112〉取向单晶在轧制过程中非常稳定,退火过程中观察到了所有的 8 种旋转,尽管存在一些发散(Köhlhoff 等,1981)。

在多晶体材料中也发现了类似的情况,以立方织构({001}〈100〉)为例。定向长大理论认为,该取向与{123}〈634〉(S)取向有关(S 取向是铜和铝的轧制织构),即从 S 取向经由一个约 40°-〈111〉旋转得到。然而,每一个 S 取向变体对应的 8 种可能的 40°-〈111〉旋转中只有一种能产生立方织构,目前还没有方法预测是哪一种。对这些结果的解释只能基于可用的晶核数量有限,即定向长大不会独立于定向形核而发生。

12.3.2.2　高迁移关系的精度

虽然变形织构与再结晶织构之间确定的取向关系经常被引用和用于支持定

向长大理论,但有几个因素表明,再结晶过程中不存在精确的取向关系。

　　(1) 由于变形织构和退火织构均存在取向发散,因此采用单一的取向关系来关联它们是不现实的。图 12.12 (Yoshida 等,1959)显示了铝单晶中人工形核再结晶晶粒的取向。变形晶体的取向用标准投影图表示。尽管在大多数情况下,理想取向周围的发散相当大,但结果表明再结晶晶粒的取向与变形晶体有 40°-[$1\bar{1}1$]的关系。两者共同的[$1\bar{1}1$]方向实际上有高达 16°的发散,而[$1\bar{1}1$]退火晶粒的发散角度约为 28°。虽然在⟨111⟩处或附近存在明显的取向关系,涉及约 40°的旋转,但发散是相当大的。

448

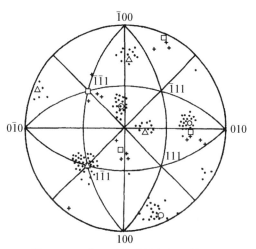

图 12.12　人工形核晶粒与铝晶体变形基体的取向关系

[基体的取向是用标准投影图表示;(·)新晶粒的⟨111⟩极接近 40°-[$1\bar{1}1$]的关系,(+)新晶粒的⟨111⟩极接近 40°-[$\bar{1}11$]的关系,(○)40°-[$1\bar{1}1$]顺时针旋转的理想取向,(△)40°-[$1\bar{1}1$]逆时针旋转的理想取向,(□)40°-[$\bar{1}11$]逆时针旋转的理想取向。]

　　(2) 单晶体的实验(见 5.3.2.2 节)表明,40°-⟨111⟩晶界的高迁移率仅限于倾斜晶界,而 40°-⟨111⟩扭转晶界的迁移率并不高。因此,正如 Hjelen 等(1991)所述,只有这些晶界的一个有限集可能具有高迁移性。还应注意的是,多晶体中的再结晶晶粒通常是等轴的,几乎没有倾斜晶界优先迁移的证据。

　　(3) 虽然低 Σ 或 CSL 晶界高迁移率的原因大致可以理解为晶界在理想材料中的迁移(见 5.4.1 节),但很难理解在再结晶过程中如何维持必要的有序晶界结构。

449　　(4) 由于变形微观结构中局部取向的快速变化,无法确定长大晶粒与相邻变形基体之间的精确关系。正如第 2 章所述,在变形过程中,单个晶粒随着胞元或亚晶以及其他异质结构的发展而破碎成不同取向的区域。因此,变形晶粒的取向在很小的距离范围内就会发生变化。如第 2 章所述,在单晶体和多晶体中都测量出了这种取向变化,图 7.34 显示了在再结晶晶粒长大过程中出现的较大的取向变化。

　　总之,我们看到,尽管有明确的证据表明在单晶体和轻度变形的多晶体中存在定向长大,其中再结晶晶粒与变形基体之间可能存在取向关系,并在长大过程中保持这种关系。但当前很明确的是,在大变形多晶体的再结晶过程中,任何取向关系不仅是非常局域的,而且随着晶粒长大到新的环境中,取向关系也是瞬时的。在长大阶段的后期,仅在长大晶粒的部分晶界上存在有利的取向关系,这是否会显著加快晶粒的整体长大速度,仍有待澄清。

12.3.2.3　其他因素导致的定向长大

虽然定向长大的分析讨论通常强调具有特定特征的高迁移率晶界的作用,但也有其他因素可能导致某些取向的晶粒比其他取向长大得更快或更慢,从而影响再结晶织构。

1) 尺寸

不同取向的晶粒往往起源于不同类型的形核位点。如果再结晶晶核较大,例如源自立方取向带(见 12.4.1.2 节)的再结晶晶核,由于晶界曲率带来的阻力较小[见 7.1.1.3 节和式(7.3)],它们往往会比其他晶核长大得更快。这在细晶的再结晶组织中尤其重要。

2) 位置

靠近高储存能量区域的再结晶晶粒比其他晶粒再结晶更快(见 7.4.2.3 节)。由于储能是取向依赖的,这可能导致在再结晶过程中择优取向的发展。

3) 更一般的取向关系

上文讨论了将高迁移率归因于精确的取向关系(如 40°-⟨111⟩)的相关问题。然而,越来越多的证据表明,具有更普遍取向关系的晶界的迁移能力可能高于或低于平均水平,而且这些晶界可能对取向长大效应有重大贡献,我们需注意到以下情况。

(1) 取向差小于 15°的晶界有较低的取向差,60°-⟨111⟩(孪晶)晶界也是如此。Juul Jensen(1995b)已经指出,这种低迁移率晶界对再结晶晶粒长大的影响可能与高迁移率晶界的影响一样显著。这种定向长大有时称为"**定向钉扎**"。

(2) 从 40°-⟨111⟩偏离约 20°的晶界具有高于平均水平的迁移能力(见 5.3.2 节)。

(3) 在随机取向的晶粒集合体中,很大一部分(约 0.35)的大角度晶界的取向差在⟨111⟩的 20°~40°范围内。

正如 Hutchinson 和 Ryde(1997)所讨论的,基于上述晶界的频率和迁移率的取向依赖性,以及成功再结晶晶粒需避免低迁移率的要求,可以预计,在⟨111⟩轴附近,相当一部分再结晶晶粒的晶界将不可避免地出现 20°~40°的取向差。虽然还需要进一步的工作来证实上述观点,但基于晶界迁移率和频率的再结晶长大模型克服了传统定向长大理论的许多缺陷。

450

12.3.3 定向形核

人们已经认识到，再结晶晶核的取向必须与变形结构中体积单元的取向接近或相同。电子显微镜技术的发展使得我们可以确定极小体积材料的取向，以及变形过程中织构发展理论分析的进展，使我们重新关注这一问题。这一领域的许多发展都是由寻找构成立方织构的晶核所推动的。虽然我们已普遍接受会发生定向形核这一观点，但关于特定取向晶核发展机制的许多细节仍存在争议。这类晶核可以在变形带等异质处产生，也可以在常规变形织构的特定成分处形成，如下所述。

12.3.3.1 变形带/过渡带的定向形核

1. Dillamore-Katoh 模型

Dillamore 和 Katoh(1974)开展了该领域的一项基准工作，他们计算了多晶体压缩过程中的晶粒旋转路径，当相邻体积的旋转路径发生分歧时，会形成一个以〈411〉轴为中心的过渡带(见2.7.3节)，如图2.22所示。他们认为这可以为再结晶晶粒的形核和长大提供非常有利的位置，并指出在压缩铁的再结晶织构中，〈411〉纤维织构确实是显著的，如图2.22(a)所示。Inokuti 和 Doherty(1978)在压缩铁退火后的过渡带中也发现了〈411〉取向晶核。

第二个重要的结果来自他们对铜轧制织构发展的研究。在这种情况下，预测会在含立方取向的弯曲晶格的中心区域形成类似的过渡带，如图12.13(Dillamore 和 Katoh,1974)所示。这表明某些晶体会通过绕法线方向旋转而接近立方取向，然后绕轧制方向旋转而发散，最终在图中平面外达到稳定的取向。一个小的初始曲率，如 $A-B-A$，将迅速变大，但是连接两个发散取向的中心点 B 将继续旋转并保持在立方取向。

如果形核发生在这个位置，由于它大的取向梯度，那么应该能发现立方织构。对此的第一个实验支持是由 Ridha 和 Hutchinson

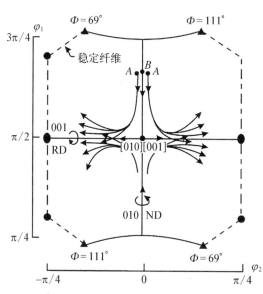

图 12.13 通过 $\Phi = 90°$ 处的取向空间展示了 FCC 金属立方取向附近的滑移旋转

(1982)提供的,他们在冷轧铜中发现的狭长区域证实所预测的类型。这一观察结果在铜和铝中多次由 SAD 和 EBSD 实验所证实(如 Hjelen 等,1991)。Köhlhoff 等(1988b)使用取向敏感的深蚀刻技术也开展了一些相关的实验观察,其中一个典型的微观结构如图 12.14(Duggan 等,1993)所示。

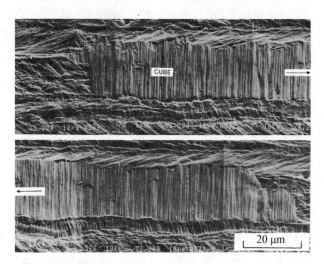

图 12.14　95%减薄的冷轧铜在 140℃退火 100 s 后,形成长而薄的立方取向晶粒

(长度方向与 RD 呈 45°,露出了{110}⟨001⟩立方取向晶粒。)

2. 其他的变形带模型

尽管人们普遍认为 Dillamore-Katoh 模型为变形材料中立方织构的出现提供了令人满意的解释,但随后也有人提出了其他模型,其中 Lee 等(1993)的工作很突出。这些研究者声称冷轧铜中的立方取向体积元(晶核)是由变形带所形成,并且他们认为 Dillamore-Katoh 模型对应于一个变形带,其中所有涉及的晶粒有相同的均匀应变,这就是宏观应变,即该模型对应 Chin(1969)定义的、2.7.2 节所讨论的两个变形带中的第一个。

Lee 等(1993)使用了一个简单的一维模型,只考虑了一种变形带模式,来研究在非均匀变形下变形带的形成,并重点研究了立方取向的形成及其发生的取向环境。研究发现,与 Dillamore-Katoh 模型相比,立方取向的体积元出现得更多,而且起始取向的范围更广。这些立方取向的体积元与邻近区域的体积元相似,在邻近区域的取向旋转了 30°～40°-⟨111⟩。然而,当轧制变形量很大时,这种角度关系就不再成立了,因此他们建议需要一个统一的理论。在这种情况下,在低、中轧制变形量下,两种类型的变形带都产生了立方取向的体积元,而在高轧制变形量时,Dillamore-Katoh 模型更重要。最终结果是增加了适合的定向晶核的数量。

452

Akef 和 Driver(1991)指出,Dillamore-Katoh 分析是基于 Taylor 模型,即基于全约束假设(见 3.7.1 节)。众所周知,这可能导致了滑移率的不确定性[1],特别是对于像$\{001\}\langle100\rangle$这样的高对称取向。此外,该分析是针对 BCC 铁发生$\{hkl\}\langle111\rangle$铅笔滑移的情况,而 Dillamore 和 Katoh 通过反转旋转的符号,将其扩展到 FCC 金属的情况和$\{111\}\langle110\rangle$的滑移的情况。Akef 和 Driver 质疑这种扩展的有效性,也质疑泰勒模型的有效性。他们分析了初始取向接近$\{001\}$ $\langle100\rangle$的晶体的旋转路径和旋转速率,发现单晶试样的行为可以通过一个简单的变形带发展模型进行更准确的预测,其中法向应变分量等于宏观应变的法向分量,剪切应变分量被假定为无约束。

12.3.3.2 变形织构选定成分的定向形核

最近的许多研究表明,优先形核发生在变形织构的某些成分中。这通常与变形不均匀性无关,而是与局部的取向环境,特别是与特定织构成分的毗邻有关。这种优先形核可能是由于相邻晶粒的相对微观结构和变形储能造成的,也可能受到它们相对取向的影响。两个最重要的例子(12.4 节会详细讨论)是铝中的立方带形核(见 12.4.1 节)和低碳钢中 γ-纤维取向晶粒朝向变形后的 α-纤维取向晶粒的优先长大(见 12.4.2 节)。如下所述,在再结晶的早期阶段,这种过程既包括"定向形核"过程,也包括"定向长大"过程。

12.3.4　定向形核与定向长大的相对作用

澄清形核和长大在决定再结晶织构中的相对作用,需要研究变形材料和再结晶材料的微观结构和局部织构(微观织构)。如 Duggan 等(1993)所强调的,基于部分再结晶样品的检查来解释实验结果时,存在一个根本性的困难,因为在这种情况下,长大的晶粒会破坏与晶核及其周围环境相关的重要证据。然而,基于 EBSD 或深蚀刻(见附录 A1)等技术的微观织构研究有助于澄清一些问题,并提供定向形核和定向长大的明确证据,如下面的两个例子所示。

(1)含有粗大第二相颗粒的变形单晶在退火过程中所发生的 PSN(如 Ardakani 和 Humphreys,1994;Ferry 和 Humphreys,1996c)具有启发性。在这些材料中,观察到了 PSN,但只有很少的晶粒发生明显的长大。如图 9.19 和图 9.20 所示以及 9.3.5 节所讨论的,在许多情况下,因为少数晶粒的快速长大,大多数小的 PSN 晶粒以"岛屿"形式被保留下来。这一现象只发生在中等变形

---

[1]　译者注:即可开动的滑移系数量超过 von Mises 条件要求的协调塑性变形所需的 5 个滑移系数量,因此存在多种可能的滑移系组合。

后,而在大变形后 PSN 晶粒以与其他晶粒相似的速率长大,这与以定向长大为主的再结晶相一致。

(2) 有许多关于单晶再结晶的微观织构研究(如 Driver,1995;Mohamed 和 Bacroix,2000;Driver 等,2000;Godfrey 等,2001)。再结晶起因于材料和晶体取向所特有的异质性。在非均匀变形的单晶体中,有限数量的晶体取向导致有限范围的再结晶晶粒取向,从而产生强烈的再结晶织构,为定向形核提供了明确的例子。

关于形核和长大在决定退火织构的相对作用方面的更多例子,请参阅 12.4 节织构演化的讨论和第 15 章中工业加工过程中控制再结晶的案例。最终的再结晶织构取决于可用晶核的取向范围以及随后晶粒所享有的长大优势。这两个因素都取决于材料以及加工工艺参数,每个因素的相对重要性因情况而异。现在已基本达成共识的是,在严重变形的多晶体中,任何再结晶晶核都会被散布范围很广的取向所包围,这种情形在长大过程中会发生变化,这在任何再结晶模型中都必须考虑到。

综上所述,定向长大理论和定向形核理论之间僵化的两极化观点是站不住脚的。再结晶晶核的取向仅限于那些在变形材料中存在的取向,并且没有证据表明晶核的取向是随机产生的。还有无可争议的证据表明,在某些情况下,某些取向关系与晶界迁移率的高低有关。

关于再结晶织构起源的讨论大多集中在微米尺度上的再结晶机制的取向依赖性,在微米尺度上区分"形核"和"长大早期阶段"是没有意义的。这再次强调了"定向形核"与"定向长大"论点的人为性。

12.3.5　孪晶的作用

退火孪晶在低层错能和中等层错能金属的再结晶晶粒中很常见(见 7.7 节)。退火孪晶的形成是产生与再结晶前变形金属不同取向的唯一途径。因此,广泛积极地研究孪晶在再结晶织构产生中的作用也就不足为奇了。Gottstein 和他在亚琛的同事,以及哥廷根的 Haasen、Berger 及其同事广泛地开展了此类研究(如 Gottstein,1984;Berger 等,1988;Haasen,1993)。索菲亚·安蒂波里斯(Sophia Antipolis)和匹兹堡(Pittsburgh)的研究小组最近的研究明确表明,孪晶只在初次再结晶过程中出现,随着组织粗化,晶粒长大会持续降低孪晶密度(Jin 等,2014,2015,2016;Lin 等,2015)。

FCC 金属中有 12 种可能的孪晶变体(⟨112⟩⟨111⟩),如果这些变体在退火过程中连续发生,织构的强度将迅速降低。Gottstein(1984)指出,只需 6 种孪晶变体就可以产生随机织构,如图 12.15 所示。然而,在形成退火孪晶的金属中,大多数再结晶织构是尖锐的,且可明确辨别(见图 12.1),因此,孪晶变体的发生并不是随机的和无约束的。

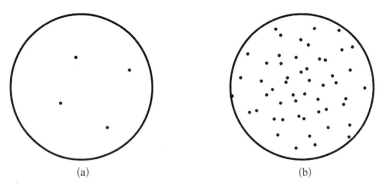

图 12.15　重复随机孪晶对织构的影响

(a) 初始取向的⟨111⟩极图;(b) 经过三代孪晶之后

因此,肯定存在一些孪晶变体的选择机制,并且必然发生某些孪晶变体(孪晶链)的优先长大。影响孪晶变体选择的因素仍有争议(见 7.7.4.2 节),但最有可能的两个因素是高迁移率晶界的发展(Gottstein,1984)或晶界能的减少(Berger 等,1988)。

Berger 等(1988)的大量研究发现,铝中的再结晶晶粒与基体的取向关系约为 40°-⟨111⟩,而铜则不存在这种关系。在纯度为 99.999 8% 的铜晶体(取向为⟨100⟩和⟨111⟩)的拉伸变形中,最有利的取向关系为 20°-⟨100⟩、50°-⟨111⟩、130°-⟨430⟩和 145°-⟨541⟩。这些旋转所产生的取向都与不同长度的孪晶链有关。145°-⟨541⟩与三环链 20°-⟨100⟩以及 50°-⟨111⟩与单链 130°-⟨430⟩的取向关系是相关的。所有这些相当复杂的关系都接近表 12.4 所示的重位点阵。

表 12.4　孪生链的取向关系(Berger 等,1983)

取 向 关 系	最接近的重合关系
20°-⟨100⟩	22.6°-⟨100⟩,Σ13a
50°-⟨111⟩	46.8°-⟨111⟩,Σ19b
130°-⟨430⟩	129.8°-⟨540⟩,Σ25b
145°-⟨541⟩	145.7°-⟨541⟩,Σ23

注:所示的重合关系不一定是具有最小旋转角的重合关系。

Berger 等(1988)将这些观察扩展到轧制多晶铜的退火织构的发展,并指出存在类似的取向关系。立方织构通过 130°-⟨430⟩旋转与轧制织构的两个主要成分({112}⟨111⟩和{110}⟨112⟩)孪生关联,通过 50°-⟨111⟩旋转与第三个成分{123}⟨634⟩孪生关联。这些都是重要的结果,但是将单晶的结果外推来解释轧制多晶体再结晶织构的起源时,需要谨慎一些。这些单晶体的变形相比于多晶体的轧制变形要小得多,例如,⟨100⟩晶体的延伸率为 20%,⟨111⟩晶体的延伸率为 4%。因此,这些单晶体的微观结构非常均匀,也不会发生明显的变形不均匀性,而变形不均匀性在大轧制变形材料中扮演再结晶形核点的角色。第二个问题涉及旋转精度,在这种情况下,130°-⟨430⟩、50°-⟨111⟩和 20°-⟨100⟩的旋转分别偏离了理想值(见表 12.4)8°、5°和 4°。

12.4　退火过程中的织构演变

在讨论了再结晶织构的性质和可能重要的各种机制之后,我们接下来讨论织构发展的几个重要例子,并检查实验与模型的一致性程度。控制织构以改善性能具有重要的技术意义,第 15 章将讨论一些具有工业重要性的具体案例。

12.4.1　FCC 金属中的立方织构

立方织构[见图 12.1 和图 12.4(a)]多年来一直是研究的热点。在许多中、高堆垛层错能的 FCC 金属和合金中均观察到立方织构,而且精准度和尖锐度都很显著。除了铜和铝之外,在金、镍、镍含量超过 30%的铁镍合金,以及一些铁、镍和铜的三元合金中也发现了立方织构(Barrett 和 Massalski,1980)。本节提到的相互矛盾的实验和不同的理论表明,这个老生常谈的问题仍然存在很多争议。在深冲铝合金饮料罐的加工过程中,立方织构的发展具有重要的工业意义(见 15.2.2 节),这在一定程度上助长了这种争论。

457

冷轧材料的极图和 ODF 数据通常都不会显示出明显的{001}⟨100⟩成分,因此很难解释立方织构的起源。本节我们重点介绍两个模型,并讨论一些重要的影响因素。

12.4.1.1　过渡带模型

只需要少量的立方取向就可以提供必要的再结晶晶核,Dillamore 和 Katoh(1974)的理论分析(见 2.7.3 节和 12.3.3.1 节)表明,立方取向可以在过渡带内形成,如图 12.13 所示。在这种条件下,立方取向的晶核将在邻近的微观结构中获得一个适合快速长大的大取向梯度。Ridha 和 Hutchinson(1982)在大轧制变形后铜的微观结构中发现了细长的立方取向区域，认为是由这种方式产生的，这些区域最终发展成立方取向晶粒。Ridha 和 Hutchinson 还提出，立方取向带内的位错结构有助于该区域内立方取向晶核的快速发展。他们认为，对于{001}⟨100⟩立方取向的材料，主要滑移系只涉及相互正交的 a/2[101] 和 a/2[1̄01] 伯格斯矢量。由于伯格斯矢量正交的位错之间的相互作用很小，立方取向亚晶可以发生快速和明显的回复，从而使它们在形成再结晶晶核方面具有额外的优势。

12.4.1.2　立方取向带模型

在商业铝合金中，通常发现热轧后再结晶形成的立方织构比冷轧后更强（如 Hirsch 和 Engler，1995）。虽然这可以部分解释为因颗粒激发形核而导致随机织构成分减少（见 13.6.4 节），但有相当多的证据表明，在热轧铝合金的再结晶过程中，其他因素也促进了立方织构的形成。其中最显著的是高温轧制过程中**立方取向稳定性**的提高（见 13.2.4 节）。现在公认的是，高温变形后再结晶过程中立方取向晶粒的起源是变形结构中的立方取向体积元，这些体积元被保留为带状长条组织，没有证据表明在这些条件下发生了 Dillamore-Katoh 过渡带机制（Vatne 和 Nes，1994；Samajdar 和 Doherty，1995；Vatne 等，1996a，d）。立方织构在再结晶时的强度与热变形后的立方织构强度直接相关（Weiland 和 Hirsch，1991；Bolingbroke 等，1994，1995）。已经证明立方取向带的再结晶机制（Vatne 等，1996a）是应变诱导晶界迁移（SIBM）（见 7.6.2 节），其中立方取向带内的亚晶消耗了邻近的亚晶。

12.4.1.3　相邻 S 取向晶粒的重要性

大多数对铜和铝立方再结晶织构的研究都发现，立方取向晶粒倾向于向相邻的 S 取向变形晶粒内长大（Vatne 和 Nes，1994；Samajdar 和 Doherty，1995；Vatne 等，1996a，d），尽管这可能不是一个先决条件。

Duggan 等（1993）研究了轧制铜中有利于立方取向晶粒发展的取向环境，他们在变形后的微观结构中寻找立方取向体积元，并确定其周围区域的取向。研究结果表明，约 60% 的立方取向区域与其相邻区域的⟨111⟩或⟨110⟩晶体轴共线（见表 12.5）。随后对试样进行不完全退火，以产生孤立的立方取向晶粒，并确定了与任何未再结晶立方取向体积元相邻的体积元的取向。表 12.5 表明，在不完全退火过程中，几乎所有变形的立方取向区域至少有一个(25°~40°)-⟨111⟩相关邻域（此类区域通常接近 S 取向），这个领域被不断长大的再结晶立方取向晶粒所吞噬。

表 12.5　立方取向体积单元的取向关系（Duggan 等，1993）

共线的晶体轴	冷轧时体积单元的数量	不完全退火时体积单元的数量
(15°~60°)-⟨110⟩	34	25
(25°~40°)-⟨111⟩	36	1
其他	48	22
合计	118	48

12.4.1.4　立方取向晶核的优先形成

在低温或高温变形后，先前大多数关于立方取向带内形核的研究（Duggan 等，1993；Vatne 和 Nes，1994；Samajdar 和 Doherty，1995；Vatne 等，1996a,d）都提出了一种基于 SIBM 至邻近 S 取向晶粒的模型。有很多因素促使了以下情况发生。

（1）相邻 S 取向成分存储的能量更高，提供了较大的驱动压力。众所周知，特别是对于在高温下变形的铝，立方取向晶粒的变形储能低于其他取向的晶粒，如 S 取向（见表 13.1）。

（2）大的亚晶尺寸。立方取向亚晶往往比其他取向的更大（见表 13.1），并且有更发散的尺寸分布，这导致存在一些特别大的立方取向亚晶（Vatne 等，1996d）。正如在 7.6.2 节所讨论的，这有利于立方取向带内的 SIBM。

（3）立方取向与 S 取向间的 40°-⟨111⟩ 晶界的高迁移率，即使是非常局部的，也会促进早期阶段的晶粒长大。

（4）特殊晶界（如 40°-⟨111⟩）的较低能量会减少由晶界曲率造成的阻滞压力［见 7.1.1.3 节和式(7.3)］，并促进早期阶段的晶粒长大。

12.4.1.5　立方取向晶粒的优先长大

Lücke 和 Hirsch 以及他们在亚琛的同事们长期以来一直认为，立方织构是因为选择性长大。在对定向长大理论的修正过程中，**妥协织构**的概念得到了相当大的关注（见 Lücke，1984；Lücke 和 Engler，1990，1992）。人们认为立方取向晶粒具有最好的长大机会，因为对于变形织构的所有成分来说，这种取向为满足 40°-⟨111⟩ 条件提供了最好的妥协。在 S 织构的情况下，所有 4 个成分几乎一致；最糟糕的情况是铜织构，在 30°-⟨111⟩ 和 40°-⟨111⟩ 的情况下，分别与建议的关系偏差了 23° 和 30°。

妥协织构模型假设微观结构中存在随机取向的晶核，变形材料中 40°-⟨111⟩

取向的晶粒长大最快。在这种情况下，再结晶织构应与所有⟨111⟩轴经±40°旋转变化的变形织构接近，如图 12.16（Bate，2003）所示。其中图（a）所示为 AA3004 冷轧铝 ODF 的 $\phi_2=0$ 截面，其 ODF 与图 12.3 的 ODF 非常相似。图（b）所示为数据经 40°-⟨111⟩变换后的同一截面。这种变换确实会产生大量的立方织构，并且在戈斯和 P 取向处也会出现峰值（见表 12.1），这可能会在商业铝合金的再结晶过程中发生（见图 15.3）。然而，这些预测的织构非常弱（强度因子为 4）。如果允许从理想的 40°-⟨111⟩旋转的任意发散，织构会变得更弱。因此，很难接受妥协织构模型在再结晶强立方织构的演变中起主导作用的说法。

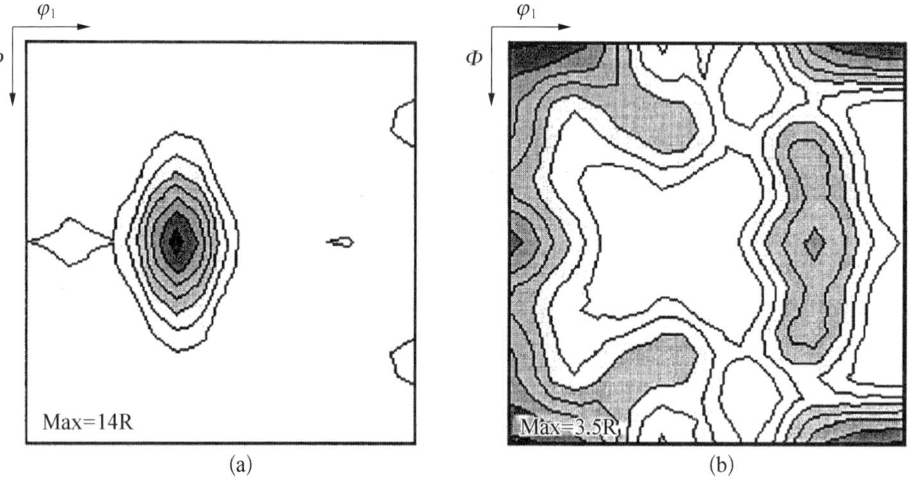

图 12.16　妥协织构

（a）AA3004 冷轧铝 ODF 的 $\phi_2=0°$ 截面（最大强度为 14R）；（b）变形取向 ODF 的 $\phi_2=0°$ 截面，所有取向绕⟨111⟩轴上进行了 40°的旋转（最大强度为 3.5 MRD）

有一些直接证据（Juul Jensen，1995b）表明再结晶立方晶粒比其他取向晶粒长大得更快，例如在铝和铜中，这可归结为立方取向晶粒与基体晶粒之间的取向差（但没有特定的取向关系），比其他晶粒与基体晶粒间的取向差更大（见 12.3.2.3 节）。这种择优长大对立方织构强度的贡献程度尚不清楚。

总之，有强有力的证据表明，立方取向晶粒的大量形成和早期长大在很大程度上决定了最终的立方织构，但很少有证据表明这些晶粒随后具有显著的长大优势。SIBM 从先前的立方取向带内"形核"而成为立方取向晶粒是亚晶选择性长大的一个例子，这一事实进一步突显了区分"定向形核"和"定向长大"的困难，并强化了 12.3.4 节的结论。

12.4.2　低碳钢的再结晶织构

一些研究团队,特别是 Hutchinson、Jonas 及其同事(Hutchinson 和 Ryde, 1997;Hutchinson,2000;Hutchinson 和 Artymowicz,2001;Jonas 和 Kestens, 2001;Reglé,2001),对低碳钢再结晶织构的演变进行了详细的研究,并在这些工作中大量使用了 EBSD 技术。

低碳钢的主要轧制织构成分位于图 3.10 中定义的 α-纤维和 γ-纤维上。微观结构复杂,有两种类型的位错结构。其中之一是典型的高层错能材料,具有边界尖锐的拉长亚结构,明显的局部取向差,以及位于 γ-纤维中 {111}⟨uvw⟩ 类型的轧制平面取向(Every 和 Hatherly,1974;Hutchinson, 2000)。这些区域具有 2.4.1 节所述亚晶界微观结构的持久性特征。第二种是更典型的低层错能材料,具有等轴胞元结构、弥散晶界和较小的局部取向差,以及位于 α-纤维内的轧制平面取向。这种微观结构可以描述为具有瞬态特征(见 2.4.1 节)。

图 12.17(Hutchinson 和 Ryde,1997)显示了无间隙(IF)钢退火过程中主要织构成分的体积分数变化。再结晶的形核始于近 γ-纤维取向的晶粒,似乎涉及 γ-纤维中形成的大取向差亚晶的异常长大。这个机制最初是由 Dillamore 等 (1967)提出的,最近的 EBSD 研究也证实了该机制(如 Barnett,1998;Reglé, 2001)。在再结晶的早期阶段,新的 γ-纤维晶粒经常出现在先前的晶界附近,尽管它们确切的形成机制尚不清楚。

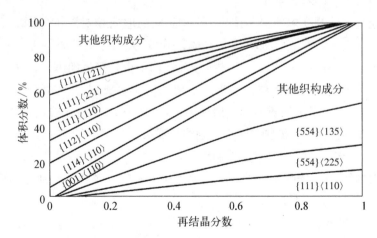

图 12.17　75%冷轧 IF 钢退火过程中变形织构成分(上区)和再结晶织构成分(下区)的体积分数变化

462　　　当轧制减薄量增至约 50％时，研究发现，早期形核晶粒的取向分布已很接近最终的再结晶织构（Hutchinson 和 Ryde，1995），但关于再结晶 γ-纤维晶粒（如{111}〈112〉）向变形 α-纤维晶粒（如{112}〈110〉）优先长大的问题一直存在广泛的争议。这些取向通过围绕一个共同的〈110〉轴旋转约 27°而相关联，有人认为这是定向长大的例子，因为这种晶界的迁移率很高。然而，Lindh 等（1994）研究表明，消失的变形织构成分的体积分数与长大的再结晶织构成分之间没有关联，如图 12.17 所示。最近，Magnusson 等（2001）开展的长大速率的测量结果也没有发现与 γ-纤维晶核长大速率增加的证据，但发现随着再结晶的进行，长大速率明显降低，这可归因为回复和储存能量的不均匀分布。

　　　当前观点认为（Hutchinson，2000），在冷轧减薄量小于 80％时，钢的再结晶织构主要受晶核的取向而非选择性长大所控制。尽管有证据表明，随着冷轧减薄量继续增加，选择性长大也会影响最终的再结晶织构（如 Kestens 和 Houbaert，2000）。

12.4.3　双相合金的再结晶织构

　　　许多具有工业重要性的合金都含有第二相颗粒，因此这些颗粒对再结晶织构的影响具有工业意义。通过控制成分或加工工艺，可以改变颗粒的大小和分布，这提供了一种控制织构的方法，如 15.2 节所述。12.2.4 节讨论了颗粒对再结晶织构的两种基本影响，即 PSN 和晶界钉扎（Smith-Zener 阻力）；本节我们将研究这些因素对织构演化的影响。

12.4.3.1　PSN 的影响

　　　在经过大轧制变形的多晶体中，PSN 晶核的取向相对随机（见 9.3.2 节和 12.2.4.1 节）。然而，除了那些含有高体积分数、大尺寸颗粒的金属基复合材料（见表 12.3），发生 PSN 的合金中的再结晶织构很少是接近随机的。这表明来自其他区域的不同取向的晶粒也是最终织构的重要组成部分。对于那些与 PSN 竞争的位点类型，目前很难得出一般性结论，但从表 12.3 可以看到，当颗粒体积分数较低时，同时存在立方织构和轧制织构成分（如 Al-Fe-Si，Al-Si），而当
463　颗粒体积分数较高时，主要形成轧制织构成分（如 Al-Ni）。因为不是所有的颗粒都能大到足以使 PSN 产生新的晶粒（见 9.3.3 节），颗粒在特别有利位置（如晶界）的选择性形核可能也很关键。

　　　在对含有体积分数约为 0.5％、尺寸约为 1～7 μm 颗粒的 Al-Fe-Si（AA1050）合金的严重轧制变形的研究中，Juul Jensen 等（1985）发现第一个晶粒在颗粒处以随机取向的方式形核，而立方取向的晶粒形核则较晚。立方取向

晶粒迅速长大,最终的微观结构由小晶粒(尺寸<10 μm)组成,通常伴有大颗粒或颗粒团簇,以及大晶粒(尺寸>100 μm)。立方取向晶粒长大速度快的原因尚不清楚,但立方取向晶粒最大,随机取向晶粒最小。有人认为,与 PSN 晶粒相比,立方取向晶粒可能凭借一个优先位置而更快地长大(Nes 和 Solberg,1986)。另外,PSN 晶粒可能具有更低的(与周围晶粒间的)取向差,从而导致较低的长大速率(取向钉扎)。

Ardakani 和 Humphreys(1994)以及 Ferry 和 Humphreys(1996b)的研究清楚地表明,在低应变和颗粒低体积分数的条件下,单晶中的 PSN 晶粒虽然更早地形核,但可能比其他晶粒长大得慢(见 9.3.5 节的图 9.19 和图 9.20)。Lücke 和他的同事们(如 Lücke 和 Engler,1990)认为,发生 PSN 的铝合金的织构可以用 12.4.1.5 节讨论的妥协织构模型的选择性长大来解释,并假设 PSN 晶粒的取向是随机的。

12.4.3.2　变形温度的影响

在低 Zene-Hollomon 参数(Z)的变形条件下,即高温或低应变速率下,PSN 在随后的退火过程中变得不那么容易发生(见 13.6.4 节)。PSN 的临界 Z 值取决于颗粒直径(见图 13.31),随着 Z 值增加,超过临界尺寸的颗粒数量减少,PSN 的晶核数也随之减少。因此,其他的形核位置,特别是立方取向区域,主导了最终的织构,如图 12.18(Bolingbroke 等,1993)所示,随着超过临界尺寸的颗粒数量的增加,AA3004 铝合金中立方取向成分的强度降低。

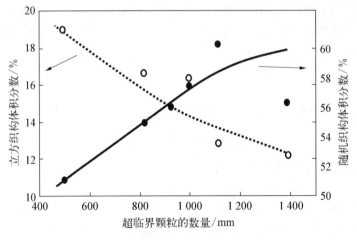

图 12.18　热轧 AA3004 中,再结晶织构与可作为 PSN 位点的颗粒数量之间的关系

12.4.3.3　Smith-Zener 拖曳的作用

在 9.4 节中表明，密集分布的第二相颗粒的弥散会阻止或延迟再结晶。在后一种情况下，更长时间或更高温度的退火通常也会导致最终的再结晶。有相当多的证据表明，对于在以下 3 种情况下的铝合金，颗粒对再结晶织构有显著的影响。

(1) 变形过程中出现小颗粒。在这种情况下，会形成强烈的立方织构，Bowen 等(1993)、Humphreys 和 Brough(1997)、Engler(1997) 以及 Higginson 等(1997)都表明，强度随着颗粒含量的增加而提高。随着 Smith-Zener 钉扎的增加，再结晶晶核的临界尺寸增加(见 9.4 节)。这有利于 SIBM，如 9.4.1.2 节所讨论的，SIBM 可以发生在晶界的大截面上(宽前端的 SIBM)，因此，相比于其他类型的形核，由 SIBM 从先前的立方取向带内形成立方取向晶核更容易发生。

(2) 变形前存在大颗粒和小颗粒。在 9.5 节中讨论了具有双峰状颗粒分布的合金的再结晶，并研究了具有这种微观结构的 Al-Si 和 Al-Cu 合金的再结晶织构(Humphreys 等，1995；Humphreys 和 Brough，1997)。在这两种情况下，再结晶产生的立方织构要比只含有大颗粒的类似合金强得多。

在这类合金中，可能的再结晶形核位置要么是立方取向带，要么是大颗粒。随着 Smith-Zener 钉扎的增加，临界颗粒尺寸变得更大[见式(9.8)]，最终没有足够大的颗粒用于 PSN。然而，如上所述，仍然可能发生宽前端的 SIBM，并由此产生立方织构。

(3) 再结晶退火期间析出颗粒。再结晶退火过程中的析出也被证明可以促进产生工业铝合金的立方织构(Daaland 和 Nes，1996；Engler，1997；Vatne 等，1997)。这可能是由于立方取向晶核比颗粒附近晶核大，因此颗粒钉扎不太有效[即式(9.8)中的 p_c 更小]。然而，也有可能是在 PSN 晶核的"随机"晶界上比在立方取向晶核的"特殊"立方/S 取向晶界上更容易发生析出(Daaland 和 Nes，1996；Somerday 和 Humphreys，2003a，b)。

12.4.4　晶粒长大过程中的织构发展

在再结晶过程中形成的织构不一定是永久性的，在许多情况下，在随后的晶粒长大过程中会发生变化。在某些情况下，最初出现的织构成分可能被相当不同的成分所取代，而在其他情况下，最初相当分散的织构可能会被保留和加强。前者更剧烈的变化通常与异常晶粒长大有关(Beck，1954)。其中最著名的例子是铜板轧制过程中的异常晶粒长大，立方织构被经由(30°～40°)-⟨111⟩旋转产生的新取向所取代(Bowles 和 Boas，1948；Kronberg 和 Wilson，1949)。其他例子如银和 70∶30 黄铜，其中低层错能金属的典型{236}⟨385⟩织构回复为{110}

〈112〉轧制织构;又如 Al - 3‰Mg 合金,其初始立方织构被{013}〈231〉和{124}〈211〉附近的织构成分所取代(Heckelmann 等,1992)。然而,更普遍的结果是发生织构锐化而不是织构变化(Hutchinson 和 Nes,1992),尤其是对于商业合金。图 12.19(Hutchinson 和 Nes,1992)显示了一些 FCC 金属和合金中立方织构强度随晶粒长大而增强的现象,图 12.20(Hutchinson 和 Nes,1992)显示了 BCC 低碳钢中{111}织构成分的类似强化。 466

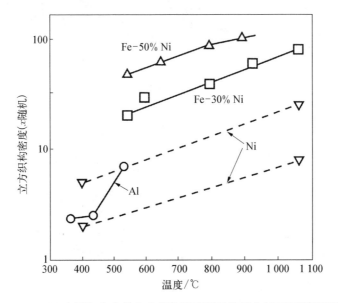

图 12.19　FCC 金属和合金的立方织构强度随晶粒长大(温度升高)而增强

　　异常晶粒长大是织构发生重大变化的必要因素,但在商业合金中通常不会发生异常晶粒长大,因为这些合金通常含有足够数量的弥散相来抑制这种长大(见 11.5.2 节)。此外,织构成分之间的晶界能和迁移率的差异也可能不足以促进异常晶粒长大(见 11.5.3 节)。

　　第 11 章详细讨论了目前关于初次再结晶后晶粒长大的理论以及织构的影响,这里我们只讨论晶粒长大过程中织构的演变。如 11.3 节(Abbruzzese 和 Lücke,1986;Eichelkraut 等,1988;Bunge 和 Dahlem-Klein,1988)所述,目前已经建立了织构材料中晶粒长大的若干个模型。Abbruzzese 等(1988)对比了模型预测和 Al - 1‰Mn 经 95%轧制减薄及随后 620℃退火的实验结果,如图 12.21(a)所示,初次再结晶织构具有很强的{001}〈100〉成分,并且围绕轧制方向旋转产生显著的取向发散。在进一步的 120 s 退火后,立方织构成分完全消失,一个之前并不明显的{011}〈122〉成分成为主导取向[见图 12.21(b)]。在这一 467

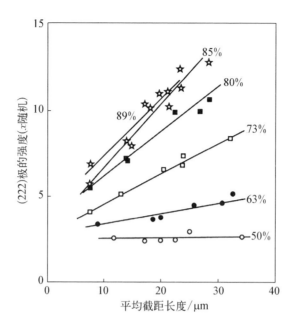

图 12.20 不同轧制变形量下的低碳钢⟨111⟩织构强度随晶粒长大而增强

阶段，还检测到第三个织构成分，即 {013}⟨231⟩，随着退火的继续，它取代了 {011}⟨122⟩ 成分[见图 12.21(c)]。从图 12.22(Abbruzzese 等,1988)可以看出，

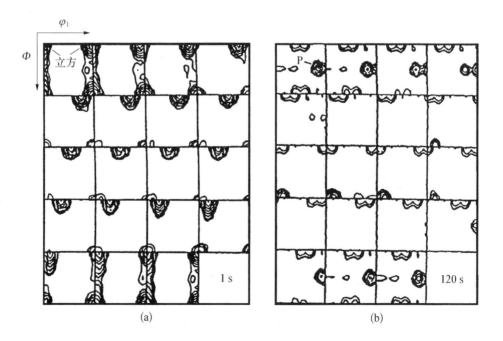

(a)   (b)

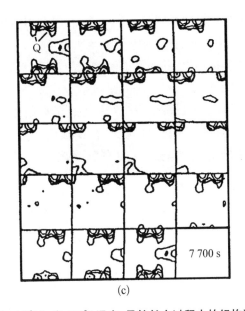

(c)

图 12.21　Al‐1%Mn 在 620℃退火,晶粒长大过程中的织构演化

(a) 1 s,初次再结晶结束;(b) 120 s,晶粒长大的第一阶段;(c) 7 700 s,晶粒长大的最后阶段

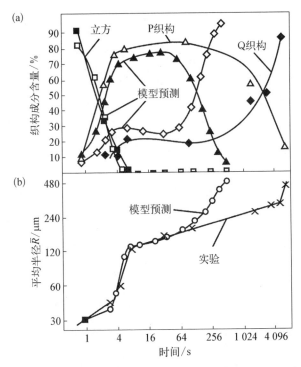

图 12.22　Al‐1%Mn 中受织构控制的晶粒长大随退火时间的变化
(a) 织构成分的体积分数(实心符号是实验数据);(b) 晶粒半径

实验结果与退火早期阶段的模型预测吻合得较好；但在较长时间的退火后，缺乏一致性，主要是因为平均晶粒尺寸接近薄板厚度。Weiland 等（1988）报道了对同一合金的一些类似结果，并通过 EBSD 实验证明，不同取向成分具有不同的晶粒尺寸。

468　　　很明显，在晶粒长大过程中发生织构变化的机制非常复杂，当前对这些机制的认识仍相当匮乏。尽管解释这些变化的理论正在不断发展中，但应该注意的是，作为它们基础的晶界能和晶界迁移率的取向依赖性却仍鲜为人知（见5.3.2 节）。

第 13 章 ▶ 热变形与动态恢复[①]

13.1 引言

在高温变形过程中可能会出现回复和再结晶的软化(恢复)过程,这些现象分别称为**动态回复**和**动态再结晶**,以区别于在材料变形后的热处理过程中发生的静态退火过程;我们在前面的章节中已经讨论了静态退火过程。虽然变形和软化的各种机制同时发生会导致一些显著的差异,但静态过程和动态过程仍有很多相似之处。尽管动态恢复过程具有重要的工程意义,但由于难以对这些过程进行实验研究和理论建模,我们对动态恢复过程的理解并不充分。

动态回复和动态再结晶是**热加工**这个大学科的关键主题,是一个非常大且很重要的领域。受篇幅所限,我们无法在本章进行详细讨论。有关我们对动态恢复理解的发展脉络,感兴趣的读者可以参阅 McQueen(1981)和 Tegart(1992)的著作。

动态回复和动态再结晶发生在金属热加工过程中,如**热轧**、**挤压**和**锻造**。它们之所以重要,是因为它们降低了材料的流动应力,使材料更容易变形,而且它们还影响工件的织构和晶粒尺寸。在蠕变变形中也可能发生动态再结晶(Gifkins,1952;Poirier,1985),**热加工**和**蠕变**的主要区别是应变速率。热加工的应变速率一般在 $1 \sim 100 \ s^{-1}$ 的范围内,而蠕变速率一般低于 $10^{-5} \ s^{-1}$。但是在许多情况下,在这两类变形过程中会发生相似的原子机制。地壳和地幔中矿物的自然变形过程中也会发生动态再结晶,因此构造地质学家也很关注动态再结晶现象(如 Nicolas 和 Poirier,1976;Poirier,1985;Halfpenny 等,2012)。

[①] 译者注:原著为 Restoration,此处译为恢复,包含动态回复和动态再结晶。

13.2 动态回复

在高层错能的金属（如铝及其合金、α-铁和铁素体钢等）变形过程中，容易发生位错攀移和交滑移（见 2.2.2 节）。因此，这些材料在高温变形下会发生快速和显著的动态回复，而且通常是发生动态恢复的唯一形式。在这种情况下，应力-应变曲线的典型特征是上升到一个平台，随后是一个恒定或稳态的流动应力，如图 13.1（Puchi 等，1988）所示。

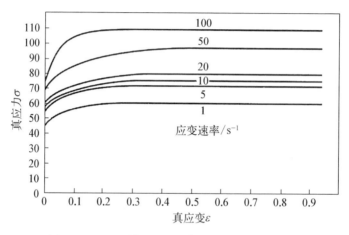

图 13.1 Al-1%Mg 在 400℃ 下的应力-应变曲线

在变形的初始阶段，随着位错的相互作用和增殖，流动应力会相应升高。然而，随着位错密度的增加，驱动力和回复速率也随之增加（见 6.3 节），在此期间形成了小角度晶界和亚晶组织。在一定的应变下，加工硬化和回复速率达到动态平衡，**位错密度保持不变，达到稳态的流动应力**，如图 13.1 所示。在应变速率超过 1 s^{-1} 的变形过程中，塑性变形做功所产生的热量不能完全从试样上散出，变形试样的温度会升高。随着变形的进行，这可能会导致流动应力的降低。在对下面讨论的高温变形行为进行建模时，考虑这些影响是非常有必要的（如 Shi 等，1997）。

13.2.1 本构关系

在会发生热激活变形和回复过程的温度下，除了应变（ε）外，微观结构的演变还取决于变形温度（T）和应变速率（$\dot{\varepsilon}$）。 **Zener-Hollomon 参数**（Z 参数）被广泛用于描述应变速率和变形温度的影响，其定义为

$$Z = \frac{\dot{\epsilon}Q}{RT} \tag{13.1}$$

式中,Q 是激活能。

为了便于热加工操作的理论分析和计算机建模,有必要用代数方程表示流动应力、温度、应变和应变速率之间的关系。如果流动应力遵循力学状态方程,即它只依赖于 T、ϵ 和 $\dot{\epsilon}$ 的瞬时值,而不依赖于它们的历史,那么这些参数之间的关系可以用相对简单的经验方程表示(如 Jonas 等,1969;Frost 和 Ashby,1982)。研究发现,在金属的热加工过程中,这种力学状态方程具有相当好的适用性,在稳态变形过程中,流动应力(σ)与 Zener-Hollomon 参数的关系通常可表示为

$$Z = c_1 \sinh(c_2\sigma)^n \tag{13.2}$$

式中,c_1、c_2 和 n 为材料常数。

式(13.2)也可以写成如下形式:

$$\sigma = \frac{1}{c_2}\ln\left\{\left(\frac{Z}{c_1}\right)^{1/n} + \left[\left(\frac{Z}{c_1}\right)^{2/n} + 1\right]^{1/2}\right\} \tag{13.3}$$

在低应力时,式(13.3)可简化为如下的幂次关系:

$$\dot{\epsilon} = c_3\sigma^m \exp\left(-\frac{Q_1}{RT}\right) \tag{13.4}$$

式中,c_3、m 和 Q_1 是材料常数。

在高应力时,式(13.2)可简化为

$$Z = 0.5^n c_1 \exp(nc_2\sigma) = c_4 \exp(c_5\sigma) \tag{13.5}$$

可以看出 Z 参数与流动应力密切相关,因此与位错密度密切相关[见式(2.2)]。采用 Zener-Hollomon 参数来分析讨论金属的热加工过程尤为方便,因为在热加工过程中,温度和应变速率是已知的,而流动应力可能无法测量。

关于金属热变形过程中的力学性能、本构关系及其在高温变形过程中形成的微观结构的详细讨论超出了本书的范畴,感兴趣的读者可以在 Jonas(1969)、Roberts(1984,1985)、Sellars(1978,1986,1990,1992a,b)、Blum(1993)、Shi 等 472 (1997)和 Davenport 等(2000)的著作中查阅更详细的论述。

13.2.2 微观结构演化机制

动态回复的基本机制是位错攀移、交滑移和滑移，这些机制会导致小角度晶界的形成；我们在 6.4 节讨论过，静态回复过程中也会形成小角度晶界。然而，在动态回复过程中，外加应力为小角度晶界的移动提供了额外的驱动压力，符号相反的晶界会被驱动着向相反的方向运动，这种应力辅助的位错界面①移动可能对整体应变有显著的贡献（Exell 和 Warrington，1972；Biberger 和 Blum，1992；Huang 和 Humphreys，2002）。这种迁移导致了相反晶界上一些位错的湮灭和 Y 形交叉晶界（Y 结）的相互作用（见 6.5.3 节），进而使亚晶在变形过程中保持近似等轴的状态。例如，Y 结即使在低温下也会迁移（Yu 等，2013）。变形的原位扫描电镜实验表明，在热变形过程中，亚晶也可能发生一些重取向。因此，**可以将亚晶视为一种瞬态的微观结构特征**。

加工硬化和回复过程会导致小角度晶界的持续形成和消解，以及亚晶内部那些"游离"（不受约束）或"自由"的位错维持在一个恒定的密度。当应变超过 0.5 后，亚晶结构往往会达到一种稳定状态。图 13.2 是金属在动态回复过程中可能发生的微观结构变化的示意图，图 13.3 展示了一些典型的微观结构。

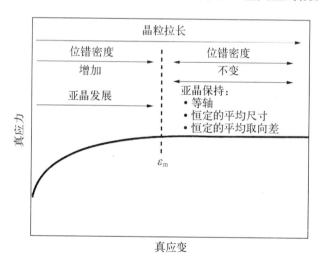

图 13.2 动态回复过程中微观结构变化概览

［图片源自 Sellars C M，1986. In：Hansen，et al.（Eds.），Proc. 7th Int. Risø Symposium. Risø，Denmark：167.］

---

① 译者注：通常将小角度晶界视为一种位错界面。

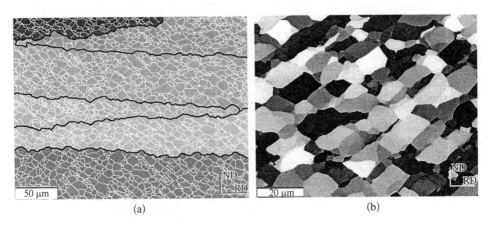

(a)　　　　　　　　　　　(b)

图 13.3　Al‑0.1%Mg 合金在 350℃ 平面应变压缩变形后的 ND‑RD
面微观结构(ε=1, ε̇=0.25)

(a) EBSD 图显示的 LAGB(白色)和锯齿状 HAGB(黑色);(b) SEM 通道对比图像显示的亚晶结构

在稳态变形过程中,虽然位错和亚晶组织基本保持不变,但原始晶界并未发 〔473〕
生明显的迁移,在变形过程中晶粒的形状会持续变化。这意味着在动态回复过
程中,尽管流动应力可以保持恒定,但**并不会达到真正的微观结构上的稳定状
态**,特别是当应变足以使大角度晶界的分离降低到与亚晶尺寸相当时。第 14 章
会进一步讨论这一重要情况。

13.2.3　动态回复过程中形成的微观结构

13.2.3.1　亚晶

在高温变形过程中,动态回复导致亚晶界内形成更有组织性的位错排列
(McQueen,1977),这种排列与静态回复相同(见 6.4 节和图 6.13)。在铝合金
中,**低温变形形成的胞元或亚晶呈带状排列,通常排列在高剪切应力的平面上**
(见 2.4.2 节)。高温变形后也发现了类似的排列(Duly 等,1996;Zhu 和
Sellars,2001),尽管在较高的温度或较低的应变速率(即低的 Z 值)下不太明
显,这可从图 2.10 与图 13.3(b)的对比中看出。

在应变大于 0.5 时,胞元或亚晶的尺寸通常与应变无关(Duly 等,1996),如
图 13.4(Humphreys 和 Ashton,2003)(a)所示,尽管它们取决于温度和变形速率
(见 13.2.3.4 节)。然而,如图 13.4(b)所示,亚晶取向差随着应变增大而增大。

高温变形形成的亚晶通常含有大量的位错,这些位错与小角度晶界无关,这 〔474〕
些游离位错的密度与流动应力有关(见 13.2.3.4 节)。

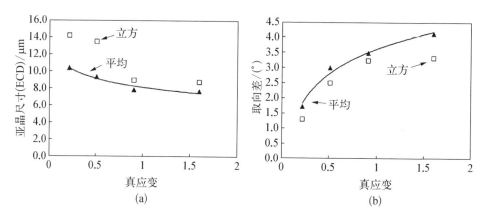

(a)   (b)

图 13.4 应变对 Al‑0.1%Mg 在 350℃、10^{-2} s^{-1} 平面应变压缩变形中的影响

(图中都是立方取向亚晶的均值数据。)

(a)亚晶尺寸；(b)亚晶取向差

13.2.3.2 大角度晶界的锯齿现象

在低 Z 参数条件下的变形过程中，在亚结构的边界张力和局部位错密度变化的作用下，晶界会发生局部迁移，形成锯齿状，锯齿波长与亚晶尺寸密切相关，如图 13.3(a)和图 13.5(a)所示。然而，如果存在小的第二相颗粒，这些颗粒可能会阻止大角度晶界的局部迁移，使其保持平面，如图 13.5(b)所示。

475

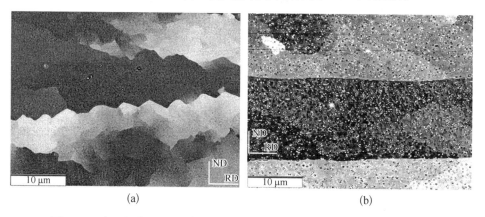

(a)   (b)

图 13.5 变形铝合金在 400℃平面应变压缩变形后，内部形成的大角度晶界

(a) Al‑5%Mg，在大角度晶界处呈锯齿状；(b) Al‑2%Cu，第二相颗粒阻止了晶界锯齿的形成

13.2.3.3 变形的均匀性

正如第 2 章所讨论的，在低温变形过程中形成的微观结构通常是非常不均匀的，这些不均匀的区域往往是后续退火过程中再结晶的形核点。通常发现，随着变形温度的升高，变形变得更加均匀（如 Drury 和 Humphreys，1986；Hansen

和 Juul Jensen，1991；Ball 和 Humphreys，1996)。这种现象可部分解释为激活滑移系数量的增加,进而导致发生更接近理想的泰勒型塑性变形,这种塑性变形比在较低温度下的塑性变形更均匀(见 3.7.1.2 节)。在高温变形过程中,滑移系也可能变得更活跃,低温下因为更高的 Peierls-Nabarro 应力而无法激活的滑移系在高温下也能开动。这在非金属和非立方材料中尤其重要(Hazif 等,1973；Ion 等,1982),甚至在面心立方金属中,也有一些证据表明,高温下可能开动除{111}⟨011⟩外的其他滑移系(见 13.2.4 节)。图 13.6(Ball 和 Humphreys,1996)展示了大尺度变形带的形成频率如何随变形温度升高而降低,这些变形带是用光学显微镜观察的。Samajdar 等(2001)也表明,随着 Z 值的减小,铝的长程取向差梯度减小。通常还发现,在较高的变形温度下,剪切带出现的频率更低,如图 2.23 所示。

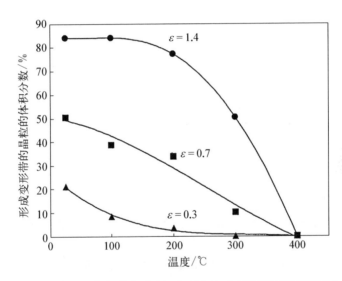

图 13.6　变形温度和应变对 **Al‐0.3%Mn** 在平面应变压缩变形中大尺寸变形带形成的影响

13.2.3.4　变形条件的影响

上面讨论的位错增加和回复机制,适用于很宽的温度和应变速率范围(Blum,1993)。然而,应该注意的是,在非常低的应变速率和高温下(即蠕变变形条件),其他机制,如 Herring-Nabarro 和 Coble 蠕变可能很关键,但本书不讨论这些问题。在低温和高应变速率(高 Z 参数)下位错增加(加工硬化)因素占主导地位,而在高温和低应变速率(低 Z 参数)下动态回复占主导地位。因此,热变形后的微观结构同时依赖于应变和 Zener-Hollomon 参数。

476

1. 位错密度

研究表明,对于钢和铝,高温流动应力与亚晶内位错密度(ρ_i)存在如下关系(Castro-Fernandes 等,1990):

$$\sigma = c_1 + c_2 Gb\rho_i^{1/2} \tag{13.6}$$

式中,c_1 和 c_2 是常数。这类似于在低温下发现的流动应力与整体位错密度之间的关系[见式(2.2)],图 13.7(a)显示了 Al - Mg - Mn 合金的这种关系。

2. 亚晶大小

如果形成了亚晶,通常会发现(Sherby 和 Burke,1967)高温流动应力与平477 均亚晶直径 D[见式(6.30)]成反比,如图 13.7(b)所示的例子。研究表明(Takeuchi 和 Argon,1976),如果式(6.30)用归一化应力、亚晶尺寸和无量纲常数 K 表示,那么 K 对于任何特定类别的材料都是常数。

$$\frac{\sigma}{G}\frac{D}{b} = K \tag{13.7}$$

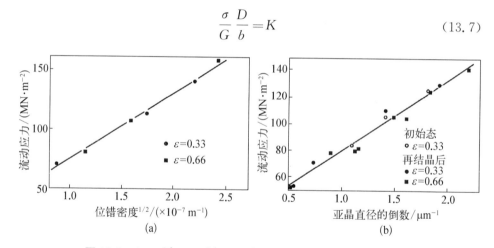

图 13.7 Al - 1%Mg - 1%Mn 的高温流变应力与微观结构的关系

(a) 亚晶内的位错密度(Castro-Fernandez 等,1990);(b) 亚晶尺寸(Castro-Fernandez 和 Sellars,1988)

Derby(1991)分析了一系列金属和矿物的亚晶数据,并根据式(13.7)绘制了这些数据(见图 13.8)。对于 FCC 金属,K 值约为 10;对于 NaCl 结构的离子晶体,K 值约为 25~80。Furu 等(1992)分析了铝合金在大范围变形条件下的亚晶尺寸,结果表明,在 $10^{13} < Z < 10^{17}$ 范围内,亚晶尺寸 D 与 Z 参数之间的关系可以用如下经验公式表示:

$$D = K_1 - K_2 \log Z \tag{13.8}$$

式中,K_1 和 K_2 是常数。

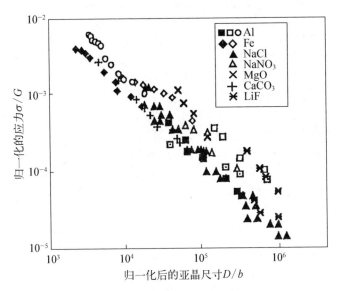

图 13.8　亚晶尺寸与高温流动应力的关系

(图片源自 Derby B, 1991. Acta Metall. , 39: 955.)

在恒定的流动应力(或 Z)下,式(13.6)和式(6.30)隐含亚晶尺寸与亚晶内位错密度之间具有如下的独特关系:

$$\rho_i^{1/2} = c_3 D^{-1} \tag{13.9}$$

这种关系是由变形过程中亚晶形成的理论模型预测的(如 Holt, 1970; Edward 等, 1988), 相关的实验研究包括铝(Ginter 和 Mohamed, 1982; Castro-Fernandez 等, 1990)、铜(Straker 和 Holt, 1972)和铁素体钢(Barrett 等, 1966; Urcola 和 Sellars, 1987), 并发现 c_3 在 10~20 之间。

478

13.2.3.5　变形条件的影响

在许多热加工过程中,变形温度和应变速率并不是恒定的,而且,如上节所述,位错密度等微观结构参数与变形条件密切相关,因此了解在不同温度或应变速率条件下的微观结构演变是很有必要的。铝合金的热变形实验(Baxter 等, 1999)表明,若在变形过程中提高应变速率,则经过少量的进一步变形后,组织就达到了平衡。然而,如果在变形过程中降低应变速率,则需要进一步约 0.5 的应变,组织方能达到平衡。Huang 和 Humphreys(2002)发现应变速率降低导致亚晶长大的主要机制是小角度晶界的迁移。如图 13.9(Huang 和 Humphreys, 1997)所示,在这些条件下,亚晶的长大速率比静态退火中大得多,晶界迁移率受到外加应力的强烈影响(见 13.2.2 节)。

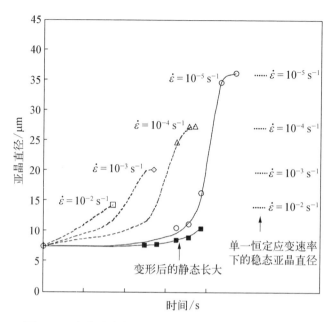

图 13.9 应变速率变化对工业纯铝样品亚晶尺寸的影响

(变形温度为 400℃，应变速率为 0.5 s^{-1}，应变为 0.9；图中还展示了静态退火条件下亚晶的长大速率。)

479 ## 13.2.4 热变形过程中织构的形成

第 3 章讨论了由冷变形或热变形引起的晶体学织构。在某些情况下，高温变形可能会产生明显不同的织构，即使在只经历了动态回复的材料中也是如此。由于这些织构可能对热加工材料的再结晶有很强的影响，我们在这里进行简要讨论，并重点关注铝合金热变形中的立方织构成分。该课题具有重要的工程意义，近年来一直是广泛研究的课题。

如 13.2.1 节所述，变形温度和应变速率可以方便地用 Zener-Hollomon 参数统一描述。研究发现，在平面应变压缩（如轧制）过程中，当 Z 值降低时，{011}⟨211⟩（黄铜织构）和{001}⟨100⟩（立方织构）的稳定性显著提高，其代价是其他轧制织构的稳定性下降。如图 13.10（Daaland 和 Nes，1995）所示为一种热480 轧 Al - 1%Mg - 1%Mn 合金的织构。可以看到，普通轧制织构成分，如黄铜、铜和 S（见图 3.3）都存在，但沿着 β-纤维，黄铜织构特别强。此外，在立方织构附近也出现了的峰值。

在将热变形织构直接解释为变形织构时须谨慎，因为在淬火之前可能发生再结晶，Al - Mg 合金尤其如此（如 Hirsch，1991）。织构演变的细节也很大程度

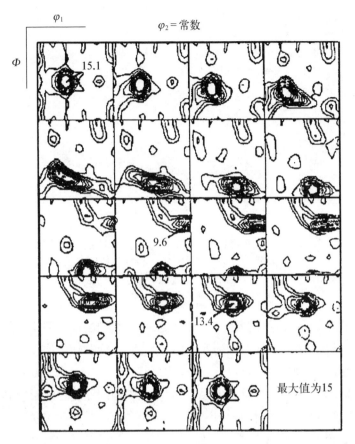

图 13.10 商用热轧 Al-1%Mg-1%Mn 合金的 ODF,除了正常的轧制织构外,
还有较多的黄铜织构成分和明显的立方织构成分

上依赖于起始织构(Bolingbroke 等,1995),但上述趋势是普遍存在的,并且与热变形单晶的研究结果一致(Maurice 和 Driver,1993,1997a)。对一些稀铝合金(Vernon-Parry 等,1996)热变形后织构的研究表明,在研究的条件范围内,立方织构的强度随变形增加而降低,随 Z 参数增加而降低。Basson 等(1998)也报道了类似的结果,如图 13.11 所示。

研究还发现,不同织构成分内的亚晶具有不同的特征。表 13.1 为 Al-1%Mg 合金在 400℃平面应变压缩至应变为 1 后的亚晶结构 TEM 图。最后三列为储存的能量,是亚晶取向差除以亚晶尺寸的函数[见式(2.8)]。Vatne 等(1996a,b,c,d)和 Brahme 等(2009)也得出了类似的结果。为简单起见,对这些数值进行归一化,将立方织构成分设置为单位值。这些数据连同 Bardal 等(1995)关于 Al-1%Mn-1%Mg 的数据,以及图 13.4 的数据表明,虽然在铝 481

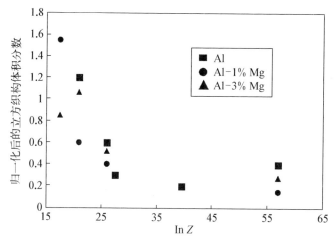

图 13.11 合金在平面应变压缩变形到应变为 1 后，归一化的立方
织构体积分数与 Zener-Hollomon 参数(Z)的关系

〔数据源自 Basson F, Chenal B, Necker C, et al. , 1998. In：Sato, et al.
(Eds.), Proc. 6th Int. Al. Conf. , ICAA6：1167. 〕

中，立方取向亚晶的尺寸往往比其他亚晶更大，但它们的取向差相似或略低。因
此，立方织构比大多数其他织构的变形储能更低，尽管黄铜织构在某些情况下具
有最低的能量。这被认为是铝热变形后的再结晶(见 13.6.2 节)和再结晶织构
(见 12.4.1 节)发展的一个重要因素，因为立方织构的低储存能量使其相对于其
他织构成分而言更具长大优势。Brahme 等(2009)表明，在再结晶过程中，强立
方织构的发展取决于几个因素，包括已经注意到的变形储能的变化、某些织构中
出现的形核，以及各向异性的晶界性质(能量和迁移率)。

表 13.1 Al‑1%Mg 合金在 400℃下变形至真应变 $\varepsilon=1$ 时的亚晶参数(Driver 等,1996)；
Al‑Mg‑Mn 合金在 350℃下变形至真应变 $\varepsilon=2$ 时储存的能量(Vatne 等,
1996a,b,c,d)；商业纯铝 325℃热轧后储存的能量(Brahme 等,2009)

织构成分	取向差 /(°)	尺寸 /μm	储能 (Driver 等)	储能 (Vatne 等)	储能 (Brahme 等)
黄铜	3.1	12	1.6	0.84	1.23
S	6.3	17	1.75	1.21	1.27
铜	4.3	14	1.7	1.18	1.24
立方	4	23	1.0	1.0	1.0

注：所有值都是相对于立方织构成分。

在高温变形过程中,铝合金中黄铜织构和立方织构成分稳定性的提高可以通过{110}⟨110⟩的高温非八面体滑移来解释,这可以从表面滑移迹线中找到证据(Hazif 等,1973;Maurice 和 Driver,1993)。Caillard 和 Martin(2009)对 FCC 金属中的非八面体滑移进行了全面的综述。如果这种滑移包括在晶体塑性计算中,那么就可以预测这些织构成分稳定性的提高(Maurice 和 Driver,1993,1997b)。然而,如果假设有合理的滑移条件,预测织构与实际织构之间的一致性就不是特别好(Kocks 等,1994;Knutsen 等,1999;Samajdar 等,2001)。此外,非八面体滑移的发生很难解释为什么立方织构的强度在某些情况下会随变形而增加(Knutsen 等,1999)。一些作者将织构的变化与微观结构的变化关联起来(Samajdar 等,2001),或与某些形式的动态晶界迁移的开始关联起来(Kocks 等,1994;Knutsen 等,1999),需要进一步的工作来澄清这些问题。

13.2.5　微观结构演化建模

482

对金属热变形过程中动态回复微观结构演变的建模是一个重要的研究方向,目的是预测在各种加工工艺条件下材料的微观结构和流动应力,Shercliff 和 Lovatt(1999)对这一主题进行了全面的综述。早期的工作是基于 13.2.1 节讨论的经验本构方程的发展,近年来,"基于物理的"状态变量模型的发展受到极大的关注,这类模型通过量化物理参数,如位错密度、亚晶尺寸和取向差等,用来模拟整体的微观结构演化。这类模型的例子可以在 Sellars(1990,1997)、Nes(1995b)、Nes 和 Furu(1995)以及 Shercliff 和 Lovatt(1999)的工作中找到。这种建模已经通过有限元方法进行了扩展,以对变形过程中应变、应变速率和温度分布提供更真实的描述(McLaren 和 Sellars,1992;Beynon,1999;Davenport 等,1999)。虽然这些模型的细节不在本书的范围内,但 16.3.3 节概述了如何在工业变形加工中使用这些模型。

13.3　不连续动态再结晶

在回复过程较慢的金属中,例如具有低或中等层错能的金属(铜、镍和奥氏体铁等),当达到临界变形条件时,可能会发生动态再结晶。对动态再结晶现象的简要描述如下:新晶粒起源于旧的晶界,但随着材料不断变形,新晶粒的位错密度增大,进一步长大的驱动力减弱,再结晶晶粒最终停止长大。另一个可能限制新晶粒长大的因素是在运动晶界处发生进一步的晶粒形核。这种类型的动态再结晶具有明显的形核和长大阶段,属于不连续过程。高温变形过程中还存在其他产生大角度晶界的机制,可以认为是动态再结晶的不同类型。这些现象将在第 13.4 节中讨论。

13.3.1 动态再结晶的特点

动态再结晶的一般特征如下:

(1) 如图 13.12(Petkovic 等,1975)所示,动态再结晶材料的应力-应变曲线一般具有较宽的应力峰值,这与单调上升到平台应力不同,后者是只发生动态回复的材料的流动应力特征(见图 13.1)。在低 Zener-Hollomon 参数条件下,低应变时可能出现多个峰,如图 13.12 所示。

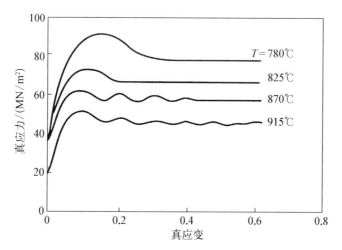

图 13.12 温度对 0.68%C 钢的应力-应变曲线的影响

(轴向压缩变形,应变速率为 $1.3 \times 10^{-3} \ \mathrm{s}^{-1}$。)

(2) 临界应变(ε_c)是启动动态再结晶的必要条件,这发生在应力-应变曲线的峰值(σ_{max})之前。在一系列测试条件下,发现 σ_{max} 仅与 Zener-Hollomon 参数有关。ε_c 随应力或 Z 值的减小而稳定下降,尽管在极低的(蠕变)应变速率下,临界应变可能再次增加(Sellars,1978)。

(3) 动态再结晶晶粒尺寸(D_R)随应力的减小而单调增大。在变形过程中不发生晶粒长大,晶粒尺寸保持不变。

(4) 流变应力 σ 和 D_R 几乎与初始晶粒尺寸 D_0 无关,尽管当初始晶粒尺寸较小时,动态再结晶动力学加快。

(5) 动态再结晶通常始于已有的晶界,但对于应变速率很低和初始晶粒尺寸较大的情况,晶内形核变得更重要。

13.3.2 动态再结晶的形核

13.3.2.1 形核机制

动态再结晶通常起源于大角度晶界,可以是原始晶界、动态再结晶晶粒的晶界,或在应变过程中产生的大角度晶界(例如与变形带或变形孪晶有关的晶界)。晶界弓出经常是动态再结晶的前兆,通常认为这是与启动应变诱导晶界迁移密切相关的一种机制(见 7.6.2 节)。更一般地,我们考虑这样的前提:在晶界上存在一个可移动的晶界和一个足够大的取向差(以提供驱动力)。为了使晶界可移动,取向差必须在大角度范围内。众所周知,取向差随应变的增加而增加(见 2.2.3.3 节),取向梯度在晶界附近(大角度)最大(Mishra 等,2009)。这些条件为形核的临界应变要求以及形核主要发生在大角度晶界上提供了合理的基础。最近的研究(Wusatowska 等,2002)也表明,铜动态再结晶的起源可能是由于晶界滑动而在晶界锯齿处形成的晶格旋转,这是由 Drury 和 Humphreys(1986)提出的机制,将在 13.4.2 节讨论。

13.3.2.2 动态再结晶模型

研究人员已提出了几种动态再结晶模型。无论形核机制的细节如何,动态再结晶晶粒的长大条件应取决于位错的分布和密度,包括亚晶和自由位错(见 13.2.3 节),它们提供了长大的驱动力。根据 Sandström 和 Lagneborg(1975a,b,c)的模型,图 13.13(Sandström 和 Lagneborg,1975a,b,c)示意了在迁移晶界附近的位错密度。在 A 处的晶界从左向右移动到具有高位错密度 ρ_m 的未再结晶材料中。当晶界移动时,通过再结晶使位错密度降低到零附近。然而,持续的变形提高了新晶粒中的位错密度,并在移动晶界后面堆积,在晶界后面距离 x 处达到 ρ_x,在很远的距离则趋于 ρ_m 值。以下是非常近似的分析,没有考虑动态

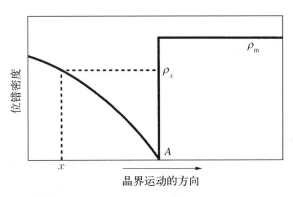

图 13.13 动态再结晶前端的位错密度示意图

回复,是以 Sandström 和 Lagneborg(1975a, b, c)以及 Roberts 和 Ahlblom (1978)的分析为基础。

迁移晶界在 $\rho_m Gb^2$ 的驱动压力[由晶界两侧的位错密度差导致,见式 (5.1)]下移动,则移动速度为

$$\frac{\mathrm{d}x}{\mathrm{d}t} = M\rho_m Gb^2 \tag{13.10}$$

当位错的平均滑移距离为 L 时,通过对式(2.1)求导,可得位错密度在迁移晶界后因持续变形而增加的速率,即

$$\frac{\mathrm{d}\rho}{\mathrm{d}t} = \frac{\dot{\varepsilon}}{bL} \tag{13.11}$$

因此

$$\frac{\mathrm{d}\rho}{\mathrm{d}x} = \frac{\dot{\varepsilon}}{MLGb^3 \rho_m} \tag{13.12}$$

$$\rho = \frac{\dot{\varepsilon}_x}{MLGb^3 \rho_m} \tag{13.13}$$

移动晶界后面的位错密度在 $x = x_c$ 时达到 ρ_m 值,因此有

$$x_c = \frac{MLGb^3 \rho_m}{\dot{\varepsilon}} \tag{13.14}$$

如果假定形核是通过晶界弓出机制发生的,则形成直径为 x_c 的晶核的临界条件为[参见式(7.40)]

$$E > \frac{2\gamma_b}{x_c} \tag{13.15}$$

式中,E 为存储的能量,通常表示为 $\rho_m Gb^2$ 乘以一个系数 K。根据式(13.14),形核条件为

$$\frac{\rho_m^3}{\dot{\varepsilon}} > \frac{2\gamma_b}{KMLGb^5} \tag{13.16}$$

486 式(13.16)的右边项在特定温度下可近似为恒定,因此动态再结晶的形核条件是必须达到 $\rho_m^3/\dot{\varepsilon}$ 的临界值。铝和纯铁等(高层错能)材料容易发生回复,而该参数(对位错密度的依赖性很强)难以达到临界值,因此只发生**动态回复**。然而,在

层错能较低的材料,如铜、镍和不锈钢中,回复缓慢,位错密度容易增加到发生动态再结晶所需的临界值。需要注意的是,溶质也能达到同样的效果,所以碳钢也很容易发生**动态再结晶**。

关于铝中动态再结晶的发生,文献中存在一些混淆。如上所述,快速动态回复通常会阻止维持动态再结晶所需的足够的位错累积。然而,已经有许多关于高纯铝动态再结晶的报道,Kassner 和 Evangelista(1995)综述了这些报道,他们得出的结论是,在室温变形过程中,高纯铝可以发生不连续动态再结晶。如果我们考虑式(13.16)给出的动态再结晶条件,可以看到动态再结晶所需的临界值 $\rho_m^3/\dot{\varepsilon}$ 会随着晶界迁移率(M)的增加而减小,如 5.3 节所讨论的,在非常纯的金属中发现很高的晶界迁移率。因此,很有可能在某些条件下,晶界迁移率的增加超过了回复率的增加,从而允许动态再结晶发生。

13.3.3 微观结构演化

动态再结晶一般从旧晶界开始,如图 13.14(a)所示。新晶粒随后在正在长大的晶粒的晶界处形核[见图 13.14(b)],这样就形成了如图 13.14(c)所示的再

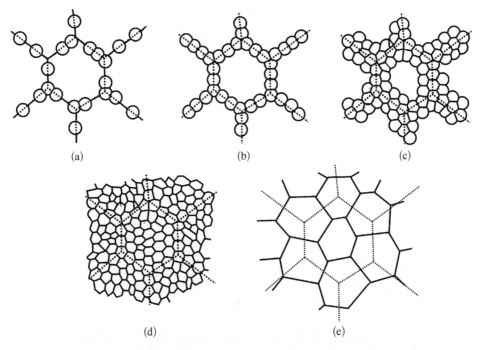

(a)   (b)   (c)

(d)   (e)

图 13.14 动态再结晶过程中的微观结构发展(虚线表示原先的晶界)

(a)~(d) 初始晶粒尺寸较大;(e) 初始晶粒尺寸较小

结晶晶粒增厚带。如果初始晶粒尺寸(D_0)与再结晶晶粒尺寸(D_R)相差较大，则可能形成晶粒"项链"结构[见图 13.14(b)(c)]，最终材料将完全再结晶[见图 13.14(d)]。如图 13.15(Ardakani 和 Humphreys，1992)所示为铜经过部分动态再结晶的显微图。与静态再结晶不同，动态再结晶晶粒的平均尺寸在再结晶过程中没有变化，如图 13.16(Sah 等，1974)所示。

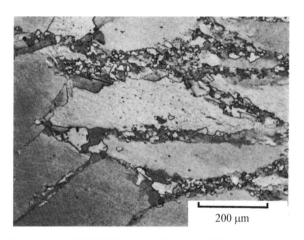

图 13.15 多晶铜在温度为 **400℃**、应变速率 $\dot{\varepsilon}=0.02\ s^{-1}$、应变 $\varepsilon=0.7$ 时的原始晶界处的动态再结晶

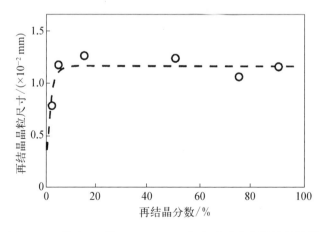

图 13.16 镍在 **880℃**、$\dot{\varepsilon}=0.057\ s^{-1}$ 变形时动态再结晶晶粒尺寸与再结晶分数的关系

在某些情况下，微观结构演变比上述描述更为复杂，因为动态再结晶的开始可能导致变形机制的改变。例如，如果动态再结晶导致非常小的晶粒尺寸，那么后续的变形可能发生**晶界滑动机制**。特别是当位错滑移和攀移变得困难时。这

488

种现象已在黄铜（Hatherly 等，1986）、镁（Drury 等，1989）、弥散强化铜（Ardakani 和 Humphreys，1992)以及金属间化合物(Ponge 和 Gottstein，1998)中观察到。因为黄铜堆垛层错能较低,阻碍了位错攀移;镁滑移系较少;而弥散强化铜中的位错运动会受第二相颗粒的阻碍。

13.3.4　稳态的晶粒尺寸

实验结果表明,动态再结晶过程中稳态晶粒尺寸 D_R 的变化主要受流动应力的影响,而对变形温度的依赖性较弱。经验关系通常为

$$\sigma = K D_R^{-m} \tag{13.17}$$

式中,$m < 1$;K 是常数。Twiss(1977)研究了许多材料的平均晶粒尺寸与流动应力之间的关系,并提出了一个普适性的关系,其归一化形式为

$$\frac{\sigma}{G}\left(\frac{D_R}{b}\right)^n = K_1 \tag{13.18}$$

式中,$n = 0.8$, $K_1 = 15$,其形式与式(13.7)的亚晶关系很相似。Derby(1991)发现(见图 13.17),这种关系适用于非常广泛的冶金领域和地质领域的材料,并表明图 13.17 中的数据受下式描述的轨迹限制:

$$1 < \frac{\sigma}{G}\left(\frac{D_R}{b}\right)^{2/3} < 10 \tag{13.19}$$ 489

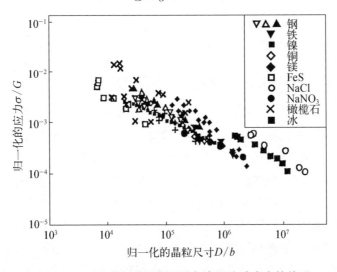

图 13.17　动态再结晶晶粒尺寸与高温流动应力的关系

（数据源自 Derby B, 1991. Acta Metall. , 39：955.）

然而，Wusatowska 等（2002）最近报道，在铜中，尽管式（13.17）中的晶粒尺寸指数 m 在低流动应力下为 0.75，但在高流动应力下则降至 0.23，表明动态再结晶机制发生了变化。动态再结晶是一个连续的变形过程，晶粒形核、晶界迁移留下新的无位错晶粒，然后进一步变形。虽然在金属中无法直接观察到动态再结晶的细节，但在透明晶体材料中可以观察到这些过程（见 13.5 节）。

为达到一种稳定状态，必须在新晶粒的形核和先前形核晶粒的晶界迁移之间达到动态平衡。Derby 和 Ashby（1987）分析了这种平衡，结果如下。在移动晶界扫过相当于平均稳态晶粒尺寸（D_R）的体积所花的时间内，形核速率 $\dot{N}$ 应足以使微观结构的每个等效平均体积内发生一个形核事件。如果形核仅限于预先存在的晶界，则这种条件可以表示为

$$\frac{CD_N^3 \dot{N}}{\dot{G}} = 1 \tag{13.20}$$

式中，C 是约为 3 的几何常数。

490 　　因此，稳态晶粒尺寸将取决于形核率和长大速率的比值。Derby 和 Ashby（1987）认为，由于稳态晶粒尺寸取决于形核率和长大速率之比，而两者都可能有类似的温度依赖性，那么可以预计稳态晶粒尺寸只是弱依赖于温度，正如实践中所发现的。如果动态再结晶晶粒的尺寸 D_R 等于式（13.14）中的 x_c，那么我们假设流动应力与位错密度之间的关系遵循式（2.2），流动应力与应变速率之间的关系遵循式（13.17）（$m=5$），则式（13.17）可以写成 $\sigma = K'/D$ 的形式，与式（13.18）类似。Derby 和 Ashby（1987）采用了比该分析更复杂的分析方法，从式（13.20）开始计算稳态晶粒尺寸，得出了与式（13.18）相近的关系。

13.3.5 　动态再结晶过程中的流变应力

如图 13.12 所示，动态再结晶材料的应力-应变曲线可以表现为单峰或多次振荡。Luton 和 Sellars（1969）用再结晶和硬化之间的竞争解释了这一点。在低应力下，材料在第二轮再结晶开始之前完全再结晶，然后重复这一过程。流动应力依赖于位错密度，因此随应变而振荡。在高应力条件下，后续的再结晶循环在之前的循环结束之前就开始，因此材料在第一个峰之后总是处于部分再结晶状态，应力-应变曲线变得平滑，形成了一个单一的宽峰。即使在低应力条件下，再结晶的再启动在每个循环周期内会变得越来越不均匀，振荡也会减弱。

Sakai 和 Jonas（1984）认为应力-应变曲线的形状主要取决于再结晶与起始晶粒尺寸的比值（D_0/D_R）。如果 $D_0/D_R>2$，则微观结构发展如图 13.14（a）～

(d)所示,除非在非常高的应变下,材料只发生部分再结晶,并产生一条具有单一峰值的平滑曲线。然而,如果 $D_0/D_R<2$,那么新晶粒几乎同时形成,因为有足够的形核点(即旧边界),而使再结晶在一个周期内完成,如图 13.14(e)所示。这种完全再结晶和软化的材料会进一步变形、硬化,然后再次再结晶。随着这一循环的重复,得到一个振荡的应力-应变曲线。因此,应力-应变曲线的形状取决于变形条件 Z 参数和初始晶粒尺寸。图 13.18 示意了应力-应变行为与这些参数之间的关系。

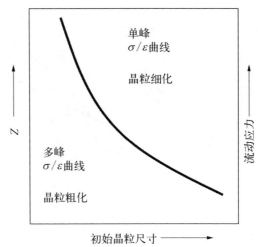

图 13.18　多峰和单峰动态再结晶条件

(数据源自 Sakai T，Akben M G，Jonas J J，1983. Acta Metall.，31：631.)

13.3.6　单晶的动态再结晶

Mecking 和 Gottstein(1978)、Gottstein 和 Kocks(1983)在银、金、镍、铜及其合金的单晶动态再结晶的基本方面进行了大量的研究。正如本章前面所讨论的,动态再结晶本质上是一种晶界现象,因此它在单晶体中的出现尽管在科学上很有趣,但不太可能与工业合金的热机械加工直接相关。

如图 13.19(Gottstein 等,1979)所示,高温拉伸变形铜晶体的应力-应变曲线出现急剧下降,这与动态再结晶的发生相对应。应变与动态再结晶的发生没有明显的相关性;然而,已经证明动态再结晶的剪切应力 τ_R 在给定的变形条件下是可复现的。τ_R 是材料、晶体取向、变形温度和应变速率的函数(Gottstein 等,1979;Stuitje 和 Gottstein,1980;Gottstein 和 Kocks,1983),并且与多晶体的情况不同,τ_R 与 Zener-Hollomon 参数并不是唯一相关的。

实验结果表明,在高温状态下,单晶的动态再结晶是由单个临界晶核的形成触发的,该临界晶核是变形组织中的亚晶。然后这个亚晶迅速扫过微观结构。但在低温状态下,出现很多的孪晶核,只有当所形成的孪晶核与基体的取向关系具有高迁移率时(见 5.3.2 节),孪晶核才会快速长大。因此,可认为单晶中动态再结晶的开始是由**形核控制**的,而多晶中(见 13.3.4 节)是由**长大控制**的。

491

492

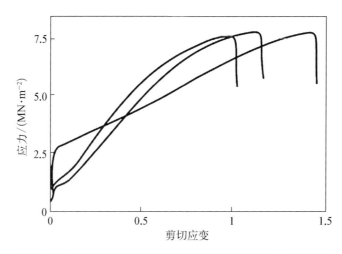

图 13.19　相似取向的铜晶体在 857℃下的剪切应力-应变曲线

在含有抑制亚晶长大的弥散氧化物颗粒的单晶铜中,发现动态再结晶会在晶体高温变形过程中形成的过渡带处形核(Ardakani 和 Humphreys,1992)。我们注意到,在多晶材料蠕变过程中,由于再结晶,应力通常会下降,如 Gifkins(1957)在铅中和 Hardwick 等(1961)在镍中指出的那样。

13.3.7　双相合金的动态再结晶

有证据表明,在双相合金的高温变形过程中,可能会发生类似于含大颗粒合金静态退火过程(见 9.3 节)中所发生的 PSN 过程。在铜里面,在直径数微米的 SiO_2 或 GeO_2 颗粒处发现了动态再结晶的晶粒(Ardakani 和 Humphreys,1992)。在这些合金中形成的微观结构与单相铜(见图 13.15)或含小颗粒铜的微观结构截然不同,动态再结晶只与先前的晶界区域有关。

在铝合金中几乎没有发现颗粒激发动态再结晶的证据。Humphreys 和 Kalu(1987)、Castro-Fernandez 和 Sellars(1988)发现了与大的第二相颗粒相邻区域的高度错向的小晶粒,但这些晶粒的尺寸通常与远离颗粒的亚晶的相似,几乎没有它们长大的证据。这类晶核很可能是通过在变形过程中在颗粒处形成的错向亚晶的动态回复而形成的(见 2.9.4 节),而基体储存的能量太低,无法使晶核长大(见 9.3 节)。虽然 Al - Mg 合金的动态再结晶归因于 PSN(McQueen 等,1984;Sheppard 等,1983),这些合金中发现的再结晶晶粒更有可能是因晶格渐进旋转(见 13.4.2 节)形成的。

只有当位错在变形过程中聚集在颗粒上时,才有可能实现颗粒激发动态

493

再结晶。这只会发生在较大的颗粒、较低的温度和较高的应变速率(高的 Z 值)的条件下。因此,与单相合金不同,双相合金存在与颗粒相关的 Z 值下限,低于该下限时,则不可能发生 PSN(见图 13.31)。13.6.4 节将详细介绍这方面内容。

在高温变形过程中,除了发生回复和再结晶过程外,还可能同时发生相变。变形、回复和相变过程之间的复杂相互作用在许多材料的热机械加工中具有重要意义,特别是钢(Gladman,1990;Jonas,1990;Fuentes 和 Sevillano,1992)和钛合金(Williams 和 Starke,1982;Flower,1990;Weiss 等,1990)。虽然我们已经讨论了许多相关的单个恢复过程的基本原理,但对这一主题的详细处理超出了本书的范围。

13.4　连续动态再结晶

13.4.1　连续动态再结晶的类型

13.3 节讨论的动态再结晶是正常的不连续动态再结晶,例如发生在低层错能的立方金属中。然而,近年来我们发现,在某些条件下,高温变形过程中,大角度晶界的微观结构在高温变形过程中可能会以其他方式发生演变,而非晶粒在预先存在的晶界处形核和长大。本节我们将研究动态再结晶的一些替代机制。虽然这些过程一般属于**连续动态再结晶**的整体现象学分类,但必须认识到,在这一分类中有几种相当不同的机制类型需要分别加以考虑。

至少有两种过程可以归类为连续动态再结晶。一种过程称为**几何动态再结晶**,它与连续再结晶有许多相似之处,连续再结晶发生在退火合金上,这些合金经历了非常大的变形,因此,将在第 14 章中详细讨论它。另一种过程在金属和矿物中都有所发现,涉及大角度晶界附近材料的逐渐旋转,下文将对此进行讨论。

13.4.2　晶格渐进旋转导致的动态再结晶

相当多的证据表明,在某些材料中,随着亚晶的不断旋转,伴随的晶界迁移很少,在应变过程中可能形成新的大角度晶界晶粒。这是一种**应变诱导**的现象,不应与静态退火过程中发生的亚晶旋转相混淆(见 6.5.4 节)。

这一现象是指当材料受到变形时,邻近原先晶界的亚晶逐渐旋转,旧晶粒从

494

中心到边缘会形成一个取向差梯度。在旧晶粒的中心,亚晶可能无法长大,或者取向差很小。取向差朝着晶界方向增加(如 Mishra 等,2009),在较大的变形下,可能会形成大角度晶界。这种机制首先在矿物中发现(见13.5节),后来在各种非金属和金属材料中发现。在地质文献中,这种现象称为**旋转再结晶**。

这种渐进式亚晶旋转的发生机制尚不完全清楚,但它最常见于因**缺乏滑移系**(如镁合金)或因**溶质阻力**(如铝镁合金)而位错运动被抑制的材料中。这可能与晶界区域的非均匀塑性和加速动态回复有关,也可能与晶界滑动有关。然而,矿物的动态再结晶行为在不连续机制和旋转机制之间发生了转变(见13.5节),这就提出了一种可能性,即立方金属的亚晶旋转动态再结晶可能会在晶界受溶质载荷而无法快速迁移时发生(见5.4.2节)。虽然这种现象通常会导致部分再结晶的项链状微观结构[见图13.14(a)~(c)],但在大变形下可能会形成完全再结晶的结构[见图13.14(d)](Gardner 和 Grimes,1979)。

13.4.2.1 镁合金

有证据表明,在镁合金的晶界处可能会发生晶格的渐进旋转(Ion 等,1982;Galiyev 等,2001;Tan 和 Tan,2003),这可能最终导致新晶粒的形成。Ion 等(1982)提出的机制,如图13.20所示,该机制是基于晶界附近的局部剪切[见图13.20(a)],发生这种情况的原因是缺乏均匀塑性变形所需的5个独立滑移系

495

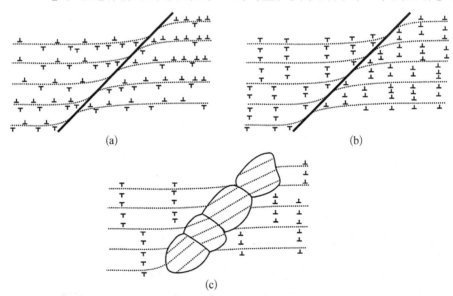

(a)　(b)　(c)

图 13.20　Ion 等提出的镁动态再结晶机制示意图(通过晶格旋转和晶界的动态回复发生动态再结晶)

(资料来源:Ion S E,Humphreys F J,White S,1982. Acta Metall.,30:1909.)

（见 3.7 节）。然后，几何必需位错会发生动态回复[见图 13.20(b)]，形成新的亚晶或晶粒[见图 13.20(c)]，这个过程是渐进的，形核和长大阶段之间没有明确的界限。在较高的变形温度下，非基面滑移更容易，变形更均匀，动态再结晶过程类似于 13.3 节讨论的不连续过程(Galiyev 等，2001)。

13.4.2.2　铝合金

在含有溶质添加物的铝合金中，如 Al - Mg 合金(Gardner 和 Grimes，1979；Drury 和 Humphreys，1986)和 Al‑Zn 合金(Gardner 和 Grimes，1979)，在 300～400℃范围内的变形过程中，晶界附近可能出现显著的晶格旋转。尽管几乎没有证据表明晶粒内部形成了亚晶，发育良好的亚晶/晶粒可能在晶界处长大，如图 13.21(Drury 和 Humphreys，1986)所示。

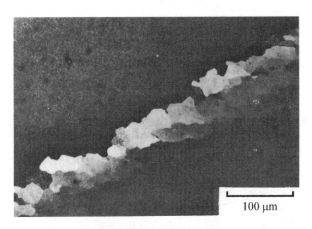

100 μm

图 13.21　Al‑5％Mg 变形过程中晶界附近的晶格旋转导致的取向差发展

通过 EBSD 对这些微观结构进行研究，可以更详细地确定这些微观结构的发展。图 13.22 为 Al - 5％Mg 在 350℃平面应变压缩变形后的晶界区域 EBSD 图，原大角度晶界用粗线表示，小角度晶界用细线表示。沿着虚线[见图 13.22 (b)]，从晶粒内部(A)到晶界的累积取向差的点图显示在晶界处，特别是在锯齿状处形成了大的取向梯度。在图 13.22 中，除了在 B 处，这些还没有成为单独的、可辨别的晶粒。

有人提出，这一机制涉及晶界变形与晶界锯齿的相互作用，如图 13.23 (Drury 和 Humphreys，1986)所示。大角度晶界由于与变形亚结构相互作用而产生锯齿，如图 13.23(a)所示。晶界滑动只能发生在晶界的一部分区域，如 A 处，而其他区域（如 B 处）必须通过塑性变形来协调应变[见图 13.23(b)]，导

496

致剪切和局部晶格旋转,如图 13.23(c)所示。晶界处的变形是实际的晶界滑动,还是接近晶界的局部塑性,目前还没有定论。有趣的是,最近有人提出,图13.23 的机制可能与铜的不连续动态再结晶的形核有关(Wusatowska 等,2002)。

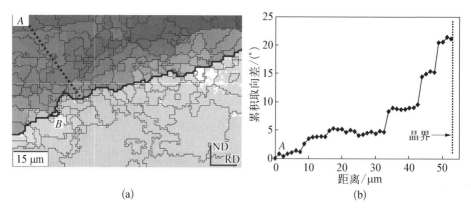

(a)   (b)

图 13.22   Al-5%Mg 在 350℃下平面应变压缩变形后,晶界附近的晶格旋转的 EBSD 结果

(a) EBSD 图中的粗线代表大角度晶界(>15°),细线代表小角度晶界,灰度变化揭示了在晶界锯齿处的取向差变化;(b) 沿线条 A 至晶界的累积取向差

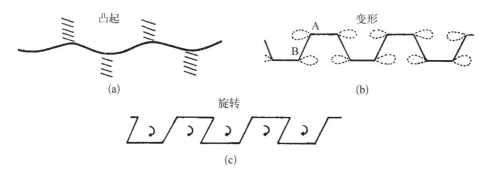

图 13.23   Al-Mg 合金中晶格渐进旋转导致动态再结晶的机制示意图
(a) 锯齿形的大角度晶界;(b) 在水平晶界发生的晶界滑动,但滑移发生在弓出部分;(c) 导致与弓出相关的局部晶格旋转

13.4.2.3 颗粒对微观结构的稳定作用

有人认为,在含有均匀弥散的第二相颗粒的合金中,也可能发生类似于上面讨论的晶格渐进旋转过程。这一机制可能是超塑性铝合金热机械加工过程中形成细晶微观结构的原因(见 15.5.3 节)。结果表明,颗粒钉扎了亚晶,阻止了亚晶的长大,并有证据表明亚晶/晶粒取向差逐渐增加(Nes,1979；Higashi 等,

497

1990）。然而，这种行为通常在已发生明显冷加工或温加工的合金中观察到，最近的研究得益于 EBSD（Ridley 等，2000），结果表明，在含有稳定的 Al_3Zr 小颗粒弥散的细晶铝合金的热变形过程中，亚晶取向差的发展与单相合金无显著差异（见 13.2 节），大角度晶界比例的增加主要是由于小角度晶界数量的减少。15.5.3 节将进一步讨论热加工超塑性组织的发展。

13.5 矿物的动态再结晶

498

长期以来，一直认为动态（或同构造）再结晶是变质条件下，自然变形过程中形成岩石矿物的重要过程（Nicolas 和 Poirier，1976；Poirier 和 Guillopé，1979；Poirier，1985；Urai 等，1986；Urai and Jessel，2001）。虽然矿物和金属之间，地壳和地幔的变形条件与热轧机的变形条件之间都有很大的不同，但这两类材料的行为有很多的共同之处。在过去三十年里，地质学和材料科学之间进行了卓有成效的科学思想交流。地质学家的主要兴趣之一是利用微观结构来解释矿物的变形历史。已经证明动态再结晶晶粒尺寸（见图 13.17）与应力[见式（13.18）]密切相关，连同亚晶尺寸和位错密度已被地质学家用作古压力计，以确定矿物所受的应力。

该领域的研究包括自然变形矿物的微观结构研究，矿物在高温高压条件下的实验室变形研究，以及低熔点矿物和其他近似透明晶体材料在光学显微镜下的原位变形研究。后一种实验（如 Means，1989）能够直接观察动态再结晶的发生，尽管空间分辨率较低，但这是金属无法获得的。在许多情况下，也可以在局部利用标准矿物学方法在光学显微镜下观察矿物，从而获得其取向（微观结构） 499 的信息。图 13.24（Urai 等，1986）是自然变形的石英岩的光学显微照片，显示了

200 μm

图 13.24 自然变形石英岩中的动态再结晶

原始晶界区域的动态再结晶的清晰证据。图 13.25(Tungatt 和 Humphreys，1981)是樟脑原位变形实验的一个例子，显示了与图 13.15 和图 13.24 相似的微观结构。

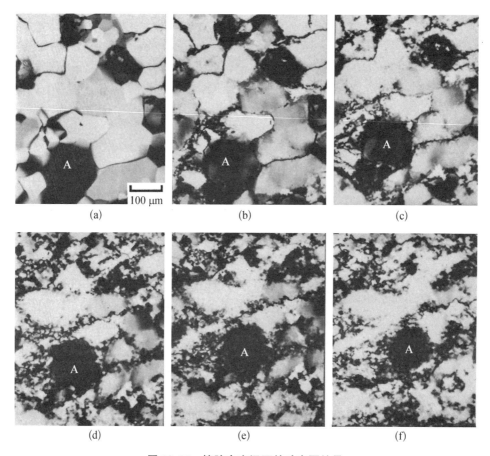

图 13.25　樟脑在室温下的动态再结晶

13.5.1　矿物的晶界迁移

天然矿物通常很不纯净，在晶界处可能发生偏析和沉淀，导致迁移性丧失。此外，还可能存在气泡和空洞。矿物中的键合显然不同于金属中的键合，这也会影响晶界迁移(Kingery，1974；Brook，1976)。在许多情况下，矿物的晶界很可能与不纯陶瓷的晶界相似。

在某些天然矿物中，晶界处有一层流体膜(Urai 等，1986；Urai 和 Jessel，2001)，这对晶界迁移有很大的影响(Rutter，1983)，这一点现已得到证实。充满液体的晶界结构可以用两个晶体-液体界面和它们之间的流体层来描述,因此,晶界的行为受两个晶体匹配的限制比干晶界更小。晶界构型可以由晶体-液体界面的能量决定,就像从熔体中生长晶体一样,因此晶界迁移率与取向有关。与固-液界面相关的迁移机制,如涉及螺位错的螺旋长大(参见 5.4.1.3 节讨论的 Gleiter 晶界迁移模型),预计将非常重要。 500

如果假设迁移率受到流体层扩散的限制,则迁移率会随着薄膜厚度增加而迅速增加,如图 13.26(Urai 等,1986)所示。对于一个 2 nm 的薄膜,迁移率的增加可能高达 4 个数量级(Rutter,1983);对于较厚的流体层,跨膜扩散将成为速率控制,迁移率将与薄膜厚度成反比。

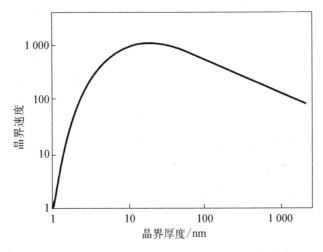

图 13.26　流体层厚度对晶界迁移率的影响的预测

13.5.2　迁移再结晶和旋转再结晶

众所周知,在矿物中会发生两种类型的动态再结晶。在高温和高应力条件下,会发生与 13.3 节所述类似的不连续动态再结晶,这在地质文献中称为迁移再结晶。然而,在较低温度和应力下,通常会过渡到类似于 13.4 节讨论 501 的机制(称为旋转再结晶)。这种转变被认为与晶界脱离溶质气团相对应(图 5.32),图 13.27(Guillopé 和 Poirier,1979)所示为实验变形的矿盐(NaCl)。动态再结晶的驱动力随外加应力的增加而增加,固有的晶界迁移率也受温度的显著影响,因此定性地解释了图 13.27 的形状。也有研究表明(Trimby 等,2000),在 NaCl 中从旋转再结晶到迁移再结晶的转变取决于材料的含水量。 502 离子固体中的晶界迁移率对小溶质浓度,特别是异价离子非常敏感,如

图 13.28(Tungatt 和 Humphreys，1984)所示在 $NaNO_3$(方解石结构)中添加少量的 Ca^{2+} 离子就能显著提高旋转再结晶和迁移再结晶之间的转变温度。

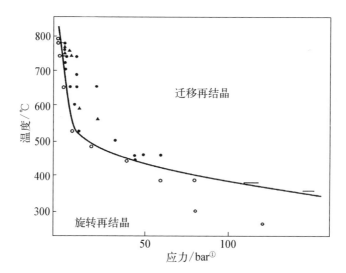

图 13.27　氯化钠矿盐的迁移再结晶和旋转再结晶的分界

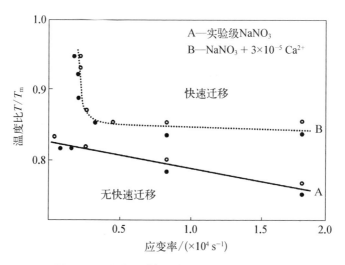

图 13.28　添加 Ca^{2+} 对硝酸钠晶界迁移的影响

13.6　热变形后退火

热变形后的回复和再结晶具有重要的技术意义,因为在许多热加工工艺中,如多道次轧制,在轧制道次之间会发生退火。此外,在大型金属的成形工艺中,材料的冷却速率通常很低,允许在热变形后立即发生回复、再结晶和晶粒长大。

13.6.1　静态回复

由于在变形过程中已经发生了动态回复,由静态回复引起的进一步微观结构变化一般较小。然而,还是可能会发生一些进一步的回复,包括位错重排、亚晶长大(Ouchi 和 Okita,1983)以及随后的软化(Sellars 等,1986),通常与静态回复的动力学相似(见 6.2.2 节)。

13.6.2　静态再结晶

热变形材料在随后的退火过程中可能发生静态再结晶。该过程与前面章节讨论的静态再结晶非常相似,主要的区别是热变形产生的储存能量较低,会影响再结晶动力学。从 13.2.1 节中,我们预计驱动压力和再结晶行为将强烈依赖于 Z 参数,并已充分证明了这种影响(见 Jonas 等,1969)。图 13.29(Gutierrez 等, 503

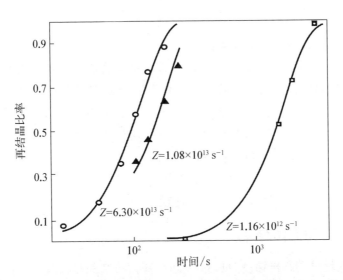

图 13.29　变形温度和应变速率(Zener-Hollomon 参数)对工业纯铝(变形至应变为 3 并在 410℃ 退火)的再结晶动力学的影响

1988)为 Z 对工业纯铝恒应变变形和恒温退火再结晶动力学的影响。变形的影响也很重要,在发生动态再结晶的材料中,静态再结晶行为取决于应变是否大于或小于动态再结晶所需的临界应变(ε_c)。

由于在热轧铝合金再结晶过程中控制晶粒尺寸和织构的工业重要性,研究这些材料的再结晶机制具有重要意义。立方取向晶粒的形核问题备受关注,目前认为这些晶粒是由热加工微观结构(Vatne 等,1996a)中立方取向晶粒的细长残余物通过应变诱导晶界迁移过程(见 7.6.2 节)形成的。关于热变形铝的再结晶过程中立方取向晶粒形成的更详细讨论,可参见 12.4.1 节。

金相测量表明静态再结晶通常可以用 JMAK 关系[见式(7.17)]近似描述,指数范围为 1.5～2(Roberts,1984,1985)。由于该主题在技术上的重要性,我们已经确定了再结晶行为与变形行为之间的经验关系(如 Roberts,1985;Sellars,1986,1992a;Beynon 和 Sellars,1992);对于晶粒尺寸 D_0 的 C - Mn 和 HSLA 钢,经常发现在变形温度为 T 时,发生 50% 静态再结晶所需的时间($t_{0.5}$)可由下式给出(Sellars 和 Whiteman,1979):

$$t_{0.5} = c_1 D_0^C \varepsilon^{-n} Z^{-K} \exp\left(\frac{Q_{\text{rex}}}{RT}\right) \tag{13.21}$$

式中,c_1、C、K 和 n 为常数;Q_{rex} 为再结晶激活能。再结晶晶粒一般在旧晶界处形核,呈等轴状。它们的大小为

$$D_R = c_2 D_0^{C'} \varepsilon^{-n'} Z^{-K'} \tag{13.22}$$

式中,c_2、C'、K' 和 n' 为材料常数。

Roberts(1985)和 Sellars(1986,1992)讨论了这些方程中参数的取值范围。如果动态再结晶发生在静态再结晶之前,则应变或 D_0 对动态再结晶的影响很小,即 C、C'、n 和 n' 趋于 0。这些关系是用于工业热轧模拟的必要组成部分(见 16.3 节),最近的许多研究工作旨在开发基于物理状态变量的退火模型,以描述热变形后的再结晶(如 Sellars,1997;Furu 等,1996;Vatne 等,1996b)。热加工材料的退火是通过将位错回复、SIBM 和 PSN 等过程纳入变形微观组织中,并使用 13.2.5 节讨论的原理进行建模。

13.6.3 亚动态再结晶

当应变超过动态再结晶的临界应变(ε_c)时,再结晶晶核就会出现在材料中。如果终止变形,但继续退火,这些晶核将在不需要孕育期的情况下成长为异质的、部分动态再结晶的基体,这种现象称为亚动态再结晶(Djaic 和 Jonas,1972;

Petkovic 等,1979)。经过这种动态再结晶的材料的微观结构是非常不均匀的,可能包括:

A——几乎没有位错的小的动态再结晶晶粒(晶核);

B——动态长大的具有中等位错密度的较大再结晶晶粒;

C——具有高位错密度(ρ_m)的未发生再结晶的材料。

每种类型的区域都有不同的静态退火行为,整体退火动力学和晶粒尺寸分布可能非常复杂,如图 13.30(a)所示。Sakai 及其同事(Sakai 等,1988;Sakai 和 Ohashi, 1992;Sakai, 1997)已经确定了热变形镍、铜和钢中的几个退火阶段。

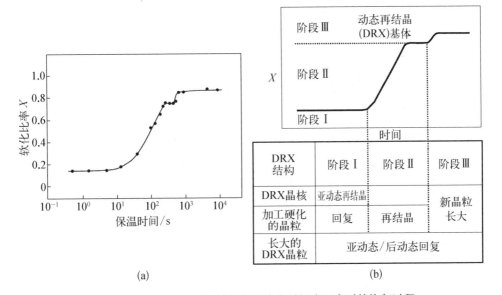

(a)　　　　　　　　　　　　　　(b)

图 13.30　动态再结晶材料在变形停止后温度不变时的恢复过程

(a) 应变对 860℃变形奥氏体静态软化的影响(Xu 和 Sakai,1991);(b) 不同的软化阶段和主要的回复过程(Xu 等,1995)

(1) 阶段Ⅰ,在变形后退火的早期阶段可以通过亚动态再结晶机制继续长大。

(2) 阶段Ⅱ,如果位错密度 ρ 低于临界值 ρ_{RX},阶段Ⅱ将回复,这称为亚动态回复。如果 ρ 大于 ρ_{RX},则这些区域随后可能会发生静态再结晶。

(3) 阶段Ⅲ,将发生静态回复,然后是静态再结晶。当材料完全再结晶时,晶粒可能进一步长大(见 13.6.5 节)。各恢复过程与整体软化之间的关系如图 13.30(b)所示。

13.6.4 热变形后的 PSN

在 9.3 节中讨论了低温变形后发生 PSN 的条件。然而，如果变形温度升高，则可能不会发生 PSN，我们需要考虑变形温度对发生 PSN 的两个准则的影响，即变形区内晶核的**形成**和晶核**长大**至尺寸超过颗粒。

13.6.4.1 变形区内晶核的形成

在高温下，位错可以绕过晶粒而不形成变形区。Humphreys 和 Kalu(1987) 指出，在直径为 d 的颗粒处，形成变形区的临界应变速率为

$$\dot{\varepsilon}_c = \frac{K_1 \exp\left(-\dfrac{Q_{bulk}}{RT}\right)}{Td^2} + \frac{K_2 \exp\left(-\dfrac{Q_{gb}}{RT}\right)}{Td^3} \tag{13.23}$$

式中，K_1 和 K_2 为常数；Q_{bulk} 和 Q_{gb} 分别为体积扩散和晶界扩散的激活能。研究发现，对于铝，取 $K_1 = 1\,712 \text{ m}^2\text{s}^{-1}\text{K}$ 和 $K_2 = 3 \times 10^{-10} \text{ m}^3\text{s}^{-1}\text{K}$，在很大范围的晶粒尺寸和变形条件下，都符合这一关系。

对于是潜在 PSN 位点($d > 1\ \mu\text{m}$)的颗粒，第二项通常可以忽略不计，因此可以使用式(13.23)的简化公式。如果我们假设式(13.1)和式(13.23)中的激活能相同，则形成颗粒变形区的临界颗粒直径(d_f)可以用 Zener-Hollomon 参数表示为

$$d_f = \left(\frac{K_1}{TZ}\right)^{1/2} \tag{13.24}$$

13.6.4.2 晶核长大

PSN 的长大准则[见式(9.24)]也受变形条件的影响，因为储存的能量 E_D 在高温下会降低，尽管这种效果更难量化。因为高温变形后的微观结构主要由亚晶组成，所以可以用式(2.7)将长大条件[式(9.2)]写成亚晶尺寸 D 的函数，即

$$d_g = \frac{4\gamma_b D}{3\gamma_s} \tag{13.25}$$

然后根据式(13.17)得

$$d_g = \frac{4\gamma_b KGb}{3\gamma_s \sigma} \tag{13.26}$$

流动应力 σ 与 Z 参数的关系由式(13.2)～式(13.5)给出,根据式(13.1)和式(13.4),则有

$$d_{\mathrm{g}}=\frac{4\gamma_{\mathrm{b}}K'Gb}{3\gamma_{\mathrm{s}}Z^{1/m}}\qquad(13.27)$$

根据所使用的亚晶尺寸、流动应力和 Z 参数之间的特殊关系,可以得到式　507
(13.27)的一些不同形式,但目前还没有完全令人满意的解决方案。

　　根据式(13.24)和式(13.27)[忽略式(13.24)中温度项的微小影响,并采用适用于铝的参数值],图 13.31 给出了晶粒变形区形成和增长的临界晶粒直径随 Z 参数的变化。可以看出,当 Z 小于 10^{12} s^{-1} 时,PSN 的条件是由变形区形成决定的,但当 Z 较大时,则是由晶核的长大准则决定的,实验研究证实了这一模型。Kalu 和 Humphreys(1986)对 Al‐Si 合金在 $10^{8}<Z<10^{12}$ 变形时的测量结果表明,变形区形成是控制因素。Oscarsson 等(1987)对 AA3004 的测量值和 Furu 等(1992)对 AA3003 的测量值均为长大控制,其 Z 参数的范围皆为 $10^{12}<Z<10^{16}$ 。

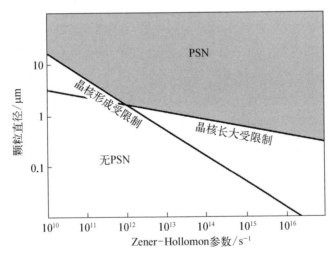

图 13.31　变形条件对 PSN 的影响

13.6.5　热加工后晶粒长大

　　当再结晶完成时,可以发生晶粒长大,并可用以下经验方程描述:

$$D^{n}=D_{\mathrm{R}}^{n}+ct\exp\left(-\frac{Q_{\mathrm{g}}}{kT}\right)\qquad(13.28)$$

式中,c、n 和 Q_g 为常数。

508 对于钢,有报道称发现的 n 值(约 10)非常大(Sellars,1986)。在热加工条件下,单相材料的晶粒长大可以非常迅速。例如,在低碳钢中,连续轧制工序之间的晶粒长大速度足够快,以至于有效晶粒尺寸几乎是恒定不变的。在合金钢中,溶质阻力会显著降低晶粒的长大,析出相也倾向于钉扎晶界并减少粗化(见 11.4 节)。

第 14 章 ▶ 大变形过程及变形后的连续再结晶

14.1 引言

当多晶体金属发生变形时(见第 2 章)或材料随后在低温下退火回复时(见 6.4 节),会形成大量的小角度晶界。这种微观结构在高温退火时通常会发生不连续的再结晶,如第 7~9 章所述,这一过程主要是由储存在小角度晶界中的能量驱动。

然而,在大变形后,特别是在高温下,可能会形成主要由大角度晶界组成的微观结构。小的晶界运动,无论是在变形过程中还是在随后的退火过程中,都可能导致细晶微观结构,主要为大角度晶界包围的晶体结构。这种微观结构与常规再结晶产生的微观结构相似,但再结晶晶粒没有可识别的"形核"和"长大"过程,且微观结构的演化较为均匀,因此可以合理地将其归为**连续再结晶**。值得强调的是,连续或不连续再结晶等术语纯粹是唯象的,仅指微观结构演化的时间和空间的异质性,并不意味着具体的再结晶机制。

高温变形过程中会发生连续再结晶,即**几何动态再结晶**,人们认识这一现象已经有一段时间了。然而,最近的研究表明,金属的严重冷加工也会导致几乎完全由大角度晶界组成的微观结构,并且在退火时可能会发生连续再结晶。这种低温加工产生的微观结构通常是**亚微米晶粒**(SMG)结构,由于这种材料可能具有优异的力学性能,近年来这一领域的研究非常广泛。

我们认为本章所讨论的现象几乎完全可以用前面几章所讨论的基本过程来解释,并且没有涉及什么不寻常的微观机制。然而,本书的第一版只是简要地提及这一主题,现在有必要用一个单独的章节来介绍该主题,阐述金属在环境温度或高温下变形发生连续再结晶的背后机理。为了简化讨论,并与书中其他地方讨论的常规变形过程进行比较,我们主要关注常规轧制过程产生的微观结构。

已经有相当多的研究使用创新的变形工艺来产生 SMG(见 Humphreys 等, 1999,2001b;Horita 等,2000a;Prangnell 等,2001;Pippan 等,2010),我们会在

第 15 章作为案例研究来考虑这些方法在 SMG 合金生产中的应用。此外,对细晶微观结构的强塑性变形加工的兴趣日益增加,增强了这一领域的兴趣。这些方法包括累积叠轧(ARB)、等通道转角挤压(ECAE)、高压扭转(HPT)和搅拌摩擦加工(FSP)。需要注意的是,目前正在进行的相关学术活动有"严重塑性变形制备纳米材料国际会议"(International Conference on Nanomaterials by Severe Plastic Deformation),2014 年举行了第六次会议。

14.2 大变形后的微观结构稳定性

当金属多晶体变形时,晶界面积随着应变的增加而增加,其速率取决于变形方式(见 2.2.1.2 节)。例如,轧制过程中,法向方向的晶粒厚度 H 与应变 ε 和初始晶粒几何尺寸 D_0(见图 14.1)之间存在如下关系:

$$H = D_0 \exp(-\varepsilon) \tag{14.1}$$

在塑性变形过程中会形成胞元或亚晶,在中等变形($\varepsilon \approx 1$)后,这些胞元或亚晶一般不会发生很大变化。因此,随着变形增大,大角度晶界的百分比增加[见图 14.1(c)]。此外,如第 2 章所述,晶粒碎裂可能会形成新的大角度晶界。

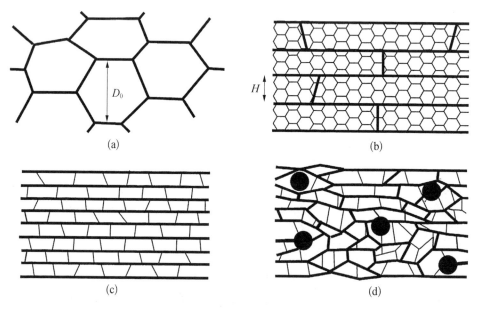

图 14.1　微观结构随变形增大发展的示意图

(a) 初始晶粒组织;(b) 中等变形;(c) 大变形;(d) 大的第二相颗粒对变形的影响

虽然用含大角度晶界的分数或百分数来讨论微观结构会比较方便,但应该认识到,这只是一个相当粗糙和随意的描述,重要的是晶界的总体特征分布,如图 4.2 和图 A2.1 所示。然而,出于解析方法的目的,使用更简单的描述通常更方便。第 10 章讨论的胞状微观结构稳定性分析表明,含有大量小角度晶界的微观结构本质上是不稳定的,会发生不连续长大(即不连续再结晶)。当小角度晶界的平均取向差增大时,晶界性质更加均匀,微观结构不会发生不连续再结晶。

在变形过程中,平均晶界取向差增加,因此随着应变增加,组织变得越来越稳定(进而不易发生不连续长大)。因此,Humphreys(1997a)和 Humphreys 等(1999)讨论的抑制不连续再结晶的准则是应变、温度和初始晶粒尺寸等条件,这些条件会导致足够多的大角度晶界(0.6~0.7),以确保微观结构的稳定性。连续再结晶的另一个准则可以用 14.4.2 节讨论的大变形下的锯齿状大角度晶界的接触来表示。然而,纯粹的几何准则,如用于推导式(14.3)的准则,不是那么严格,尽管两种方法给出的结果相当相似。

14.3　环境温度下的变形

早期关于金属在真应变 3~7 范围内的变形,导致晶粒尺寸在 0.1~0.5 μm 范围内的报道包括铜和镍(Smirnova 等,1986)、镁和钛合金(Kaibyshev 等,1992)以及 Al-Mg 合金(Wang 等,1993)。通常,如此大的应变是由高剪切冗余应变法(见 15.6 节)产生的,如等通道转角挤压(ECAE)。然而,类似的小尺度微观结构也可以通过常规的大应变冷轧变形来制备。Oscarsson 等(1992)举例说明了铝中的这一现象,他们发现在非常大的轧制减薄量(>95%)后,在退火过程中会形成稳定的细晶微观组织,而在较低的应变下,则发生了正常的不连续再结晶。通过冷轧后的低温退火在铝合金中产生亚微米晶粒的其他例子可参考 Ekström 等(1999)、Engler 和 Huh(1999)、Humphreys 等(1999)、Jazaeri 和 Humphreys(2001、2002)等文献。Toth 和 Gu(2014)有关严重塑性变形的教程涵盖了多个主题。其中,他们强调了以下方式,晶粒尺寸在变形过程中可以被细化,但细化程度通常会在超过一定的应变后趋于平稳。在低层错能材料中,动态再结晶随着晶界的长程运动而发生。本节主要讨论了高层错能材料(如铁和铝)连续动态再结晶的限制机制。

14.3.1　大变形形成的稳定的微观结构

为简单起见,我们只考虑冷轧或平面应变压缩变形的情况。如图 2.6 所示,变形形成的胞元或亚晶尺寸 D 在应变超过 2 以后很少减小,Nes(1998)表明,从该图中得到的数据($\varepsilon > 2$ 时)与以下关系一致:

$$D = k\varepsilon^{-1} \tag{14.2}$$

式中,k 为常数。

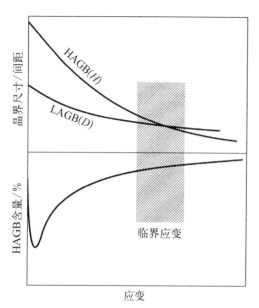

图 14.2 应变对室温变形时胞元/亚晶尺寸 (D)、大角度晶界间距(H)和大角度晶界含量的影响示意图

根据式(14.1)可知,大角度晶界沿材料(初始晶粒尺寸为 D_0)的法线方向(ND)的间距 H 随应变减小[见图 14.1(a)~(c)]。因此,如图 14.2 所示,随着应变增加,大角度晶界间距比亚晶尺寸减小得更快,大角度晶界的比例因此增加。在足够大的应变(ε_{cr})下,大角度晶界的分数(约为 0.6~0.7)足以使组织稳定,并抵抗不连续长大(即再结晶),如 14.2 节所述。难以准确计算大角度晶界的体积分数随应变的增加速率以及临界应变 ε_{cr} 的变化(Humphreys,1997a,1999a,b),因为它取决于晶界的形状和平面度,并且旧晶粒碎裂而产生的任何新的大角度边界都会使其增大(见 2.4 节和 2.7 节)。

14.3.2 初始晶粒尺寸的影响

如式(14.1)所示,与较大的初始晶粒尺寸相比,较小的初始晶粒尺寸 D_0 会在较低应变下使晶界间距 H 减小到临界值(Harris 等,1998)。应变和初始晶粒尺寸对 Al-Fe-Mn 合金大角度晶界间距 H 和大角度晶界百分比的影响如图 14.3(Jazaeri 和 Humphreys,2002)所示。随着变形过程中形成小角度晶界,大角度晶界的比例随应变增加而逐渐减小,但随 H 减小而逐渐增大。如果减小初始晶粒尺寸,则在任意给定的应变下,大角度晶界间距 H 越小,高应变下的大角度晶界百分比就越大。

从图 14.3(b)可以看出,在最大应变下,不同初始晶粒尺寸的材料的大角度晶界逐渐趋于一致。表 14.1 对比了实验测量出的大角度晶界间距 H 与式

(14.1)预测的 H_G(真应变为 2.6)。H_G/H 的比值受初始晶粒尺寸的影响很大,如果 H 完全是由几何因素决定,则 H_G/H 的比值将为 1。260 μm 材料的大的 H_G/H 值与这种大晶粒材料中普遍存在的晶粒破碎是一致的(见 2.7 节)。对于 12 μm 的材料,H_G/H 值意味着没有晶粒破碎,这与之前小晶粒尺寸的结果一致(Humphreys 等,1999)。3 μm 材料的晶界间距明显大于几何值。有两个因素会导致这种情况,在大应变下,随着变形织构的增强,一些晶粒取向会聚集,将大角度晶界转变为小角度晶界。对表 14.1 所列材料的这一效应的统计计算表明,以这种方式产生的大角度晶界的损失应该不超过 15%,这不足以解释 514 很小的 H_G/H 值。导致这一现象的第二个效应是局部动态晶粒长大(见图

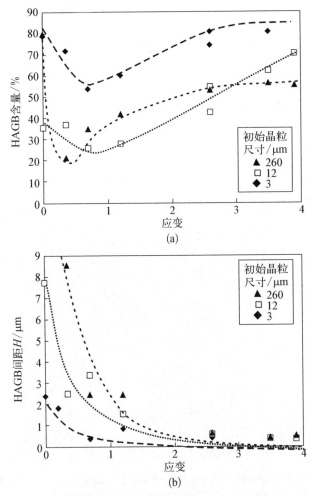

(a)

(b)

图 14.3　应变和初始晶粒尺寸对 Al‑Fe‑Mn 合金(AA8006)微观结构的影响

(a) 大角度晶界含量;(b) 大角度晶界间距 H

14.8)，这可能发生在大角度晶界接近时。14.4.3 节会进一步讨论的这种效应，通常只出现在高温条件下，但在这些条件下，低溶质铝合金在环境温度下显然也会出现这种效应。

515 　　**表 14.1　应变和初始晶粒尺寸对 Al‑Fe‑Mn 合金(AA8006)冷轧应变为 2.6 时大角度晶界法向间距的影响**

初始晶粒尺寸/μm	测量的间距 H/μm	预测的间距 H_G/μm	H_G/H
260	1.7	19.3	11.3
12	1.0	0.9	0.9
3	0.6	0.2	0.4

注：数据来自 Jazaeri H, Humphreys F J, 2002. Mater. Sci. Forum, 396‑402, 551.

14.3.3　第二相颗粒的影响

　　大的(>1 μm)第二相颗粒会通过破坏晶界结构的平面性[见图 2.37 和图 14.1(d)]，以及会在颗粒附近产生与大的局部晶格旋转相关的大角度晶界，来提高大角度晶界的形成速率(见 2.9.4 节)。如图 14.4(Jazaeri 和 Humphreys，2001)所示的 EBSD 图显示了大颗粒对微观结构的影响。因此，这些颗粒降低了

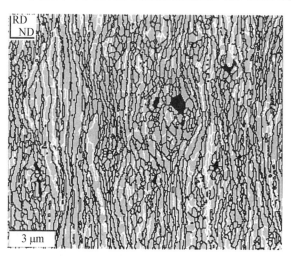

图 14.4　EBSD 图显示了大的(>1 μm)第二相颗粒对 Al‑Fe‑Mn (AA8006)的微观结构冷轧至应变 3.9 的影响

(图中黑色区域为颗粒，黑色线为大角度晶界，白色线为小角度晶界。)

ε_{cr},尽管很难量化这种影响。

14.3.4　从不连续再结晶过渡到连续再结晶

Oscarsson 等(1992)首先报道了随着轧制量的增加,不连续再结晶转变为连续再结晶的现象减少了,Jazaeri 和 Humphreys(2001,2002)对这种现象进行了详细研究。

对于较大的初始晶粒尺寸和较低的应变,在随后的退火过程中会发生正常的不连续再结晶[见图 14.5(Jazaeri 和 Humphreys,2001)(a)],而对于较大的应变和较小的晶粒尺寸,在较低的退火温度下主要形成了大角度晶界组织,并只以连续再结晶的形式发生了很小的晶界运动[见图 14.5(b)]。 516

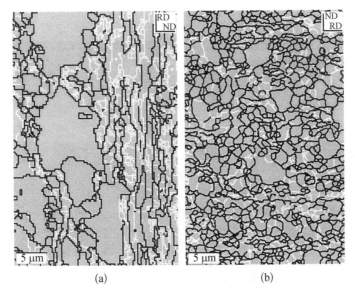

(a)　　　　　　　　　　　　　(b)

图 14.5　冷轧后退火的 Al‑Fe‑Mn(AA8006)的 EBSD 图

(黑色线为大角度晶界,白色线为小角度晶界。)

(a) $\varepsilon=0.69$, $T=250℃$,发生了不连续再结晶;(b) $\varepsilon=3.9$, $T=300℃$,发生了连续再结晶

监控退火过程中大角度晶界体积分数的变化是研究不连续再结晶和连续再结晶之间转变的最好方式,如图 14.6(a)和(b)所示。当发生连续再结晶时,由于变形亚结构被再结晶晶粒消耗,大角度晶界的体积分数会发生相对剧烈的变化。而连续再结晶时,大角度晶界的体积分数变化不大;在退火过程中,晶粒或亚晶逐渐变得更等轴和更大[见图 14.6(c)],这些变化是渐进的,与不连续再结晶过程中发生的变化截然不同。

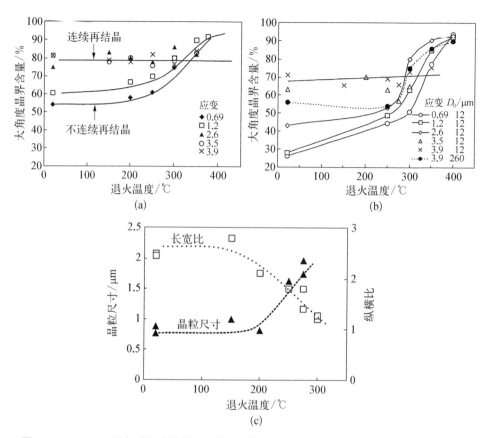

图 14.6　AA8006 退火过程中的微观结构变化[表示成应变和初始晶粒尺寸(D_0)的函数]

(a) $D_0 = 3\ \mu m$ 时大角度晶界含量；(b) $D_0 = 12\ \mu m$，260 μm 时大角度晶界含量（Jazaeri 和 Humphreys，2002）；(c) $D_0 = 12\ \mu m$，$\varepsilon = 3.9$ 的晶粒/亚晶尺寸和长宽比[数据源自 Jazaeri H，Humphreys F J，2001. In：Gottstein，Molodov (Eds.)，Proc. Int. Conf. on Recrystallization and Grain Growth，Aachen，Springer-Verlag，Berlin：549.]

　　另一个区别是，在不连续再结晶过程中，强变形织构通常会被其他不同的织构所取代，如强立方织构（见 12.2.1 节）。而发生连续再结晶时，轧制织构会被保留下来，几乎没有变化（Engler 和 Huh，1999；Jazaeri 和 Humphreys，2001），因为在变形后的退火过程中微观结构变化不大。

　　图 14.7(Jazaeri 和 Humphreys，2002)总结了初始晶粒尺寸和应变对 Al - Fe - Mn 合金（AA8006）从不连续再结晶向连续再结晶转变的影响。

14.3.5　铝的连续再结晶机理

　　强变形材料在发生连续再结晶时，其微观结构变化是相当小的，并且这种变

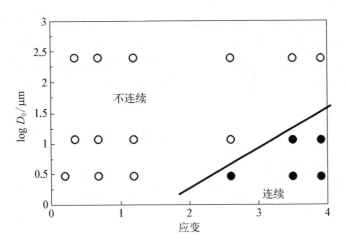

图 14.7　初始晶粒尺寸和应变对 AA8006 从不连续再结晶向连续再结晶转变的影响

化随退火温度升高而逐渐发生。从图 14.6(c)可以看出,大角度晶界的比例没 518
有明显变化,但变形后的晶粒或亚晶的等轴化程度更高,且尺寸略大。在其最简
单的形式下,强变形的微观结构与图 14.1(c)所示的相似,它包括平行于轧制平
面排列的片层状大角度晶界和以小角度为主的相交晶界。在退火过程中,可以
认为,局部晶界迁移会降低这种微观结构的能量,如图 14.8 所示,这种现象的发
生可分为两个阶段。

1) 片层微观结构的坍塌

片层结构会由于节点(如 A)上的表面张力而坍塌,在这个节点处和与轧制
平面对齐排列的晶界(能量 γ_R)被沿法线方向排列的晶界(能量 γ_N)所拖曳,如
图 14.8(b)所示。

节点 A 的平衡构型由式(4.10)决定,结构坍塌的临界条件为节点 A 与 A′
接触。这取决于晶粒在轧制方向长度 L 和法线方向长度 N 以及相对晶界能。
如果 $\gamma_R = \gamma_N$,则发生接触对应的临界长宽比(L/N)约为 2。然而,法线方向的
晶界通常为小角度晶界,例如 $\gamma_R = 2\gamma_N$(对应于约 3°的法线方向晶界),临界长宽
比约为 4。图 16.12 显示了 Bate 开展的一个令人信服的顶点模拟,这个模拟很
好地吻合了强变形 Al-3%Mg 合金的退火行为(Hayes 等,2002)。由大的第二
相颗粒[见图 14.1(d)和图 14.4]造成的片层晶粒组织的额外破裂和大角度晶界
的产生会增加 γ_N,降低了连续再结晶所需的临界晶粒长宽比。有趣的是, 519
图 14.8(a)和(b)的机制与 Dillamore 等(1972)最初提出的亚晶长大机制有一些
几何上的相似之处。

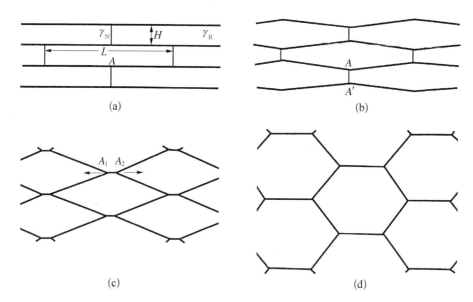

图 14.8　大变形片层组织的连续再结晶示意图

（a）初始组织；（b）片层晶界的坍塌；（c）始于 Y 结迁移的球化；（d）进一步球化和长大

2）球化和长大

当节点 A 与 A' 接触时，会发生节点位置互换（见图 14.8），并出现两个新的节点（A_1 和 A_2），如图 14.8（c）所示，在晶界张力作用下，这两个节点会被拉开。如图 14.8（d）所示，晶界张力会导致进一步的球化和长大，从而使得晶粒结构更加等轴化。如 14.5 节所述，这种细晶组织是不稳定的，容易发生正常或异常的晶粒长大。

14.4　高温变形

14.4.1　几何动态再结晶定义

如图 13.3（a）和图 13.5（a）所示，在动态回复过程中会形成锯齿状的晶界，锯齿的波长与亚晶尺寸相似。如果材料的横截面上受到很大的压缩变形，例如热轧或热压缩，则原始晶粒变得扁平，如图 14.9 所示。因为高温变形过程中的亚晶尺寸几乎与应变无关（见 13.2.3.1 节），大角度晶界的比例随应变增加而增加，最终晶界锯齿的大小将与晶粒厚度相当，如图 14.9（b）所示。扇形晶界会发生相互渗透，产生尺寸与亚晶尺寸相当的细小等轴晶组织［见图 14.9（c）］，图 14.10（Gholinia 等，2002b）是 Al - Mg - Fe 合金中这一过程的示例。在较低应

520

变时[见图 14.10(a)]，可以看到含亚晶的扁平旧晶粒，但在较大应变时[见图 14.10(b)]，形成了几乎等轴晶粒的微观结构。

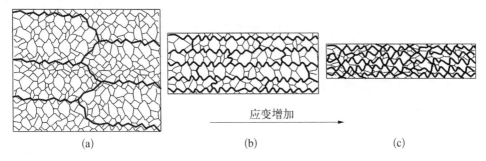

应变增加

(a)　　　　　　　(b)　　　　　　　(c)

图 14.9　几何动态再结晶

[随着变形的进行，锯齿状的大角度晶界（粗线）变得更近，尽管亚晶尺寸保持近似不变；最终，大角度晶界相互接触，导致形成主要为大角度晶界的微观结构。]

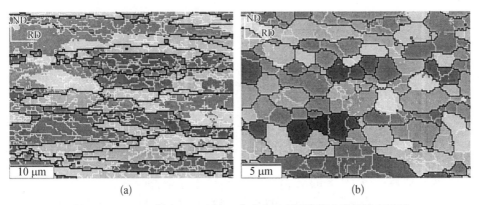

(a)　　　　　　　　　　　　(b)

图 14.10　Al-3%Mg-0.2%Fe 合金在 350℃ 平面应变压缩变形后几何动态再结晶的 EBSD 图

（黑线代表大角度晶界，白线代表小角度晶界。）
(a) ε=0.7；(b) ε=3

　　因此，在没有任何新的微观再结晶机制的作用下，就会形成具有大量大角度晶界的等轴微观结构。这一过程明显不同于 13.3 节讨论的不连续动态再结晶。这种类型的微观结构通常出现在大变形下的铝及其合金中（Perdrix 等，1981）。Humphreys(1982)指出，这种微观结构的起源是前文讨论的晶粒相互接触过程，这已被大量研究所证实（McQueen 等，1985，1989；Drury 和 Humphreys，1986；Solberg 等，1989），并用**几何动态再结晶**一词来描述这种现象。这一过程产生的力学性能和织构很有意思，Kassner 等（1992）综述了这一主题。

　　区分几何动态再结晶和传统不连续再结晶的一个因素是**晶体学织构**。如第

12 章所述，不连续再结晶产生的织构通常与变形织构有很大的不同，然而，在几何动态再结晶过程中，几乎没有发生大角度晶界迁移，织构基本保持不变（Gholinia 等，2002b）。

521　　由此可见，在非常大变形后的静态退火过程中发生的**连续再结晶**过程（见14.3 节）与本节所讨论的**几何动态再结晶**过程很相似。

14.4.2　几何动态再结晶条件

几何动态再结晶的发生取决于材料的原始晶粒尺寸 D_0 和变形条件。如果我们假设（Humphreys，1982）几何动态再结晶的条件是当亚晶尺寸 D 等于晶粒厚度 H 时，晶粒发生相互接触，则根据式（14.1），该过程的临界压缩应变为

522

$$\varepsilon_{cr} = \ln\left(\frac{K_1 D_0}{D}\right) \tag{14.3}$$

式中，K_1 为无量纲材料常数。流动应力与亚晶尺寸之间的关系由式（13.7）给出，因此

$$\varepsilon_{cr} = \ln(\sigma D_0) + K_2 \tag{14.4}$$

或者，根据式（13.1）和式（13.4），有

$$\varepsilon_{cr} = \ln(Z^{\frac{1}{m}} D_0) + K_3 \tag{14.5}$$

当试样在高应力（大的 Z 值）下变形时，由于亚晶尺寸较小，只有在大应变下才会发生几何动态再结晶，而在低应力下，较小应变下便会发生几何动态再结晶。由式（14.3）还可以看出，如果原始晶粒尺寸较小，几何动态再结晶的临界应变也会减小。需要注意的是，几何动态再结晶的条件可以由上述几何条件推导出来，也可以由 10.3.4 节讨论的胞状微观结构稳定性理论推导出来。

14.4.3　几何动态再结晶产生的晶粒尺寸变化

上述考量意味着，当大角度晶界分离至与亚晶尺寸接近时，则可能发生几何动态再结晶，因此晶粒尺寸应近似于亚晶尺寸。问题是，如果变形持续到更大的应变，大角度晶界间距可能会变得比亚晶尺寸小，那么会发生什么情况呢？然而，事实证明，即使在非常大的应变下，这种情况也不会发生，如图 14.11（Gholinia 等，2002b）所示，图中显示了式（14.1）给出的大角度晶界分离、亚晶尺

寸和大角度晶界间距。大量的严重塑性变形数据也清楚地表明,任何材料和工艺路线都有一个极限(最小)晶粒尺寸,如图 14.12 所示(Toth 和 Gu, 2014),图中显示了采用不同加工工艺制备的铜的晶粒尺寸随应变的变化。

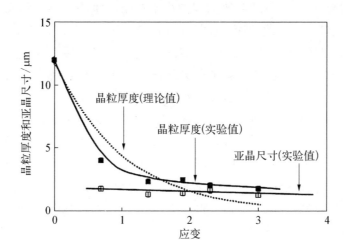

图 14.11　Al‐3%Mg‐0.2%Fe 合金在 350℃下的平面应变压缩变形,应变对其大角度晶界间距和亚晶尺寸的影响

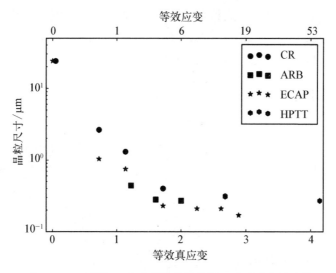

图 14.12　不同加工方法制备的铜晶粒尺寸随应变的变化

[结果表明,在 von Mises 等效应变约为 5 后,就无法进一步细化晶粒;这些方法或应变路径包括冷轧(CR)、等角挤压(ECAP)、高压扭转(HPTT)和累积叠轧焊(ARB)。图中 ARB 数据源自 Dalla Torre F H, Gazder A A, Pereloma E V, et al., 2007. J. Mater. Sci., 42: 9097. 其他数据源自 Toth L S, Gu C, 2014. Mater. Charact., 92: 1.]

可以看出,虽然大角度晶界的间距最初比理论值下降得更快,但当达到亚晶尺寸时,大角度晶界的间距便不再下降,这主要是因为晶粒的动态长大。当晶粒间距大于亚晶尺寸时[见图 14.9(a)],亚结构的钉扎会阻止大角度晶界的大规模迁移。然而,如果大角度晶界的间距小于亚晶尺寸,则不会产生这种钉扎作用,拉长的晶粒会有球化的倾向[见 14.3.5 节和图 14.8(c)],其晶界张力受 Y 节点(A)横向迁移的影响。当晶粒间距变得与亚晶尺寸接近时,将再次发生亚结构钉扎,通过这种动态平衡方式实现恒定的大角度晶界分离。Pippan 等(2010)报告了镍的实验结果,提供了存在稳定的极限晶粒尺寸的有力佐证,他们实验表明,分别对传统镍和纳米结构镍实行 HPT 工艺处理后,两种材料的晶粒尺寸都稳定在 200 nm 左右。Gourdet 和 Montheillet(2002)也提出了一个在相似条件下更详细的动态晶界迁移模型。还应该注意的是,当晶粒尺寸与亚晶尺寸相似时,类似的**动态晶粒长大**过程在**超塑性变形**中也很重要,尽管在这种情况下,晶粒尺寸的稳定性取决于第二相颗粒的弥散度。Bate(2001b)进一步讨论了第二相颗粒对动态晶粒长大的影响。

14.5 微米级晶粒微观结构的稳定性

虽然亚微米晶粒合金可能具有令人印象深刻的力学性能(见 15.6.3 节),但除非微观结构稳定,否则无法在高温下使用。我们已在第 11 章详细讨论了晶粒长大,这里我们只关心细晶/超细晶材料的行为。

14.5.1 单相合金

单相细晶微观结构因其晶界面积大,储存能量大,在高温退火过程中极易发生晶粒长大,如第 11 章所述。Hayes 等(2002)测量了 Al‐3%Mg 合金在 250℃ 下通过严重变形产生的 $0.5\ \mu m$ 晶粒的长大,并发现**正常晶粒长大**的指数为 2.6。从图 14.13(Hayes 等,2002)可以看出,在这个温度下,晶粒的长大速度非常快。

相比之下,Engler 和 Huh 在高纯度电容器铝箔中观察到了连续再结晶,他们发现在进一步退火时,微观结构会发生异常晶粒长大。这两项研究之间的差异主要是由织构造成的。Hayes 等(2002)的材料通过等通道转角挤压进行加工(见 15.6.2 节),这导致非常弱的织构。预计此类材料不会出现异常晶粒长大(见 11.5 节)。然而,Engler 和 Huh(1999)的材料通过大变形冷轧加工,具有很强的轧制织构,这种织构在连续再结晶过程中得以保留。在进一步退火时,该材

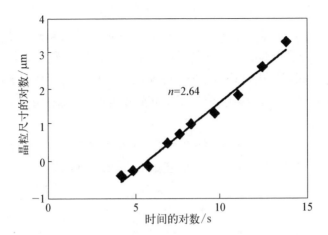

图 14.13　晶粒尺寸为 0.5 μm 的单相 Al‑3%Mg 合金在 250℃ 退火,表现为正常的晶粒长大

料发生了织构诱导的异常晶粒长大(见 11.5.3 节)。

这些有限的结果表明,由于加工工艺路线对织构的影响,热机械加工产生的细晶微观结构的高温稳定性很大程度上取决于变形方法。

14.5.2　双相合金

如 11.4 节和 11.5 节所述,防止细晶微观结构的正常或异常晶粒长大的最有效方法是稳定的弥散分布的第二相颗粒。图 14.14(Humphreys 等,1999)是

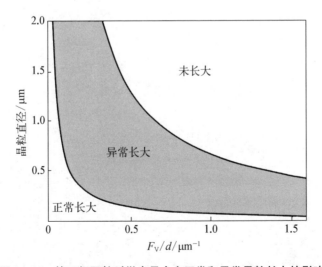

图 14.14　第二相颗粒对微米晶合金正常和异常晶粒长大的影响

图 11.21 的一个放大版本,突显了与微米晶合金相关的区域,其中显示了预测的钉扎晶粒 F_V/d 和晶粒尺寸 d 对细晶微观结构稳定性的影响。该图解释了第 11 章讨论的 3 种晶粒长大行为。如果没有第二相颗粒或第二相颗粒很少,如上文所述,预计在高温退火过程中会发生正常的晶粒长大。然而,随着 F_V/d 的增大,正常的晶粒长大会被抑制,但对于尺寸较小的晶粒,晶粒异常长大的可能性越来越大。

在如上文讨论的 Al‐Fe‐Mn 合金中,$F_V/d \approx 0.1 \ \mu m^{-1}$、直径为 0.5 μm 的晶粒预计会在少量正常晶粒长大后出现异常晶粒长大,正如 Jazaeri 和 Humphreys(2001)所报道的。为了在高温下保持非常小的晶粒结构,必须存在足够的颗粒以防止异常晶粒长大,这要求直径为 0.5 μm 的晶粒的 $F_V/d >$ 1.5 μm^{-1},这意味着第二相颗粒的数量非常可观,例如,体积分数为 0.1 的 60 nm 颗粒,可以与 $F_V/d \approx 0.1 \ \mu m^{-1}$ 的水平相当,后者通常需要在传统加工过程中防止不连续再结晶(见 9.2.1 节),这在传统工业合金中很难实现(如 Hasegawa 等,1999)。然而,对微米晶合金超塑性变形的兴趣(如 Grimes 等,2001;Higashi, 2001)促进了特殊合金的发展,该合金含有足够多的稳定的金属间化合物颗粒,以在高温下保持微观结构的稳定性。

526

第 15 章 ▷ 再结晶的控制

15.1 引言

虽然本书主要关注退火现象的科学问题,但需强调的是这些科学原理是所有金属固态加工的基础。再结晶在所有锻造加工的钢铁产品制造中起着至关重要的作用,并对铝、铜、钛、镁和其他有色金属的生产具有巨大的贡献。因此,再结晶过程中微观结构和织构的控制具有重要的经济意义。本章我们选择一些工业上重要的例子来说明退火过程中的微观结构和织构控制对优化材料性能的重要性。虽然有些例子可能看起来很普通,但这些产品所用的材料很多实际上是最成熟和最复杂的。

15.2 部分工业铝合金的加工

大多数商用铝合金含有大量的杂质,这方面与许多钢和钛合金不同。然而,非常高纯度的铝(Fe 含量＜1)在再结晶后具有几乎 100％ 的立方织构(见12.2.1 节),这种材料的织构适用于电解电容器中的箔片,其中电容的性能取决于表面积的大小。通过沿着$\langle 100 \rangle$方向形成狭窄通道的蚀刻加工,可以使表面积提高两个数量级,因此需要形成很强的立方织构。

15.2.1 商用纯铝(AA1xxx)

增加铁含量可提高铝合金的再结晶温度(Boutin, 1975),同时也会降低立方织构的强度。商业纯度的铝合金,如 AA1050,通常含有铁和硅元素(铁和硅的总质量含量超过 1％),这类材料的再结晶行为复杂,其退火织构尤其依赖于冷轧前的热处理、Fe/Si 比和退火温度。

15.2.1.1 铁的作用

少量铁可以使退火织构由几乎纯立方织构转变为强的残留轧制织构(R)。

再结晶可能起源于立方取向区域（见 12.4.1 节）和剪切带或晶界等区域，在这些区域可以形成接近变形织构的取向。对于极低的铁浓度，立方织构占优势。然而，极少量（$<10^{-4}$）的固熔铁对再结晶动力学有很大的影响（见图 7.10），大量的铁可能导致在再结晶前端析出。假设随后的溶质阻力和（或）析出阻滞了占主导地位的立方取向晶粒的长大，并允许 R 织构成分的发展，从而降低了立方织构的强度。然而，这种通过析出来降低立方织构的做法与通过析出来强化立方织构的做法是相反的，后者在许多铝合金中都可以观察到，见 12.4.3.3 节的讨论。

Hirsch 和 Lücke(1985)对 Al-0.007%Fe 合金的研究充分说明了退火温度的重要性。95% 的冷轧合金分别在 280℃、360℃ 和 520℃ 下退火，图 15.1(Lücke, 1984)显示了轧制材料在每种退火温度下的 ODF 结果。除少量立方织构外，在 360℃ 时仍保持了轧制织构(R)[见图 15.1(c)]，而更高和更低的温度下则大不相同。在后两种情况下，立方织构都是主要成分，R 成分的强度大大降低。作者解释说，这是由于在 360℃ 时富铁相的析出阻碍了晶界迁移，在低温和高温下析出发生在再结晶完成之后或之前，对晶界迁移的影响较小，因而形成了较强的立方织构。

15.2.1.2 铁与硅的联合作用

除了铁之外，硅的存在导致在铸造过程中形成稳定的 α-Al-Fe-Si 相（以板条或棒的形式存在），其最大尺寸可达 10 μm（颗粒）。因此，铁在固溶体中的水平降低，确切的数量取决于均匀化和冷却条件。除了以上讨论的再结晶行为外，在 Al-Fe-Si 颗粒处也可能发生 PSN，导致随机织构成分，特别是 R 织构成分随之减弱。

Inakazu 等(1991)详细研究了少量铁和硅对拉拔铝再结晶织构的影响。得到⟨100⟩和⟨111⟩织构成分，但其数量与退火温度有关。在 450℃ 以上，⟨111⟩变形织构成分增强，但在 300℃ 以下，⟨100⟩成分增加。结果可解释为再结晶退火过程中的沉淀析出。

商用纯铝及其相关合金的再结晶是一个很好的例子，说明了最终退火织构是不同位置的晶粒之间竞争的结果（见 12.4 节），并显示了成分或退火温度的微小变化如何影响织构成分之间的平衡。Oscarsson 等(1991)研究了变形温度对商用 Al-Fe-Si 合金再结晶织构的影响，结果表明，除了溶质变化引起的织构效应外，变形温度还会影响 PSN 的数量（见 13.6.4 节），从而影响再结晶织构中的"随机"成分。

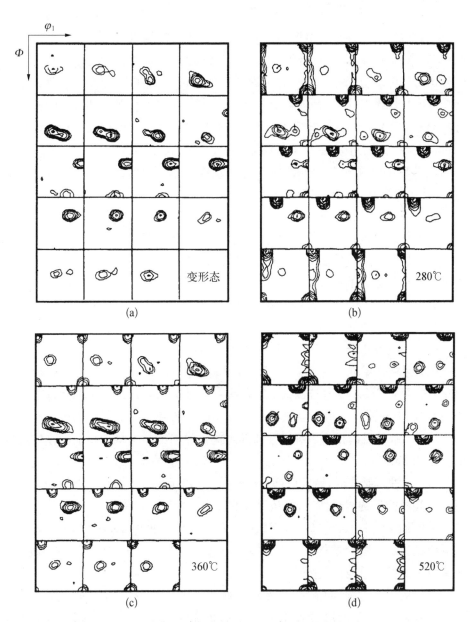

图 15.1　退火温度对 95% 冷轧 Al - 0.007%Fe 合金再结晶织构的影响
(a) 轧制态；(b) 280℃下退火；(c) 360℃下退火；(d) 520℃下退火

15.2.2 饮料易拉罐铝合金的生产(AA3xxx)

现代铝饮料罐在世界范围内大量生产,在北美市场占有主导地位。每年生产1 750亿个铝罐,大约相当于世界原铝产量的15%,尽管会回收利用,可使实际使用的原金属量略低。这些易拉罐的生产,以及因热机械加工技术改进而显著降低了易拉罐的质量,是理解变形加工、回复和再结晶原理实际意义的一个很好的例子。Marshall(1996)综述了铝合金易拉罐生产过程的微观结构。铝板生产过程中涉及的基本冶金步骤有铸造、均匀化、热轧、退火和冷轧。理解所涉及的问题需要一些制罐的知识,我们从一个简单的过程开始,随后介绍薄板的生产过程,并讨论微观结构和织构等冶金因素。

15.2.2.1 易拉罐的制作

制罐首先要进行冲杯操作(Hartung,1993),该工序是在多级压力机上完成的,压力机冲裁毛坯,然后形成一个直径约为90 mm的浅拉深杯。现代压力机以275冲程每分钟的速度在一次冲程中可加工多达14个杯子。然后把杯子转移到制罐压机,这些是长冲程机械压力机,通过一系列步骤产生修剪过的罐体,即:

(1)在冲程开始时,将杯子重复拉深至最终的罐径。

(2)通过一系列的变薄拉深模具,侧壁变薄并拉长。在典型的罐体制造过程中,需要进行3次变薄拉深操作。冲头被设计成从圆顶区域到侧壁逐渐减少金属厚度,但在开口端附近会保留一个较厚材料的环形区域。该区域通常比侧壁厚约50%,其目的是为后续缩颈和翻边提供足够的材料量。侧壁的厚度通常略大于0.1 mm。

531　　(3)在冲程结束时,罐体底部形成众所周知的耐压、可堆叠的圆顶结构。通过气压和机械手的组合作用,可从返程的冲头中取出易拉罐。

成形加工结束后,对罐体进行修剪,以去除制耳[见图15.2(b)]和开口端产生的粗糙边缘。整个过程是在非常高的速度下完成的,每分钟可进行超过350个罐身和修剪工艺组合的操作。

其他的工艺过程,如清洗、为贴标签而涂油墨、清漆做表面处理以及喷涂内部涂层等,从冶金学的角度来讲,这些不那么重要。最后,易拉罐在开口端被缩颈并折边,以便在灌装后盖上盖子。

这种处理的结果是形成内部体积约为375 mL、最终壁厚约为0.1 mm的薄壁压力容器,在不增压条件下,能够承受0.62 MPa的内部压力和约135 kg的纵向载荷。近年来,易拉罐的质量发生了惊人的减少,一个空罐质量从1968年的

22 g 下降到 1978 年的 19.2 g、1988 年的 16.5 g、1993 年的 12 g,目前已接近 10 g。

图 15.2 不同织构的 AA3104 合金圆形毛坯的深拉杯

(a) 初始织构为轧制织构和立方织构的混合,产生的制耳很小;(b) 强立方织构,在 0°/90°处出现大的制耳

15.2.2.2 罐体板材的生产

罐体板材的生产竞争非常激烈,相关的生产细节在商业上仍是保密的。本节给出的细节基本上是正确的,但并不完全适用于任何一家制造商。罐体用的铝合金以不可热处理的 Al‑Mg‑Mn 为基础,主要使用的合金为 AA3004 和 AA3104,其成分范围如表 15.1 所示。装罐后安装的易拉盖由不同的合金(AA5182)制成,此处不予讨论。

532

表 15.1 罐体用铝合金的标称成分

	Si 含量/%	Fe 含量/%	Cu 含量/%	Mn 含量/%	Mg 含量/%	Zn 含量/%
AA3004	≤0.3	≤0.7	≤0.25	1～1.5	0.8～1.3	≤0.25
AA3104	≤0.6	≤0.8	0.05～0.25	0.8～1.4	0.8～1.3	≤0.25

该薄板由 300～760 mm 厚、1 300～1 850 mm 宽的直流铸造铝锭生产,长度取决于轧机布局、铝锭和送卷装置。铸锭经剥皮后,在约 550℃ 以上的温度下进行均匀化处理,并在精心控制的时间内进行浸泡。然后将铝锭冷却至约 500℃ 并保持足够的时间,以确保开坯热轧的温度均匀。热轧过程持续约 15 min,温度下降至约 300℃ 时,铝锭被轧制成约 25 mm 厚的板坯。然后,把板坯转移到热精轧机,这种轧机可以是单机架可逆式轧机或多机架连续轧机。后一种 3～4 机架的轧机可生产约 2.5 mm 厚的金属卷材,板坯无须回炉退火即可发生再结晶,但

在单机架轧机中,因最终卷取的温度太低,无法进行完全的卷内再结晶,故需要进一步的炉内退火。目前的需求是最终板材厚度约为 0.3 mm,强度对应于 H19(UTS 295 MPa、YS 285 MPa、延伸率 2%),这是通过 87% 厚度减薄的冷轧工序来实现的。对进一步降低罐体板材厚度的需求持续存在,例如,1978 年罐体的厚度约为 0.38 mm,并要求厚度误差控制在 ±7.5 μm 至 ±10 μm;1993 年的要求是 ±5 μm。

易拉罐生产中的冶金工作旨在最大限度地减少每个罐体中铝的质量,并消除停工现象。目标是使用尽可能薄的铝板冲压出最小的圆形坯料,使其在冲杯、减薄拉深和罐壁熨平至最小高度后仍具有足够的强度。为了实现这一目标,需要严格控制微观结构和织构演化的各个方面,并在各个加工阶段对其进行检查。

15.2.2.3 微观结构和织构的发展

在加工过程中,微观结构和织构的演变决定了板材最终的性能。

1) 铸态微观结构

铸态最重要的特征是粗大构成颗粒的尺寸、类型和分布,以及共晶元素的微观偏析、胞元的尺寸。胞元(尺寸约为 100 μm)的边界周围分布着构成颗粒,颗粒是复杂的共晶反应产物,主要为金属间相 $(FeMn)Al_6$ 和 Mg_2Si,大部分的锰仍处于固溶状态。

2) 均质化

均质化的主要目的是消除微观偏析,使粗大的 β-$(FeMn)Al_6$ 颗粒发生转变,并使锰以弥散体的形式析出。在铝锭的缓慢加热过程中,微观偏析基本消除,同时也溶解了 Mg_2Si 颗粒。硅的释放有助于 β-$(FeMn)Al_6$ 向 α-$Al_{15}(FeMn)_3Si_2$ 转变。较硬的 α 相是我们所需要的,因为它有助于模具清洗和防止表面擦伤。固溶体中的一些锰被吸收进含铁的颗粒中,其余的大部分以细小的 α-$Al_{15}(FeMn)_3Si_2$ 弥散颗粒析出。这些颗粒会明显影响材料在热轧后的退火行为以及最终的再结晶织构。

3) 热轧和再结晶

在开坯热轧过程中,即使在 15 min 内温度会降至约 300℃,也很少会发生进一步的析出。在这一阶段,主要的冶金变化是大颗粒的分解(在旧合金中体积分数为 2% 或更多),以及基体中形成中等尺寸的再结晶晶粒。在**热精轧加工**中,金属在各道次之间不会发生再结晶,在最终卷取过程中或(如果需要的话)在约 350℃ 的进一步炉内退火过程中会发生再结晶,颗粒通常沿平行于轧制方向被拉长。

制罐工艺要求材料在再结晶后具有较强的立方织构,而获得这一织构的条件一直是大量研究的主题。再结晶织构主要由立方取向晶粒和随机取向晶粒组成。通常认为,许多随机织构成分起源于颗粒激发的再结晶形核 PSN(见 9.3.2 节),立方取向晶粒起源于热轧组织中保留的立方织构带(见 12.4.1 节)。较高的轧制温度(较低的 Z 参数)有利于保留立方织构,同时也会限制 PSN(见图 13.31),其对再结晶织构的影响如图 12.18 所示。从图中可以看出,随着能够发生 PSN 颗粒数的减少,立方织构的强度增加,而随机织构的强度减小。Hutchinson 等(1989b)、Hutchinson 和 Ekström(1990)详细讨论了这类材料的织构控制及其对最终拉深性能的影响。

4) 冷轧

冷轧罐体拉深的要求是成形性能好且制耳小。在热机械加工过程中形成的强织构可能会导致罐体顶部周围产生制耳(见图 15.2),这些制耳可能会在制罐过程中造成麻烦,必须修剪掉。目前,制罐商规定,拉深罐体的凹陷处制耳的高度应在罐高的 0.5%～3% 范围内。

冷轧后主要织构成分如表 15.2 所示。虽然热轧和再结晶板的立方织构在冷轧过程中相对稳定,但其强度随着常规冷轧织构成分(黄铜、铜、S)的发展而降低(见 3.2.1 节)。表 15.2 表明,在这个阶段,会出现强烈的 ±45°制耳和较小的 0°～180°制耳。如果在热轧和退火过程中,轧制织构成分保持在最低限度,即立方织构被最大化,可以使 ±45°制耳的范围最小化。

表 15.2 冷轧罐体板材的主要织构成分

织构(Miller 指数)	名 称	制 耳 现 象
{100}⟨001⟩	立方织构	0°、90°、180°、270° 4 个制耳
{110}⟨001⟩	戈斯织构	0°、180°两个制耳
{110}⟨112⟩	黄铜织构	45°、135°、215°、305° 4 个制耳
{112}⟨111⟩	铜织构	45°、135°、215°、305° 4 个制耳
{123}⟨412⟩	S(～R)织构	45°、135°、215°、305° 4 个制耳

虽然趋势是尽量减少制耳和随之而来的修剪和材料损耗,但规定了最低量(通常为 0.5%)。其中有一个非常重要的现实原因(Malin, 1993)——如果要完

全消除 45°的制耳,新的织构就会在 0°和 180°生成由戈斯织构导致的双制耳。4 个 45°的制耳能够承受支撑坯料的压边力,而两个 0°~180°的制耳因没有周向的流动和收缩,无法做到这一点。在随后的重复拉深和熨平过程中,由此产生的制耳往往会卡住工模具。

众所周知,制耳也依赖于机械参数,如润滑、压边压力和导向(Rodrigues 和 Bate,1984;Bate,1989;Malin 和 Chen,1992;Courbon,2000),但对这些因素的讨论超出了本书的范围。

这个重要的工业热机械加工例子清楚地表明,在易拉罐的制造过程中,特别是在热轧和退火阶段,织构控制至关重要。

15.2.3　Al－Mg－Si 汽车板材(AA6xxx)

为了提高燃油经济性和减少排放,对车辆减重的持续需求导致人们对使用铝板作为汽车车身的兴趣日益增加,因为用铝代替钢有可能使汽车的质量减少 50%(Burger 等,1995;Morita,1998)。最常用的两种铝合金类型是不可热处理的 Al－Mg 合金(AA5xxx 系列)和时效硬化 Al－Mg－Si 合金(AA6xxx 系列)(Burger 等,1995;Lloyd 和 Gupta,1997;Engler 和 Hirsch,2002)。Al－Mg 合金主要用于制造车内零部件,而强度更高的 Al－Mg－Si 系列(本节讨论的)作为汽车白车身材料有许多优点,包括:① 它们在固溶处理状态下很容易成形;② 具有良好的耐腐蚀性能;③ 可在烤漆环节通过时效硬化提高强度。

15.2.3.1　生产规程

该薄板生产规程的第一阶段与 15.2.2 节中描述的 Al－Mg－Mn 合金大致相似,包括半连续铸造、均匀化、开坯热轧和多机架热轧。热轧带材的厚度为 3~6 mm,冷轧至最终厚度为 0.8~1.2 mm。最后将薄板通过连续退火生产线,快速加热到 500~570℃的固溶处理温度,然后再结晶,最后淬火,将 Mg 和 Si 保留在固溶体中。成形后,在最后的汽车油漆烘烤环节达到所需的强度,其中包括在 160~200℃下进行 20~30 min 的退火。

15.2.3.2　织构的重要性

铝板的成形性能普遍低于钢材,因此在加工过程中控制铝板的织构以优化其成形性能十分重要。强的戈斯织构不利于材料的成形性能,而弱的立方织构是有益的(Engler 和 Hirsch,2002)。然而,对于汽车外板而言,通常认为织构的空间分布比整体织构更重要。

在成形过程中,轧制方向上可能会形成间距为几毫米的平行起伏。这些线条可能非常明显,以至于在喷漆后仍能看到,从而使板材不适合用于车身外板。这种效应称为起皱或绳痕[①],已证明这与板材中存在相似晶体取向的条带有关(Baczynski 等,2000;Choi 等,2004;Wu 等,2006)。不同取向的晶粒具有不同的流动应力(泰勒因子),这导致应变分布不均匀。立方取向和戈斯取向晶粒都与绳痕相关。为尽量避免这一问题,板材必须在织材相对较弱的 T4 回火状态下生产。

15.2.3.3 织构和微观结构的演变

在热机械加工过程中,微观结构和织构的发展取决于温度、应变和应变速率,以下是典型的常规加工周期(Engler 和 Hirsch,2002)。

(1) 在轧制开坯过程中,道次之间发生再结晶。所得过渡规格板经充分再结晶,具有较强的立方织构,晶粒尺寸约为 200 μm。存在典型的织构梯度,即从中心的立方织构到靠近表面的 TD-旋转立方织构。

(2) 在较低的温度下进行后续的多道次热轧,可能会出现 Mg_2Si 等相的析出。在较低的轧制温度下,不会发生再结晶,产生典型的 β-纤维轧制织构,但在较高的轧制温度下可能发生再结晶。这种热轧带材在卷取过程中和随后的冷却过程中,会发生部分再结晶,并产生轧制织构和再结晶立方织构的混合,织构的相对数量取决于终轧温度。在卷取过程中,更细的 Mg_2Si 晶粒会进一步大量析出。

(3) 带材冷轧至最终规格,从而产生强烈的轧制织构,尽管一些源于热轧带材的立方织构会被保留下来。在 500~570℃进行最终固溶热处理,重新溶解 Mg_2Si 晶粒。这也会使材料再结晶,最终晶粒尺寸为 20~30 μm。

再结晶织构取决于加工的早期阶段,特别是热轧阶段后 Mg_2Si 的析出量。如 12.4.3.3 节所述,在退火过程中,细小弥散分布的第二相颗粒比再结晶的立方取向晶粒更容易抑制 PSN,导致非常强的立方织构。这种情况通常发生在上述传统路线加工中,如表 15.3 所示,从而形成了图 15.3(Engler 和 Hirsch,2002)(a)所示的强立方织构。

---

① 译者注:在金属塑性变形过程中,特别是在轧制或拉伸等加工过程中,**起皱/起脊**(ridging)和**绳痕**(roping)是两种可能出现的表面现象,与金属表面的不均匀变形有关。在金属塑性变形过程中,由于应力分布的不均匀性,金属表面可能会形成不均匀的起伏,称为起皱/起脊。类似地,绳痕通常发生在板材的轧制过程中,在轧制过程中,金属表面可能出现条纹状的凹凸结构,形似绳子,因此被称为绳痕。这些不均匀性可能会影响金属制品的质量和性能,因此在金属加工和制造过程中需要注意控制和消除这些现象。

表 15.3　AA6xxx 汽车板材冷轧前的中间退火工艺路线,显示了工艺
路线对最终织构的影响

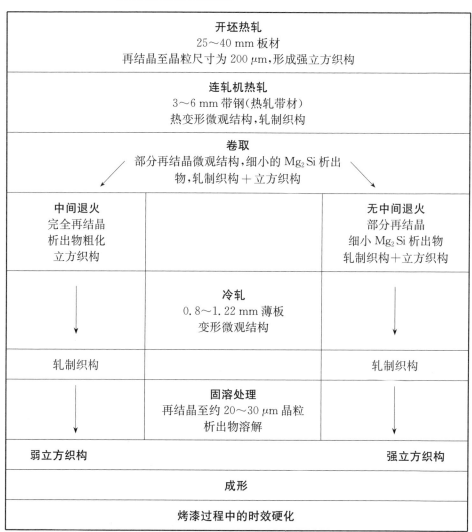

而如果在冷轧前对热轧带材进行一次额外的中间退火,以粗化 Mg₂Si 颗粒
(见表 15.3),则 PSN 对再结晶过程的贡献会更大,从而产生较弱的再结晶织构,
如图 15.3(b)所示。如上所述,这样的弱立方织构对提高板材成形性能和消除
绳痕都是很需要的。

除了以上讨论的参数,还有其他控制最终织构的方法,包括合金成分、连轧
出口温度和冷轧减薄量等,此外不做讨论。

538　　本节有必要提及铝合金的挤压,它占了铝制品工业生产的很大一部分。

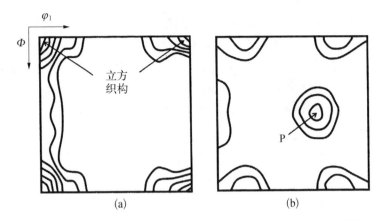

图 15.3　AA6xxx 合金固溶退火(T4 回火)后的再结晶织构($\phi_2 = 0$ 截面)

(a) 常规加工材料中存在强立方织构(最大强度为 26R)；(b) 热轧后经过中间退火
以粗化 Mg_2Si 颗粒(最大强度为 8R)的材料中的弱立方织构和 P 织构

Sheppard(2013)对铝合金的挤压做了比较系统的综述。为了将挤压力控制在合理的水平上,挤压一般是在高温下进行的。挤压速度要求实现适当的应变速率,所产生的微观结构尽管发生了部分回复,但仍具有变形储能。然而,存在通常是完全再结晶的特征表面层,其晶粒尺寸比大部分材料的粗得多(如 van Geertruyden 等,2005)。虽然这可能与挤压表面附近通常出现的较大冗余剪切应变有关,但仍然是一个认识不足的现象。

15.3　冷轧和退火板材的织构控制

15.3.1　引言

全世界低碳钢的产量远超其他金属材料,虽然这些产量大部分用于看似简单的目的,但对改进加工工艺和性能的需求仍在不断地增长。其主要的变化是：① 吹氧式转炉的发展；② 钢包脱气的使用；③ 连铸机的引进,直接生产板坯；④ 薄板连续退火生产线持续取代分批退火；⑤ 低碳和超低碳成形钢的开发；⑥ 各等级钢清洁度的提高和非金属夹杂物含量的降低。

这些因素都会影响深冲钢的生产和性能,但我们这里只讨论后两个因素。尽管连续退火生产线很多年前已被用于薄板产品的生产,但质量最好的拉拔钢仍是通过长时间的分批退火生产的,而且人们一直认识到,发展所需的织构和强度是连续退火所面临的关键问题。如今,这些问题已基本得到解决,40 多条连续退火生产线也已投产运行。

最早的无间隙钢出现在 20 世纪 60 年代末,当时有报道称,添加少量的钛和铌可以改善钢的拉深性能。为了达到理想的碳含量(<0.01%),这些钢需要0.05%~0.1%的合金含量。由于夹杂物的存在,这样的量会导致表面质量下降,也会导致合金成本提高(Obara 等,1984)。然而,现在的炼钢技术已经达到了可以通过短时间的钢包脱气处理,将碳含量控制在 0.001%~0.003%范围内。这种钢需要的合金元素含量(≤0.03% Nb 或≤0.05% Ti)要少得多。如果需要提高强度,可以通过添加少量磷(<0.1%)和烘烤硬化来实现。

在接下来的讨论中,我们首先简要回顾可拉深性的测量方法,然后介绍退火工艺和钢化学成分变化的影响。我们重点关注普通低碳钢和相对较新的超低碳钢,仅简要介绍传统的无间隙钢。许多相关研究工作是在日本钢铁生产商的工业实验室中进行的,相关文献可以在钢铁行业杂志和会议报告中找到。

15.3.2 背景

15.3.2.1 可成形性的评估

显然,轧制板材中晶体学织构的存在会影响成形过程中的应变分布和塑性流动。这种由织构引起的各向异性有两种形式。第一种各向异性称为**平面各向异性**,其塑性流动特性在板材平面内随方向变化。第二种形式是,适当的织构在"面内"和"厚度方向"之间产生不同的强化,这种效应称为**法向各向异性**。

衡量可拉深性的准则由宽度和厚度方向上的真应变之比(r 值,或 Lankford 系数)表示:

$$r = \frac{\varepsilon_w}{\varepsilon_t} \tag{15.1}$$

在存在平面各向异性的情况下,r 值在板材平面内随方向变化,通常采用 r 的平均值,即

$$\bar{r} = \frac{r_0 + 2r_{45} + r_{90}}{4} \tag{15.2}$$

$\bar{r}$ 是衡量板材法向各向异性的一个重要参数,因此也是可拉深性能的一种衡量方法,r 值高代表拉深性能更好。平面各向异性采用下式衡量,Δr 和深拉深时的制耳程度相关:

$$\Delta r = \frac{r_0 + r_{90} - 2r_{45}}{2} \tag{15.3}$$

Hutchinson 和 Bate(1994)根据泰勒模型(见 3.7.1 节)计算了 $\bar{r}$ 的理论值，如表 15.4 所示。{111}⟨uvw⟩型织构可以获得良好的拉深性能和最小的制耳；因此，在退火低碳钢中制备较强的⟨111⟩ND 纤维织构非常重要。需要指出的是，{554}和{111}仅相差几度。也可以看出{001}⟨110⟩和{110}⟨001⟩织构是不利于拉深性能的。 540

表 15.4　主要织构成分的 $\bar{r}$ 和 Δr 值(Hutchinson 和 Bate, 1994)

取向(10°的发散)				预测的各向异性(铅笔滑移)	
{hkl}⟨uvw⟩	欧拉角			$\bar{r}$	Δr
	φ_1	Φ	φ_2		
{001}⟨110⟩	45	0	0	0.45	−0.88
{112}⟨110⟩	0	35.3	45	3.33	−5.37
{111}⟨110⟩	0	54.7	45	2.80	−0.44
{111}⟨112⟩	90	54.7	45	2.80	−0.44
{554}⟨225⟩	90	60.5	45	2.87	1.53
{110}⟨001⟩	90	90	45	25.43	49.38

由于好的拉深性能与{111}轧制平面织构有关，而差的拉深性能与{100}轧制平面织构有关，因此，轧制平面样品的 222 和 200 的 X 射线反射强度之比(I_{222}/I_{200})常用来衡量板材的成形性能，并与 $\bar{r}$ 有很好的相关性。

15.3.2.2　低碳钢的织构

如 3.3 节所述，低碳钢的轧制织构由图 3.10 中的沿 α-纤维和 γ-纤维分布的两种主要取向组成。后者是几乎完整的⟨111⟩轧制平面法向纤维织构，即{111}晶面平行于轧制面，以及几个典型的晶体轴方向(包括⟨110⟩、⟨112⟩和⟨123⟩)平行于轧制方向。α-纤维是关于轧制方向的部分纤维织构，其纤维轴为⟨110⟩，且具有明显的{001}、{112}和{111}轧制平面织构成分(见图 3.10)。12.4.2 节已经详细讨论了退火织构及其产生机制，这里我们只说明，在钢轧制到约 70%减薄量的情况下，一些强织构成分(包括{111}⟨110⟩、{554}⟨135⟩、{554}⟨225⟩)在退火周期早期在 γ-纤维中长大，随后以减少{111}⟨110⟩等 α-纤维取向为代价长大（见图 12.17）。

在轧制量较小时，戈斯织构成分和{111}轧制平面织构一起出现，但随着轧制变形量增加，戈斯成分减弱，{111}织构增强，其扩散中心在{111}〈112〉附近。当减薄至 90% 时，工艺上希望出现的{111}织构进一步增强，但其优点（利于成形性）会被{100}附近有害织构成分的出现所抵消。因此，对于传统的低碳成形钢，即沸腾钢和铝镇静钢，一直以来存在最佳轧制减薄量约为 70% 的观念[见图 15.4（Hutchinson，1984）]。最近在炼钢和加工工艺方面的发展使人们能够使用更大的轧制减薄量（高达 90%），同时在含有少量铌和钛的超低碳钢中，可将 $\bar{r}$ 值从图 15.4 所示的典型值提高至约 2.5。对这一改进最好的理解是考虑织构的起源和工艺参数对以下 3 种钢材织构演化的影响，即：① 分批退火铝镇静钢；② 连续退火低碳钢；③ 无间隙钢。

541

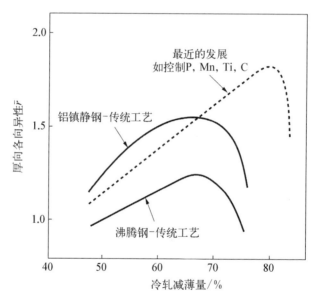

图 15.4　不同类型钢的冷轧减薄率与 $\bar{r}$ 的关系

15.3.2.3　{111}织构的起源

好的深冲钢最重要的单一性能是退火后具有较强{111}轧制平面织构。正如 Nes 和 Hutchinson（1989）所指出的那样，由于商业加工涉及大规模生产和多工序加工，因此一般不可能改变轧制织构和/或晶界特征。这实际上排除了通过长大过程控制织构发展的可能性。然而，通常可以通过控制形核过程来改变再结晶织构。

一般来说，形核与微观结构的不均匀性有关，其中最重要的是微观结构的驻留性特征,如过渡带、剪切带、晶界和硬质颗粒周围的变形区。在这些碳含量非常低的钢中,碳化物很少,颗粒激发形核可能不太显著。Haratani 等(1984)研究了剪切带形核,发现剪切带优先在{111}⟨112⟩体积元中形成,并导致{110}⟨001⟩戈斯取向核的形成。大的晶粒尺寸和高的间隙元素含量有利于剪切带的形成,因此小的晶粒尺寸和低的碳、氮含量是可取的。如 12.4.2 节所述,在这些钢中,过渡带形核并不显著,重要的形核是与晶界相关的 γ-纤维形核。

542

15.3.3　分批退火的铝镇静低碳成形钢

这一类包括普通的沸腾钢和铝镇静钢。除了轧制减薄量的影响外,这些钢的 $\bar{r}$ 值还受到热轧后的卷取温度和退火时的加热速度的强烈影响。图 15.5 (Hutchinson,1984)是由 Hutchinson(1984)根据多位作者的研究成果绘制的。可以看出,在低卷取温度(600℃)下,只有在典型的分批退火的缓慢加热下才会出现高的 $\bar{r}$ 值(而高 $\bar{r}$ 值是镇静钢的典型特征)。与之相反的是高卷取温度(约 700℃),可得到的最大 $\bar{r}$ 值更小。这些影响为传统上使用分批退火来制备超深冲优质镇静钢提供了依据,下文对此进行详细讨论。

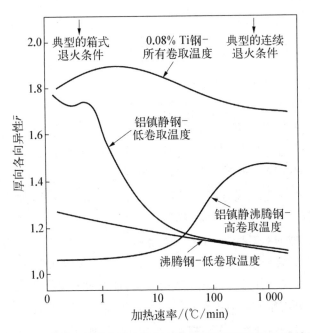

图 15.5　卷取温度和最终退火的加热速度对不同类型钢 $\bar{r}$ 值的影响

543 **15.3.3.1 氮化铝(AlN)反应**

铝镇静钢的 $\bar{r}$ 值高的原因一直是大量研究工作的主题。这些钢具有很强的 {111}织构成分和非常弱的{100}成分，以及所谓的"煎饼"状晶粒结构，其中大的再结晶晶粒在轧制方向被拉长。对相关现象的理解始于 Leslie 等(1954)的工作。一个基本的要求是铝和氮在冷轧开始前都必须处于固溶状态，这意味着任何存在的 AlN 化合物必须在热轧前分解。同样关键的是，溶解的铝和氮不应在热轧过程中或热轧后立即析出。Leslie 等发现大约在 800℃ 时析出最快，并确定析出的程度与煎饼状晶粒结构的发展有关。在实际应用中，采用较高的均热温度(约 1 250℃)以及热轧后在约 580℃ 卷取前向热轧带材喷水可以防止 AlN 的析出。

现在比较确定的是(Hutchinson 和 Ryde，1995)，关于铝原子和氮原子通过延缓形核来控制织构演化的方式的长期争论已尘埃落定，人们倾向于从析出角度来解释铝和氮对织构演化的影响。在缓慢的加热条件下，如分批退火，铝原子扩散并与氮原子结合形成小的沉淀物，会阻碍再结晶。在旧晶粒和胞元边界处的沉淀物很容易在再结晶晶粒中呈薄层片，这些薄片在轧制方向上被拉长，并决定了粗大的、拉长的、薄的煎饼状晶粒结构的形成，这种结构非常适合于板料成形工艺。第二相颗粒抑制形核和长大，但较大的最终晶粒尺寸表明其对形核的影响更大。Dillamore 等(1967)和 Hutchinson(2000)将再结晶过程中理想的(工艺上希望获得的){111}织构成分的增强与变形微观结构中{111}取向体积元更高的变形储能(见 2.2.3.3 节)以及随后更快的再结晶(见图 7.8)关联起来。

15.3.3.2 连续退火低碳钢

连铸技术的发展为大规模引进连续退火生产线开辟了道路，但其更快的加热速度实际上排除了使用氮化铝析出作为织构控制的可能性。这样的生产线的加热速度可达到几百度每分钟，退火时间从数天缩短到 10 min。Abe 等(1978)对大量日本学者开展的研究工作进行了出色的总结，而对这项工作的总体理解和澄清在很大程度上归功于 Hutchinson 及其同事的贡献(如 Hutchinson 和 Ryde，1995；Hutchinson，1999,2000)。

544 连续退火的加热速度高，因此不能使用 AlN 沉淀来控制织构。其优点是，经过退火、轧制后，纯铁形成了强烈的再结晶织构。因此，碳含量要低，任何第二相颗粒都不应以细小弥散的形式出现，以免抑制晶粒长大。实际上，任何渗碳体颗粒都可能开始溶解，并与固溶体中的锰结合，削弱了{111}织构。理想情况是在高温下进行卷取，以确保渗碳体颗粒粗大，不会抑制晶粒长大。如果在 700℃以上的温度下进行卷取，效果最好。在这些条件下，卷取后板材在缓慢冷却过程中会发生共析转变,而不是在喷水过程中发生,渗碳体更粗、分布更弥散。在连续退火周期的短时间内,也必须使其他第二相颗粒粗化,以减少 Smith-Zener 阻力对晶粒长大的影响。这些相中最突出的是 MnS 和 AlN。较高的卷取温度可确保所有沉淀相都是粗大的,而平衡铁素体内的碳含量非常低。现代超低碳拉拔钢成功问世的主要原因是认识到这种近乎纯铁是控制织构的关键参数,也是成功引进的主要因素。

图 15.6(Hutchinson,1984)很好地说明了碳对拉深性能的显著影响。有两个显而易见的重要因素:首先,在碳含量很低的情况下,$\bar{r}$ 值显著增加;其次,当碳含量接近 3×10^{-6} 时,$\bar{r}$ 存在一个最佳值。Hutchinson(1984)详细说明了碳在织构控制中的作用。表 15.5 总结了低碳钢分批退火和连续退火的最佳条件。

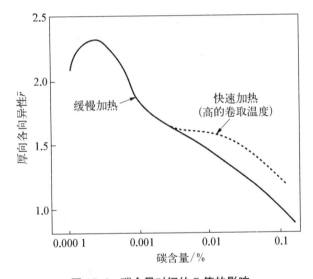

图 15.6 碳含量对钢的 $\bar{r}$ 值的影响

表 15.5 低碳钢分批退火和连续退火的最佳条件(Hutchinson,1993) 545

参　　数	分批退火	连续退火
碳	低(＊)	低(＊＊＊)
锰	低(＊)	低(＊＊)
微合金化	铝(＊＊＊)	(　)
均匀化温度/℃	高(＊＊＊)	低(＊)

续 表

参 数	分批退火	连续退火
精轧	>A₃(＊＊)	>A₃(＊＊)
卷取温度/℃	低,<600(＊＊＊)	高,>700(＊＊＊)
冷轧减薄量/%	≈70	≈85
加热速度	20～50℃/h(＊＊＊)	5～20℃/s(＊＊)
退火温度/℃	≈720(最高)	850(最高)

注：( )不重要；(＊)显著；(＊＊)重要；(＊＊＊)至关重要。

15.3.3.3 锰的作用

锰是这些钢中主要的合金元素,认为其影响是固溶效应、相形成效应以及与其他元素(如碳、氮、氧和磷)复杂的相互作用的结果。Hu 及其同事的大量研究(Hu 和 Goodman, 1970;Cline 和 Hu, 1978;Hu, 1978)表明,锰不利于拉深性能[见图 15.7(Cline 和 Hu, 1978)]。

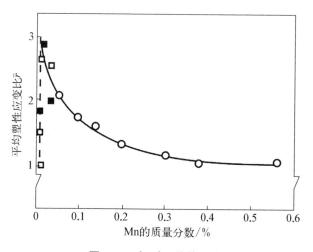

图 15.7　锰对 $\bar{r}$ 值的影响

最初认为,锰的作用是由于溶质阻力造成的,这种阻力为不利取向晶粒的形核和长大提供了机会。然而,现在我们知道,这种效应是由于碳和锰同时存在,它们相互作用形成 C-Mn 偶极子。这种相互作用的重要性在 1970—1984 年间的一些重要论文中得到了论证,如 Fukuda 和 Shimizu(1972)、Abe 等(1983)、

546

Hutchinson 和 Ushioda(1984)以及 Osawa(1984)等给出了详细的解释。

15.3.4 超低碳钢

尽管图 15.6 中的低碳钢具有很高的 $\bar{r}$ 值,表明通过降低碳含量可以获得良好的拉深性能,但这种观点过于简单,因为还需考虑其他性能要求,如延展性和抗应变时效等。一般来说,降低碳含量可以提高塑性、降低屈服强度和提高延伸率,而降低碳/氮综合含量至 0.001% 以下并进行轻回火轧制(减薄量约为 0.5%),则可以消除应变时效。然而,这些效果是有限的,生产高等级的钢材,需要额外添加可促进碳化物形成的元素,如铌和钛。添加量只需要比化学当量多一点,而且这些量比早期无间隙钢中使用的量要少得多,在早期的无间隙钢中,合金含量往往高达 10 倍的化学当量。这两种元素都能有效地降低延伸率的平面各向异性和 Δr 值,Satoh 等(1985)发现铌的作用尤为明显。

针对强{111}织构的形成原因,研究人员也提出了几种解释(Hutchinson 和 Ryde,1995)。包括第二相颗粒的干扰、热轧条件对起始条件的影响、合金元素的固溶效应以及合金元素对碳和氮的净化作用。图 15.8(Takazawa 等,1995；Hutchinson 和 Ryde,1997)中 Takazawa 等(1995)的详细研究,显示了超高纯度铁钛合金中{111}织构强度的数据；Hutchinson 和 Ryde 的结论是,在未受固溶体中钛的影响下,钛合金化的 IF 钢(以及含铌钢)的优异深拉深性能是由于钛对碳和氮的净化作用(将碳和氮原子从固溶体中清除)。

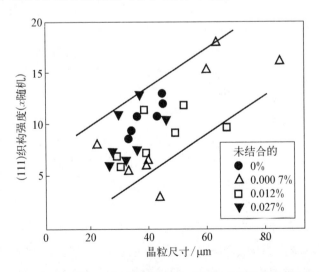

图 15.8　在具有不同程度的未结合钛的极高纯度钢中,平行于板材平面的{111}织构强度与晶粒尺寸的关系

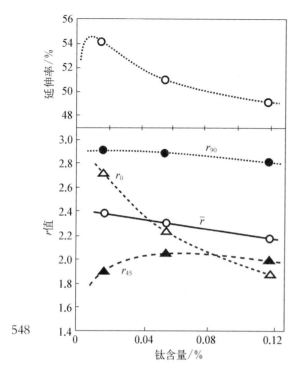

图 15.9   钛含量对 **0.8 mm 厚、0.007%Nb 钢**
在冷轧 81%后力学性能的影响

图 15.9(Fudaba 等,1988)详细说明了目前可用的最佳 IF 钢的质量参数。这些钢的 $\bar{r}$ 值高达 2.5,拉伸延伸率高达 53%,且具有非常低的平面各向异性(见图 15.9 中 r_{45} 的结果)。低的平面各向异性对方形件的拉深成形尤为重要。

汽车车身的外板必须经烘烤,以硬化表面涂层,烘烤温度通常约为 190℃。由于可能发生应变时效,应消除或稳定溶质中的任何碳原子。对于连续退火的普通拉深等级的低碳钢,可通过过时效处理来消除应变时效。对于含钛和铌的高等级钢材,则无须进行这种处理。由于碳化物的最高稳定温度约为 830℃,因此退火过程中溶质中的碳含量极低,可以使用更高的冷却速率。

15.3.5   超低碳高强钢

汽车外面板除了具有拉深性能和抗应变时效性能,还应具有高强度。这可通过添加磷(0.06%~0.08%)和锰(0.5%~0.8%)等固溶强化元素来实现。但是,在这些钢中增加磷含量会促进裂纹的形成,但这可以通过进一步添加非常少量的硼来控制(Fudaba 等,1988)。

利用应变时效这一通常有害的现象,可以进一步获得更高的强度。例如,烘烤硬化钢含有少量但数量可控的残余溶质碳,当位错在烘烤过程中趋于稳定时,这些钢材获得了抗室温时效的性能,但屈服强度有所提高。因此,成形时屈服强度较低,而烘烤后屈服强度较高。所需的溶质碳含量可以通过调整退火周期来获得,如前所述,少量的溶质碳不利于在退火过程中形成所需的{111}织构。解决方法简单而有效(Obara 等,1984;Abe 和 Satoh,1990),即在再结晶完成之前,碳被稳定为碳化铌,这可确保形成强{111}织构。然后提高温度,使少量的碳进入溶质。由于再结晶在此发生之前已基本完成,所以织构不会受影响。

548

15.4　晶粒定向的硅钢板

15.4.1　引言

晶粒定向电工钢的生产制造可能是在加工过程中控制再结晶以获得有利效果的最著名例子。很多研究人员都对这一主题做了综述（如 Dillamore，1978b；Luborsky 等，1983），我们首先简要概述其需求和使用的工艺，并对其重要性进行简要说明，然后回顾最近的发展现状，特别是与成分变化、生产立方取向薄板的可能性和畴尺寸控制有关的发展。

15.4.2　硅钢板的生产

用作变压器铁芯的薄板或薄片通常由含 3%硅的无碳薄钢板制成。基本要求是易磁化、低磁滞损失和涡流损耗小。其第一项和第二项主要取决于成分、取向和纯度，较高的硅含量是有利的，因为电阻率随硅含量增加而增加，还会减少涡流损耗。然而，这种合金很脆，不能冷轧。在〈100〉方向上最容易磁化（见图15.10），当沿〈100〉方向轧制时，会形成强烈的择优取向。在实际生产中，常见的织构是众所周知的{110}〈001〉戈斯织构。板材的内应力状态和表面光滑度也很重要。涡流损耗也受这些参数的影响，但更重要的是受晶粒尺寸、薄板厚度和薄板上绝缘涂层所引入的应力的影响。通过减小晶粒尺寸、厚度和内应力，可优化材料的性能。最后，最好是具有尽可能小的畴尺寸和最大的畴壁迁移率（Kramer，1992）。

549

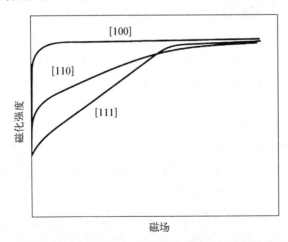

图 15.10　铁中简单晶体方向的磁化强度与磁场的关系

（图片源自 Honda K，Masunoto H，Kaya S，1928. Sci. Rep. Tohoku. Imp. Univ.，17：11.）

现今的做法源于 Goss(1934a，b)的工作,他申请了一项技术专利,可以开发出强{110}⟨001⟩织构。这种工艺被称为 Armco,或两阶段冷轧法,表 15.6 概述了典型的生产工艺计划。虽然不同的制造商会使用稍微修改过的成分、温度、混合气体和涂层等,但基本参数相似。在 Armco 过程中有 3 个重要的要求:① 必须为{110}⟨001⟩晶粒的形核提供条件;② 这些晶粒必须能够长大;③ 其他取向的晶粒不能长大。

550

表 15.6　晶粒定向电硅钢的生产

Armco 工艺	新日铁工艺
(1) 在约 1 340℃下浸泡;热轧至 2 mm;	(1) 在约 1 350℃下浸泡,热轧至约 2 mm;
(2) 冷轧至 0.5~1 mm;	(2) 热轧带退火 1 125℃,空气冷却至 900℃,水淬至 100℃;
(3) 在 950℃,干燥的 H_2/N_2(80∶20)气氛中退火;	(3) 冷轧;
(4) 冷轧至成品尺寸;	(4) 在湿 H_2、850℃ 下脱碳,露点温度为 66℃;
(5) 在 850℃,湿的 H_2 气氛中脱碳,露点温度为 50℃;	(5) 镀 MgO+5%TiO_2 涂层;
(6) 镀 MgO 涂层;	(6) 在 1 200℃、H_2/N_2(75∶25)气氛中进行织构退火
(7) 在 1 150℃、纯 H_2 气氛中进行织构退火	

在初始热轧过程中,所期望的{110}⟨001⟩取向首先以摩擦诱导的剪切织构出现在表面及附近。在正常的工艺过程中,这种取向在冷轧过程中会大部分消失,并被通常的双组分{112}⟨110⟩+{111}⟨110⟩织构(见 3.3 节)所取代。通过两个轻冷轧工序,可以确保这两个织构成分的含量是可控的。此外,戈斯取向并没有完全消失,它存在于分隔上述取向的过渡带中心,在这种环境下有利于形核,因此在脱碳退火后的退火织构中出现了一些{110}⟨001⟩晶粒。这些晶粒比其他取向的晶粒稍大一些,在最终织构退火过程中,它们通过异常晶粒长大而主导最终的织构。

微观结构控制为晶粒长大提供了必要的条件。在热轧前,通过快速冷却板坯,会产生细小的 MnS 弥散颗粒。这些颗粒通过抑制晶粒的正常长大(见 11.4 节)而阻止晶粒快速粗化,可保持基体晶粒尺寸在最终高温退火的早期阶段仍很小。随着 Ostwald 熟化和溶解的进行,可能会发生异常晶粒长大,所需的戈斯取向晶粒长大并主导材料的微观结构。尖锐织构的存在也会促进异常晶粒长大(见 11.5.3 节)。May 和 Turnbull(1958)非常清楚地证明,异常晶粒长大的发生需要抑制剂颗粒的存在(见图 15.11)。通过在 MgO 表面涂层中加入硫,可消除在表面形核过程中产生不良取向的可能性。这会阻止表面晶粒的长大,而所形成的硫化物最终会与氢气氛反应而消失。

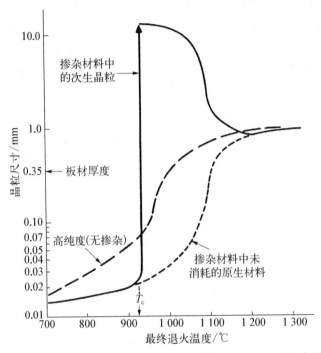

图 15.11　只有抑制剂以细小弥散分布的第二相颗粒形式存在时,才会出现异常晶粒长大

(图片源自 May J E, Turnbull D, 1958. Trans. Metall. Soc. AIME, 212, 769.1. 经 The Minerals, Metals & Materials Society 许可转载。)

新日铁公司开发了第二种加工工艺并获得了专利(Taguchi 等,1966; Sakakura,1969)。与通常情况一样,新日铁公司之所以采用这种工艺是因为需要一个完全不同的工艺来避免与现有专利的冲突。表 15.6 总结了新日铁的工艺细节,该工艺采用单冷轧工序,并使用氮化铝作为额外的晶粒长大抑制剂。这些钢通常含有约 0.025% 的铝和约 0.01% 的氮。生成的 AlN 颗粒比 MnS 的稳定性差得多,由于 AlN 颗粒迅速粗化,因此在热轧后需要快速冷却[见表 15.6 中的步骤(2)]。出于同样的原因,不能进行含中间退火的两阶段冷轧。由此产生的较大冷轧减薄量导致{110}⟨001⟩成分的减少和更大的晶粒尺寸,但最终取向的提升抵消了这些影响。Ling 等(2014)的研究表明,随着 AlN 抑制剂分数的增加,发生异常晶粒长大的温度也随之升高。他们还发现,随着抑制剂含量的提高,戈斯晶粒与理想取向的偏差减小。最终退火处理中使用的 MgO 涂层含有

551

金属氮化物和硫,氮化物有助于控制氮化铝颗粒的分解。

552　　相关专利的有效性一直存在争议,Harase 和 Shimazu(1988)的研究具有重要意义。他们调查了两种材料,一种是只有 MnS 作为抑制剂,另一种材料同时有 MnS 和 AlN 作为抑制剂,每个批次的样品都经过了单道次冷轧和双道次冷轧工艺处理。无论采用哪种轧制工艺,只要存在 AlN 颗粒,就会出现异常晶粒长大,并产生强烈的戈斯织构。如果只有 MnS 颗粒,则只有在两阶段冷轧后才会出现异常晶粒长大。这种材料的织构为{334}⟨9,13,3⟩,这与在退火低碳钢中发现的正常的{111}型织构相似。

　　这两种工艺都在不断改进,但人们普遍认为新日铁工艺可以获得更完美的戈斯织构,但晶粒尺寸更大。下一节会介绍其中的一些变化。

15.4.3　戈斯织构的发展

　　在最终的高温退火过程中,近表面再结晶晶粒会产生强烈的{110}⟨001⟩织构,虽然这是加工过程中的一个关键因素,但目前对这一现象的解释尚未达成一致。最近发表的大量论文观点相互矛盾,Morawiec(2000)的简短评论也证明了这一点。重要的因素包括:初始戈斯晶粒的相对尺寸、它们相对于其他晶粒的取向,以及第二相颗粒的作用。后两个因素与以下事实一致,即异常晶粒长大的开始需要强织构(见 11.5.3 节)或第二相颗粒的晶界钉扎(见 11.5.2 节)。

　　(1) 尺寸。May 和 Turnbull(1958)以及 Inokuti 等(1987)认为原生戈斯晶粒比其他取向的晶粒具有尺寸优势,但这没有被后来的研究人员证实(Harase 和 Shimazu,1988;Böttcher 等,1992;Chen 等,2003),现在也不被认为是一个主要因素。

　　(2) 取向。有证据表明,取向是决定二次戈斯晶粒长大的一个重要因素。在原生微观结构中,戈斯晶粒相对较少,但其中许多晶粒与更多的{111}⟨112⟩晶粒的取向关系接近高 CSL(Σ9)关系,即绕⟨110⟩轴转动 38.94°,这一点被认为是很重要的(Harase 和 Shimizu,1990;Bölling 等,1992)。

　　(3) 晶界迁移率。如 11.5.3 节所述,晶界迁移率的差异会导致异常晶粒长大,Σ9 附近晶界的较高迁移率被认为是戈斯晶粒异常长大的原因(Abbruzzese 和 Lücke,1986;Harase 和 Shimizu,1990)。然而,正如 Hutchinson 和 Homma (1998)所指出的,几乎没有证据表明这种晶界的迁移率提高了。

553　　(4) 第二相颗粒。当抑制晶粒长大的颗粒变粗或溶解时,会出现异常晶粒长大。颗粒对晶界的 Smith-Zener 钉扎压力与晶界能量成正比[见式(4.24)],有证据(Humphreys 和 Ardakani,1996)表明,这可能使低能量的 CSL 晶界优先长大。虽然没有直接证据表明钢中 $\Sigma 9$ 晶界的能量较低,但 Hutchinson 和 Homma(1998)的研究表明,这可能是硅铁异常长大过程中微观结构和织构发展的原因。Ratanaphan 等(2015)的模拟工作进一步证实了这一点,他们的研究表明,与几乎所有其他晶界相比,铁中的对称倾斜 $\Sigma 9$ 晶界具有较低的能量。虽然研究人员似乎没有考虑到这一点,但间接效应(如与其他晶界相比,CSL 晶界上的颗粒溶解得更快)也有可能在促进晶粒异常长大形核过程中发挥作用。

15.4.4　最近的进展

薄规格、高硅含量、完美的晶体排列和小的畴尺寸是理想电工钢板的基本特征(Bölling 等,1992)。最近的发展有:① 成分上微小但重要的改变;② 提高了最终织构的完美性;③ 减小薄板厚度;④ 畴结构的控制;⑤ 立方织构材料的发展;⑥ 采用熔融纺丝技术生产非晶态薄板;⑦ 带材的连铸技术。下面将讨论其中一些技术。

15.4.4.1　成分

由于电阻率随溶质含量增加而增加,从而降低了涡流损耗,因此,增加硅含量可显著改善电工钢的磁性性能。但是,在冷轧过程中,硅含量超过当前容许的最大值(3.1%)会导致材料变脆。

Nakashima 等(1991a)研究了一阶段冷轧工艺生产的含硅量高达 3.7% 的钢,特别关注了异常晶粒长大方面的问题。结果表明,随着硅含量的增加,一阶段工艺抑制晶粒长大的效果降低,在最终厚度为 0.285 mm 的含 3.7%Si 的薄板中,异常晶粒长大完全没有发生。然而,该研究中使用的钢板硅含量较高,α 与 γ 相的比例发生了变化,这可能影响了析出相 MnS 和 AlN 的抑制作用状态。为克服这一点,Nakashima 等调整了钢中的碳含量,使其在 1 150℃ 的温度下保持恒定的 α/γ 比。硅引起的冷脆问题在很大程度上可通过薄钢板的带材铸造克服,也可以通过使用生产非晶材料的熔融纺丝来完全克服这一问题。这两种技术都在积极研究中,并有可能在不久的将来得到应用。其中,熔融纺丝是制造先进软磁材料的技术之一(DeGeorge 等 2014)。

也有很多工作研究了微小成分变化的影响,特别是关于长大抑制剂,但这些细节只有在大量的专利文献中才能找到。硒和锑与锰反应会形成合适的抑制相,Fukuda 和 Sadayori(1989)声称,当这些抑制相与 AlN 一起使用时,戈斯晶粒与 $\langle 001 \rangle$ 方向的平均偏差从 7° 变化到 3.5°。

15.4.4.2　薄板厚度

众所周知,薄板的涡流损失会大大降低,但直到 20 世纪 80 年代初,生产的

554

483

最薄薄板也只到 0.30 mm 厚。目前有 0.23 mm、0.18 mm 和 0.15 mm 的板材可供选择，但生产并不容易。Nakashima 等(1991b)的研究表明，虽然异常晶粒长大在厚薄板(0.60 mm)上产生了近乎完美的戈斯织构，但更薄的材料中织构损耗越来越严重，这是由于晶粒长大抑制效应的下降，导致不良取向的晶粒到达表面并变得稳定。在目前的生产实践中，通过在最后退火过程中向炉内添加氮气，可克服这一影响(见表 15.6)。

15.4.4.3　立方织构

如果能诱导出一个强$\{100\}\langle uvw\rangle$织构，那么得到的钢在板材平面上将有两个$\langle 100\rangle$方向。这种产品具有明显的优势，特别是立方织构$\{100\}\langle 001\rangle$。许多年前，Assmus 等(1957)和 Detert(1959)首次在硅铁薄板(<0.6 mm)中发现了这种织构情况。薄板中的正常晶粒长大受阻，出现了具有$\{100\}$晶面位于薄板表面的大晶粒。人们认识到，这是因为发生了由表面能控制的异常晶粒长大过程(有时称为三级再结晶)，并发现在含硫的环境下，具有$\{100\}$表面的晶粒长入基体结构。如果去除硫，$\{110\}$型晶粒就会长大起来。人们一度认为氧气可能会促进$\{100\}$晶粒的长大(Walter 和 Dunn，1960a)，但现在认为这种可能性不大。在其他Ⅵ族元素中，硒的表面吸附导致$\{111\}$表面取向晶粒的优先长大(Benford 和 Stanley，1969)。在 11.5.4 节讨论了表面能在促进薄板异常晶粒长大中的作用。Kramer(1992)综述了立方取向薄板的发展和潜在用途。尽管这种取向的板材具有明显的优势，但仍然存在一些困难，其晶粒尺寸约为戈斯织构板材的 4 倍，畴尺寸也更大；这两种效应都是不利的。与其他产品一样，织构从来都不是完美的，并且在稍有取向差的板材上的畴结构(在表面$\{100\}$的每个方向上都可能存在取向差)也很复杂。Kramer 认为，这些因素导致除少数情况外，立方织构板材无法与目前最好的戈斯织构材料竞争。

Arai 和 Yamashiro(1989)介绍了一种生产立方取向薄板的不同方法，他们介绍了 3.26%Si - Fe 合金在最终冷轧前直接铸造至 0.37 mm 厚度。在这项工作中没有使用抑制剂，并且发生了受表面能控制的晶粒长大。尽管缺乏抑制剂，但当最终板材厚度下降到 0.15 mm 时，出现了非常强的$\{100\}\langle uvw\rangle$织构。鉴于目前薄带连铸技术的发展，这是一个非常有趣的结果。

15.4.4.4　畴结构

随着对电工钢物理冶金理解的深入，对畴结构的兴趣也随之高涨。图 15.12 是 Bölling 等(1992)的研究成果，显示了一个典型的、厚度为 0.23 mm 的薄板表面的畴结构。需要注意的是大的晶粒尺寸、局部取向差的程度以及畴壁间距从 0.25 mm 到 1.1 mm 的变化。理想情况下，畴壁间距应该是很小的，这

部分可以通过在表面涂上绝缘涂层来实现,因为涂层会产生高的表面应力。然 556
而,畴的长度主要由晶粒尺寸控制,在强织构材料中,晶粒尺寸很大。解决这个
问题很简单,只需沿垂直于 RD 的方向轻轻乱擦表面即可,产生的微小局部取向
差起到了人工晶界的作用。这种类型的畴结构细化目前已用在商业生产中,例
如采用脉冲激光辐照,在不影响绝缘涂层的情况下,在表面产生很小的局部应
变,并且芯材损耗降低了 10%。

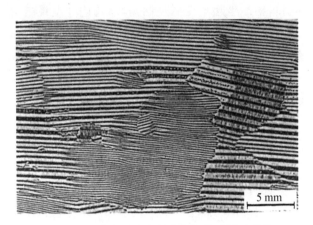

图 15.12　高磁导率晶粒定向钢的磁性畴结构

15.5　商用超塑性铝合金

15.5.1　超塑性和微观结构

超塑性材料是多晶体固体,具有异常大的延展性。如果单轴拉伸变形,正常
的延性金属会因颈缩而失效,延伸率低于 50%。然而,超塑性合金往往表现出
百分之几百的延伸率,甚至是百分之几千的延伸率。为了防止颈缩,材料的流动
应力必须具有很高的应变速率敏感性,即 m 值,其中

$$\sigma = K\dot{\varepsilon}^{m} \tag{15.4}$$

式中,σ 为流动应力;$\dot{\varepsilon}$ 为应变速率;K 为常数。

上述公式可改写成如下的扩展形式(Mukherjee 等,1969):

$$\dot{\varepsilon} = \frac{K'DGb}{kT}\left(\frac{b}{d}\right)^{p}\left(\frac{\sigma}{G}\right)^{1/m} \tag{15.5}$$

式中，D 是扩散系数；d 是晶粒尺寸；p 是晶粒尺寸指数，通常为 2～3。

对于超塑性，m 必须大于 0.3，对于大多数超塑性合金，m 在 0.4～0.7 范围内。各种各样的金属和合金，甚至陶瓷都可以实现超塑性，在过去的 30 年里，超塑性铝和钛合金得到了广泛的发展。最近的综述包括 Stowell(1983)、Kashyap 和 Mukherjee(1985)、Sherby 和 Wadsworth(1988)、Pilling 和 Ridley(1989)、Ridley(1990)、Nieh 等(1997)以及 Grimes(2003)。

在任何晶体材料中产生超塑性微观结构，以及这种微观结构在随后高温变形过程中的稳定性，都会涉及本书所讨论的再结晶和晶粒长大原理。然而，我们目前只讨论超塑性铝合金，因为它是将热机械加工的微观结构控制用于商业实践的绝佳范例。尽管早期关于超塑性的研究主要集中在两相含量大致相等的微双相合金上，但目前具有商业价值的铝合金均为"**伪单相**"合金，它们由铝基体组成，只有少量的弥散第二相。虽然已经开发了用于超塑性成形的特殊合金，我们知道，如果采用适当的方法进行热机械加工，许多传统合金都可以制成超塑性合金。

在高温下，超塑性合金具有低流动应力($<$10 MPa)和高抵抗不均匀减薄能力的特点。这允许使用类似于热塑性成形技术，对板材进行近净成形。因此，超塑性成形(SPF)是在低应力下将薄板加工为复杂形状零件的极具吸引力的工艺，相比于传统的冷冲压成形，该工艺的模具成本更低。然而，由于超塑性成形所需的应变速率较慢，以及材料成本较高，迄今为止，其商业上仅限于相对较少的特定应用。

超塑性变形机制包括晶界滑动、位错滑移、攀移和扩散过程，它们之间的平衡博弈仍争议颇多。微观结构要求晶粒尺寸足够小，通常小于 10 μm。由式(15.5)可知，晶粒尺寸越小，在给定应力下可以使用的应变速率越高。重要的是，晶粒得是等轴的，具有大角度晶界。同样重要的是，在 SPF 过程中要尽量减小晶粒的动态长大，否则，由式(15.5)可知，在成形过程中流动应力会增加。最大超塑性变形通常受到晶界空化的限制，而小晶粒尺寸可以降低晶界空化。

因此，成功的 SPF 的关键是使材料具有非常小的晶粒尺寸，并抑制成形过程中的动态晶粒长大。

15.5.2 静态再结晶细化组织

代表性的工艺路线是由 Rockwell(Wert 等,1981)开发的，如图 15.13 所示，该工艺路线是基于颗粒激发再结晶形核机制(见 9.3 节)，并已用于生产高强度航空航天 7xxx 系列合金（Al-Zn-Mg-Cr），如 AA7075 和 AA7475 的超塑性微观结构。

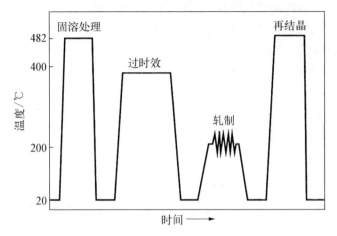

图 15.13 用于细化 AA7075 晶粒的 4 步热机械加工工艺示意图

（图片源自 Wert J A，Paton N E，Hamilton C H，et al.，1981. Metall. Trans.，12A：1267.）

在固溶热处理后，合金在约 400℃下进行过时效处理，除了产生稳定的、弥散分布的小的（约 0.1 μm）富铬弥散体，还会产生弥散分布的大的（约 1 μm）金属间化合物颗粒。然后将材料在 200℃下进行多个道次的温轧至厚度减薄量为 85%。这个温度足够低（见 13.6.4 节），可以确保在大颗粒附近形成变形区；但也足够高，以防止小的弥散体导致过度的加工硬化。合金在 480℃的盐浴中被迅速加热，以发生完全再结晶。在大颗粒处发生颗粒激发形核，随后的晶粒长大同时受到大颗粒和小颗粒的抑制。Wert 等（1981）发现单位体积大颗粒数约为晶粒数的 10 倍，说明 PSN 的效率非常低。由于尺寸约为 1 μm 的颗粒位于 PSN 的界面（见 9.3.3 节），很可能是再结晶首先在较大的颗粒处形核，而较小的颗粒在形核之前便已被吞噬了。

采用该工艺加工的 AA7475 合金的晶粒尺寸约为 10 μm，在温度为 520℃、相对较慢的应变速率（2×10^{-4} s^{-1}）下变形，拉伸延伸率可达约 1 000%。

15.5.3 动态再结晶细化组织

在铝中产生细晶微观结构的另一种方法涉及第 14 章讨论的连续动态再结晶。使用这种工艺路线的第一个有记录的案例是 Supral 合金，如 Supral 100（Al-6%Cu-0.4%Zr）和 Supral 220（Al-6%Cu-0.4%Zr-0.3%Mg-0.2%

558

Si-0.1%Ge），它们是专门为超塑性应用开发的（Watts 等，1976）。

合金在高温（≥780℃）下铸造，并迅速冷却以避免初生 $ZrAl_3$ 的沉淀析出。合金在约350℃进行初始热处理，大部分 Zr 析出为细小弥散的 $ZrAl_3$ 颗粒（体积分数约为 0.05，颗粒尺寸约为 10nm），形成后相对稳定。然后在约 500℃下进行固溶处理，使约 4% 的铜进入固溶体，剩余的 2% 以大的（>1 μm）$CuAl_2$ 颗粒的形式存在。然后在约 300℃下对合金进行热处理，小间距的 $ZrAl_3$ 颗粒阻止了再结晶的发生（见 9.5 节），随后进行冷轧至最终的减薄量。最后，经大轧制变形的薄板在约 460℃下进行超塑性成形。在最初的变形阶段（通常在 0.4 的应变范围内），变形微观结构演变为小的（约 5 μm）等轴晶和大角度晶界微观结构。Supral 220 合金在 460℃、应变速率为 10^{-3} s^{-1} 的条件下可以很容易地获得 1 000% 的拉伸延伸率。在 SPF 过程中产生的晶粒大小与应变速率有关，在许多情况下，以高应变速率开始变形是有益的，这样可以产生小的晶粒尺寸，一旦再结晶微观结构发展起来，再降低应变速率。

尽管已经有大量的研究成果，但对于细晶再结晶微观结构随应变的演变方式，尤其是平均晶界取向差如何随应变而增加，仍有很多争论。虽然提出了许多新颖的机制，但没有一个得到证实，我们认为，微观结构的发展很大程度上可以用本书前面讨论的正常变形和退火机制来解释。

研究这一过程的困难之一是，大多数研究都是从已经发生大变形的合金开始的，Ridley 等（1998，2000）的工作则是从铸造组织开始的，因此具有重要意义。这些作者还论证了合金元素铜和锆在产生超塑性微观结构中的贡献。结果表明，最终再结晶的超塑性变形材料中的大部分大角度晶界在最终高温变形（460℃）之前就已经存在，而在最终高温变形过程中，位错滑移、晶界滑动以及 13.2 节中讨论的攀移过程，通过动态回复"清除"位错和小角度晶界碎屑，产生与超塑性变形的温度和应变速率（或 Zener-Hollomon 参数）一致的亚晶结构（10～20 μm）[见式（13.7）]。因此，微观结构的发展与几何动态再结晶很相似（见 14.4.1 节和图 14.9），即低温下先期大变形产生较小的大角度晶界间距（约为 5 μm），最终的高温变形条件使小角度晶界间距（或亚晶尺寸）超过大角度晶界间距，从而产生几乎完全由大角度晶界组成的微观结构。

在 Al-Cu-Zr Supral 型合金中，一般认为产生小晶粒尺寸的关键阶段如下。

（1）在铸造时，大量的铜元素会导致很小的铸造晶粒（约 50 μm）。

（2）冷/温加工显著减小大角度晶界的间距[见式（14.1）]。Al_3Zr 弥散体的存在阻止了从铸坯到板料加工过程中的任何静态再结晶，因此可累积非常

大的总压缩减薄量。较小的初始晶粒尺寸[式(14.1)中的 D_0]也有助于产生 560
较小的大角度晶界间距。这一阶段的晶界特征分布如图 15.14(Ridley 等,
2000)(a)所示,其中包含了很大一部分的小角度晶界,这是变形多晶体的典型
特征。

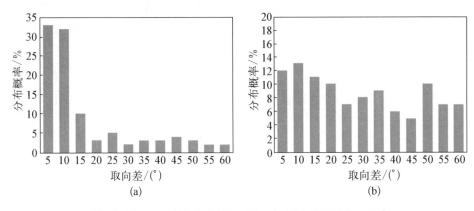

图 15.14　Supral 型合金(Al‑6Cu‑0.4Zr)晶界取向差分布

(a) 低温变形后;(b) 在 450℃进一步拉伸变形至 ε=0.7 后

(3) 在 450℃变形时,小角度晶界的尺寸增加到适当的大尺寸,导致低的 Z
值或流动应力[见式(13.7)]。大角度晶界迁移很小,但发生了一些晶粒球化和
局部动态晶粒长大(见图 14.8),产生了晶粒尺寸约为 8 μm 的等轴微观结构。
微观结构主要由大角度晶界组成[见图 15.14(b)],可以认为是"连续"而非"不
连续"过程导致的"再结晶"。

这种在超塑性变形过程中产生细晶微观结构的做法并不是 Supral 合金所
独有的,其他铝合金也采用类似的加工路线来实现超塑性。特别是新开发的轻
质高强铝‑锂合金如 AA8090(Al‑2.5%Li‑1.2%Cu‑0.6%Mg‑0.1%Zr),也
需要抑制静态再结晶,并可能发生类似的动态再结晶,表现出显著的超塑性
(Ghosh 和 Ghandi,1986;Grimes 等,1987)。

15.5.4　ARB 细化微观结构

另一种在铝或其他金属中生产细晶结构的替代方法是使用累积叠轧技术,
详情如下。正如 Tsuji 等(1999a)对 AA5182 和低碳钢(Tsuji 等,1999b)的研 561
究,当采取足够大的应变时,这种通过轧制连续焊合和减薄的方法能够将微观结
构细化至亚微米尺寸。变形发生在环境温度以下,因此证明了在没有再结晶的
情况下,位错亚结构的大量动态重排最终会产生一个几乎等轴的晶粒结构。下

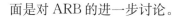

面是对 ARB 的进一步讨论。

15.6 亚微米晶合金

在第 14 章中,我们讨论了如何在环境温度或高温下通过大变形(通常称为严重变形)来获得稳定的细晶微观结构。在过去几年里,人们对使用这种方法来生产微米级晶粒的合金产生了浓厚的兴趣,本节我们主要讨论基于这些原理的技术的发展和应用。

亚微米晶(SMG)合金可能具有极好的力学性能,如果能够通过加工而不是成分来控制大块合金的性能,将会生产出数量更少、结构更简单的工业合金,从而带来经济和环境效益。然而,在扩大技术规模方面仍存在严峻的问题,这仍然是一个遥远的目标。这种材料现在通常被称为严重塑性变形(SPD)材料。

15.6.1 背景

许多工业上重要的金属成形方法,如轧制和挤压,可以产生大的塑性变形,如第 14 章所述,在某些情况下可以形成非常细晶(如超细晶)的微观结构。然而,在这种加工过程中,工件的一个或多个尺寸会不断减小,最终得到的是箔材或线材,这些材料在结构应用方面的用途有限。然而,有许多大应变处理方法可以使样品在不改变其净尺寸的情况下发生大变形,并且只要材料有足够的延展性,所能达到的应变几乎没有限制。使用这种冗余的形状变化过程来获得超高应变变形并改善合金的微观结构的概念并不新鲜,用于制造武士刀的锻造和折叠方法就是这样一种过程。

但是,涉及冗余变形的应变路径变化在产生小晶粒尺寸的再结晶方面不如 7.2.1.3 节讨论的直接应变有效。然而,由于可以使用非常大的总应变,这通常不是一个限制因素。

20 世纪 50 年代初,Bridgeman(1950)利用**压缩载荷下使用扭转应变**开创了
562 利用冗余变形方法实现大应变变形的先河。20 世纪 70 年代初苏联开发了**等通道转角挤压(ECAE)**技术,作为一种通过简单剪切使材料获得大应变变形的方法(Segal 等,1981)。当前对 SMG 材料的制备和研究的兴趣始于 20 世纪 90 年代初,当时主要使用的是 ECAE 和压缩扭转技术。由于扭转应变只能加工非常少量的材料,最近的兴趣集中在 ECAE 上,因为它能够生产足够大尺寸的坯料,以进行可靠的力学性能研究。当前有大量关于这个主题的文献,而且每年至少会召开一次国际会议。然而,大多数已发表的论文主要关注材料的性能,对微观结构

的研究比较有限,而且在许多情况下,没有明确区分晶粒和亚晶。变形的几何形状和应变路径通常非常复杂,并且很少有人尝试去确定微观结构的演变机制。

目前已研究的合金范围非常大,此外,由于材料在变形过程中通常受到约束(压应力),即使是比较脆的材料,如金属间化合物,也可以成功地加工。Valiev等(2000)、Prangnell 等(2001)以及 Toth 和 Gu(2014)对该主题进行了详细的综述。

15.6.2　工艺方法

生产 SMG 合金的工艺方法有很多,对这些方法的总结如下。

15.6.2.1　扭转变形

静水压力下的扭转是一种广泛使用的方法,它源自 Bridgeman 砧(Brigeman,1950;Saunders 和 Nutting,1984;Valiev 等,1992)。在该技术中[见图 15.15(a)],一个只有硬币大小的薄圆盘通过施加较大静水压力(约 5 GPa)所产生的摩擦力实现扭转变形。用这种方法产生的等效应变可达 7,在室温变形产生的晶粒尺寸约为 0.2 μm。该技术的一个有趣变体是对管状试样施加扭转(Toth 等,2009)。这样做的好处是应变在壁厚上更均匀,尽管剪切应变在内径上更大,因为剪应力在这个位置最高。无论采用何种几何形状,该技术都不易制备大块试样,因此最适合小规模的实验室研究。

15.6.2.2　往复挤压

这种方法如图 15.15(b)所示,坯料从一个模腔挤压到另一个模腔,然后再重新挤压到第一个模腔(Richert 和 Richert,1986)。两个挤压滑块之间的距离通过外部壳体保持恒定,从而在滑块往复运动时形成恒定体积的模腔。由于模腔体积是恒定的,坯料没有自由表面,因此坯料在挤压口的两侧都受到挤压。这种方法所需的压力非常大,使用这种方法的报道很少。

15.6.2.3　多向锻造

多向锻造是从传统的开坯锻造和镦粗锻造工艺演变而来的,如果这种方法重复多次,就有可能显著细化晶粒尺寸(如 Sakai,2000)。该技术的基础是镦粗一个金属立方块,然后旋转到另一个正交面,接着进行压缩。该过程在所有正交面上重复,这样每 3 次压缩就复原 1 次立方尺寸。图 15.15(c)示意了该技术,由于材料不受约束,变形必须在高温下进行,以防止开裂。这种严重塑性变形技术在细化晶粒方面不如其他严重塑性变形技术有效,因为应变在本质上是冗余的,变形试样每 3 次变形就会恢复到原来的形状。然而,它可以在标准设备上进行,也可以用于相当大的坯料。

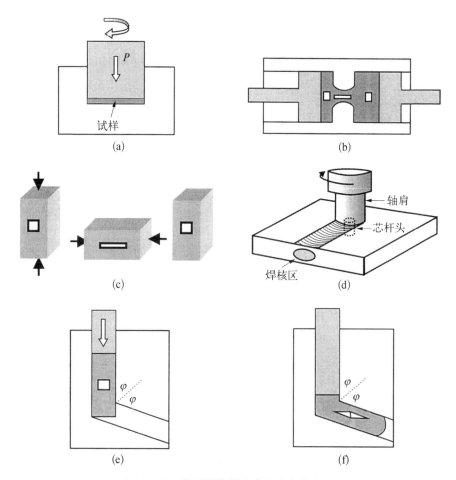

图 15.15 使材料获得非常大应变的方法

（白色区域表示变形过程中形状的变化。）

（a）静水压应力下的扭转；（b）往复挤压；（c）多向锻造；（d）摩擦搅拌；（e）～（f）等通道转角挤压

15.6.2.4 搅拌摩擦焊

搅拌摩擦焊技术作为连接通常不可焊接航空合金的一种手段，在航空航天工业具有极大的应用潜力（Mahoney 等，1998；Norman 等，2000）。搅拌摩擦焊通过将两个部件对接在一起，并在工具施加的压缩载荷下，通过旋转工具的作用将一个部件搅拌到另一个部件中来实现连接。该工具有效地从连接处的一侧抓取材料，并在旋转过程中迫使材料在工具下移至连接处的另一侧。由于工具施加了一个压缩载荷，当工具沿着连接处前进时，每个材料单元有可能经历一次以上的旋转。这种方式类似于上文提到的压缩下的扭转。然而，当工具在试样上移动时，更大体积的材料会发生变形。如图 15.15（d）所示，该技术通常可在动态再结晶区域产生 1～3 μm 的晶粒结构(Norman 等,2000)。在没有接头的情况下,使用这种技术作为板材的严重塑性变形方法是可行的。在相对较厚的板材中,只需用重叠的"焊缝"对整个板材进行搅拌摩擦即可。

15.6.2.5　等通道转角挤压

在获得极高塑性应变的各种可能的方法中,当前使用最广泛的方法是苏联 Segal 及其同事开发的等通道转角挤压(ECAE)技术(Segal 等,1981)。它可以说是最简单的变形模式,它在理想条件下是简单的均匀面内剪切。这有助于定量解释变形微观结构的发展。该技术还可以扩大试样尺寸规模,以生产大尺寸试样进行性质测定。

在 ECAE 过程中,样品在一个封闭的模具中挤出,该模具有两个大小相等的交叉通道[图 15.15(e)],偏移角度为 2φ。假设没有摩擦和尖锐的模角,样品将受到均匀的剪切(两端除外),剪切应变可简单地表示为模角的函数,即

$$\gamma = 2\cot\varphi \tag{15.6}$$

对于 n 个道次,可以计算累积的应变,并定义等效应变 ε_E(以和其他变形工艺做比较)为(Segal 等,1981)

$$\varepsilon_E = \frac{2n}{\sqrt{3}}\cot\varphi \tag{15.7}$$

上述分析还可以用来预测,在初始晶粒尺寸为 D_0 的材料中,对于恒定的应变路径,晶界的分离距离 H 可表示为剪切应变的函数:

$$H = \frac{D_0}{\sqrt{1+\gamma^2}} \tag{15.8}$$

虽然等效应变的概念有助于比较不同的过程,如轧制和 ECAE,但这些过程之间的变形模式差异导致了相当不同的滑移活动,因此形成的微观结构和织构也会不同。在 ECAE 过程中,晶粒被剪切拉长,原始晶界的分离距离(H)随应变增加而减小,如式(15.8)所示,并且其速率低于轧制变形的速率[见式(14.1)]。

在实验室规模中,坯料的净形状通常是直径为 15～20 mm 的棒材,在加工过程中几乎保持恒定,因此对所能达到的总应变没有几何约束。通常,5～10 的等效应变足以产生充分的大角度晶界,从而使材料发生连续再结晶,形成亚微米的晶粒尺寸,其原理与第 14 章的相同。Prangnell 及其同事,如 Humphreys 等(1999)、Gholinia 等(2000)和 Prangnell 等(2001),通过高分辨率 EBSD(见附录 A2)获得了经 ECAE 加工的铝合金和钢的最全面的微观结构特征。

模角是 ECAE 加工中的一个重要因素，它不仅决定了每道次的应变，还决定了变形的几何形状（Nakashima 等，1998）。对于每个重复的道次，没有必要保持工件的方向相同，可以存在多种排列，最常见的是不旋转样品或在道次之间旋转 90°。有研究表明，当使用 90°模具时，两个道次间对样品进行 90°旋转能最有效地破坏组织并产生等轴亚微米级晶粒结构（Iwahashi 等，1998）。然而，对于 120°模具，如果在连续的道次中不改变试样的方向，则能更有效地破碎晶粒结构，并形成比例更高的大角度晶界（Gholinia 等，2000）。Prangnell 等（2001）详细讨论了 ECAE 加工过程中应变路径对微观结构演化的影响。

15.6.2.6　累积叠轧焊

累积叠轧焊（ARB）长期以来一直被用作异种金属的连接方法（如 Vaidyanath 等，1959），日本为制备亚微米晶合金而开发了这种可直接引入高应变的轧制工艺。Saito 及其同事（Saito 等，1998）首次报道了使用 ARB 进行微观结构细化，并在商业纯铝合金（AA1100）中获得了亚微米晶粒的微观结构。后来的论文（如 Saito 等，1999）更详细地解释了这一过程，并讨论了它在一系列铝合金和钢中的应用。

两块尺寸相似的金属板材要先去油并刷丝以促进黏合，然后将它们堆叠起来，用铆钉固定在一起，加热至低于再结晶温度，再轧制 50%。这样轧制出的板材尺寸与轧制前的起始板材几乎相同。然后重复这个过程，直到达到所需的应变。ARB 工艺是可往复循环的，理论上不受任何应变限制。近年来，ARB 已被应用于制备 Cu – Nb 复合材料（Lim 和 Rollett，2009），并已被证明能够达到 10 nm 层厚（Carpenter 等，2012）。这种复合材料不仅具有高强度和优良导电性的有趣组合，而且与标准的块体材料相比，还表现出更好的抗损伤性能（Han 等，2013）。

累积叠轧焊作为一种严重塑性变形工艺，有不少优点，其中最重要的是，ARB 是少数几种易于扩展到工业需求的严重塑性变形工艺之一，因为它是对现有工艺的改良。此外，由于轧制的特点，一旦生产规模扩大，该工艺的生产效率能接近传统轧制工艺。ARB 有可能生产出具有均匀"贯穿厚度"的超细晶微观结构的大块板材。

在累积叠轧焊的加工过程中可能会出现一些问题，包括边缘开裂和表面氧化物的引入。加工的温度范围取决于材料，可能相当窄，温度下限是确保良好的冶金结合，上限是发生再结晶或微观结构过度粗化的温度。

15.6.3　SMG 合金的性能和应用

如图 15.16（Hayes 等，2000）所示，Hall-Petch 关系[见式（6.29）]已被证明适用于大多数晶粒尺寸大于 5 μm 的常规合金，而对经 ECAE 变形的铝合金的

566

研究证实了它也适用于晶粒尺寸小至 0.2 μm 的合金(Hayes 等,2000;Horita
等,2000b)。由于晶粒尺寸减小,该合金的屈服强度增加了 10 倍,AA1100 和
AA3004 合金(Horita 等,2000b)的屈服强度也有类似的提高,证明了**这种加工** 567
可以使合金具有低强度或中等强度,并具有高强度时效硬化铝合金的典型性能。
另外,Toth 和 Gu(2014)通过 Derby(1991)的归一化流动应力与按伯格斯矢量
归一化的晶粒尺寸之间的关系,研究了 SMG 合金的强度。考虑到将多种材料
的数据结合在一起会产生很大的分散,超细晶材料的强度与晶粒尺寸的关系与
较粗晶粒尺寸材料的趋势一致。

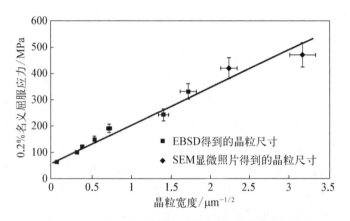

图 15.16 晶粒尺寸对 Al‐3%Mg 屈服强度的影响

SMG(或 SPD)合金的另一个潜在应用是实现高应变速率的超塑性(如
Higashi,2001)。在 15.5 节中讨论了在商业铝合金中产生约 10 μm 的晶粒尺
寸以用于超塑性变形。对于这种传统的超塑性合金,最佳应变速率通常约为
10^{-3} s^{-1},而如此低的应变速率是该技术推广应用的一个限制因素。但是,随着
晶粒尺寸减小,由式(15.5)可以看出,在给定的流动应力下,当晶粒尺寸从
10 μm 减小到 1 μm 时,超塑性应变速率增大,就可以使用 1 s^{-1} 的应变速率。对
于这种在高温下的应用,微观结构的热稳定性是一个关键因素,正如 14.5 节所
讨论的,需要大量的第二相颗粒的晶界钉扎,因此必须使用专门设计的合金。

15.6.4 总结

已经证明通过变形加工生产亚微米晶合金适用于很多材料,并且这种合金
在环境温度下可能具有理想的力学性能,且可实现高应变速率的超塑性变形。
最重要的两个挑战是扩大加工规模,以便生产大批量的材料,以及以可行的经济
成本生产这些材料。

第 16 章 ▶ 退火的计算机建模与仿真

16.1 引言

为了在复杂的工业热机械处理过程中控制合金的微观结构、织构和性能,需要建立定量模型,准确预测加工参数的影响。现在认为长期以来使用的经验方法价值有限,而且在许多情况下,工业规模的参数化实验研究成本过于昂贵。许多金属生产公司,特别是在铝和钢铁行业,也已认识到,为了具有充分可靠的预测能力,需要基于合理物理机制的模型(Melton, 1999; Ricks, 1999)。由于工业热机械加工工艺的复杂性和我们对许多退火现象缺乏正确的理解,这仍然是一个长期目标。在这一背景下,前几章中概述的许多知识变得非常重要,例如,作为温度和晶界特性函数的晶界迁移率的精准模型。

16.1.1 计算机模拟的作用

在前面章节讨论回复、再结晶和晶粒长大时,我们试图尽可能地展示对物理机制的理解是如何促进面向退火过程的定量模型的建立的。理想的模型应该是解析的,并以可靠的物理原理为基础,能完美地描述退火过程,从而预测所生成的微观结构、织构和动力学。显然,由于退火过程的复杂性,我们离这个目标还很远,部分原因是许多退火过程具有异质性。虽然通过解析方法来描述简单过程是可行的,且有一定的准确性,如位错偶极的退火。但一级再结晶的形核或异常晶粒长大的开始都是关键事件,而它们并不取决于平均微观结构,而是取决于微观结构的异质性。第 7 章讨论的 JMAK 方法及其扩展或第 10 章的胞元稳定性模型等解析方法有助于对该过程进行概括性描述,但还不能处理实际材料再结晶的空间复杂性。由于这些原因,近年来人们在开发退火过程中微观结构演变的计算机模拟方面投入了大量精力,也建立了多种模拟方法,各有优缺点。其中一些模型涉及原子水平或接近原子水平的模拟,一旦定义了基本单元的运动规则,就几乎不需要进一步的输入。然而,即使是看似基础的模型,如分子动力学,也需要原子间势,而原子间势本身就是对原子相互作用方式的近似,需要大量的研发工作。在连续尺度上,其他计算机模型则采用解析方程来描述退火过程的各个部分,并允许计算机处理退火的异质性。最重要的是,任何计算机模型都需对被模拟材料进行具体的本构描述。

16.1.2　计算机仿真的现状

计算机模拟曾被批评为不能做出任何重要的预测,当然,它们不能揭示发生在比模型基本单元更小尺度上的任何微观机制,这也是事实。然而,通过处理完整微观结构的退火,从而考虑到长程协作效应和异质性效应,这些模型能够揭示迄今为止未知的现象。Rollett(1997)综述了我们对再结晶的理解;Bate(2001a)对变形和退火建模的现状进行了简明扼要的综述。Grong 和 Shercliff(2002)综述了材料的微观结构,重点关注了析出过程,但也说明了析出对理解晶粒长大和再结晶是至关重要的,特别是在热加工过程中。Yu 和 Esche(2005)展示了如何将零件制造模拟与基本微观结构参数(如晶粒大小)的预测结合起来。虽然大多数模型都能产生逼真的微观结构或织构,但这些模型的应用目前受到几个因素的限制,例如:

- 模型的大小,不过随着计算能力的提高,这个问题已不那么严重了;
- 缺乏准确的输入数据,例如变形结构、晶界属性和通用的本构描述;
- 对基本物理过程的理解或建模不足,例如,大多数"再结晶"模型本质上是长大模型,没有详细的或基于物理的形核模型。

与解析方法不同,读者通常不可能验证计算机模拟,而且模型的输出可能是错误的、不准确的或不够详细的建模结果,这种危险始终存在。文献中经常介绍大量成功的模型。然而,这些模型很少有敏感性分析,也没有用一系列的参数,对照良好的实验数据来验证这些模型。因此,应非常谨慎地对待计算机模拟结果。如 11.2.4.2 节和 11.5.2.3 节所述,使用二维模型来模拟三维微观结构的晶粒长大时,所遇到的问题就说明了这一点。

计算机模拟最佳作用之一是提醒人们注意需要进一步开展理论或实验研究的领域,对晶粒长大的计算机模拟就是一个很好的例子。在过去 20 年里,计算机模拟结果质疑了人们对这一主题的一些公认理解,从而激发了大量的理论和实验工作,使这一沉寂已久的重要领域重新焕发生机。随着我们对退火所涉及的物理现象理解的加深、建模技术日益成熟以及计算机能力的不断提高,建模和计算机模拟的作用将变得越来越重要。

迄今为止所进行的建模可以分为两个大类。一类是微观模型,旨在处理变形或退火等单个过程,或者仅处理其中的部分过程,即回复、再结晶或晶粒长大。第二类是耦合模型,可能涉及两个模型,如联合变形和退火模型,也可能使用多个模型来模拟大规模的工业过程,如多道次热轧。本章我们将研究一些退火的微观模型,特别强调能够明确处理空间不均匀性的拓扑模型。本书其他章节(如第 10 章)还讨论了使用更大长度尺度上的平均参数或基于微观结构统计描述的其他微观模型。塑性变形的计算机模拟是一个庞大的主题,即使仅限于涉及晶体塑性的计算机模拟,在此也无法详细论述,我们只对耦合模型的使用做简要评述。

由于以下原因,使用任何介观模型进行再结晶模拟都比晶粒长大更复杂。

● 相对于结构的尺度,模型的体积通常太小,而结构尺度对于确定实际材料的再结晶非常重要。更详细地说,变形微观结构通常是异质的(见第 2 章)。例如,铝合金通常是从没有再结晶的铸造状态开始轧制的,其晶粒的长度为毫米级,这比再结晶晶粒(晶粒尺寸在 20 μm 范围内)大得多。

● 介观模型无法直接模拟形核阶段,因为这取决于位错微观结构在 100 nm 左右距离上的变化。相反,它必须使用形核、回复和储存能量的经验规则。也就是说,对于通过亚晶结构粗化而发生的形核,这里描述的任何模型都可以使用。

572

● 特别是晶核,必须以有限的尺寸插入到微观结构中。它们生存和长大的概率取决于可用的储存能量和它们相对于现有晶界的位置,这就使异质形核占据主导地位,实际情况也正是如此。

● 晶粒特征在任何介观模型中都是离散的。晶体织构可以很容易地包含在模型中,但必须通过将取向与每个晶粒 ID 相关联来完成。晶界属性(如能量和迁移率)可能取决于任何给定晶界的取向差。如果模型包括界面倾角(Potts 模型除外),那么晶界属性也取决于所有 5 个(宏观)自由度。

16.2 微观模型

16.2.1 蒙特卡罗(Potts 模型)模拟

在一系列论文中,Anderson 和他的同事(如 Anderson 等,1984;Anderson,1986)发展了蒙特卡罗方法,用于模拟二维和三维的晶粒长大。最近,同样的方法也用于研究初次再结晶、异常晶粒长大、动态再结晶和动态晶粒长大。

16.2.1.1 晶粒长大的方法和应用

在称为 Potts 或 Q-state Ising 模型的这种基于图像的方法中,材料颗粒离散分布在由离散点组成的规则网格上,这些离散点代表材料的像素(单位面积)或体素(体积)的中心,是模型的基本构件。并认为这些区域的微观结构是均匀的和无结构的。每个区块都可能有一个属性,如取向或存储的能量,但没有附属的微观结构。如图 16.1 所示,每个区域都有一个与晶粒取向相对应的编号或晶粒 ID,一个晶粒可能包括一个或多个块。该方法是基于图像的,因为微观结构的表示方式与摄影图像的像素完全相同。因此,晶粒边界的特点是两个相邻块的数字(取向)不同,导致了 4/6 和 3/7 等类型的边界。这意味着,任何晶界结构都是隐含在图像中的。然后,晶界能量可以用数字对来指定。例如,在最简单的情况下,我们可以认为相似的数字对(如 3/3)的能量为零,所有不相似的数字对具有相同的高能量,这是对大角度晶界的合理近似。虽然在二维模拟中,晶界能量通过三角形格子中 6 个第一近邻对或正方形格子中 8 个第一和第二近邻对之间的相互作用得到了满意的模拟,但在三维模拟中,人们发现有必要考虑多达第三个近邻的相互作用。要考虑不止第一近邻的主要原因是为了减少晶格各向异性的影响(Rollett 和 Manohar,2004)。

573

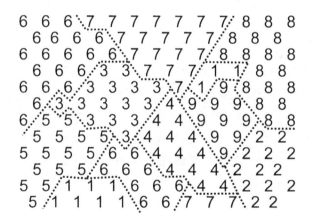

图 16.1　蒙特卡罗模拟法的基础

Potts 模型中系统能量为

$$E = \frac{1}{2}\sum_{i}^{N}\sum_{j}^{n}\left[\gamma(s_i,\,s_j)(1-\delta_{s_is_j})\right] + \sum_{i}^{N}H(s_i) \qquad (16.1)$$

式中,$\gamma(s_i,\,s_j)$ 是相互作用的能量;$H(s_i)$ 是外部场的能量贡献。相互作用项(不同取向之间)指的是晶界能,第二项一般指外部场,在这里是指变形储能的体积平均值。第一项关于 j 的求和是对最近邻求和(这个最近距离是指超过这个距离后,可以认为各种晶格自旋之间的相互作用就很显著)。对于简单的立方三维格子,计数范围扩展到 26 个最近邻,第一个、第二个和第三个最近邻。第二项求和是对系统中所有格子点的求和。转变概率 P 为

$$P = \begin{cases} \dfrac{\gamma(s_i, s_j)}{\gamma_{\max}} \dfrac{\mu(s_i, s_j)}{\mu_{\max}}, & \Delta E \leqslant 0 \\[3mm] \dfrac{\gamma(s_i, s_j)}{\gamma_{\max}} \dfrac{\mu(s_i, s_j)}{\mu_{\max}} \exp\left(-\dfrac{\Delta E}{\gamma_{\max} kT}\right), & \Delta E > 0 \end{cases} \tag{16.2}$$

574　式中,$\mu(s_i, s_j)$ 为晶粒 s_i 与晶粒 s_j 之间晶界的迁移率;ΔE 为转变相关的能量变化。这两个方程控制着系统的演变。更具体地说,通过随机选择一个像素/体素,并试探性地将其调整到相邻晶粒的取向来推进模拟时间。然后确定新状态的能量,并使用式(16.2)来确定是否接受该变化。模拟中的时间单位是蒙特卡罗步长,它代表了 N 个尝试性转换,其中 N 是模型中的块或格子的数量。

　　模型输入的微观结构和初始特性,即变形储能、形核条件、晶界迁移率和能量,是根据实验结果确定的。$H(s_i)$ 表示变形储能的体积平均,是晶粒取向的函数。$\gamma(s_i, s_j)$ 代表相邻两个晶粒的晶界能,$\mu(s_i, s_j)$ 表示晶界迁移率。将系统中的能量和迁移率按最大值缩放以便处理转变概率。

　　由于很强的能量惩罚项,晶粒内部不会发生转变,但晶界可能发生转变,从而引起晶界迁移。图 16.2 显示了这种情况是如何产生的,如果同编号位点之间的相互作用能为 0,不同编号位点之间的相互作用能为 1,则图 16.2(a)构型的能量比图 16.2(b)构型的大 2 个单位,从而为减小晶界曲率提供了驱动力。因此,随着模型的运行,晶粒会逐渐长大,如图 16.3 所示,表现出晶粒长大的许多特征。如图 16.4 所示,使用超过 200×200 个点的更大阵列可以得到更逼真的微观结构。

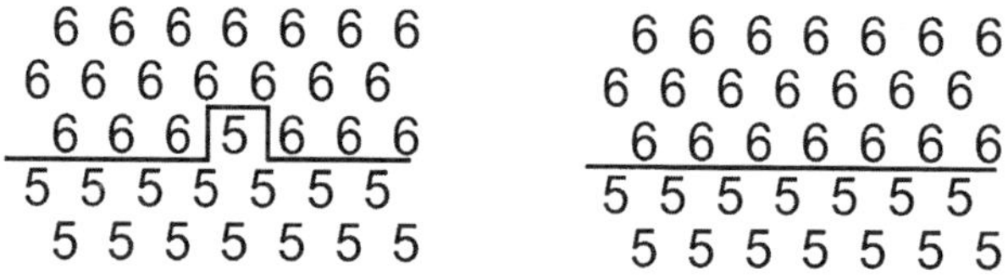

图 16.2　蒙特卡罗模型中的晶界迁移

　　这些方程的形式表明,对于相同的驱动力,晶界速度是迁移率的线性函数。这一点可以很容易地通过简单的验证模拟进行测试,例如允许单一孤立的、面积

```
8 8 8 5 2 6 6 4 8 2 4 3 8 5 4 7 8 3 7
 3 7 2 5 8 9 2 2 3 6 5 6 8 4 7 3 8 5 6
  9 1 3 4 8 4 2 7 6 7 9 2 4 8 5 3 6 9 4
   4 3 1 3 8 3 9 6 7 2 5 9 1 7 2 8 3 2 7
    6 8 1 4 4 9 5 3 1 3 4 3 2 4 8 3 4 6 9
     4 4 1 1 3 3 3 5 6 2 7 4 2 6 6 4 8 5 7
      2 6 3 2 5 4 7 4 6 6 6 6 6 7 7 4 3 7 5
       8 2 9 2 8 8 6 2 5 2 7 6 8 6 5 7 4 7 8
        6 4 8 2 5 6 7 2 9 3 4 5 8 3 7 8 9 2 6
         8 3 1 3 6 3 1 6 3 8 3 7 4 1 9 8 7 1 6
          3 8 3 3 9 6 1 7 5 7 7 7 3 7 4 8 4 2 3
           6 5 2 6 9 8 2 5 8 9 3 5 6 7 4 2 2 4 1
            8 5 6 6 5 3 2 1 2 1 3 2 4 4 4 4 5 1 7
```

(a)

```
8 1 5 5 9 9 9 8 8 2 2 8 8 8 4 3 3 3 3
 1 9 9 9 9 9 9 2 2 2 2 8 8 4 4 3 3 3 7
  9 9 9 9 9 9 2 2 2 2 3 3 8 5 3 3 3 3 7
   9 8 9 9 3 3 2 5 1 3 3 3 3 3 3 3 3 7 7
    8 8 9 1 3 3 5 5 3 3 3 2 6 6 8 3 3 5 5
     6 4 1 3 3 5 5 5 7 7 7 7 6 8 8 8 5 5 3
      6 6 2 3 5 5 5 7 7 7 7 7 6 8 8 7 7 7 3
       6 6 6 5 5 5 5 7 1 9 3 3 8 8 7 7 7 7 3
        6 6 5 5 5 4 4 1 1 3 3 8 8 4 7 7 7 3 2
         3 3 1 5 5 4 1 1 3 3 3 7 7 7 7 7 7 2 2
          8 8 6 6 6 1 1 3 3 3 7 7 7 7 4 4 2 2 3
           8 8 6 6 1 5 5 5 1 1 7 7 7 4 4 4 4 4 2
            8 5 5 6 5 5 5 1 1 7 7 7 4 4 4 4 4 4 1
```

(b)

```
9 9 9 9 9 9 9 9 2 2 2 3 3 3 3 3 3 3 3
 9 9 9 9 9 9 9 2 2 2 3 3 3 3 3 3 3 3 3
  9 9 9 9 9 9 2 2 2 3 3 3 3 3 3 3 3 3 3
   9 9 9 9 9 5 5 5 5 3 3 3 3 3 3 3 3 3 3
    9 9 9 9 5 5 5 5 5 3 3 3 3 3 3 3 3 3 3
     9 9 9 5 5 5 5 5 3 3 3 3 3 3 3 3 3 3 3
      9 9 6 5 5 5 5 5 3 3 3 3 3 3 7 7 7 3 3
       6 6 6 5 5 5 5 5 3 3 3 3 3 7 7 7 7 7 3
        6 6 6 5 5 5 5 5 3 3 3 3 7 7 7 7 7 7 2
         6 6 5 5 5 5 5 5 3 3 3 7 7 7 7 7 7 2 2
          6 5 5 5 5 5 5 5 3 3 7 7 7 7 7 7 2 2 2
           5 5 5 5 5 5 5 5 4 4 7 7 7 7 7 4 4 2 2
            5 5 5 5 5 5 5 4 4 4 4 4 4 4 4 4 4 2 2
```

(c)

图 16.3　小阵列晶粒长大的蒙特卡罗模拟

为 A 的晶粒在表面张力的影响下收缩。在二维或三维空间中，面积的变化率是恒定的，并且与迁移率和晶界的能量成正比，前提是晶格温度已根据能量进行了修正，修正因子是玻尔兹曼因子分母项中的 γ_{max}[见式(16.2)]。在三维空间中，孤立晶粒的向内速度为 576

$$v = M\gamma \frac{2}{R} \tag{16.3}$$

结合 $dA/dt = 2\pi R \dfrac{dR}{dt}$，有：

$$\frac{dA}{dt} = -2\pi R \frac{dR}{dt} = -4\pi M\gamma \tag{16.4}$$

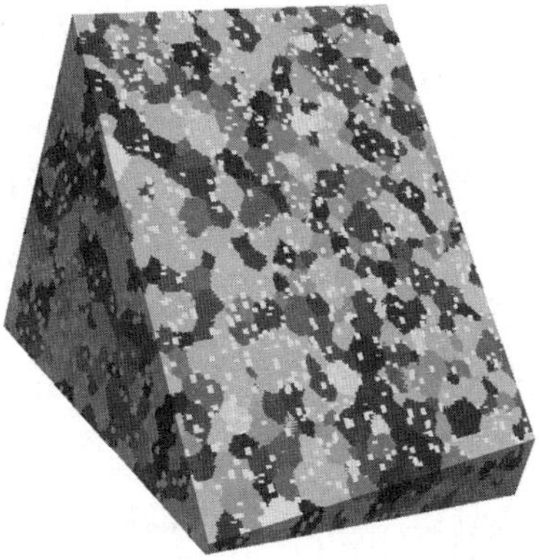

图 16.4　三维 Potts 模型的微观结构

(该模型使用了 200^3 个简单立方格子，含尺寸为 33、体积分数约为 10% 的颗粒，晶格温度为 2，图中显示的状态是因颗粒钉扎已基本不发生变化的晶粒结构。)

验证 Potts 算法以及任何介观模型的正确运行，应包括证明孤立晶粒在二维和三维空间中的恒定收缩率与指定的能量和/或迁移率成比例。

Kandel 和 Domany(1990)分析了 Potts 模型，证明其动力学符合曲率运动。虽然晶界对曲率驱动力的响应是线性的，但对存储能量(即哈密顿方程中

的 H 项)的响应却并非如此。如果描述重新取向概率的方程中 ΔE 项所包含的变形储能差足够大(并且这种变化降低了总能量),那么 ΔF 的大小不会影响结果。这意味着,在再结晶模拟中,超过一定的变形储能水平,晶界速度对该水平不敏感(Raabe,2000)。然而,迁移率项(作为转变概率的指前因子)存在,意味着迁移率各向异性适用于所有水平。然而,如果 H 在与晶界能 γ 相当的范围内变化,则响应是线性的,如同 Rollett 和 Raabe(2001)以及 Zhang 等(2012)所讨论的。

在蒙特卡罗模型(Raabe,2000)中,已广泛讨论了关联物理时间与模拟时间的困难,而其他模型在不同程度上也存在这种困难。这对任何演化模拟来说都是一个问题,但这个问题更多是表象的而非实际困难的。对于曲率驱动的晶粒长大,至少有基本的验证测试,如上面提到的单一收缩晶粒模拟,可以对比实验和模拟的长大速率。这种比较在某种意义上代表了验证。一个更介观的方法是比较模拟和实验之间的粗化率。然而,这种比较充其量是近似的,除非晶界的各向异性已知并被包括在模拟中。在下面描述的多晶体演变动力学方程中,自相似性决定了指数 n 应为 1(Mullins,1998a)。任何晶界属性为各向同性(或不随时间变化)的晶粒长大算法都应遵守这一关系。比例系数 $k = \alpha M \gamma$,其中 α 为 0.2(Mullins,1998a;Hillert,1965)。

577

$$R^2 - R_0^2 = kt^n \tag{16.5}$$

该技术已经扩展到三维空间(Anderson 等,1985),尽管可使用的阵列大小受内存的限制。见诸报道的最大模拟是 $400 \times 400 \times 400$ 个格点(Miodownik 等,2000),尽管并行计算(Wright 等,1997)和大型超级计算机允许更大规模的模拟,例如 SANDIA 国家实验室的 Spparks(2017)代码。二维和三维模拟的对比表明,二维情况下的晶粒尺寸和尺寸分布与三维模拟的横截面的结果相似。

在二维和三维模拟中,对结构演化的定量测量显示了晶粒长大的许多特征,包括晶粒尺寸分布和动力学,尽管如 11.2.4.2 节所述,由于有限的模型尺寸,早期模拟对动力学的预测并不正确。

这种方法也用来模拟第二相颗粒对晶粒长大的影响。具体方法是选择一部分单独的区块作为颗粒,这些颗粒的编号与任何基体块的编号都不同,而且在模拟过程中不允许这些格点转换取向。因此,这些"颗粒"的界面能量等于晶界能量。如果我们计算图 16.5(a)中"颗粒"位于晶界上的阵列的总能量,会发现它比图 16.5(b)中颗粒在晶界内的能量低 2 个单位。因此,颗粒和晶界之间存在吸引力导致类似于 4.6 节中讨论的钉扎力。颗粒的体积分数可以变化,因为它只是那些被指定为颗粒的位点的体积分数。然而,在大多数模拟中,颗粒的位置并没有变化。该方法已用于研究含颗粒合金的极限晶粒尺寸(见 11.4.2 节),如 11.4.2.4 节所述,对于含大体积分数颗粒的合金,早期模拟与解析模型所预测的极限晶粒尺寸一致,其中颗粒与晶界之间有很强的相关性[见式(11.34)]。最近,更大规模的模拟(Miodownik 等,2000)倾向于证实式(11.30)中的 Smith-Zener 关系,这些结果的意义将在 11.4.2.4 节讨论。

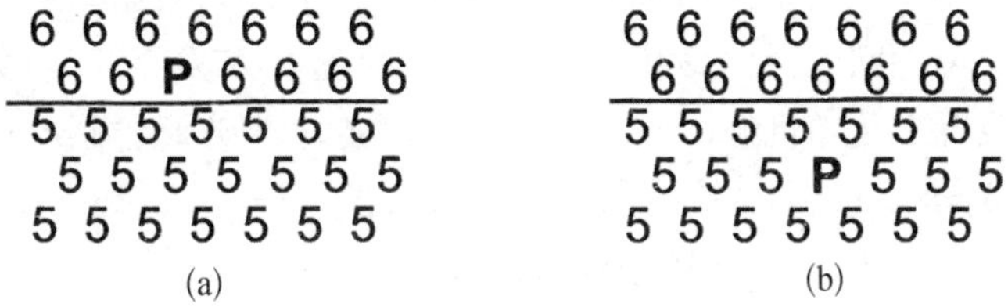

```
6 6 6 6 6 6            6 6 6 6 6 6
  6 6 P 6 6 6 6          6 6 6 6 6 6
5 5 5 5 5 5 5          5 5 5 5 5 5 5
5 5 5 5 5 5 5            5 5 5 P 5 5 5
5 5 5 5 5 5            5 5 5 5 5 5
      (a)                    (b)
```

图 16.5　蒙特卡罗模型中晶界与第二相颗粒的相互作用

异常晶粒长大也可以用蒙特卡罗法来模拟(见 11.5.2.3 节)。最基本的方法是任意选择一个单独的晶粒,并赋予其周边晶界比基体其他部分更高的迁移率。如果当前的状态是,该晶粒已经在长大,那么它将比所有其他晶粒长大得更快,正如 Rollett 等(1989b)所分析的,这将导致异常晶粒长大,其最大相对尺寸与迁移率比率直接相关。11.5 节详细地讨论了异常晶粒长大。尽管如此,最初的二维模拟虽然范围有限,但由于采用了新的定量方法,为有关异常晶粒长大的讨论注入了新的活力。

16.2.1.2　用于初次再结晶模拟

上述蒙特卡罗模拟技术已扩展到初次再结晶的模拟(如 Srolovitz 等,1986;Rollett 等,1989a)。如上所述,首先通过长大形成一个晶粒结构,并将存储的能量 H 分配给每个晶粒内的所有体素。为了模拟非均匀变形,可以改变晶粒内的储存能量。然后在结构中引入再结晶"晶核",即由 3 个 $H=0$ 的体素组成的晶粒。与晶粒长大一样,还可以模拟第二相颗粒的钉扎效应。

蒙特卡罗方法的早期应用证明了空间变化的变形储能对表观动力学有很强的影响,特别是降低了观测到的 JMAK 指数与理论期望值的差异(Rollett 等,1989a)。该方法还应用于研究颗粒存在时的再结晶问题(Rollett 等,1992b)。研究发现,在驱动力足够大的情况下,颗粒对晶界的迁移没有影响。关于颗粒对再结晶动力学的影响的问题,会在本书的其他章节讨论。

Brahme 等(2009)将 Potts 模型用于模拟温轧铝 1050 再结晶过程中的织构演化。平面应变变形的织构特征(织构成分在 β-纤维上)被以立方织构成分为主的退火织构所取代（Alvi 等，2008）。他们发现，除了晶界特性的各向异性之外，还有许多因素会影响织构的发展。一个重要的方面是，变形后的微观结构具有明显拉长的晶粒形状；这些晶粒是用一种叫微观结构生成器的工具来实例化的（Brahme 等，2006）。最终的微观结构是大小为 $500 \times 200 \times 100$ 的立方块格子。每个格点都标有晶粒编号，在蒙特卡罗模拟中作为自旋编号 s。所有的蒙特卡罗模拟都使用了相同的晶格温度，即 $kT = 0.9$，并认为该温度足够高，可以将晶格各向异性对这些模拟的影响降至最低。研究还发现，再结晶晶核的取向与变形后的织构不同，这是一种称为定向形核的现象，其相对于变形微观结构中各种取向的位置不是随机的（Alvi 等，2008）；这意味着必须在 Potts 模型中控制晶核的位置（Brahme 等，2009）。研究还发现，储存能量 H 会因织构成分而变化，因此，如上文所述，该值取决于取向。

16.2.1.3 用于动态再结晶模拟

Potts 模型也可应用于动态再结晶（Rollett 等，1992b；Peczak 和 Luton，1993）模拟，研究表明，动态再结晶所特有的振荡应力-应变曲线以及相关的晶粒大小振荡可以很容易再现。二维模拟与上面讨论的静态再结晶模拟类似，只是允许储存的能量随应变（时间）增加。为了模拟动态再结晶，"晶核"由一组如 3 个单元组成，并随机地将其引入到格子中。这些晶核在引入前没有内能，但随后在"变形"过程中获得能量。晶核根据上述的能量准则长大或缩小。没有明确的形核准则，如临界应变，晶核的长大是由能量准则决定的。有许多参数需要提供给模型，包括加工硬化和回复的速率、形核速率及其对其他参数的依赖性等。此类模型提供了研究变量对动态再结晶影响的方法，可与实验或理论作对比的输出结果包括应力-应变数据和晶粒尺寸等。

图 16.6（Rollett 等，1992a）显示了最早的一篇论文中的例子，该论文实现了 Potts 模型的一个版本，采用不同的（连续的）形核率和恒定的储存能量增加速率。随着时间的推移，储存能量的振荡很明显，与实验的应力-应变曲线非常相似，如图 13.12 所示。储存的能量与流动应力（的平方）直接相关，正如本书其他地方所解释的，对于恒定的应变速率，时间与应变成正比。

16.2.1.4 Potts 模型的成功和局限性

Potts 模型的优点在于其固有的简单性、计算效率、易于编程以及可在三维中直接实现。在最简单的形式下，只需提供晶界能量，就能形成逼真的微观结构。在其最终形式中，格点即是原子，原子可以根据一套规则交换位置，这就形成了动力学蒙特卡罗模型（见 16.2.3 节）。蒙特卡罗模型可以建立完整的微观结构，除了晶界的局部随机波动，基本上是确定性的。因此，与所有基于图像的方法一样,蒙特卡罗模型自动包括了拓扑结构的变化,而拓扑变化对晶界结构的明确描述是一个挑战(见顶点模型和有限元模型章节),也一直是晶粒长大理论发展过程中存在的问题(见 11.2 节)。

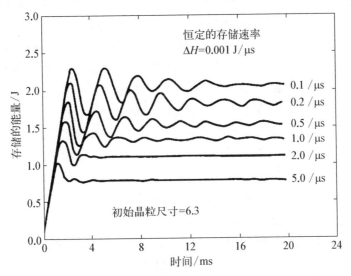

图 16.6　在恒定的能量储存率和不同形核率的条件下,使用 Potts 模型对动态再结晶进行计算机模拟的结果

(储存的能量反映了流动应力的变化,流动应力随时间推移而发生不同程度的振荡,而这本身就是应变的代表。)

Potts 模型在以最简单的形式使用时最为成功,例如,用于单相材料中的晶粒长大,因为在这种情况下,模型只需要很少的输入。Potts 模型与元胞自动机和相场类似,是一种介观尺度的模拟方法,而分子动力学模型则是一种更精细、计算成本更高的补充方法(见 16.2.3 节)。若将 Potts 模型应用于更复杂的问题,如静态和动态再结晶,则需要纳入更多的假设和更多的关系(无论是经验性的还是解析的),而且模型的单元块也需有更多的属性。尽管如此,正如上文所述,它为再结晶过程提供了许多有用的见解。元胞自动机模型对于只涉及再结晶的问题有一些优势,例如能够直接控制晶界的迁移率。

Bate(2001a)强调了基于图像的模型在处理晶界方面的局限性。尽管如上所述,模型可以纳入晶界取向差对能量和迁移率的影响(如 Holm 等,1998),但却无法纳入对这些参数有重大影响的晶界平面的影响(例如 $\Sigma 3$ 孪晶和 $40°$-$\langle 111\rangle$ 倾斜边界),而已经证明晶界平面对微观结构和织构的演变有重大影响(Bate,2001a;Gruber 等,2005)。

16.2.2　元胞自动机

元胞自动机（CA）模型与 Potts 模型密切相关，因为它也是基于图像的，材料可离散成一个由胞元或体素组成的规则网格。CA 模型能更好地模拟复杂的过程，如再结晶（Hesselbarth 和 Gobel，1991；Marx 等，1999；Raabe，1999），因为可以人为地直接控制晶界移动的速度。更具体地说，可以施加一个特定的迁移率，而在 Potts 模型中，再结晶中的迁移率并不直接受局部迁移率的控制。但是，CA 模型无法以任何直接方式模拟曲率驱动的晶粒长大。

元胞自动机由胞元网格组成，其典型的特征参数如下：

* **胞元几何**——需要指定胞元的数量、大小、形状和排列。
* **一个胞元可以拥有的状态数量和类型**——在最简单的情况下，胞元可以被描述为再结晶或未再结晶。另外，还可以包括详细的变形微观结构，并且每个单元将由微观结构参数（如位错密度、胞元或亚晶尺寸和晶体取向）表征。
* **胞元邻域的定义**——胞元的转变是否受其最近邻的影响，或者是否考虑更大的邻域，该问题的答案因模型而异。von Neumann 邻域只包含第一个最近的邻域（第一近邻），而 Moore 邻域还包含第二近邻，对于二维模拟，意味着要加上对角线相连的胞元。
* **在退火过程中胞元的转变规则**——转变可能发生在胞元内部，如位错密度的变化。此外，还需要考虑源自相邻胞元的事件，如再结晶晶粒的长大。

在指定了初始微观结构后，通常在统计学基础上进行退火模拟，即忽略事件的细节。例如，可能假定形核为位点饱和或以预定的速度发生，取向可能是随机的或与特定胞元的取向有关。这种模型的计算效率很高，可以进行大规模的计算，并能考虑与取向相关的晶界迁移等效应。此类模型的输出包括再结晶动力学、织构、晶粒尺寸和尺寸分布等。

元胞自动机本质上是一种空间框架，可以在其中插入简单的模型，如描述退火机制细节的解析或经验方程。它与没有空间分辨率的模型（如第 10 章的解析模型）相比，其优势在于可以很直接地考虑微观结构的不均匀性和织构的空间分布。

16.2.3　分子动力学

分子动力学（MD）也许是模拟退火过程的最终工具，40 多年来一直用于研究原子系统的非平衡动力学。该方法的原理是将原子视为运动中的质点，通过控制它们之间作用力的势能进行相互作用，从而求解每个时间步长的牛顿方程

$F = ma$。因此,原子在确定的材料单元(即模拟域)中的运动轨迹是通过在有限的时间步长内对牛顿运动方程的积分来确定的。该方法的价值在于,模拟揭示了空位、位错和界面等缺陷在各种驱动力作用下的行为细节。开展此类模拟的挑战包括时间步长足够小(在皮秒范围内),以使原子运动符合实际;控制每个原子的体积,使有效温度达到所需值。更重要的是找到一个势能函数或原子间势,使模拟材料的特性与已知值相符。最简单的是 Lennard-Jones 对势,但通常使用更复杂的势,如嵌入原子法(Foiles 等,1986),它可以拟合相关材料的许多特性,如弹性模量和表面能。在撰写本书时,美国国家标准与技术研究所(NIST)主持的原子间势函数库项目提供了可以找到各种此类势函数的资源。

与其他模拟方法相比,这种方法的主要优点是所需的唯一输入是原子间作用力定律。模拟无须对晶界的物理性质或迁移机制作任何假设。与其他模拟相比,分子动力学模拟的显著优势是使用了真实的长度和时间尺度。然而,分子动力学的计算成本相当高,即使使用现有最好的计算机也只能开展很短时间的模拟,因此,只有在晶粒长大驱动力很大的纳米结构材料中才可以观察到晶粒的长大。

Jhan 和 Bristowe(1990)首次采用分子动力学模拟了曲率驱动的晶界迁移,最近该技术被用于不同类型和不同取向晶界的曲率驱动晶界迁移的二维模拟[见图 16.7(Upmanyu 等,1999)]以及三重点的迁移,模拟结果与实验吻合得很好(Upmanyu 等,1999;2002a)。最近对柱状晶粒长大的三维模拟(见图 6.27)表明,对于非常小的晶粒,晶界迁移和晶粒旋转都可能在非常高的温度下发生(Haslam 等,2001)。

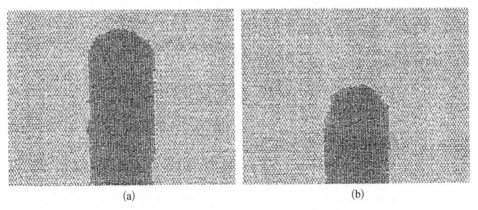

(a)　　　　　　　　　　　　　(b)

图 16.7　取向差为 28.5°的半环晶粒在不同时间收缩的二维分子动力学模拟

尽管分子动力学非常强大,但由于计算要求高,无法轻易地模拟三维再结晶等过程。例如,在图 6.27 的模拟中,为模拟 25 个直径为 15 nm 的晶粒在 $0.95T_m$ 的温度下约 7 ns 的长大过程,在约 70 nm×70 nm×1.5 nm 的单元中用到了约 390 000 个原子阵列。最近进行的一些分子动力学模拟使用了精心选择的模拟体元,可容纳一对晶界和一对晶界之间的几个位错,这样就能模拟移动晶界消除位错的基本特征(Gødiksen 等,2007)。

583

16.2.4　顶点模拟

顶点或网络模型基于退火过程中最重要的微观结构单元是晶粒或亚晶的假设,它们将微观结构表示为胞元结构(Fuchizaki 等,1995)。许多模型假定"理想的晶粒集合体",晶界性质没有变化,因此只能模拟晶粒长大。然而,一些更复杂的模型(如考虑了晶界性质的取向依赖性)现在也已普遍使用。Maurice(2000)对顶点模型进行了综述,并与蒙特卡罗模拟进行了比较。

该领域最早的模拟是 Bragg 和 Nye(1947)用来研究晶粒长大的气泡筏。玻璃板之间肥皂泡沫的粗化曾用来模拟晶粒长大(如 Weaire 和 Glazier,1992),并且其本身也已被单独研究过。虽然晶粒长大与泡沫粗化的机制明显不同,因为后者涉及气体扩散,但有趣的是,对肥皂泡沫粗化的动力学的详细测量显示它与晶粒长大非常相似(Ling 等,1992)。下面讨论的计算机模型大多是二维的,但正在扩展到三维。需要再次强调的是,对三维微观结构退火的二维模拟可能会产生误导,因此在解释结果时应谨慎。

584

16.2.4.1　基本的顶点模型

如果我们考虑一个二维的晶粒阵列,那么晶粒本身可以只用其顶点表示,这就减少了计算机需要保存的数据量。例如,图 16.4 是用二维蒙特卡罗模拟得到的,阵列中有 150×150 个点,也就是 22 500 个(格子)点。该结构中约有 100 个

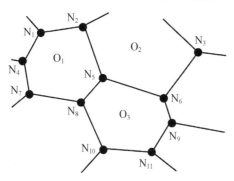

图 16.8　考虑晶粒取向的网络模型的基础

晶粒,每个晶粒平均有 6 个边,因此约有 200 个顶点。用节点或顶点来表示这种结构可以大大压缩数据,并允许在模型中考虑更多的晶粒。构建一个由晶粒或亚晶二维网络组成的微观结构[见图 16.8(Humphreys,1992a)],(亚)晶粒由顶点 N_j 表示,这些顶点的位置,连同其相邻顶点的位置都存储在计算机中。除了每个顶点应连接 3 个

晶界的约束外,对它们的空间分布没有任何约束。每个亚晶粒都分配了一个晶体学取向(O_j),而且取向的分布可以变化,以便表示任何所需的取向梯度。与每个顶点相关的 3 个取向也储存在计算机中。

　　这是一个灵活的框架,可以将任何空间或角度分布的晶粒或亚晶粒引入其中,并有可能产生合理逼真地代表变形或回复结构的微观结构。这样的模型可以轻易地容纳超过十万个晶粒或亚晶粒。因为相邻晶粒的取向是已知的,所以晶界取向差也是确定的,如果这些关系是已知的,晶界的能量和迁移率可以计算出来[见式(4.5)和式(10.18)]。

　　一旦构建了最初的微观结构,例如通过 Voronoi 网络,随后的事件就由控制晶界和顶点的运动方程决定。由于没有选择随机路径,因此这些模型是真正的确定性模型。在退火过程中,节点可能会发生接触,在这种情况下,必须在计算机代码中加入适当的操作。例如,沿图 16.9(a)所示方向移动的节点互换位置,如图 16.9(b)所示。类似地,如图 16.9(c)(d)所示,三边晶粒通常会趋于收缩和消失。各种顶点模型之间的主要区别源于考虑动力学的方式。

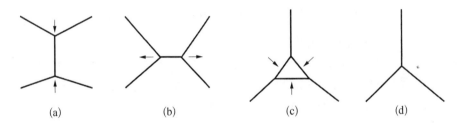

图 16.9　(a)(b) 节点交换;(c)(d) 三边晶粒的收缩和消失

16.2.4.2　晶界动力学模型

　　在晶界动力学模型中,根据晶界的局部曲率计算晶界的位移,然后调整三重点(或顶点)的位置以满足平衡要求。对这类模型的发展做出了主要贡献的有 Frost、Thomson 及其同事(如 Frost 等,1988),以及最近的 Saetre 和 Ryum(1993)。这类方法能非常逼真地模仿晶界迁移的物理机制,在很多的情况下都能得到很好的模拟结果,如正常和异常的晶粒长大或薄膜中的晶粒长大停滞等。其主要缺点是,如果要模拟大型结构或三维情况的演变,则需要大量计算。

16.2.4.3　顶点动力学模型

　　顶点动力学模型是另一种更经济的顶点模拟技术,它只跟踪三重(或四重)点,将晶界迁移归结为这些点的运动。当然,这些顶点动力学模型的可靠性在很大程度上取决于顶点运动方程是如何从相邻界面的迁移中推导出来的。多年来，人们提出了几个不同的解决方案，涉及线张力驱动的顶点运动（如 Fullman，1952；Soares 等，1985）。Kawasaki 等（1989）推了更复杂的公式，他们考虑了一个由直边连接的顶点网络，其动力学受晶界迁移导致的界面能量减少与反对界面运动的黏性阻力造成的耗散之间的平衡所支配。Humphreys（1992a，b）提出利用顶点动力学模型来研究具有晶界移动性和能量的结构随界面特性的时间演化。他的第一版模型假设晶界为直边，每个顶点的线张力相加得到作用在顶点上的驱动力。

16.2.4.4　晶界动力学模型和顶点动力学模型对比

以上提到的所有顶点动力学模型都将晶界视为直边，从而忽略了晶界的迁移是由其曲率驱动的这一事实。此外，三重结处的力学平衡也无法满足。这类模型背后隐含的假设是，晶界迁移率远高于三重结迁移率，如 5.5 节所讨论的，这在大多数情况下是正确的。在晶界动力学模型中，则考虑了晶界曲率决定了晶界的迁移，并认为三重点始终处于局部平衡状态。Weygand 等（1998b）最近提出了一种改进的 Kawasaki 模型，他们考虑了三重点的运动以及沿晶界分布的"虚拟顶点"的运动。这种方法的主要优点是无须假定晶界的特定形状，也不强制要求在三重结处的局部平衡。他们研究的一个引人注目的结果是，在正常的晶粒长大过程中，结构会演变，以满足三重结处的局部平衡。因此，从一开始就假定在顶点附近存在局部力学平衡并非不合理。这种想法是由 Svoboda（1993）提出的，作为对 Humphreys 方法的改进，并被 Maurice 和 Humphreys（1997，1998）采用。

16.2.4.5　取向无关的晶粒长大的建模

理想晶粒集合体的长大（所有晶界都具有相同的性质）可能是最容易解决的问题。Atkinson（1988）详细比较了各种模型在这一问题中的应用。通过将大角度晶界阵列中的长大动力学和晶粒尺寸分布与实验或其他计算机模拟（如二维蒙特卡罗模拟）产生的结果做对比，来测试校验这些模型，通常会发现这些结果都是相似的。Frost 及其同事广泛使用他们的模型来模拟金属薄膜中的晶粒长大，这是集成电路技术中的一个重要领域，在该领域中，模型对二维的限制并不构成严重问题。他们在模型中加入了晶界的热蚀槽，模拟实例如图 16.10（Walton 等，1992）所示。

16.2.4.6　回复和再结晶的建模

为了模拟回复或再结晶的形核，模型必须考虑晶粒和亚晶的取向，因为小角度晶界的能量和迁移率与取向密切相关。Humphreys（1992a，b）讨论了这种模型的早期二维版本。这样的模型当然只能用于模拟材料的回复，其中位错排列成小角度晶界（如高堆垛层错能材料铝或铁等）。

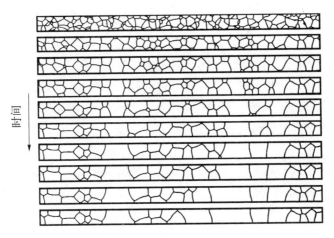

图 16.10　金属薄带晶粒长大的模拟

（模型中考虑了热蚀效应,晶粒结构在形成完整的竹子结构之前就停滞了。）

　　如图 16.11（Humphreys，1992a）所示,可使用包含晶粒和亚晶取向的顶点模型中用来研究回复和再结晶形核的可能机制,包括应变诱导晶界迁移和变形材料中过渡带的退火。需要强调的是,再结晶形核只不过是大取向梯度区域的异质回复,是初始组织中空间不均匀和角度不均匀的自然结果,并没有被专门编程到模型中。颗粒钉扎也可以引入到这种模型中（Humphreys，1992a；Weygand 等,1999；Bate,2001b）,通过在大颗粒上产生合适的取向梯度,可以模拟颗粒激发的再结晶形核（Humphreys，1992a,b）。

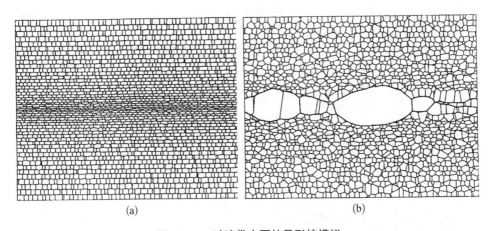

(a)　　　　　　　　　　　　　　　(b)

图 16.11　过渡带中再结晶形核模拟

（a）初始微观结构由过渡带中更小、更细长的亚晶粒组成,在 10 个中心带的亚晶粒上,每个亚晶粒的垂直取向梯度为 5°；（b）退火时演化出的微观结构显示了类似取向的大型细长晶粒的发展,但是与回复结构有大角度边界（粗线）

图 16.12(Hayes 等,2002)显示了 Bate 将顶点模拟用于大变形铝退火的一个案例,他们研究了极大变形(见图 14.1 和图 14.8)产生的拉长晶粒结构在退火时的不稳定性,这些结构在随后的退火中不会发生不连续的再结晶(见14.3.4 节)。该模型表明,由于迁移率较差的小角度晶界的表面张力作用,大角度片层状晶界出现了颈缩和"夹断"现象。在退火过程中,晶粒长宽比逐渐减小,这种持续的再结晶过程最终产生了等轴晶粒结构。

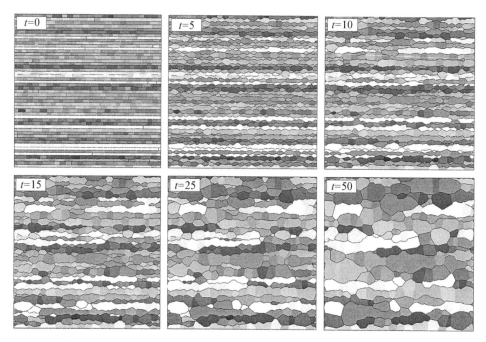

图 16.12　具有片层状晶粒结构的大变形金属连续再结晶的顶点模拟

(灰度与取向相对应,黑色线条代表大角度晶界,时间以任意单位表示。)

16.2.4.7　晶粒动态长大

顶点模型已经成功用于模拟含颗粒合金高温变形过程中的动态晶粒长大(Bate,2001b)。颗粒的 Smith-Zener 阻力被视为晶界上的平均阻力,而不是单独处理颗粒。如果颗粒很小,且间距相对于晶粒尺寸来说很近,那这样做是合理的。

16.2.4.8　三维顶点模型

本章和前几章反复强调,当前对三维微观结构演变的二维建模并不理想,可能会导致不正确的结果。上述顶点模型都是二维的,有必要将这种方法扩展到三维。然而,将上述概念扩展到三维模拟时存在巨大困难。Maurice 和 Humphreys(1998)

推导了曲率驱动的四重结的运动方程,但目前可用的三维网络模型很少。
Fuchizaki 等(1995)和 Wakai 等(2000)开发了在所有晶界具有相同能量和迁移
率条件下正常晶粒长大的三维模型,Maurice(2000)通过模拟演示了晶界特性具
有取向依赖性的三维模型,它是 Kawasaki 等(1989)模型的扩展。图 16.13 显示 589
了含过渡带的亚晶结构中微观结构演变的三维模型的剖面图,展示了在大取向
梯度区域发生的亚晶快速长大,这可以与图 16.11 的二维模拟以及在类似情况
下产生的如图 7.34 所示的真实微观结构进行比较。最近,Syha 和 Weygand
(2010)报告了三维顶点模型的结果,他们成功地纳入了晶粒消失所需的所有拓
扑重排和粗化过程中的拓扑重排,并将各向异性的晶界特性纳入模拟中。图
16.14 显示了结构中相对于面数(第一近邻)的单个晶粒的长大速率与两种不同
理论方法之间的比较。一种是 Mullins(1998a)提出的平均场近似理论,另一种
是针对单个晶粒的 MacPherson-Srolovitz 理论。两者都与模拟结果相差无几,
但后者显然更准确。

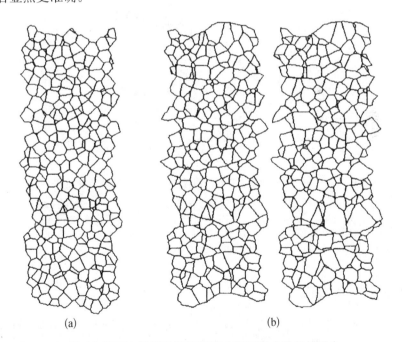

(a)　　　　　　　　　　(b)

图 16.13　通过三维顶点模拟过渡带(**AB**)在不同退火阶段的退火

(资料来源:Maurice C, 2000. Proc. 21st Int. Risø Symposium. In: Hansen, et al.
Risø, Denmark: 431.)

16.2.4.9　顶点模型的成功与局限　591
顶点或网络建模是一种出色而有效的退火建模形式,适用于微观结构可以

通过单元阵列进行真实模拟以及晶界迁移是退火机制的情况。除了初始的微观结构，只需输入晶界的属性。由于晶界性质与取向相关，可以很容易地模拟出再结晶形核等事件，对顶点模型和蒙特卡罗模型得到的晶粒长大动力学进行比较，发现两者非常相似（Maurice，2000）。与蒙特卡罗模型相比，顶点模型的优点是可以研究的微观结构更大、物理机制更透明、晶界性质处理得更好。诸如亚晶旋转和聚合（见图 6.26）以及同时变形（Bate，2001b）的机制也都可以包括在内，并且可以研究双相微观结构，尽管如果只跟踪晶界顶点的话这并不简单。使用小型三维蒙特卡罗模型来验证由大型二维再结晶顶点模型产生的微观结构，是涉及两种模型的一种有趣方法（Bate，2001a；Hayes 等，2002）。

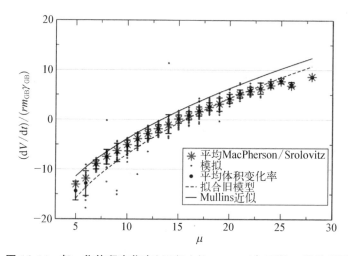

图 16.14　归一化体积变化率$(dV/dt)/(rm_{GB}\gamma_{GB})$与面数 μ 的关系图

（小圆点为直接模拟得到的归一化体积变化率，大圆点表示面数 μ 不变时的平均值；根据 MacPherson-Srolovitz 计算的平均归一化体积变化率用星号标记；Mullins 的解析方法和对旧模型的最佳拟合函数分别以实线和虚线表示。源自 Syha M，Weygand M，2010. Model. Simul. Mater. Sci. Eng.，18：015010.）

16.2.5　移动有限元

与三维顶点模型密切相关的是移动有限元模型，在该模型中，晶界网络由有限元网格表示，计算驱动力并相应地移动网格的节点。在梯度加权的移动有限元（GWMFE）方法中，类似于顶点法，界面被表示为参数化分段线性曲面（Kuprat，2000），即

$$x(s_1, s_2) = \sum_{\text{节点}j} \alpha_j(s_1, s_2)x_j \tag{16.6}$$

式中,(s_1, s_2) 是表面参数化;求和是对 N 个界面节点的求和;$\alpha_j(s_1, s_2)$ 是分段线性基函数("帽函数"),它在节点 j 处为 1,而在所有其他界面节点处皆为 0;$\boldsymbol{x}_j = (x_j^1, x_j^2, x_j^3)$,是节点 j 的位置矢量。因此,曲面在 $x(s_1, s_2)$ 处的速度为

$$\dot{\boldsymbol{x}}(s_1, s_2) = \sum_j \alpha_j(s_1, s_2) \dot{\boldsymbol{x}}_j \tag{16.7}$$

该速度是基于节点速度的线性插值,以及

$$v_n = \dot{\boldsymbol{x}}(s_1, s_2) \cdot \hat{\boldsymbol{n}} \tag{16.8}$$

式中,$\hat{\boldsymbol{n}}$ 是曲面的法向单位矢量。因此

$$v_n = \sum_j (\hat{\boldsymbol{n}} \alpha_j) \cdot \dot{\boldsymbol{x}}_j \tag{16.9}$$

实际上,v_n 有 $3N$ 个基函数等于 $n_k \alpha_j$,其中 $\hat{\boldsymbol{n}} = (n_1, n_2, n_3)$。这些基函数是不连续的分段线性函数,因为 n_k 是分段常数。

GWMFE 方法寻求以下积分的最小值:

$$\int (v_n - \mu \sigma K)^2 \, \mathrm{d}s \tag{16.10}$$

对于 $\dot{x}_i$ 的所有可能的导数值(在界面的表面积分),可得到

$$0 = \frac{1}{2} \frac{\partial}{\partial \dot{x}_i^k} \int (v_n - \mu \sigma K)^2 \, \mathrm{d}s$$

$$= \int (v_n - \mu \sigma K) n_k \alpha_i \, \mathrm{d}s \quad (1 \leqslant k \leqslant 3, \, 1 \leqslant i \leqslant N) \tag{16.11}$$

利用式(16.9),得到如下数量为 $3N$ 的常微分方程(ODE)组:

$$\left[\int \hat{\boldsymbol{n}} \hat{\boldsymbol{n}}^{\mathrm{T}} \alpha_i \alpha_j \, \mathrm{d}s \right] \dot{\boldsymbol{x}}_j = \int \mu \sigma K \hat{\boldsymbol{n}} \alpha_i \, \mathrm{d}s \tag{16.12}$$

或

$$\boldsymbol{C}(x) \dot{\boldsymbol{x}} = g(x) \tag{16.13}$$

式中,$\dot{\boldsymbol{x}} = (x_1^1, x_1^2, x_1^3, x_2^1, \cdots, x_N^3)^{\mathrm{T}} = (\boldsymbol{x}_1, \boldsymbol{x}_2, \cdots, \boldsymbol{x}_N)^{\mathrm{T}}$,是维度为 $3N$ 的矢量,包含所有 N 个界面节点的 x、y 和 z 坐标,$\boldsymbol{C}(x)$ 是基函数的内积矩阵,$g(x)$ 为涉及表面曲率内积的右侧项。由于 $\hat{\boldsymbol{n}} \hat{\boldsymbol{n}}^{\mathrm{T}}$ 是 3×3 的矩阵,很明显 $\boldsymbol{C}(x)$ 具有 3×3 块结构。正如 Kuprat(2000)所解释的,包含曲率的内积可以等价地看作是由离散界面的每个平面三角形单元上大小为 μ 的表面张力引起的。这样就能在三重线处满足 Herring 条件。

式(16.12)的 ODE 方程组采用隐式二阶后向差分、变时间步长的 ODE 求解器来求解(Carlson 和 Miller，1998)。采用广义最小残差(GMRES)迭代(Saad 和 Schultz，1986)和分块对角预处理来求解牛顿法产生的线性方程组，更多细节可参见 Kuprat(2000)的文章。

该方法的早期应用是二维晶粒长大的模拟，并与铝薄片的实验数据进行比较，该铝薄片经过加工后，微观结构具有强⟨100⟩纤维织构，因此基本上都是小角度晶界(Demirel 等，2002)。主要结论是，只有将与从小角度取向差过渡到大角度取向差有关的晶界移动性的强各向异性包括在内，才能获得实验与模拟之间的良好一致性。

这种方法也可用来研究各向异性的界面能量和迁移率对三维正常晶粒长大材料中晶界特征分布的影响(Gruber 等，2005)。如上所述，节点速度是通过最小化一泛函来计算的，该泛函取决于网格的局部几何形状和晶界的(各向异性)属性，晶界属性根据晶界类型计算。所使用的晶界能量 $\gamma(\Delta g，n)$ 和迁移率 M($\Delta g，n$)函数由各晶界相邻的两个表面定义，即界面两侧晶界的两个表面(Rohrer 等，2004)。令 n_1 为指向晶粒 1 的界面法线，并以该晶粒的晶体坐标系为参考，令 n_2 为指向晶粒 2 的界面法线，以该晶粒的晶体坐标系为参考，则能量和迁移率可分配如下：

$$\gamma = [E(n_1) + E(n_2)]/2 \qquad (16.14)$$

$$M = [\mu(n_1) + \mu(n_2)]/2 \qquad (16.15)$$

式中，函数 $E(n)$ 和 $\mu(n)$ 为

$$E(n) = \alpha \Big[\sum_{i=1,3} (|n_i| - 1/\sqrt{3})^2 \Big] + 1 \qquad (16.16)$$

$$\mu(n) = \beta \Big[\sum_{i=1,3} (|n_i| - 1/\sqrt{3})^2 \Big] + 1 \qquad (16.17)$$

式中，α 和 β 是正常数。这两个函数的最小值出现在⟨111⟩族晶轴的法向矢量上，最大值出现在⟨100⟩族晶轴的法向矢量上。需要注意的是，式(16.14)和式(16.15)意味着立方晶体的对称性。使用立方晶体对称性可以最大限度地减少获得具有统计学意义的数据集所需的晶界数量，并简化所需的工作。这个特殊的函数形式受铝的晶界特性启发(Saylor 等，2004)，也用于最近使用的顶点模型(Syha 和 Weygand，2010)。需要注意的是，虽然上面引入了取向差符号(Δg)，但只是间接考虑了取向差，因为在这项工作中，晶界属性完全是由两个法线所决定的。在这种情况下，可以使用形式为 $\gamma(n_1，n_2)$ 和迁移率为 $M(n_1，n_2)$ 的函

数。尽管如此,为了与之前的工作(Saylor 等,2004)进行比较,研究特定的取向 594
差类型是很有必要的,在所有 5 个自由度(3 个取向差和 2 个晶界法线)上都使
用了相同的离散化方案,分区尺寸约为 10°。

　　参数 α 控制晶界能量的各向异性,各向同性对应 $\alpha=0$,对于 $\alpha=0.2957$,最
大和最小晶界能量之比为 1.25。同样,对于迁移率 $\beta=0$ 和 $\beta=13.6$,最大和最
小晶界能量之比为 12.5,详细信息见 Gruber 等(2005)。GWMFE 方法需要用
网格表示微观结构,本例使用了四面体网格。为了简化网格生成过程,通过随机
选择 5 000 个晶粒中心来分配四面体晶粒,然后用最近的晶粒中心对四面体进
行分组,填充一个单位立方体。利用正常的各向同性的晶粒长大将微观结构粗
化到大约 2 500 个晶粒,以使晶界根据沿三重线的局部平衡采用平滑形状,然后
进行各向异性的晶粒长大模拟。对于每种晶界属性组合,都运行了 20 次模拟,
提供了大约两万个晶粒或 12 万个晶界的数据。晶界法线的分布与所使用的能
量函数成反比。图 16.15(Gruber 等,2005)显示了数量与可变能量(以三角形符
号表示,对应的横坐标在底部)或迁移率(以正方形符号表示,对应的横坐标在上
部)之间的关系。由于使用了完整的三参数取向,不同的晶界类型可能产生不同
的能量或迁移率;数量的标准偏差以误差条表示。数量对迁移率变化缺乏依赖

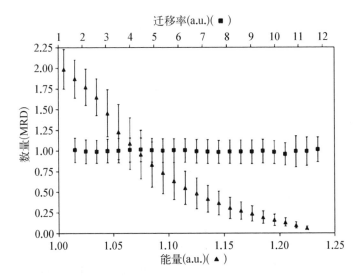

图 16.15　晶界数量(面积)与用随机分布(MRD)的倍数测量的晶界能量(以三角形
　　　　符号表示)和晶界迁移率(以正方形符号表示)的对比图

(在各向异性能量的情况下,数量与能量之间形成了一种反比关系,并在消除了大约一半的初始晶
粒数量后趋于稳定;对模型施加各向异性迁移率时,没有观察到显著的数量变化。数据源自
Gruber J, George D C, Kuprat A P, et al. ,2005. Scr. Mater. ,53:351.)

性是显而易见的。在各向异性能量方面观察到的依赖性也很明显,如果在模型中考虑迁移率的各向异性,这种依赖性将保持不变。如上所述,非均匀的(各向异性的)晶界特征分布的发展显然取决于晶界能量和三重线的平衡性。

16.2.6　相场法

相场法始于 Allen 和 Cahn(1979)通过反相边界的运动对有序材料的粗化进行建模。随后,关于该方法在凝固模拟中的应用,特别是枝晶尖端形状建模的论文接踵而至(Wheeler 等,1996)。与之相关一个重要的进展是渐进学的发展,渐进学是一种数学分析,它表明界面速度等行为在某些限制条件下会降低到尖锐的界面值(Wheeler 和 McFadden,1996)。该方法很快被 Fan 和 Chen(1997)扩展到晶粒长大模拟。此后不久,Lusk 将相场法扩展到再结晶模拟(Lusk,1999;Gurtin 和 Lusk,1999),许多研究者使用该方法来模拟这一现象。

"场"一词用来表示材料中的相和晶粒。就固态演化而言,最方便的是每个取向使用一个场,这隐含地将多晶体固体的表示限制在没有内部结构的晶粒上。为了便于计算场的梯度,微观结构离散为规则的网格,也就是说,原则上每个点对每个场变量有一个有限的值 φ_i。有些算法会强制要求每个网格点的场变量之和为 1,即 $\sum_i \varphi_i = 1$。

$$\langle \varphi \rangle = \{ \varphi_1, \varphi_2, \cdots, \varphi_i, \cdots, \varphi_n \} \tag{16.18}$$

此外,变形储能可以用体积能量来表示。每个场变量在晶粒内部为 1 和远场为 0 之间变化;在与相邻晶粒的每个晶界上平滑变化。每个场变量都有一个与之相关的自由能函数,通常在每个极值点都有一个最小值。与场梯度相关的还有第二个能量项(惩罚项),它能有效抑制任何场梯度的存在。最初的相场建模方法是针对凝固的,只需要两个场,然后如上所述改进后用于晶粒长大模拟。这种方法涉及场的能量函数,确保每个晶粒的局部能量最小(在此范围内,与某晶粒对应场的值为 1),同时还有一项为场的梯度施加能量惩罚(Fan 和 Chen,1997)。

尽管有早期的渐进分析工作,但由于晶界的扩散性,使人们怀疑在小晶粒尺寸下,当场梯度可以跨越晶粒相互作用时会发生什么。McKenna 等(2009)从标准晶粒长大理论的角度分析了二维相场模拟的这种效应,并通过缩小孤立的晶粒进行了测试(见上文讨论)。他们发现,每个晶粒边界上大约需要 6 个网格点,才能将结果与 von Neumanne-Mullins 理论(von Neumann,1952;Mullins,1956)进行验证;此外,界面厚度应为晶界的最小曲率半径的 1/2。

Moelans 等人针对各向异性晶界特性,进一步发展了这一经典方法
(Vanherpe 等,2011;Moelans 等,2008,2010)。场能量函数既包含相邻场在晶
界处的差值,也包含两个场的乘积。通过引入修正场能量函数和场梯度函数,可
以为一对场定义的每个晶界分配特定的晶界能量。该算法用来模拟测试案例的
二维微观结构并测量了二面角,结果表明,与 102°~138°角度范围对应的各向异
性是可行的。如前所述,多晶体模拟也得到了晶界能与晶粒数量之间类似的反
比关系。然而,我们没有详细描述这种方法,而是在 Steinbach 和 Pezzolla
(1999)工作的基础上,介绍了另一种基于界面能的各向异性晶粒长大的相场建
模方法。从获得与尖锐界面理论相对应的渐进解的角度来看,使用界面场并不
理想。然而,它有一些实际的优势,特别是在考虑晶界各向异性方面。

系统的总自由能 F 是模拟域内的势能 f_{pot} 和梯度能 f_{gr} 的总和。如果场必
须在晶界上改变值时,梯度惩罚项迫使场以有限的速度变化,形成扩散的边界
(Fan 等,1997)。ε 和 w 决定了系统中晶界的能量,我们将在下文详细讨论。

$$F(\{\phi\}) = \int_{\Omega}(f_{\text{pot}} + f_{\text{gr}})\mathrm{d}V \tag{16.19}$$

$$f_{\text{gr}} = \sum_{\gamma=1}^{N}\sum_{\delta=\gamma+1}^{N}\frac{\varepsilon_{\gamma_\delta}}{2}\,\nabla\phi_\gamma\,\nabla\phi_\delta \tag{16.20}$$

$$f_{\text{pot}} = \sum_{\gamma=1}^{N}\sum_{\delta=\gamma+1}^{N}w_{\gamma_\delta}\,|\phi_\gamma||\phi_\delta| \tag{16.21}$$

允许系统通过时间相关的 Ginzburge-Landau 方程进行演化,即

$$\frac{\partial\phi_i}{\partial t} = -L\,\frac{\partial F}{\partial\phi_i} \tag{16.22}$$ 597

另外,引入一个界面场 $\psi_{\alpha\beta}$,它是晶界中具有限值的两个场之间的差值,即 $\psi_{\alpha\beta} = \phi_\alpha - \phi_\beta$。因此,界面场的时间演化方程如下:

$$\psi_{\alpha\beta}(t+\Delta t) - \psi_{\alpha\beta}(t) = m_{\alpha\beta}\left[\sum_{\gamma\neq\alpha}\left(-\frac{\varepsilon_{\alpha\gamma}}{2}\,\nabla^2\phi_\gamma - w_{\alpha\gamma}\phi_\gamma\right) - \sum_{\gamma\neq\beta}\left(-\frac{\varepsilon_{\beta\gamma}}{2}\,\nabla^2\phi_\gamma - w_{\beta\gamma}\phi_\gamma\right)\right]\Delta t \tag{16.23}$$

式中,ε 和 w 与界面宽度 λ 和晶界能 γ 有关,分别为 $\lambda = \sqrt{\varepsilon/w}$ 和 $\gamma = \sqrt{\varepsilon w}$。因
此,要使晶界能各向异性但保持恒定的晶界宽度,就必须限定这两个系数的函数
选择。以有限差分表示,并包含两个能量函数的系数,我们可以得到这个基于界

面场的场本身演变形式如下:

$$\phi_\alpha(t + \Delta t) - \phi_\alpha(t) = \frac{\sum\limits_{\beta \neq \alpha} [\psi_{\alpha\beta}(t + \Delta t) - \psi_{\alpha\beta}(t)]}{N} \quad (16.24)$$

这种界面相场方案的一个重要方面是,即使在晶界法向通常定义不清或出现跳跃的地方,如三重线,晶界法线的计算也必须准确。因此,使用加权本质无振荡(WENO)等方法来平均多个方向的梯度是很有帮助的(Shu,2003)。为了说明该模型的功能,我们在 $1\,500^2$ 网格上运行了二维相场模拟,该网格具有特殊形式的能量各向异性。在三维空间中,晶界能 γ 可表示为依赖于晶界法线 $[n_x,\ n_y,\ n_x]$、相对于晶体轴的倾斜角为 $(\theta,\ \varphi)$ 的三次对称函数:

$$\gamma(\theta,\ \varphi) = \gamma_0 \{1 + \delta [\cos^4\theta + \sin^4\theta(1 - 2\cos^2\varphi\sin^2\varphi)]\} \quad (16.25)$$

图 16.16 显示了具有各向同性晶界属性的二维模拟与使用各向异性晶界属性并强制约束三重点上满足力平衡条件的类似模拟之间的对比。式(16.22)中的常数选择:晶界为 8 个网格点,初始晶粒大小为晶界宽度的 4 倍,即 32 个网格点。采用均匀(各向同性)迁移率,初始微观结构的演化时间步长 $N = 30\,000$。各向同性情况下的结果[见图 16.16(a)]显示了预期的 120°二面角。对于各向异性的情况,晶界能 γ 如式(16.24)所示,$\delta = 0.3$ 并按比例缩放使 $0.5 \leqslant \gamma \leqslant 1.5$。在这种情况下[见图 16.16(b)],二面角偏离了 120°,晶界倾斜度显然不是随机的。

598

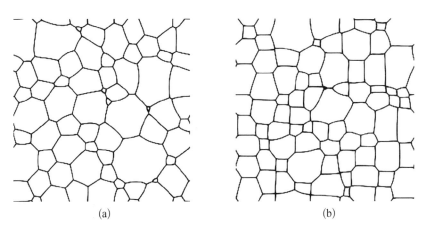

(a)　　　　　　　　　　　　　(b)

图 16.16　(a) 使用界面相场法和各向同性晶界特性进行二维晶粒长大模拟;(b) 使用界面相场法和各向异性晶界特性进行二维晶粒长大模拟,并在三重点强制平衡

Krill 和 Chen(2002)使用标准的相场方法,假设有均匀的晶界能量和迁移率,模拟晶粒在三维空间内的长大。Uehara 和 Sekerka(2003)考虑了演化方程中动力学前置因子的各向异性,并观察到稳态动力学形状的形态取决于所使用的特定各向异性函数尖端的宽度和深度。相反,当考虑到梯度能系数中基于倾角的各向异性时,自由能函数的变化会产生额外项,如梯度能前置因子随倾角变化的高阶导数(McFadden 等,1993)。在上述情况下,界面厚度与界面能量成比例关系,因此,为了保持界面宽度恒定且不受晶界倾角的影响,能量系数和势能函数的深度都应具有类似的随倾角变化的各向异性(Ma 等,2006)。

16.2.7　水平集方法

Smereka 小组开发了模拟晶粒长大的水平集方法(Elsey 等,2009)。Bernacki 率先使用水平集方法来模拟再结晶,同时也关注曲率驱动的晶粒长大(Bernacki 等,2008;Agnoli 等,2014;Shakoor 等,2015;Scholtes 等,2016)。

16.2.8　计算机 Avrami 模型 599

式(7.17)中的 JMAK 关系描述了再结晶动力学,但其应用受形核和长大过程的空间和时间不均匀性的限制。通过使用解析关系来描述形核和长大速率等,使用计算机来处理空间分布效应,可以得到更真实的再结晶模型。尽管这种方法没有元胞自动机模型(见 16.2.2 节)的灵活性(这种方法在很大程度上已被元胞自动机模型所取代),但它是评估不同形核和长大理论对微观结构和织构演化影响的一种快速而简单的方法。

Mahin 等(1980)展示了这种类型的早期二维模拟,以及特隆赫姆小组(Saetre 等,1986a;Marthinsen 等,1989;Furu 等,1990)将模拟扩展到三维空间,并对模型进行了广泛改进。在其最一般的形式中,晶核以给定的速率分布在立方体中,然后这些晶核按照指定的长大规律长大,当晶粒相互接触时,转变就完成了。之后从模型的二维切片中获得微观结构,通过二叉树结构对其进行分析。

该模型在再结晶中的应用与 7.3 节讨论的随机分布晶核的解析模型有很好的一致性,而且如图 16.17(Furu 等,1990)所示,随着再结晶的进行,不均匀分布的晶核会降低 JMAK 指数。

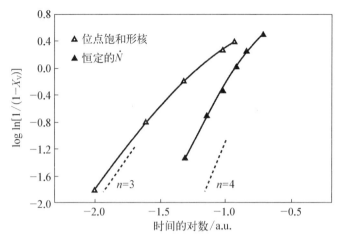

图 16.17 非均匀形核对再结晶动力学的影响

(Avrami 指数随着再结晶的进行而降低。)

16.2.9 神经网络建模

通过应用新的数值方法来模拟微观结构的演变，加强了用经验方程对再结晶的建模（如 Sabin 等，1997）。数值方法允许对微观结构进行预测，而无须详细发展基础冶金理论。神经网络提供了输入（如塑性应变、退火温度和时间）和输出（如晶粒大小或再结晶程度）之间一个参数化的非线性映射。该网络首先在一个由输入和理想网络输出组成的特征数据集上进行"训练"。这种训练通常是通过最小化误差函数的传统方法完成的。然后，网络就可以根据训练数据中不存在的输入来推导出输出，即做出预测。

神经网络非常适用于再结晶等问题，众所周知，再结晶受许多因素的影响，很难进行解析或物理建模。高斯过程模型是传统神经网络的变种，自动体现了贝叶斯方法。高斯过程模型不是简单地给出新输入的单一最优预测输出，而是产生一个预测值的概率分布。具体来说，该模型假设这个概率分布是高斯分布。这个高斯分布的平均值和标准差是从训练数据中推断出来的，从而得出预测值的误差。这些误差的大小取决于数据中的噪声和训练数据的分布，因此在数据稀少的地方误差会更大。贝叶斯方法的优点是可以减少训练数据的过度拟合，并产生一个通用性好的模型（MacKay，1995）。

尽管这类模型主要是为实际应用而设计，特别适合分析冶金厂的数据，但它们可以很好地说明材料和加工输入参数与输出参数（如微观结构和织构）之间的关系。因此,这种模型可以突出参数之间的重要和意外的关系,这些关系可能表明以前未知的物理关系,因此可以为提高科学认识提供有用的反馈。

16.3　耦合模型

应用 16.2 节讨论的退火模型的一个重要障碍是缺乏关于初始变形条件的信息。我们目前不仅无法准确或足够详细地模拟或预测变形微观结构,甚至没有足够详细的变形微观结构实验数据,来为建立退火模型提供充分的理论基础。然而,现在许多退火模型正与变形模型或真实的变形微观结构相互耦合。

601

16.3.1　"真实"微观结构的退火

获得详细定量微观结构的自动化方法,如 EBSD 结果(见附录 A2),可以很容易地为 16.2 节所述的二维蒙特卡罗、元胞自动机或顶点模型的微观结构提供合适的输入。输入数据可以包括取向,以及从(衍射)图样质量中获得的局部存储能量的数值(Engler,1998),也可以是更高分辨率的 EBSD 图,其中使用了重建的亚晶粒和晶粒(Baudin 等,2000;Caleyo 等,2002)。这类图片已经用于测试晶粒长大模型(如 Demirel 等,2003)。基于同步辐射的取向成像方法(Hefferan 等,2012)可获得实验测量的三维图片,可以作为上述任何基于图像的方法的输入。这种方法的明显延伸是,根据三维图像生成网格,并将其作为顶点或有限元模型的输入。

16.3.2　计算机生成的变形微观结构的退火

另外,退火模型还可以与描述变形状态的模型相结合。变形状态的分辨度方面可以通过有限元(FE)(Radhakrishnan 等,1998;Gottstein 等,1999;Raabe 和 Becker,1999)或自洽塑性模型(Solas 等,1999)进行预测。然而,标准的有限元程序在空间尺度上太过粗糙,只能给出变形状态的近似描述,尽管它们可以在一定程度上说明变形储能的空间分布。晶体塑性有限元模型(CPFEM)可以更准确地模拟变形状态,并已开发出来(Raabe 和 Becker,1999;Bate,1999,2001a),但是,特别是在三维模拟,CPFEM 需要非常密集的计算,并且目前的计算规模还无法预测晶粒破碎。这样的模型可能可以对再结晶的驱动力提供合理的描述,但是目前无法对变形状态进行足够精确的建模,以处理再结晶的形核问题。Bate(2001a)对 CPFEM 变形模型与退火模型的耦合进行了细致研究,并证明顶点或蒙特卡罗退火模拟对稍有不同的 CPFEM 条件引起的变形微观结构的微小变化极为敏感。

另一种方法是通过耦合有限元模型和加工硬化模型，获得更详细的局部微观结构参数，如位错密度（如 Gottstein 等，1999；Luce 等，2001），并将其作为退火模型的输入。

602 16.3.3　工业热机械过程的模拟

钢铁工业领域已建立了基于物理机理的热机械加工定量模型，铝工业领域也正在开发这种模型。虽然对这些模型的详细考虑超出了本书的范围，但了解本书前面讨论的一些基本概念及其如何与更大视角的工业实践相适应，是很有启发性的。

16.3.3.1　模型概要

工业多道次热轧的建模，一直是建模者特别感兴趣的，包括连续的热轧减薄和中间阶段，在中间阶段，材料可能会再结晶。每道轧制过程都是以 4 个步骤来建模的（如 Sellars，1992a）。

（1）起始组织由几个参数来表示，这些参数可能包括晶粒、亚晶、位错结构和织构。

（2）在给定的应变速率和温度下，发生特定应变的变形。

（3）退火发生在轧制道次之间。

（4）最后产生的微观结构成为下一个循环的起始微观结构。

在整个过程中，微观结构在变形和退火过程中发生变化，应变和应变速率也各有不同。因此需要建立模型来预测每个阶段的微观结构和织构的变化。微观模型（如 16.2 节中讨论的再结晶模型）可用于描述这些过程，不过目前更常用的是 13.2.5 节和 13.6.2 节中讨论的半经验状态变量构成模型。

温度在材料内部是不均匀分布的，并随着时间和坯料几何形状的变化而不断变化。表面氧化膜和润滑剂也会影响热量向周围环境和轧机的传导。有限差分计算方法常用于计算温度的瞬时值。

16.3.3.2　在钢铁领域的应用

上述讨论的模型已在钢铁行业成功使用了一段时间（见 Jonas，1990；Sellars，1990；Torizuka 等，1997）。图 16.18（Sellars 和 Whiteman，1979）显示了 C-Mn 钢在多次轧制过程中晶粒尺寸变化的预测结果。从 250 mm 厚板坯开始，以 15% 的减薄率等速轧制，两个道次之间间隔 20 s。点画线代表所预测的再结晶动力学，表明在每道粗加工（R）后，晶粒尺寸经完全再结晶而细化，当晶603粒尺寸小于 100 μm 时，在道次之间会发生晶粒长大。前 4 个精加工道次（F）也发生了完全再结晶,但在较低的温度下,道次之间的再结晶不完全。为了便于比较,采用慢 5 倍的再结晶速率计算了数据(实线)。虽然所有精加工道次之间的再结晶都不完全,但晶粒尺寸的总体变化是相似的。

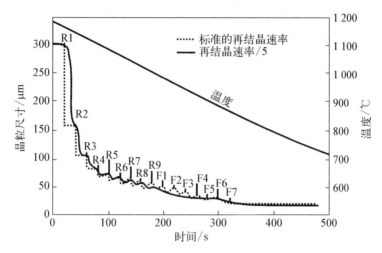

图 16.18　20 mm 厚的 C‑Mn 钢板热轧过程中所预测的微观结构演变

输出对输入微观结构方程的差异相对不敏感,预测和观察到的微观结构之间有很好的定量一致性,这使得模拟成为钢铁工业热机械加工的公认工具。

16.3.3.3　在铝合金中的应用

尽管如 13.2.5 节中所述,在铝合金热轧建模方面已开展了大量的研究(如 Sellars,1992a;Sellars 等,1994;Vatne 等,1996c),但与钢相比,这些模型还不够完善。主要有以下几个原因:

(1) 在再结晶发生之前,会发生多个道次的应变积累;

(2) 微观结构和织构非常依赖于试样的变形历史,这一点比钢更明显,在钢中,奥氏体/铁素体相变可能会改变晶粒大小和取向,从而抹去之前的大部分加工历史;

(3) 微观结构和织构的发展严重依赖于第二相颗粒的影响,其尺寸和分布在加工过程中可能会发生变化。

这些铝加工模型一般不使用 16.2 节中讨论的微观模型,而是广泛使用微观结构和织构演变的各种解析和经验模型,这些模型已在本书其他章节讨论过。一个明显的例外是 Crumbach 等(2006)开发的"全流程"方法,该方法对不止一种铝合金的织构和微观结构的发展进行了建模。

604

附录 A1 ▷ 织构

晶体择优取向或织构是晶体材料微观结构的重要组成部分,这个组成部分曾被视为一个单独的主题。而目前将其视为微观结构的组成部分,在很大程度上得益于 EBSD 的广泛应用,其取向图使这一点显而易见。三维方法,如连续切片和基于同步加速器成像的组织表征,更增强了这一认识。

从技术上讲,晶粒的取向是由适当的旋转来描述的,需要 3 个参数来量化它。从历史的角度来看,织构研究是基于极图分析,而极图是用 X 射线(或中子)衍射测量的,但近年来,新的织构表示和测定方法得到了广泛应用。扫描电子显微镜(SEM)中的 EBSD 因其直观、可量化许多微观结构特征(微观织构只是其中一个方面)而成为主流表征方法,高能 X 射线的同步加速器也得到越来越多的应用,因为它们可以进行无损三维表征,利用无损的优势可进行微观织构三维成像(Ice 和 Larson,2000;Poulsen,2004;Suter 等,2006)。现有的穿透能力意味着,即使是高密度的材料,如金属,也可以对几毫米尺寸的试样进行三维成像。中子衍射特别适用于几乎没有尺寸限制的强吸收样品的织构测量。透射电子显微镜(TEM)中的电子衍射已实现了自动化,取向成像也可以达到几纳米的分辨率。通过透射几微米厚的箔片,可以在 SEM 中获得介于 EBSD 和 TEM 的菊池图。此外,现代图像分析已实现了自动化,因此取向成像的空间分辨率介于 EBSD 和基于 TEM 的方法之间。Rollett 和 Barmak(2015)对取向成像进行了简要综述。

本附录是为非专业人士提供足够的信息以理解书中关于织构的讨论。在本附录中,我们将简要介绍如何通过实验获得和表示织构。所使用的一些实验方法(如 EBSD)也是微观结构定量表征的重要方法,这些方面的内容将在附录 A2 中讨论。

A1.1 织构的表示

本节给出了织构表示的简单处理,更多细节可以参考 Hatherly 和

Hutchinson(1979)、Cahn(1991b)以及 Randle 和 Engler(2000)的文献。Kocks 等(1998)和 Bunge(1982)的著作详细介绍了关于织构的表示方法,特别是有关取向分布函数(ODF)的描述。Morawiec(2003)提供了织构的数学方法,包括取向差,尽管对如何应用这些方法的解释较少。Randle(2003)讨论了织构表示,特别是微观织构。Schwartz 等(2009)主编的书详细介绍了 EBSD 的基础和应用。

A1.1.1　取向的定义

为了描述织构,我们首先认识到晶体相对于参考系的方向是基于(真)旋转,因此我们可以使用旋转的数学表达来量化织构。Rowenhorst 等(2015)对表征

的许多技术细节进行了评述,但这些内容超出了本书的讨论范围。在给定的试样中,多晶体材料有许多不同的取向,因此我们需要量化取向的分布,这就需要引入统计方法。为了说明单个晶粒与材料之间的关系,图 A1.1 绘制了一对标准正交笛卡尔轴,一个是参考(样品)框架,一个是晶体。使用取向的标准$\{hkl\}$ $\langle uvw \rangle$定义,即(hkl)平行于样品坐标系的 z 轴,$[uvw]$平行于 x 轴。通过考虑所有对称等效的平面法线和方向,可以找到给定取向的所有变体。

图 A1.1　基于一对笛卡尔坐标系的取向定义的说明

[其中实线代表样品坐标系的基矢量,虚线代表晶体坐标系的基矢量;对于具有正交基的晶体(如立方体、四方体和正交体),后一组对应于 Miller 指数中的$\{100, 010, 001\}$晶体轴;使用标准的$\{hkl\}\langle uvw \rangle$定义,晶体方向$[uvw]$平行于第一个样品轴$(x)$,$(hkl)$平行于第三个样品轴$(z)$。]

对这一取向定义进行扩展,描述最初与参考框架对齐的晶体如何到达其实际位置是非常有用的。因此,我们设想将晶体旋转到实际位置。由于我们不改变任何一组的手性,因此该旋转是一个真旋转。通常将取向记为 g , 将 $\boldsymbol{\alpha} = (hkl)$ 和 $\boldsymbol{\gamma} = [uvw]$ 归一化为单位矢量,将它们分别插入 3×3 矩阵的第三列和第一列,并将第二列 ($\boldsymbol{\beta}$) 作为第三列和第一列的叉乘,$\boldsymbol{\beta} = \boldsymbol{\gamma} \times \boldsymbol{\alpha}$, 就得到了一个**取向矩阵**。对于一个取向矩阵,将第三列和第一列扩展为 Miller 指数形式,就可以很容易将其转换回$\{hkl\}\langle uvw \rangle$描述。由于该矩阵的 3 行和 3 列都是单位矢量,因此是一个行列式等于 1 的正交矩阵,而且只有 3 个独立的值,因为在 9 个系数上有 6 个方程式。这个取向矩阵也可以用 3 个欧拉角来表示(以 Bunge

607

欧拉角为例），这表明取向的各种参数化表示之间可以进行相互转换。

$$
\boldsymbol{g} = \begin{bmatrix} \alpha_1 & \beta_1 & \gamma_1 \\ \alpha_2 & \beta_2 & \gamma_2 \\ \alpha_3 & \beta_3 & \gamma_3 \end{bmatrix}
$$

$$
= \begin{bmatrix} \cos\varphi_2\cos\varphi_1 - \sin\varphi_1\sin\varphi_2\cos\Phi & \sin\varphi_1\cos\varphi_2 + \cos\varphi_1\sin\varphi_2\cos\Phi & \sin\varphi_2\sin\Phi \\ -\cos\varphi_1\sin\varphi_2 - \sin\varphi_1\cos\varphi_2\cos\Phi & -\sin\varphi_1\sin\varphi_2 + \cos\varphi_1\cos\varphi_2\cos\Phi & \cos\varphi_2\sin\Phi \\ \sin\varphi_1\sin\Phi & \cos\varphi_1\sin\Phi & \cos\Phi \end{bmatrix}
$$

$$(A1.1)$$

取向矩阵为晶体取向提供了可以用于计算的数学参数化。在继续讨论之前，有必要指出，取向的这一定义（如 Bunge，1982）具有轴变换的含义，其作用是将样品坐标系中的张量转换成晶体坐标系中的等价表达。因此，矩阵的列表示每个样品坐标轴相对于晶体坐标系的系数（即 Miller 指数约简为单位矢量）；

608 行表示每个（笛卡儿）晶体框架轴相对于样品坐标系的系数。同样，我们可以通过与坐标轴对齐的单位矢量 $\hat{e}$ 的点积得到变换矩阵，即 $g_{ij} = \hat{e}'_i \cdot \hat{e}_j$（见图 A1.1）。按照材料科学中的常见做法，我们采用被动旋转，而非固体力学中常用的主动旋转（Rowenhorst 等，2015）。

接下来介绍欧拉角，欧拉角是取向的传统表示，因为它用于球谐函数，而球谐函数是织构分析中级数展开法的基础（Bunge，1982）。其他方便计算的取向描述或参数化方法包括 Rodrigues-Frank 矢量（Frank，1988）和单位四元数（Altmann，1986），它们各有利弊。对于大多数数学计算，例如对称性应用，单位四元数最有效。下面将介绍所有这些替代方案。我们应该认识到，无论描述中使用了多少数值，任何取向（旋转）的描述都只有 3 个独立的参数。

A1.1.2 极图

作为织构分析中的常用方法，极图是选定的晶体学平面法线（即极点）的密度变化在样品空间中的投影（通常是极射赤面投影或等面积投影）。样品空间这一术语意味着参照系是样品坐标系，而轴线（x、y 和 z 轴）对应于材料中的某些方向。传统上，这些方向与成形过程有关，例如线材的拉拔方向、轧制板材的轧制方向或薄膜的法线（x 和 y 由基材的方向决定）等。图 A1.2 中给出了拉拔线

609 材和轧制板材的理想极图。因此，极图显示了构成样品的晶粒集合体中特定晶体学平面法线的分布。这一定义与通过 X 射线极图测量织构的衍射方法密切相关。对于低于立方对称性的晶体，如果希望获得特定晶体方向而非平面法线

的极图,则必须谨慎。这种描述是完全正确的,建议将其称为晶体方向立体图,以区别于传统的极图,后者显示的是平面法线的分布,可以在衍射实验中直接测量。

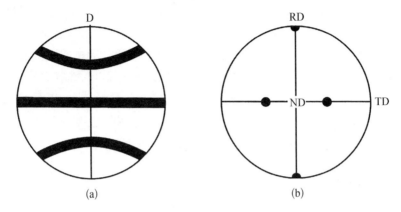

图 A1.2　理想的 100 极图

(a) 拉拔线材的⟨110⟩纤维织构;(b) 轧制板材的⟨110⟩⟨001⟩轧制织构

在图 A1.2(a)中,顶部显示了线材试样的拉伸方向,⟨100⟩方向的分布表明,晶粒的这些方向与线材轴线呈 45°和 90°角。因此,该轴线平行于⟨110⟩方向,织构被描述为⟨110⟩纤维织构。图 A1.2(b)为轧制板材,正交样品轴、轧制方向(RD)、横向方向(TD)和板材法线方向(ND)都绘制在图中,ND 位于中心,RD 位于顶部。图中再次显示了⟨100⟩方向的分布,这些方向集中在 RD 处以及由 ND 和 TD 定义的与 ND 成 45°角的平面上。这种织构用符号⟨110⟩⟨001⟩来描述,即晶体的⟨110⟩平面平行于板材表面,而⟨001⟩方向平行于轧制方向。

实际极图中的强度分布比上面显示的要分散得多。强度分布通常用等高线表示,其数值为 1 到 nR,其中 R 是与完全随机取向试样相关的数值。如下文所述,标准做法是将极图和取向分布归一化,使 $R=1$。因此,织构表示的典型单位是随机密度的倍数(MRD),或不太常见的均匀密度的倍数(MUD)。后一术语与统计学关联,也是恰当的,因为织构数据通常被视为适当旋转空间中的分布(如 Schaeben,1993)。重度轧制铜的织构(见图 3.1)表现出典型的发散性。

A1.1.3　反极图

反极图(IPF)的定义是所选样品方向(即极点)的密度变化在晶体空间的投影(通常是极射赤面投影或等面积投影)。晶体空间这一短语意味着参考框架对应着晶体中某些方向的正交(笛卡尔)轴(x、y 和 z 轴)。对于具有正交 Bravais 晶格的晶体,可以选择{100,010,001}3 个晶体轴。然而,对于其他对称性晶体,需要更谨慎地将直角坐标系与晶体轴联系起来,建议使用国际晶体学联盟定义的约定(见 www.iucr.org)。例如,对于六方晶体,典型的做法是将$[2\bar{1}\bar{1}0]$与笛卡尔坐标系的 x 轴对齐,尽管有些软件将$[10\bar{1}0]$与 x 轴对齐。IPF 对拉拔或挤压等变形过程特别有用,因为这些过程具有圆柱对称性,所以只需要指定一个轴。对于立方对称晶体,特定晶体学方向与样品轴线重合频率的(极射赤面或等面积)投影可绘制在一个标准的极图三角形中(见图 3.14)。轧制织构也可以用反极图来描述,但在这种情况下,会呈现两幅或三幅(有时)独立的图,每个主应变轴 ND、RD(如果需要,还可绘制 TD)各一幅。这种方法对薄膜织构特别有用,因为在这种织构中,主要关注晶体轴与平面法线对齐的取向。

A1.1.4　取向分布函数(ODF)和欧拉空间

极图对织构的描述是不完整的,所提供的信息仅指单一方向的统计分布,无法利用它来获得单个晶粒或多晶体的完整取向。ODF 可以更好地描述样品中所有晶粒的取向分布,ODF 分析最初是针对具有立方晶体学对称性和正交样品对称性的材料(即板材)而开发的。从那时起,织构分析的范围大大扩大,包括陶瓷、聚合物和地质材料。然而,从再结晶的角度来看,大多数文献和下面的内容都是针对具有 FCC 或 BCC 结构的轧制材料。有必要对描述 ODF 的形式做一些解释,但不会对生成 ODF 所涉及的数学知识进行说明。感兴趣的读者可以参考 Bunge(1982)的著作。

A1.1.4.1　欧拉角和 Miller 指数(hkl)$[uvw]$对比

考虑轧制板材的情况,其中某个特定体积单元的取向为$\{hkl\}\langle uvw\rangle$。这个单元的取向可以用 3 个欧拉角来描述。这些角度的定义有若干不同版本的约定,但 Bunge 约定是最常用的[见式(A1.2)],这里也使用此约定。晶体学轴在标准投影中以正常方式表示(见图 A1.3),而样品取向则参照样品 ND 和 RD 来指定。角度 Φ 和 φ_2 完全指定了样品的 ND。RD 位于 ND 的法线平面内,角度 φ_1 完全指定 RD。因为定义一个取向需要 3 个变量,所以 ODF 只能以图 A1.4(a)所示的 3 个欧拉角为轴表示成三维图。对于轧制的 FCC 材料,数据通常显示为三维 ODF 空间在 $\varphi_2 = 0°$、$5°$,

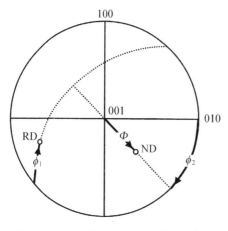

图 A1.3　轧制板材用欧拉角的定义

10°，…，90°截面处的一系列切片，如图 A1.4(b)所示。

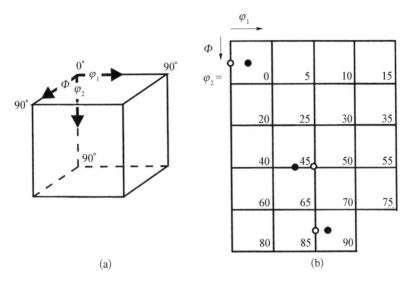

(a)　　　　　　　　　　　　(b)

图 A1.4　(a)欧拉角在 ODF 空间中的位置；(b)⟨110⟩⟨112⟩(实心圆)和
⟨110⟩⟨001⟩(空心圆)取向的 ODF 截面

式(A1.2)～式(A1.10)定义了立方晶体材料的欧拉角与 Miller 指数之间 611 的关系。为了得到一致的结果，应用式(A1.2)～式(A1.7)从欧拉角得到 Miller 指数，用式(A1.8)～式(A1.10)从 Miller 指数得到欧拉角。在最一般的情况下，描述完备的任意取向所需的欧拉角范围对于 φ_1 和 φ_2 来说是 $0°\sim360°$，对于 Φ 来说是 $0°\sim180°$。对于后一种转换，在使用数值函数时要相当小心，例如，必须使用双变量反正切函数才能适应第一个和第三个欧拉角的 $0°\sim360°$ 变化范围。

$$h = \sin\Phi\sin\varphi_2 \qquad\qquad (A1.2)\ 612$$

$$k = \sin\Phi\cos\varphi_2 \qquad\qquad (A1.3)$$

$$l = \cos\Phi \qquad\qquad (A1.4)$$

$$u = \cos\varphi_1\cos\varphi_2 - \sin\varphi_1\sin\varphi_2\cos\Phi \qquad\qquad (A1.5)$$

$$v = -\cos\varphi_1\sin\varphi_2 - \sin\varphi_1\cos\varphi_2\cos\Phi \qquad\qquad (A1.6)$$

$$w = \sin\varphi_1\sin\Phi \qquad\qquad (A1.7)$$

$$\tan\Phi\cos\varphi_2 = \frac{k}{l} \qquad\qquad (A1.8)$$

$$\tan \varphi_2 = \frac{h}{k} \qquad\qquad (A1.9)$$

$$\cos \Phi \tan \varphi_1 = \frac{lw}{ku - hv} \qquad\qquad (A1.10)$$

表 A1.1 给出了 $\{110\}\langle 112\rangle$ 和 $\{110\}\langle 001\rangle$ 取向的欧拉角，这两个取向通常用于描述 FCC 金属的织构，图 A1.4(b) 显式了它们在 ODF 空间中的位置。需要注意的是，取向 $\{hkl\}\langle uvw\rangle$ 在常规的 $90°\times90°\times90°$ 欧拉空间立方体中通常会出现多次。这个"常规立方体"的尺寸比一般欧拉角的范围小得多，并且假设存在立方晶体对称和正交样品对称，如下所述。如果晶体或样品的对称性较低，必须增大欧拉角的范围才能提供完整的描述。

表 A1.1 一些织构成分的欧拉角

织 构 成 分	φ_1	Φ	φ_2
$\{110\}\langle 112\rangle$，黄铜	35	45	0
	55	90	45
	35	45	90
$\{110\}\langle 001\rangle$，戈斯	90	90	45
	0	45	0
	0	45	90

A1.1.4.2 对称性的影响

对称性的影响是至关重要的，也是织构分析中比较令人困惑的方面。更详细的分析可参考教科书，如 Bunge(1982)、Kocks 等(1998) 和 Morawiec(2003)。以下是简要的概述，我们首先讨论晶体对称性，然后是样品对称性。对称元素的结果是，晶体中具有该对称元素的两个位置会产生相同的行为。从织构的角度来看，不管用什么参数来表示，这意味着这两个不同的值在物理上是不可区分的。鉴于两个值是等价的，任选其中一个即可。

用更专业的术语来说，每个独立的对称元素将取向空间的数量减半。表示一个取向所需(有且仅有)的取向空间的最小范围、子集或体积称为基本区域。

为了推广这一概念，我们需要的对称算子集合 O 是属于材料点群真旋转的

613

集合。这意味着,对于具有最大对称性的立方材料,例如 FCC 和 BCC 金属,合适的集合是 $O(432)$,其中包括$\langle 100 \rangle$的四重旋转、$\langle 110 \rangle$的两重旋转和$\langle 111 \rangle$的三重旋转。再比如,对于全对称的六方材料,集合为 $O(622)$,它包括在$\langle 0001 \rangle$上的六重轴以及关于$[2\bar{1}\bar{1}0]$和$[10\bar{1}0]$的两重旋转。可用简洁的数学形式写作:

$$\{g'\} = \{O\}\boldsymbol{g} \qquad (A1.11)$$

上式中的旋转是不可交换的,因此它们的组合顺序很重要。式(A1.11)是基于上述的取向矩阵表示法,即第二个旋转与第一个旋转(在右边)相乘,其对晶体对称性的应用是正确的。上述取向空间大小的减少可以从群论的角度来理解。因此,对于 $O(432)$ 中有 24 个单元的立方对称来说,基本区域应为三斜晶系(无晶体对称性)的基本区域的 1/24。

样品对称性没有晶体对称性那么精确,因为在原子尺度上没有物理规律能决定对称元素的存在。然而,根据实际经验,许多生产和加工材料的方法具有固有的对称性。本节讨论较多的轧制是一种平面应变变形,其具有正交对称性,相当于点群 $O(222)$。拉拔或圆柱形挤压工艺具有圆柱对称性,即 C_∞。在单晶基材上不产生外延的薄膜沉积常常会产生纤维织构,这种织构也具有圆柱对称性。简单剪切(如扭转实验)具有单一的双重对称性。任何此类对称单元都与一个或多个样品轴对齐,即应用在样品空间而非晶体空间。根据上述符号,我们可以写为

$$\{g'\} = \{O_{\text{crystal}}\}\boldsymbol{g}\{O_{\text{sample}}\} \qquad (A1.12)$$

式中,晶体对称性对取向 $\boldsymbol{g}$ 进行左乘,样本对称性对取向 $\boldsymbol{g}$ 进行右乘。如前所述,每个对称单元都与其特定轴对齐,这意味着基本区域的形状与这些对称轴的位置有关。在欧拉空间中,立方晶体和正交样品对称性的结合使所需体积仅为 1/96。使用一般欧拉空间的哪一部分作为基本区域是任意的,不过选择一个包括原点的子空间是合理的。然而,对于这种特殊的组合,基本区域的形状很奇特,是由三角函数定义的(Bunge,1982),传统上使用 $90°\times90°\times90°$ 的立方体要容易得多,它包含 3 个基本区域,因此是一般欧拉空间的 1/32。

A1.1.4.3 织构纤维

使用 ODF 可以对织构进行完全定量的描述,而极图作为二维投影,只能进行定性描述。虽然非专业人员无法即时理解完整的 ODF(见图 3.3),但在任何材料中,重要取向都不多(见表 3.1 和表 3.3),这些取向在 ODF 截面很容易识别[见图 A1.4(b)]。

614

更重要的是,ODF 可以识别如图 3.4 所示的织构纤维,沿着这些纤维的强度定量图(见图 3.5)提供了非常详细的信息。任何织构成分(通常定义为与理想取向相差 10°或 15°以内的取向)的体积分数也可以很容易地从 ODF 数据中计算出来。这种简单但定量的数据表示(见表 3.2,图 12.17～图 12.19)可以直接与理论预测进行比较,也可以作为工业产品规格的一部分。

尽管使用 ODF 有很多好处,并被普遍接受,但使用欧拉空间也有一些缺点(Kocks 等,1998;Randle 和 Engler,2000),包括:① 在常规的 90°×90°×90°立方体中,每个取向会出现 3 次[见表 A1.1 和图 A1.4(b)],因为这个取向空间包含 3 个基本取向区域。② 由一组随机的单个取向构成的欧拉空间的取向密度非常扭曲,如果 $\Phi=0$,则取向由($\varphi_1+\varphi_2$)决定,且在 $\Phi=0$ 截面上所有($\varphi_1+\varphi_2$)值相同的点代表同一取向,这使{001}⟨$hk0$⟩形式的取向特别容易混淆。③ 织构中的重要纤维往往位于欧拉空间的曲线上(见图 3.4),可能难以识别。

A1.1.5 Rodrigues-Frank 空间

上面讨论的一些问题可以通过使用其他的三维表示法来克服,其中最合适的似乎是 Frank(1988)根据 Rodrigues(1840)的分析提出的表示法。下面是简要介绍,更详细的描述请参阅 Randle(2003)或 Morawiec(2003)。旋转角度/轴的概念被广泛用于描述相邻晶粒之间的取向差关系(见 4.2 节),同样也可描述取向。我们首先用单位矢量 $\boldsymbol{L}=\{l_1,l_2,l_3\}$ 和旋转角度 θ 来写出旋转(取向)矩阵的表达式,此处定义缩写 cs=cos(θ),ss=sin(θ)。

$$\boldsymbol{g}=\begin{pmatrix} \mathrm{cs}+l_1^2(1-\mathrm{cs}) & l_1l_2(1-\mathrm{cs})+l_3\mathrm{ss} & l_1l_3(1-\mathrm{cs})-l_2\mathrm{ss} \\ l_1l_2(1-\mathrm{cs})-l_3\mathrm{ss} & \mathrm{cs}+l_2^2(1-\mathrm{cs}) & l_2l_3(1-\mathrm{cs})+l_1\mathrm{ss} \\ l_1l_3(1-\mathrm{cs})+l_2\mathrm{ss} & l_2l_3(1-\mathrm{cs})-l_1\mathrm{ss} & \mathrm{cs}+l_3^2(1-\mathrm{cs}) \end{pmatrix}$$

$$(A1.13)$$

该取向矩阵的表达式与基于{hkl}⟨uvw⟩的表达式是等价的,这意味着令两个矩阵相等即可导出转换公式。但需要注意一些特殊情况,如角度很小或 180°旋转。为了表示晶体的绝对取向,将标准立方晶体的取向作为参考的晶体取向,即(001)[100]。将轴定义为单位矢量 $\boldsymbol{L}$ 和旋转角度 θ,则 Rodrigues-Frank(R-F)矢量 $\boldsymbol{R}$ 的定义如下:

$$\boldsymbol{R}=\boldsymbol{L}\tan(\theta/2) \qquad (A1.14)$$

Rodrigues 矢量(R 矢量)可以组合在一起得到净旋转,具体的组合表达式可以参考相关数学专著,如 Morawiec(2003)。但是,如上所述,需要注意确保所使用的参数化与取向的物理意义相一致,其细节不在本文讨论范围内,可参见Rowenhorst 等(2015)。此外,任何对称元素,只要是真旋转,都可以很容易地以R-F 矢量表示,但两重旋转的长度为无穷大,即 tan 90°,这对于数值运算很不方便。

3 个正交轴 R_1、R_2、R_3 定义了一个 Rodrigues-Frank(R-F)空间,在该空间内可以找到所有可能的角度/轴组合。有 24 个可能的 **R** 矢量(对于立方晶体的对称性),在实践中使用最小旋转角度对应的 **R** 矢量。根据定义,它具有最小的幅度,因此所有这些 **R** 矢量都位于 R-F 空间的原点附近。全套完整的等效取向位于 R-F 空间的基本区域内,但在高对称晶体中只需要该区域的一小部分。图 A1.5 显示了立方晶体基本区域的形式,以及高对称性晶体所需的缩小体积的细节(Randle,2003)。Frank(1988)总结了这种表示方法的主要优点:① 每个取向只在基本区域内出现一次;② 绕共同轴线的旋转落在同一条直线上,这意味着很容易鉴别纤维织构成分;③ R-F 空间的体积单元比欧拉空间的体积单元均匀得多;④ R-F 空间的轴线与样品的轴线重合。

需要强调的是,R-F 空间是三维的,就像任何旋转表示一样,尽管已经使用了一些通过缩小区域的截面(如 Marin 等,2012),织构领域通常用图 A1.4(b)所示的欧拉空间截面,这限制了使用 R-F 空间来表示体织构。尽管ODF 同样可以直接从体 X 射线数据中获得(Barton 等,2002)。然而,由于它与旋转的轴/角表示法密切相关,因此在表示取向差数据时具有明显的优势(Randle,2003)。因此,

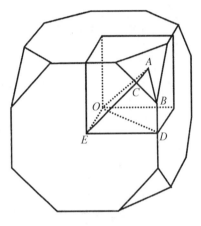

图 A1.5　全对称立方晶体 Rodriguse-Frank 空间的基本区域　616

[标记点如下:O 为 R-F 空间的原点;A 对应 60°-⟨111⟩旋转;B 是两个立方晶体之间最大可能旋转(取向差)对应的顶点;C 是立方晶体间取向差的基本区域的顶点;D 是 60°-⟨110⟩旋转;E 是45°-⟨100⟩旋转。由顶点 A 到顶点 E 所形成的截断金字塔构成了立方晶体之间取向差的基本区域(FZ)。八面体截断立方体包含 48 个取向差的 FZ,构成立方晶体取向的 FZ。当包含正交样品对称性时,四分之一的空间构成了取向FZ(Neumann,1991)。需要注意的是,不同的晶体对称性会导致不同的形状(Morawiec,2003)。]

R-F 空间的轴线与晶体的轴线相对应,例如,低指数方向(如⟨001⟩或⟨111⟩)的取向差沿基本区域的边缘落下来。同样,对于立方材料来说,大多数低阶重位点阵位于基本区域(对于取向差)的边缘附近。

617 **A1.1.6 单位四元数**

Rodrigues 矢量的近亲是单位四元数。Altmann(1986)对四元数及其历史和性质进行了精彩的描述。Takahashi 等(1986)首次将四元数用于材料科学领域,他们使用单位四元数来描述晶界取向差。在机器人领域中,四元数也广泛用于描述旋转,如 Shoemake(1985)。四元数的定义是与轴/角表示法有关的四分量矢量,如下所示,其中 $L=[uvw]$ 是表示旋转轴的单位矢量,θ 是旋转角度。

$$q=q(q_1,q_2,q_3,q_4)=q\left(u\sin\frac{\theta}{2},v\sin\frac{\theta}{2},w\sin\frac{\theta}{2},\cos\frac{\theta}{2}\right)$$
(A1.15)

需要留意的是,许多作者把第四项放在第一项的位置,即

$$q=q(q_0,q_1,q_2,q_3)=q\left(\cos\frac{\theta}{2},u\sin\frac{\theta}{2},v\sin\frac{\theta}{2},w\sin\frac{\theta}{2}\right)$$

这套写法是因为 Rodrigues 矢量的提出早于 Hamilton 发明的四元数及其代数。一些作者用 (λ,Λ) 这套符号来表示旋转的 Euler-Rodrigues 参数,其中 λ 是标量部分,等价于 q_4,Λ 是矢量部分,等价于矢量 (q_1,q_2,q_3)。我们所感兴趣的是范数为 1 的特殊形式的四元数,即 $(\sqrt{q_1^2+q_2^2+q_3^2+q_4^2}=1)$,但四元数一般可以有任意的"长度"。然而,另一种符号写法是,单位四元数 q 是一个有序的四个实数集合,其形式如下:

$$q=(q_0;\boldsymbol{q})=(q_0;q_1;q_2;q_3),满足\sum_{i=0}^{3}q_i^2=1 \qquad (A1.16)$$

就像 Rodrigues-Frank 矢量一样,(单位)四元数可以组合在一起,相当于应用连续旋转;与其他表示法的组合、转换公式也很容易得到(Morawiec,2003;Rowenhorst 等,2015)。与 R-F 矢量相比,单位四元数的优点是对称单元的表示方法有限(尤其是两倍旋转),而且计算效率高。它们的缺点是有 4 个参数,因而在四元数空间内无法直接用图形来表示取向分布;然而,R-F 矢量和单位四元数很容易相互转换,所以许多作者使用四元数进行计算,而使用 R-F 空间进行图形表示。

A1.1.7 取向差和错向差

随着测量单一取向的设备日益普及和越来越先进(见 A1.3 节),人们对晶

界间存在的取向差以及这些取向差与织构的关系产生了浓厚的兴趣。正常织构取向与取向差的区别在于,前者以样品的外部轴线作为参考框架,而后者则是以其中一个晶粒的轴线作为参考框架。取向差参数的表述方法有多种。

(1) 取向差可以表示为欧拉角,并在欧拉空间显示为取向差分布函数(MODF)。

(2) 取向差的轴可以用反极图来表示。在这种情况下,取向差角(θ)可方便地绘制在与反极图正交的轴上,而数据被显示为常数 θ 的截面。

(3) 取向差可以在 R－F 空间中表示。

使用上述取向符号,我们可以将取向差 Δg 写成以下形式,Δg 是两个取向(从 g_A 到 g_B)的组合:

$$\Delta g = \{O_{\text{crystal}}g_B\}\{O_{\text{sample}}g_A\}^{-1} = Og_Bg_A^{\text{T}}O \tag{A1.17}$$

第一个等式指出晶体对称性适用于表达式的两边。第二个等式的意义在于,对一个取向求逆的效果是括号内两个晶体对称算子之间的取向差。取向(即旋转/正交)矩阵的逆就是它的转置。此外,在单相材料中,从 A 到 B 等价于从 B 到 A。因此,通过确定轴线位于选定晶体方向的基本区域(即立方晶体的单一极图三角形)且具有最小取向差角的特定 Δg,可以从取向差中获得错向。这有助于解释为什么取向差的基本区域比取向的基本区域小得多。最后要注意的是,这种处理取向和取向差的方法将后者置于局部晶体框架中:(晶体)对称性的处理方法与主动旋转的处理方法不同(读者应留心)。

A1.2 宏观结构的测量

A1.2.1 XRD

最常用的 X 射线技术是由 Schulz(1949)开发的。大多数测量主要针对经过轧制或退火的材料,最初需要采用背反射和透射两种不同的实验方法才能获得完整的极图。如今,透射法已很少使用,有用的极图(覆盖从中心到 85°的区域)可以只通过背反射技术获得。需要注意纠正散焦效应,产生这种效应的原因是,随着倾斜度增加,光束会在样品表面散开,详情可参见 Kocks 等(1998)。如果需要完整的极图,可以根据多个部分极图得到的 ODF 重新计算出来。

典型试样是尺寸约为 25 mm 的正方形,其表面平坦,并且试样必须足够厚 (＞0.2 mm),以防止入射的 X 射线光束(通常是直径为 1 mm 的圆柱形光束)穿透。试样被安装在一个双圆测角仪中(见图 A1.6),该测角仪同时允许试样围绕其法线旋转一个角度 δ 和围绕一个正交轴旋转 α，该正交轴位于由该法线、入射光束和衍射光束定义的平面内。这些光束受到一系列狭缝的限制，被设定为适当的 Bragg 角，以便从所需的平面进行衍射。衍射光束的强度通过法线计数法进行测量，并与随机取向的标准试样的强度进行归一化。由于当角度接近 90° 时会产生散焦效应，因此该技术获得的部分极图只从中心向外延伸了 70°～85°。关于计算机控制的测角仪的详细说明，请参见 Hirsch 等(1984)。

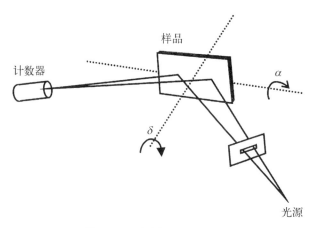

图 A1.6　确定极图的反射法

尽管大多数织构测定是用 X 射线设备和 Schulz 背反射法进行的，但其中存在一些严重的局限性。其中最重要的是，实际检测的材料体积很小。入射光束的穿透深度(以及衍射光束的出射深度)主要取决于所使用的 X 射线的波长和试样材料的吸收系数，很少超过 0.1 mm。本书已多次指出，变形金属最突出的特征是微观结构的异质性，很明显，对于基于 X 射线的织构结果能否真正代表轧制试样，始终存在质疑。在许多轧制产品中，织构沿板材厚度的变化而变化，而且在大多数情况下，测量的是厚度中间平面上的织构。因为再结晶不一定在这类材料中均匀发生，类似的疑问也存在于退火试样中。

620　　　获取数据的时间取决于 X 射线源、衍射仪的配置、材料、所需的分辨率以及织构的强度，通常获取一个部分极图数据的时间在 15 min 到 1 h 之间。同步加速器发射的 X 射线强度非常高，可以快速收集数据(Szpunar 和 Davies, 1984)，并且可以研究变形材料在退火过程中发生的变化(如 Juul Jensen 等, 2006)。例如，van Boxel 等(2014)对单个再结晶前端的运动进行了三维详细跟踪，证实了界面的粗糙特征与变形区的位错结构的关系。

　　　如果需要 ODF，则可通过对样品中 3～4 个独立极图数据进行解卷积计算得到。事实上,正是 Bunge(1965)和 Roe(1965)同时发明了级数展开法,才使织构分析成为一种定量方法。极图无须完整,现代做法只使用 Schulz 的背反射法。各个极图按顺序确定,在某些情况下,测角仪的测座能够容纳多个试样,因此可以整夜连续收集数据。原始数据被用来推导取向分布函数 f,通常是采用级数展开法(Bunge,1982)。如果对某一特定取向成分感兴趣,可使用与该特定欧拉角集合相应的强度值 $f(g)$。然而,欧拉空间固有的扭曲失真意味着更好的表示法是与取向成分相关的体积分数,它是通过在成分位置周围的取向空间上进行积分计算得到的。

根据极图计算 ODF 时存在一些问题,其中之一是所谓的鬼峰问题,它影响了所有早期的 ODF,即产生织构中不存在的取向成分(Matthies,1979;Lücke 等,1981)。此外,峰值强度可能会减少 10%~30%。这个问题的根源在于使用级数展开法从实验极图计算 ODF,这种展开有奇数项和偶数项,但由于对称性的假设,最初只使用了偶数项系数,导致 ODF 中出现了不存在的鬼峰。BCC 织构中的鬼峰不如 FCC 织构明显,而且织构成分的性质决定了鬼峰只出现在高强度区域。因此,通常无法识别它们,只有{112}⟨110⟩和{001}⟨110⟩成分例外。如果 ODF 是根据单独取向测量(如 A1.3.4 节中所讨论的 EBSD)构建的,则不存在这些问题。

A1.2.2　中子衍射

波长约为 0.1 nm 的热中子为在织构研究中使用中子衍射提供了机会。由于大多数金属对中子的吸收率很低,因此有可能使用大型试样。厚度为 10 mm 的钢铁试样对典型中子束的吸收率约为 20%,而厚度为 0.1 mm 的试样对类似 X 射线束的吸收率超过 90%。因此,中子束技术可用于检查粗晶粒材料,以及从不均匀材料的整个厚度收集信息。在某些情况下,可以直接检查退火过程中发生的织构变化(如 Juul Jensen 等,1984)。

A1.3　微观织构的测量

在很多情况下,我们希望获得有关试样特定部位的局部取向阵列数据,而小区域内的织构通常称为微观织构。通过关联取向和空间参数,这种方法提供了对试样更完整的描述,并且如附录 A2 所述,还可以提供详细的定量微观结构数据。

当前有几种可用的方法,每一种都有其特定的应用,更多的细节可以参阅

621

Humphreys(1988b)、Randle(2003)、Schwarzer(1993)以及 Randle 和 Engler (2000)的综述论文。Schwartz 等(2009)编写的书详细介绍了 EBSD 的基础和应用。

A1.3.1　光学方法

标准矿物学文献介绍了地质学家和矿物学家用于透明非立方体矿物的光学技术(如 McKie 和 McKie,1992)。在配备有万向台(测角仪)的透射光学显微镜中使用平面偏振光,对试样进行操作,直到实现晶粒或亚晶粒的消光,从而确定与显微镜光轴平行的晶体方向。

阳极膜等表面膜的厚度或表面形貌取决于基底晶体材料的取向,有时可用于获取取向信息。对于铝等立方金属,由于材料的高度对称性,很难从阳极氧化试样中获得确切的数据(Saetre 等,1986b)。然而,对于镁或钛等六方金属,可以通过偏振反射显微镜获得基面的取向(Couling 和 Pearsall,1957)。

A1.3.2　深层蚀刻

Duggan、Köhlhoff 及其合作者(如 Duggan 等,1993)使用深层蚀刻技术研究了铜和铜合金(Köhlhoff 等,1988b),取得了相当大的成功。在光学显微镜或扫描电子显微镜中,以 500～2 000 倍的放大率检查严重蚀刻的表面,如图 12.14 所示是一个典型例子。该技术的基础是{111}平面被蚀刻的速度比其他平面要慢,因此形成了倾斜的{111}平面组成的浮雕结构。晶粒内部结构的线条定义了{111}平面的交叉点,即⟨110⟩方向。各种蚀刻图案反映晶体学取向的特征,可以很容易地识别,精度约为 5°,空间分辨率约为 10 μm。

622

A1.3.3　透射电子显微镜

经过多年的发展,在透射电子显微镜下根据光斑或菊池线衍射花样确定试样小区域取向的技术已相当成熟,电子显微镜相关的教科书详细介绍了该技术。随着基于计算机在线技术的出现,这些技术在确定局部织构方面的应用日益增加,因为它可自动获取和解析大量衍射花样(如 Schwarzer 和 Weiland,1984)。

A1.3.3.1　TEM 中的取向映射

透射电子衍射特别适合需要高空间分辨率的场合,因为电子显微镜可以产生直径小于 10 nm 的光束。因此,该技术适用于检查变形材料中非常小的胞元或亚晶粒尺寸。晶体学取向可以通过衍射斑点确定,但是由于薄样本的 Bragg

衍射条件松弛,角度分辨率通常在 $2°\sim5°$ 范围内(Duggan 和 Jones,1977)。然
而,一种围绕试样平面上方和下方的直通方向对光束进行预处理的专门技术
可以获得足够均匀的光斑图案,从而可以应用自动化技术(Rauch 等,2008),
该方法称为旋进电子衍射(PED)。该方法使用模式匹配技术将测量的光斑模
式与预先计算的电子衍射模式库进行匹配。该方法的空间分辨率为几纳米,
当然取决于材料、光斑大小等,比 EBSD 要精细得多。取向的准确性取决于用
于构建图像库(与测量的衍射花样相比较)的分辨率,但大约为几度的数量级。
使用会聚光束衍射花样中的菊池线花样可以确定更高精度($<0.1°$)的取向。
菊池花样通常按照 Heimendahl 等(1964)的方法进行分析,这种技术与用于
EBSD 图案的技术类似(见 A1.3.4 节)。TEM 菊池花样的全自动标定并不可
靠,因为花样中存在大量的非系统性强度变化(见 Randle 和 Engler,2000)。然 623
而,梅兹的研究小组开发了一种获取和标定菊池花样的稳健方法(Fundenberger
等,2003)。

A1.3.3.2　极图

Humphreys(1983)以及 Weiland 和 Schwarzer(1984)开发了一种无须测量
单个衍射花样的微观织构获取技术。该技术基于 TEM,可以从薄试样上获得选
定区域(直径一般为 $5\sim10\ \mu m$)的极图。偏心安放的试样以每 $2°$ 的步进单位倾
斜 $\pm50°$,每次倾斜时,通过扫描透射电子探测器上的光束来测量低指数德拜环
周围的强度。该技术是完全自动化的,几何形状与透射 X 射线相似,几分钟内
便可获得选定区域的部分极图。该技术非常适合于研究高度变形的材料,因为
这些材料内部的胞元或亚晶粒数量太多,以至于无法获得单个 TEM 图。这项
技术已被用于研究第二相颗粒附近的取向和剪切带的织构。

A1.3.4　电子背散射衍射

如上所述,通过极图获得完整织构数据(如 ODF)的缺点是在对极图进行解
卷积以计算取向分布函数时,会引入误差。然而,如果测量的是单独的取向,那
么可以直接从足够数量的测量结果中计算 ODF。基于 TEM 的方法只能提供小
体积材料的数据,而 SEM 中的 EBSD 可以快速获得小区域或样品整个表面的取
向数据。随着场发射扫描电镜(FEGSEM)中 EBSD 空间分辨率的提高,EBSD
很可能在不久的将来成为织构测量的标准方法。

A1.3.4.1　EBSD 技术

电子背散射衍射的基础是在扫描电子显微镜下获取大块样品的衍射花样,
尽管早在 40 多年前就已获得了这种花样,但正是 Dingley 的工作(Dingley 和

Randle，1992)开创了使用低照度电视摄像机进行花样采集和花样在线解算，激发了人们对该技术的广泛兴趣，并且开发了商用系统。最近的综述包括 Randle 和 Engler(2000)、Humphreys(2001)以及 Schwartz 等(2009)的文论；最近的一项创新是将 EBSD 与 FEGSEM 结合使用(Humphreys 和 Brough，1999)，空间分辨率随之提高，进一步扩大了 EBSD 的应用范围。

624　　　EBSD 采集硬件通常包括一个高精度的 CCD 相机，以及一个用于衍射花样平均化和背景减除的图像处理系统。图 A1.7 为 EBSD 采集系统的示意图，展示了采集系统的主要组成部分。EBSD 采集软件控制数据采集，解析衍射花样，并存储数据；需要进一步的软件来分析、操作和显示数据。各种软件在应用分析之前使用不同的技术来分割衍射花样。例如，代表性的方法是应用 Hough 变换，将花样转换为一组峰值，每个反射都对应一个峰值。通过使用低指数峰，根据特征平面间角度来识别峰值并自动提取取向。

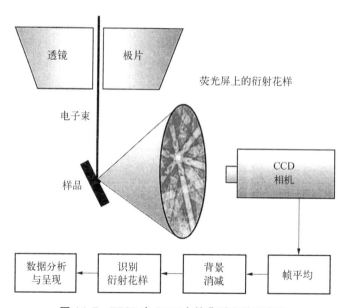

图 A1.7　EBSD 在 SEM 中的典型安装示意图

　　EBSD 在与水平方向呈 $60°\sim70°$ 倾斜的试样上进行，通过光束在试样上的光栅扫描获得一系列的数据点。这些数据点可以被绘制成像素，以形成取向图，本书介绍了几个这方面的例子。由于光束在扫描过程中会偏离光轴，在极低的放大率下会出现绝对取向的误差，并且由于样品高度倾斜导致的光束散焦可能会导致空间分辨率的损失(Humphreys，1999b)。由于这些原因，光束扫描通常被限制在小于 $500\,\mu m\times500\,\mu m$ 的区域内。为了避免在测量较大区域时出现这些误差,可以使用静止电子束,通过 EBSD 软件控制的步进电机使试样相对于电 子束移动。步进扫描的缺点是比电子束扫描慢得多,步进移动的时间通常约为 1 s。此外,使用普通 SEM 步进扫描的位置精度不高,步进扫描最适合扫描步长 大于 1 μm 的情况。

在决定 EBSD 能否成功用于某项研究时,须考虑以下一些因素。

试样——背散射电子信号随着材料的原子序数(Z)增加而增加。衍射花样 的质量随 Z 增加而增加,空间分辨率也会随 Z 增加而提高。试样表面必须仔细 准备,以消除样品制备所带来的任何伪影。最理想的方法是使用纯机械抛光,因 为这可以最大限度地提高表面的平整度。有时会用电解抛光来消除表面损伤, 尽管这往往导致表面起伏,这种表面起伏是不利的,因为电子束与表面的入射角 会随位置而变化。

数据采集的速度——在扫描过程中采集一个数据点的时间取决于以下 3 个 操作中最慢的一个。

● 获得可解析的衍射花样所需的时间。这主要取决于材料和显微镜的操 作条件。

● 解析衍射花样所需的时间。这取决于计算机的处理速度、花样解析算法 的速度以及一次求解所需的花样中的菊池线数。理论上,后续重复出现的类似 花样图案无须重复解析,如果软件能够识别这些重复花样而不用再次解析,则速 度会显著提高。

● 重新定位光束或样品台的时间,如上所述,对于光束扫描来说,这个时间 可以忽略不计,但对于步进扫描来说,时间可能大于 1 s。

空间分辨率——如果样品中对衍射花样有贡献的区域包含一个以上的晶体 学取向,例如晶界区域,则无法获得单个晶体的衍射花样,花样自动解析程序可 能会失败,花样将无法被标定。因此,空间分辨率取决于电子探针的大小和材料 的性质。由于样品倾斜,平行于倾斜轴(Λ_A)的空间分辨率通常比垂直于倾斜轴 (Λ_P)的空间分辨率高 3 倍左右。在 FEGSEM 中产生的小强度光束比传统的钨 灯丝电子枪有显著优势。

角度分辨率——晶体绝对取向的标定精度通常约为 2°,这取决于样品对准 和 EBSD 操作条件。然而,相邻数据点之间的相对取向与同一晶体内数据点的 取向测量精度有关。相应的角度分辨率约为 1°,但这可以通过数据平均处理得 到明显改善(Humphreys 等,2001a)。

EBSD 的现状——通过标准的 SEM 和商业 EBSD 设备中获取定量金相学 数据时,影响数据数量和质量的最相关参数是材料、花样获取时间、有效空间分辨率和相对角度精度,表 A1.2 中总结了这些参数的当前值,适用于钨灯丝(W)和 FEG 显微镜的情况。

表 A1.2　各种金属在钨灯丝(W)和 FEG 显微镜下的典型 EBSD 性能总结

材料和显微镜类型		空间分辨率/nm		角度分辨率/(°)		时间/s	
		Λ_A	Λ_P	原始数据	数据平均化	光束扫描	步进扫描
铝	W	60	180	1	0.5	0.03	1
	FEG	20	60	1	0.5	0.03	1
黄铜	W	25	75	1	0.5	0.02	1
	FEG	9	27	1	0.5	0.02	1
α-铁	W	30	90	1	0.5	0.02	1
	FEG	10	30	1	0.5	0.02	1

A1.3.4.2　通过 EBSD 获取织构

EBSD 最常用于获取局部晶体学或微观结构信息(另见附录 A2)。不过,它正被越来越多地用于从样品中获得大区域的织构。试样应能代表块体材料,通常在 RD‐ND 平面上进行抛光,因为在轧制材料中,该部分对微观结构的取样比轧制平面更好。从 3 mm 厚的板材上切割一个长度为 15 mm(沿轧制方向)的试样,若晶粒大小为 50 μm,在其表面会显示出约 20 000 个晶粒。衍射花样是从覆盖整个试样或选定区域的点阵中获得的。从这些数据中可以得到取向分布,这些分布可以通过极图或 ODF 来显示,或者可以计算出与特定的理想织构成分相近的材料点的体积分数。如果要得到代表大块材料的织构,那么获得全部微观结构的数据就很关键。严重变形的材料可能含有尺寸小于钨灯丝扫描电镜分辨率的胞元或亚晶结构,这可能导致识别到的衍射花样的比例过低。此外,如果胞元尺寸与晶粒取向相关,某些取向将比其他取向更容易识别,测量的织构将不准确。对于这种材料,可能需要使用 FEGSEM 来达到可接受的花样图案解析水平。

如果要用上述技术来确定试样的"大块区域的织构",那么就需要考虑产生具有统计学意义的取向分布函数所需的数据点数量。实验表明,所需的取向数在 2 000~10 000 之间(Wright 和 Kocks,1996;Hutchinson 等,1999a)。如果直

627

接使用这些单独的取向,那么极图或取向分布函数可能会有噪声,可以通过与半宽为 1°~5° 的高斯卷积来平滑数据。这样一个包含 2 000 个数据点,并通过隔行扫描进行的织构测定将只需要 30 min[①]。在实验条件有利的情况下,获得一组 X 射线极图也差不多需要这么多时间。然而,A1.2.1 节中讨论的多个极图 X 射线分析的测量可能需要 4~5 h。因此,对于合适的材料,通过 EBSD 测定"大块区域的织构",除了直接提供 ODF 外,可能比传统的 X 射线分析更节省时间。

在许多轧制材料中,变形织构或再结晶织构会沿板材的厚度方向发生变化。在这种情况下,可以通过 EBSD 测量不同厚度处的单个 ND‐RD 截面上的取向数据,来揭示沿厚度的织构变化。相比之下,如果采用常规的 X 射线分析,即沿厚度方向制备若干平行轧制平面的试样并磨抛至所需深度,需要更多的时间。

---

① 译者注:这个数据是原著第三版完成时的 EBSD 技术水平,EBSD 的织构扫描速度一直在发展。

附录 A2 > 再结晶的测量

在本附录中,我们简要介绍一些有关再结晶量化的内容,包括用于测量再结晶的实验技术,确定与退火过程相关的一些参数,以及量化相关微观结构的一些重要特征。我们并不试图详细介绍这一主题,而旨在强调这一主题相关的重要进展,并指出可以获得进一步信息的主要参考资料。由于 EBSD 在定量金相学中的应用已十分普遍,因此相比于其他技术,我们会更详细地介绍这一技术。正如下一节将介绍的,EBSD 使一些重要的微观结构参数得以确定,而这是以前无法获得的。除了 EBSD,用高能 X 射线来测绘材料微观结构(包括取向)也已成熟。然而,由于高能 X 射线技术依托第三代光源,因此该技术的应用机会仍很有限。Rollett 和 Barmak(2014)对取向成像的一般主题做了简要的介绍,其中包括透射电子显微镜的最新进展。

A2.1 再结晶测量技术

再结晶和本书讨论的其他退火现象都是微观结构演变的过程,大多数可用于研究晶体材料微观结构的技术亦可用于测量再结晶的若干方面信息。下一节给出了对所采用的主要技术的简要评述,并在随后的章节中给出它们在特定领域的应用细节。

A2.1.1 光学显微镜

作为最早的金相技术,光学显微镜已广为人知,无须在此赘述。其空间分辨率约为 $0.5~\mu m$,经常用于不透光和透明材料,其优点是简单、快速、廉价,可用于大面积检测。正因为如此,在检验退火材料时,应首先使用这种方法。然而,可

获得的信息量和准确性往往受到所采用的对比机制的限制(例如,从蚀刻得到的表面对比或从阳极薄膜得到的对比,后者可获得表面下方晶体取向的部分信息),而且在许多情况下,只能得到部分微观结构信息。

A2.1.2　透射电镜

透射电镜的衍射对比度允许在约 5 nm 的空间分辨率下研究单个位错,以及位错结构在回复过程中的演化。其可以对位错密度和颗粒含量进行定量测量,尽管其准确性在很大程度上取决于对薄膜试样厚度的测量。其还可以用来研究回复和再结晶的早期阶段,尽管由于样品的面积所限而很难做定量分析。原位退火实验(见图 9.10)为认识退火过程的属性提供了一些线索,但样品(通常厚度小于 1 μm)的表面影响强烈,可能会导致在大块样品中不会发生的微观结构的变化。

A2.1.3　扫描电子显微镜

尽管扫描电子显微镜(SEM)可以作为"高分辨率光学显微镜"用于蚀刻样品,但它的主要优势是在使用背散射电子时可以获得衍射或"通道"对比。这是一种类似于 TEM 的对比机制,虽然通常无法检测到单个位错(Wilkinson 和 Hirsch,1997),但小角度晶界两侧小的取向变化很容易被成像(见图 7.1)。例如,通过 FEGSEM(工作电压约 10 keV),可以以约 25 nm 的空间分辨率来表征铝中的亚结构,而在更重的金属中甚至可以获得更高的分辨率。由于样品只在一个表面进行抛光,因此可以进行大面积的表征。对于测量再结晶的发展过程以及确定晶粒和亚晶粒的大小,该技术是非常理想的。在 SEM 中,可以很容易地开展原位退火实验,并提供有价值的信息(见图 7.2)。只存在一个自由表面使得该实验比在 TEM 中开展的实验更可靠,尽管在解释这些实验时须非常谨慎。

A2.1.4　电子背散射衍射

EBSD 的原理已在附录 A1 中讨论了,而且特别强调了与织构检测的相关性。EBSD 作为一种定量金相学技术的应用已被广泛认可,Humphreys(2001)和 Schwartz 等(2009)对此进行了讨论。使用 EBSD 图,可以确定晶粒和亚晶粒的大小和取向,并对不完全再结晶试样进行详细的金相分析。目前该技术研究变形材料的局限性主要是空间和角度分辨率(见表 A1.2)。然而,即使是高度变形、易形成亚晶的材料(如铝),也可以使用 EBSD 技术来研究其再结晶行为,如图 14.4 所示。

631

A2.1.5　XRD

除了用于确定织构外,X 射线衍射还可用于研究材料的变形状态和退火,包括变形储能的测量(见 A2.2.1 节)，以及晶粒长大期间的晶界迁移(见 A2.7.2 节)。在动态加热实验中，可以通过 X 射线或中子衍射来跟踪织构的变化(Hansen 等，1981)，并从微观结构演变的角度来解释。然而，2000 年以后的主要进展是三维成像技术的发展，包括通过(破坏性)连续切片方法和通过(非破坏性)高能 X 射线衍射方法。

连续切片并不是一种新技术，但离子源的出现(用于以亚微米分辨率铣削或切割表面)使该方法得以自动化。Uchic 和 Groeber 开创了这种方法(Uchic 等，2006；Groeber 等，2006)，促使将切片技术用于三维成像的发展(Rollett 等，2007)，又反过来促使对重构的准确性进行检查(Sintay 和 Rollett，2012；Lee 等，2014)。这是一项仍在发展中的技术。更高能量的离子源可以切开更大的区域，现已将先前的 $100~\mu m$ 平方的区域扩大到了至少 $500~\mu m$ 平方的区域(Kelly 等，2016)。

可采用高能 X 射线进行无损测绘是因为即使在具有多种取向的情况下，只要衍射花样的分辨率足够好，也可以对晶体取向进行标定。Poulsen(2004)总结了早期发展的大部分内容。然而，从那时起，高能衍射显微镜(HEDM)已证明了取向(Suter 等，2006；Li 和 Suter，2013)和弹性应变(Bernier 等，2011)的三维成像都是可行的。衍射对比断层扫描(Ludwig 等，2009)是为同步辐射开发的，并已移植到实验室规模的 X 射线设备(Merkle 等，2015)。还有一些其他的成像技术，如差分孔径 X 射线显微技术(Larson，2002)，它介于 EBSD 和前述的全三维成像技术，因为它们使用中等能量的 X 射线，穿透深度在 $100~\mu m$ 左右。

A2.1.6 超声技术

一种特别适合动态测量微观结构的技术是激光超声技术(Lindh-Ulmgren 等，2001)。脉冲激光射到样品的表面，在表面产生超声波信号。该信号很复杂，通过对信号分析可揭示与织构和晶粒结构有关的弹性模量的变化。由于该技术可以很容易地应用于高温样品，并且是远程和非侵入的，因此它是一种很有前景的可直接监测再结晶发展的技术。

A2.1.7 性能测量

退火过程中的微观结构变化通常反映在机械性能的变化上，硬度或屈服应力的变化可用于追踪回复或再结晶过程(见图 6.3～图 6.6)。然而，由于强度和微观结构之间的复杂关系，往往很难明确地解释力学性能变化所对应的微观结

632

构事件。

物理性能(如电阻率或密度)与缺陷含量有很大关系,可用于追踪退火过程(见图 6.3)。然而,从微观结构变化的角度来详细解释数据仍很困难。

A2.2　再结晶驱动力

再结晶的驱动力源于储存在变形材料内的晶体缺陷。这些缺陷包括大角度晶界、位错和位错界面,如胞元墙或亚晶墙等。不过,很难准确测量这些重要参数。Borbely 和 Driver(2001)以及 Bacroix 等(2000)简要回顾了变形金属的储存能量的测量方法。

A2.2.1　量热法

灵敏的量热计可用来测定储存能量的释放(Schmidt,1989;Haessner,1990;Scholz 等,1999),其中一些测量值已在 2.2.2 节中讨论了。

然而,由于变形材料中储存的能量很小,只有在实验温度范围内没有发生诸如析出沉淀(Verdier 等,1997)或表面反应(Scholz 等,1999)等相变的材料上,才能对回复和再结晶进行可靠的量热测量。例如,变形铝的储存能量约为 20 J/mol(见 2.2 节),而在铝中析出的体积分数仅为 0.01 的 $CuAl_2$ 所释放的潜热就约为 20 J/mol。现在认为,一些早期的变形储能测量是不可靠的,因为在实验中出现了少量的相变。

A2.2.2　XRD

由于位错引起的晶格畸变可以被检测为 X 射线衍射峰的增宽,多年来 XRD 一直被用来测量材料的储存能量(见 2.2 节)。峰的形状和对称性受很多因素的影响,包括整体位错密度、长程应力场、胞元尺寸和晶粒取向等。通过测量几个衍射峰的轮廓有可能对数据进行解构,从而确定位错排列的一些细节,为此已经提出了许多模型(如 Williamson 和 Hall,1953;Wilkens,1965;Groma 等,1988)。可以估算出不同取向的晶粒的储存能量(见图 2.7),并确定位错的具体类型,如刃位错和螺位错(Schaffler 等,2001)。

使用高强度的 X 射线同步辐射源可以研究含若干个甚至单个小晶粒的非常小的体积元,而且高的光束强度和分辨率可以进一步测量诸如胞元取向差等参数(Borbely 和 Driver,2001;Bacroix 等,2000)。

A2.2.3　电子显微镜和衍射

变形储能也可以通过测量微观结构来确定,方法取决于位错分布,我们讨论以下 3 种情况。

(1) **位错分布是相对均匀的**。在这种情况下,当然,这是相当不寻常的(如 Al - 5‰Mg),储存的能量可以根据 TEM 测量得到的位错密度来估计,然后根据式(2.4)计算储存的能量。

(2) **形成了清晰明确的亚晶**(如发生回复后的铝或在高温下变形的金属)。在这种情况下,最好用 EBSD 来测量亚晶大小(D)和亚晶取向差(θ)。需假设晶界取向差与晶界能量之间的函数关系,如式(4.5)的 Read-Shockley 关系,然后根据式(2.7)或式(2.8),利用 D 和 θ 计算存储能量。然而,并不能确定晶界能量,式(4.5)的准确性和普适性也不确定。在某些情况下,会形成亚晶结构和游离位错(见 13.2.3 节),这些因素都必须考虑在内。

(3) **形成了位错胞元结构**(如变形后的铜)。这是一个非常困难的情况,因为很难测量胞元壁上的高的位错密度,而且位错密度是不均匀的,使得式(2.4)的应用备受质疑。

Bacroix 等(2000)、Borbely 和 Driver(2001)详细评述了采用 TEM 测量材料的变形储能。如果缺陷结构更加复杂,例如在同时发生滑移和变形孪晶的材料中(如 α - 黄铜或镁),目前尚无方法根据微观结构测量结果来估算变形储能。

A2.3　部分再结晶

再结晶发展程度的测定是再结晶动力学测定的重要组成部分。虽然可以从硬度或电阻率的间接测量中获得该参数的一些指示(见图 7.18),但精确的测量只能通过研究微观结构来获得。

A2.3.1　基于显微镜的方法

传统上用光学显微镜来测量再结晶过程,用扫描电镜成像也可以得到类似的结果。如果再结晶和未再结晶区域可以通过蚀刻等方法来区分,那么可以采用面、线或点计数方法的定量金相学标准方法(Orsetti Rossi 和 Sellars,1997)。点计数是最有效的,这可以使用标准的点计数显微镜来实现。如果 n_r 是再结晶分数为 X_V 的样品中所检测到的、被识别为再结晶的点的数量,置信限度(σ)(Gladman 和 Woodhead,1960)可表示为

634

$$\left(\frac{\sigma}{X_{\rm V}}\right)^2 = \frac{1-X_{\rm V}}{n_{\rm r}} \tag{A2.1}$$

对于约 50% 再结晶的样品，所需的测量数量通常约为 500，但当 $X_{\rm V}<0.1$ 时，所需的点数非常大，对这种手工技术来说不现实（Orsetti Rossi 和 Sellars，1997）。

A2.3.2 电子背散射衍射方法

EBSD 可以用以下几种方法来确定再结晶的分数（Humphreys，2001）。

1) 点计数

如果能够区分出再结晶和非再结晶材料的衍射花样，那么可以使用点计数方法。这种技术依赖于非再结晶区域因位错增加而导致其衍射花样的质量低于再结晶晶粒的衍射花样质量。目前已经提出了几种基于此的方法（如 Black 和 Higginson，1999；Tarasiuk 等，2001），尽管这种方法非常快速，但需仔细校准。在大多数在室温下变形的铝合金和许多在高温下变形的金属中，亚晶结构相对干净，而且面积大于 EBSD 的分辨率（见表 A1.2）。因此，从变形区的亚晶内获得的衍射花样会与再结晶区域的花样质量相似，在这种情况下，基于花样质量的点计数技术不再适用。

2) 线分析

在容易形成亚晶的材料（如铝）中，可以使用 EBSD 线分析。方法之一是在扫描过程中识别大角度或小角度的晶界，并假设两个相邻的大角度晶界之间的区域是一个再结晶晶粒（Humphreys，2001）。另外，可以从线扫描中测量出晶界中的大角度部分，这提供了再结晶部分的间接测量（见图 14.6）。

3) 面分析

轻度再结晶可以通过分析 EBSD 图得到（Humphreys，2001）。尽管该技术比点计数方法慢得多，但它特别适合研究再结晶的早期阶段，并可用于确定再结晶晶粒的取向分布。再结晶区域可以根据预定的尺寸、图样质量、大小和晶界特征标准来确定。Rollett 等（2002）表明，取向扩展通常是一个可靠的指标，基于此选择一个阈值将 EBSD 图分为取向扩展大的非再结晶晶粒和取向扩展小的再结晶晶粒（如 Alvi 等，2008）。

A2.4 形核与长大速率

等温退火过程中再结晶的总体速率可以根据再结晶体积的增加（见 A2.3 节）作为时间的函数得到。然而，对再结晶行为更详细的解释通常是通过确定新晶粒的形核和长大速率来获得的。最近的评述有 Orsetti Rossi 和 Sellars (1997)以及 Juul Jensen(2001)的文献。

A2.4.1 再结晶的形核

我们在第 7 章中讨论了再结晶的形核,指出形核速率(dN/dt)是一个复杂的参数。为简单起见,通常考虑两种可能性,即位点饱和形核(所有形核都在 $t=0$ 时发生)和恒定的形核速率。

区分这些可能性的最常用方法是,从显微镜或 EBSD 数据中计算二维切片上单位面积的晶粒数(N_p),并使用标准的定量金相分析(如 Fullman,1953)。N_p 随着晶核长大而增加,假设晶核是半径为 r 的球体,则单位体积内的晶核数(N)为

$$N = \frac{N_p}{2r} \tag{A2.2}$$

这种分析可以扩展到不同大小和形状的晶核(Fullman,1953)。

另外,也可以使用 Vandermeer 和 Rath(1989a)基于 Gokhale 和 DeHoff (1985)的工作进行的微观结构路径分析,见 7.3.2 节。这是基于扩展的再结晶体积分数(X_V)以及再结晶与未再结晶材料之间每单位体积的扩展界面面积(S_V)随时间的变化,分别由式(7.25)和式(7.26)给出。基于式(7.30),可从这些方程中的指数 n 和 m 得到的 δ,可以确定晶核的类型。如果 $\delta=0$,那么是位点饱和形核,如果 $\delta=1$,那么是恒定的形核速率。该分析严格来说只对随机分布的晶核有效,尽管它可以被修改以允许非随机分布(如 Orsetti Rossi 和 Sellars,1997)。

A2.4.2 长大速率

确定再结晶晶粒长大速率的最简单方法是测量二维切片上那些最大晶粒的尺寸,并建立该尺寸与退火时间的函数(Anderson 和 Mehl,1945)。然而,这种方法只适用于再结晶的早期阶段,即在再结晶晶粒发生相互接触之前。

Cahn 和 Hagel(1960)提出了一个更好的衡量长大速率的方法,如式(7.18) 所示。这需要从二维截面上测量再结晶分数(X_V)以及再结晶和未再结晶材料之间的单位体积的面积(S_V),这两个参数都可以用标准的显微镜方法或 EBSD 来测量。从 EBSD 数据中,有可能将这种分析扩展到测量特定取向再结晶晶粒的长大速率(如 Juul Jensen,1995a)。关于长大速率是否各向异性的更详细的

信息可从诸如 Vandermeer 和 Rath(1989a)提出的方法中获得,见 7.3.2 节。

A2.5　晶粒和亚晶尺寸

传统上,晶粒尺寸是通过光学显微镜测量的,而确定晶粒尺寸和相关参数的方法也有很多、很好的文献(如 De Hoff 和 Rhines,1968;Underwood,1970)。越来越多的人使用 SEM,尽管与任何扫描技术一样,必须特别注意仪器的校准(Dyson 和 Quested,2001)。对于最小的晶粒尺寸和亚晶结构,可能需要透射电子显微镜(TEM),尽管准备和处理 TEM 所需的薄膜试样的困难使其难以测量有代表性的微观结构,而且图像对比度的微妙性使 TEM 图像的自动分析非常困难。EBSD 越来越多地用于表征晶粒和亚晶结构,它还有一个额外的优势,即可以很容易地关联尺寸信息与晶粒或亚晶取向(Humphreys,2001)。由于样品通常相对光轴倾斜 70°,如果需要精确的测量,必须非常注意校准和样品对准。

A2.5.1　电子背散射衍射测量

晶粒或亚晶粒尺寸可以通过 EBSD 确定,使用的方法与为显微镜开发的方法很类似(Humphreys,2001),而且随着 EBSD 图案采集速度的提高(见表 A1.2),可在合理的时间内可以获得足够的数据。

与基于显微镜的方法相比,EBSD 的一个显著优势是可确定所有晶界(高于噪声水平),而金相法只能显示部分边界。因此,光学蚀刻可能不会显示低 Σ 的晶界或小角度晶界,而 SEM 通道对比图像只有在相邻晶粒之间的背散射电子强度不同时才会显示出晶界。光学显微镜、SEM 和 EBSD(Humphreys,2001)所确定的晶粒尺寸具有明显的差异,特别是对于具有强织构的再结晶材料。

EBSD 线扫描可用于获得平均线截距(MLI)的值。通过连续测量之间的取向变化,可以确定大角度或小角度晶界的截距大小,或任何指定的角度范围。为了避免过度取样,连续的线扫描之间的间隔不应明显小于晶粒或亚晶的尺寸。线截距可以直接从线扫描中获得,也可以通过分析 EBSD 图获得,前者更快。A2.5.2.1 节介绍了在线扫描分析中确定 MLI 的方法。

如果获得了 EBSD 图,则可识别那些取向在指定范围内的像素,并根据这些像素组成区域来**重构**晶粒或亚晶。这可作为**重构**金相图像的图像分析方法,其优点是可以获得关于尺寸、面积和形状的完整信息,随后可确定晶粒或亚晶的尺寸,并表示为等效的圆直径(ECD),如 A2.5.2.2 节所述。该方法的真正力量在于它可以获得大量的额外信息,例如亚晶粒所有晶界的取向差以及特定取向的

553

亚晶的尺寸和取向差(Humphreys，2001)。

当使用线截距或晶粒重构方法时，相邻数据点之间的步长很关键，如果步长太大，会漏掉小晶粒或短截距，测量的晶粒/亚晶尺寸会过大。为了达到约5%的精度，每个晶粒/亚晶粒大约需要10个像素(Humphreys，2001)。对于小的晶粒或亚晶，EBSD花样的解析效率会降低(见A1.3.4.1节)，而且已经证明，当花样的解析率小于50%时，尺寸测量会有显著的误差(Humphreys，2001)。因此，步长和花样解析率使得EBSD所能准确测量的晶粒或亚晶尺寸存在下限，对于铝来说，目前FEGSEM和钨灯丝SEM的下限分别约为0.15 μm 和 0.4 μm (Humphreys，2001)。

A2.5.2　尺寸的计算

如果对晶粒或亚晶进行截距测量或面积测量，可以根据Fullman(1953)和Underwood(1970)的工作进行以下分析，以获得晶粒尺寸。

1) 平均线截距

对于晶粒尺寸均匀的单相材料，晶粒尺寸可能与 $\bar{L}$ 有关，$\bar{L}$ 是在平面截面上晶粒的平均线截距(MLI)。$\bar{L}$ 可通过测量的单位长度直线上晶界截点的平均数量(N_L)来确定，即

$$\bar{L} = 1/N_L \tag{A2.3}$$

单位体积的晶界表面积(S_V)为

$$S_V = 2N_L \tag{A2.4}$$

由于切片的影响，$\bar{L}$ 会小于真实的晶粒尺寸。假设晶粒形状近似于直径为 $\bar{D}$ 的球体，则

$$\bar{D} = 1.5\bar{L} \tag{A2.5}$$

$\bar{L}$ 是一个简单且明确的参数，常用于表征晶粒结构。如果晶粒不是等轴的，则可以分别在 x、y、z 方向上用MLI进行表征，然而，3个方向截距并不能简单地转化为平均直径。

2) 等效圆直径(ECD)

如果直径为 $\bar{D}$ 的球形晶粒与一个随机平面相交，则相交的平均面积为

$$\bar{S} = \pi D^2/6 \tag{A2.6}$$

如果这些区域是圆形的，那么平均直径即为等效圆直径(ECD)

639

$$ECD = (2/3)^{1/2}\bar{D} = 0.816\bar{D} \tag{A2.7}$$

注意 ECD 与 MLI 不同,对于均匀球形晶粒来说,

$$ECD = 1.224\bar{L} \tag{A2.8}$$

如果晶粒不是等轴的,则 ECD 的有效性较低,可以使用其他参数,如平均晶粒面积 $\bar{S}$ 或正交方向上的平均晶粒尺寸。

A2.5.3　测量精度

如果数据集包含 N 个参数 X 的测量值(如交点),则平均值为 $X = \sum X_i/n$。标准差为

$$\sigma = \sqrt{\frac{(X_i - \bar{X})^2}{n-1}} = \sqrt{\frac{(X_i - \sum X_i/n)^2}{n-1}} \tag{A2.9}$$

平均值的标准误差为

$$SE = \frac{\sigma}{\sqrt{n}} = \sqrt{\frac{(X - \bar{X})^2}{n(n-1)}} \tag{A2.10}$$

95%置信限为 $\bar{X} \pm 2SE$,建议晶粒/亚晶尺寸以这种形式表示。通常需要测量约 300~400 晶粒或截点来保证足够的精度。

A2.6　晶界特征分布

EBSD 的发展使得对晶界取向差的表征相对简单,可以快速获得试样中晶界特征分布(GBCD)等参数。其中有意义的 3 个参数是取向差的角度、旋转轴和晶界平面。

A2.6.1　取向差的角度

640

Mackenzie(1958)首次讨论了取向差的分布,图 4.2 显示了理想的随机多晶体的取向差分布。然而,它对材料的织构很敏感,也会因塑性变形和退火而变化,如图 A2.1 所示。数据的相关子集,如大角度晶界与小角度晶界的比例(见图 14.6)或低 Σ 晶界的比例,现在已成为材料热机械加工过程中的常用参数,本书中给出了许多例子。

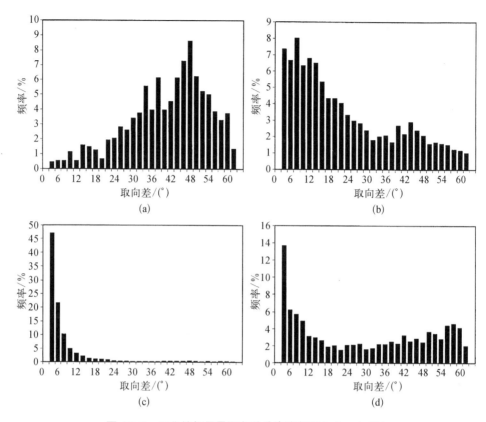

图 A2.1 工业纯铝晶界取向差分布实例（Mackenzie 图）

(a) 再结晶，随机织构的分布接近图 4.2（平均取向差为 39.6°，大角度晶界的分数约为 95%）；
(b) 再结晶至形成强立方织构（平均取向差为 21.9°，大角度晶界的分数约为 55%）；(c) 冷轧至厚
度减薄量为 20%（平均取向差为 7.4°，大角度晶界的分数约为 9.8%）；(d) 冷轧至厚度减薄量为
98%（平均取向差为 28°，大角度晶界的分数约为 63%）

　　根据数据分析方法，特定类型晶界的频率可以以长度分数或数字分数的形
式获得（Humphreys，2001）。这些数据通常通过测量相邻晶粒的取向差得到，
但不相关的取向差分布（见表 2.7）也可以通过比较测量区域内所有像素或亚晶
之间的取向差来确定。这个参数给出了区域内取向分布的测量，因此与长程取
向梯度相关。

　　取向差数据的精度受到衍射花样解析精度的限制。在高速 EBSD 采集中
（通常用于微观结构研究，见表 A1.2），取向差精度通常在 1° 以内，尽管这可能因
数据平均和滤波而大大降低（Humphreys 等，2001a）。如果使用涉及直接比较
连续衍射图样的技术，相对角度分辨率可提高约 10 倍（如 Wilkinson，2001）。
然而，这些技术相对发展较慢，尚未得到广泛的应用。

641

A2.6.2　取向差的旋转轴

除取向差角度外,取向差的旋转轴及其分布也可能是人们感兴趣的,当取向差确定之后,就很容易得到旋转轴。计算取向差角度时的误差限制了确定旋转轴的精度,在小取向差时尤为明显(Prior,1999;Wilkinson,2001)。

A2.6.3　晶界平面

描述晶界平面的两个自由度不太容易通过实验确定。长期以来,迹线分析用来获得部分信息,当与 EBSD 相结合时,可以确定晶界平面的一个参数。另一个参数,即晶界对样品表面的倾斜度则无法直接获得,Randle 和 Engler(2000)对此进行了讨论。对于大的晶粒,晶界平面可以通过在两个正交平面上对样品进行切片和表征来确定,或者在更一般的情况下,通过连续切片和受控蚀刻对样品进行测量。

A2.7　晶界特性

在回复、再结晶和晶粒长大过程中,晶界的能量和迁移能力是重要的参数。然而,这两个参数的测量都非常困难,此外还有很多其他重要的变量,包括 5 个晶界自由度(见 4.1 节),以及溶质、温度和驱动力的影响。因此,尚未得到有关晶界性质的一致且全面的画像,也就不足为奇了。

A2.7.1　晶界能量

很难测量晶界的绝对能量,在大多数情况下,测量是相对于参考界面或表面进行的(如 Gjostein 和 Rhines,1959;Hondros,1969;Gottstein 和 Shvindlerman,1999)。如果可以忽略扭矩项,三重点或凹槽的几何形状可由式(4.10)计算,图4.12 所示的结果就是以这种方式获得的。最近,用该方法来测量陶瓷系统中晶界能量的变化,这些系统表现出从一种复杂类型到另一种复杂类型的转变(如Bojarski 等,2012)。该方法亦被修改以测量铜晶界上无定形二氧化硅颗粒的平衡形状(Mori 等,1988;Goukon 等,2000)。该方法非常灵敏,避免了与三晶体或自由表面开槽实验相关的不可避免的问题。具有数百甚至数千个晶粒的微观结构的大型三维成像的实现,使得 Herring 方程可以用于大量的三线二面角的测量。简言之,毛细矢量 ξ 表示晶界能量和相关扭矩项的组合,后者源自对晶界倾角的依赖(Hoffman 和 Cahn,1972)。在三重线上,局部平衡决定了三重线切线

与 3 个毛细矢量之和的叉乘为(矢量)零,即

$$(\boldsymbol{\xi}_1 + \boldsymbol{\xi}_2 + \boldsymbol{\xi}_3) \times \boldsymbol{l} = \mathbf{0}$$

通过测量微观结构中各处的三重二面角,根据 5 个参数晶界类型将它们分类,并建立一个联立方程组,通过数值求解可以确定晶界能量分布,使上述局部平衡方程所表示的残值最小化(Morawiec,2000b)。该方法已用于陶瓷(Saylor 等,2002)和金属(Li 等,2009)。

A2.7.2　晶界迁移率

关于晶界迁移率的信息可以从单个晶界的测量或从亚晶或晶粒集合体的长大得到。有关该技术应用的综述可参阅 Gleiter 和 Chalmers(1972)、Masteller 和 Bauer(1978)以及 Gottstein 和 Shvindlerman(2010)。

A2.7.2.1　单个晶界的测量

1) 曲率或毛细管诱导迁移

许多早期的晶界迁移率测量是在双晶上进行的,其中晶界是由样品的形状驱动的,如楔形双晶(见图 5.4)。Shvindlerman 及其同事广泛使用 X 射线跟踪方法,在双晶晶界曲率提供的恒定驱动力下动态测量晶界速度,见 Gottstein 和 Shvindlerman(2010)的综述。样品沿着特定方向放置,以便从一个晶粒获得衍射,探测器监测晶界处的衍射强度,自动移动样品,以保持恒定的衍射强度。因此,样品的移动速度等于晶界运动速度,该方法的优点是驱动力保持不变。第 5 章介绍了若干实验结果的案例,如图 5.9 和图 5.12 所示。这些实验非常适合获得特定类型晶界迁移的基本信息,并且可以用来研究小的取向变化或溶质添加的影响。其主要的缺点是驱动力低,因此不能在极小角度晶界上进行实验,也不能在低温下进行。晶界迁移发生在晶粒长大的条件下,目前还不清楚晶界行为是否与再结晶过程中的行为相同。

2) 缺陷诱导迁移

单晶中单个再结晶晶界的迁移已被广泛研究,这些单晶要么被变形以产生亚结构,要么在凝固过程中形成脉理状结构。Liebmann 等(1956)关于迁移率取向依赖性的著名实验是在变形单晶上进行的,而 Aust 和 Rutter(1959a,b)关于杂质对迁移率影响的实验(见图 5.21)是在含有脉理状亚结构的晶体上进行的。

Huang 和 Humphreys(1999a)使用了相关技术对变形单晶中的晶界迁移进行了原位(SEM)测量。对晶体进行划痕处理,为样品加热时发生的再结晶提供

了形核点[见图 A2.2(Huang 和 Humphreys, 1999b)]。利用 EBSD 测量回复晶体中的亚晶尺寸和取向差,从而计算驱动力[见式(2.8)],并确定再结晶晶粒和回复基体的取向。如图 5.11 所示是用这种方法得到的迁移率随取向差的变化。

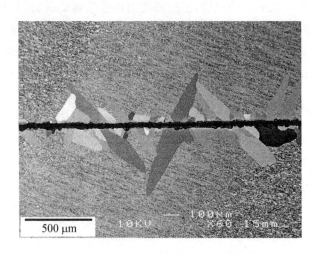

图 A2.2 原位退火实验的 SEM 背散射电子图像,以确定晶粒在水平划痕处形核并长大到回复基体中的长大速率

尽管晶界迁移到变形或回复的亚结构的实验不能提供曲率驱动实验所能提供的详细信息,但它们提供了与金属再结晶相关的宝贵数据,并能为退火模型提供所需的输入数据。

A2.7.2.2 亚晶或晶粒集合的平均值

已经进行了许多测量多晶体晶粒长大速率的实验。如果能正确分析这些实验,就能得到晶界迁移率的平均值。然而,正如 11.1.4 节所述,许多实验结果并不遵循式(11.5)的简单长大规律,因此很难进行分析。在许多情况下,由于存在第二相颗粒或织构,样品可能并不"理想"。 644

Huang 和 Humphreys(2000)测量了取向差范围较小的亚晶集合体的长大(见图 5.5 和图 5.6)。虽然只提供了平均值,但该方法是为数不多的可获得小角度晶界迁移率的方法之一。

Rollett 及其同事测量了三重点的几何形状(见 A2.7.1 节),也提供了有关晶界迁移的信息(如 Yang 等,2001)。迄今为止的结果表明,取向差对迁移率的影响与图 5.5 和图 5.6 中所示的类似。

A2.8 双相合金参数

为了量化双相合金的退火行为,有必要定义描述第二相颗粒分布的各种参数。实验测量是使用标准的光学、扫描或透射电子显微镜进行的,具体视情况而定,此处不做进一步讨论。这些测量可以得到许多参数,在下面的章节中,我们只考虑最简单的情况,对于更详细的讨论,可以参考 Underwood(1970)、Exner(1972)或 Martin(1980)的文献。

645
A2.8.1 颗粒尺寸

所有多相材料都含有各种大小和形状的颗粒,在对颗粒影响进行建模时,通常需要进行合理的简化,例如,假设弥散颗粒是半径为 r 的均匀球体。在将实验数据与此类模型进行比较时,通常使用颗粒直径的平均值,对于非球形但等轴的颗粒,通常会计算等效半径。对于非等轴颗粒,需要使用多个参数来定义颗粒的大小和形状。

A2.8.2 颗粒的体积分数

颗粒的体积分数 F_V 可以通过实验测量,也可以通过相图理论计算得到。对于随机分布的颗粒,F_V 也等于颗粒在一个平面上所占的面积分数,以及颗粒在一个随机直线上所占的长度分数。

A2.8.3 颗粒间距

对于半径为 r、均匀弥散分布的球形颗粒,单位体积的颗粒数(N_V)与体积分数有关,即

$$N_V = \frac{3F_V}{4\pi r^3} \tag{A2.11}$$

单位面积(N_S)内的平均颗粒数为 $2rN_V$,因此有

$$N_S = \frac{3F_V}{2\pi r^2} \tag{A2.12}$$

如果颗粒排列在正方形格子上,则平面上最近邻的中心间距为

$$\lambda = N_S^{-1/2} \tag{A2.13}$$

对于随机分布的颗粒,平面上的颗粒中心到最近邻中心的间距为

$$\Delta_2 = 0.5 N_S^{-1/2} \qquad\qquad (A2.14)$$

空间中最接近的中心间距是

$$\Delta_3 = 0.554 N_V^{-1/3} \qquad\qquad (A2.15)$$

A2.8.4 颗粒分布

646

颗粒的空间分布,无论是均匀的、随机的,还是聚集的,都可能非常重要。然而,目前还没有简单的定量分类方法(Fridy 等,1992)。在使用空间各向异性相关函数方面取得了一些进展(Fridy 等,1998;Rollett 等,2007),这些函数可以描述轧制金属中经常观察到的"串接"现象。相关函数在材料表征中的应用非常广泛,如 Niezgoda 等(2008)的研究。

参考文献

Aaronson, H. I., Laird, C., Kinsman, K. R., 1962. In: Phase Transformations. ASM, Metals Park, Ohio, p. 313.

Abbruzzese, G., Brozzo, P. (Eds.), 1992. Grain Growth in Polycrystalline Materials. Trans. Tech. Publ., Switzerland.

Abbruzzese, G., Lücke, K., 1986. Acta Metall. 34, 905.

Abbruzzese, G., Lücke, K., 1992. In: Abbruzzese, Brozzo (Eds.), Grain Growth in Polycrystalline Materials. Trans. Tech. Publ., p. 597.

Abbruzzese, G., Lücke, K., Eichelkraut, H., 1988. In: Kallend, Gottstein (Eds.), Proc. ICOTOM 8. TMS, Warrendale, p. 693.

Abbruzzese, G., Heckelmann, I., Lücke, K., 1992. Acta Metall. 40, 519.

Abe, H., Satoh, S., 1990. Kawasaki Steel Tech. Rep. 22, 48.

Abe, H., Nagashima, S., Hayami, S., Nakaoka, K., 1978. In: Gottstein, Lücke (Eds.), Proc. ICOTOM 5, vol. 2. Springer-Verlag, p. 21.

Abe, H., Suzuki, T., Okada, S., 1983. Tetsu-to-Hagané 69, S1415.

Aboav, D. A., Langdon, T. G., 1969. Metallography 2, 171.

Abrahamson, E. P., Blakeny, B. S., 1960. Trans. Metall. Soc. AIME 218, 1101.

Adam, C. M., Wolfenden, A., 1978. Acta Metall. 26, 1307.

Adcock, F., 1922. J. Inst. Met. 27, 73.

Agnoli, A., Bozzolo, N., Logé, R., Franchet, J.-M., Laigo, J., Bernacki, M., 2014. Comput. Mater. Sci. 89, 233.

Agnoli, A., Bernacki, M., Logé, R., Franchet, J.-M., Laigo, J., Bozzolo, N., 2015. Metall. Matls. Trans. A 46, 4405.

Ahlborn, H., Hornbogen, E., Köster, U., 1969. J. Mats. Sci. 4, 944.

Akef, A., Driver, J. H., 1991. Mat. Sci. Eng. A132, 245.

Alexander, B., Balluffi, R. W., 1957. Acta Metall. 5, 666.

Allen, S. M., Cahn, J. W., 1979. Acta Metall. 27, 1085.

Altherthum, H., 1922. Z. Metallkd. 14, 417.

Altmann, S. L., 1986. Rotations, Quaternions and Double Groups. Clarendon Press, Oxford.

Alvi, M. H., Cheong, S. W., Suni, J. P., Weiland, H., Rollett, A. D., 2008. Acta Mater. 56, 3098.

Amelinckx, S., Strumane, R., 1960. Acta Metall. 8, 312.

Anand, L., Gurland, J., 1975. Metall. Trans. 6A, 928.

Anand, L., Gurland, J., 1976. Acta Metall. 24, 901.

Anderson, W. A., Mehl, R. F., 1945. Trans. Metall. Soc. AIME 161, 140.

Anderson, M. P., Srolovitz, D. J., Grest, G. A., Sahni, P. S., 1984. Acta Metall. 32, 783.

Anderson, M. P., Grest, G. S., Srolovitz, D. J., 1985. Scr. Metall. 19, 225.

Anderson, M. P., Grest, G. S., Srolovitz, D. J., 1989a. Phil. Mag. B59, 293.

Anderson, M. P., Grest, G. S., Doherty, R. D., Li, K., Srolovitz, D. J., 1989b. Scr. Metall. 23, 753.

Anderson, L., Grong, O., Ryum, N., 1995. Acta Metall. 43, 2689.

Anderson, M. P., 1986. In: Hansen (Ed.), Proc. 7th Int. Risø Symposium. Risø, Denmark, p. 15.

Ando, H., Sugita, J., Onaka, S., Miura, S., 1990. J. Mats. Sci. 9, 314.

Andrade, E., Henderson, C., 1951. Roy. Soc. Phil. Trans. 244, 177.

Arai, K. J., Yamashiro, Y., 1989. In: MRS Int. Mtg. on Advanced Materials, vol. 11, p. 187.

Ardakani, M. G., Humphreys, F. J., 1992. In: Fuentes, Gil Sevillano (Eds.), Recrystallization'92. Trans. Tech. Publ., p. 213.

Ardakani, M. G., Humphreys, F. J., 1994. Acta Metall. 42, 763.

Ardell, A. J., 1972. Acta Metall. 20, 601.

Ardell, A. J., 1985. Metall. Trans. 16A, 2131.

Aretz, W., Ponger, D., Gottstein, G., 1992. Scr. Metall. 27, 1593.

Argon, A. S., Moffatt, W. C., 1981. Acta Metall. 29, 293.

Asaro, R., Needleman, A., 1985. Acta Metall. 33, 923.

Ashby, M. F., Centamore, R. M. A., 1968. Acta Metall. 16, 1081.

Ashby, M. F., Palmer, I. G., 1967. Acta Metall. 15, 420.

Ashby, M. F., Harper, J., Lewis, J., 1969. Trans. Metall. Soc. AIME 245, 413.

Ashby, M. F., 1966. Phil. Mag. 14, 1157.

Ashby, M. F., 1970. Phil. Mag. 21, 399.

Ashby, M. F., 1980. In: Hansen, N. (Ed.), Proc. 1st Int. Risø Symp. Risø, Denmark, p. 325.

Assmus, F., Boll, R., Ganz, D., Pfeifer, F., 1957. Z. Metallkd. 48, 341.

Atkinson, H. V., 1988. Acta Metall. 36, 469.

Atwater, H. A., Thompson, C. V., Smith, H. I., 1988. J. Appl. Phys. 64, 2337.

Aust, K. T., Rutter, J. W., 1959a. Trans. Metall. Soc. AIME 215, 119.

Aust, K. T., Rutter, J. W., 1959b. Trans. Metall. Soc. AIME 215, 820.

Aust, K. T., Ferran, G., Cizeron, G., 1963. C. R. Acad. Sci. Paris 257, 3595.

Aust, K. T., Erb, U., Palumbo, G., 1993. In: Interfaces, Structure and Propoerties. Kluwer Academic, Netherlands, p. 107.

Aust, K. T., 1969. Can. Met. Quart. 8, 173.

Aust, K. T. , Rutter, J. W. , 1963. In: Himmel (Ed.), Recovery and Recrystallization of Metals. Interscience, p. 131.

Avrami, M. , 1939. J. Chem. Phys. 7, 1103.

Babcock, S. E. , Balluffi, R. W. , 1989a. Acta Metall. 37, 2357.

Babcock, S. E. , Balluffi, R. W. , 1989b. Acta Metall. 37, 2367.

Bacroix, B. , Jonas, J. J. , 1988. Text. Microstruct. 8/9, 267.

Bacroix, B. , Castelnau, O. , Miroux, A. , Reglé, H. , 2000. In: Hansen, N. , et al. (Eds.), Proc. 21st Int. Risø Symposium. Risø, Denmark, p. 1.

Baczynski, G. J. , Guzzo, R. , Ball, M. D. , Lloyd, D. J. , 2000. Acta Mater. 48, 3361.

Bahk, S. , Ashby, M. F. , 1975. Scr. Met. 9, 129.

Bailey, J. E. , Hirsch, P. B. , 1960. Phil. Mag. 5, 485.

Bailey, J. E. , Hirsch, P. B. , 1962. Proc. R. Soc. Lond. A 267, 11.

Bainbridge, D. W. , Li, C. H. , Edwards, E. H. , 1954. Acta Metall. 2, 322.

Baker, I. , Gaydosh, D. J. , 1987. Metallography 20, 347.

Baker, I. , Martin, J. W. , 1980. J. Mater. Sci. 15, 1533.

Baker, I. , Martin, J. W. , 1983a. Metal Sci. 17, 459.

Baker, I. , Martin, J. W. , 1983b. Metal Sci. 17, 469.

Baker, I. , Munroe, P. R. , 1990. In: Whang, et al. (Eds.), High Temperature Aluminides and Intermetallics. TMMMS, p. 425.

Baker, I. , Munroe, P. R. , 1997. Int. Mater. Rev. 42, 181.

Baker, I. , Viens, D. V. , Schulson, E. M. , 1984. J. Mats. Sci. 19, 1799.

Baker, I. , 2000. Intermetallics 8, 1183.

Ball, J. , Gottstein, G. , 1993a. Intermetallics 1, 171.

Ball, J. , Gottstein, G. , 1993b. Intermetallics 1, 191.

Ball, E. , Humphreys, F. J. , 1996. In: Hutchinson, W. B. , et al. (Eds.), Thermomechanical Processing (TMP2). ASM, Ohio, p. 184.

Balluffi, R. W. (Ed.), 1980. Grain Boundary Structure and Kinetics. ASM, Ohio.

Balluffi, R. W. , 1982. Metall. Trans. A 13, 2069.

Bampton, C. C. , Wert, J. A. , Mahoney, M. W. , 1982. Met. Trans. 13A, 193.

Bardal, A. , Lindseth, I. , Vatne, H. , Nes, E. , 1995. In: Hansen, et al. (Eds.), Proc. 16th Int. Risø Symp. Risø, Denmark, p. 262.

Barioz, C. , Brechet, Y. , Legresy, J. M. , Cheynet, M. C. , Courbon, J. , Guyot, P. , Ratnaud, G. M. , 1992. In: Proc. 3rd Int. Conf. on Aluminium, Trondheim, p. 347.

Barmak, K. , Eggeling, E. , Emelianenko, M. , Epshteyn, Y. , Kinderlehrer, D. , Sharp, R. , Ta'asan, S. , 2011a. Phys. Rev. B 83, 134117.

Barmak, K. , Eggeling, E. , Emelianenko, M. , Epshteyn, Y. , Kinderlehrer, D. , Sharp, R. , Ta'asan, S. , 2011b. Discrete Contin. Dyn. Syst. 30, 427.

Barmak, K. , Eggeling, E. , Kinderlehrer, D. , Sharp, R. , Ta'asan, S. , Rollett, A. D. , Coffey, K. R. , 2013. Prog. Mater. Sci. 58, 987.

Barnett, M. R. , Jonas, J. J. , 1997. ISIJ Int. 37, 697.

Barnett, M. R. , 1998. ISIJ Int. 38, 78.

Barrett, C. S., Massalski, T., 1980. Structure of Metals, third ed. Pergamon Press, Oxford.

Barrett, C. R., Nix, W. D., Sherby, O. D., 1966. Trans. ASM 59, 3.

Barrett, C. S., 1939. Trans. Metall. Soc. AIME 135, 296.

Barto, R. L., Ebert, L. J., 1971. Metall. Trans. 2, 1643.

Barton, N. R., Boyce, D. E., Dawson, P. R., 2002. Textures Microstruct. 35, 113.

Bassani, J. L., 2001. J. Mech. Phys. Solids 49, 1983.

Basson, F., Chenal, B., Necker, C., Embury, J. D., Driver, J. H., 1998. In: Sato, et al. (Eds.), Proc. 6th Int. Al. Conf. ICAA6, p. 1167.

Basson, J. A., Knutsen, R. D., Lang, C. I., 2000. In: Hansen, et al. (Eds.), Proc 21st Int. Risø Symposium. Risø, Denmark, p. 243.

Bate, P. S., Hutchinson, W. B., 1997. Scr. Mater. 36, 199.

Bate, P. S., Oscarrson, A., 1990. Mats Sci. Tech. 6, 520.

Bate, P. S., 1989. Technical Report, CRC/TR/89/4C, Comalco Research Centre.

Bate, P. S., 1999. Phil. Trans. Royal Soc. Lond. A 357, 1589.

Bate, P. S., 2001a. In: Gottstein, G., Molodov, D. (Eds.), Proc. Int. Conf. on Recrystallization and Grain Growth, Aachen. Springer-Verlag, Berlin, p. 39.

Bate, P. S., 2001b. Acta Mater. 49, 1453.

Bate, P. S., 2003. Private Commun.

Baudin, T., Julliard, F., Paillard, P., Penelle, R., 2000. Scr. Mater. 43, 63.

Bauer, C. L., Lanxner, M., 1986. In: Grain Boundary Structure and Related Phenomena. Proc. JIMIS-4, Suppl. to Trans. Jap. Inst. Met., vol. 27, p. 411.

Bauer, C. L., 1974. Canad. Met. Q. 13, 303.

Baxter, G. J., Furu, T., Zhu, Q., Whiteman, J. A., Sellars, C. M., 1999. Acta Mater. 47, 2367.

Bay, B., Hansen, N., 1979. Metall. Trans. A 10, 279.

Bay, B., Hansen, N., Hughes, D. A., Kuhlmann-Wilsdorf, D., 1992. Acta Metall. 40, 205.

Beck, P. A., Hu, H., 1952. Trans. Metall. Soc. AIME 194, 83.

Beck, P. A., Hu, H., 1966. In: Margolin (Ed.), Recrystallization, Grain Growth and Textures. ASM, p. 393.

Beck, P. A., Sperry, P. R., 1949. Trans. Metall. Soc. AIME 180, 240.

Beck, P. A., Sperry, P. R., 1950. J. Appl. Phys. 21, 150.

Beck, P. A., Holdsworth, M. L., Sperry, P. R., 1949. Trans. Metall. Soc. AIME 180, 163.

Beck, P. A., Sperry, P. R., Hu, H., 1950. J. Appl. Phys. 21, 420.

Beck, P. A., Ricketts, B. G., Kelly, A., 1959. Trans. Metall. Soc. AIME 215, 949.

Beck, P. A., 1954. Adv. Phys. 3, 245.

Beck, P. A., 1963. In: Smith (Ed.), Sorby Centennial Symposium on the History of Metallurgy. Gordon and Breach, New York, p. 313. Met. Soc. Conf. No. 27.

Beladi, H., Rohrer, G. S., 2013. Acta Mater. 61, 1404.

Bellier, S. P. , Doherty, R. D. , 1977. Acta Metall. 25, 521.

Benford, J. G. , Stanley, E. B. , 1969. J. App. Phys. 40, 1583.

Benjamin, J. S. , 1970. Metall. Trans. 1, 2943.

Bennett, T. A. , Kalu, P. N. , Rollett, A. D. , 2011. Micros. Microanal. 17, 362.

Benum, S. , Engler, O. , Nes, E. , 1994. Mats. Sci. Forum 157 - 162, 913.

Berger, A. , Wilbrandt, P. J. , Haasen, P. , 1983. Acta Metall. 31, 1433.

Berger, A. , Wilbrandt, P. J. , Ernst, F. , Klement, U. , Haasen, P. , 1988. Prog. Mater.
    Sci. 32, 1.

Bermig, G. , Bartels, A. , Mecking, H. , Estrin, Y. , 1997. Matls. Sci. Eng. A 234, 904.

Bernacki, M. , Chastel, Y. , Coupez, T. , Logé, R. E. , 2008. Scr. Mater. 58, 1129.

Bernier, J. V. , Barton, N. R. , Lienert, U. , Miller, M. P. , 2011. J. Strain Anal. Eng.
    Des. 46, 527.

Bever, M. B. , Holt, D. L. , Titchener, A. L. , 1973. Prog. Mater. Sci. 17, 1.

Bever, M. B. , 1957. In: Creep and Recovery. ASM, Cleveland, p. 14.

Beyerlein, I. J. , Zhang, X. , Misra, A. , 2014. Annu. Rev. Mater. Res. 44, 329 - 363.

Beynon, J. H. , Sellars, C. M. , 1992. ISIJ 32, 359.

Beynon, J. H. , 1999. Phil. Trans. R. Soc. Lond. A 357, 1573.

Bhadeshia, H. K. D. H. , 1997. Mats. Sci. Eng. A 233, 64.

Bhatia, M. L. , Cahn, R. W. , 1978. Proc. R. Soc. Lond. A 362, 341.

Bhattacharjee, P. P. , Sathiaraj, G. D. , Zaid, M. , Gatti, J. R. , Lee, C. , Tsai, C. -W. ,
    Yeh, J. -W. , 2014. J. Alloys Compd. 587, 544.

Biberger, M. , Blum, W. , 1992. Phil. Mag. 66, 27.

Bishop, J. , Hill, R. , 1951. Phil. Mag. 42, 414.

Bishop, G. H. , Harrison, R. J. , Kwok, T. , Yip, S. , 1980. In: Balluffi (Ed.), Grain
    Boundary Structure and Kinetics. ASM Metals Park, Ohio, p. 373.

Bishop Jr. , G. H. , Harrison, R. J. , Kwok, T. , Yip, S. , 1982. J. Appl. Phys. 53, 5596.

Black, M. P. , Higginson, R. L. , 1999. Scr. Mater. 41, 125.

Blade, J. C. , Morris, P. L. , 1975. In: Proc. 4th Int. Conf. on Textures, Cambridge,
    p. 171.

Blicharski, M. , Nourbaksh, S. , Nutting, J. , 1979. Met. Sci. 13, 516.

Blum, W. , 1993. In: Cahn, Haasen, Kramer (Eds.), Materials Science and Technology,
    vol. 6. VCH, Weinheim, p. 360.

Bojarski, S. A. , Ma, S. , Lenthe, W. , Harmer, M. P. , Rohrer, G. S. , 2012. Metall.
    Matls. Trans. A 43, 3532.

Bolingbroke, R. K. , Creed, E. , Marshall, G. J. , Ricks, R. A. , 1993. In: Morris, et al.
    (Eds.), Aluminium Alloys for Packaging. TMS, Warrendale, USA, p. 215.

Bolingbroke, R. K. , Marshall, G. J. , Ricks, R. A. , 1994. Mater. Sci. Forum 157 - 162,
    1145.

Bolingbroke, R. K. , Marshall, G. J. , Ricks, R. A. , 1995. In: Hansen, et al. (Eds.),
    Proc. 16th Int. Risø Symp. Risø, Denmark, p. 281.

Bölling, G. F. , Winegard, W. C. , 1958. Acta Metall. 6, 283.

Bölling, F. , Günther, K. , Böttcher, A. , Hammer, B. , 1992. Steel 63, 405.

Bollmann, W. , 1970. In: Crystal Defects and Crystalline Interfaces. Springer-Verlag, Berlin.

Borbely, A. , Driver, J. H. , 2001. In: Gottstein, G. , Molodov, D. (Eds.), Proc. Int. Conf. on Recrystallization and Grain Growth, Aachen. Springer-Verlag, Berlin, p. 635.

Böttcher, A. , Gerber, T. , Lücke, K. , 1992. Mats. Sci. Tech. 8, 16.

Bourelier, F. , Le Hericy, J. , 1963. In: Ecrouissage, Restauration, Recristallisation. Presses Univ. de France, Paris, p. 33.

Boutin, F. R. , 1975. J. Phys. C4, 355.

Bowen, A. W. , Humphreys, F. J. , 1991. In: Bunge (Ed.), Proc. ICOTOM 9, p. 715. Avignon.

Bowen, A. W. , Ardakani, M. , Humphreys, F. J. , 1991. In: Hansen, et al. (Eds.), Proc. 12th Risø Int. Symp. Risø, Denmark, p. 241.

Bowen, A. W. , Ardakani, M. , Humphreys, F. J. , 1993. In: Bunge, Clausthal (Eds.), Proc. ICOTOM 10. Trans. Tech. Publ. , p. 919.

Bowen, A. W. , 1990. Mats. Sci. Tech. 6, 1058.

Bowles, J. S. , Boas, W. , 1948. J. Inst. Met. 74, 501.

Bozzolo, N. , Dewobroto, N. , Grosdidier, T. , Wagner, E. , 2005. Mats. Sci. Eng. A 397, 346.

Bragg, L. , Nye, J. F. , 1947. Proc. R. Soc. Lond. A 190, 474.

Brahme, A. , Alvi, M. H. , Saylor, D. , Fridy, J. , Rollett, A. D. , 2006. Scr. Mater. 55, 75.

Brahme, A. , Fridy, J. , Weiland, H. , Rollett, A. D. , 2009. Modell. Sim. Matls. Sci. Eng. 17, 015005.

Brandon, D. G. , Ralph, B. , Ranganathan, S. , Wald, M. S. , 1964. Acta Metall. 12, 813.

Brandon, D. G. , 1966. Acta Metall. 14, 1479.

Brigeman, P. W. , 1950. Studies in Large Plastic Flow and Fracture. McGraw-Hill.

Brimhall, J. L. , Klein, M. J. , Huggins, R. A. , 1966. Acta Metall. 14, 459.

Brook, R. J. , 1976. In: Wang (Ed.), Ceramic Fabrication Processes. Academic Press, New York, p. 331.

Brown, K. , Hatherly, M. , 1970. J. Inst. Met. 98, 317.

Brown, K. , 1972. J. Inst. Met. 100, 341.

Brown, L. M. , 1985. In: Proc. 5th Int. Conf. on Strength of Metals and Alloys, vol. 3, p. 1551.

Brown, L. M. , 1997. Phil. Trans. Royal Soc. Lond. A 355, 1979.

Buckley, R. A. , 1979. Met. Sci. 13, 67.

Bunge, H. -J. , Dahlem-Klein, E. , 1988. In: Kallend, Gottstein (Eds.), ICOTOM 8. TMS, Warrendale, p. 705.

Bunge, H. J. , 1965. Z. Metallkd. 56, 872.

Bunge, H. , 1982. Texture Analysis in Materials Science. Butterworth, London.

Burger, G. B. , Gupta, A. K. , Jeffrey, P. W. , Lloyd, D. J. , 1995. Mats. Charact. 35, 23.

Burgers, W. G. , Snoek, J. L. , 1935. Z. Metallkd. 27, 158.

Burgers, J. M. , 1940. Proc. Phys. Soc. Lond. 52, 23.

Burgers, W. G. , 1941. Rekristallisation, Verformter Zustand und Erholung (Leipzig).

Burke, J. E. , Turnbull, D. , 1952. Prog. Metal Phys. 3, 220.

Burke, J. E. , 1949. Trans. Metall. Soc. AIME 180, 73.

Burke, J. E. , 1950. Trans. Metall. Soc. AIME 188, 1324.

Byrne, J. G. , 1965. Recovery, Recrystallization and Grain Growth. McMillan, New York.

Cahn, J. W. , Hagel, W. , 1960. In: Zackey, Aaronson (Eds.), Decomposition of Austenite by Diffusional Processes. Interscience, Publ. , New York, p. 131.

Cahn, J. W. , Hoffman, D. W. , 1974. Acta Metall. 22, 1205.

Cahn, R. W. Westmacott, K. H. , 1990. Cited in Cahn (1991a).

Cahn, R. W. , Takeyama, M. , Horton, J. A. , Liu, C. T. , 1991. J. Mat. Res. 6, 57.

Cahn, J. W. , Mishin, Y. , Suzuki, A. , 2006. Acta Mater. 54, 4953.

Cahn, R. W. , 1949. J. Inst. Met. 76, 121.

Cahn, R. W. , 1950. Proc. Phys. Soc. Lond. A 63, 323.

Cahn, J. W. , 1956. Acta Metall. 4, 449.

Cahn, J. W. , 1962. Acta Metall. 10, 789.

Cahn, R. W. , 1983. In: Cahn, Haasen (Eds.), Physical Metallurgy, third ed. Elsevier Science Publishers, p. 1595.

Cahn, R. W. , 1990. In: Whang, et al. (Eds.), High Temperature Aluminides and Intermetallics. TMS, p. 245.

Cahn, R. W. , 1991b. In: Cahn (Ed.), Processing of Metals and Alloys. VCH, Heinheim, p. 429.

Caillard, D. , Martin, J. -L. , 2009. Intl. J. Mater. Res. 100, 1403.

Caleyo, F. , Baudin, T. , Penelle, R. , 2002. Scr. Mater. 46, 829.

Calvet, J. , Renon, C. , 1960. Mémoires Scientifiques Revue de Métallurgie 57, 3.

Cantwell, P. R. , Tang, M. , Dillon, S. J. , Luo, J. , Rohrer, G. S. , Harmer, M. P. , 2014. Acta Mater. 62, 1.

Carlson, N. N. , Miller, K. , 1998. SIAM J. Sci. Comput. 19, 728.

Carmichael, C. , Malin, A. S. , Hatherly, M. , 1982. In: Gifkins (Ed.), Proc. 6th Int. Conf. on Strength of Metals and Alloys, p. 381. Melbourne.

Carpenter, H. C. H. , Elam, C. F. , 1920. J. Inst. Met. 24 (2), 83.

Carpenter, J. S. , Liu, X. , Darbal, A. , Nuhfer, N. T. , McCabe, R. J. , Vogel, S. C. , LeDonne, J. E. , Rollett, A. D. , Barmak, K. , Beyerlein, I. J. , Mara, N. A. , 2012. Scr. Mater. 67, 336.

Carrington, W. , Hale, K. F. , McLean, D. , 1960. Proc. Royal Soc. Lond. 259A, 303.

Castro-Fernandes, F. R. , Sellars, C. M. , Whiteman, J. A. , 1990. Mats. Sci. Tech. 6, 453.

Castro-Fernandez, F. R. , Sellars, C. M. , 1988. Mats. Sci. Tech. 4, 621.

Chadwick, G. A. , Smith, D. A. , 1976. Grain Boundary Structure and Properties. Academic

Press, New York.

Chan, H. M. , Humphreys, F. J. , 1984a. Proc. El. Mic. Soc. America 476.

Chan, H. M. , Humphreys, F. J. , 1984b. Acta Metall. 32, 235.

Chan, H. M. , Humphreys, F. J. , 1984c. Metal Sci. 18, 527.

Charpy, G. , 1910. Rev. Met. 7 (1), 655.

Chen, N. , Zaefferer, S. , Lahn, L. , Günther, K. , Raabe, D. , 2003. Acta Mater. 51, 1755.

Chin, L. I. J. , Grant, N. J. , 1967. Powder Metall. 10, 344.

Chin, G. Y. , 1969. In: Grewen, Wassermann (Eds.), Textures in Research and Practice, p. 236. Berlin.

Choi, Y. S. , Piehler, H. R. , Rollett, A. D. , 2004. Metall. Matls. Trans. A 35A, 513.

Chowdhury, S. G. , Ray, R. K. , Jena, A. K. , 1998. Matls. Sci. Eng. A 246, 289.

Chowdhury, S. G. , Ray, R. K. , Jena, A. K. , 2000. Matls. Sci. Eng. A 277, 1.

Christian, J. W. , 2002. The Theory of Transformations in Metals and Alloys. Pergamon, Oxford.

Chung, C. Y. , Duggan, B. J. , Bingley, M. S. , Hutchinson, W. B. , 1988. In: Proc. 8th Int. Conf. on Strength of Metals and Alloys, vol. 1, p. 319.

Clareborough, L. M. , Hargreaves, M. E. , Loretto, M. H. , 1963. In: Himmel (Ed.), Recovery and Recrystallization of Metals. Interscience, p. 43.

Clareborough, L. M. , 1950. Aust. J. Sci. Res. 3A, 72.

Clareborough, L. M. , Hargreaves, M. E. , West, G. W. , 1955. Proc. R. Soc. Lond. A 232, 252.

Clareborough, L. M. , Hargreaves, M. E. , West, G. W. , 1956. Phil. Mag. 1, 528.

Clark, M. , Alden, T. , 1973. Acta Mater. 21, 1195.

Clemens, H. , Mayer, S. , 2016. Mater. High Temp. 33, 560.

Cline, R. S. , Hu, H. , 1978. Unpublished research, quoted by Hu (1978).

Coble, R. L. , Burke, J. E. , 1963. In: Progress in Ceramic Science. Pergamon Press.

Cook, M. , Richards, T. L. , 1940. J. Inst. Met. 66, 1.

Cook, M. , Richards, T. L. , 1946. J. Inst. Met. 73, 1.

Cooke, B. A. , Ralph, B. , 1980. In: Hansen, et al. (Eds.), Proc. 1st Int. Risø Symp. Risø, Denmark, p. 211.

Cooke, B. A. , Jones, A. R. , Ralph, B. , 1979. Met. Sci. 13, 179.

Cotterill, P. , Mould, P. R. , 1976. Recrystallization and Grain Growth in Metals. Surrey Univ. Press, London.

Cottrell, A. H. , Aytekin, V. , 1950. J. Inst. Met. 77, 389.

Cottrell, A. H. , Bilby, B. A. , 1951. Philos. Mag. 42, 573 - 581.

Cottrell, A. H. , 1953. Dislocations and Plastic Flow in Crystals. OUP, Oxford.

Couling, S. L. , Pearsall, G. W. , 1957. Trans. Metall. Soc. AIME 209, 939.

Courbon, J. , 2000. Mats. Sci. Forum 331 - 337, 17.

Couturier, G. , Doherty, R. , Maurice, C. , Fortunier, R. , 2005. Acta Mater. 53, 977.

Crumbach, M. , Neumann, L. , Goerdeler, M. , Aretz, H. , Gottstein, G. , Kopp, R. ,

2006. Modelling and Simulation in Materials Science and Engineering 14, 835.

Czochralski, J., 1925. Z. Metallkd. 17, 1.

Czubayco, U., Sursaeva, V. G., Gottstein, G., Shvindlerman, L. S., 1998. Acta Mater. 46, 5863.

da Fonseca, J. Q., Ko, L., 2015. IOP Conf. Series: Matls. Sci. Eng. 89, 012012.

Daaland, O., Nes, E., 1995. Acta Mater. 43, 1389.

Daaland, O., Nes, E., 1996. Acta Mater. 44, 1413.

Dadras, M. M., Morris, D. G., 1993. Scr. Metall. Mater. 28, 1245.

Dahl, O., Pawlek, F., 1936. Z. Metallkd. 28, 320.

Dalla Torre, F. H., Gazder, A. A., Pereloma, E. V., Davies, C. H. J., 2007. J. Mater. Sci. 42, 9097.

Davenport, S. B., Higginson, R. L., Sellars, C. M., 1999. Phil. Trans. R. Soc. Lond. A 357, 1645.

Davenport, S. B., Silk, N. J., Sparks, C. N., Sellars, C. M., 2000. Mats. Sci. Tech. 16, 539.

Davies, R. G., Stoloff, N. S., 1966. Trans. Metall. Soc. AIME 236, 1905.

Dawson, P. R., Mika, D. P., Barton, N. R., 2002. Scr. Mater. 47, 713.

De Hoff, R. T., Rhines, F. N., 1968. Quantitative Microscopy. McGraw Hill, New York.

De George, V., Shen, S., Ohodnicki, P., Andio, M., McHenry, M., 2014. J. Elec. Matls. 43, 96.

Demianczuc, D. W., Aust, K. T., 1975. Acta Metall. 23, 1149.

Demirel, M. C., Kuprat, A. P., George, D. C., Straub, G. K., Rollett, A. D., 2002. Interf. Sci. 10, 137.

Derby, B., Ashby, M. F., 1987. Scr. Metall. 21, 879.

Derby, B., 1991. Acta Metall. 39, 955.

Detert, K., 1959. Acta Metall. 7, 589.

Detert, K., 1978. In: Haessner, F. (Ed.), Recrystallization of Metallic Materials. Dr. Riederer-Verlag GmbH, Stuttgart, p. 97.

Diehl, J., 1956. Z. Metallkd. 47, 331.

Dillamore, I. L., Katoh, H., 1974. Met. Sci. 8, 73.

Dillamore, I. L., Roberts, W. T., 1965. Met. Rev. 10 (39), 271.

Dillamore, I. L., Smith, C. J. E., Watson, T. W., 1967. Met. Sci. J. 1, 49.

Dillamore, I. L., Morris, P. L., Smith, C. J. E., Hutchinson, W. B., 1972. Proc. R. Soc. Lond. A. 329, 405.

Dillamore, I. L., Katoh, H., Haslam, K., 1974. Texture 1, 151.

Dillamore, I. L., Roberts, J. G., Busch, A. C., 1979. Met. Sci. 13, 73.

Dillamore, I. L., 1978a. In: Gottstein, Lücke (Eds.), Proc. ICOTOM 5. Springer-Verlag, Berlin, p. 67.

Dillamore, I. L., 1978b. In: Haessner, F. (Ed.), Recrystallization of Metallic Materials. Springer, p. 223.

Dillon, S. J., Harmer, M. P., 2008. J. Amer. Ceramic Soc. 91, 2304.

Dillon, S. J. , Rohrer, G. S. , 2009. Acta Mater. 57, 1.

Dillon, S. J. , Tang, M. , Carter, W. C. , Harmer, M. P. , 2007. Acta Mater. 55, 6208.

Dillon, S. J. , Harmer, M. P. , Rohrer, G. S. , 2010. J. Amer. Ceram. Soc. 93, 1796.

Dimitrov, O. , Fromageau, R. , Dimitrov, C. , 1978. In: Haessner (Ed.), Recrystallization of Metallic Materials. Dr. Riederer-Verlag GMBH, Stuttgart, p. 137.

Dingley, D. J. , Pond, R. C. , 1979. Acta Metall. 28, 667.

Dingley, D. J. , Randle, V. , 1992. J. Mats. Sci. 27, 4545.

Distl, J. S. , Welch, P. I. , Bunge, H. J. , 1982. Scr. Metall. 17, 975.

Djaic, R. A. P. , Jonas, J. J. , 1972. J. Iron Steel Inst. 210, 256.

Doherty, R. D. , Cahn, R. W. , 1972. J. Less Common Met. 28, 279.

Doherty, R. D. , Martin, J. W. , 1962. J. Inst. Met. 91, 332.

Doherty, R. D. , Martin, J. W. , 1964. Trans. ASM 57, 874.

Doherty, R. D. , Szpunar, J. A. , 1984. Acta Metall. 32, 1789.

Doherty, R. D. , Rollett, A. R. , Srolovitz, D. J. , 1986. In: Hansen, et al. (Eds.), Proc. 7th Risø Symp. Risø, Denmark, p. 53.

Doherty, R. D. , Li, K. , Kashyap, K. , Rollett, A. R. , Srolovitz, D. J. , 1989. In: Bilde-Sorensen, et al. (Eds.), Proc. 10th Risø Symp. Risø, Denmark, p. 31.

Doherty, R. D. , Li, K. , Anderson, M. P. , Rollett, A. R. , Srolovitz, D. J. , 1990. In: Chandra (Ed.), Recrystallization'90. TMS, p. 122.

Doherty, R. D. , 1975. Metall. Trans. 6A, 588.

Doherty, R. D. , 1978. In: Haessner, F. (Ed.), Recrystallization of Metallic Materials. Dr. Riederer-Verlag GmbH, Stuttgart, p. 23.

Doherty, R. D. , 1982. Metal Sci. 16, 1.

Donegan, S. P. , Tucker, J. C. , Rollett, A. D. , Barmak, K. , Groeber, M. A. , 2013. Acta Mater. 61, 5595.

Driver, J. H. , Theyssier, M. , Maurice, C. , 1996. Mats. Sci. Tech. 12, 851.

Driver, J. H. , Paul, H. , Glez, J. C. , Maurice, C. , 2000. In: Hansen, et al. (Eds.), Proc 21st Int. Risø Symposium. Risø, Denmark, p. 35.

Driver, J. H. , 1995. In: Hansen, et al. (Eds.), Proc. 16th Int. Risø Symp. Risø, Denmark, p. 25.

Drolet, J. P. , Galibois, A. , 1968. Acta Metall. 16, 1387.

Drouard, R. , Washburn, J. , Parker, E. R. , 1953. Trans. Metall. Soc. AIME 197, 1226.

Drury, M. D. , Humphreys, F. J. , 1986. Acta Metall. 34, 2259.

Drury, M. D. , Humphreys, F. J. , White, S. H. , 1989. J. Mater. Sci. 24, 154.

Duckham, A. , Knutsen, R. D. , Engler, O. , 2001. Acta Mater. 49, 2739.

Duggan, B. J. , Jones, I. P. , 1977. Texture 2, 205.

Duggan, B. J. , Lee, W. B. , 1988. In: Kallend, Gottstein (Eds.), ICOTOM 8. TMS, Warrendale, p. 625.

Duggan, B. J. , Hatherly, M. , Hutchinson, W. B. , Wakefield, P. T. , 1978a. Met. Sci. 12, 343.

Duggan, B. J. , Hutchinson, W. B. , Hatherly, M. , 1978b. Scr. Met. 12, 1293.

Duggan, B. J. , Lücke, K. , Köhlhoff, G. , Lee, C. S. , 1993. Acta Metall. 41, 1921.

Duly, D. , Baxter, G. J. , Shercliff, H. R. , Whiteman, J. A. , Sellars, C. M. , Ashby, M. F. , 1996. Acta Mater. 44, 2947.

Dunn, C. G. , Koh, P. K. , 1956. Trans. Metall. Soc. AIME 206, 1017.

Dunn, C. G. , Walter, J. L. , 1959. Trans. Metall. Soc. AIME 218, 448.

Dunn, C. G. , Walter, J. L. , 1966. In: Recrystallization, Grain Growth and Textures. ASM, Ohio, p. 461.

Dunn, C. G. , 1966. Acta Metall. 14, 221.

Dutta, S. K. , Spriggs, R. M. , 1970. J. Am. Ceram. Soc. 53, 61.

Dyson, D. J. , Quested, P. N. , 2001. In: Strang, Crawley (Eds.), Quantitative Microscopy of High Temperature Materials. IOM Communications, p. 98.

Eastwood, L. W. , Bousu, A. E. , Eddy, C. T. , 1935. Trans. Metall. Soc. AIME 117, 246.

Edward, G. H. , Etheridge, M. A. , Hobbs, B. E. , 1988. Text. Microstruct. 5, 127.

Eichelkraut, H. , Abbruzzese, G. , Lücke, K. , 1988. Acta Metall. 36, 55.

Ekström, H. E. , Hagstrom, J. , Hutchinson, W. B. , 1999. In: Sakai, T. , Suzuki, H. (Eds.), Proc. 4th Int. Conf. on Recrystallization. Tsukuba. Japan Inst. Metals, p. 809.

El-Danaf, E. , Kalidindi, S. R. , Doherty, R. D. , Necker, C. , 2000. Acta Mater. 48, 2665.

Ells, C. E. , 1963. Acta Metall. 11, 87.

Elsey, M. , Esedoglu, S. , Smereka, P. , 2009. J. Comput. Phys. 228, 8015.

Embury, J. D. , Poole, W. J. , Koken, E. , 1992. Scr. Metall. 27, 1465.

Emren, F. , von Schlippenback, U. , Lücke, K. , 1986. Acta Met. 34, 2105.

Engler, O. , Hirsch, J. , 2002. Mats. Sci. Eng. A 336, 249.

Engler, O. , Huh, M. , 1999. Mats. Sci. Eng. A 271, 371.

Engler, O. , Yang, P. , 1995. In: Hansen, et al. (Eds.), Proc. 16th Int. Risø Symp. Risø, Denmark, p. 335.

Engler, O. , Kong, X. W. , Lücke, K. , 1999. Scr. Mater. 41, 493.

Engler, O. , Huh, M. Y. , Tomé, C. N. , 2000. Metall. Mater. Trans. A 31, 2299.

Engler, O. , Kong, X. W. , Lücke, K. , 2001. Philos. Mag. 81, 543.

Engler, O. , 1997. In: McNelley, T. (Ed.), Proc. Rex'96, Recrystallization and Related Phenomena. Monterey Institute of Advanced Studies, Monterey, California, p. 503.

Engler, O. , 1998. In: Carstensen, et al. (Eds.), Proc. 19th Risø Int. Symp. Risø, Denmark, p. 253.

Engler, O. , 2000. Acta Mater. 48, 4827.

Engler, O. , 2001b. Scr. Mater. 44, 229.

Engler, O. , Hirsch, J. , Lücke, K. , 1995. Acta Mater. 43, 121.

Engler, O. , 2001a. Acta Mater. 49, 1237.

English, A. T. , Backofen, W. A. , 1964. Trans. Metall. Soc. AIME 230, 396.

Escher, C. , Neves, S. , Gottstein, G. , 1998. Acta Mater. 46, 441.

Estrin, Y. , Gottstein, G. , Shvindlerman, L. S. , 1999. Acta Mater. 47, 3541.

Estrin, Y. , Gottstein, G. , Rabkin, E. , Shvindlerman, L. S. , 2000. Scr. Mater. 43, 147.

Every, R. L. , Hatherly, M. , 1974. Texture 1, 183.

Ewing, J. A. , Rosenhain, W. , 1900. Phil. Trans. Royal Soc. 193A, 353.

Exell, S. F. , Warrington, D. , 1972. Phil. Mag. 26, 1121.

Exner, H. E. , 1972. Int. Met. Rev. 17, 25.

Faivre, P. , Doherty, R. D. , 1979. J. Mats. Sci. 14, 897.

Fan, D. , Chen, L. Q. , 1997. Acta Mater. 45, 611.

Fan, D. N. , Chen, L. Q. , Chen, S. P. , 1997. Mater. Sci. Eng. A 238, 78.

Farag, M. M. , Sellars, C. M. , Tegart, W. J. McG. , 1968. In: Moore (Ed.), Deformation Under Hot Working Conditions. Iron & Steel Inst. , London, p. 103.

Farrell, K. , Schauffhauser, A. C. , Houston, J. T. , 1970. Metall. Trans. 1, 2899.

Feltham, P. , 1957. Acta Metall. 5, 97.

Feltner, P. K. , Loughhunn, D. J. , 1962. Acta Metall. 10, 685.

Feppon, J. M. , Hutchinson, W. B. , 2002. Acta Mater. 50, 3293.

Ference, T. G. , Balluffi, R. W. , 1988. Scr. Metall. 22, 1929.

Ferran, G. , Cizeron, G. , Aust, K. T. , 1967. Mem. Sci. 64, 1064.

Ferry, M. , Humphreys, F. J. , 1996a. Acta Mater. 44, 1293.

Ferry, M. , Humphreys, F. J. , 1996b. Acta Mater. 44, 3089.

Ferry, M. , Humphreys, F. J. , 1996c. Mats. Sci. Forum 217 - 222, 493.

Ferry, M. , Munroe, P. , Crosky, A. , Chandra, T. , 1992. Mats. Sci. Tech. 8, 43.

Field, D. P. , 1995. Materials Science and Engineering A 190, 241.

Fleck, N. A. , Hutchnison, J. W. , 1994. J. Mech. Phys. Solids 41, 1825.

Flower, H. M. , 1990. Mats. Sci. Tech. 6, 1082.

Foiles, S. M. , Baskes, M. I. , Daw, M. S. , 1986. Phys. Rev. B 33, 7983.

Follansbee, P. S. , 2013. Fundamentals of Strength: Principles, Experiment, and Applications of an Internal State Variable Constitutive Formulation. John Wiley and Sons, New York.

Forbord, B. , Holmestad, R. , Daaland, O. , Nes, E. , 1997. In: McNelley, T. (Ed.), Proc. Rex'96. Monterey Institute of Advanced Studies, Monterey, California, p. 247.

Form, W. , Gindreaux, G. , Mlyncar, V. , 1980. Metal Sci. 14, 16.

Foster, K. , Kramer, J. J. , Weiner, G. W. , 1963. Trans. Metall. Soc. AIME 227, 185.

Frank, F. C. , 1988. Metall. Trans. 19A, 403.

Frazier, W. E. , Rohrer, G. S. , Rollett, A. D. , 2015. Acta Mater. 96, 390.

Frick, C. P. , Ortega, A. M. , Tyber, J. , Maksound, A. E. M. , Maier, H. J. , Liu, Y. N. , Gall, K. , 2005. Matls. Sci. Eng. A 405, 34.

Fridman, E. M. , Kopezky, C. V. , Shvindlerman, L. S. , 1975. Z. Metallkd. 66, 533.

Fridy, J. M. , Marthinsen, K. , Rouns, T. N. , Lippert, K. B. , Nes, E. , Richmond, O. , 1992. In: Proc. 3rd Int. Conf. on Aluminium, Trondheim, p. 333.

Friedel, J. , 1964. Dislocations. Addison-Wesley, London.

Frois, C. , Dimitrov, O. , 1966. Ann. Chim. Paris 1, 113.

Frolov, T. , Olmsted, D. L. , Asta, M. , Mishin, Y. , 2013. Nat. Commun. 4, 1899.

Frost, H. J. , Ashby, M. F. , 1982. Deformation-Mechanism Maps. Pergamon Press.

Frost, H. J. , Thompson, C. V. , 1988. J. Electron. Mater. 17, 447.

Frost, H. J. , Thompson, C. V. , Walton, D. T. , 1990. Acta Metall. 38, 1455.

Frost, H. J. , Thompson, C. V. , Walton, D. T. , 1992. In: Abbruzzese, Brozzo (Eds.), Grain Growth in Polycrystalline Materials. Trans. Tech. Publ. , p. 543.

Frost, H. J. , 1992. In: Abbruzzese, Brozzo (Eds.), Grain Growth in Polycrystalline Materials. Trans. Tech. Publ. , p. 903.

Fuchizaki, K. , Kusaba, T. , Kawasaki, K. , 1995. Phil. Mag. B71, 333.

Fudaba, K. , Akisue, O. , Tokunaga, Y. , 1988. In: 27th CIM Conf. (Montreal), p. 290.

Fuentes, M. , Sevillano, J. G. (Eds.), 1992. Recrystallization'92. Trans. Tech. Publ. , San Sebastian, Spain.

Fukuda, F. , Sadayori, T. , July 1989. Steel Times Int. 38.

Fukuda, N. , Shimizu, M. , 1972. Sosei-to-Kako 13, 841.

Fullman, R. E. , Fisher, J. C. , 1951. J. Appl. Phys. 22, 1350.

Fullman, R. L. , 1952. In: Metal Interfaces. ASM, Cleveland, Ohio, p. 179.

Fullman, R. L. , 1953. Trans. AIME 197, 447.

Fundenberger, J. J. , Morawiec, A. , Bouzy, E. , Lecomte, J. S. , 2003. Ultramicroscopy 96, 127.

Furley, J. , Randle, V. , 1991. Mats. Sci. Tech. 7, 12.

Furu, T. , Nes, E. , 1992. In: Fuentes, Sevillano (Eds.), Recrystallization'92, p. 311. San Sebastian, Spain.

Furu, T. , Marthinsen, K. , Nes, E. , 1990. Mats. Sci. Tech. 6, 1093.

Furu, T. , Marthinsen, K. , Nes, E. , 1992. In: Fuentes, Sevillano (Eds.), Recrystallization'92, p. 41. San Sebastian, Spain.

Furu, T. , Ørsund, R. , Nes, E. , 1995. Acta Metall. Mater. 43, 2209.

Furu, T. , Shercliff, H. R. , Sellars, C. M. , Ashby, M. F. , 1996. In: Proc. ICAA5, Grenoble, p. 453.

Furu, T. , 1992. (Doctoral thesis). NTH, Trondheim.

Furuhara, T. , Poorganji, B. , Abe, H. , Maki, T. , 2007. JOM 59, 64.

Galina, A. V. , Fradkov, V. Y. , Shvindlerman, L. S. , 1987. Fiz. Metal. Metalloved 63 (6), 1220.

Galiyev, A. , Kaibyshev, R. , Gottstein, G. , 2001. Acta Mater. 49, 1199.

Gardner, K. J. , Grimes, R. , 1979. Metal Sci. 13, 216.

Gastaldi, J. , Jourdan, C. , Grange, G. , 1992. Mater. Sci. Forum 94 – 96, 17.

Gawne, D. T. , Higgins, R. A. , 1969. In: Grewen, Wasserman (Eds.), Textures in Research and Practice. Springer, New York, p. 319.

Gawne, D. T. , Higgins, R. A. , 1971. J. Mats. Sci. 6, 403.

Gerspach, F. , Bozzolo, N. , Wagner, F. , 2009. Scr. Mater. 60, 203.

Gholinia, A. , Prangnell, P. B. , Markuchev, M. V. , 2000. Acta Mater. 48, 1115.

Gholinia, A. , Humphreys, F. J. , Prangnell, P. B. , 2002b. Acta Mater. 50, 4461.

Ghosh, A. K. , Ghandi, C. , 1986. In: McQueen, et al. (Eds.), Strength of Metals and Alloys, Proc. 7th Int. Conf. on Strength of Metals and Alloys, vol. 3. Pergamon

Press, p. 2065.

Gialanella, S., Cahn, R. W., Malagelada, J., Surinach, S., Baro`, M. D., 1992. In: Chang, et al. (Eds.), Kinetics of Ordering Transformations in Metals, p. 161.

Gifkins, R. C., 1952. J. Inst. Met. 81, 417.

Gifkins, R. C., 1957. J. Inst. Met. 86, 15.

Gil Sevillano, J., van Houtte, P., Aernoudt, E., 1980. Prog. Mater. Sci. 25, 69.

Gilman, J. J., 1955. Acta Metall. 3, 277.

Ginter, T. J., Mohamed, F. A., 1982. J. Mater. Sci. 17, 2007.

Gjostein, N. A., Rhines, F. N., 1959. Acta Metall. 7, 319.

Gladman, T., Woodhead, J. H., 1960. J. Iron Steel Inst. 194, 189.

Gladman, T., 1966. Proc. R. Soc. Lond. A 294, 298.

Gladman, T., 1980. In: Hansen (Ed.), Proc. 1st Int. Risø Symposium. Risø, Denmark, p. 183.

Gladman, T., 1990. Mats. Sci. Tech. 6, 1131.

Gladman, T., 1992. In: Abbruzzese, Brozzo (Eds.), Grain Growth in Polycrystalline Materials. Trans. Tech. Publ., p. 113.

Gleiter, H., Chalmers, B., 1972. Prog. Mater. Sci. 16, 1.

Gleiter, H., 1969a. Acta Metall. 17, 565.

Gleiter, H., 1969b. Acta Metall. 17, 853.

Gleiter, H., 1969c. Acta Metall. 17, 1421.

Gleiter, H., 1970a. Acta Metall. 18, 117.

Gleiter, H., 1970c. Z. Metallkd. 61, 282.

Gleiter, H., 1971. Phys. Stat. Solidi B 45, 9.

Gleiter, H., 1980. In: Grain Boundary Structure and Kinetics. ASM, Ohio, p. 427.

Gleiter, H., 2000. Acta Mater. 48, 1.

Godfrey, A., Juul Jensen, D., Hansen, N., 2001. Acta Mater. 49, 2429.

Godiksen, R. B., Trautt, Z. T., Upmanyu, M., Schiøtz, J., Jensen, D. J., Schmidt, S., 2007. Acta Mater. 55, 6383.

Gokhale, A. M., DeHoff, R. T., 1985. Metall. Trans. 16A, 559.

Gondi, P., Montanari, R., Sili, A., 1992. In: Abbruzzeze, Brozzo (Eds.), Grain Growth in Polycrystalline Materials. Trans. Tech. Publ., Switzerland, p. 591.

Goodenow, R. H., 1966. Trans. ASM 59, 804.

Goodhew, P. J., 1979. Metal Sci. 13, 108.

Goodhew, P. J., 1980. In: Balluffi (Ed.), Grain Boundary Structure and Kinetics. ASM, Ohio, p. 155.

Gordon, P., El Bassyoumi, T. A., 1965. Trans. Metall. Soc. AIME 223, 391.

Gordon, P., Vandermeer, R. A., 1962. Trans. Metall. Soc. AIME 224, 917.

Gordon, P., Vandermeer, R., 1966. In: Recrystallization, Grain Growth and Textures. ASM, Metals Park, Ohio, p. 205.

Gordon, R. S., Marchant, D. D., Hollenburg, G. W., 1970. J. Am. Ceram. Soc. 53, 399.

Gordon, P., 1955. Trans. Metall. Soc. AIME 203, 1043.

Goss，N. P.，1934a. U. S. Patent 1965559.

Goss，N. P.，1934b. Trans. ASM 23，511.

Gottstein, G.，Kocks, U. F.，1983. Acta Metall. 31，175.

Gottstein, G.，Shvindlerman, L. S.，1992. Scr. Metall. 27，1521.

Gottstein, G.，Shvindlerman, L. S.，1993. Acta Metall. 41，3267.

Gottstein, G.，Shvindlerman, L. S.，2010. Grain Boundary Migration in Metals, second ed. CRC Press, Boca Raton, USA.

Gottstein, G.，Zabardjadi, D.，Mecking, H.，1976. In: Proc. 4th Int. Conf. on Strength of Metals and Alloys, Nancy, p. 1126.

Gottstein, G.，Murmann, H. C.，Renner, G.，Simpson, C. J.，Lücke, K.，1978. In: Gottstein, Lücke (Eds.), Proc. ICOTOM 5, p. 521. Aachen.

Gottstein, G.，Zabardjadi, D.，Mecking, H.，1979. Metal Sci. 13，223.

Gottstein, G.，Nagpal, P.，Kim, W.，1989. Mat. Sci. Eng. A108，165.

Gottstein, G.，Marx, V.，Sebald, R.，1999. In: Sakai, T.，Suzuki, H. (Eds.), Proc. 4th Int. Conf. Rex. Tsukuba. Japan Inst. Metals, p. 15.

Gottstein, G.，King, A. H.，Shvindlerman, L. S.，2000. Acta Mater. 48，397.

Gottstein, G.，Ma, Y.，Shvindlerman, L. S.，2005. Acta Mater. 53，1535.

Gottstein, G.，1984. Acta Metall. 32，1117.

Gottstein, G.，Schwarzer, F.，1992. In: Abbruzzeze, Brozzo (Eds.), Grain Growth in Polycrystalline Materials. Trans. Tech. Publ.，Switzerland, p. 197.

Goukon, N.，Yamada, T.，Kajihara, M.，2000. Acta Mater. 48，2837.

Gould, D.，Hirsch, P. B.，Humphreys, F. J.，1974. Phil. Mag. 30，1353.

Gourdet, S.，Montheillet, F.，2002. Acta Mater. 50，2801.

Graham, C. D.，Cahn, R. W.，1956. Trans. Metall. Soc. AIME 206，517.

Green, R. E.，Liebmann, G. B.，Yoshida, H.，1959. Trans. Metall. Soc. AIME 215，610.

Greiser, J.，Mullner, P.，Arzt, E.，2001. Acta Mater. 49，1041.

Grest, G. S.，Srolovitz, D. J.，Anderson, M. P.，1985. Acta Metall. 33，509.

Grewe, H. G.，Schmidt, P. F.，Schur, K.，1973. Z. Metallkd. 64，502.

Grewel, G.，Ankem, A.，1989. Metall. Trans. 20A，39.

Grewel, G.，Ankem, A.，1990. Metall. Trans. 21A，1645.

Grewen, J.，Huber, J.，1978. In: Haessner, F. (Ed.), Recrystallization of Metallic Materials. Springer, p. 111.

Grewen, J.，1973. In: Proc. 3rd Coll. Eur. Sur Textures, Pont-a-Mousson, p. 195.

Grey, E. A.，Higgins, G. T.，1973. Acta Metall. 21，309.

Grimes, R.，Dashwood, R. J.，Flower, H. M.，2001. Mats. Sci. Forum 357–359，357.

Grimes, R.，2003. Mats. Sci. Tech. 19，3.

Grimes, R.，Miller, W. S.，Butler, R. G.，1987. J. Phys. Colloque C3 (48)，239.

Grimmer, H.，Bollmann, W.，Warrington, D. H.，1974. Acta Cryst 30A，197.

Groeber, M. A.，Haley, B. K.，Uchic, M. D.，Dimiduk, D. M.，Ghosh, S.，2006. Mater. Charact. 57，259.

Groma, I.，Ungar, T.，Wilkens, M.，1988. J. Appl. Cryst 21，47.

Grong, Ø. , Shercliff, H. R. , 2002. Prog. Mater. Sci. 47, 163.

Gronski, R. , 1980. In: Baluffi (Ed.), Grain Boundary Structure and Kinetics. ASM, Ohio, p. 45.

Grovenor, C. R. M. , Smith, D. A. , Goringe, M. J. , 1980. Thin Solid Films 74, 269.

Gruber, J. , George, D. C. , Kuprat, A. P. , Rohrer, G. S. , Rollett, A. D. , 2005. Scr. Mater. 53, 351.

Gruber, J. , Miller, H. M. , Hoffmann, T. D. , Rohrer, G. S. , Rollett, A. D. , 2009. Acta Mater. 57, 6102.

Gruber, J. , Miller, H. M. , Hoffmann, T. D. , Rohrer, G. S. , Rollett, A. D. , 2010. Acta Mater. 58, 14.

Grunwald, W. , Haessner, F. , 1970. Acta Metall. 18, 217.

Gryzliecki, J. , Truszkowski, W. , Pospiech, J. , Jura, J. , 1988. Text. Microstruct. 14 – 18, 1061.

Gu, C. F. , Toth, L. S. , Beausir, B. , 2012. Scr. Mater. 66, 250.

Guillopé, M. , Poirier, J. P. , 1979. J. Geophys. Res. 84, 5557.

Gurtin, M. E. , Lusk, M. T. , 1999. Physica D 130, 133 – 154.

Gutierrez, I. , Castro, F. R. , Urcola, J. , Fuentes, M. , 1988. Mats. Sci. Eng. A 102, 77.

Haase, O. , Schmid, E. , 1925. J. Phys. 33, 413.

Haasen, P. , 1993. Metall. Trans. 24A, 1001.

Habiby, F. , Humphreys, F. J. , 1993. Text. Microstruct. 20, 125.

Haessner, F. , Hofmann, S. , 1978. In: Haessner (Ed.), Recrystallization of Metallic Materials. Dr. RiedererVerlag, Stuttgart, p. 63.

Haessner, F. , Holzer, H. P. , 1974. Acta Metall. 22, 695.

Haessner, F. (Ed.), 1978. Recrystallization of Metallic Materials. Dr. Riederer-Verlag, GMBH, Stuttgart.

Haessner, F. , 1990. In: Chandra (Ed.), Recrystallisation 90. TMS, Warrendale, p. 511.

Halfpenny, A. , Prior, D. J. , Wheeler, J. , 2012. J. Struct. Geol. 36, 2.

Han, K. , Hirth, J. P. , Embury, J. D. , 2001. Acta Mater. 49, 1537.

Han, W. Z. , Demkowicz, M. J. , Mara, N. A. , Fu, E. G. , Sinha, S. , Rollett, A. D. , Wang, Y. Q. , Carpenter, J. S. , Beyerlein, I. J. , Misra, A. , 2013. Adv. Mater. 25, 6975.

Hansen, N. , Bay, B. , 1972. J. Mats. Sci. 7, 1351.

Hansen, N. , Bay, B. , 1981. Acta Metall. 29, 65.

Hansen, N. , Juul Jensen, D. , 1991. In: Langdon, et al. (Eds.), Hot Deformation of Aluminium Alloys. TMS, Warrendale, p. 3.

Hansen, N. , Leffers, T. , Kjems, J. K. , 1981. Acta Metall. 29, 1523.

Hansen, N. , Bay, B. , Juul Jensen, D. , Leffers, T. , 1985. In: Brakman, et al. (Eds.), Proc. ICOTOM 7, p. 317. Noordwijkerhout.

Hansen, N. , 1975. Mem. Sci. Rev. Met. 72, 189.

Hansen, N. , Kuhlmann-Wilsdorf, D. , 1986. Mat. Sci. Eng. 81, 141.

Hansen, N. , 1990. Mats. Sci. Tech. 6, 1039.

Harase, J., Shimazu, R., 1988. Trans. JIM 29, 388.

Harase, J., Shimizu, R., 1990. J. Jpn. Inst. Metals 54, 1.

Haratani, T., Hutchinson, W. B., Dillamore, I. L., Bate, P. S., 1984. Metal Sci. 18, 57.

Hardwick, D., Sellars, C. M., Tegart, W. J. M., 1961. J. Inst. Met. 90, 21.

Harris, C., Prangnell, P. B., Duan, X., 1998. In: Sato, et al. (Eds.), Proc. 6th Int. Conf. On Aluminium Alloys, ICAA6, vol. 1, p. 583. Toyohashi.

Hartung, W., 1993. Private Commun.

Harun, A., Holm, E. A., Clode, M. P., Miodownik, M. A., 2006. Acta Mater. 54, 3261.

Hasegawa, T., Kocks, U. F., 1979. Acta Metall. 27, 1705.

Hasegawa, H., Komura, K., Utsunumiya, A., Horita, Z., Furukawa, M., Nemoto, M., Langdon, T. G., 1999. Mats. Sci. Eng. A 265, 188.

Haslam, A. J., Phillpot, S. R., Wolf, D., Moldovan, D., Gleiter, H., 2001. Mats. Sci. Eng. A 318, 293.

Hasson, G. C., Goux, C., 1971. Scr. Metall. 5, 889.

Hatherly, M., Hutchinson, W. B., 1979. An Introduction to Textures in Metals. Institution of Metallurgists. Monograph 5.

Hatherly, M., Malin, A. S., 1979. Met. Tech. 6, 308.

Hatherly, M., Malin, A. S., 1984. Scr. Met. 18, 449.

Hatherly, M., Malin, A. S., Carmichael, C. M., 1984. In: Proc. ICOTOM 7, p. 245. Holland.

Hatherly, M., Malin, A. S., Carmichael, C. M., Humphreys, F. J., Hirsch, J., 1986. Acta Metall. 34, 2247.

Hatherly, M., 1959. J. Inst. Met. 88, 60.

Hatherly, M., 1982. In: Gifkins (Ed.), Proc. 6th Int. Conf. on Strength of Metals and Alloys. Pergamon, Oxford, p. 1181.

Hayes, J. S., Keyte, R., Prangnell, P. B., 2000. Mats. Sci. Tech. 16, 1259.

Hayes, J. S., Prangnell, P. B., Bate, P. S., 2002. In: Zhu, et al. (Eds.), Ultrafine Grained Materials II. TMS, Warrendale, p. 495.

Hazeli, K., Askari, H., Cuadra, J., Streller, F., Carpick, R. W., Zbib, H. M., Kontsos, A., 2015. Intl. J. Plasticity 68, 55.

Hazif, R., Dorizzi, P., Poirier, J. P., 1973. Acta Met. 21, 903.

Hazzledine, P. M., Oldershaw, R. D. J., 1990. Phil. Mag. 61A, 579.

Heckelmann, I., Abbruzzese, G., Lücke, K., 1992. In: Abbruzzese, Brozzo (Eds.), Grain Growth in Polycrystalline Materials. Trans. Tech. Publ., p. 391

Heimendahl, M., Bell, W., Thomas, G., 1964. J. Appl. Phys. 35, 3614.

Hellman, P., Hillert, M., 1975. Scand. J. Metall. 4, 211.

Herbst, P., Huber, J., 1978. In: Gottstein, Lücke (Eds.), Texture of Metallic Materials, vol. 1. Springer Verlag, Berlin, p. 452.

Hesselbarth, H. W., Gobel, I. R., 1991. Acta Metall. Mater. 39, 2135.

Hibbard, W. R., Dunn, C. G., 1956. Acta Metall. 4, 306.

Hibbard, W. R. , Tully, W. R. , 1961. Trans. Metall. Soc. AIME 221, 336.

Hibbard, G. D. , McCrea, J. L. , Palumbo, G. , Aust, K. T. , Urb, U. , 2002. Scr. Mater. 47, 83.

Hibbard, G. D. , Radmilovic, V. , Aust, K. T. , Erb, U. , 2008. Mater. Sci. Eng. A 494, 232.

Higashi, K. , Uno, M. , Matsuda, S. , Ito, T. , Tanimura, S. , 1990. In: Chandra (Ed.), Recrystallization'90. TMS, p. 711.

Higashi, K. , 2001. Mats. Sci. Forum 357 - 359, 345.

Higgins, G. T. , Wiryolukito, S. , Nash, P. , 1992. In: Abbruzzese, Brozzo (Eds.), Grain Growth in Polycrystalline Materials. Trans. Tech. Publ. , p. 671.

Higgins, G. T. , 1974. Met. Sci. J. 8, 143.

Higginson, R. L. , Bate, P. S. , 1999. Acta Mater. 47, 1079.

Higginson, R. L. , Aindow, M. , Bate, P. S. , 1995. Philos. Mag. Lett. 72, 193.

Higginson, R. L. , Aindow, M. , Bate, P. S. , 1997. Mats. Sc. Eng. 225, 9.

Hilgenfeldt, S. , Kraynik, A. M. , Koehler, S. A. , Stone, H. A. , 2001. Phys. Rev. Lett. 86, 2685.

Hillert, M. , Purdy, G. R. , 1978. Acta Metall. 26, 333.

Hillert, M. , Sundman, B. , 1976. Acta Metall. 24, 731.

Hillert, M. , 1965. Acta Metall. 13, 227.

Hillert, M. , 1979. Met. Sci. 13, 118.

Hillert, M. , 1988. Acta Metall. 36, 3177.

Himmel, L. (Ed.), 1963. Recovery and Recrystallization of Metals. Interscience, New York.

Hirsch, J. , Engler, O. , 1995. In: Hansen, et al. (Eds.), Proc. 16th Int. Risø Symp. Risø, Denmark, p. 49.

Hirsch, P. B. , Humphreys, F. J. , 1969. In: Argon, A. (Ed.), Physics of Strength and Plasticity. MIT Press, p. 189.

Hirsch, J. , Lücke, K. , 1985. Acta Metall. 33, 1927.

Hirsch, J. , Lücke, K. , 1988a. Acta Metall. 36, 2863.

Hirsch, J. , Lücke, K. , 1988b. Acta Metall. 36, 2883.

Hirsch, J. , Loeck, M. , Loof, L. , Lücke, K. , 1984. In: Brakman, et al. (Eds.), Proc. ICOTOM 7, p. 765. Noordwijkerhout.

Hirsch, J. , 1990b. Mats. Sci. Tech. 6, 1048.

Hirsch, J. , 1991. In: Langdon, et al. (Eds.), Hot Deformation of Aluminum Alloys. TMS, Warrendale, p. 379.

Hirsch, J. , 1986. In: Hansen, et al. (Eds.), Proc. 7th Risø Int. Symp. Risø, Denmark, p. 349.

Hirsch, J. , 1990a. In: Chandra (Ed.), Recrystallization 90. TMS, Warrendale, p. 759.

Hirth, J. P. , Lothe, J. , 1968. Theory of Dislocations. Wiley.

Hirth, J. P. , 1972. Metall. Trans. 3, 3047.

Hjelen, J. , Ørsund, R. , Nes, E. , 1991. Acta Metall. 39, 1377.

Hoffman, D. W. , Cahn, J. W. , 1972. Surf. Sci. 31, 368.

Holm, K. , Hornbogen, E. , 1970. J. Mat. Sci. 5, 655.

Holm, E. A. , Zacharopoulos, N. , Srolovitz, D. J. , 1998. Acta Mater. 46, 953.

Holm, E. A. , Hassold, G. N. , Miodownik, M. A. , 2001. Acta Mater. 49, 2981.

Holm, E. A. , Miodownik, M. A. , Rollett, A. D. , 2003. Acta Mater. 51, 2701.

Holt, D. L. , 1970. J. Appl. Phys. 41, 3197.

Homer, E. R. , Holm, E. A. , Foiles, S. M. , Olmsted, D. L. , 2014. JOM 66, 114 - 120.

Honda, K. , Masunoto, H. , Kaya, S. , 1928. Sci. Rep. Tohoku. Imp. Univ. 17, 11.

Hondros, E. D. , Seah, M. P. , 1977. Int. Met. Rev. 222, 1.

Hondros, E. , 1969. In: Gifkins (Ed.), Interfaces. Butterworths, Sydney.

Honeff, H. , Mecking, H. , 1978. In: Gottstein, Lücke (Eds.), Proc. ICOTOM 5. Springer-Verlag, Berlin, p. 265.

Honeycombe, R. W. K. , Boas, W. , 1948. Aust. J. Sci. Res. 1A, 70.

Honeycombe, R. W. K. , 1985. The Plastic Deformation of Metals. Edward Arnold.

Horita, Z. , Furukawa, M. , Nemoto, M. , Langdon, T. G. , 2000a. Mats. Sci. Tech. 16, 1239.

Horita, Z. , Fujinami, T. , Nemoto, M. , Langdon, T. G. , 2000b. Metall. Mater. Trans. 31A, 691.

Hornbogen, K. , Köster, U. , 1978. In: Haessner, F. (Ed.), Recrystallisation of Metallic Materials. Dr. Riederer Verlag GmbH, Stuttgart, p. 159.

Hornbogen, E. , Lütjering, G. , 1975. In: Proc. 6th Int. Conf. on Light Metals, Leoban, Vienna. Al-Verlag, Düsseldorf.

Hornbogen, E. , 1970. Practische Metallographie 9, 349.

Hornbogen, E. , 1977. J. Mats. Sci. 12, 1565.

Hornbogen, E. , 1980. In: Hansen, et al. (Eds.), Proc. 1st Int. Risø Symp. Risø, Denmark, p. 199.

Howell, P. R. , Bee, J. V. , 1980. In: Hansen, et al. (Eds.), Proc. 1st Int. Risø Symp. Risø, Denmark, p. 171.

Hsieh, T. E. , Balluffi, R. W. , 1989. Acta Metall. 37, 2133.

Hu, H. , Goodman, S. R. , 1970. Metall. Trans. 1, 3057.

Hu, H. , Smith, C. S. , 1956. Acta Metall. 4, 638.

Hu, H. , 1962. Trans. Metall. Soc. AIME 224, 75.

Hu, H. , 1963. In: Himmel (Ed.), Recovery and Recrystallization of Metals. Interscience, p. 311.

Hu, H. , 1974. Can. Met. Quart. 13, 275.

Hu, H. , 1978. In: Gottstein, Lücke (Eds.), ICOTOM 5, vol. 2. Springer-Verlag, p. 3.

Huang, Y. D. , Froyen, L. , 2002. Intermetallics 10, 473.

Huang, Y. , Humphreys, F. J. , 1997. Acta Mater. 45, 4491.

Huang, Y. , Humphreys, F. J. , 1999a. Acta Mater. 47, 2259.

Huang, Y. , Humphreys, F. J. , 1999b. In: Sakai, T. , Suzuki, H. (Eds.), Proc. 4th Int. Conf. on Recrystallization. Tsukuba. Japan Inst. Metals, p. 445.

Huang, Y., Humphreys, F. J., 2000. Acta Mater. 48, 2017.

Huang, Y., Humphreys, F. J., 2002. Mater. Sci. Forum 396 – 402, 411.

Huang, X., Winther, G., 2007. Philos. Mag. 87, 5189.

Huang, Y., Humphreys, F. J., Ferry, M., 2000a. Acta Mater. 48, 2543.

Huang, Y., Humphreys, F. J., Ferry, M., 2000b. Mats. Sci. Tech. 16, 1367.

Huang, X., Wert, J. A., Poulsen, H., Lassen, N. K., Inoko, F., 2000c. In: Hansen, N., et al. (Eds.), Proc. 21st Int. Risø Symposium. Risø, Denmark, p. 359.

Huber, J., Hatherly, M., 1979. Met. Sci. 13, 665.

Huber, J., Hatherly, M., 1980. Z. Metallkd. 71, 15.

Hughes, D. A., Hansen, N., 1993. Met. Trans. 24A, 2021.

Hughes, D. A., Hansen, N., 1997. Acta Mater. 45, 3871.

Hughes, D. A., Hansen, N., 2000. Acta Mater. 48, 2985.

Hughes, D. A., Liu, Q., Chrzan, D. C., Hansen, N., 1997. Acta Mater. 45, 105.

Hughes, D. A., Chrzan, D. C., Liu, Q., Hansen, N., 1998. Phys. Rev. Lett. 81, 4664.

Hughes, D. A., 1993. Acta Metall. Mater. 41, 1421.

Hughes, D. A., 2001. Mats. Sci. Eng. A 319, 46.

Hughes, D. A., 2002. Scr. Mater. 47, 697.

Hull, D., Bacon, D. J., 2001. Introduction to Dislocations, fourth ed. Pergamon, Oxford.

Humfrey, J. C. W., 1902. Phil. Trans. Royal Soc. 200, 225.

Humphreys, F. J., Ardakani, M. G., 1994. Acta Metall. 42, 749.

Humphreys, F. J., Ardakani, M. G., 1996. Acta Mater. 44, 2717.

Humphreys, F. J., Ashton, M., 2003. Unpublished work.

Humphreys, F. J., Bate, P. S., 2003. Scr. Mater. 48, 173.

Humphreys, F. J., Brough, I., 1997. In: McNelley, T. (Ed.), Proc. Rex'96, Recrystallization and Related Phenomena. Monterey Institute of Advanced Studies, Monterey, California, p. 315.

Humphreys, F. J., Brough, I., 1999. J. Microsc. 195, 6.

Humphreys, F. J., Chan, H. M., 1996. Mats. Sci. Tech. 12, 143.

Humphreys, F. J., Ferry, M., 1996. Scr. Mater. 35, 99.

Humphreys, F. J., Hatherly, M., 1995. Recrystallization and Related Annealing Phenomena. Pergamon Press, Oxford.

Humphreys, F. J., Hirsch, P. B., 1976. Phil. Mag. 34, 373.

Humphreys, F. J., Huang, Y., 2000. In: Hansen, et al. (Eds.), Proc. 21st Int. Risø Symposium. Risø, Denmark, p. 71.

Humphreys, A. O., Humphreys, F. J., 1994. In: Proc. 4th Int. Conf. on Aluminium, Atlanta, vol. 1, p. 211.

Humphreys, F. J., Hurley, P. J., 2001. In: Gottstein, G., Molodov, D. (Eds.), Proc. Int. Conf. on Recrystallization and Grain Growth, Aachen. Springer-Verlag, Berlin, p. 683.

Humphreys, F. J., Kalu, P. N., 1987. Acta Metall. 35, 2815.

Humphreys, F. J., Kalu, P. N., 1990. Acta Metall. 38, 917.

Humphreys, F. J., Martin, J. W., 1967. Phil. Mag. 16, 927.

Humphreys, F. J., Martin, J. W., 1968. Phil. Mag. 17, 365.

Humphreys, F. J., Ramaswami, V., 1973. In: Proc. 3rd Int. Conf. on High Voltage Electron Microscopy, Oxford, pp. 268 - 272.

Humphreys, F. J., Miller, W. S., Djazeb, R., 1990. Mats. Sci. Tech. 6, 1157.

Humphreys, F. J., Ferry, M., Johnson, C., Paillard, P., 1995. In: Hansen, et al. (Eds.), Proc. 16th Int. Risø Symp., p. 87.

Humphreys, F. J., Prangnell, P. B., Bowen, J. R., Gholinia, A., Harris, C., 1999. Phil. Trans. Royal Soc. A 357, 1663.

Humphreys, F. J., Bate, P. S., Hurley, P. J., 2001a. J. Microsc. 201, 50.

Humphreys, F. J., Prangnell, P. B., Priestner, R., 2001b. Curr. Opin. Solid State Mater. Sci. 5, 15.

Humphreys, F. J., Jones, M. J., Somerday, M., 2003. In: Palmiere, Mahfouf, Pinna (Eds.), Proc. Int. Conf. Thermomechanical Processing: Mechanics, Microstructure and Control, University of Sheffield. BBR Solutions, p. 46.

Humphreys, F. J., 1977. Acta Metall. 25, 1323.

Humphreys, F. J., 1979a. Acta Metall. 27, 1801.

Humphreys, F. J., 1979b. Metal Sci. 13, 136.

Humphreys, F. J., 1980. In: Hansen, et al. (Eds.), Proc. 1st Int. Risø Symp. Risø, Denmark, p. 35.

Humphreys, F. J., 1982. In: Gifkins (Ed.), Proc. 6th Int. Conf. On Strength of Metals and Alloys, vol. 1, p. 625. Melbourne.

Humphreys, F. J., 1983. Text. Microstruct. 6, 45.

Humphreys, F. J., 1985. In: Loretto (Ed.), Dislocations and Properties of Real Materials. Inst. Metals, London, p. 175.

Humphreys, F. J., 1988a. In: Anderson, et al. (Eds.), Proc. 9th Int. Risø Symp. Risø, Denmark, p. 51.

Humphreys, F. J., 1988b. In: Kallend, Gottstein (Eds.), ICOTOM 8. TMS, Warrendale, USA, p. 171.

Humphreys, F. J., 1991. In: Cahn, R. W. (Ed.), Processing of Metals and Alloys, vol. 9. VCH, Germany, p. 373.

Humphreys, F. J., 1992a. Mats. Sci. Tech. 8, 135.

Humphreys, F. J., 1992b. Scr. Metall. 27, 1557.

Humphreys, F. J., 1997a. Acta Mater. 45, 4231.

Humphreys, F. J., 1997b. Acta Mater. 45, 5031.

Humphreys, F. J., 1999a. Mats. Sci. Tech. 15, 37.

Humphreys, F. J., 1999b. J. Microsc. 195, 170.

Humphreys, F. J., 2000. Scr. Mater. 43, 591.

Humphreys, F. J., 2001. J. Mats. Sci. 36, 3833.

Humphreys, F. J., Juul Jensen, D., 1986. In: Proc. 7th Int. Risø Symp. Risø, Denmark, p. 93.

Humphreys, F. J. , 1990. In: Chandra (Ed.), Recrystallization 90. TMS, Warrendale, p. 113.

Humphreys, F. J. , 1993. Crystallographic Textures. Institute of Materials, London. Engineering Materials Software Series, No. PD570.

Hunderi, O. , Ryum, N. , 1992a. Acta Metall. 40, 543.

Hunderi, O. , Ryum, N. , 1992b. In: Abbruzzese, Brozzo (Eds.), Grain Growth in Polycrystalline Materials. Trans. Tech. Publ. , p. 89.

Hunderi, O. , Ryum, N. , Westengen, H. , 1979. Acta Metall. 27, 161.

Hurley, P. J. , Humphreys, F. J. , 2001. In: Gottstein, G. , Molodov, D. (Eds.), Proc. Int. Conf. on Recrystallization and Grain Growth, Aachen. Springer-Verlag, Berlin, p. 601.

Hurley, P. J. , Humphreys, F. J. , 2002. J. Microsc. 205, 218.

Hurley, P. J. , Humphreys, F. J. , 2003. Acta Mater. 51, 1087.

Hurley, P. J. , Bate, P. S. , Humphreys, F. J. , 2003. Acta Mater. 51, 4737.

Hutchinson, W. B. , Artymowicz, D. , 2001. ISIJ Int. 41, 533.

Hutchinson, W. B. , Bate, P. S. , 1994. Private Commun.

Hutchinson, W. B. , Duggan, B. J. , 1978. Metal Sci. 12, 372.

Hutchinson, W. B. , Ekström, H. E. , 1990. Mats. Sci. Tech. 6, 1103.

Hutchinson, W. B. , Homma, H. , 1998. In: Weiland (Ed.), Proc. 3rd Int. Conf. on Grain Growth. Adams and Rollett, Pittsburgh, TMS, p. 387.

Hutchinson, W. B. , Nes, E. , 1992. In: Abbruzzese, Brozzo (Eds.), Grain Growth in Polycrystalline Materials. Trans. Tech. Publ. , Rome, p. 385.

Hutchinson, W. B. , Ryde, L. , 1995. In: Hansen, et al. (Eds.), Proc. 16th Int. Risø Symposium. Risø, Denmark, p. 105.

Hutchinson, W. B. , Ryde, L. , 1997. In: Hutchinson, et al. (Eds.), Thermomechanical Processing (TMP2). ASM, Ohio, p. 145.

Hutchinson, W. B. , Ushioda, K. , 1984. Scand. J. Met. 13, 269.

Hutchinson, W. B. , Besag, F. M. C. , Honess, C. V. , 1973. Acta Metall. 21, 1685.

Hutchinson, W. B. , Duggan, B. J. , Hatherly, M. , 1979. Met. Tech. 6, 398.

Hutchinson, W. B. , Jonsson, S. , Ryde, L. , 1989a. Scr. Metall. 23, 671.

Hutchinson, W. B. , Oscarsson, A. , Karlsson, A°. , 1989b. Mat. Sci. Tech. 5, 1118.

Hutchinson, W. B. , Ryde, L. , Artymowicz, D. , 1998. In: Bleck, W. (Ed.), Proc. Int. Symp. Modern LC and ULC Sheet Steels. RWTH, Aachen, p. 203.

Hutchinson, W. B. , Lindh, E. , Bate, P. S. , 1999a. In: Szpunar, J. (Ed.), Proc. 12th Int. Conf. on Texture. NRC Press, Ottowa, p. 34.

Hutchinson, W. B. , Magnusson, H. , Feppon, J. M. , 1999b. In: Sakai, Suzuki (Eds.), Proc. 4th Int. Conf. on Recrystallization. JIM, p. 49.

Hutchinson, W. B. , 1974. Metal Sci. J. 8, 185.

Hutchinson, W. B. , 1984. Int. Met. Rev. 29, 25.

Hutchinson, W. B. , 1989. Acta Metall. 37, 1047.

Hutchinson, W. B. , 1993. In: Bunge (Ed.), Proc. ICOTOM 10. Trans. Tech. Publ. ,

Clausthal，p. 1917.

Hutchinson，W. B.，1999. Phil. Trans. Royal Soc. Lond. A 357，1441.

Hutchinson，W. B.，2000. In：Hansen, et al.（Eds.），Proc. 21st Int. Risø Symposium. Risø，Denmark，p. 91.

Ibe，G.，Lücke，K.，1966. In：Margolin（Ed.），Recrystallization，Grain Growth and Textures. ASM, Metals Park，p. 434.

Ice，G. E.，Larson，B. C.，2000. Adv. Eng. Mater. 2，643.

Imayev，R.，Evangelista，E.，Tassa，O.，Stobrawa，J.，1995. Mats. Sci. Eng. A 202，128.

Inakazu，N.，Kaneno，Y.，Inoue，H.，1991. Text. Microstruct. 14 - 18，847.

Inokuti，Y.，Doherty，R. D.，1978. Acta Metall. 26，61.

Inokuti，Y.，Maeda，C.，Ito，Y.，1987. Trans. ISIJ 27，140.

Inoue，H.，Inakazu，N.，1988. In：Kallend, Gottstein（Eds.），ICOTOM 8. TMS，Warrendale，p. 997.

Interatomic Potentials Repository Project. http：//www. ctcms. nist. gov/potentials/.

Ion，S. E.，Humphreys，F. J.，White，S.，1982. Acta Metall. 30，1909.

Ito，K.，1988. In：Merchant, et al.（Eds.），Homogenising and Annealing of Aluminium and Copper Alloys. TMS, Warendale，p. 169.

Iwahashi，Y.，Horita，Z.，Nemoto，M.，Langdon，T. G.，1998. Acta Mater. 46，3317.

Jang，J. S.，Koch，C. C.，1990. J. Mat. Res. 5，498.

Jazaeri，H.，Humphreys，F. J.，2001. In：Gottstein, Molodov（Eds.），Proc. Int. Conf. on Recrystallization and Grain Growth，Aachen. Springer-Verlag，Berlin，p. 549.

Jazaeri，H.，Humphreys，F. J.，2002. Mater. Sci. Forum 396 - 402，551.

Jefferies，Z.，1916. Trans. Metall. Soc. AIME 56，571.

Jhan，R. J.，Bristowe，P. D.，1990. Scr. Metall. 24，1313.

Jin，Y.，Bernacki，M.，Rohrer，G. S.，Rollett，A. D.，Lin，B.，Bozzolo，N.，2013. Mater. Sci. Forum 753，113.

Jin，Y.，Lin，B.，Bernacki，M.，Rohrer，G. S.，Rollett，A. D.，Bozzolo，N.，2014. Mater. Sci. Eng. A 597，295.

Jin，Y.，Lin，B.，Rollett，A. D.，Rohrer，G. S.，Bernacki，M.，Bozzolo，N.，2015. J. Mater. Sci. 50，5191.

Jin，Y.，Bernacki，M.，Agnoli，A.，Lin，B.，Rohrer，G. S.，Rollett，A. D.，Bozzolo，N.，2016. Metals 6，5.

Johnson，W. A.，Mehl，R. F.，1939. Trans. Metall. Soc. AIME 135，416.

Jonas，J. J.，Kestens，L.，2001. In：Gottstein, G.，Molodov, D.（Eds.），Proc. Int. Conf. on Recrystallization and Grain Growth，Aachen. Springer-Verlag，Berlin，p. 49.

Jonas，J. J.，Sellars，C. M.，Tegart，W. J. McG.，1969. Metall. Rev. 130，1.

Jonas，J. J.，1990. In：Chandra（Ed.），Recrystallization'90. TMS，p. 27.

Jones，A. R.，Hansen，N.，1981. Acta Metall. 29，589.

Jones，M. J.，Humphreys，F. J.，2001. In：Gottstein, G.，Molodov, D.（Eds.），Proc. Int. Conf. on Recrystallization and Grain Growth.，Aachen，2001. Springer-Verlag，

Berlin, p. 1287.

Jones, M. J. , Humphreys, F. J. , 2003. Acta Mater. 51, 2149.

Jones, A. R. , Ralph, B. , Hansen, N. , 1979. Proc. R. Soc. Lond. A 368, 345.

Juul Jensen, D. , Hansen, N. , 1990. Mats. Sci. Tech. 7, 369.

Juul Jensen, D. , Hansen, N. , Kjems, J. K. , Leffers, T. , 1984. In: Brakman, et al.
(Eds.), Proc. ICOTOM 7, p. 777. Noordwijkerhout.

Juul Jensen, D. , Hansen, N. , Humphreys, F. J. , 1985. Acta Metall. 33, 2155.

Juul Jensen, D. , 1995a. In: Hansen, et al. (Eds.), Proc. 16th Int. Risø Symp. Risø,
Denmark, p. 119.

Juul Jensen, D. , 1995b. Acta Metall. Mater. 43, 1117.

Juul Jensen, D. , 2001. In: Gottstein, G. , Molodov, D. (Eds.), Proc. Int. Conf. on
Recrystallization and Grain Growth. Aachen. Springer-Verlag, Berlin, p. 73.

Juul Jensen, D. , Hansen, N. , 1986. In: Hansen, et al. (Eds.), Proc. 7th Risø Int. ,
Symposium. Risø, Denmark, p. 379.

Juul Jensen, D. , Hansen, N. , Humphreys, F. J. , 1988. In: Kallend, Gottstein (Eds.),
ICOTOM 8. TMS, Warrendale, p. 431.

Kaibyshev, O. , Kaibyshev, R. , Salishchev, G. , 1992. In: Fuentes, Gil Sevillano (Eds.),
Recrystallization'92. Trans. Tech. Publ. , p. 423

Kalidind, S. R. , Bronkhorst, C. A. , Anand, L. , 1992. J. Mech. Phys. Solids 40, 537.

Kalischer, S. , 1881. Berlin, 14, 2747.

Kalu, P. N. , Humphreys, F. J. , 1986. In: Hansen, et al. (Eds.), Proc. 7th Risø Int.
Symposium. Risø, Denmark, p. 385.

Kalu, P. N. , Humphreys, F. J. , 1988. In: Kallend, Gottstein (Eds.), ICOTOM 8. TMS,
Warrendale, p. 511.

Kamma, C. , Hornbogen, E. , 1976. J. Mat. Sci. Lett. 11, 2340.

Kammers, A. D. , Daly, S. , 2013. Exp. Mechanics 53, 1743.

Kandel, D. , Domany, E. , 1990. J. Stat. Phys. 58, 685 - 706.

Kanzaki, H. , 1951. J. Phys. Soc. Jpn. 6, 90 - 94.

Kapadia, C. M. , Lcipold, M. H. , 1974. J. Am. Ceram. Soc. 57, 41.

Kar, D. , 2012. Materials Sci. & Eng. (Ph. D. thesis) Carnegie Mellon University.

Kashyap, B. P. , Mukherjee, A. K. , 1985. In: Baudelet, Suery (Eds.), Superplasticity.
CNRS, Grenoble, p. 4.

Kassner, M. E. , Evangelista, E. , 1995. In: Hansen, et al. (Eds.), Proc. 16th Int. Risø
Symp. , p. 383.

Kassner, M. E. , McQueen, H. J. , Evangelista, E. , 1992. In: Fuentes, Gil Sevillano
(Eds.), Recrystallization'92. Trans. Tech. Publ. , p. 151.

Kawahara, K. , 1983. J. Mat. Sci. 19, 949.

Kawasaki, K. , Nagai, T. , Nakashima, K. , 1989. Phil. Mag. B 60, 399.

Kazaryan, A. , Patton, B. R. , Dregia, S. A. , Wang, Y. , 2002. Acta Mater. 50, 499.

Kelly, M. N. , Glowinski, K. , Nuhfer, N. T. , Rohrer, G. S. , 2016. Acta Mater. 111, 22.

Kestens, L. , Houbaert, Y. , 2000. In: Proc. Jonas CIM Conf. Com. 2000, Ottowa,

p. 411.

Khelfaoui, F. , Guenin, G. , 2003. Mater. Sci. Eng. A 355, 292.

Khmelevskaya, I. Y. , Prokoshkin, S. D. , Trubitsyna, I. B. , Belousov, M. N. , Dobatkin, S. V. , Tatyanin, E. V. .

Korotitskiy, A. V. , Brailovski, V. , Stolyarov, V. V. , Prokofiev, E. A. , 2008. Matls. Sci. Eng. A 481, 119.

Kim, Y. -W. , Griffith, W. M. (Eds.), 1988. Dispersion Strengthened Aluminium Alloys. TMS, Warrendale, USA.

King, A. H. , Smith, D. A. , 1980. Acta Cryst. A36, 335.

King, A. H. , 1999. Interface Sci. 7, 251.

Kingery, W. D. , 1974. J. Am. Ceram. Soc. 57, 74.

Kirchheim, R. , 2002. Acta Mater. 50, 413.

Kivilahti, J. K. , Lindroos, J. K. , Lehtinen, B. , 1974. In: Swann (Ed.), High Voltage Electron Microscopy. Academic Press, p. 195.

Knezevic, M. , Levinson, A. , Harris, R. , Mishra, R. K. , Doherty, R. D. , Kalidindi, S. R. , 2010. Acta Mater. 58, 6230.

Knutsen, R. D. , Humphreys, F. J. , Bate, P. S. , Court, S. A. , 1999. In: Szpunar (Ed.), Proc. ICOTOM 12, p. 617. Montreal.

Koch, C. C. , 1991. In: Cahn, R. (Ed.), Processing of Metals and Alloys. VCH, Weinheim, p. 193.

Kocks, U. F. , Canova, G. R. , 1981. In: Hansen, et al. (Eds.), Proc. 2nd Int. Risø Symp. Risø, Denmark, p. 35.

Kocks, U. F. , Mecking, H. , 2003. Prog. Mater. Sci. 48, 171.

Kocks, U. F. , Necker, C. T. , 1994. In: Andersen, S. I. , et al. (Eds.), Proc. 15th Int. Risø Symp. Risø, Denmark, p. 45.

Kocks, U. F. , Argon, A. , Ashby, M. F. , 1975. Prog. Mat. Sci. 19, 1.

Kocks, U. F. , Chen, S. R. , Dawson, P. R. , 1994. Mats. Sci. Forum 157 - 162, 1797.

Kocks, U. F. , Tomé, C. N. , Wenk, H. R. , 1998. Texture and Anisotropy. Cambridge University Press.

Kocks, U. F. , 1966. Philos. Mag. 11, 541.

Kocks, U. F. , 1976. J. Eng. Mater. Technol. 98, 76 - 85.

Kocks, U. F. , 1984. In: Dislocations and Properties of Real Materials. Metals Society, London, p. 125.

Koehler, J. S. , Henderson, J. W. , Bredt, J. H. , 1957. In: Creep and Recovery. ASM, Cleveland, p. 1.

Kohara, S. , Parthasarathi, M. N. , Beck, P. A. , 1958. Trans. Metall. Soc. AIME 212, 875.

Köhlhoff, G. D. , Malin, A. S. , Lücke, K. , Hatherly, M. , 1988a. Acta Metall. 36, 2841.

Köhlhoff, G. D. , Sun, X. , Lücke, K. , 1988b. In: Kallend, Gottstein (Eds.), ICOTOM 8. TMS, Warrendale, p. 183.

Koken, E. , Chandrasekaran, N. , Embury, J. D. , Burger, G. , 1988. Mats. Sci. Eng. A

104, 163.

Kolmogorov, A. N., 1937. Izv. Akad. Nauk. USSR-Ser-Matemat. 1 (3), 355.

Kopetski, C. V., Sursaeva, V. G., Shvindlerman, L. S., 1979. Sov. Phys. Solid State 21 (2), 238.

Korbel, A., Embury, J. D., Hatherly, M., Martin, P. L., Erbsloh, H. W., 1986. Acta Metall. 34, 1999.

Köster, U., Hornbogen, E., 1968. Z. Metallkd. 59, 792.

Koul, A. K., Pickering, B., 1982. Acta Metall. 30, 1303.

Krakow, W., Smith, D. A., 1987. Ultramicroscopy 22, 47.

Kramer, J. J., 1992. Metall. Trans. 23A, 1987.

Kreisler, A., Doherty, R. D., 1978. Metal Sci. 12, 551 – 560.

Krill, C. E., Chen, L. Q., 2002. Acta Mater. 50, 3057.

Kronberg, M. L., Wilson, F. H., 1949. Trans. Metall. Soc. AIME 185, 501.

Kuhlmann-Wilsdorf, D., Masing, G., Raffelsiefer, J., 1949. Z. Metallkd. 40, 241.

Kuhlmann-Wilsdorf, D., 1948. Z. Phys. 124, 468.

Kuhlmann-Wilsdorf, D., Hansen, N., 1991. Scr. Metall. 25, 1557.

Kuhlmann-Wilsdorf, D., Kulkarni, S. S., Moore, J. T., Starke, E. A., 1999. Met. Trans. 30A, 2491.

Kuhlmann-Wilsdorf, D., 1970. Metall. Trans. 1, 3173.

Kuhlmann-Wilsdorf, D., 1989. Mat. Sci. Eng. A113, 1.

Kuhlmann-Wilsdorf, D., 1999. Acta Mater. 47, 1697.

Kuhlmann-Wilsdorf, D., 2000. Mater. Forum 331 – 337, 689.

Kumar, M., Schwartz, A. J., King, W. E., 2002. Acta Mater. 50, 2599.

Kuprat, A., 2000. SIAM J. Sci. Comput. 22, 535.

Kurtz, S. K., Carpay, F. M. A., 1980. J. Appl. Phys. 51, 5745.

Larson, B. C., Yang, W., Ice, G. E., Budai, J. D., Tischler, J. Z., 2002. Nature 415, 887.

Lebensohn, R. A., 2001. Acta Mater. 49, 2723.

Lebensohn, R. A., Tomé, C. N., 1993. Acta Metall. Mater. 41, 2611.

Lee, C. S., Duggan, B. J., 1993. Acta Metall. Mater. 41, 2691.

Lee, C. S., Smallman, R. S., Duggan, B. J., 1993. Scr. Metall. Mater. 29, 43.

Lee, S. -B., Rohrer, G. S., Rollett, A. D., 2014. Modell. Simul. Matls. Sci. Eng. 22, 025017.

Leffers, T., Juul Jensen, D., 1988. Text. Microstruct. 8/9, 467.

Leffers, T., 1981. In: Hansen, et al. (Eds.), Proc. 2nd Int. Risø Symp. Risø, Denmark, p. 55.

Lehockey, E. M., Palumbo, G., Lin, P., 1998. Met. Trans. 29A, 3069.

Lehockey, E. M., Limoges, D., Palubo, G., Sklarchuk, J., Tomantschger, K., Vincze, A., 1999. J. Power Sources 78, 79.

Lerf, R., Morris, D. G., 1991. Acta Metall. 39, 2430.

LeSar, R., 2013. Introduction to Computational Materials Science: Fundamentals to

Applications. Cambridge University Press, Cambridge, England.

LeSar, R. , 2014. Annu. Rev. Condensed Matter Phys. 5, 375.

Leslie, W. C. , Rickett, R. L. , Dotson, C. L. , Watson, C. S. , 1954. Trans. ASM 46, 1470.

Leslie, W. C. , Michalak, J. T. , Aul, F. W. , 1963. In: Spencer, Werner (Eds.), Iron and Its Dilute Solid Solutions. Interscience, New York, p. 119.

Lewis, M. H. , Martin, J. W. , 1963. Acta Metall. 11, 1207.

Li, S. F. , Suter, R. M. , 2013. J. Appl. Crystallogr. 46, 512.

Li, C. H. , Edwards, E. H. , Washburn, J. , Parker, E. R. , 1953. Acta Metall. 1, 223.

Li, J. , Dillon, S. J. , Rohrer, G. S. , 2009. Acta Mater. 57, 4304.

Li, J. C. M. , 1960. Acta Metall. 8, 563.

Li, J. C. M. , 1962. J. Appl. Phys. 33, 2958.

Li, J. C. M. , 1966. In: Recrystallization, Grain Growth and Textures. ASM, Ohio, p. 45.

Liang, H. Q. , Guo, H. Z. , 2015. Mater. Lett. 151, 57.

Liebmann, B. , Lücke, K. , Masing, G. , 1956. Z. Metallkd. 47, 57.

Liebmann, B. , Lücke, K. , 1956. Trans. Metall. Soc. AIME 206, 1443.

Lifshitz, I. M. , Slyozov, V. V. , 1961. J. Phys. Chem. Solids 19, 35.

Lillywhite, S. J. , Prangnell, P. B. , Humphreys, F. J. , 2000. Mats. Sci. Tech. 16, 1112.

Lim, S. C. V. , Rollett, A. D. , 2009. Mater. Sci. Eng. A 520, 189.

Lin, B. , Jin, Y. , Hefferan, C. M. , Li, S. F. , Lind, J. , Suter, R. M. , Bernacki, M. , Bozzolo, N. , Rollett, A. D. , Rohrer, G. S. , 2015. Acta Mater. 99, 63.

Lindh, E. , Hutchinson, W. B. , Ueyama, S. , 1993. Scr. Metall. 29, 347.

Lindh, E. , Hutchinson, W. B. , Bate, P. S. , 1994. Mats. Sci. Forum 157 - 162, 997.

Lindh-Ulmgren, E. , Artymowicz, D. , Hutchinson, W. B. , 2001. In: Gottstein, G. , Molodov, D. (Eds.), Proc. Int. Conf. on Recrystallization and Grain Growth. Aachen. Springer-Verlag, Berlin, p. 577.

Ling, S. , Anderson, M. P. , Grest, G. S. , Glazier, J. A. , 1992. In: Abbruzzese, Brozzo (Eds.), Grain Growth in Polycrystalline Materials. Trans. Tech. Publ. , Zurich, p. 39.

Ling, C. , Qiu, S. , Xiang, L. , Gan, Y. , 2014. J. Supercond. Nov. Magn. 27, 1539.

Liu, J. , Doherty, R. D. , 1986. In: Aluminium Technology'86. Institute of Metals, London, p. 347.

Liu, Q. , Hansen, N. , 1995. Scr. Metall. Mater. 32, 1289.

Liu, Y. L. , Hansen, N. , Juul Jensen, D. , 1989. Metall. Trans. 20A, 1743.

Liu, Y. L. , Hansen, N. , Juul Jensen, D. , 1991. In: Hansen, et al. (Eds.), Proc. 12th Int. Risø Symp. Risø, Denmark, p. 67.

Liu, Q. , Juul Jensen, D. , Hansen, N. , 1998. Acta Mater. 46, 5819.

Liu, C. T. , 1984. Int. Met. Rev. 29, 168.

Lloyd, D. J. , Gupta, A. K. , 1997. In: Chandra, Sakai (Eds.), Proc. Thermec'2000. TMS, p. 99.

Lloyd, D. J. , Kenny, D. , 1980. Acta Metall. 28, 639.

Lojkowski, W. , Gleiter, H. , Maurer, R. , 1988. Acta Metall. 36, 69.

Louat, N. P. , Duesbery, M. S. , Sadananda, K. , 1992. In: Abbruzzese, Brozzo（Eds. ）, Grain Growth in Polycrystalline Materials. Trans. Tech. Publ. , p. 67.

Louat, N. P. , 1974. Acta Metall. 22, 721.

Louat, N. P. , 1982. Acta Metall. 30, 1291.

Lu, L. , Chen, X. , Huang, X. , Lu, K. , 2009. Science 323, 607.

Luborsky, F. E. , Livingston, J. D. , Chin, J. Y. , 1983. In: Cahn, Haasen (Eds.), Physical Metallurgy, p. 1698. North-Holland.

Luce, R. , Wolske, M. , Kopp, R. , Roters, F. , Gottstein, G. , 2001. Comput. Mats. Sci. 21, 1.

Lücke, K. , Detert, K. , 1957. Acta Metall. 5, 628.

Lücke, K. , Engler, O. , 1990. Mats. Sci. Tech. 6, 1113.

Lücke, K. , Engler, O. , 1992. In: Proc. 3rd Int Conf. on Aluminium Alloys. Trondheim, p. 439.

Lücke, K. , Hölscher, M. , 1991. Text. Microstruct. 14－18, 585.

Lücke, K. , Stüwe, H. P. , 1963. In: Himmel（Ed. ）, Recovery and Recrystallization in Metals. Interscience Publications, p. 171.

Lücke, K. , Stüwe, H. P. , 1971. Acta Metall. 19, 1087.

Lücke, K. , Pospiech, J. , Virnich, K. H. , Jura, J. , 1981. Acta Metall. 29, 167.

Lücke, K. , Abbruzzese, G. , Heckelmann, I. , 1990. In: Chandra （Ed. ）, Recrystallisation'90. TMS, p. 37.

Lücke, K. , Heckelmann, I. , Abbruzzese, G. , 1992. Acta Metall. 40, 533.

Lücke, K. , 1984. In: Brakman, et al. (Eds.), ICOTOM 7, p. 195. Noordwijkerhout.

Ludwig, W. , Reischig, P. , King, A. , Herbig, M. , Lauridsen, E. M. , Johnson, G. , Marrow, T. J. , Buffiere, J. Y. , 2009. Rev. Sci. Instr. 80, 033905.

Lusk, M. T. , 1999. Proc. Roy. Soc. A 455, 677.

Luton, M. J. , Sellars, C. M. , 1969. Acta Metall. 17, 1033.

Lytton, J. L. , Westmacott, K. H. , Potter, L. C. , 1965. Trans. Metall. Soc. AIME 233, 1757.

Ma, N. , Chen, Q. , Wang, Y. Z. , 2006. Scr. Mater. 54, 1919.

MacKay, D. J. C. , 1995. Netw. Comput. Neural Syst. 6, 469.

Mackenzie, J. K. , 1958. Biometrika 45, 229.

MacPherson, R. D. , Srolovitz, D. J. , 2007. Nature 446, 1053.

Mäder, K. , Hornbogen, E. , 1974. Scr. Met. 8, 979.

Magnusson, H. , Juul Jensen, D. , Hutchinson, W. B. , 2001. Scr. Mater. 44, 435.

Mahin, K. W. , Hanson, K. , Morris, J. W. , 1980. Acta Metall. 28, 443.

Mahoney, M. W. , Rhodes, C. G. , Flintoff, J. G. , Spurling, R. A. , Bingel, W. H. , 1998. Met. Trans. 29A, 1955.

Majid, I. , Bristowe, P. D. , 1987. Scr. Metall. 21, 1153.

Maksimova, E. L. , Shvindlerman, L. S. , Straumal, B. B. , 1988. Acta Metall. 36, 1573.

Malin, A. S. , Hatherly, M. , 1979. Met. Sci. 13, 463.

Malin, A. S. , Hatherly, M. , Huber, J. , Welch, P. , 1982a. Z. Metallkd. 73, 489.

Malin, A. S., Hatherly, M., Piegerova, V., 1982b. In: Gifkins (Ed.), Proc. 6th Int. Conf. on Strength of Metals and Alloys. Pergamon, Oxford, p. 523.

Malin, A. S., 1978. (Ph. D. thesis). University of New South Wales.

Malin, A. S., 1993. Private Commun.

Malin, A. S., Chen, B. K., 1992. In: Morris, et al. (Eds.), Aluminium Alloys for Packaging. TMS, Warrendale, USA, p. 251.

Manohar, P. A., Ferry, M., Chandra, T., 1998. ISIJ Int. 38, 913.

Margolin, H. (Ed.), 1966. Recrystallization, Grain Growth and Textures. ASM, Ohio, USA.

Marin, T., Dawson, P. R., Gharghouri, M. A., 2012. J. Mech. Phys. Solids 60, 921.

Marshall, G. J., Ricks, R. A., 1992. In: Fuentes, Gil Sevillano (Eds.), Proc. Recrystallization'92, p. 245. San Sebastian, Spain.

Marshall, G. J., 1996. Mats. Sci. Forum 217 - 222, 19.

Marthinsen, K., Lohne, O., Nes, E., 1989. Acta Metall. 37, 135.

Marthinsen, K., Hunderi, O., Ryum, N., 1996. Acta Mater. 44, 1681.

Marthinsen, K., Fridy, J. M., Rouns, T. N., Lippert, K. B., Nes, E., 1998. Scr. Mater. 39, 1177.

Martin, J. W., Doherty, R. D., Cantor, B., 1997. The Stability of Microstructure in Metals, second ed. Cambridge University Press.

Martin, J. W., 1980. Micromechanisms in Particle Hardened Alloys. Cambridge Univ. Press.

Marx, V., Reher, F. R., Gottstein, G., 1999. Acta Mater. 47, 1219.

Masing, G., Raffelsieper, J., 1950. Z. Metallkd. 41, 65.

Masteller, M. S., Bauer, C. L., 1978. In: Haessner, F. (Ed.), Recrystallization of Metallic Materials. Dr. Riederer Verlag, GmbH, Stuttgart, p. 251.

Mathur, P. S., Backofen, W. A., 1973. Met. Trans. 1, 1105.

Matsura, K., Itoh, Y., 1992. In: Abbruzzese, Brozzo (Eds.), Grain Growth in Polycrystalline Materials. Trans. Tech. Publ., p. 331.

Matthies, S., 1979. Phys. Stat. Solidi B 92, K135.

Maurice, C., Driver, J. H., 1993. Acta Metall. 41, 1653.

Maurice, C., Driver, J. H., 1997a. Acta Mater. 45, 4627.

Maurice, C., Driver, J. H., 1997b. Acta Mater. 45, 4639.

Maurice, C., Humphreys, F. J., 1997. In: Hutchinson, W. B., et al. (Eds.), Thermomechanical Processing inTheory. Modelling and Practice. Swedish Society for Mats. Tech., Stockholm, p. 201.

Maurice, C., Humphreys, F. J., 1998. In: Weiland, Adams, Rollett (Eds.), Proc. 3rd Int. Conf. on Grain Growth. TMS, Pittsburgh, p. 81.

Maurice, C., 2000. In: Hansen, et al. (Eds.), Proc. 21st Int. Risø Symposium. Risø, Denmark, p. 431.

May, M., Erdmann-Jesnizer, F., 1959. Z. Metallkd. 50, 434.

May, J. E., Turnbull, D., 1958. Trans. Metall. Soc. AIME 212, 769.

McElroy, R. J. , Szkopiak, Z. C. , 1972. Int. Met. Rev. 17, 175.

McFadden, G. B. , Wheeler, A. A. , Braun, R. J. , Coriell, S. R. , Sekerka, R. F. , 1993. Phys. Rev. E 48, 2016.

McKamey, C. G. , Pierce, D. H. , 1992. Scr. Metall. Mater. 28, 1173.

McKenna, I. M. , Gururajan, M. P. , Voorhees, P. W. , 2009. J. Mater. Sci. 44, 2206.

McKie, D. , McKie, C. , 1992. Essentials of Crystallography. Blackwell Scientific Publications.

McLaren, A. J. , Sellars, C. M. , 1992. Mats. Sci. Tech. 8, 1090.

McQueen, H. J. , Evangelista, E. , Bowles, J. , Crawford, G. , 1984. Metal Sci. 18, 395.

McQueen, H. J. , Knustad, O. , Ryum, N. , Solberg, J. K. , 1985. Scr. Met. 19, 73.

McQueen, H. J. , Solberg, J. K. , Ryum, N. , Nes, E. , 1989. Phil. Mag. A60, 473.

McQueen, H. J. , 1977. Met Trans. 8a, 807.

McQueen, H. J. , 1981. Metal Forum 4, 81.

Means, W. D. , 1989. J. Struct. Geol. 11, 163.

Mecking, H. , Gottstein, G. , 1978. In: Haessner (Ed.), Recrystallization of Metallic Materials. Dr. RiedererVerlag, GmbH, Stuttgart, p. 195.

Mecking, H. , Kocks, U. , 1981. Acta Metall. 29, 1865.

Mehl, R. F. , 1948. In: ASM Metals Handbook. ASM, Metals Park, Ohio, p. 259.

Melton, K. N. , 1999. Phil. Trans. R. Soc. Lond. A 357, 1531.

Merkle, A. , Holzner, C. , Feser, M. , McDonald, S. , Withers, P. , Harris, W. , Lauridsen, E. , Reischig, P. , Poulsen, H. , Lavery, L. , 2015. Microsc. Microanal. 21, 603.

Merriman, C. C. , Field, D. P. , Trivedi, P. , 2008. Mater. Sci. Eng. A 494, 28.

Meyers, M. A. , Murr, L. E. , 1978. Acta Metall. 26, 951.

Michalak, J. T. , Hibbard, W. R. , 1957. Trans. Metall. Soc. AIME 209, 101.

Michalak, J. T. , Hibbard, W. R. , 1961. Trans. ASM 53, 331.

Michalak, J. T. , Paxton, H. W. , 1961. Trans. Metall. Soc. AIME 221, 850.

Middleton, A. B. , Pfeil, L. B. , Rhodes, E. C. , 1949. J. Inst. Met. 75, 595.

Miodownik, M. , Holm, E. A. , Hassold, G. , 2000. Scr. Mater. 42, 1173.

Mishra, S. K. , Pant, P. , Narasimhan, K. , Rollett, A. D. , Samajdar, I. , 2009. Scr. Mater. 61, 273.

Moelans, N. , Blanpain, B. , Wollants, P. , 2008. Phys. Rev. Lett. 101, 025502.

Moelans, N. , Spaepen, F. , Wollants, P. , 2010. Phil. Mag. 90, 501.

Mohamed, G. , Bacroix, B. , 2000. Acta Mater. 48, 3295.

Moldovan, D. , Wolf, D. , Phillpot, S. R. , 2001. Acta Mater. 49, 3521.

Moldovan, D. , Wolf, D. , Phillpot, S. R. , Haslam, A. J. , 2002. Acta Mater. 50, 3397.

Molinari, A. , Canova, G. R. , Ahzi, S. , 1987. Acta Mater. 35, 2983.

Molodov, D. A. , Czubayko, U. , Gottstein, G. , Shvindlerman, L. S. , 1995. Scr. Metall. Mater. 32, 529.

Molodov, D. A. , Czubayko, U. , Gottstein, G. , Shvindlerman, L. S. , 1998. Acta Mater. 46, 553.

Montariol, F., 1963. Metaux Corros. 38, 223.

Morawiec, A., 2000. Scr. Mater. 43, 275.

Morawiec, A., 2000b. Acta Mater. 48, 3525.

Morawiec, A., 2003. Orientations and Rotations. Springer.

Mori, T., Miura, H., Tokita, T., Haji, J., Kato, M., 1988. Phil. Mag. Lett. 58, 11.

Morii, K., Mecking, H., Makayama, Y., 1985. Acta Metall. 33, 379.

Morita, A., 1998. In: Sato, et al. (Eds.), Proc. 6th Int. Aluminium Conf. Japan Inst.
    Light Metals, p. 25.

Morral, J. E., Ashby, M. F., 1974. Acta Metall. 22, 567.

Morris, P. L., Duggan, B. J., 1978. Metal Sci. 12, 1.

Morris, D. G., Gunther, S., 1996. Scr. Mater. 35, 1211.

Morris, D. G., Lebouef, M., 1994. Acta Metall. Mater. 42, 1817.

Morris, D. G., Morris, M. A., 1991. J. Mat. Sci. 26, 1734.

Morris, D. G., Morris-Munoz, M. A., 2000. Intermetallics 8, 997.

Morris, L., 1976. In: Proc. 4th Int. Conf. on Strength of Metal and Alloys. Nancy,
    France, p. 649.

Mott, N. F., 1948. Proc. Phys. Soc. 60, 391.

Mukherjee, A. K., Bird, J. E., Dorn, J. E., 1969. Trans. ASM 62, 155.

Muller, M., Zehetbauer, M., Borbely, A., Ungar, T., 1997. Scr. Mater. 35, 1461.

Mullins, W. W., Viñals, J., 1989. Acta Mater. 37, 991.

Mullins, W. W., 1956. J. Appl. Phys. 27, 900.

Mullins, W. W., 1958. Acta Metall. 6, 414.

Mullins, W. W., 1986. J. Appl. Phys. 59, 1341.

Mullins, W. W., 1989. Acta Metall. 39, 2979.

Mullins, W. W., 1998a. Acta Mater. 46, 6219.

Mullins, W. W., 1998b. In: Weiland, Adams, Rollett (Eds.), Proc. 3rd Int. Conf. on
    Grain Growth. TMS, Pittsburgh, p. 3.

Murr, L. E., 1968. J. Appl. Phys. 39, 5557.

Murr, L. E., 1975. Interfacial Phenomena in Metals and Alloys. Addison-Wesley, Reading,
    p. 131.

Mykura, H., 1980. In: Balluffi (Ed.), Grain Boundary Structure and Kinetics. ASM,
    Ohio, p. 445.

Nagai, T., Ohta, S., Kawasaki, K., 1992. In: Abbruzzese, Brozzo (Eds.), Grain Growth
    in Polycrystalline Materials. Trans. Tech. Publ., p. 313.

Nakashima, S., Takashima, K., Harase, J., 1991a. ISIJ 13, 1007.

Nakashima, S., Takashima, K., Harase, J., 1991b. ISIJ 13, 1013.

Nakashima, K., Horita, Z., Nemoto, M., Langdon, T. G., 1998. Acta Mater. 46, 1598.

Nauer-Gerhardt, C. U., Bunge, H. J., 1988. In: Kallend, Gottstein (Eds.), ICOTOM 8.
    TMS, Warrendale, p. 505.

Nes, E., Furu, T., 1995. Scr. Mater. 33, 87.

Nes, E., Hutchinson, W. B., 1989. In: Bilde-Sørensen (Ed.), Proc. 10th Int. Risø Symp.

Risø, Denmark, p. 233.

Nes, E. , Marthinsen, K. , 2002. Mats. Sci. Eng. A 322, 176.

Nes, E. , Saeter, J. , 1995. In: Hansen, et al. (Eds.), Proc. 16th Int. Risø Symp. , p. 169.

Nes, E. , Solberg, J. K. , 1986. Mat. Sci. Tech. 2, 19.

Nes, E. , Ryum, N. , Hunderi, O. , 1985. Acta Metall. 33, 11.

Nes, E. , 1976. Acta Metall. 24, 391.

Nes, E. , 1979. Metal Sci. 13, 211.

Nes, E. , 1985. In: Proc. Symp. on Microstructural Control During Processing of Aluminium Alloys. New York, p. 95.

Nes, E. , 1995a. Acta Metall. Mater. 43, 2189.

Nes, E. , 1995b. Scr. Mater. 33, 225.

Nes, E. , 1998. Prog. Mater. Sci. 41, 128.

Neumann, P. , 1991. Textures Microstruct. 14 - 18, 53.

Nicolas, A. , Poirier, J. P. , 1976. Crystalline Plasticity and Solid State Flow in Metamorphic Rocks. WileyInterscience.

Nieh, T. G. , Wadsworth, J. , 1997. Mats. Sci. Eng. A 239, 88.

Nieh, T. G. , Wadsworth, J. , Sherby, O. D. , 1997. Superplasticity in Metals and Alloys. Cambridge University Press.

Niewczas, M. , 2010. Acta Mater. 58, 5848.

Niezgoda, S. R. , Fullwood, D. T. , Kalidindi, S. R. , 2008. Acta Mater. 56, 5285.

Norman, A. F. , Brough, I. , Prangnell, P. B. , 2000. Mat. Sci. Forum 331, 1713.

Nourbackhsh, S. , Nutting, J. , 1980. Acta Metall. 28, 357.

Novikov, V. Y. , 1979. Acta Metall. 27, 1461.

Obara, T. , Satoh, S. , Nishida, N. , Irie, T. , 1984. Scand. J. Met. 13, 201.

Olgaard, D. L. , Evans, B. , 1986. J. Am. Ceram. Soc. 69, C272.

Olmsted, D. L. , Hector, L. G. , Curtin, W. A. , 2006. J. Mech. Phys. Solids 54, 1763.

Olmsted, D. L. , Foiles, S. M. , Holm, E. A. , 2009a. Acta Mater. 57, 3694.

Olmsted, D. L. , Holm, E. A. , Foiles, S. M. , 2009b. Acta Mater. 57, 3704.

Orowan, E. , 1942. Nature 149, 643.

Orsetti Rossi, P. L. , Sellars, C. M. , 1997. Acta Mater. 45, 137.

Ørsund, R. , Nes, E. , 1988. Scr. Metall. 22, 671.

Ørsund, R. , Nes, E. , 1989. Scr. Metall. 23, 1187.

Ørsund, R. , Hjelen, J. , Nes, E. , 1989. Scr. Metall. 23, 1193.

Osawa, K. , 1984. Tetsu-to-Hagané 70, S552.

Oscarsson, A. , Hutchinson, W. B. , Karlsson, A. , 1987. In: 8th ILMT (Leoban, Vienna), p. 531.

Oscarsson, A. , Hutchinson, W. B. , Ekström, H. -E. , 1991. Mats. Sci. Tech. 7, 554.

Oscarsson, A. , Ekström, H. -E. , Hutchinson, W. B. , 1992. In: Fuentes, Gil Sevillano (Eds.), Recrystallization'92. Trans. Tech. Publ. , p. 177.

Ouchi, C. , Okita, T. , 1983. Trans. ISIJ 23, 128.

Palmer, J. E., Thompson, C. V., Smith, H. I., 1987. J. Appl. Phys. 62, 2492.

Palmer, M. A., Fradkov, V. E., Glicksman, M. E., Rajan, K., 1994. Scr. Metall. Mater. 30, 633.

Palumbo, G., Aust, K. T., 1992. In: Wolf, Yip (Eds.), Materials Interfaces. Chapman and Hall, London, p. 190.

Pan, Y., Adams, B. L., 1994. Scr. Metall. 30, 1055.

Pande, C. S., Rajagopal, A. K., 2001. Acta Mater. 49, 1805.

Pande, C. S., 1987. Acta Metall. 35, 2671.

Pantleon, W., 2004. Mater. Sci. Eng. A 387 – 89, 257 – 261.

Parthasarathi, Beck, P. A., 1961. Trans. Metall. Soc. AIME 221, 831.

Paul, H., Driver, J. H., Maurice, C., Jasienski, Z., 2002. Acta Mater. 50, 4339.

Peczak, P., Luton, M. J., 1993. Acta Metall. 41, 59.

Percy, J., 1864. MetallurgydIron and Steel (London).

Perdrix, C., Perrin, M. Y., Montheillet, F., 1981. Mem. Sci. Rev. Met. 78, 309.

Perryman, E. C. W., 1955. Trans. AIME 203, 1053.

Petkovic, R. A., Luton, M. J., Jonas, J. J., 1975. Can. Metall. Q. 14, 137.

Petkovic, R. A., Luton, M. J., Jonas, J. J., 1979. Acta Metall. 27, 1633.

Petrovic, V., Ristik, M. M., 1980. Metallography 13, 219.

Pfeiler, W., 1988. Acta Metall. 36, 2417.

Philippe, M. J., 1994. Mats. Sci. Forum 157 – 162, 1337.

Phillips, V. A., 1966. Trans. Metall. Soc. AIME 236, 1302.

Pilling, J., Ridley, N., 1989. Superplasticity in Crystalline Solids. Institute of Metals, London.

Pippan, R., Scheriau, S., Taylor, A., Hafok, M., Hohenwarter, A., Bachmaier, A., 2010. Ann. Rev. Matls. Res. 40, 319.

Poirier, J. P., Guillopé, M., 1979. Bull. Mineral. 102, 67.

Poirier, J., Nicolas, A., 1975. J. Geol. 83, 707.

Poirier, J. P., 1985. Creep of Crystals. Cambridge University Press, Cambridge.

Pokharel, R., Lind, J., Kanjarala, A. K., Lebensohn, R. A., Li, S. F., Kenesei, P., Suter, R. M., Rollett, A. D., 2014. Annu. Rev. Condensed Matter Phys. 5, 317.

Pokharel, R., Lind, J., Li, S. -F., Kenesei, P., Lebensohn, R. A., Suter, R. M., Rollett, A. D., 2015. Int. J. Plast. 67, 217 – 234.

Polmear, I. J., 1995. Light Alloys. Butterworth-Heinemann, London.

Pond, R. C., 1980. In: Balluffi (Ed.), Grain Boundary Structure and Kinetics. ASM, Ohio, p. 13.

Ponge, D., Gottstein, G., 1998. Acta Mater. 46, 69.

Porter, J., Humphreys, F. J., 1979. Metal Sci. 13, 83.

Porter, A., Ralph, B., 1981. J. Mats. Sci. 16, 707.

Potts, R. B., 1952. Proc. Camb. Phil. Soc. 48, 106.

Pougis, A., Toth, L. S., Fundenberger, J. J., Borbely, A., 2014. Scripta Mater. 72 – 73, 59.

Poulsen, H. F., 2004. Three-Dimensional X-Ray Diffraction Microscopy — Mapping Polycrystals and Their Dynamics. Springer, New York.

Prangnell, P. B., Bowen, J. R., Gholinia, A., 2001. In: Dinesen, et al. (Eds.), Proc. 22nd Risø Int. Symp. Risø, Denmark, p. 105.

Prantil, V. C., Dawson, P. R., Chastel, Y. B., 1995. Modell. Simul. Matls. Sci. Eng. 3, 215.

Preston, O., Grant, N. J., 1961. Trans. Metall. Soc. AIME 221, 164.

Prinz, F., Argon, A. S., Moffatt, W. C., 1982. Acta Metall. 30, 821.

Prior, D. J., 1999. J. Microsc. 195, 217.

Protasova, S. G., Gottstein, G., Sursaeva, V. G., Shvindlerman, L. S., 2001. Acta Mater. 49, 2519.

Puchi, E. S., Beynon, J. H., Sellars, C. M., 1988. In: Proc. Int. Conf. on Thermomechanical Processing of Steels, Thermec - 88, Tokyo, ISI Japan, vol. 2, p. 572.

Quey, R., Dawson, P. R., Driver, J. H., 2012. J. Mech. Phys. Solids 60, 509.

Raabe, D., Becker, R. C., 1999. In: Proc. ICOTOM 12, Montreal. Szpunar, p. 112.

Raabe, D., Lücke, K., 1994. Mats. Sci. Forum 157 - 162, 597.

Raabe, D., 1996. Acta Mater. 44, 937.

Raabe, D., 1999. Phil. Mag. A79, 2339.

Raabe, D., 2000. Acta Mater. 48, 1617.

Rabkin, E. I., Shvindlerman, L. S., Straumal, B. B., 1991. Int. J. Mod. Phys. 5 - 19, 2989.

Radhakrishnan, B., Sarma, G., Zacharia, T., 1998. In: Bieler, et al. (Eds.), Hot Deformation of Aluminum Alloys II. TMS, p. 267.

Rae, C. M. F., Smith, D. A., 1981. In: Proc. ICOTOM 6, Tokyo, p. 528.

Rae, C. M. F., Grovenor, C. R. M., Knowles, K. M., 1981. Z. Metallkd. 72, 798.

Rae, C. M. F., 1981. Phil. Mag. A44, 1395.

Rajkovi, M., Buckley, R. A., 1981. Met. Sci. 15, 21.

Rajmohan, N., Hayakawa, Y., Szpunar, J. A., Root, J. H., 1997. Acta Mater. 45, 2485.

Ralph, B., Shim, K. B., Huda, Z., Furley, J., Edirisinghe, M., 1992. In: Abbruzzese, Brozzo (Eds.), Grain Growth in Polycrystalline Materials. Trans. Tech. Publ., p. 129.

Randle, V., Brown, A., 1989. Phil. Mag. 59A, 1075.

Randle, V., Engler, O., 2000. An Introduction to Texture Analysis. Gordon and Breach, Amsterdam.

Randle, V., Ralph, B., 1986. Acta Metall. 34, 891.

Randle, V., Ralph, B., 1987. J. Mats. Sci. 22, 2535.

Randle, V., 1996. The Role of the CSL in Grain Boundary Engineering. The Institute of Materials, London.

Randle, V., 1999. Acta Mater. 47, 4187.

Randle, V., 2003. Microtextures. The Institute of Materials, London.

Ratanaphan, S., Yoon, Y., Rohrer, G. S., 2014. J. Mater. Sci. 49, 4938.

Ratanaphan, S., Olmsted, D. L., Bulatov, V. V., Holm, E. A., Rollett, A. D., Rohrer, G. S., 2015. Acta Mater. 88, 346.

Rath, B. B., Hu, H., 1972. In: Hu (Ed.), The Nature and Behaviour of Grain Boundaries. Plenum Press, NY, p. 405.

Rath, B. B., Ledrerich, R. J., Yolton, C. F., Froes, F. H., 1979. Metall. Trans. 10A, 1013.

Rauch, E. F., Veron, M., Portillo, J., Bultreys, D., Maniette, Y., Nicolopoulos, S., 2008. Microsc. Anal. 22, S5.

Ray, R. K., Hutchinson, W. B., Duggan, B. J., 1975. Acta Metall. 23, 831.

Razzak, M. A., Perez, M., Sourmail, T., Cazottes, S., Frotey, M., 2012. ISIJ Intl. 52, 2278.

Read, W. T., Shockley, W., 1950. Phys. Rev. 78, 275.

Read, W. T., 1953. Dislocations in Crystals. McGraw Hill.

Reglé, H., 2001. In: Gottstein, Molodov (Eds.), Proc. Int. Conf. on Recrystallization and Grain Growth, Aachen. Springer-Verlag, Berlin, p. 707.

Reid, C. N., 1973. Deformation Geometry for Materials Scientists. Pergamon Press, Oxford.

Reiter, S. F., 1952. Trans. Metall. Soc. AIME 194, 972.

Rheinheimer, W., Hoffmann, M. J., 2015. Scr. Mater. 101, 68.

Rhines, F. N., Craig, K. R., 1974. Metall. Trans. 5, 413.

Richert, J., Richert, M., 1986. Aluminium 62, 604.

Ricks, R. A., 1999. Phil. Trans. R. Soc. Lond. A 357, 1513.

Ridha, A. A., Hutchinson, W. B., 1982. Acta Metall. 30, 1929.

Ridley, N., Cullen, E. M., Humphreys, F. J., 1998. In: Ghosh, A. K., Bieler, T. R. (Eds.), Superplasticity and Superplastic Forming. TMS, Warrendale, p. 65.

Ridley, N., Cullen, E. M., Humphreys, F. J., 2000. Mats. Sci. Tech. 16, 117.

Ridley, N., 1990. Mats. Sci. Tech. 6, 1145.

Ringer, S. P., Li, W. B., Easterling, K. E., 1989. Acta Metall. 37, 831.

Riontino, G., Antonione, C., Battezzati, L., Marino, F., Tabasso, M., 1979. J. Mater. Sci. 14, 86.

Roberts, W., Ahlblom, B., 1978. Acta Metall. 26, 801.

Roberts, W., 1984. In: Krauss (Ed.), Deformation, Processing and Structure. ASM, St Louis, Missouri, p. 109.

Roberts, W., 1985. In: McQueen (Ed.), Proc. 7th Int. Conf. on Strength of Metals and Alloys, vol. 3, p. 1859.

Robertson, S. W., Imbeni, V., Wenk, H. R., Ritchie, R. O., 2005. J. Biomed. Mater. Res. A 72A, 190.

Robertson, S. W., Pelton, A. R., Ritchie, R. O., 2012. Intl. Matls. Rev. 57, 1.

Rodrigues, P., Bate, P. S., 1984. In: Marchant, Morris (Eds.), Textures in Non-Ferrous

Metals and Alloys. A. I. M. E.

Rodrigues, C. , 1840. J. Math. 5, 380.

Roe, R. J. , 1965. J. Appl. Phys. 36, 2024.

Roessler, B. , Novik, D. T. , Bever, M. B. , 1963. Trans. Metall. Soc. AIME 227, 985.

Rohrer, G. S. , Saylor, D. M. , El Dasher, B. , Adams, B. L. , Rollett, A. D. , Wynblatt, P. , 2004. Z. Metall. 95, 197.

Rohrer, G. S. , Holm, E. A. , Rollett, A. D. , Foiles, S. M. , Li, J. , Olmsted, D. L. , 2010. Acta Mater. 58, 5063.

Rohrer, G. S. , 2011a. Measuring and interpreting the structure of grain-boundary networks. J. Am. Ceram. Soc. 94, 633.

Rohrer, G. S. , 2011b. J. Mater. Sci. 46, 5881.

Rollett, A. D. , Barmak, K. , 2014. In: Laughlin, Hono (Eds.), Physical Metallurgy. Elsevier (Chapter 11).

Rollett, A. D. , Kocks, U. F. , 1993. Solid State Phenomena 35 – 36, 1.

Rollett, A. D. , Holm, E. A. , 1997. Proc. Rex096, Recrystallization and Related Phenomena. In: McNelley, T. (Ed.), Monterey Institute of Advanced Studies. Monterey, California, p. 31.

Rollett, A. D. , Manohar, P. , 2004. In: Raabe, D. , Roters, F. (Eds.), Continuum Scale Simulation of Engineering Materials. Wiley – VCH (Chapter 4).

Rollett, A. D. , Mullins, W. W. , 1997. Scr. Mater. 36, 975.

Rollett, A. D. , Raabe, D. , 2001. Comp. Mater. Sci. 21, 69.

Rollett, A. , Lowe, T. , Kocks, U. , Stout, M. , 1988. In: Kallend, Gottstein (Eds.), ICOTOM – 8. The Metals Society (TMS).

Rollett, A. D. , Srolovitz, D. J. , Doherty, R. D. , Anderson, M. P. , 1989a. Acta Metall. 37, 627.

Rollett, A. D. , Srolovitz, D. J. , Anderson, M. P. , 1989b. Acta Metall. 37, 1227.

Rollett, A. D. , Luton, M. J. , Srolovitz, D. J. , 1992a. Acta Metall. Mater. 40, 43.

Rollett, A. D. , Srolovitz, D. J. , Anderson, M. P. , Doherty, R. D. , 1992b. Acta Metall. Mater. 40, 3475.

Rollett, A. D. , Taheri, M. L. , El-Dasher, B. S. , 2002. In: Khan, A. S. , Lopez-Pamies, O. (Eds.), Plasticity, Damage and Fracture at the Macro, Micro, and Nano Scales: Proceedings of Plasticity 2002. NEAT Press, p. 42.

Rollett, A. D. , Lee, S. -B. , Campman, R. , Rohrer, G. S. , 2007. Ann. Rev. Matls. Res. 37, 627.

Rollett, A. D. , Wagner, F. , Allain-Bonasso, N. , Field, D. P. , Lebensohn, R. A. , 2012. Mater. Sci. Forum 702 – 703, 463.

Rollett, A. D. , 1997. Prog. Mater. Sci. 42, 79.

Rosen, A. , Burton, M. S. , Smith, G. V. , 1964. Trans. Metall. Soc. AIME 230, 205.

Rosen, G. I. , Juul Jensen, D. , Hughes, D. A. , Hansen, N. , 1995. Acta Mater. 43, 2563.

Rosi, F. D. , Alexander, B. H. , Dube, C. A. , 1952. Trans. Metall. Soc. AIME 194, 189.

Rowenhorst, D. J. , Lewis, A. C. , Spanos, G. , 2010. Acta Mater. 58, 5511.

Rowenhorst, D., Rollett, A. D., Rohrer, G. S., Groeber, M., Jackson, M., Konijnenberg, P., De Graef, M., 2015. Modell. Sim. Matls. Sci. Eng. 23, 083501.

Rupert, T. J., Gianola, D. S., Gan, Y., Hemker, K. J., 2009. Science 326, 1686.

Rutter, J. W., Aust, K. T., 1960. Trans. Metall. Soc. AIME 218, 682.

Rutter, J. W., Aust, K. T., 1965. Acta Metall. 13, 181.

Rutter, E. H., 1983. J. Geol. Soc. 140, 725.

Ryde, L., Hutchinson, W. B., Jonsson, S., 1990. In: Chandra (Ed.), Recrystallization'90. TMS, p. 313.

Ryum, N., Hunderi, O., 1989. Acta Metall. 37, 1375.

Ryum, N., Hunderi, O., Nes, E., 1983. Scr. Metall. 17, 1281.

Ryum, N., 1969. Acta Metall. 17, 831.

Saad, Y., Schultz, M. H., 1986. SIAM J. Sci. Stat. Comput. 7, 856.

Sabin, T. J., Bailer-Jones, C. A. L., Roberts, S. M., MacKay, D. J. C., Withers, P. J., 1997. In: Sakai, Chandra (Eds.), Proc. 3rd Int. Conf. on Thermomechanical Processing (Thermec'97). Wollongong. TMS, p. 1043.

Sachs, G., 1928. Z. Verein, Deut. Ing. 72, 734.

Saetre, T. O., Ryum, N., 1992. In: Abbruzzese, Brozzo (Eds.), Grain Growth in Polycrystalline Materials. Trans. Tech. Publ., Rome, p. 373.

Saetre, T. O., Ryum, N., 1993. In: Pande, Marsh (Eds.), Modelling of Coarsening and Grain Growth. TMS, p. 281.

Saetre, T. O., Hunderi, O., Nes, E., 1986a. Acta Metall. 34, 981.

Saetre, T. O., Solberg, J. K., Ryum, N., 1986b. Metallography 19, 347.

Sah, J. P., Richardson, G. J., Sellars, C. M., 1974. Metal Sci. 8, 325.

Saito, Y., Tsuji, N., Utsunomiya, H., Sakai, T., Hong, R. G., 1998. Scr. Mater. 39, 1221.

Saito, Y., Utsunomiya, H., Tsuji, N., Sakai, T., 1999. Acta Mater. 47, 579.

Sakai, T., Jonas, J. J., 1984. Acta Metall. 32, 189.

Sakai, T., Ohashi, M., 1992. In: Fuentes, Gil Sevillano (Eds.), Recrystallization'92. Trans. Tech. Publ., p. 521.

Sakai, T., Ohashi, M., Chiba, K., 1988. Acta Metall. 36, 1781.

Sakai, T., 1997. Proc. Rex 96, 137.

Sakai, T., 2000. In: Hansen, N., et al. (Eds.), Proc 21st Int. Risø Symposium. Risø, Denmark, p. 551.

Sakakura, A., 1969. J. App. Phys. 40, 1539.

Samajdar, I., Doherty, R. D., 1995. Scr. Metall. Mater. 32, 845.

Samajdar, I., Doherty, R. D., 1998. Acta Mater. 49, 3145.

Samajdar, I., Ratchev, P., Verlinden, B., Aernoudt, E., 2001. Acta Mater. 49, 1759.

Samuels, L. E., 1954. J. Inst. Met. 83, 359.

Sanders, T. H., Starke, E. A., 1982. Acta Metall. 36, 927.

Sandström, R., Lagneborg, R., 1975a. Acta Metall. 23, 387.

Sandström, R., Lagneborg, R., 1975b. Acta Metall. 23, 481.

Sandström, R. , Lagneborg, R. , 1975c. Scr. Metall. 9, 59.

Sandström, R. , Lehtinen, E. , Hedman, B. , Groza, I. , Karlsson, J. , 1978. J. Mats. Sci. 13, 1229.

Sandström, R. , 1977b. Acta Metall. 25, 905.

Sandström, R. , 1980. Z. Metallkd. 71, 681.

Sarma, G. B. , Dawson, P. R. , 1996. Acta Mater. 44, 1937.

Sass, S. L. , Bristowe, P. D. , 1980. In: Balluffi (Ed.), Grain Boundary Structure and Kinetics. ASM, Ohio, p. 71.

Sathiaraj, G. D. , Bhattacharjee, P. P. , Tsai, C. -W. , Yeh, J. -W. , 2016. Intermetallics 69, 1.

Satoh, S. , Obara, T. , Takasaki, J. , Yasuda, A. , Nishida, M. , 1985. Kawasaki Steel Tech. Rep. 12, 36.

Saunders, I. , Nutting, J. , 1984. Metal Sci. 18, 571.

Sauter, H. , Gleiter, H. , Baro, G. , 1977. Acta Metall. 25, 457.

Sauveur, A. , 1912. In: Int. Assoc. Testing Mater. Proc. VI Cong. New York, vol. 2. 6, p. 1.

Savart, F. , 1829. Ann. Chim. Phys. 41, 61.

Saylor, D. M. , Morawiec, A. , Rohrer, G. , 2002. J. Amer. Ceram. Soc. 85, 3081.

Saylor, D. M. , El Dasher, B. S. , Rollett, A. D. , Rohrer, G. S. , 2004. Acta Mater. 52, 3649.

Schaeben, H. , 1993. J. Appl. Crystallogr. 26, 112.

Schaffler, E. , Zehetbauer, M. , Ungar, T. , 2001. Mats. Sci. Eng. A 319 – 321, 220.

Schafler, E. , Zehetbauer, M. , Borbely, A. , Ungar, T. , 1997. Mats. Sci. Eng. A 234, 445.

Schmidt, J. , Haessner, F. , 1990. Zeit. Phys. B. Condensed Matter 81, 215.

Schmidt, E. , Wassermann, G. , 1927. Z. Physik 42, 779.

Schmidt, B. , Nagpal, P. , Baker, I. , 1989. Mat. Res. Soc. Proc. 133, 755.

Schmidt, J. , 1989. Thermochim. Acta 151, 333.

Schmidt, U. , Lücke, K. , Pospeich, J. , 1975. In: Fourth European Texture Conference. Met. Soc. , London, p. 147.

Scholtes, B. , Boulais-Sinou, R. , Settefrati, A. , Muñoz, D. P. , Poitrault, I. , Montouchet, A. , Bozzolo, N. , Bernacki, M. , 2016. Comput. Mater. Sci. 122, 57.

Scholz, F. , Driver, J. H. , Wold, E. , 1999. Scr. Mater. 40, 949.

Schuh, C. A. , Kumar, M. , King, W. E. , 2003. Acta Mater. 51, 687.

Schulz, L. G. , 1949. J. Appl. Phys. 20, 1030.

Schwartz, A. J. , Kumar, M. , Adams, B. L. , Field, D. P. , 2009. Electron Backscatter Diffraction in Materials Science. Springer.

Schwarzer, R. A. , Weiland, H. , 1984. In: Brakman, et al. (Eds.), ICOTOM 7, p. 839. Noordwijkerhout.

Schwarzer, R. A. , 1993. Text. Microstruct. 20, 7.

Seeger, A. , Haasen, P. , 1956. Phil. Mag. 3, 470.

Segal, V. M. , Reznikov, V. I. , Drobyshevskiy, A. E. , Kopylov, V. I. , 1981. Russ. Metal.
1, 99.

Seidman, D. N. , 1992. In: Wolf, Yip (Eds.), Materials Interfaces. Chapman and Hall,
London, p. 58.

Sellars, C. M. , Whiteman, J. A. , 1979. Met. Sci. 13, 187.

Sellars, C. M. , Irisarri, A. M. , Puchi, E. S. , 1986. In: Chia, McQueen (Eds.),
Microstructural Control in Aluminium Alloys. Met. Soc. A. I. M. E. , Warrendale,
USA, p. 179.

Sellars, C. M. , Humphreys, F. J. , Nes, E. , Juul Jensen, D. , 1994. In: Andersen, et al.
(Eds.), Proc 15th Int. Risø Symp. Risø, Denmark, p. 109.

Sellars, C. M. , 1978. Philos. Trans. Royal Soc. 288, 147.

Sellars, C. M. , 1986. In: Hansen, et al. (Eds.), Proc. 7th Int. Risø Symposium. Risø,
Denmark, p. 167.

Sellars, C. M. , 1990. Mats. Sci. Tech. 6, 1072.

Sellars, C. M. , 1992a. In: Proc. 3rd Int. Conf. on Aluminium, Trondheim, vol. 3, p. 89.

Sellars, C. M. , 1992b. In: Fuentes, Gil Sevillano (Eds.), Recrystallization'92. Trans.
Tech. Publ. , p. 29.

Sellars, C. M. , 1997. In: Hutchinson, W. B. (Ed.), Proc. Thermomechanical Processing
(TMP2), p. 35. Sweden.

Semiatin, S. L. , Segal, V. M. , Goetz, R. L. , Goforth, R. E. , Harwig, T. , 1995. Scr.
Metall. Mater. 33, 535.

Shakoor, M. , Scholtes, B. , Bouchard, P. -O. , Bernacki, M. , 2015. Appl. Math. Model.
39, 7291.

Sheppard, T. , Duan, X. , 2002. J. Mater. Process. Technol. 130, 250.

Sheppard, T. , Parson, N. , Zaidi, M. A. , 1983. Metal Sci. 17, 481.

Sheppard, T. , 2013. Extrusion of Aluminium Alloys. Springer Science & Business Media.

Sherby, O. D. , Burke, P. M. , 1967. Prog. Mater. Sci. 13, 325.

Sherby, O. D. , Wadsworth, J. , 1988. In: Heikennen, McNelly (Eds.), Superplasticity in
Aerospace. TMS.

Shercliff, H. R. , Lovatt, A. M. , 1999. Phil. Trans. R. Soc. Lond. A 357, 1621.

Shi, H. , McLaren, A. , Sellars, C. M. , Shahani, R. , Bollingbroke, R. , 1997. Mats. Sci.
Tech. 13, 210.

Shoemake, K. , 1985. In: Siggraph'85. Association for Computing Machinery (ACM),
p. 245.

Shu, C. W. , 2003. Intl. J. Comput. Fluid Dyn. 17, 107.

Shvindlerman, L. S. , Straumal, B. B. , 1985. Acta Metall. 33, 1735.

Simpson, C. J. , Aust, K. T. , Wineguard, W. C. , 1970. Metall. Trans. 1, 1482.

Sinha, P. P. , Beck, P. A. , 1961. J. App. Phys. 32, 1222.

Sintay, S. D. , Rollett, A. D. , 2012. Model. Sim. Matls. Sci. Eng. 20, 075005.

Sircar, S. , Humphreys, F. J. , 1994. In: Sanders, Starke (Eds.), Proc. 4th Int. Conf. on
Aluminium, vol. 1. Chan Atlanta, p. 170.

Smidoda, K. , Gottschalk, W. , Gleiter, H. , 1978. Acta Metall. 26, 1833.

Smirnova, N. A. , Levit, V. I. , Pilyugin, V. I. , Kusnetzov, R. I. , Davydova, L. S. , Sazonov, V. A. , 1986. Fiz. Met. Metalloved 61, 1170.

Smith, C. J. E. , Dillamore, I. L. , 1970. Met. Sci. J. 4, 161.

Smith, D. A. , Rae, C. M. F. , Grovenor, C. R. M. , 1980. In: Balluffi (Ed.), Grain Boundary Structure and Kinetics. ASM, Ohio, p. 337.

Smith, C. S. , 1948. Trans. Metall. Soc. AIME 175, 15.

Smith, C. S. , 1952. In: Metal Interfaces. ASM, Cleveland, p. 65.

Smith, D. A. , 1992. In: Abbruzzese, Brozzo (Eds.), Grain Growth in Polycrystalline Materials. Trans. Tech. Publ. , Switzerland, p. 221.

Smolukowski, R. , Turner, R. W. , 1949. J. Appl. Phys. 20, 745.

Soares, A. , Ferro, A. , Fortes, M. , 1985. Scr. Metall. 19, 1491.

Solas, D. E. , Tomé, C. N. , Engler, O. , Wenk, H. R. , 1999. In: Sakai, T. , Suzuki, H. (Eds.), Proc. 4th Int. Conf. Rex. Tsukuba. Japan Inst. Metals, p. 639.

Solberg, J. K. , McQueen, H. J. , Ryum, N. , Nes, E. , 1989. Phil. Mag. A60, 447.

Somerday, M. , Humphreys, F. J. , 2003a. Mats. Sci. Tech. 19, 20.

Somerday, M. , Humphreys, F. J. , 2003b. Mats. Sci. Tech. 19, 30.

Sorby, H. C. , 1887. J. Iron Steel Inst. 31 (1), 253.

Sparks, C. N. , Sellars, C. M. , 1992. In: Fuentes, Sevillano (Eds.), Recrystallization'92. Trans. Tech. Publ. , p. 557.

Speich, G. R. , Fisher, R. M. , 1966. In: Recrystallization, Grain Growth and Textures. ASM, Ohio, p. 563 ssparks code. http://spparks. sandia. gov/.

Srolovitz, D. J. , Anderson, M. P. , Sahni, P. S. , Grest, G. S. , 1984a. Acta Metall. 32, 793.

Srolovitz, D. J. , Anderson, M. P. , Grest, G. S. , Sahni, P. S. , 1984b. Acta Metall. 32, 1429.

Srolovitz, D. J. , Grest, G. S. , Anderson, M. P. , 1985. Acta Metall. 33, 2233.

Srolovitz, D. J. , Grest, G. S. , Anderson, M. P. , 1986. Acta Metall. 34, 1833.

Srolovitz, D. J. , Grest, G. S. , Anderson, M. P. , Rollett, A. D. , 1988. Acta Metall. 36, 2115.

Stead, J. E. , 1898. J. Iron Steel Inst. 53 (1), 145.

Steinbach, I. , Pezzolla, F. , 1999. Physica D 134, 385.

Stewart, A. T. , Martin, J. W. , 1975. Acta Metall. 23, 1.

Stiegler, J. O. , Dubose, C. K. H. , Reed, R. E. , McHargue, C. J. , 1963. Acta Metall. 11, 851.

Stoloff, N. S. , Davies, R. G. , 1964. Acta Metall. 12, 473.

Stout, M. G. , Rollett, A. D. , 1990. Metall. Trans. A 21, 3201.

Stowell, M. J. , 1983. In: Bilde-Sørensen, et al. (Eds.), Proc. 4th Int. Risø Symposium. Risø, Denmark, p. 119.

Straker, H. R. , Holt, D. L. , 1972. Acta Metall. 20, 569.

Stuitje, P. J. T. , Gottstein, G. , 1980. Z. Metallkd. 71, 279.

Stüwe, H. P. , 1978. In: Haessner (Ed.), Recrystallization of Metallic Materials. Dr. Riederer-Verlag GMBH, Stuttgart, p. 11.

Subedi, S. , Pokharel, R. , Rollett, A. D. , 2015. Matls. Sci. Eng. A 638, 348 – 356.

Sun, R. C. , Bauer, C. L. , 1970. Acta Metall. 18, 639.

Sursaeva, V. G. , Andreeva, A. V. , Kopezky, C. V. , Shvindlerman, L. S. , 1976. Solid State Phys. 41, 1013.

Suter, R. M. , Hennessy, D. , Xiao, C. , Lienert, U. , 2006. Rev. Sci. Instr. 77, 123905.

Sutton, A. P. , Balluffi, R. W. , 1987. Acta Metall. 35, 2177.

Sutton, A. P. , Balluffi, R. W. , 1995. Interfaces in Crystalline Materials. Oxford University Press, Oxford.

Svoboda, J. , 1993. Scr. Metall. Mater. 28, 1589.

Syha, M. , Weygand, M. , 2010. Model. Simul. Mater. Sci. Eng 18, 015010.

Szczerba, M. S. , Bajor, T. , Tokarski, T. , 2004. Philos. Mag. 84, 481 – 502.

Szpunar, J. A. , Davies, S. T. , 1984. In: Brakman, et al. (Eds.), Proc. ICOTOM 7, p. 845. Noordwijkerhout.

Taguchi, S. , Sakakura, A. , Takashima, H. , 1966. U. S. Patent 3287183.

Taheri, M. L. , Molodov, D. , Gottstein, G. , Rollett, A. D. , 2005. Z. Metallkd. 96, 1166.

Takahashi, Y. , Miyazawa, K. , Mori, M. , Ishida, Y. , 1986. Trans. Jpn. Inst. Met. 27, 345.

Takayama, Y. , Tozawa, T. , Kato, H. , Furushiro, N. , Hori, S. , 1992. In: Abbruzzese, Brozzo (Eds.), Grain Growth in Polycrystalline Materials. Trans. Tech. Publ. , p. 325.

Takazawa, K. , Noto, S. , Tagashira, K. , 1995. Univ. Muroran. Private communication to W. B. Hutchinson and L. Ryde.

Takeuchi, A. , Argon, A. S. , 1976. J. Mats. Sci. 11, 1547.

Tan, J. C. , Tan, M. Y. , 2003. Mats. Sci. Eng. A 339, 124.

Tarasiuk, J. , Gerber, P. , Bacroix, B. , 2001. Acta Mater. 50, 1467.

Taylor, G. I. , 1938. J. Inst. Met. 62, 307.

Tegart, W. J. McG. , 1992. In: Fuentes, Gil Sevillano (Eds.), Recrystallization'92. Trans. Tech. Publ. , San Sebastian, p. 1.

Thaveeprungsriporn, V. , Was, G. S. , 1997. Metall. Matls. Trans. A 28, 2101.

Theyssier, M. C. , Driver, J. H. , 1999. Mater. Sci. Eng. A272, 73.

Thompson, C. V. , Carel, R. , 1995. Mater. Sci. Eng. B 32, 211.

Thompson, C. V. , Frost, H. J. , Spaepen, F. , 1987. Acta Metall. 35, 887.

Thompson, A. W. , 1977. Metall. Trans. 8A, 833.

Thompson, C. V. , 1992. In: Abbruzzese, Brozzo (Eds.), Grain Growth in Polycrystalline Materials. Trans. Tech. Publ. , p. 245.

Thomson-Russell, K. C. , 1974. Planseeber. Pulvermetall. 22, 264.

Tiedema, T. J. , May, W. , Burgers, W. G. , 1949. Acta Cryst. 2, 151.

Tien, T. Y. , Subbaro, E. C. , 1963. J. Am. Ceram. Soc. 46, 489.

Titchener, A. L. , Bever, M. B. , 1958. Prog. Metal Phys. 7, 247.

Tomé, C. N. , Lebensohn, R. A. , Kocks, U. F. , 1991. Acta Metall. Mater. 39, 2667.

Tong, W. S. , Rickman, J. M. , Barmak, K. , 2000. Acta Mater. 48, 1181.

Torizuka, S. , Ohkouchi, N. , Minote, T. , Niikura, M. , Ouchi, C. , 1997. In: Hutchinson, W. B. , et al. (Eds.), Thermomechanical Processing (TMP2). ASM, Ohio, p. 227.

Toth, L. S. , Gu, C. , 2014. Mater. Charact. 92, 1.

Toth, L. S. , Neale, K. W. , Jonas, J. J. , 1989. Acta Metall. 37, 2197.

Toth, L. S. , Arzaghi, M. , Fundenberger, J. J. , Beausir, B. , Bouaziz, O. , Arruffat-Massion, R. , 2009. Scr. Mater. 60, 175.

Toth, L. S. , Beausir, B. , Gu, C. F. , Estrin, Y. , Scheerbaum, N. , Davies, C. H. J. , 2010a. Acta Mater. 58, 6706 – 6716.

Toth, L. S. , Estrin, Y. , Lapovok, R. , Gu, C. F. , 2010b. Acta Mater. 58, 1782.

Trimby, P. W. , Drury, M. , Spiers, C. J. , 2000. J. Struct. Geol. 22, 1609.

Tsuji, N. , Murakami, T. , Saito, Y. , 1999a. J. Jpn. Inst. Met. 63, 243.

Tsuji, N. , Saito, Y. , Utsunomiya, H. , Tanigawa, S. , 1999b. Scr. Mater. 40, 795.

Tucker, J. C. , Chan, L. H. , Rohrer, G. S. , Groeber, M. A. , Rollett, A. D. , 2012. Scr. Mater. 66, 554.

Tungatt, P. D. , Humphreys, F. J. , 1981. In: Hansen, et al. (Eds.), Proc. 2nd Int. Risø Symp. Risø, Denmark, p. 393.

Tungatt, P. D. , Humphreys, F. J. , 1984. Acta Metall. 32, 1625.

Turnbull, D. , 1951. Trans. Metall. Soc. AIME 191, 661.

Tweed, C. , Hansen, N. , Ralph, B. , 1982. Metall. Trans. 14A, 2235.

Twiss, R. J. , 1977. Pure Appl. Geophys. 115, 227.

Uchic, M. D. , Groeber, M. A. , Dimiduk, D. M. , Simmons, J. P. , 2006. Scr. Mater. 55, 23.

Uchic, M. D. , Groeber, M. A. , Rollett, A. D. , 2011. JOM 63, 25.

Uehara, T. , Sekerka, R. F. , 2003. J. Crystal Growth 254, 251.

Underwood, E. E. , 1970. Quantitative Stereology. Addison-Wesley.

Ungar, T. , Zehetbauer, M. , 1997. Scr. Mater. 35, 1467 – 1473.

Upmanyu, M. , Srolovitz, D. J. , Shvindlerman, L. S. , Gottstein, G. , 1999. Acta Mater. 47, 3901.

Upmanyu, M. , Srolovitz, D. J. , Shvindlerman, L. S. , Gottstein, G. , 2002a. Acta Mater. 50, 1405.

Upmanyu, M. , Hassold, G. N. , Kazaryan, A. , Holm, E. A. , Wang, Y. , Patton, B. , Srolovitz, D. J. , 2002b. Interface Sci. 10, 201.

Urai, J. L. , Jessel, M. , 2001. In: Gottstein, G. , Molodov, D. (Eds.), Proc. Int. Conf. on Recrystallization and Grain Growth. Aachen. Springer-Verlag, Berlin, p. 87.

Urai, J. L. , Means, W. D. , Lister, G. S. , 1986. In: The Patterson Volume. Geophysical Monograph, vol. 36. The American Geophysical Union, p. 161.

Urcola, J. J. , Sellars, C. M. , 1987. Acta Metall. 35, 2649.

Ushioda, K. , Ohsone, H. , Abe, M. , 1981. In: ICOTOM 6, Tokyo, p. 829.

Ushioda, K. , Hutchinson, W. B. , Agren, J. , von Schlippenbach, U. , 1989. Mats. Sci. Tech. 2, 807.

Vaidyanath, L. R. , Nicholas, M. G. , Milner, D. R. , 1959. Br. Welding J. 6, 13.

Valiev, R. Z. , Korznikov, A. V. , Mulyukov, R. R. , 1992. Phys. Met. Metallogr. 4, 70.

Valiev, R. Z. , Islamgaliev, R. K. , Alexandrov, I. V. , 2000. Prog. Matls. Sci. 45, 103.

Van Boxel, S. , Schmidt, S. , Ludwig, W. , Zhang, Y. , Jensen, D. J. , Pantleon, W. , 2014. Mater. Trans. 55, 128.

van Drunen, G. , Saimoto, S. , 1971. Acta Metall. 19, 213.

Van Geertruyden, W. H. , Misiolek, W. Z. , Wang, P. T. , 2005. J. Matls. Sci. 40, 3861.

van Houtte, P. , Delannay, L. , Samajdar, I. , 1999. Text. Microstruct. 31, 109.

van Houtte, P. , Li, S. Y. , Seefeldt, M. , Delannay, L. , 2005. Intl. J. Plast. 21, 589.

Vandermeer, R. A. , Gordon, P. , 1959. Trans. Metall. Soc. AIME 215, 577.

Vandermeer, R. A. , Gordon, P. , 1963. In: Himmel (Ed.), Recovery and Recrystallization of Metals. Interscience, p. 211.

Vandermeer, R. A. , Hu, H. , 1994. Scr. Metall. 42, 3071.

Vandermeer, R. A. , Juul Jensen, D. , 2001. Acta Mater. 49, 2083.

Vandermeer, R. A. , Rath, B. B. , 1989a. Metall. Trans. A 20A, 391.

Vandermeer, R. A. , Rath, B. B. , 1989b. In: Bilde-Sørensen, et al. (Eds.), Proc. 10th Risø Int. Symposium. Risø, Denmark, p. 589.

Vandermeer, R. A. , Rath, B. B. , 1990. In: Chandra (Ed.), Recrystallization'90. TMS, p. 49.

Vanherpe, L. , Moelans, N. , Blanpain, B. , Vandewalle, S. , 2011. Comp. Mater. Sci. 50, 2221.

Varma, S. K. , Wesstrom, B. C. , 1988. J. Mats. Sci. Let. 7, 1092.

Varma, S. K. , Willetts, B. L. , 1984. Metall. Trans. 15A, 1502.

Varma, S. K. , 1986. Mats. Sci. Eng. 82, 19.

Vasudevan, A. K. , Petrovic, J. J. , Roberson, J. A. , 1974. Scr. Metall. 8, 861.

Vatne, H. E. , Nes, E. , 1994. Scr. Metall. Mater. 30, 309.

Vatne, H. E. , Furu, T. , Nes, E. , 1996a. Mats. Sci. Tech. 12, 201.

Vatne, H. E. , Furu, T. , Ørsund, R. , Nes, E. , 1996b. Acta Mater. 44, 4463.

Vatne, H. E. , Marthinsen, K. , Ørsund, R. , Nes, E. , 1996c. Met. Trans. 27A, 4133.

Vatne, E. , Shahani, R. , Nes, E. , 1996d. Acta Mater. 44, 4447.

Vatne, H. E. , Engler, O. , Nes, E. , 1997. Mats. Sci. Tech. 13, 93.

Vatne, H. E. , Daaland, O. , Nes, E. , 1994. Mater. Sci. Forum 157-162, 1087.

Verbraak, C. A. , Burgers, W. G. , 1957. Acta Metall. 5, 765.

Verbraak, C. A. , 1958. Acta Metall. 6, 580.

Verbraak, C. A. , 1975. In: Gottstein, Lücke (Eds.), ICOTOM 5. Springer-Verlag, p. 111.

Verdier, M. , Groma, I. , Flandin, L. , Lendvai, J. , Brechet, Y. , Guyot, P. , 1997. Scr. Mater. 37, 449.

Vernon-Parry, K. D. , Furu, T. , Jensen, D. J. , Humphreys, F. J. , 1996. Mats. Sci. Tech.

12, 889.

Vidoz, A. E. , Lazarevic, D. P. , Cahn, R. W. , 1963. Acta Metall. 11, 17.

Virnich, K. H. , Lücke, K. , 1978. In: Gottstein, Lücke (Eds.), ICOTOM 5, (2). Springer-Verlag, p. 3.

Viswanathan, R. , Bauer, C. L. , 1973. Acta Metall. 21, 1099.

Vitek, V. , Sutton, A. P. , Smith, D. A. , Pond, R. C. , 1980. In: Balluffi (Ed.), Grain Boundary Structure and Kinetics. ASM, Ohio, p. 115.

Voce, E. , 1948. J. Inst. Met. 74, 537.

von Neumann, J. , 1952. In: Metal Interfaces. ASM, Cleveland, Ohio, p. 108.

von Schlippenbach, U. , Lücke, K. , 1984. In: Brakman, et al. (Eds.), ICOTOM 7, p. 159. Noordwijkerkout.

Wagner, C. , 1961. Z. Elektrochem. 65, 581.

Wakai, F. , Enomoto, N. , Ogawa, H. , 2000. Acta Mater. 47, 1297.

Wakefield, P. T. , Hatherly, M. , 1981. Met. Sci. 15, 109.

Walter, J. L. , Dunn, G. C. , 1959. Acta Metall. 7, 424.

Walter, J. L. , Dunn, C. G. , 1960a. Trans. Metall. Soc. AIME 218, 914.

Walter, J. L. , Dunn, G. C. , 1960b. Acta Metall. 8, 497.

Walter, J. L. , Koch, E. F. , 1963. Acta Metall. 11, 923.

Walter, J. L. , 1965. J. Appl. Phys. 36, 1213.

Walton, D. T. , Frost, H. J. , Thompson, C. V. , 1992. In: Abbruzzese, Brozzo (Eds.), Grain Growth in Polycrystalline Materials. Trans. Tech. Publ. , p. 531.

Wang, C. , Upmanyu, M. , 2014. EPL 106, 26001.

Wang, J. , Horita, Z. , Furukawa, M. , Nemoto, M. , Tsenev, N. , Valiev, R. , Ma, Y. , Langdon, T. G. , 1993. J. Mater. Res. 8, 2810.

Wang, S. Y. , Holm, E. A. , Suni, J. , Alvi, M. H. , Kalu, P. N. , Rollett, A. D. , 2011. Acta Mater. 59, 3872.

Warrington, D. H. , 1980. In: Balluffi (Ed.), Grain Boundary Structure and Kinetics. ASM, Ohio, p. 1.

Washburn, J. , Parker, E. R. , 1952. J. Trans. Metall. Soc. AIME 194, 1076.

Wassermann, G. , Grewen, J. , 1962. Texturen Metallischer Werkstoffe. Springer-Verlag, Berlin.

Wassermann, G. , Bergmann, H. W. , Fromeyer, G. , 1978. In: Gottstein, Lücke (Eds.), ICOTOM 5, (2). SpringerVerlag, Berlin, p. 37.

Wassermann, G. , 1963. Z. Metallkd. 54, 61.

Watanabe, T. , Arai, K. -I. , Yoshimi, K. , Oikawa, H. , 1989a. Phil. Mag. Lett. 59, 47.

Watanabe, T. , Fujii, H. , Oikawa, H. , Arai, K. I. , 1989b. Acta Metall. 37, 941.

Watanabe, T. , 1984. Res. Mech. 11, 47.

Watanabe, T. , 1998. In: Pond, R. C. , et al. (Eds.), Boundaries and Interfaces in Materials. TMS, Warrendale, p. 19.

Watanabe, T. , 2001. In: Gottstein, G. , Molodov, D. (Eds.), Proc. Int. Conf. on Recrystallization and Grain Growth. Aachen. Springer-Verlag, Berlin, p. 11.

Watanabe, T. , 1994. Mat. Sci. Eng. A176, 39.

Watts, B. M. , Stowell, M. J. , Baikie, B. L. , Owen, D. G. E. , 1976. Met. Sci. 10 (189), 198.

Weaire, D. , Glazier, J. A. , 1992. In: Abbruzzese, Brozzo (Eds.), Grain Growth in Polycrystalline Materials. Trans. Tech. Publ. , p. 27.

Weaire, D. , Rivier, N. , 1984. Contemporary, Phys. 25, 59.

Weiland, H. , Hirsch, J. , 1991. In: Bunge (Ed.), Proc. ICOTOM 9, p. 647. Avignon.

Weiland, H. , Schwarzer, R. A. , 1984. In: Brakman, et al. (Eds.), Proc. ICOTOM 7, p. 765. Noordwijkerhout.

Weiland, H. , Dahlem-Klein, E. , Fiszer, A. , Bunge, H. , 1988. In: Kallend, Gottstein (Eds.), ICOTOM 8. TMS, Warrendale, p. 717.

Weiland, H. , 1995. In: Hansen, et al. (Eds.), Proc. 16th Int. Risø Symp. Risø, Denmark, p. 215.

Weinberger, C. R. , Boyce, B. L. , Battaile, C. C. , 2013. Int. Mater. Rev. 58, 296 – 314.

Weins, M. J. , 1972. In: Chaudhri, Matthews (Eds.), Grain Boundaries and Interfaces. North Holland, p. 138.

Weiss, I. , Srinivasan, R. , Froes, F. H. , 1990. In: Chandra (Ed.), Recrystallization'90. TMS, Ohio, p. 609.

Weissmüller, J. , 1993. J. Nanostruct. Mater. 3, 261.

Wert, J. A. , Austin, L. K. , 1985. Metall. Trans. 19A, 617.

Wert, J. A. , Paton, N. E. , Hamilton, C. H. , Mahoney, M. W. , 1981. Metall. Trans. 12A, 1267.

Weygand, D. , Brechet, Y. , Lepinoux, J. , 1998a. Acta Mater. 46, 6559.

Weygand, D. , Brechet, Y. , Lepinoux, J. , 1998b. Phil. Mag. B78, 329.

Weygand, D. , Brechet, Y. , Lepinoux, J. , 1999. Acta Mater. 47, 961.

Wheeler, A. A. , McFadden, G. B. , 1996. Euro. J. Appl. Math. 7, 367.

Wheeler, A. A. , McFadden, G. B. , Boettinger, W. J. , 1996. Proc. Roy. Soc. Lond. A 452, 495.

Wilbrandt, P. -J. , 1988. In: ICOTOM 8, p. 573. Santa Fe, USA.

Wilkens, M. , 1965. Acta Met. 17, 1155.

Wilkinson, D. S. , Caceres, C. H. , 1984a. J. Mater. Sci. Lett. 3, 395.

Wilkinson, D. S. , Caceres, C. H. , 1984b. Acta Mater. 32, 1335.

Wilkinson, A. J. , Hirsch, P. B. , 1997. Micron 28, 279.

Wilkinson, A. J. , 2001. Scr. Mater. 44, 2379.

Williams, J. C. , Starke, E. A. , 1982. In: Krauss (Ed.), Deformation Processing and Structure. ASM, Ohio, p. 279.

Williamson, G. K. , Hall, W. H. , 1953. Acta Met. 1, 22.

Willis, D. J. , Hatherly, M. , 1978. In: Gottstein, Lücke (Eds.), ICOTOM 5. Springer-Verlag, Berlin, p. 465.

Willis, D. J. , 1982. Unpublished work, quoted by Hatherly (1982).

Winning, M. , Gottstein, G. , Shvindlerman, L. S. , 2001. Acta Mater. 49, 211.

Winning, M., Gottstein, G., Shvindlerman, L. S., 2002. Acta Bater. 50, 353.

Winning, M., Rollett, A. D., Gottstein, G., Srolovitz, D. J., Lim, A., Shvindlerman, L. S., 2010. Phil. Mag 90, 3107.

Winther, G., Huang, X., 2007. Philos. Mag. 87, 5215.

Winther, G., Huang, X., Hansen, N., 2000. Acta Mater. 48, 2187.

Wolf, D., Merkle, K. L., 1992. In: Wolf, Yip (Eds.), Materials Interfaces. Chapman and Hall, London, p. 87.

Wolf, D., Yip, S. (Eds.), 1992. Materials Interfaces. Chapman and Hall, London.

Wolf, D., 2001. Curr. Opin. Solid State Mater. Sci. 5, 435.

Wright, S. I., Kocks, U. F., 1996. In: Liang, Z. (Ed.), Proc. 11th Int. Conf. on Texture. Xian, vol. 1. Int. Academic Publishers, Beijing, p. 53.

Wright, S. A., Plimpton, S. J., Swiler, T. P., Fye, R. M., Young, M. F., Holm, E. A., 1997. Sandia National Laboratories Report no. 97 – 1925.

Wu, P. D., Lloyd, D. J., Huang, Y., 2006. Mater. Sci. Eng. A 427, 241.

Wu, F. -Y., 1982. Rev. Mod. Phys. 54, 235.

Wusatowska, A. M., Miura, H., Sakai, T., 2002. Mats. Sci. Eng. A 323, 177.

Wycliffe, P., Kocks, U. F., Embury, J. D., 1980. Scr. Metall. 14, 1349.

Xu, Z., Sakai, T., 1991. Tetsu-to-Hagané 77, 462.

Xu, Z., Zhang, G., Sakai, T., 1995. ISIJ Int. 35, 210.

Yamaguchi, M., 1999. In: Sakai, T., Suzuki, H. (Eds.), Proc. 4th Int. Conf. on Recrystallization Tsukuba. Japan Inst. Metals, p. 59.

Yang, Y., Baker, I., 1996. Scr. Mater. 34, 803.

Yang, Y., Baker, I., 1997. In: Koch, et al. (Eds.), High Temperature Ordered Intermetallic Ordered Alloys VII. MRS, Pittsburgh, p. 367.

Yang, R., Botton, G. A., Cahn, R. W., 1996. Acta Mater. 44, 3869.

Yang, C. C., Rollett, A. D., Mullins, W. W., 2001. Scr. Mater. 44, 2735.

Yeung, W., Hirsch, J., Hatherly, M., 1988. In: Kallend, Gottstein (Eds.), ICOTOM 8. TMS, Warrendale, p. 631.

Yeung, W. Y., 1990. Acta Metall. Mater. 38, 1109.

Yoshida, H., Liebmann, B., Lücke, K., 1959. Acta Metall. 7, 51.

Yu, T., Hansen, N., Huang, X., 2013. Acta Mater. 61, 6577.

Yu, Q., Esche, S. K., 2005. J. Mater. Process. Technol. 169, 493.

Zehetbauer, M., Seumer, V., 1993. Acta Met. Mater. 41, 577.

Zehetbauer, M., 1993. Acta Met. Mater. 41, 589.

Zhang, W. J., Lorenz, U., Appel, F., 2000. Acta Mater. 48, 2803.

Zhang, L., Rollett, A. D., Bartel, T., Wu, D., Lusk, M., 2012. Acta Mater. 60, 1201.

Zhu, Q., Sellars, C. M., 1997. In: McNelley, T. (Ed.), Proc. Rex'96, Recrystallization and Related Phenomena. Monterey Institute of Advanced Studies, Monterey, California, p. 195.

Zhu, Q., Sellars, C. M., 2001. Scr. Mater. 45, 41.

Zilahi, G., Ungar, T., Tichy, G., 2015. J. Appl. Crystallogr. 48, 418.

更多相关的文献

Abe, H., Suzuki, T., Takagi, K., 1980. Trans. ISIJ 20, 100.

Argon, A. S., Im, J., Safoglu, R., 1975. Metall. Trans. 6A, 825.

Baker, I., 1991. In: Walter, et al. (Eds.), Structure and Property Relationships for Interfaces. ASM, p. 67.

Ball, J., Mitteau, J., Gottstein, G., 1992. In: Yavari (Ed.), Ordering and Disordering in Alloys, p. 138.

Balluffi, R. W., Koehler, J. S., Simmons, R. O., 1963. In: Himmel (Ed.), Recovery and Recrystallization of Metals. Interscience, p. 1.

Barrett, C. S., 1940. Trans. Metall. Soc. AIME 137, 128.

Beck, P. A., 1953. Acta Metall. 1, 230.

Becker, R., Panchanadeeswaran, S., 1989. Text. Microstruct. 10, 167.

Bockstein, B. S., Kopetsky, C. V., Shvindlerman, L. S., 1986. Metallurgia, Moscow 224.

Brown, A. F., 1952. Advan. Phys. 1, 427.

Burgers, W. G., Louwerse, P. C., 1931. Z. Phys. 67, 605.

Cahn, R. W., 1991a. In: Izumi (Ed.), Intermetallic Compounds. Jpn. Inst. Met., p. 771.

Ceppi, E. A., Nasello, O. B., 1984. Scr. Met. 18, 1221.

Dingley, D. J., 1984. Scan. Elec. Mic. 11, 74.

Doherty, R. D., Kashyap, K., Panchanadeeswaran, S., 1993. Acta Met. 41, 3029.

Frost, H. J., Whang, J., Thompson, C. V., 1986. In: Hansen, et al. (Eds.), Pro. 7th Risø Int. Symp. Risø, Denmark, p. 315.

Gholinia, A., Humphreys, F. J., Prangnell, P. B., 2002a. Mater. Forum 408 – 412, 1519.

Gleiter, H., 1970b. Acta Metall. 18, 23.

Grant, E., Porter, A., Ralph, B., 1984. J. Mats. Sci. 19, 3554.

Haslam, A. J., Moldovan, D., Yamakov, V., Wolf, D., Phillpot, S. R., Gleiter, H., 2003. Acta Mater. 51, 2097.

Hatherly, M., Dillamore, I. L., 1975. J. Aus. Inst. Met. 20, 71.

Herring, C., 1951. In: Kingston, W. E. (Ed.), The Physics of Powder Metallurgy. McGraw-Hill Book Co., New York, p. 143.

Hjelen, J., Weiland, H., Butler, J., Liu, J., Hu, H., Nes, E., 1990. In: Bunge (Ed.), Proc. ICOTOM 9, p. 983. Avignon.

Holmes, E. L., Winegard, W. C., 1959. Acta Metall. 7, 411.

Holmes, E. L., Winegard, W. C., 1961. Can. J. Phys. 39, 1223.

Hornbogen, E., Kreye, H., 1969. In: Grewen, Wassermann (Eds.), Texturen in Forschung und Praxis. SpringerVerlag, Berlin, p. 274.

Hutchinson, W. B., Ryde, L., Bate, P. S., Bacroix, B., 1996. Scr. Mater. 35, 579.

Jackson, P. A., 1983. Scr. Metall. 17, 199.

Juul Jensen, D., Poulson, H. F., 2000. In: Hansen, N., et al. (Eds.), Proc. 21st Int. Risø Symposium. Risø, Denmark, p. 103.

Juul Jensen, D., Lauridsen, E. M., Margulies, L., Poulsen, H. F., Schmidt, S., Sorensen, H. O., Vaughan, G. B. M., 2006. Mater. Today 9, 18.

Juul Jensen, D., 1993. Text. Microstruct. 20, 55.

Kassner, M. E., Barrabes, S. R., 2005. Matls. Sci. Eng. A 410 – 411, 152.

Kingery, W. D., Francois, B., 1965. J. Am. Ceram. Soc. 48, 546.

Köhlhoff, G. D., Hirsch, J., von Schlippenbach, U., Lücke, K., 1981. In: ICOTOM 6, Tokyo, p. 489.

Kunze, K., Wright, S. I., Adams, B. L., Dingley, D. J., 1993. Text. Microstruct. 20, 41.

Lawley, A., Vidoz, E. A., Cahn, R. W., 1961. Acta Metall. 9, 287.

Lücke, K., Rixen, R., Senna, M., 1976. Acta Metall. 24, 103.

Malin, A. S., Huber, J., Hatherly, M., 1981. Z. Metallkd. 72, 310.

Maurice, C., 1991. In: Gottstein, G., Molodov, D. (Eds.), Proc. Int. Conf. on Recrystallization and Grain Growth. Aachen. Springer-Verlag, Berlin, p. 123.

McQueen, H. J., Jonas, J. J., 1975. In: Treatise on Materials Science & Technology, sixth ed. Academic Press, New York, p. 393. Arsenault.

Michalak, J. D., Hu, H., 1978. Quoted in Hu. In: Gottstein, Lücke (Eds.), ICOTOM 5 (2). Springer-Verlag, Berlin, p. 3.

Miodownik, M. A., Smereka, P., Srolovitz, D. J., Holm, E. A., 2001. Proc. Roy. Soc. Lond. A 457, 1807.

Miura, H., Kato, M., Mori, T., 1990. Coloque de Phys. C1 – C51, 263.

Nes, E., Hutchinson, W. B., Ridha, A. A., 1986. In: McQueen (Ed.), Proc. 7th Int. Conf. on Strength of Metals and Alloys, vol. 1, p. 57.

Nicklas, B., Mecking, H., 1979. In: Haasen, Gerold, Kostorz (Eds.), Strength of Metals and Alloys. Pergamon Press, Oxford, p. 391.

Owen, N. J., Lykins, M. L., Stanton, G., Malin, A. S., 1991. In: Chandra (Ed.), Recrystallization'90. TMS, Warrendale, p. 649.

Palumbo, G., Aust, K. T., 1990. In: Chandra (Ed.), Recrystallization'90. TMS, Warrendale, p. 101.

Ranganathan, S., 1966. Acta Cryst. 21, 197.

Rivier, N., 1983. Phil. Mag. B47, L45.

Roucoules, C., Pietrzyk, M., Hodgson, P. D., 2003. Mater. Sci. Eng. A 339, 1.

Ruoff, A. L., Balluffi, R. W., 1963a. J. Appl. Phys. 34, 1634.

Ruoff, A. L., Balluffi, R. W., 1963b. J. Appl. Phys. 34, 1848.

Ruoff, A. L., Balluffi, R. W., 1963c. J. Appl. Phys. 34, 2862.

Sakai, T., Akben, M. G., Jonas, J. J., 1983. Acta Metall. 31, 631.

Sanders, R. E., Baumann, S. F., Stump, H. C., 1986. In: Proc. 1st Int. Conf. on Aluminium Alloys, Charlottsville, USA, vol. 3, p. 1441.

Sandström, R., 1977a. Acta Metall. 25, 897.

Schlaffer, Bunge, H., 1974. Texture 3, 157.

von Schlippenbach, U., Emren, F., Lücke, K., 1986. Acta Metall. 34, 1289.

Washburn, J. , Murty, G. , 1967. Can. J. Phys. 45, 523.

Watanabe, T. , 1992a. Scr. Metall. 27, 1497.

Watanabe, T. , 1992b. In: Abbruzzese, Brozzo (Eds.), Grain Growth in Polycrystalline
Materials. Trans. Tech. Publ. , p. 209.

Weaire, D. , Kermode, J. , 1983. Phil. Mag. B48, 245.

Weiland, H. , 1992. Acta Metall. 40, 1083.

Willis, D. J. , 1993. Private Commun.

Wilsdorf, H. , Kuhlman-Wilsdorf, D. , 1953. Acta Metall. 1, 394.

Yamagata, H. , 1993. Scr. Metall. 27, 727.

Zener, C. , 1948. See Smith (1948).

索　引

注：页码后的"f"指图，"t"指表。

645

致 谢

图片经许可转载自以下来源。

以下图片是经 Elsevier Science，P. O. Box 800，Oxford OX5 1DX 许可从 Acta Materialia 复制的：图 13.10 源自 Nes E，Marthinsen K，2002 to Daaland and Nes 1995. Origin of cube texture during hot rolling of commercial Al – Mn – Mg alloys. Mater. Sci. Eng. A322, 176 (Fig. 6)。图 2.10 源自 Liu Q，Juul Jensen D，Hansen N，1998. Effect of grain orientation on deformation structure in cold rolled aluminium. Acta Mater. 46, 5819 (Fig. 2)。图 16.7 源自 Upmanyu M，Srolovitz D J，Shvindlerman L S，Gottstein G，1999. Misorientation/dependence of intrinsic boundary mobility. Acta Mater. 47, 3901 (Fig. 2)。图 4.21 源自 Goukon N，Yamada T，Kajihara M，2000. Boundary energies of $\Sigma11$ [110] asymmetric tilt boundaries. Acta Mater. 48, 2837 (Fig. 2)。图 5.2 源自 Winning M，Gottstein G，Shvindlerman L S，2001. Stress induced grain boundary motion. Acta Mater. 49, 211 (Figs. 12 and 13)。图 5.33 源自 Protasova S G，Gottstein G，Sursaeva V G，Shvindlerman L S，2001. Triple junction motion in aluminum tricrystals. Acta Mater. 49, 2519 (Fig. 5)。图 2.26 源自 Duckham A，Knutsen R D，Engler O，2001. Influence of deformation variables on the formation of shear bands in Al – 1 Mg. Acta Mater. 49, 2739 (Fig. 3)。

以下图片是经 Elsevier Science，P. O. Box 800，Oxford OX5 1DX 许可从 Scripta Materialia 复制的：图 5.12 源自 Molodov D A，Czubayko U，Gottstein G，Shvindlerman L S，1995. Mobility of ⟨111⟩ tilt grain boundaries in the vicinity of the special misorientation $\Sigma = 7$ in bicrystals of pure aluminium. Scr. Metall. Mater. 32, 529 (Figs. 4 and 5). On the description of misorientations and interpretation of recrystallisation textures. Scr. Mater. 35, 579 (Fig. 4)。图 12.7 源自 Engler O，2001b. An EBSD local texture study on the nucleation of recrystallization at shear bands in the alloy Al₃‰Mg. Scr. Mater. 44, 299 (Fig. 1)。图 4.7 源自 Yang C‐C, Rollett A D, Mullins W W, 2001. Measuring relative grain boundary energies and mobilities in an aluminum foil from triple junction geometry. Scr. Mater. 44, 2735 (Fig. 4)。

以下图片是经 Elsevier Science, P. O. Box 800, Oxford OX5 1DX 许可从 Materials Science and Engineering 复制的：图 2.5 源自 Hughes D A, 2001. Microstructure evolution, slip patterns and flow stress. Mater. Sci. Eng. A319, 46 (Fig. 4)。图 2.5b 源自 Nes E, Marthinsen K, 2002. Modeling the evolution in microstructure and properties during plastic deformation of f. c. c.‐metals and alloys — an approach towards a unified model. Mater. Sci. and Eng. A322, 176 (Fig. 6)。图 6.27 源自 Haslam A J, Phillpot S R, Wolf D, Moldovan D, Gleiter H, 2001. Mechanisms of grain growth in nanocrystalline fcc metals by molecular-dynamics simulation. Mater. Sci. Eng. A318, 293 (Fig. 4)。图 15.3 源自 Engler O, Hirsch J, 2002. Texture control by thermomechanical processing of AA6xxx Al‐Mg‐Si sheet alloys for automotive applications — a review. Mater. Sci. Eng. A336, 249 (Fig. 10)。

以下图片是经 Elsevier Science, P. O. Box 800, Oxford OX5 1DX 许可从 Intermetallics 复制的：图 8.7 源自 Huang Y D, Froyen L, 2002. Recovery, recrystallization and grain growth in Fe3Al‐Based Alloys. Intermetallics 10, 473 (Fig. 5)。

以下图片是经 Maney Publishing, 1 Carlton House Terrace, London SW1Y 5DB 许可从 Materials Science and Technology 复制的：图 3.3 源自 Hirsch J, 1990b. Correlation of deformation texture and microstructure. Mater. Sci. Technol. 6, 1048 (Fig. 3)。图 15.15 源自 Hayes J S, Keyte R, Prangnell P B, 2000. Effect of grain size on tensile behavior of a submicrongrained Al—3wt‰Mg alloy. Mater. Sci. Technol. 16, 1259 (Fig. 6)。

以下图片是经 Trans Tech Publications Ltd. , Brandrain 6, CH‐8707, Ueticon-Zuerich, Switzerland 许可从 Materials Science Forum 复制的：图 3.15 源自 Benum S, Engler O, Nes E, 1994. Mater. Sci. Forum 157‐162, 913。

在本书的第一版中，我们向那些与我们就本书所涉及的主题进行了多年讨论的人们致以深深的谢意。在本书的写作过程中，我们与 Brian Duggan、Bevis Hutchinson 和 Erik Nes 进行了特别有益的讨论和交流。还有很多人通过提供建议、材料和其他许多方式给予了我们帮助。他们包括 Sreeramamurthy Ankem，Mahmoud Ardakani，Christine Carmichael，Michael Ferry，Brian Gleeson，Gunther Gottstein，Brigitte Hammer，Alan Humphreys，Peter Krauklis，Lasar Shvindlerman，Tony Malin，Paul Munroe，Nigel Owen，Phil Prangnell，Fred Scott，Karen Vern-Parry 和 David Willis。

本书第二版的大量新研究都是在曼彻斯特进行的，感谢工程与物理科学研究委员会和 Alcan 国际公司的大力支持。Pete Bate 的帮助、建议和支持尤为宝贵，曼彻斯特轻合金加工小组，包括 Philip Prangnell、Norman Ridley、Hedieh Jazaeri、Peter Hurley、Yan Huang、Andrew Clarke、Martin Ashton、Ian Brough 和 Matthew Jones，以及他们提供的数据和图表也为该版本做出了重大贡献。在第二版的编写过程中，新南威尔士大学的 Michael Ferry 和 Robert Moon 提出了非常宝贵的意见和建议。

第三版在很大程度上归功于卡内基梅隆大学的界面研究，该研究主要是在美国国家科学基金会的材料研究科学与工程中心的支持下进行的。ADR 和 GSR 对在讨论、数据和图表等方面提供帮助的许多人表示感谢。

内容提要

金属材料的再结晶和退火现象是材料科学的核心课题,涉及材料微观结构和性能变化,是调控金属材料成形和服役性能的重要途径。本书含正文 16 章、附录 2 章,系统阐述了金属多晶体材料(传统单相纯金属与合金、双相合金、金属间化合物和颗粒增强金属基复合材料等)的再结晶和相关退火现象的理论、机制与应用,对多晶体材料的不均匀变形和储能、再结晶晶粒形核、正常 / 异常晶粒长大及织构发展等做了详细阐述。对比分析了描述不同微观结构演化过程的数学模型的优缺点和局限性,并对主要的模拟计算方法,如晶体塑性、蒙特卡罗法、分子动力学和相场等,做了基础讨论和比较。本书还介绍了再结晶和退火理论在工程中的典型应用案例。

本书介绍了当前有关金属与合金的再结晶和退火研究的最新发展水平,理论和实践并重,对从事材料科学、金属冶金和材料加工领域的科研人员和工程技术人员具有重要的参考价值,可作为其工作参考书;也可作为材料类专业研究生尤其是金属材料专业研究生的教学参考书。